U0729484

中国近现代哲学研究丛书

中国近现代名辩学研究

晋荣东 著

上海古籍出版社

国家社科重点项目（10AZX002）子课题之一

主　编

周　山

编　委（按姓氏笔画排序）

方松华　何锡蓉　周山　罗颢　晋荣东

《中国近现代哲学研究丛书》总序

周　山

一

今天是昨天的延伸；中国近现代哲学是绵绵数千年的中国传统哲学的延伸。源自《周易》的传统哲学，经由先秦子学、两汉经学、魏晋玄学、隋唐佛学、两宋理学、明代心学、清代实学，跌宕起伏，渐行渐近。历时百年的中国近现代哲学，既有数千年传统哲学的厚重积累，又有与西方哲学包括马克思主义哲学的碰撞与融通，是中国哲学发展史上的一段特殊历程，一个重要篇章。但是，由于近距离的缘故，今人往往有“不识庐山真面目”之憾，甚至误将时湍时缓、跌宕起伏当作断流。

百年中国，一方面受到西学东渐的影响，获得了前所未有的外来文化的滋养。正如范文澜先生所譬喻的那样，一个人食猪肉，经过咀嚼、消化后变成了人的血肉，西方文化输入中国，经过一代又一代优秀知识分子的咀嚼、消化后变成了中国的新文化。另一方面，中国自身的文化重心也发生着改变，两千多年来一直占据主导地位的“黄河文化”，受到了一直处于辅助地位的“长江文化”的挑战，并渐渐取代其主导地位。在这样一种文化背景下，循着由传统哲学延伸下来的脉络，对百年来的易学、道学、儒学、名学、佛学研究等进行全面系统的梳理分析和反思，对百年来马克思主义哲学如何被中国哲学家消化吸收，成为中国现当代哲学的重要内容，对百年来中西哲学比较研究以及西方哲学对中国哲学的影响,进行系统的清理和评判,就能真正地把握真实可靠的中国近现代哲学的发展历史,就能从这段并不长远却很特殊的历史中触摸到哲学发展的经验和教训,就能预见未来的中国哲学发展的可能走向。

因此,梳理和反思中国近现代哲学,是我们这一代人义不容辞的事情。这既是对前人智慧的尊重,也是对后来者一个负责任的交待。

二

由于现代学术形态的中国哲学学科是在西学影响下建立起来,并且更多的是与学院体制下的学科分界联结在一起,所以有关中国哲学史的著述,多以教科书形式出现。描述中国哲学史的著作,从20世纪早期的胡适、冯友兰等,到20世纪后期的冯契、萧萐父、劳思光等,约有十数种;专门描述近现代哲学的代表著作有:冯友兰的《中国哲学史新编 · 现代卷》,冯契的《中国近代哲学的革命进程》、《中国近代哲学史》,侯外庐主编的《中国近代哲学史》,许全兴的《中国现代哲学史》,袁伟时的《中国现代哲学史稿》等。其中,对中国古代哲学的描述,20世纪早期多用西方哲学形式整合中国哲学内容;对中国近现代哲学的描述,则多呈现"中西古今"之争中注重哲学对中国革命影响的内容。正像冯友兰对他的《中国哲学史新编》看起来好像是一部政治社会思想史所作的解释:"不是我的作风改变,而是由于时代不同了。"

尽管学术界对于中国近现代哲学的梳理和研究还不充分,但是,试图借助西方哲学的概念和西学框架来清理中国古代哲学思想、建构与西方近代相仿佛的哲学体系的特点,是很明显的。主要表现为:

其一,由于对西学本身的研究深度不够,对一些代表性学说在西方哲学中的意义理解片面,以至在对中国哲学的影响上难免有牵强附会,形成了"消化不良症"。

其二，过多地注重近现代哲学对中国政治社会尤其中国革命所起的作用，淡化了近现代哲学在哲学学理和哲学学科方面的深化与推进作用。

其三，对中国哲学中没有被纳入西方哲学框架内的诸多核心概念和重要概念，如“道”、“心性”、“唯识”等，缺乏系统的梳理和必要的分析。

其四，对20世纪早期开始的近现代中国文化重心的转移缺乏自觉的认识，因而未将中国近现代哲学的跌宕起伏置于这样一个特殊的文化背景中加以考察和分析。

总之，对中国近现代哲学的分析、叙述，采用的是西方哲学的框架和概念，根据的是西方本体论的方法，走的是理性主义、科学主义的路子，于是成为西方传统哲学的延伸。很显然，这是一条完全不同于中国传统哲学的路径。如此建构的中国近现代哲学，既断了中国哲学的脉络、丧失了中国哲学的神韵，又不像西方哲学，因此而遭人诟病，也就成为必然。

三

有鉴于此，我们拟对中国近现代哲学研究的历程，作一次梳理和检点，总结经验，反思教训。梳理和反思的具体内容，主要有：

（一）对近现代两次“周易热”的文化背景、学术特点作深入的分析研究，努力揭示新的文化历史背景下形成的易学流派对传统哲学史研究的突破，尤其是对周易的哲学价值作出新的评判，并在此基础上准确评价近现代易学研究的哲学意义、对近现代哲学研究的推进。

（二）系统梳理近现代道家研究所取得的成果，努力揭示道家哲学在中国文化重心转移背景下所开创的新生面对近现代中国哲学的影响，既展示近现代哲学与传统哲学的血脉相连，又体现中国文化重心转移的变化进程。

（三）深入考察百年儒学大起大落的文化原因和社会原因，系统梳理儒学研究所取得的成果，审视儒学研究对中国近现代哲学的推进，客观分析儒学在中国文化重心转移背景下的地位与作用；对现代新儒学在学理方面的推进之功予以肯定的同时，也适当评价其社会作用。

（四）对墨学、名学等“名辩”著作为何能在西学东渐的第一时间便引起学界重视、并在随后的百年时间历久不衰的研究状况作系统的分析和深入的思考；对近现代墨辩学、名学研究成果的价值评判，涉及逻辑究竟是一元还是多元的争议，我们的研究结论是明确的：旨在为注重类比的华夏传统思维构筑一个逻辑平台创造条件。

（五）对近现代佛学研究，从各宗派相继复兴的内因、外缘入手，不拘泥于近代史的划线，重点探究僧俗两界在重要佛学问题尤其是唯识学问题上的争论，旁及人间佛教思想的倡导与展开，努力探究这些争论和普及对传统佛学在近现代的发展所起的推进作用。

（六）马克思主义哲学与中国传统哲学的融合，是中国近现代哲学的主要内容之一。对近现代中国马克思主义哲学作系统的分析研究，深入考察马克思主义哲学在中国的传播历史，分析马克思主义哲学与中国传统哲学尤其是辩证思维方法、以人为本的道德观等的亲和与相融，探究其在各种西方哲学思潮涌入之后能够一枝独秀成为当代中国主流哲学的学理依据；在此基础上，对马克思主义哲学的当代性质与价值，作出新的评价。

（七）系统考察西方哲学进入国门之后中西哲学比较研究的历史及其学术成果，包括对这两种不同的哲学传统所形成的不同哲学形态的比较分析，对中国近现代哲学的发展路径所起的影响作用，为当代中国哲学遇到的问题作出解释并尝试提出发展方向。对近现代中西哲学比较研究的研究，触及到了哲学观念的更新、中国哲学研究对象的拓展、西方传统哲学观念和框架的神圣性的动摇等诸多问题。

四

我们在研究遥远的古代哲学时，经常会抱怨古籍资料的残缺、真伪的难辨。当我们研究近在咫尺的近现代哲学时，研究资料的完整性、真实性，毋庸置疑。但是，正如古人说的那样："不识庐山真面目，只缘身在此山中。"近也有近的遗憾。时间距离近了，受制于各种条件因素，对众多学术观点的判断，又难于精准地把握，难免是一家之言。

这套学术丛书，忝列"十二五"国家重点项目。参与者都尽心尽力，然而功力各自，难免长短不一。倘若均能达到持之有据、言之成理的一家之言水准，也就稍稍心安了。

目　录

导　论

本书旨在重新审视 1900—2010 年间作为中国近现代哲学一部分的名辩研究。[1] 导论主要解决三个问题:第一,何谓"名辩"?第二,针对近现代的名辩研究,目前学术界已经进行了哪些回顾与反思?还存在什么问题?第三,如何在准确分析与恰当评估研究现状的基础上,合理确定本书的研究目标与基本内容?

一、"名辩"三义

顾名思义,近现代的名辩研究就是近现代对于名辩的研究,这似乎是一个分析命题。不过实质地看,究竟近现代的哪些研究可以被认为是对名辩的研究,则又取决于我们如何来理解"名辩"的含义。

(一)"名辩"溯源

关于"名辩"一词的起源,李匡武在为第一版《中国大百科全书·哲学卷》撰写的词条中提出,最早可以追溯到荀子所说的"辩说也者,

[1] 这里所说的"中国",在 1949 年以后指中国大陆。由于撰写时间和搜集材料方面的限制,本书暂不将近现代港台地区与海外学者对名辩的研究纳入重新审视的范围。

不异实名以喻动静之道也。”(《荀子·正名》)[1]尽管近现代名辩学者普遍认为这句话是荀子对“辩说”这一名辩核心概念的界定,但由“名”与“辩”连用而成的“名辩”一词其实在《荀子》一书中并没有出现。

纵观中国古代文献,“名”与“辩”在同一个句子中并举甚至连用的情形并不少见,如《周易·系辞》:“开而当名,辩物正言,断辞则备矣。”[2]其意是说:开释卦爻之义,使各卦爻与其所象之名相当;分辨天下万物,以其各所属之类来加以恰当地断定;凭此二事,决断于卦爻之辞就具备了。但是,致力于名辩研究的近现代学者从未关注过这句话。又如,在北宋张君房所辑《云笈七签》卷九十中也出现过“名”与“辩”的连用:“有理不言,则理不可明。有实无名,则实不可辩。理由言明,而言非理也。实由名辩,而名非实也。”[3]所谓“实由名辩”,说的是对象(实)根据名称(名)而得以相互区别(辩)。需要指出的是,“名”与“辩”在此虽然连用,但尚未固定下来成为一个双音节名词。同样地,尽管这些文字涉及作为名辩论争主要论题之一的名实之辩,仍然没有进入近现代名辩研究的关注视野。

据顾有信(Joachim Kurtz)的研究,“名辩”和“名辩学”这两个术语可以追溯到1930年代中期,他提供的证据是杜守素(国庠)1936年由商务印书馆出版的《先秦诸子思想》一书的第80—114页。[4] 据笔者所知,《先秦诸子思想》第一版由生活书店于民国35年(1946年)9月出版,其中第80—114页为第九章,题为“名辩”;次年,即民国36年

[1] 中国大百科全书总编辑委员会《哲学》编辑委员会:《中国大百科全书·哲学卷》(第一册),北京:中国大百科全书出版社,1987年,第620页。

[2] “辩”,阮元校刻《十三经注疏·周易正义》作“辨”,此据陆德明《经典释文·周易音义》;断句则从十三经注疏整理委员会:《周易正义》,北京:北京大学出版社,2000年,第367页。

[3] 张君房编:《云笈七签》(第四册),北京:中华书局,2003年,第1985页。

[4] 参见 Joachim Kurtz: *The Discovery of Chinese Logic*, Leiden: Koninklijke Brill NV, 2011, pp. 354-355.

(1947年)6月,生活书店又再版了此书。不难发现,顾有信不仅把出版社弄错了,而且把再版本混淆为初版本,更为严重的是把再版本的出版时间"民国36年"误认为是公元"1936年"。由此,即便杜国庠是较早使用"名辩"一词的人,时间也应该是在1946年而非1936年。

又按周云之的说法,张岱年最早从哲学与逻辑的角度提出"名"与"辩"并将二者并列讨论。[1] 据他的考证,在1947年的《中国哲学中之名与辩》一文里,张岱年认为,"先秦哲学中,有关于名与辩的讨论,亦是方法论之一部分。……一般方法论是讲求知之道,名与辩则是论立说之方。"[2]不过,就"名辩"成词来看,有两点需要指出:第一,虽然张氏将"名"、"辩"并举,但把二者合称为"名辩"在文中仅出现过一次;第二,稍早于张氏,郭沫若在发表于1945年的《名辩思潮的批判》一文中,不仅明确使用了"名辩"一词,而且对孔子之后先秦名辩思潮发展的整个过程进行了逐一的研讨。[3] 该文也因此而成为近现代名辩研究的一篇重要文献。

据笔者的考证,更早于郭沫若,伍非百在1916年就已经使用了"名辩"一词:"近世德清俞樾、湘潭王闿运、瑞安孙诒让,并治此书(指《墨经》——引者注),瑞安实集其成。然数子校勘虽勤,章句间误。且不悉名辩学术,诠释多儒者义,颇琐碎,不类名家者言。"[4]不过,伍非百

---

[1] 周云之:《名辩学论》,沈阳:辽宁教育出版社,1996年,第36页。

[2] 张岱年:《中国哲学中之名与辩》,《哲学评论》,1947年,第10卷第5期,第8页。

[3] 郭沫若:《名辩思潮的批判》,《中华论坛》,1945年,第1卷第2—3期;后收入郭沫若:《十批判书》,重庆:群益出版社,1945年。

[4] 伍非百:《再叙》,《墨辩解诂》,北平:中国大学晨光社,1923年,第2页。此叙落款为"乙卯岁除日非百又识"。"除日"指农历腊月的最后一天。此乙卯岁的正月初一为公元1915年2月14日,腊月最后一天即除日为1916年2月2日。据此,在收入《中国古名家言》的《墨辩解诂》"叙例"中,伍氏将落款时间定为"一九一五年乙卯除日",不确。参见伍非百:《中国古名家言》,北京:中国社会科学出版社,1983年,第6页;李海燕主编:《阴阳干支万年历(1900—2100)》,石家庄:河北人民出版社,2005年。

也不是使用“名辩”一词的第一人。

根据现有资料,“名辩”固定成词似乎是在晚清的时候。章太炎很可能就是在名词的用法上使用“名辩”的第一人。1904 年 6 月章氏的重订本《訄书》在日本铅印出版,他在《订孔》篇中指出:“惟荀卿奄于先师,不用。名辩坏,故言殽;进取失,故业堕;则其虚誉夺实以至是也。”[1] 这里,“名辩”与“进取”相对,为“坏”所述谓,当为一个名词;又据前后文意,似指一种恰当的名实关系。所谓“名辩坏,故言殽”,就是说名实关系遭到破坏,导致了言论纷杂混乱。

(二)“名辩”三义

需要指出的是,近现代学者不仅在“名辩”一词的起源问题上异见纷呈,他们对于“名辩”含义的理解也不全然相同。仅就 1978 年以来相关研究成果对“名辩”的实际使用及若干哲学类辞书对“名辩”的释义来看,“名辩”一词明显地可以区分出学派、思潮和理论三种含义。

1. *名辩之为学派*

率先将“名辩”作为学派名提出来的是汪奠基的《中国逻辑思想史》,该书第一章的标题就是“先秦名辩学派的逻辑思想”。此所谓“名辩学派”,非《汉书·艺文志》所列“名家”七子所能范围,还包括不少热衷于坚白、同异之辩的“辩察之士”。根据该书第一章所述内容,名辩学派的主要人物包括邓析、宋钘、尹文、彭蒙、慎到、田骈、申不害、尸佼、兒说、田巴、毛公、惠施、公孙龙等人。[2] 可以说,汪氏的“名辩学派”基本上就是扩展版的“名家”。

---

[1] 章太炎:《訄书重订本》,《章太炎全集》(第三卷),上海:上海人民出版社,1984 年,第 135 页。

[2] 参见汪奠基:《中国逻辑思想史》,上海:上海人民出版社,1979 年,第 54—93 页。关于汪氏对“名辩”之学派义的理解,更为详细的讨论可以参见本书第四章第二节的相关内容。

此外,温公颐的《先秦逻辑史》以及他所主编的《中国逻辑史教程》也使用过"名辩学派"、"名辩派",但这两个语词的所指范围不尽相同,而且与汪奠基的用法也不完全一致。[1]

2. *名辩之为思潮*

庞朴、周山等学者以及《中国哲学发展史》(先秦)、《哲学大辞典》(修订本)等著作或辞书则较为充分地触及了"名辩"的思潮义。

庞朴用"名辩"来称呼一种始于种种名实相斗的风波而最后波及文化全局的思潮,认为"真正的名辩大潮,是由所谓的名家人物组成并推动的。"[2]而名家又可一分为三:以惠施为代表的合同异派、以公孙龙为代表的离坚白派和墨家辩者派。

周山把名辩思潮视为中国历史上第一场蔚为壮观的学术思潮,名、墨、儒三家在其中起着轴心的作用,代表人物有邓析、尹文、惠施、公孙龙、后期墨家、荀子和韩非等。[3]

任继愈主编的《中国哲学发展史》(先秦)把名辩思潮视作一个包括了先秦各家各派的普遍性学术思潮,同时强调名辩思潮的高峰是在战国中期以后,以惠施、公孙龙和后期墨家为代表。[4]

《哲学大辞典》(修订本)也从思潮的角度来释义"名辩",认为这一思潮始于邓析,在战国中后期达到高潮,名、儒、墨、道诸家均被卷入。除了邓析,代表人物还有孔子、老子、墨子、辩者(尹文、惠施、公孙龙等)、后期墨家、庄子、荀子和韩非等。[5]

---

[1] 参见温公颐:《先秦逻辑史》,上海:上海人民出版社,1983 年,第 263—264 页;温公颐主编:《中国逻辑史教程》,上海:上海人民出版社,1988 年,第 240 页。

[2] 庞朴:《白马非马——中国名辩思潮》,北京:新华出版社,1993 年,第 16 页。

[3] 周山:《智慧的欢歌——先秦名辩思潮》,北京:生活 · 读书 · 新知三联书店,1994 年,第 3 页。此书封面、扉页、版权页、后勒口与封底,均把"名辩"写作"名辨"。今据该书正文及通行用法,把书名副题改为"先秦名辩思潮"。

[4] 任继愈主编:《中国哲学发展史》(先秦),北京:人民出版社,1983 年,第 473 页。

[5] 金炳华等编:《哲学大辞典》(修订本),上海:上海辞书出版社,2001 年,第 1008 页。

3. *名辩之为理论*

在"名辩"三义中,刘培育、周云之、崔清田、李先焜、林铭钧、曾祥云等学者,以及一些专著和辞书对"名辩"的理论义做了各自不同的诠释。

刘培育最初认为"把中国古代逻辑称为名辩学比叫名学或辩学更合理、更恰当些"。[1] 后来则主张"名辩学是中国古代的一门学问。它是关于正名、立辞、明说及论辩的原理、方法和规律的科学,其核心就是今天讲的逻辑学"。[2] 名辩学大体经过了先秦与秦汉—19 世纪末这两个发展时期。

周云之提出,名辩学是正名学(名学)和论辩学(辩学)这两大相对独立的理论体系的有机结合,包括了历代各家有关正名和论辩的所有思想。就其基本性质和主要内容而言,"中国古代的逻辑学说是全部包括在中国古代的名辩学体系中的,而且构成了名辩学体系的核心和重点。"[3]

按崔清田的理解,"名学"是先秦名学的略称,以名为对象,以名实关系为基本问题,以正名为核心内容;"辩学"则指先秦关于谈说与论辩之学,基本问题是谈说辩论的性质界定与功用分析;"名学与辩学不是等同于西方传统形式逻辑的学问";"名辩学只是名学与辩学的合称,并不表明名学与辩学可以互相取代、混同为一"。[4]

李先焜强调,名学(正名学)是一种研究定义以及防止歪曲定义的

---

[1] 周云之、刘培育:《先秦逻辑史》,北京:中国社会科学出版社,1984 年,第 312 页。杨沛荪等人也认为,"把中国古代的逻辑学称为'名辩'、'名辩学'或'名辩逻辑'更符合实际。"见杨沛荪主编:《中国逻辑思想史教程》,兰州:甘肃人民出版社,1988 年,第 11 页。杨沛荪,亦即杨芾荪,见易汉文主编:《中山大学专家小传》,广州:中山大学出版社,2004 年,第 462 页。

[2] 刘培育主编:《中国古代哲学精华》,兰州:甘肃人民出版社,1992 年,第 213 页。

[3] 周云之:《名辩学论》,第 138 页。

[4] 崔清田主编:《名学与辩学》,太原:山西教育出版社,1997 年,第 26、32 页。

方法的语义学，而辩学（论辩学）则是一种讨论论辩的原理、方法和规律的语用学。既然"名辩学中包含着丰富的语义学与语用学的内容，因此说它属于符号学研究的范围"。[1]

林铭钧和曾祥云则认为，名学与辩学既有联系又相互区别，作为二者的统称，"名辩学"一词"泛指中国本土独立产生的名辩思想。"[2]相异于崔清田把名辩学的范围局限于先秦诸子，曾祥云等认为，先秦名辩虽然自秦汉以降步入低谷，但并未亡绝。因此，"名学、辩学不应是先秦名学、先秦辩学的简称，而应当是泛指整个中国古代的名学、辩学。"[3]

除了上述诸位学者，一些辞书在释义"名辩"或相关词目时，也往往着眼于其理论义。例如，第一版《中国大百科全书 · 哲学卷》把"名辩"解释为"名学与辩学的合称。主要指先秦诸子关于名和辩的逻辑思想和理论，泛指中国古代的逻辑思想。"[4]《哲学大辞典》（修订本）收录了"名辩学"这一词目，将其释义为"中国古代名学和辩学的合称"；名辩学的核心和重点是中国古代逻辑，但亦包含大量哲学、认识论等非逻辑的内容。[5]《逻辑百科辞典》收录了三个与名辩有关的条目，即"名辩学"、"先秦名辩思想"和"《墨经》的名辩学"，认为"名辩学"是"中国古代名辩思想的总称。……20世纪后半叶，中国学术界比较流行的观点是把中国古代有关名辩的学说、理论统称为'名辩学'或'名辩逻辑'"。[6]

---

[1] 李先焜：《名辩学、逻辑学与符号学》，《哲学研究》，1998年增刊，第17页。
[2] 林铭均、曾祥云：《名辩学新探》，广州：中山大学出版社，2000年，第17页。
[3] 曾祥云、刘志生：《跨世纪之辩：名辩与逻辑——当代中国逻辑史研究的检视与反思》，《江海学刊》，2003年第2期，第197—202页。
[4]《中国大百科全书 · 哲学卷》（第一册），第621页。
[5] 金炳华等编：《哲学大辞典》（修订本），第1008页。
[6] 周礼全主编：《逻辑百科辞典》，成都：四川教育出版社，1994年，第338页。

4. 本书的理解

仅就上文的粗略述介不难看出,“名辩”一词在最近30余年间不仅被赋予了学派、思潮和理论三种含义,而且在名辩思潮的起止时间和代表人物、名辩理论的学科性质与主要内容等问题上,学者之间也是众说纷纭,莫衷一是。

作为一种学术史的研究,本书对近现代名辩研究的重新审视,当然首先要以近现代学者对“名辩”的理解为前提。这就是说,在确定本书的研究对象、搜集相关的研究素材时,亦即在根据“名辩”的含义来确定究竟近现代的哪些研究属于名辩研究时,必须兼顾“名辩”的学派、思潮和理论三义,以确保本书能够“如实直书”,尽可能全面而公允地对待近现代学者从学派、思潮和理论角度对名辩所进行的研究。另一方面,与其他类型的历史书写一样,对学术史的梳理和反思又总是以研究者对学术史的看法为“前理解”,并渗入了研究者的学术见解。就“名辩”的含义来说,本书的理解可简要表述如下:

第一,在中国哲学(主要是先秦哲学)中,存在着一个关于名辩的共同话语(a discourse of *Mingbian*, or names and argumentation)[1]:倾向各异的各家各派围绕与“名”有关的一系列论题(如名实、同异、坚白之争等)及“辩”之用途、方法、原则等问题,展开论述,往复辩难。

第二,以名辩话语为基础,前述“名辩”三义的正当性均可得到合理的说明。简言之,“名辩”的学派义突出的是某些思想家对名辩话语所涉诸论题进行了专门研究,彼此之间具有师承关系或其学说之间具有传承关系,形成了独特的学术传统;“名辩”的思潮义强调的是围绕“名”与“辩”所涉诸论题而展开的研究与争辩持续时间长,影响范围广;而“名辩”的理论义则更为关注这个话语的理论本质与主要论题。

---

[1] 这里对“名辩”一词的英译,参考了顾有信的译法,见 Joachim Kurtz: *The Discovery of Chinese Logic*, p.3.

第三，从名实关系来看，名辩之实在先秦即已存在，但“名辩”之名则很可能晚至1904年才由章太炎第一次使用。至于学者自觉地将这一术语引入研究领域，则又在12年之后方由伍非百肇其端。“名辩”成词晚于名辩之实长达两千余年，这说明对名辩话语的认识和研究直到20世纪初才开始获得自觉的形态，“名辩”之名及其含义实质上来源于近现代学者对名辩话语的研究。就此而言，“名辩”一词所具有的学派、思潮与理论三义，其实反映了近现代学者对于名辩话语之不同侧面的关注；而围绕“名辩”三义所存在的意见分歧，则代表了这些学者对于重构名辩话语的不同尝试，渗透着他们对于名辩话语的起止时间、代表人物、主要论题与理论本质诸多问题的不同理解。

第四，就名辩话语的代表人物而言，《汉志》所谓“名家”无疑失之过窄，而在从学派、思潮或理论角度来诠释“名辩”的种种尝试中，某些提法显然又失之过宽。鉴于先秦名辩在整个名辩话语中的重要地位，本书把名辩的代表人物限定在先秦思想家之中。考虑到这些思想家是否对名辩所涉诸问题进行了专门的研究以及这种研究在理论上的贡献大小，再结合多数近现代学者在这些问题上的看法，本书把邓析、尹文、惠施、公孙龙、后期墨家和荀子视为名辩的主要代表。

第五，基于对名辩代表人物的如上理解，名辩的主要著作就有《邓析子》、《尹文子》、《公孙龙子》、《墨辩》[1]和《荀子·正名》，惠施的名辩思想主要保留在《庄子·天下》中。这里，有两点需要指出：其一，“名辩的主要著作”不等于“与名辩有关的全部著作”。正如后文将要指出的，由于对名辩思潮的时间跨度与影响范围存在不同理解，近现代

[1] 如何称呼《墨子》一书中的《经上》、《经下》、《经说上》、《经说下》、《大取》和《小取》六篇，近现代名辩学者众说杂陈，相关的争论可以参见本书第二章。本书用“《墨辩》”统称《经上》至《小取》全部六篇，用“《墨经》”指《经》《说》四篇，但在述评近现代名辩学者的相关论说时，则遵照他们各自的用法。又，在本书中，“墨辩”一词若未置于书名号中，则指《墨辩》所含之思想学说。

学者在名辩研究中还大量提及了其他先秦时期的典籍,甚至是先秦以后的典籍。其二,名辩的代表人物固然对名辩话语的诸论题进行了专门研究,但这并不意味着他们只关注名辩问题;相应地,在名辩的主要著作中,也就并非悉数是有关名辩的材料。换言之,即便是在名辩主要著作中,也仅仅是那些跟名辩话语——围绕与"名"有关的一系列论题(如名实、同异、坚白之争等)及"辩"之用途、方法、原则等问题所开展的研究与论辩——有关的文本,才是有关名辩的材料;相应地,也只有针对那些文本的研究,才属于本书所理解的"名辩研究"。

二、研究现状及其问题

在世纪之交与本世纪的头10年,伴随着对百年来中国人文学科学术发展的回顾与总结,已经出现了若干以不同形式对近现代名辩研究进行梳理与反思的研究成果。当然,这并不意味着这种考察在此之前就不存在。回顾历史不难发现,这种梳理与反思其实在上世纪80年代末就已经开始。

(一) 研究现状

首先,为数不多的专著有针对性地考察了近现代学者对名辩的某一学派或著作所进行的研究。

例如,周山的《绝学复苏——近现代的先秦名家研究》就是一本对近现代的先秦名家研究进行梳理与反思的专著。[1] 该书以1917年胡适写就《先秦名学史》以来80年间的名家研究为对象,不仅梳理了近现代学者关于名家的范围与承传的争论,而且对围绕名家著作的真伪所进行的考辩进行了评述,同时还分专章分别考察了近现代学者在

---

[1] 周山:《绝学复苏——近现代的先秦名家研究》,沈阳:辽宁教育出版社,1997年。

邓析、惠施、尹文和公孙龙的名辩思想研究方面所取得的进展。作者没有止步于对研究成果的罗列,而是史论结合,一方面充分肯定了近现代学者对名家人物的思想及其承传关系的整体把握,以及援引西方哲学、逻辑学等对名家思想及其方法所开展的比较研究,另一方面也坦率指出了近现代名家研究所存在的牵强比附、主观随意解释等不足。最后,作者对未来一段时间内的名家研究进行了展望,着重强调了在深化名家研究中应该注意的一些新问题。

又如,张斌峰的《近代〈墨辩〉复兴之路》立足于中国近代中西文化交流的背景,对清代乾嘉时期以来直至1949年间的《墨辩》研究进行了回顾与总结。[1] 在从总体上介绍了《墨辩》研究在近代复兴的文化背景、历史过程以及相关的文本考据成果后,作者根据《墨辩》本身论及的"名"、"辞"、"说"、"辩"等内容,列出专章,顺次考察了近现代学者围绕这些主题所进行的研究,对其中的重要观点逐一评说,分析其理论得失。在此基础上,又对近现代《墨辩》研究在不同阶段所使用的方法,尤其是运用西方传统逻辑、印度因明等来对《墨辩》开展比较研究的方法,进行了反思,既肯定了这种比较研究所取得的成就,也揭示了其中存在的失误与原因。最后,作者提出,《墨辩》是一个以辩学为核心的多元文化复合体,应该运用创造性的诠释方法来把握其多方面的理论意蕴。

杨武金的《墨经逻辑研究》一书也有两章涉及近现代学者对《墨经》的研究。[2] 其中第三章主要介绍了明末至晚清对《墨经》的原典整理,第四章则梳理了20世纪初至60年代期间现代学者对《墨经》的文本考证以及运用西方逻辑、印度因明等工具所进行的义理诠释。作者把现代的《墨经》研究分为开拓创始期、重点突破期和系统总结期三

---

[1] 张斌峰:《近代〈墨辩〉复兴之路》,太原:山西教育出版社,1999年。
[2] 杨武金:《墨经逻辑研究》,北京:中国社会科学出版社,2004年。

个发展阶段，着重介绍了梁启超、胡适、章太炎、章士钊、谭戒甫、伍非百、栾调甫、詹剑峰、高亨、杜国庠和沈有鼎等人的研究成果。

此外，杨俊光的《墨子新论》在“附录”部分亦对清代以来直至1986年的墨学复兴（包括对《墨辩》的整理与研究）进行了简要的回顾，并且附有《清—民国墨学论著简明目录》，所收论著包括《墨子》一书的校释、墨翟生平的考证以及学说的研究。[1] 朱前鸿《先秦名家四子研究》的第一章对邓析、惠施、尹文和公孙龙思想的研究现状有所论及，其中包括对近现代学者（包括港台和西方学者）相关研究的非常简略的介绍和评说。[2]

其次，由于在相当长的时间内，近现代名辩研究主要展开于中国逻辑史的学科建制之下，因此不少中国近现代逻辑史方面的专著也或多或少地对近现代名辩研究进行了梳理与反思。

例如，李匡武主编的五卷本《中国逻辑史》的近代卷，在介绍20世纪初梁启超、章太炎和胡适的逻辑研究时，就对他们对中国古代逻辑——其中就包括后期墨家、名家和荀子等的名辩思想——的研究进行了介绍。[3] 该书的现代卷又以“中国古代名辩逻辑研究的全面展开”为题，用两章的篇幅介绍了1919年“五四”以后到1949年中华人民共和国成立前这段时间名辩研究的总体情况和讨论的主要问题。[4] 其中既有对以邓析、惠施、辩者和公孙龙为代表的名家思想的研究，也包括对荀子名辩思想的探讨，更辟出专章介绍了近现代《墨辩》研究在“名”、“辞”、“说”、“辩”等问题上的进展和取得的成果。该书以研究成果的介绍为主，内容丰富、资料翔实，但对近现代名辩研究的总体成就及其存在的问题着墨不多。

---

[1] 杨俊光：《墨子新论》，南京：江苏教育出版社，1992年，第320—361页。
[2] 朱前鸿：《先秦名家四子研究》，北京：中央编译出版社，2005年。
[3] 李匡武主编：《中国逻辑史》（近代卷），兰州：甘肃人民出版社，1989年。
[4] 同上。

又如，彭漪涟的《中国近代逻辑思想史论》以对人物的个案研究为形式集中考察了20世纪20年代前的中国近代逻辑思想发展史。[1]在论及严复、梁启超、王国维、章太炎、胡适和章士钊等人的逻辑思想时，作者不仅深入考察了西方逻辑的传入如何推动了以《墨辩》研究为代表的先秦名辩研究在近代的复兴，以及由此而来的在西方逻辑、印度因明与先秦名辩之间的比较研究，而且试图揭示包括近代名辩研究在内的中国近代逻辑思想发展所存在的一些最基本的经验教训。

曾祥云的《中国近代比较逻辑思想研究》也是一本关于中国近代逻辑史的著作。[2] 作者认为，《墨辩》是先秦名辩的最高成就，而通过与西方传统逻辑、印度因明的比较研究来研究先秦名辩是中国近代逻辑史的最突出特征。在从宏观上介绍了1840—1949年间中国近代比较逻辑研究的历史基础与发展线索之后，该书按照《墨辩》以"名"、"辞"、"说"、"故"、"理"、"类"、"辩"等范畴为核心的体系框架横向展开，颇为详尽地梳理了近代学者对于这些范畴及其所涉问题的比较研究，最后，又从总体上概括了中国近代关于先秦名辩的比较研究的特点、贡献和局限。作者认为，近代名辩研究的基本特点是以"求同"和"共时性"为主的比较，最重要的成果是认为《墨辩》中包含着中国古代的逻辑理论体系，而最大的问题则是以"求同"为主的比较研究走向了牵强比附，用西方传统逻辑来剪裁先秦名辩，未能认识到《墨辩》体系的实质并非逻辑理论体系而是辩论学体系。

张晴的《20世纪的中国逻辑史研究》较为完整和深入地对20世纪这一百年来的中国古代逻辑研究进行了回顾与总结。[3] 作者把20世纪的中国逻辑史研究划分为开拓、提高、总结和转折四个发展阶段，

---

[1] 彭漪涟：《中国近代逻辑思想史论》，上海：上海人民出版社，1991年。
[2] 曾祥云：《中国近代比较逻辑思想研究》，哈尔滨：黑龙江教育出版社，1992年。
[3] 张晴：《20世纪的中国逻辑史研究》，北京：中国社会科学出版社，2007年。

不仅分章对每个阶段的特点、重要研究成果以及存在的主要问题进行了概括、介绍和揭示,而且对20世纪中国逻辑史研究的规律与启示进行了阐明,并对新世纪的中国逻辑史研究做出了展望。根据不同阶段的特点,作者或者根据代表性的学者及其研究成果来展开考察和分析,或者按照研究所涉及的具体理论问题来进行梳理与总结。由于作者把中国古代的正名理论和论辩理论(合称“名辩理论”或“名辩思想”)视为中国古代逻辑思想的主要成分,因此该书在某种意义上也可以看作是对20世纪名辩研究的一种考察。不过,对近现代名辩研究的重新审视这一主题在该书中始终都没有被明确提及。

宋文坚的《逻辑学的传入与研究》全面考察了中国逻辑学而非只是中国古代逻辑研究在20世纪的发展。[1] 作者把20世纪的中国逻辑学按1949年和1966年为界划分为前期、中期和后期三个发展阶段,[2]在对每个阶段的考察中都有专节介绍中国逻辑史的研究进展及其存在的问题,这其中就有若干关于近现代名辩研究的内容。

此外,赵总宽主编的《逻辑学百年》也是一部概述20世纪中国逻辑学发展的重要成果并探讨其发展基本脉络的专著,其中有一小节简要介绍了中国名辩学研究的复兴与发展。[3]

最后,鉴于近现代名辩研究也是更为宽泛的中国学术史的一部分,若干有关中国近现代学术史的专著也用一定篇幅对近现代名辩研究进行了一定程度的回顾与反思。

例如,崔清田的《显学重光——近现代的先秦墨家研究》虽然是一部关于近现代墨家研究的学术史著作,[4]由于后期墨家及其《墨辩》

[1] 宋文坚:《逻辑学的传入与研究》,福州:福建人民出版社,2005年。

[2] 宋氏认为,“文化大革命”期间(1966—1976)逻辑学研究几乎无所发展,故20世纪中国逻辑学的后期发展实际上是从1976年开始的。见宋文坚:《前言》,《逻辑学的传入与研究》,第2页。

[3] 赵总宽主编:《逻辑学百年》,北京:北京出版社,1999年。

[4] 崔清田:《显学重光——近现代的先秦墨家研究》,沈阳:辽宁教育出版社,1997年。

是墨家及其著作的一部分,因而也对近现代的《墨辩》研究进行了一定的回顾与反思。该书简要介绍了近现代学者校注与研究《墨辩》的情况,分析了以西方传统逻辑为模式来重构墨家辩学的"据西释中"方法的利弊,提出用"历史分析与文化诠释"的方法来进一步深化包括《墨辩》研究在内的先秦名辩研究。

又如,郑杰文的《20 世纪墨学研究史》是一部对 20 世纪的墨学研究进行介绍、归纳和总结的学术史著作。[1] 作者将 20 世纪的墨学研究按 1919 年、1949 年和 1976 年为界划分为四个时期,然后以文献为纲,对每一时期墨学研究的代表性文献进行了较为客观全面的介绍与评说,其中就包含有大量近现代关于《墨辩》的文本整理与义理研究的材料。值得一提的是,该书列出专章考察了 20 世纪初梁启超、胡适的墨学研究以及 20 年代学术界围绕《墨辩》所展开的争论,同时对 1949 年后港台地区的《墨辩》研究也有所介绍。此外,对"以西解中"、"以西框中"的研究方法所取得的成绩与存在的弊端亦有所提示。书末列有《历代墨学书目版本索引》和《中国 20 世纪墨学论文索引》。

江心力的《20 世纪前期的荀学研究》考察了 1900—1949 年间《荀子》整理与荀学研究的演进过程、基本面貌和学术意义。[2] 荀子是先秦名辩的代表人物之一。在论及对《荀子》的义理研究时,作者简要介绍了刘师培、章太炎、胡适、刘子静、谭戒甫、梁德舆、郭沫若、杜国庠、侯外庐以及日本学者桑木严翼对荀子名学的研究,但是甚少分析与评说,也没有把对这一时期荀子名学研究的考察跟对整个近现代名辩研究的梳理与反思联系起来。

---

[1] 郑杰文:《20 世纪墨学研究史》,北京:清华大学出版社,2002 年。此书经过改编,以"近百年来的《墨子》整理与墨学研究"为题,收入郑杰文:《中国墨学通史》,北京:人民出版社,2006 年,第六、七章。

[2] 江心力:《20 世纪前期的荀学研究》,北京:中国社会科学出版社,2005 年。

（二）存在的主要问题

需要指出的是,1980 年代末以来以著作或专书章节形式对近现代名辩研究所进行的考察,绝不止上文提及的那些著作;为数不少的期刊论文和学位论文或多或少地也涉猎了这一课题。笔者的分析挂一漏万,在所难免,但上文所列研究成果无疑在不同程度上有助于我们厘清近现代名辩研究兴起和发展的基本历史线索,有助于我们了解近现代名辩研究所取得的重要研究成果和有待解决的争议,有助于我们把握近现代名辩研究所使用的主要方法及其存在的问题。不过,着眼于对近现代名辩研究的重新审视,这些成果也存在着如下一些有待完善的地方:

第一,鲜有成果把近现代名辩研究作为一个相对独立的学术史现象而从整体上加以系统考察。在上世纪 90 年代以前,名辩研究主要展开于中国逻辑史的学科建制之下,即名辩研究被等同于中国古代逻辑的研究,或者被视为中国古代逻辑研究的一部分。名辩研究的独立化实际上起步于 1980 年代末开始的对中国逻辑史的学科合法性与研究方法的反思,其突出表现就是对“名辩”之理论义的多元重构。由于在较长一段时期内近现代名辩研究未能作为一个相对独立的学术史现象而为学术界所自觉,为数不多的梳理与反思所针对的就主要是近现代学者对中国古代逻辑的研究,而作为附庸,近现代名辩研究自身的特点在这种考察中就很难得到完整的呈现。[1]

第二,已有成果在对近现代名辩研究进行梳理与反思时微观深入

[1] 杨文曾尝试从总体上来回顾与总结近现代的名辩研究。他把百年名辩研究分为开拓创始、研究突破和系统总结三个阶段,扼要论及了已取得的研究成果、形成的研究方向和对未来研究的期待。不过,无论从处理的史料还是进行的评述看,该文似乎很难跟对百年来的中国逻辑史研究的考察区分开来。参见杨文:《中国名辩的现代研究》,《信阳师范学院学报》(哲社版),2005 年第 6 期,第 19—22 页。

有余而宏观把握不足。就前文对现有研究的粗略分析看,在微观层面上,近现代学者对于名辩的代表人物、主要著作和基本论题的研究已经得到了较为充分的评述。例如,周山对近现代名家研究的梳理与反思,张斌峰对近代《墨辩》研究的回顾与总结,曾祥云从比较逻辑研究角度对近代《墨辩》研究的特点、成果与局限的考察,郑杰文对20世纪墨辩研究的梳理与反思;等等。不过,由于未能自觉到近现代名辩研究的相对独立性,迄今尚未有研究成果以专著的形式在宏观层面上去描述这一学术史现象兴起与演变的总体进程,刻画其不同发展阶段的基本特征,反思其使用的主要研究方法,评述其对名辩之理论本质的勘定。

第三,不少成果未能根据近现代名辩研究兴起与演变的内在特质与历史联系来划分其不同的发展阶段。已有的对近现代名辩研究的梳理与反思,鲜有从总体上对其发展进程的阶段划分;即便是在中国近现代逻辑史、中国近现代学术史的框架中来考察近现代名辩研究的兴起与演变,也多以外在的政治事件——1919年"五四"运动、1949年中华人民共和国成立、1966年"文革"开始、1976年"文革"结束等——为标志来区分不同的发展阶段。例如,郑杰文就是以1919、1949和1976三个年份为标志把20世纪的墨学研究(包括作为近现代名辩研究之一部分的墨辩研究)分为四个发展阶段;宋文坚则是根据1949、1966和1976三个年份把包括近现代名辩研究在内的20世纪中国逻辑学的发展分为三个阶段。剧烈的政治变动固然对学术研究产生影响,但若不充分尊重自身的学术积累与传承,即该学科之内在特质的逻辑发展,而一味以政治事件为标志来区分学术研究的发展阶段,实难有助于我们准确把握近现代名辩研究的总体进程与发展阶段。

第四,多数成果未能充分反映最近20余年来在回顾与总结近现代名辩研究方面所取得的新进展。自上世纪80年代末以来,一些学者对80年代的中国逻辑史研究进行了反思,并随即把这种反思的范围扩展至近百年来中国逻辑史研究在研究方法与具体成果上的得与失,进而引发了一场颇为激烈且持续至今的关于中国逻辑史的学科合法性及其研究方法的争论。在这场争论中,对近现代名辩研究的考察逐渐被主题化。令人遗憾的是,由于出版时间或者研究计划所限,现有的研究成果中多数都未能充分反映最近20余年来学术界对近现代名辩研究所进行的梳理与反思。

要言之,围绕对近现代名辩研究的梳理与反思这一课题,现有的研究成果大多还仅仅是聚焦于近现代名辩研究的某一方面、某一领域或某一阶段,严格说来,目前还没有一本专著从整体上对近现代名辩研究进行了全面而系统的回顾与总结。

三、研究目标与主要内容

对研究现状及其问题的如上把握,决定了本书的具体目标和基本内容。

(一) 研究目标

着眼于对近现代名辩研究的重新审视,本书设定了历史描述与理论评价的双重目标:

在历史描述的层面上,阐明近现代名辩研究兴起的前提条件与主要动因;勾画近现代名辩研究的主要发展阶段以及各自的基本特征;厘清"名辩"一词如何进入学术研究领域及其多重含义;考察近现代学者对名辩话语的本质勘定;揭示近现代名辩研究所使用的主要方法。在理论评价的层面上,总结近现代名辩研究在名辩话语的本质勘定与研究方法诸方面取得的积极成果,揭示其中存在的主要问题,为进一步推进名辩研究提供方法论上的支持。

这里需要澄清两点:

第一,本书无意也无力全面回顾近现代学者对于名辩话语的代表人物、主要著作和基本论题的个案研究。这方面的工作在最近30余年来已经有了相当深入的研究,出版和发表了一大批专著、专书章节、期刊论文和学位论文。在重新审视近现代名辩研究时,本书主要关注近现代学者如何从整体上去把握作为一个相对独立的思想史现象的名辩话语。鉴于墨辩在名辩话语中的重要地位以及近现代学者对其所进行的持久而深入的研究,在有必要借助个案考察来揭示近现代名辩研究的特点时,本书将主要考察近现代的墨辩研究。不过,即便是此类考察,也主要着眼于学者们在勘定墨辩的理论本质、确定墨辩研究的合理方法、评判墨辩的历史地位诸方面的总体特征,而较少涉及墨辩研究各方面的具体细节。

第二,本书也不是对20世纪中国逻辑史研究的全面回顾与系统总结。在相当长的时期内,近现代名辩研究主要展开于中国逻辑史的学科建制之下,但学术界普遍认为中国逻辑史的研究对象除了中国本土逻辑的形成与发展,还包括印度因明与西方逻辑的输入与研究。此外,本书将会指出,名辩话语与中国本土逻辑之间并不完全重合:一方面,名辩话语中固然包含着中国本土对于逻辑问题的考察,但其多重内涵并非逻辑所能范围;另一方面,中国本土逻辑也并非仅仅以名辩话语为具体形态,中国古代的科学研究与考据实践也包含着大量对逻辑问题的研究。就此而言,名辩话语既不能涵盖中国本土逻辑也不能穷尽中国逻辑史的全部内容;相应地,对近现代名辩研究的重新审视,当然需要联系20世纪的中国逻辑史研究,但并不等同于对20世纪的中国逻辑史研究的梳理与反思。

(二) 主要内容

从春秋末年直至战国晚期,先秦各家各派的思想家围绕与“名”有关的一系列论题(如名实、同异、坚白之争等)及“辩”之用途、方法和原则等问题展开了一场波澜壮阔的争辩。秦汉以降,随着子学没落、“六经”之学独尊，名辩逐渐衰微，在相当长的一段时间内鲜有研究。

明朝末年，理学革新，开始出现对于先秦诸子的广泛研究。伴随着诸子学的兴起，有清一代出现不少对于先秦名辩著作的整理，成为名辩研究在近现代复兴的滥觞。几乎同时，西方逻辑开始传入中国并经历了一个逻辑名辩化的过程，即借助名辩语汇来翻译与诠释逻辑的术语和理论，使后者带上某种中国本土的色彩，以便得到更为有效的普及和研究，并更容易能为中国社会所接纳。逻辑的名辩化最终并未成功，但直接催生了“名辩逻辑化”的研究构想，即运用传统逻辑（以及逻辑的其他分支）的术语、理论和方法，来梳理名辩的主要内容，勘定其理论本质，评判其历史地位，为近现代名辩研究从文本整理走向义理诠释创造了条件。

近代以来，面对儒家文化及其政治、经济、军事等体制难以有效应对西方列强挑战的困境，有识之士意识到必须向西方学习，而为了维护中国文化的自尊与自信，他们往往在先秦诸子之学中寻找与西学的相契之处，进而将其作为救亡图存、变法维新和开启民智的工具。时务的需要与学术的兴趣，或者说，发挥墨学的经世致用之能与寻找中国本土逻辑，[1]直接促成了梁启超对《墨辩》义理的研究，构成了名辩研究在近代中国得以兴起的双重动因。

1900年至1930年代末是近现代名辩研究的起步与开拓阶段。相对于此前仅有名辩之实而无“名辩”之名，本阶段出现了对“名辩”一词的最初使用，引入并辨析了跟先秦名辩的学派与著作相关的一系列术语；相对于此前对名辩著作的不平衡整理，本阶段开始了对名辩著作的深入考辩与全面整理；相对于此前对名辩义理的札记或批注式的零散研究，本阶段开始出现了对于名辩义理的系统诠释。尽管“名辩”尚未得到普遍使用，学者们也未使用合适语词来命名先秦围绕“名”与“辩”

[1] 在本书中，“中国古代逻辑”与“中国本土逻辑”异名而同谓，根据语境交替使用。

所涉诸问题而展开的争辩,梁启超、胡适、郭湛波、冯友兰、虞愚等一大批学者创榛辟莽,在事实层面上确认了先秦名辩话语的存在。为了维护中国文化的自尊,名辩学者把“名辩逻辑化”的研究构想付诸实践,用“辨(辩)学”、“名学”、“形名学”等语词来概括先秦名辩所争所论的理论本质,尝试援引名辩与逻辑的本质同一性证成中国本土名辩与古印度因明、古希腊逻辑一样,也是“逻辑”这个大家庭中的平等一员,借此赢得西方文化的承认。无论是把“名辩逻辑化”确定为首选的研究方法,还是把名辩的理论本质勘定为中国本土逻辑,本阶段的研究均立下筚路蓝缕之功,对于整个近现代名辩研究都具有奠基性的意义。

1940 年代至 1960 年代是近现代名辩研究的发展与提高阶段。名辩研究没有因 1949 年中华人民共和国的成立与国民党政权退守台湾而中断,在很大程度上保持了研究的连续性。名辩著作整理在数量上虽不及前 40 年,但义理层面的研究却有了大幅度的发展与提高。作为一个相对独立的思想史现象,先秦名辩得到了前所未有的自觉研究。由伍非百引入的“名辩”一词开始为学术界所普遍使用;作为“名辩思潮”一词的始作俑者,郭沫若率先对卷入先秦名辩思潮的思想家进行了逐一研讨,并对本阶段的先秦思想史、哲学史和逻辑史研究产生广泛的影响。经过伍非百、张岱年对“名辩”含义的自觉追问,尤其是赵纪彬、汪奠基对名辩与逻辑之本质同一性的系统论述,“名辩逻辑化”的研究构想在事实上被确立为具有范式意义的研究方法。更为重要的是,通过章士钊、杜国庠、沈有鼎、詹剑峰、谭戒甫等人展开于“名辩逻辑化”框架下的墨辩研究,中国古代逻辑之为世界三大逻辑传统之一的地位得到了初步的证成。值得注意的是,1949 年以后,政治批判的要求与爱国主义的驱动对这一证成产生了重要的推动作用。前者主要指用马克思主义的立场、观点和方法来清算旧中国的学术研究,后者更多地表现为通过挖掘和继承民族文化的优秀遗产来证明经过马克思主义洗礼的中国文化具有与西方文化平等甚至是更具优势的地位。

1970年代末至1980年代末是近现代名辩的复苏与推进阶段。"文革"结束,名辩研究从为期10年的停滞中逐渐复苏,对名辩著作的辨伪、校勘与注释取得了若干新的进展,出现了以《中国逻辑史资料选》为代表的一批新的名辩整理成果。而"名辩逻辑"一词的出现与广泛使用,不仅意味着名辩话语的理论本质再一次被明确为逻辑,而且标志着对中国本土逻辑的理论形态的探索,从上一阶段含义不甚明确的"名辩即是逻辑"被最终定格为"名辩逻辑",即以名辩为具体形态的传统形式逻辑。在此基础上,学者们化理论为方法,将"名辩逻辑化"的研究范式全面贯彻于历史书写,或者对名辩话语的基本论题、代表人物、主要著作等展开个案研究,或者立足于名辩逻辑的形成与发展来建构中国逻辑史(从先秦到中国近代)的叙述内容,出版了以五卷本《中国逻辑史》、《中国逻辑思想史教程》、《中国逻辑史教程》、《中国逻辑史(先秦)》等为代表的一大批中国逻辑史著作,在更为广阔的历史视野中证成了名辩逻辑之为中国本土逻辑是世界三大逻辑传统之一。

1990年前后,近现代名辩研究开始进入了反思与深化阶段。有见于此前名辩研究在研究方法的选择与名辩本质的勘定诸方面存在的问题,以曾祥云、崔清田、张斌峰为代表的一批学者先后对"名辩逻辑化"的研究范式进行了多方面的批判。在研究心态方面,"吾国固有"的文化心理受到指责;在理论预设方面,"名辩与逻辑的本质同一性"的合理性受到质疑;在研究方法方面,"据西释中"及其相关的牵强比附与过度诠释遭到批评。随之而来的便是对名辩与逻辑的关系以及什么才是名辩研究之合理方法的热烈讨论。相异于一些学者继续致力于维护和扩展"名辩逻辑化"的研究构想,更多的学者放弃了将名辩等同于逻辑(主要是传统形式逻辑)的立场,通过改进比较研究、引入"历史分析与文化诠释"等方法对名辩话语开展多方面的研究。刘培育、周云之、崔清田、林铭钧和曾祥云、董志铁等学者更将关注重点从"名辩"之学派义、思潮义转向理论义,尝试对名辩学的体系进行多元重构。至此,本阶段的名辩研究已经无须再执著于援引“名辩与逻辑的本质同一性”来证成中国古代有逻辑以维护中国文化自尊、赢得西方文化承认，而开始通过强调名辩之为逻辑的平等他者、突出名辩的本土特点来追求对于民族文化传统的认同。

第一章　历史的先导

近现代的名辩研究其来有自，并非无本之木，无源之水。作为历史的先导，诸子学在明清之际的兴起以及有清一代对先秦名辩著作的整理，堪称名辩研究在近现代复兴之滥觞。而逻辑东渐过程中出现的逻辑名辩化倾向，直接催生了“名辩逻辑化”的研究构想，这又为近现代名辩研究从文本整理走向义理诠释创造了条件。

第一节　先秦名辩及其衰微

从春秋末年直至战国晚期，先秦各家各派的思想家围绕与“名”有关的一系列论题（如名实、同异、坚白之争等）及“辩”之用途、方法和原则等问题展开了一场波澜壮阔的争辩。秦汉以降，名辩话语逐渐衰微。在中国传统的知识分科中，经学长期占据主导地位，由于名辩在总体上更多地与子学相关，因此在相当长的一段时间内鲜有研究。

一、先秦名辩概览

伴随着社会在经济关系、政治制度和文化观念上的巨大变革，名实相怨、名实不符的现象到春秋末年已日趋严重。有见于此，邓析一方面强调“循名责实”、“按实定名”（《邓析子·转辞》）；另一方面私造《竹刑》，“操两可之说，设无穷之辞”（《列子·力命》），向士民传授刑名诉讼之法；

进而提出"谈者,别殊类使不相害,序异端使不相乱,谕志通意,非务相乖也。若饰词以相乱,匿辞以相移,非古之辩也。"(《邓析子·无厚》)

继邓析首开先秦名辩之风,孔子也强调为政"必先正名",认为"名不正则言不顺,言不顺则事不成",要求以名正实,通过恢复周礼规定的等级名分制度来纠正"礼乐不兴"、"刑罚不中"的混乱局面(见《论语·子路》)。在名实之辩上,墨子主张"取实予名",认为知与不知的区别"非以其名也,以其取也"(《墨子·贵义》);提出了结合历史经验、直接经验以及言论的社会效果来鉴别言论是非的"三表"法;并初步考察了"明故"、"察类"和"出言谈之道"。而从"道常无名"(《老子·三十二章》)出发,老子认为"善者不辩,辩者不善"(《八十一章》),主张"大辩若讷"(《四十五章》)。自此,名、儒、墨、道四家均在不同程度上卷入了这场围绕"名"与"辩"所涉诸问题而展开的争论。

战国中后期,对名辩诸论题的考察与争辩达到高潮。在名家方面,先后涌现出一大批热衷于名实、同异、坚白之争等论题的"辩者",其代表人物有尹文、惠施和公孙龙等人。尹文以形为实,认为"有形者必有名,有名者未必有形";把名分为"命物"、"毁誉"、"况谓"三科;主张"名以检形,形以定名,名以定事,事以检名";进而对"违名而得实"、"得名而失实"、"同名不同实"等名实不符的现象进行了考察和分析(见《大道上》)。承袭邓析的"两可之说",惠施将名辩话语从名实之争扩展至同异之辩,"日以其知与人之辩,特与天下之辩者为怪"。基于"合同异"的立场,他提出了"天与地卑,山与渊平"等"历物"十事。而与惠施同时代的其他一些辩者,则提出"火不热"、"鸡三足"等二十一事,"与惠施相应,终身无穷"(详见《庄子·天下》)。其后,公孙龙从"夫名,实谓也"的立场出发,强调正名时必须"唯乎其彼此",遵守"物其所物而不过"、"实其所实而不旷"、"位其所位"等要求(见《公孙龙子·名实论》);并从名、实两个层面论证了"白马非马"。在坚白之辩上,他主张"离坚白",进而提出"指物论",认为"物莫非指,而指非指"。

墨子死后,“墨离为三,取舍相反不同。”(《韩非子 · 显学》)后期墨家对“辩”的主要功用、基本原则和常见方法进行了系统考察,认为论辩的功用在于“明是非之分,审治乱之纪,明同异之处,察名实之理,处利害,决嫌疑”;应当遵守“摹略万物之然,论求群言之比”,“以类取,以类予”,“有诸己不非诸人,无诸己不求诸人”等基本原则。针对论辩所使用的名、辞、说等思维形式,后期墨家主张“以名举实,以辞抒意,以说出故”(《墨辩 · 小取》)。根据所指范围的大小,他们把名分为达名、类名和私名;提出“夫辞,以故生,以理长,以类行”(《大取》)的“三物”论说,进一步深化了墨子对于“故”、“理”、“类”的考察;初步分析了辟、侔、援、推、止等常见的辩说方法,以及因“行而异,转而危,远而失,流而离本”和“言多方,殊类、异故”等所引起的诸种谬误。在名辩话语中,名、墨两家多有訾应。在同异之辩上,相异于惠施的“合同异”,后期墨家主张“同异交得”,强调同异互有联系,相得益彰;在坚白之辩上,主张“坚白不相外”,不同于公孙龙的“离坚白”;在围绕“白马非马”的争论中,强调“白马,马也”,与公孙龙的“白马非马”针锋相对。

在道家方面,庄子以论辩手法的娴熟与巧妙著称,他与惠施的濠梁之辩更是名辩史上的千古绝唱。不过,从“道与言为二”和“言隐于荣华”,以及“正处”、“正味”、“正色”的相对性出发,庄子认为“辩也者,有不见也”(《庄子 · 齐物论》),甚至主张“辩之不必慧”、“辩不若默”(《知北游》),对诉诸论辩来明辩是非、判定对错的可能性持怀疑的态度。见于此,后世学者将庄子的这一论点概括为“辩无胜”,以区别于后期墨家所主张的“辩胜,当也”(《墨辩 · 经上》)。《庄子》一书对卷入名辩话语的名、墨诸家多有批评,如认为墨家是“骈于辩者,累瓦结绳,窜句棰辞,游心于坚白同异之间,而敝跬誉无用之言”(《骈拇》)[1],墨家后

---

[1] “棰辞”两字原缺,据王叔岷,敦煌唐写本《释文》“窜句”下有“棰辞”二字,今从之。见王叔岷:《庄子校诠》,北京:中华书局,2007 年,第 310 页。

学则多以“坚白同异之辩相訾，以觭偶不仵之辞相应”；认为惠施“其道舛驳，其言也不中”，而公孙龙等“辩者之徒，饰人之心，易人之意。能胜人之口，不能取人之心，辩者之囿也。”（《天下》）

战国中期，诸侯放恣，处士横议，作为儒家的孟子为正人心，息邪说，距诐行，放淫辞，虽视论辩为“不得已”（《孟子·滕文公下》），但仍将其当作驳斥敌论，证成己说的有效工具。相异于孟子，战国末期的荀子明确主张“君子必辩”（《荀子·非相》），并对名、辞、说、辩涉及的诸多问题进行了系统考察。在名实之辩上，他强调名实相当，“名定而实辨”，主张“制名以指实，上以明贵贱，下以辨同异”。关于名的分类，他一方面根据名的社会功能，将名分为刑名、爵名、文名和散名；另一方面根据名的所指范围大小，认为名有共名与别名之分；此外，根据名的语言特征，又提出名有单名和兼名之别。关于“所缘以同异”即制名的客观基础或者名何以彼此不同，荀子将其归结为“天官”的功能不同以及“心有征知”的功能。关于“制名之枢要”即制名的原则和要领，他提出了“同则同之，异则异之”；“单足以喻则单，单不足以喻则兼”；“偏举为共名，偏举为别名”；“约定俗成”与“径易而不拂”，以及“稽实定数”等基本原则。在此基础上，荀子强调“破三惑”，批评了名家和后期墨家在某些论点上“用名以乱名”、“用实以乱名”和“用名以乱实”的谬误。关于名、辞、说、辩的性质，荀子提出，“名也者，所以期累实也。辞也者，兼异实之名以论一意也。辩说也者，不异实名以喻动静之道也。”关于此四者之间的关系，他认为，“实不喻然后命，命不喻然后期，期不喻然后说，说不喻然后辩。”荀子把辩说分为圣人之辩、士君子之辩和小人之辩，强调应该遵守“辨异而不过，推类而不悖”；“听则合文，辩则尽故”；“持之有故，言之成理”；“以仁心说，以学心听，以公心辩”等原则（详见《正名》）。针对名家在名辩诸论题上的立场，荀子强调“坚白同异之分隔也，是聪耳之所不能听也，明目之所不能见也，辩士之所不能言也”（《儒效》）；认为惠施、邓析等“好治怪说，玩琦辞，甚察而不惠，辩而无用,多事而寡功,……足以欺惑愚众”(《非十二子》)。

战国末期,作为法家代表人物的韩非,其名辩思想具体表现为刑名法术之学。韩非非常重视名实关系,强调“名实相持而成,形影相应而生”(《韩非子·功名》),主张“循名实而定是非,因参验而审言辞”(《奸劫弑臣》),要求“循名而责实”(《定法》)。在涉及论辩的问题上,他强调“上不明,则辩生”;提出“夫言行者,以功用为之的彀者也”,即用实际功效来检验言行;认为“坚白、无厚之辞章,而宪令之法息。”(《问辩》)此外,韩非还初步考察了“矛盾之说”,提出“为名不可两立”(《难势》),“不相容之事不两立”(《五蠹》);首创了被后人称为“连珠”的名辩文体格式。

二、名辩的衰微

随着政治上逐渐走向大一统,思想文化领域中诸子蜂起、百家并作的局面到战国晚期渐趋衰微,先秦各家各派均卷入其中的名辩话语虽未亡绝,但也不复昔日的盛况。

自秦汉直至魏晋,诸子余绪尚存,名辩问题仍得到一定程度的关注。《吕氏春秋》、《淮南子》、《论衡》等著作对名辩所涉诸问题有所关注与推进;王符的《潜夫论》、徐干的《中论》也较为集中地探讨了名实关系以及跟“辩”有关的一些理论问题。先秦法家“循名责实”的刑名法术之学在魏晋被用于选拔人才的荐举制度而逐渐演变成对“审察名理”、“循名究理”的讨论,进而发展成为对抽象的人才标准与才性关系的讨论。才性之学强调辩名析理,故又被称为“名理之学”,对玄学产生直接影响。魏晋玄学注重通过论辩的方法来谈玄说理,先秦名辩的某些话题,如“白马论”等,一度重新引发关注。与此相关,韩非首创的“连珠”这一论辩文体在两晋也达到创作的高峰,其代表人物有陆机、葛洪等。

这一时期还出现了若干从不同角度对先秦名辩的初步梳理与评

价。《汉书·艺文志》著录了大量与先秦名辩有关的典籍;不少学者和著作对先秦名辩话语,尤其是卷入其中的名家,进行了褒贬不一的评价,或多或少地影响到当时以及后世学者对先秦名辩的认识。例如,为了能用黄老之学跟汉武帝崇尚儒术来互争定于一尊,《淮南子》对阴阳五行学说以外的各家学说均持反对态度,尤其反对名家,认为“公孙龙折辩抗辞,别同异,离坚白,不可与众同道也”(《齐俗训》);“公孙龙粲于辞而贸名,邓析巧辩而乱法,苏秦善说而亡国。”(《诠言训》)司马谈虽然认为名家“苛察缴绕,使人不得反其意,专决于名而失人情”,但又肯定其重视“控名责实,参伍不失”(《论六家要旨》)。刘向、刘歆一方面肯定先秦诸子“各著篇章,欲崇广道艺,成一家之言”,另一方面则说由于“仲尼没而微言绝”,以至“诸子之言纷然淆乱”(《七略·诸子略》);强调名家“出于礼官”,名家之说导源于孔子的“正名”。班固在《汉志》中基本沿袭刘向、刘歆的看法,认为名家“出于礼官”,其所长在于孔子所说的“正名”,其所短则在于“警者为之,则苟钩鈲析乱”。

真正尝试对先秦名辩给予系统总结的是西晋的鲁胜。据《晋书·隐逸列传》,鲁胜“著述为世所称”,撰有《墨辩注》、《形名》等,不过后来皆“遭乱遗失”,仅保留下近三百字的《墨辩注叙》,从中尚可一窥鲁氏对于先秦名辩的本质、范围、论题与命运的认识,以及当时《墨辩》文本编制的特点。

名辩话语关乎“名”与“辩”,是先秦诸子围绕与“名”有关的一系列论题(如名实、同异、坚白之争等)及“辩”之用途、方法和原则诸问题而进行的探讨与争辩。按鲁胜之见,“名者,所以别同异,明是非,道义之门,政化之准绳也。”对“名”的这一功能性定义,与后期墨家对“辩”之功用、荀子对“所为有名”的理解无疑是一致的。这也从一个侧面说明了“名”与“辩”在名辩话语中的内在关联。

针对名辩话语的影响范围,鲁胜有如下的描述:

> 孔子曰:“必也正名,名不正则事不成。”墨子著书,作《辩经》

> 以立名本,惠施、公孙龙祖述其学,以正形名显于世。[1] 孟子非墨子,其辩言正辞则与墨同。荀卿、庄周等皆非毁名家,而不能易其论也。

后来的研究表明,墨子做《辩经》、惠施与公孙龙祖述墨学,均与史实不符,不过鲁胜以为儒、墨、名、道等各家均研究了"名",而且彼此之间还相訾相应,则是事实。这一描述虽未用"名辩话语"之名但已高度概括了名辩话语之实,勾勒出了名辩话语的影响范围。

关于名辩话语的主要论题,鲁胜指出:

> 名必有形,察形莫如别色,[2]故有坚白之辩。名必有分,明分莫如有无,故有无厚之辩。[3] 是有不是,可有不可,是名两可。同而有异,异而有同,是之谓辩同异。至同无不同,至异无不异,是谓辩同辩异。同异生是非,是非定吉凶。取辩乎一物而原极天下之污隆,名之至也。

简言之,名辩话语主要包括形名(名实)之辩、坚白之辩、无厚之辩、两可之辩、同异之辩以及是非之辩等六大论题。

《墨辩注叙》对当时《墨辩》文本的编制特点也有所提示:"《墨辩》有上下《经》,《经》各有《说》,凡四篇。"这里值得注意的是:第一,鲁胜在历史上首先用"墨辩"称呼《经》《说》四篇;第二,从文本编制的形式看,鲁氏在注解时采用了"引《说》就《经》,各附其章"的原则;第三,由于《经》《说》文本在当时可能已出现错漏,难以准确对应,鲁胜对此只能"疑者阙之"。

此外,这篇叙言还明确提及了先秦名辩的衰微:

---

[1] "形名"原作"别名",据伍非百校改,见《名家书籍著录》,《中国古名家言》,第22页。

[2] "必"上原无"名"字,"察"下原无"形"字,此据孙诒让校增。参见《鲁胜墨辩注叙》,孙诒让:《墨子间诂》,北京:中华书局,2001年,第660页。

[3] 此句原作"名必有分明,分明莫如有无,故有无序之辩",据伍非百校改。见《名家书籍著录》,《中国古名家言》,第22页。

> 自邓析至秦时,名家者世有篇籍,率颇难知,后学莫复传习,于今五百余岁,遂亡绝。《墨辩》…… 与其书众篇连第,故独存。……又采诸众杂,集为《形名》[1]二篇,略解指归,以俟君子。其或兴微继绝者,亦有乐乎此也。

鲁胜所谓“名家”,泛指对“名”有所研究的人物或学派,其外延宽于汉儒的理解。尽管自邓析以来留下了众多名辩著述,但大多相当难懂,后世学者不再传习,所以到了五百年后的西晋就已“亡绝”,仅有《墨辩》因与《墨子》的其他篇章相连得以幸存。正是有见于名辩话语业已衰微,他一方面作《墨辩注》,另一方面又从各种典籍中撷取有关名辩的材料并对主旨略加疏解,汇集为《形名》二篇,希望有志于“兴微继绝”的学者能对此有兴趣。

“兴微继绝”并非危言耸听之辞,先秦名辩在秦汉以后逐渐衰微是不争的事实,这主要表现在:

第一,先秦名辩著作散佚亡失颇为严重。《汉书 · 艺文志》著录的先秦名家著作有七部三十六篇,按鲁胜的说法,到西晋时皆已亡失。尽管这一断定并不准确,但据《隋书 · 经籍志》,《汉志》著录的名家著作也仅存《邓析子》一卷和《尹文子》两卷,《公孙龙子》据说已改名《守白论》而归入道家。《旧唐书 · 经籍志》仍载录了上述三书,不过《公孙龙子》已改回原名,重返名家。[2] 如鲁胜所说,《墨辩》作为《墨子》的一部分得以幸存,但他自己的《墨辩注》和《形名》两书在《隋志》中已不见著录。

第二,跟始于西汉的子学没落、六艺经学独尊有很大的关系,名辩

[1] “形名”原作“刑名”,据孙诒让和伍非百校改。

[2] 参见栾调甫:《读梁任公〈墨经校释〉》,《墨子研究论文集》,北京:人民出版社,1957年,第20页。鉴于《隋志》并未提及《守白论》的作者,杨俊光认为栾氏此说不确,并引《文苑英华》卷七五八考证出《公孙龙子》在《隋志》成书(656年)后的671年仍存于世。参见杨俊光:《惠施公孙龙评传》,南京:南京大学出版社,1992年,第149页。

存世著作长期以来缺乏整理与研究,多有残阙或窜改,有的甚至被视为伪作,鲜有校注,难以卒读。如《公孙龙子》在唐宋皆有注本,但明代宋濂却说:“白马非马之喻,坚白同异之言,终不可解。后屡阅之,见其如捕龙蛇,奋迅腾蹇,益不可措手。”[1]曾与儒家同为“显学”的墨家在秦汉以后几成“绝学”。唐时《墨子》版本寥寥,无人为其作注,明代更被收入《道藏》。荀子在唐以前常与孟子并称,但自刘向编订《荀子》直至中唐杨倞,竟无人为其作注。随着韩愈及宋儒尊孟抑荀,荀学在此后近七百年间少有研究,《正名》篇的名辩思想更是无人问津。

第二节　诸子学的兴起与名辩复兴的滥觞

明末,理学革新,阳明心学的兴起向经学(亦即正统儒学)发起了挑战,一向被视为异端的先秦诸子之书冲锋陷阵,以至“时风气酷尚诸子”。[2] 此外,有见于王学末流空谈心性,不少学者反对“无根之游谈”,强调博览,复兴古学,“自经史典坟,诸子百家,下及稗官小说,曲议卮言,靡不纠舛厘纷,剖疑析义。”[3]由此,在明清之际开始出现了对于先秦诸子的广泛研究,或从义理上倡导经子平等,或对诸子著作展开考据辨伪。[4] 伴随着诸子学的兴起,有清一代出现了不少对先秦名辩著作的整理,成为名辩研究在近现代复兴的滥觞。[5]

---

[1] 宋濂:《诸子辨》,北平:朴社,1926年,第30页。

[2] 查继佐:《国寿录》,北京:中华书局,1959年,第92页。

[3] 郑宝琛:《总纂升庵合集序》,王文才、张锡厚辑:《升庵著述序跋》,昆明:云南人民出版社,1985年,第63页。

[4] 参见刘仲华:《清代诸子学研究》,北京:中国人民大学出版社,2004年。

[5] 本节所论有清一代的名辩著作整理,下限为1899年。1900—1911年间的整理情况见本书第二章。

一、程智和傅山的名辩研究

就现有的材料看，名辩研究的复苏，最早可以追溯到明末清初程智的《守白论》以及傅山对名辩著作的校勘与评注。

程智，号云庄，[1]著作俱佚，仅在全祖望《鲒埼亭集外编》卷三十四中存有《守白论》"十六目"及其"宗旨"，约四百字。[2] 十六目又有前后八目之分，前八目曰：真白、真指、指物、指变、名物、真物、物指、物变；后八目为：地天、天地、真神、神物、审知、至知、慎谓。全书宗旨则是"天地惟神，万物惟名，天地无知，惟神生知，指皆无物，惟名成物"。经比对，上述十六目提要及其宗旨的大部分内容与今本《公孙龙子》多篇之间确实具有某种联系。[3] 诚如全祖望所言，"公孙龙子之学，绝于世亦久矣，云庄盖参会释老之言附会之以成其说者也。"这就是说，《守白论》很可能是一部通过参酌综合佛家与道家思想来阐释《公孙龙子》进而表达程智本人名辩思想的著作。

傅山，字青主，以字行，对先秦诸子著述有大量的校释和评论。[4] 在注释《公孙龙子》时，他认为该书是一种问答体，客问主答；其《庄子

---

[1] 关于程智的生平，可参见《程智传》，金天翮：《皖志列传稿》，台北：成文出版社，1974 年，第 116—122 页。其生卒时间，则可参钱穆：《中国近三百年学术史》(二)，北京：九州出版社，2011 年，第 795、808 页。

[2] 参见全祖望：《书程云庄语录后》，《全祖望集汇校集注》，上海：上海古籍出版社，2000 年，第 1457—1458 页。胡道静曾斥巨金购得清季四川藏书家李芋仙原藏《守白论》清初钞本二册，不幸于 1932 年 1 月 28 日毁于日寇的炮火之下。参见胡道静：《抄校讽诵六十冬》，浙江日报编辑部编：《学人谈治学》，杭州：浙江人民出版社，1982 年，第 392 页。

[3] 在论及明清之际的逻辑思想时，汪奠基曾全文引述《守白论》"十六目"及其"宗旨"，但未对其内容展开分析。周山可能是从逻辑角度释辩《守白论》的第一人。详见汪奠基：《中国逻辑思想史》，第 385—386 页；周山：《中国逻辑史论》，沈阳：辽宁教育出版社，1988 年，第 299—312 页。

[4] 关于傅山的子学研究，尤其是对名辩著作的研究，可参见魏宗禹：《傅山评传》，南京：南京大学出版社，1995 年，第三章；李匡武主编：《中国逻辑史》(近代卷)，第 42—57 页。

翼批注》针对惠施“历物十事”云：“我不厌此等说，然不可尽。偶一及之为胜口可耳，若据以为术，真有口而身可怜哉！”[1]由此多少可以窥见傅山对于惠施的名辩言行的态度。

有见于《大取》篇奥义难解，傅氏两度作《墨子大取篇释》，但误释之处不少，如把“三物必具，然后足以生”解释为“鸡、犬、豕三物所以养生也，必具之而后足以为生。”在名实关系上，他强调“实在斯名在”；把“以形貌命者”解释为“实指之词”，“不可以形貌命者”解释为“想象之词”，并对二者在语言表达方面的特征进行了初步考察。在同异之辩上，他认为，“因有异也，而欲同之，其为同之也，又不能浑同，而各有其私，同者又异”，并援引佛家“因彼所异，因异立同”来互明此旨。[2]

傅山的《荀子批注》和《荀子评注》对荀子的名辩思想多有肯定和引申，认为《正名》篇“有精凿怪奥之句，亦由与龙、惠斗嘴，加几分思，如锻炼耶?”主张结合公孙龙、惠施的名辩思想来理解，如援引“白马论”来诠释荀子对单名、兼名及其相互关系的讨论。[3]

傅山对包括名辩著作在内的先秦诸子著作的批注，在明末清初诸子学的兴起与发展中具有承前启后的地位。正如汪奠基所指出的，“傅山的研究，作了清代子学、名学研究的先行。实际上，他的子学思想，是唐代以来最能表现因明识相诸宗的影响和运用这些影响来发挥祖国名辩学说义蕴的一人。”[4]

二、清代的《墨辩》校勘与注释

《墨辩》六篇集中反映了后期墨家的名辩论说。伴随着墨学在清

---

[1] 傅山：《傅山全书》(第二册)，太原：山西人民出版社，1991 年，第 937、1181 页。

[2] 参见同上，第 976、962、982 页。

[3] 同上，第 1223、1293—1294 页。

[4] 汪奠基：《中国逻辑思想史》，第 377 页。

代的复兴,对《墨子》的整理大量涌现,其中就不乏对《墨辩》的校释。[1]

汪中,字容甫,系乾嘉时期校注《墨子》全书的第一人。此外,他还收罗古书中有关《墨子》的材料编成《表微》一卷。可惜两书均未能流传下来,目前仅存"序"和"后序"各一篇。[2]

与汪中同时治墨学的还有卢文弨、毕沅和孙星衍等人。毕沅,号秋帆,以《道藏》本为底本,参考明代及卢、孙两人的校勘成果,作《墨子注》,是存世至今的第一个《墨子》全注本。[3] 毕注虽过于简略,亦多误改误释,诚如栾调甫所言,《墨子》"十五卷本,自宋李焘之校,已云多所脱误。明刊因循宋本,无所校雠。至毕校而后,书始可读。则今日墨学复闻于世者,不可不推毕氏为首功。"[4]

《道藏》本即近世通行本《墨子》,全书连文直行,其《经》篇文句奇偶错综而间一相承,与《经说》次序不合。毕沅根据《经上》篇末"读此书旁行"作《新考定经上篇》,将此篇录为上下两截,旁读成文。"旁行"体例的发现对于《经》篇的文本整理具有非凡的意义。对此,梁启超有很高的评价:

> 毕注于他篇虽多疏略,然尚有所发明。独此六篇,则自称"不能句读"。惟彼据《经上》篇有"读此书旁行"一语,于篇末别为《新考订经上篇》,分上下两行横列。最初发现此经以旧本写法,不能不算毕氏功劳。[5]

---

[1] 关于清代整理与研究《墨子》的一般情况,可参见梁启超:《中国近三百年学术史》,北京:商务印书馆,2011 年,第 279—281 页;陈柱:《历代墨学述评》,《墨学十论》,上海:商务印书馆,1928 年,第 175—238 页;郑杰文:《中国墨学通史》,第五章。

[2] 参见汪中:《新编汪中集》,扬州:广陵书社,2005 年,第 408—411 页。

[3] 参见毕沅:《墨子注》,乾隆四十九年(1784 年)毕氏灵岩山馆刻本,收入任继愈、李广星编:《墨子大全》(第 11 册),北京:北京图书馆出版社,2002 年。

[4] 栾调甫:《墨子要略》,《墨子研究论文集》,第 102 页。

[5] 梁启超:《中国近三百年学术史》,第 280 页。

此外，毕沅注意到《经》《说》四篇在义理上与先秦名辩之间的关联。他曾致信孙星衍云："《经》上下、《经说》上下四篇，有似坚白、异同之辩，其文脱误难晓，自鲁胜所称外，书传颇有引之否？"孙氏就此曾先后问过卢文弨和翁方纲，可惜未能得到肯定的答复。[1]

王念孙，号石臞，有见于毕注误改误释者尚多，作《墨子杂志》，共得札记433条，错简校正六条，其中关于《墨辩》的有34条，所获良多。[2] 如王树枏所言，"乾隆癸卯毕弇山沅始集卢、孙校本重加订正，作《校注》十五卷。道光中高邮王氏念孙补校六卷。自两家书出，而是书之症结大半可通。"[3]

不过，"墨子书虽至王氏而略已可读，然《经》上下及《经说》上下四篇，含义既奥博，讹脱尤众；毕、王之书，尚未能得其十之一二也。"[4] 在充分吸收毕沅等人校注成果的基础上，张惠言，字皋文，撰成了《墨子经说解》。[5] 作为清代最早专注于《墨经》的著作，此书一方面把"旁行"体例推广至《经下》篇，另一方面又援引"引《说》就《经》"的原则，将四篇逐条拆分，各相比附，大致理清了《经》《说》的对应关系。

道光以降出现了校注《墨子》和研究墨学的高潮。苏时学，字爻山，著有《墨子刊误》，是继毕沅《墨子注》之后的又一《墨子》全注本。[6] 不过，此书在校释《墨辩》方面建树不多，仅得《大取》《小取》案语十条，《墨经》四篇更无一条刊误。俞樾，字荫甫，作《墨子平议》，

[1] 毕沅：《墨子注》，《墨子大全》（第11册），第284—286页；亦见《孙星衍墨子注后叙》，孙诒让：《墨子间诂》，第663—667页。

[2] 参见王念孙：《读书杂志》（中册），北京：中国书店，1985年。

[3] 王树枏：《墨子斠注补正》，光绪十三年（1887年）文莫室刊本，《墨子大全》（第14册），第425—426页。

[4] 陈柱：《墨学十论》，第186页。

[5] 张惠言：《墨子经说解》，孙诒让校抄本，《墨子大全》（第13册）。

[6] 参见苏时学：《墨子刊误》，民国十七年（1928年）中华书局聚珍仿宋印本，《墨子大全》（第14册）。

创获颇多，惜所见他家校注不广，不过于《墨辩》倒有札记28条。[1]

按梁启超之见，"大抵毕注仅据善本雠正，略释古训；苏氏始大胆刊正错简；仲容则诸法并用，识胆两皆绝伦，故能成此不朽之作。然非承卢、毕、孙、王、苏、俞之后，恐亦未易得此也。"[2]仲容，即孙诒让，号籀庼；"此不朽之作"，则指孙氏历时近30年最终完成的《墨子间诂》。此书正文15卷，以毕沅本为底本，博采明清两代校注及札记式研究的主要成果，注语和校语数量十数倍于毕沅本，可谓明清两代《墨子》校注之集大成者。1894年以活字初版印行后，又利用张惠言的《墨子经说解》和杨葆彝的《墨子经说校注》等予以补正，于1907年写成定本，1910年刻印刊布于世。[3]《间诂》所载附录、后语等，更汇集了其前两千年墨学研究的重要资料。"盖自此书出，然后《墨子》人人可读。现代墨学复活，全由此书导之。古今注《墨子》者固莫能过此书。"[4]

在校释《墨辩》部分，《间诂》既采集众说又断以己意，发前人所未发，多被视为定论。由于所见版本有限，对毕注的讹误亦多有承袭，"孙氏《间诂》，于他篇诠释殆已十得八九，独此四篇者，所释虽较孙、张（指孙星衍、张惠言——引者注）稍进步，然遗义及误解仍极多。"[5]此外，在义理方面，孙诒让自感"《经》《说》诸篇，闳义眇恉，所未窥者尚多。"[6]尽管他正确地认识到《墨经》与先秦所谓"名家言"有关，但以为"其坚白异同之辩，则与公孙龙书及《庄子·天下》篇所述惠施之言相出入"[7]，并不准确。

---

[1] 参见俞樾：《诸子平议》，北京：中华书局，1956年，第163—223页。

[2] 梁启超：《中国近三百年学术史》，第280页。

[3] 《墨子间诂》的初本现收入《墨子大全》，第15—16册；定本收入《墨子大全》，第17—18册。

[4] 梁启超：《中国近三百年学术史》，第280页。

[5] 同上，第281页。

[6] 孙诒让：《与梁卓如论墨子书》，《籀庼述林》，北京：中华书局，2010年，第382—383页。

[7] 孙诒让：《墨子间诂》，第308页。

《墨子间诂》对有清一代的《墨子》整理无疑具有某种总结的意义，不过其问世前后仍有一些颇具创见的《墨辩》校释成果值得一提。

本书导论已经指出，名辩著作之所载并非悉数是有关名辩的材料，除了跟名辩话语有关的那些文字，这些著作往往还涉及其他领域的论题。例如，邹伯奇，字特夫，在《学计一得》中就借助西学东渐传入的数理科技新知，尤其是几何、力学、光学等知识，对《墨经》的某些文字进行了诠释，后为孙诒让所采纳。如《经上》“圆，一中同长也”，孙氏注引“邹伯奇云：‘即几何言圆面惟一心，圆界距心皆等之意。’”[1]邹伯奇的这一做法引起不少学者的响应。陈澧，字兰甫，不仅为《学计一得》作序，介绍邹氏的成果，自己亦援引《海岛算经》、《几何原本》等对《经上》多条经文进行了解释。[2] 邹、陈二人所实践的这种以西学新知诠释《墨辩》义理的做法，对于后来的名辩研究影响甚大。

三、其他名辩著作的整理

随着诸子学的发展，先秦名辩的其他代表性著作也逐渐复活，得到了程度不同的整理。

（一）《邓析子》

《汉志》著录有《邓析》二篇，其后历代史志书目均有记载。自宋代始，有学者对今本《邓析子》的真实性表示怀疑，如晁公武一方面主张“其大旨讦而刻，真其言也，无可疑者”，另一方面则认为“其间时抄取他书，颇驳杂不伦，岂后人附益之欤？”[3]

由于真伪存疑，明末以来《邓析子》受关注的程度难以跟《墨辩》相

[1] 孙诒让：《墨子间诂》，第311页；亦见邹伯奇：《学记一得》，戴念祖编：《中国科学技术典籍通汇·物理卷》（第一分册），开封：河南教育出版社，1995年，第1012页。

[2] 参见陈澧：《东塾读学记（外一种）》，北京：生活·读书·新知三联书店，1998年，第347—348、246—247页。

[3] 晁公武：《郡斋读书志》（第一册），南京：江苏古籍出版社，1988年，第332页。

比。傅山留有一则笔记，题为《邓析子四句不解》。[1] 宋濂以为"析之学，兼名、法家"。[2] 清代著名藏书家严可均、钱熙祚、谭献等人均对《邓析子》的文句文意进行过校订，其中严氏认为"先秦古书，佚失者多，《邓析》幸而仅存，即言不尽醇，要各有所见，自成一家。"[3] 此外，俞正燮主张今本非邓析所作，俞樾、孙诒让对此书亦有校释。[4]

（二）《尹文子》

《尹文子》一篇为《汉志》所收，其后历代史志均有著录。不过，有见于今本署名为仲长氏之《序》与史实不符及全书文辞气魄与古迥异，宋濂认为，"统之《序》盖后人依托者也。呜呼，岂独《序》哉！"[5] 这是对今本《尹文子》真实性的最早怀疑。

明末清初以来，傅山读过《尹文子》，有批语一则。汪继培、严可均、钱熙祚等亦有辑校或校订。陈澧曾摘抄过《尹文子》数语。[6] 孙诒让先后对多个版本进行过校勘，颇有所得。如《大道上》："形而不名，未必失其方圆白黑之实；名而不可不寻名以检其差。"孙氏认为，在"名而"下当有"无形"二字，因为"名而无形"与上文"形而不名"正好对文。[7] 陶鸿庆在《读诸子札记》中亦曾节录文句、校订文字和文意，共计 12 处。[8]

---

[1] 傅山：《傅山全书》（第二册），第 924 页。

[2] 宋濂：《诸子辨》，第 11 页。

[3] 严可均：《邓析子叙》，《铁桥漫稿》，严氏四录堂本，卷五，文类三。

[4] 俞正燮：《邓析子跋》，《俞正燮全集》（第二册），合肥：黄山书社，2005 年，第 614 页。俞樾：《诸子平议补录》，北京：中华书局，1956 年，第 3—5 页。孙诒让：《邓析子》，《札迻》，北京：中华书局，2009 年，第 153—155 页；《邓析子二卷》，《籀庼遗著辑存》，北京：中华书局，2010 年，第 250—259 页。

[5] 宋濂：《诸子辨》，第 29 页。

[6] 参见傅山：《傅山全书》（第二册），第 924 页；陈澧：《东塾读学记（外一种）》，第 255 页。

[7] 参见孙诒让：《尹文子》，《札迻》，第 191—197 页。

[8] 见陶鸿庆：《读诸子札记》，北京：中华书局，1959 年，第 434—436 页。

（三）《庄子》

惠施是名辩的代表人物之一。汉时尚存的《惠子》一篇，在《隋志》已不见著录。近现代学者通常认为，惠施的名辩思想主要保存于《庄子·天下》篇中。由于清儒不尚清虚空谈，《庄子》一书在清代并没有像《墨子》那样受到重视。[1]

王念孙的《庄子杂志》有校释35条，多为后世学者所信从，但校释《天下》篇仅一条，且无关乎惠施或其他辩者。俞樾的《庄子平议》对此篇亦有校释，但跟惠施与辩者有关的仅两条。在校释郭象注《庄子》时，孙诒让认为惠施所论之"天与地卑，山与泽平"，"皆名家合同异之论"。[2]

对《庄子》的整理在晚清有了进一步发展，出现了两本在百余年来流行最广的通行本。一本是《庄子集释》，作者郭庆藩，号子瀞，将西晋以来校勘与训释《庄子》的精华汇为一集；另一本是《庄子集解》，作者王先谦，号癸园，见"旧注备矣，辄芟取众长，间以己意，集为八卷，命之曰《集解》。"[3]

（四）《公孙龙子》

魏晋时期，才性之学注重辩名析理，对《公孙龙子》的热衷曾风靡一时。据《旧唐书·经籍志》，陈嗣古、贾大隐曾分别为之作注，但已佚，不见后人称引。直至明末，公孙龙子的名辩思想亦鲜有人关注，偶尔提及者，多是溢恶之辞，如宋人黄震就认为，公孙龙"肆无稽之辩"，

---

[1] 关于清代的《庄子》整理与研究，可以参见方勇：《庄子学史》（第三册），北京：人民出版社，2008年，第六编。

[2] 参见王念孙：《读书杂志》，下册；俞樾：《诸子平议》，第325—385页；孙诒让：《庄子郭象注》，《札迻》，第190页。

[3] 郭庆藩：《庄子集释》，北京：中华书局，2004年；王先谦：《序》，《庄子集解》，北京：中华书局，1999年，第2页。

“大率类儿童戏语”。[1]

明末清初，傅山作《公孙龙子注》，对此书的文体及其名辩思想有初步讨论。姚际恒则认为，此书“《汉志》所载而《隋志》无之，其为后人伪作奚疑？”[2]受此影响，清代学者对《公孙龙子》的校勘与训诂也不多见。

辛从益，号筠谷，有《公孙龙子注》，系现存第一个有明确作者的完整注本。辛氏认为，“疾名实散乱，是此书大指。假物取譬，正所以辨名实也”，[3]似已注意到公孙龙参与名辩论争的目的及方法。辛注颇多确解，也有不少误读。如《名实论》“唯乎其彼此”之“唯”，旧注错训为“应辞”，辛氏释其为“独”：“当名辨物，一定而不可假易。故正名者，必使之一彼一此，有独擅，毋浑同。及其名之既定，则又勿稍游移于其间。”不过，他认为《指物论》中之“指”，“犹主也，宗旨也，旨归也”，则不确。[4]

陈澧的《公孙龙子浅说》未刊稿，1925 年经人刊行于世，易名为《公孙龙子注》。[5] 受到傅山的影响，陈氏认为《指物论》亦是问答体。其《东塾读书记》曾简要论及公孙龙的“白马论”与“坚白论”，主张“公孙龙之学，出于墨氏”，但所论“皆较墨子之说更转而求深，皆由于正言若反而加以变幻。”[6]

此外，俞樾、孙诒让、陶鸿庆等人亦对《公孙龙子》有所校释。[7]

---

[1] 黄震：《黄氏日钞 · 读诸子》，转引自栾星：《公孙龙子长笺》，郑州：中州书画社，1982 年，第 137 页。

[2] 姚际恒：《古今伪书考》，北平：朴社，1933 年，第 31 页。

[3] 辛从益：《公孙龙子注》，江西省高校古籍整理领导小组整理：《豫章丛书 · 子部二》，南昌：江西教育出版社，2002 年，第 417 页。

[4] 辛从益：《公孙龙子注》，第 442、426 页。

[5] 参见陈澧：《公孙龙子注》，《陈澧集》（第五册），上海：上海古籍出版社，2008 年，第 45—86 页。

[6] 陈澧：《东塾读学记（外一种）》，第 249—250 页。

[7] 参见俞樾：《诸子平议补录》，第 26—33 页；孙诒让：《公孙龙子谢希深注》，《札迻》，第 205—206 页；陶鸿庆：《读诸子札记》，第 428—433 页。

（五）《荀子》

荀子的名辩思想主要反映在《荀子·正名》篇中。唐代杨倞为《荀子》作注，一改汉代以来《荀子》长期无人整理的状况。不过，在宋儒尊孟抑荀之后，宋、元、明三朝无人再注此书。明末清初，傅山评注《荀子》，对其名辩思想有所涉猎。乾隆年间，汪中作《荀卿子通论》与《荀卿子年表》，[1]使《荀子》得以复活，荀学亦逐渐成为有清一代的显学。

乾嘉时期，卢文弨校勘《荀子》，兼及训诂，其成果悉数收入谢墉《荀子笺释》。其后，刘台拱、郝懿行又分别作《荀子补注》，以正杨注之误。王念孙则有《荀子杂志》及《补遗》，其中《正名》篇札记25条，颇有灼见。[2] 晚清，俞樾作《荀子平议》，发明古义，多有不刊之论。如《正名》："故万物虽众，有时而欲徧举之，故谓之物。物也者，大共名也。……有时而欲徧举之，故谓之鸟兽。鸟兽也者，大别名也。"俞樾认为，后一"徧"字当为"偏"字之误。上云"徧举之"，乃普遍之义，故曰"大共名也"；此云"偏举之"，乃一偏之义，故曰"大别名也"。"偏"与"徧"形似而误。[3] 此乃确解。

1891年，王先谦的《荀子集解》成书刊印。[4] 除采前贤诸家之说择其善者而用之，还列己案，颇多善解。如《正名》篇就有按语15条，多为文字的校勘与释义。书末附有考证，辑录了与《荀子》有关的史志目录以及其他有关《荀子》书义及版本考订的文字。此书是整个清代校注《荀子》最为精详、完善的一个版本，也是迄今最有影响的版本。

总的来说，随着诸子学的兴起与发展，先秦名辩的主要著作在有清

---

[1] 参见汪中：《荀卿子通论》、《荀卿子年表》，《新编汪中集》，第412—414、415—421页。

[2] 参见谢墉：《荀子笺释》，乾隆五十五年（1790年）《抱经堂丛书》本；刘台拱：《荀子补注》，嘉庆十一年（1806年）《刘端临先生遗书》本；郝懿行：《荀子补注》，嘉庆道光间《郝氏遗书》本；王念孙：《读书杂志》，中册。

[3] 俞樾：《诸子平议》，第281页。

[4] 王先谦：《荀子集解》，北京：中华书局，1988年。

一代陆续得到了不同程度的整理。以对《墨辩》的校勘与注释为例，傅山不仅是自鲁胜之后“兴微继绝”注解《墨辩》的第一人，其《大取篇释》更被侯外庐称为是“后来毕沅、汪中等训诂‘墨经’的前行者”。[1] 在汪奠基看来，清代的诸子学“展开了历史考证与科学整理，使千百年来各家正名实的理论，至此得到一定的发展”。而名实之辩正是先秦名辩话语的主要论题之一。他进一步指出，诸子学对《墨辩》“展开了真正科学历史的研究和整理，发扬了墨经逻辑的科学思想。如张惠言的《墨子经说解》、毕沅的《墨子注》、王念孙的《读墨子杂志》，直到清末孙诒让的《墨子间诂》，正标志着墨学的复兴，与墨辩认识的发展”。[2] 质言之，以《墨辩》整理为代表的先秦名辩著作整理，构成了名辩研究在近现代复兴的滥觞。

第三节　逻辑的名辩化及其影响

几乎与诸子学的兴起同时，诞生于西方的传统逻辑开始传入中国，并经历了一个逻辑名辩化的过程——译者和学者往往借助名辩语汇来翻译与诠释西方逻辑的术语和理论，使后者带上某种中国本土的色彩，以便得到更为有效的普及和研究，更容易地为中国社会和中国文化所接纳。[3] 虽然逻辑的名辩化最终并未取得成功，但它直接催生了“名辩逻辑化”的研究构想，为近现代名辩研究从文本整理走向义理诠释创造了条件。

---

[1] 侯外庐：《中国思想通史》（第五卷），北京：人民出版社，1956 年，第 278 页。

[2] 汪奠基：《中国逻辑思想史》，第 396 页。

[3] 中国逻辑史学界迄今对逻辑东渐已进行过较为全面而深入的研究，但迄今未见有人提出逻辑东渐有一个名辩化的阶段或维度。参见李匡武主编：《中国逻辑史》（近代卷、现代卷）；赵总宽主编：《逻辑学百年》；宋文坚：《逻辑学的传入与研究》，以及郭桥：《逻辑与文化——中国近代时期西方逻辑传播研究》，北京：人民出版社，2006 年。

一、作为明辨(辩)之道与名理探的 Logic

中国逻辑史学界通常认为,1631 年刻印的由葡萄牙耶稣会士傅汎际(Francisco Furtado)译义、李之藻达辞的《名理探》是输入中国的第一本西方逻辑的著作。[1] 其实,西语的"逻辑"一词在此之前已经传入中国。

现有资料表明,在完成于 1615 年的《童幼教育》卷下"西学第五"中,意大利耶稣会士高一志(Alphonse Vagnoni)已言及逻辑的学科性质及其在哲学中的地位:

> 费罗所非亚者,译言格物穷理之道也,名号最尊。……此道又分五家:一曰落热加,一曰非西加,一曰玛得玛弟加,一曰默大非西加,一曰厄第加。落热加者,译言明辨之道,以立诸学之根基而贵辨是与非、实与虚、里与表。盖开茅塞而于事物之隐蕴不使谬误也。[2]

这段文字中出现的术语,其对应的拉丁原文和现在的通行译法,可列表如下:

---

[1] 参见李匡武主编:《中国逻辑史》(近代卷),第 28 页;中国逻辑史研究会资料编选组:《中国逻辑史资料选》(近代卷),兰州:甘肃人民出版社,1991 年,第 2 页;《"名理探"出版说明》,傅汎际译义、李之藻达辞:《名理探》,北京:生活·读书·新知三联书店,1959 年,第 3 页。

[2] 高一志:《童幼教育》,黄兴涛、王国荣编:《明清之际西学文本:50 种重要文献汇编》(第一册),北京:中华书局,2013 年,第 219 页。据费赖之(Louis Pfister),《童幼教育》于 1620 年已有刻本问世,见费赖之:《在华耶稣会士列传与书目》,冯承钧译,北京:中华书局,1995 年,第 95 页。不过,李奭学认为此书当刊行于 1611 年,见李奭学:《中国晚明与欧洲文学——明末耶稣会古典型证道故事考诠》(修订版),北京:生活·读书·新知三联书店,2010 年,第 30 页。而据梅谦立(Thierry Meynard)的分析推断,《西学》一文应该完成于 1615 年,见梅谦立:《理论哲学与修辞哲学的两个不同对话模式》,景海峰主编:《拾薪集:中国哲学建构的当代反思与未来前瞻》,北京:北京大学出版社,2007 年,第 81—105 页。对梅氏推断的进一步补充,可参见邹振环:《晚明汉文西学经典——编译、诠释、流传与影响》,上海:复旦大学出版社,2011 年,第 235 页。本书采梅氏之说将《西学》脱稿时间定为 1615 年。

拉丁语	高氏译名	现译名
Philosophia	费罗所非亚	哲学
Logica	落热加	逻辑
Physica	非西加	物理学
Mathematica	玛得玛弟加	数学
Metaphysica	默大非西加	形而上学
Ethica	厄第加	伦理学

1623 年,另一位意大利耶稣会士艾儒略(Giulio Alenio)在《西学凡》中也对逻辑有过类似的介绍:“夫落日加者,译言明辩之道,以立诸学之根基。辩其是与非、虚与实、表与里之诸法,即法家、教家必所借径者也。”[1] 艾氏以“落日加”音译“logica”,与高氏的“落热加”仅一字之别,二人说明逻辑之学科性质的字句,则几乎如出一辙。[2]

在音译“logica”的同时,高、艾二人还用“明辨(辩)之道”予以意译。在古汉语中,“辨”与“辩”往往相通。无论是“明辨”还是“明辩”,均是中国旧有语词,意指明显地区分开来。有意思的是,此二人均认为逻辑贵在“辨是与非、实与虚、里与表”,这跟先秦名辩强调“名”、“辩”具有辨同异、明是非的功用颇为接近。尽管没有现存材料表明他们用“明辨(辩)之道”译“logica”的具体考量,不过在客观上,高、艾二人已经开启了逻辑名辩化的先河。

傅汎际译义、李之藻达辞的《名理探》,其底本是 1611 年在德国科隆翻印的葡萄牙科英布拉大学(University of Coimbra)耶稣会士塞巴斯

---

[1] 艾儒略:《西学凡》,《明清之际西学文本:50 种重要文献汇编》(第一册),第 234 页。

[2] 高一志在《童幼教育 · 西学第五》的作者小注中称:“此稿脱于十七年前,未及灾木。同志见而不迂,业已约略加减刻行矣。兹全册既出,不得独遗此篇,遂照原稿并刻之。”见《明清之际西学文本:50 种重要文献汇编》(第一册),第 219 页。而据梅谦立推测,这位对《西学》原稿“业已约略加减刻行”的“同志”就是艾儒略。两人可能讨论过西学的内容,有过一些思想方面的交流,甚至是初步的合作。

蒂安·科托(Sebastian Couto)编撰的 *Commentarii Collegii Conimbricensis e Societate Jesu in Universam Dialecticam Aristotelis*(《亚里士多德论辩术大全评注》),主要是对亚里士多德《工具论》的拉丁文选本进行文字训诂与义理阐释。[1] 全书分上下两册,《名理探》已刊印部分仅对应于原书的上册,主要涉及亚里士多德的谓词理论("五公")与范畴学说("十伦")。[2]

据《名理探》:

> 名理之论,凡属两可者,西云第亚第勒加;凡属明确,不得不然者,西云络日伽。穷理者,兼用此名,以称推论之总艺云。依此释络日伽为名理探。即循所已明,推而通诸未明之辩也。[3]

不难看出,"名理之论"或"名理探"实际上具有三重含义:其一是对翻译所依底本书名的意译。其二指一门包括"第亚第勒加"和"络日伽"在内的学问。前者是对"dialectica"的翻译,指与"两可"、不确定之域有关的论辩术;后者是对"logica"的翻译,指与"明确"、必然之域有关的逻辑。其三则指逻辑,研究如何从已知推出未知,即"循所已明,推而通诸未明之辩"。另一方面,"logica"在此书中除了被音译为"络日

---

[1] 参见 John P. Doyle: "Collegium Conimbricense", in Edward Craig (eds.): *Routledge Encyclopedia of Philosophy*, CD-ROM, Version 1.0, London and New York: Routledge, 2002; Robert Wardy: *Aristotle in China: Language, Categories and Translation*, Cambridge, UK: Cambridge University Press, 2004, pp.75-76. 日本学者深则助雄对《名理探》一书的翻译也进行过较为深入的研究,参见孙中原:《中国逻辑研究》,北京:商务印书馆,2006 年,第十一章。

[2] 《名理探》译而未刻的部分,长期以来不知所终。经考证,一部分保存于南怀仁(Ferdinand Verbiest)所编《穷理学》的残卷之中。参见南怀仁:《穷理学(节录)》,《明清之际西学文本:50 种重要文献汇编》(第二册),第 856—890 页;徐宗泽:《明清间耶稣会士译著提要》,北京:中华书局,1989 年,第 190—192 页;张西平:《〈穷理学〉——南怀仁最重要的著作》,《国际汉学》(第四辑),郑州:大象出版社,1999 年,第 382—393 页;尚智丛:《南怀仁〈穷理学〉的主体内容与基本结构》,《清史研究》,2003 年第 3 期,第 73—84 页。

[3] 傅汎际译义、李之藻达辞:《名理探》,第 15 页。

伽”,还被意译为“名理之学”、“名理之论”、“名理探”、“推论之总艺”或“辩艺”。[1]

较诸高一志、艾儒略对“logica”的翻译与释义,傅、李二人为我们提供了更多的译名选择。以“名理探”为例。“探”有探究之意,所探之对象为“名理”。“名理”也是中国旧有语词,始见于马王堆汉墓帛书《经法·名理》:“天下有事,必审其名。……循名究理之所之,是必为福,非必为灾。……审察名理终始,是谓究理。”历史地说,“审察名理”、“循名究理”源自先秦法家的“循名责实”,即君王按臣下的官职名位来监督、考核其是否尽责。魏晋时期,对“审察名理”、“循名究理”的讨论逐渐演变成对抽象的人才标准和才性关系的讨论,即才性之学;由于注重辩名析理,又被称为“名理之学”。名理之学对玄学产生了直接影响,王弼、郭象等人不仅自己善言名理,精于论辩,而且在论学时都非常重视辩名析理,强调通过思辩的概念分析与推论来为玄学提供论证。

《名理探》已刊印部分主要是对亚里士多德的谓词理论与范畴学说的评注,这与魏晋时期“辩名析理”所突出的对概念进行思辩的分析,颇有几分相似。那么这种相似是否就是“logica”被译为“名理探”的理由所在呢？汪奠基认为,《名理探》“以直通、断通、及推通译概念、判断与推论;以明辩、推辩,译释演绎、归纳;以致知、致明、致用,分解科学、理论、实用等等,这都是想根据中国逻辑史上的名词名字,结合西方逻辑术语,作出意义相通的达辞方法。”[2]由于汪氏主张从中国逻辑史的对象范围来理解“名辩”一词的含义,他的这一看法似已注意到傅汎际、李之藻在译释西方逻辑时所表现出的名辩化倾向。不过,顾有信对此较为谨慎:“因傅汎际和李之藻翻译名词的考量没有留下任何说明,所以无法确定他们采用‘名理’一词是否真想

[1]“辩艺,西云络日伽。”见傅汎际译义、李之藻达辞:《名理探》,第11页。
[2]汪奠基:《中国逻辑思想史》,第348页。

暗示欧洲逻辑和中国玄学的神似性，还是仅想借用中文本土名词来表达外来概念。”[1]

虽然现在没有足够证据来确定傅、李两人是自觉地在“辩名析理”的意义上把“logica”译为“名理探”，但不可否认的是，用“名理”这个与先秦名辩有关的语词来翻译“logica”，对后来的中国人如何理解逻辑产生了深远的影响。直至20世纪上半叶，仍有不少学者以名理之学来诠释“逻辑”，如李杕翻译的《名理学》[2]、高傭的《名理通论》[3]、景幼南的《名理新探》[4]，等等。李杕以“辞”译“propositiones”（命题）、“推想”译“rationcinium”（推理），“顺推”译“rationcinium deductium”（演绎）、“逆推”译“rationcinium inductium”（归纳）。从词源上看，作为逻辑译名的“辞”、“推”等都可追溯至先秦名辩。《名理新探》全书十四讲，包括“开宗”、“正名”、“辨句”、“推论”、“明辩”、“著书”和“正名示范”等部分，这也充分表现了作者尝试以名辩框架来讲解传统逻辑的

---

[1] 顾有信：《语言接触与近现代中国思想史——“逻辑”中文译名源流再探讨》，邹嘉彦、游汝杰主编：《语言接触论集》，上海：上海教育出版社，2004年，第174页。

[2] 李杕译：《哲学提纲·名理学》，上海：土山湾印书馆，1908年。

[3] 高傭：《名理通论》，上海：开明书店，1929年。高傭，即陈高傭。在中国近代逻辑史研究中，多有论者提及1925年由中华报社印行的陈显文《名学通论》一书。笔者用《名理通论》与《中国逻辑史资料选》（现代卷，下）节选的《名学通论》进行比对，二者内容完全一致。又据高氏为《名理通论》所写的序：“这是我二年前的旧作，当时曾印百本奉赠师友，后来自觉所说还有不能自信者，故至今没有正式印行。”若《资料选》对《名学通论》的介绍无误，则此所谓“旧作”，应该就是署名“陈显文”的《名学通论》，二者实为同一著作的不同版本；高傭与陈显文亦是同一个人。参见中国逻辑史研究会资料编选组：《中国逻辑史资料选》（现代卷，下），兰州：甘肃人民出版社，1991年，第55—68页。关于陈高傭的生平，可参见陈杰瑶：《陈高傭》，张建祥主编：《陕西师范大学校史人物传略（1944—1966）》，西安：陕西师范大学出版社，2006年。

[4] 景幼南：《名理新探》，上海：正中书局，1947年。景幼南，名昌极，字幼南。在他看来，“名家之说，简称‘名理’。所谓名理，又有广狭二义。广义之名理，谓对各科学术暨寻常日用中各基本概念之分析，此即当于西土所谓纯理哲学、知识论、本体论等。狭义之名理，则持重名实间之关系、一般语言文字思想中名句论辩之应用，当于西土所谓逻辑、文法、修辞学等。”见景昌极：“惠施公孙龙名理阐微”，《学原》，1948年，第二卷第5期，第36页。“修辞”，原作“修词”，据文意校改。

努力。

二、作为辨(辩)学的 Logic

在《名理探》于明末刻印之后,西方逻辑的传入一度中断,直至清末大规模的西学东渐,才出现了西方逻辑的再度输入。

汪奠基在论及清末西方逻辑的新输入时,曾提及乐学溪堂于道光四年(1824 年)刊行过一本名叫《名学类通》的西方逻辑译著,但译者佚名,原著者亦不详。[1] 汪氏此说影响甚广,30 余年来大凡论及逻辑东渐乃至西学东渐的著作与论文多会提及此书,但关于此书的所有信息又仅限于汪氏提供的上述信息。[2] 值得注意的是,此书并未收入梁启超的《西学书目表》(1896 年)[3];徐维则辑、顾燮光补辑的《增版东西学书录》(1902 年)、通雅斋同人编的《新学书目提要》(1903—1904 年)以及顾燮光编的《译书经眼录》(1934 年)等新学书目亦未著录此书,而这些书目涵盖了 1904 年以前出版的西学新书。[4] 严复在《穆勒名学》按语中论及西方逻辑著作的汉译情况时也未提及此书。[5] 更为重要的是,汪氏本人既没有说明他有关这部译著的信息来自何处,也没有提供除书名与刊印者以外的其他信息(如目录、内容等)。经网

[1] 参见汪奠基:《中国逻辑思想史》,第 406、436 页。

[2] 参见李匡武主编:《中国逻辑史》(近代卷),第 126—127 页;温公颐、崔清田主编:《中国逻辑史教程》(修订版),天津:南开大学出版社,2001 年,第 311 页;周云之主编:《中国逻辑史》,太原:山西教育出版社,2004 年,第 363 页。受汪氏此说影响,笔者也曾一度相信存在作为逻辑译著的《名学类通》一书,参见《逻辑何为——当代中国逻辑的现代性反思》,上海:上海古籍出版社,2005 年,第 163 页。

[3] 参见梁启超:《西学书目表》,夏晓虹辑:《〈饮冰室合集〉集外文》(下册),北京:北京大学出版社,2005 年,第 1121—1158 页。

[4] 此三书俱收入熊月之编:《晚清新学书目提要》,上海:上海书店出版社,2007 年。张晓编著的《近代汉译西学书目提要(明末至 1919)》(北京:北京大学出版社,2012 年)在"哲学:论理学(逻辑学)"部分著录此书,将其列为《名理探》之后的第二本逻辑译著,"著、译者并阙名",其余版本信息均与汪氏说法一致(第 5 页),疑是参考后者的说法而来。

[5] 参见穆勒著、严复译:《穆勒名学》,北京:商务印书馆,1981 年,第 2 页。

络搜索和各类数据库检索,有关乐学溪堂的信息也仅止于刊行过《名学类通》,而且此则信息的出处仍是汪奠基。鉴于此书的存世证据系孤证,而孤证单行,难以置信,笔者以为应该慎重对待作为逻辑译著的《名学类通》的存在。

需要指出的是,"名学"本是中国旧有名词,在严复以"名学"译"logic"之前,它既与逻辑无涉,也与正名之学、形名之学或刑名之学无关,而是指著名学者,如《三国志·吴志·华核传》:"汉时皆名学硕儒乃任其职,乞更选英贤。"就这一旧有用法来看,清代乾嘉年间倒有一部《名学类通》。著者朱文翰,乾隆五十五年(1790 年)进士,"生平学优养醕,以阐明圣道为己任。著有《退思初稿》、《名学类通》行世。又有《退思续稿》、《舸斋经进文存》及诗集《省余笔》、《课艺余录》各种。"[1]朱氏曾于嘉庆年间(1800—1802 年)任安徽旌德毓文书院山长,效法白鹿洞书院,讲授程朱理学,求学者甚多。[2] 显然,这部《名学类通》更可能是一部有关历代大儒著述的分类文选,而非西方逻辑的译著。

根据上述考辩,西方逻辑再度输入中国的标志应该是 1886 年出版的艾约瑟(Joseph Edkins)译、耶方斯(William Stanley Jovens)著《辨学启蒙》(*Primer of Logic*)一书。[3] 不同于傅、李以"名理探"称呼逻辑,艾约瑟

[1] 参见续修四库全书编委会:《续修四库全书·史部·地理类·[光绪]重修安徽通志》,上海:上海古籍出版社,2002 年,卷 219,"人物志·儒林"。

[2] 参见季啸风主编:《中国书院辞典》,杭州:浙江教育出版社,1996 年,第 395—396 页;纪纪铎、曹诚复:《洋川毓文书院》,政协旌德县第四届文史资料委员会:《旌德县文史资料》(第二辑),1993 年,第 53—62 页。

[3] William Stanley Jovens: *Primer of Logic*, London: MacMillan and Co., 1876. 中国逻辑史学界通常认为,《辨学启蒙》由广学会刻印于 1896 年,参见李匡武主编:《中国逻辑史》(近代卷),第 128 页。不过,此书实际上初版于 1886 年,署名"总税务司署印"。参见熊月之:《晚清逻辑学译介述论》,中山大学西学东渐文献馆编:《西学东渐》(第三辑"西学东渐与文化自觉"),北京:商务印书馆,2010 年,第 143 页。下引《辨学启蒙》,俱为总税务司署印本。

以“辨学”译“logic”，用“辨论”、“论辨”、“议论”等翻译“reasoning”（推理），把“deductive reasoning”（演绎推理）和“inductive reasoning”（归纳推理）分别译为“凭理度物之分辨”和“即物察理之辨法”。

据该书《序》：“首创辨学者，为希腊国阿利多低利。……劝人议事之舌辨学，并是卷分别妥否之论辨学，俱始编于彼也。”所谓“阿利多低利”指亚里士多德，“舌辨学”即现在所说的论辩术（dialectic），而“论辨学”之省称即是“辨学”。这就是说，亚里士多德创立了论辩术与逻辑。所谓“分别妥否”，说的是逻辑旨在对推理、论证的好坏加以分别。又据该书第三节：

> 辨学之谓，要即辨明辨论者善与不善之谓也。确能辨明何议论为善者，每使我明晓实事；何议论为不善者，每使人行入差谬途路至于无穷。

不难发现，艾约瑟之所以把“logic”翻译并解释为关于“辨”学问，其理由似乎有二：第一，就逻辑之对象为推理、论证来说，“辨”“辩”在古时常通用，故“辨论”、“论辨”亦即今日所谓的“辩论”、“论辩”；第二，就逻辑的目的旨在区分推理、论证之好坏而言，“辨学”之“辨”正好可以突出逻辑的这种分辨、区别的功能。

事实上，“辨论”、“论辨”和“议论”等都不是艾约瑟新创制的语词。“辨论”与“论辨”，兼有辨析论说和辩驳争论二义。前一义，如《世说新语·言语》“德操曰”注引《司马徽别传》：“人质所疑，君宜辨论，而一皆言佳，岂人所以咨君之意乎？”后一义，如《汉书·严助传》：“上令助等与大臣辩论，中外相应以义理之文，大臣数诎。”而“议论”一词首见于《六韬·王翼》：“应偶宾客，议论谈语，消患解结。”意指对人或事物发表评论、意见。

艾约瑟用“辨学”译“logic”，是否受到高、艾二人的“明辨（辩）之道”的影响，现在已不得而知。不过，“辨学”一词亦非艾氏首创。据《宋史·王居正列传》：“以所论王安石父子之言不合于道者，裒得四十二篇，名曰《辨学》。”此所谓“辨学”，指辨析不同观点的是非同异。由于“辨”“辩”相同，指称逻辑的“辨学”在后来往往又被写作“辩学”。“辩学”亦是中国旧有语词。据唐代卢重玄注《列子》卷三：“子贡，辩学之士，进取强学者也。”这里的“辩学”，则指富于才学而又善于辩论。[1]

在艾氏所用译名中，“辨”或“辩”等语素在历史上均与先秦名辩有着紧密的联系。不过，作为“论辨学”的简称，“辨学”一词意指有关论辨或辨论之学，其含义非“辨学”、“辩学”的旧有用法所能范围。事实上，在艾约瑟之前，这两个语词的具体用法都与先秦名辩没有直接关系，迄今也没有证据表明它们在近代之前曾被用来指称先秦围绕“名”与“辩”所涉诸问题而展开的研究与争论。这就是说，现有材料还不足以确定艾约瑟在翻译《辨学启蒙》时是在有意识地诉诸“逻辑的名辩化”来提高逻辑在中国社会的可接受程度。[2]

在《西学书目表》中，梁启超将《辨学启蒙》一书视为“无可归类之书”。[3] 这从一个侧面表明当西方逻辑在晚清再度输入中国之初，它留给当时中国先进知识分子的印象仍然是一个外来的而且是完全陌生的学术领域。此时的梁启超尚不能把作为逻辑的辨学与先秦名辩相对应，我们似乎更没有理由认为艾约瑟已经有意识地在借助本土名辩来

[1] 有人认为，作为“logic”译名的“辩学”，最早为利玛窦在《辩学遗牍》中使用，而该书是一部介绍亚里士多德逻辑的译著。参见夏征农主编：《大辞海》（哲学卷），上海：上海辞书出版社，2003 年，第 553 页；夏征农、陈至立主编：《辞海》（第六版彩图本），上海：上海辞书出版社，2009 年，第 156 页。此说不确。《辩学遗牍》收录的是利玛窦与虞德园（淳熙）、莲池和尚（沈祩宏）往复论辩的信件，其主旨根本不是介绍亚里士多德逻辑，而是辨析不同观点（天主教与佛教）的是非同异。参见李之藻编：《天学初函》（第二册），台北：学生书局，1978 年，第 637—688 页。就此而言，“辩学遗牍”之“辩学”一词应该是中国本土的旧有语词，并非作为“logic”译名的新语词；这两个“辩学”实乃同名而异谓的关系。

[2] 用“辨学”或“辩学”称呼中国古代（本土）逻辑，都是这些语词在近代中西文化的交流与融合中涌现出的新用法。这种新用法的出现，并非源于它们在中国传统文化中的既有用法，而在相当程度上应归因于艾约瑟以“辨学”译“logic”，以及“以新知附益旧学”，即用西方逻辑来诠释本土名辩。

[3] 参见梁启超：《西学书目表》，夏晓虹辑：《〈饮冰室合集〉集外文》（下册），第 1144—1145 页。

传播西方逻辑。不过，这只是事情的一个方面。尽管逻辑的名辩化是否为自觉之举尚难证明，艾约瑟在译介西方逻辑时的本土化尝试却是不容否认的事实。他用取材于中国社会与文化的素材对耶方斯原著中的不少实例进行了改写，以便来自西方的陌生逻辑能够更容易地为中国社会接受。此外，他还把原著中的公元纪年转换成中国的纪年，以便于中国读者阅读。

在逻辑东渐过程中，以"辨学"称逻辑的还有王国维译、耶方斯著《辨学》(*Elementary Lessons of Logic*: *Deductive and Inductive*)。[1] 在这本书中，王氏除了把"logic"音译为"罗奇克"，使用更多的是"辨学"这一意译名词。此外，他还借用了若干从词源上可以追溯至先秦名辩之核心语汇的译名来翻译传统逻辑的基本术语(见下表)。

英语	王氏译名	现译名	名辩词源
logic	辨学	逻辑	辩/辨
term	名辞	词项	名
genus	类	属	类
inference	推论	推论	推
syllogism	推理式	三段论	
analogy	类推	类比	类/推
metaphor	譬喻	隐喻	譬/譬喻

就王氏译名的名辩词源看，后期墨家强调立辞应"以类行"(《大取》)；

[1] William Stanley Jovens: *Elementary Lessons of Logic*: *Deductive and Inductive*, London: MacMillan and Co., 1870。王氏译本最初于1907年由学部图书编译局排印出版，1908年由益森印刷局再次印刷，京师五道庙售书处发行。该书版权页上署有"原著者英国随文、译者王国维"，随文，即耶方斯，亦译作"器文"、"及文"，当系"Jovens"之音译。参见陈鸿祥:《王国维传》，南京:江苏文艺出版社，2010年，第124—125页。又，张立斋(张君劢)已先于王国维在1906年将此书译成汉语，并以《耶方思氏论理学》为题于1907年在《学报》上连载发表。参见熊月之:《晚清逻辑学译介述论》，《西学东渐》(第三辑)，第148—152页。

推理、论证应“以类取”、“以类予”(《小取》)。他们不仅在一般意义上使用过“推”:“在诸其所然、未然者,说在于是而推之”(《经下》),而且专门论及了作为一种特殊反驳方法的“推”:“推也者,以其所不取之同于其所取者,予之也。”(《小取》)此外,“譬”也是先秦名辩的一个关键词,惠施认为“譬”的本质在于“说者固以其所知谕其所不知而使人知之”(《说苑·善说》),后期墨家则将其规定为“举他物而明之”(《小取》)。

王国维本人拥有深厚的国学功底,先后发表有《周秦诸子之名学》、《荀子之学说》和《墨子之学说》等论文,对先秦名辩的义理多有论说。[1] 此外,他还翻译了日本学者桑木严翼的《荀子之名学说》。[2] 就此而言,我们有理由相信他采用名辩语汇来翻译与诠释西方传统逻辑的术语和理论,是一种自觉的选择。当然,由于缺乏足够的文本证据,王国维在译介西方逻辑著作时所表现出的“逻辑名辩化”的自觉性,也还仅仅是一种猜测。

不过,情况在谭嗣同那里有了很大的不同。1898 年,基于“西学中源”的立场,谭嗣同认为,近世新理新学,如商学、兵学、农学、工学、交涉,等等,无不萌芽于中国古学。其中,辨学的起源可以追溯到公孙龙和惠施。谭氏所谓“辨学”,既不是指辨析不同观点之间的是非同异,也不是指富于才学而又善于辩论,而是艾约瑟、王国维用以翻译“logic”的“辨学”。公孙龙、惠施是名辩的代表人物,谭嗣同主张作为逻辑的辨学起源于公孙龙和惠施,其实质就是要把作为西学的逻辑本土化、名辩化,“以此见吾圣教之精微博大,为古今中外所不能越;又以见彼此

[1] 王国维:《周秦诸子之名学》,《教育世界》,1905 年第 98、100 号;《荀子之学说》,《教育世界》,1905 年第 104 号;《墨子之学说》,《教育世界》,1906 年第 121 号。

[2] 桑木严翼:《荀子之名学说》,《教育世界》,1904 年第 77 号。此文发表时并未署译者名,佛雏考证为王国维所译,见《王国维哲学译稿研究》,北京:社会科学文献出版社,2006 年,第 127—128 页。

不谋而合者,乃地球之公理,教主之公学问,必大通其隔阂,大破其藩篱,始能取而遗还之中国也。"[1]

三、作为名学的 Logic

相较于谭嗣同,逻辑的名辩化在严复那里有了更高程度的自觉。不同于艾、王等人以"辨学"译"logic",严复不仅沿用了"名理"一词,[2]而且首创"逻辑"这一音译名词,不过他本人更为青睐的却是"名学"这一意译名词。这可以从他为自己两部逻辑译著所确定的书名略见一斑:其一是穆勒(John Stuart Mill)的《穆勒名学》(*A System of Logic: Ratiocinative and Inductive*),[3]其二是耶方斯著《名学浅说》(*Primer of Logic*)。[4]

那么,严复为什么要舍"逻辑"、"辨学"等译名而独用"名学"呢?

---

[1] 谭嗣同:《论今日西学与中国古学》,《谭嗣同全集》(下册),北京:中华书局,1981年,第398页。

[2] 例如:"五旌者,所以区词中所谓之名为何等也。其说始于希腊诸名家,而后人循而用之,以为实具甚深之义,言名理者所不可不求其瞭然者也。"此所谓"五旌",即《名理探》所译之"五公",即亚里士多德谓词理论论及的属、种、种差、偶有属性与特有属性;而"名理",则指逻辑。参见穆勒著、严复译:《穆勒名学》,第2页。

[3]《穆勒名学》的引论及部甲首先在1902年由上海金粟斋译书处编刊,商务印书馆铅印为两册;全书则于1905年由金陵金粟斋木刻成八册出版。参见邹振环:《金粟斋译书处与〈穆勒名学〉的译刊》,《东方翻译》,2011年第2期,第32—41页;熊月之主编:《晚清新学书目提要》,第332页。据考证,近代中国译介穆勒 *A System Of Logic* 一书的第一人并不是严复。1898年,由格致书室刊行的傅兰雅(John Fryer)译《理学须知》,其实就是对该书的一个极简略然而完整的概述。参见陈启伟:《再谈王韬和格致书院对西方哲学的介绍》,《东岳论丛》,2001年第5期,第54—57页;熊月之:《晚清逻辑学译介述论》,《西学东渐》,第三辑,第153—155页。

[4] 此书1909年由商务印书馆在上海出版。《名学浅说》与《辨学启蒙》为同一底本。作为逻辑著作的名称,"名学"一词似首见于东京日新丛编社于1902年6月23日(明治三十五年五月十八日)出版的杨荫杭译《名学》,参见熊月之:《晚清逻辑学译介述论》,《西学东渐》,第三辑,第156—159页;邹振环:《杨荫杭与〈名学〉》,《译林旧踪》,南昌:江西教育出版社,2000年,第102—104页。不过,严复在1895年的"原强"一文中,已用"名学"来指称逻辑:"欲治群学,且必先有事于诸学焉。非为数学、名学,则其心不足以察不遁之理,必然之数。"见王栻编:《严复集》(第一册),北京:中华书局,1986年,第6页。

这种译法是否受到了先秦名辩的影响呢？在《穆勒名学》的按语中，他指出：

> 逻辑此翻名学。其名义始于希腊，为逻各斯一根之转。逻各斯一名兼二义，在心之意、出口之词皆以此名。引而申之，则为论、为学。……精而微之，则吾生最贵之一物亦名逻各斯。……故逻各斯名义最为奥衍。而本学之所以称逻辑者，以如贝根言，是学为一切法之法，一切学之学；明其为体之尊，为用之广，则变逻各斯为逻辑以名之。学者可以知其学之精深广大矣。逻辑最初译本为固陋所及见者，有明季之《名理探》，乃李之藻所译，近日税务司译有《辨学启蒙》。曰探，曰辨，皆不足与本学之深广相副。必求其近，故以名学译之。盖中文惟"名"字所涵，其奥衍精博与逻各斯字差相若，而学问思辨皆所以求诚、正名之事，不得舍其全而用其偏也。[1]

这里，严复试图从"logic"一词的希腊语词源"*logos*"的"奥衍"，以及逻辑在与其他科学的关系上所具有的"一切法之法，一切学之学"的地位，来论证逻辑之为学的"精深广大"。由此他认为，《名理探》、《辨学启蒙》等以"探"、"辨"释"logic"，"皆不足与本学之深广相副"。惟有"名学"一词，方能契合逻辑这门学问的"精深广大"。个中缘由有二：其一，汉语中只有"名"这个字的内涵庶几与"*logos*"的"奥衍精博"相同；其二，逻辑之为"一切法之法，一切学之学"，恰如中国文化所主张的"学问思辨皆所以求诚、正名之事"。正是有见于逻辑在科学方法上的基础性地位与正名在学问思辨上的极端重要性这二者之间的相似，严复明确指出："科学入手，第一层工夫便是正名。"[2]

---

[1] 穆勒著、严复译：《穆勒名学》，第2页。

[2] 见《严复集》(第五册)，第1247页。据严译，"言名学者深浅精粗虽殊，要皆以正名为始事。"见穆勒著、严复译：《穆勒名学》，第17页。

不难发现，严复在讨论为什么要用“名学”来译“logic”时，明确提到了中国本土的正名思想。正名之论与对名实关系的讨论相关，而后者正是先秦名辩的主要论题之一。有见于先秦思想家已经对包括名实之辩的诸多问题进行过深入研究，提出了包括“正名”在内的一系列主张，严复认为，“夫名学为术，吾国秦前，必已有之，不然，则所谓坚白同异、短长捭阖之学说，末由立也。孟子七篇，虽间有不坚可破之谈，顾其自谓知言，自白好辨，吾知其于此事深矣。至于战国说士，脱非老于此学，将必无以售其技。盖惟精于名学者，能为明辨以晰；亦惟精于名学者，乃知所以顺非而泽也。”[1]

前文已经提及，“名学”一词乃中国旧有名词，严复以“名学”译“logic”，显然跟前者的既有含义（著名学者）没有关系，那么“名学”是否为“正名之学”的省称呢？目前尚无充分的证据支持这一看法。[2]究其实质，用正名的重要性来为以“名学”译“logic”的正当性进行辩护，此举所体现的正是“逻辑的名辩化”。事实上，像王国维一样，严复也经常借用先秦名辩的语汇来翻译西方传统逻辑的术语（见下表）。

英语	严氏译名	现译名	名辩词源
logic	名学	逻辑	
name	名	名词	名
concept	意	概念	意
proposition	词	命题	辞
inference	推知/证悟/推证/推证参伍	推论	推
reasoning	思辨/思籀/思议	推理	
the science of reasoning	思辨/思议之学	推理科学	

[1] 耶方斯著、严复译：《名学浅说》，北京：商务印书馆，1981 年，第 46 页。

[2] 严复曾在按语中使用过“正名之学”一词：“此察迩正名之学，所以端于无所苟也。”见穆勒著、严复译：《穆勒名学》，第 58 页。

（续表）

英语	严氏译名	现译名	名辩词源
argument	难/辨	论证	辨
syllogism	连珠/联珠	三段论	联珠/联珠
making classifications with genera and species	类族辨物	区别属种	类/辨
to reason from like to like	以类为推	基于相似性的推理	类/推
names of classes of things	类物之名	类名	类/名
reasoning by analogy	比拟	类比推理	拟
discovery by agreement	类异见同	求同法	类

这里，尤其值得一提的是严复用“联珠”或“连珠”来译“syllogism”（三段论）。三段论是由两个包含着共同项的直言命题作为前提而推出另外一个直言命题为结论的推理，一个有效的三段论应该有且仅有三个不同的词项。用严复自己的话来说，三段论是“合三词而成一辨”，“必以三名为三端”。[1] 至于联珠，则是中国古代名辩常用的一种表述推理和论证的文体，其历史可以上溯至《韩非子·内外储说》中所包含的数十个论式。据《艺文类聚》卷五十七引沈约《注制旨连珠表》：“连珠，盖谓辞句连续，互相发明，如珠之结绯也。”两汉魏晋的班固、扬雄、陆机、葛洪等都曾演连珠或拟连珠，将其作为一种博辩广喻的推理和论证方法。按严复之见，

> 演联珠见于《文选》，乃一体之骈文。常以“臣闻”起，前一排言物理，后一排据此为推，用“故”字转。其式但作两层，与三词成辨者，实稍殊异。虽然，使学者他日取以审谛，其义意乃与此同。但旧是骈文，语多俳丽，遂生云雾，致质言难见耳。不佞取以译此，无所疑也。[2]

[1] 耶方斯著、严复译：《名学浅说》，第47、43页。
[2] 同上，第43页。

此即是说,尽管联珠与三段论有所不同,如前者通常仅分两层,但“语多俳丽”,推理、论证的内容不易把握,后者“三词成辨”,具有明显的推理结构,但二者在本质上却是相通的,均是一个由“原”(前提)而得“委”(结论)的过程。正是基于此,即便二者“实稍殊异”,严复仍主张以“联珠”作为“syllogism”的正式译名,其考量就在于借助先秦名辩的语汇来翻译与诠释西方逻辑的术语和理论,能够使后者更容易地为中国社会和中国文化所接受。

对于严复这种以名辩释逻辑的努力,梁启超是有所见的:“按英语Logic,日本译之为‘论理学’,中国旧译‘辨学’。侯官严氏以其近于战国坚白同异之言,译为‘名学’。”[1]尽管不赞同严复的译法,梁启超已注意到严复所用“名学”一词与“名家”之间的联系,即逻辑之为学与先秦名家对坚白、同异之争的研究颇为相近。而把作为西学一部分的逻辑纳入名家所思所论的框架并称其为“名学”,其实质正是逻辑的名辩化。

在严复以“名学”译“logic”的影响下,不少逻辑译著或中国学者自己撰写的逻辑著作、教科书被冠以“名学”之名出版。其中,较有影响的有《名学释例》、《名学稽古》、《中国名学考略》、《名学纲要》、《名学通论》、《名学要义》和《中国名学》,等等。[2]

---

[1] 梁启超:《近世文明初祖二大家之学说》,《饮冰室合集》(第2册),北京:中华书局,1989年,文集之十三,第3页。1904年,当论及“logic”一词的不同译名时,梁启超又说:“侯官严氏译为‘名学’,此实用九流‘名家’之旧名。”见梁启超:《墨子之论理学》,《饮冰室合集》(第8册),专集之三十七,第55页。

[2] 陈文编译:《名学释例》,上海:科学会编译部,1910年;章行严、胡适、陈启天:《名学稽古》,上海:商务印书馆,1923年;齐树楷:《中国名学考略》,京师:四存学会出版部,1923年;屠孝实:《名学纲要》,上海:商务印书馆,1925年;陈显文:《名学通论》,上海:中华报社,1925年;萧宗训译:《名学要义》(*The Essential of Logic* by Bernard Bosanquet),上海:大东书局,1925年;虞愚:《中国名学》,南京:正中书局,1937年。

四、对“逻辑名辩化”的质疑

如果说以“辨(辩)学”、“名学”等来翻译“logic”代表着一种自觉或不自觉的逻辑名辩化的努力,[1]那么不能回避的是这种努力在当时就受到了来自多方面的质疑。而这些质疑在一定程度上预示着“逻辑名辩化”的译介策略将不可避免地走向失败。

在逻辑东渐的过程中,不少学者主张用日制汉字译名“论理学”来称呼逻辑。[2] 1902年10月,汪荣宝译、日本学者高山林次郎著《论理学》上卷发表,这可能是以“论理学”为书名的第一部汉译逻辑著作。[3] 1906年,日本学者大西祝的《论理学》中译本出版,译者胡茂如指出:

> 论理学于西语为牢辑科,东邦学者译以今名。其所究明者,则言论之理也。……言以名而成,名与名相与之际,言论之理存焉。

[1] 董志铁认为,在引进逻辑之初,译者之所以把Logic译为名理学、名学、辩学,是因为中国古代拥有丰富的逻辑思想即名辩学,似已注意到逻辑东渐有其名辩化的维度。参见董志铁:《名辩艺术与思维逻辑》(修订版),北京:中国广播电视大学出版社,2007年,第2—3页。

[2] 关于“logic”的不同日制汉字译名以及“论理”一名的确立过程,可参见聂长顺:《近代日本学名“论理”之厘定》,冯天瑜主编:《人文论丛》(2005年卷),武汉:武汉大学出版社,2007年,第98—106页。

[3] 参见《译书汇编》,1902年,第二年第7期,第1—59页。有种说法认为,1902年由商务印书馆出版的十时弥著、田吴炤译《论理学纲要》第一次把“logic”汉译为“论理学”,参见夏征农主编:《大辞海》(哲学卷),第553页;夏征农、陈至立主编:《辞海》(第六版彩图本),第1476页。此说不确:第一,田氏译本实际上由商务印书馆在1903年出版,见《“论理学纲要”出版说明》,《论理学纲要》,北京:生活·读书·新知三联书店,1960年,第2页。第二,“论理学”一词最迟在1898年即已被引入汉语学界。据笔者考证,1898年,在由旅居日本的广东人士创办的华文期刊《东亚报》第1—4册上,连续刊登了由桥本海关等翻译的日本学者桑木严翼撰写的《荀子创辨学说》一文。其中,在出版于6月29日的第一册中就有“论理学”一词:“如《荀子》书中《正名》篇,实与西洋之论理学符合矣。”(第4页)又,顾有信认为最早在中文使用“论理”和“论理学”的可能是叶翰在1901年出版的《泰西教育史》。据上述考证,此说亦不确。参见顾有信:《语言接触与近现代中国思想史——“逻辑”中文译名源流再探讨》,邹嘉彦、游汝杰主编:《语言接触论集》,第189页。

> 深究其理而以之自证，以之察天下之言。……是著自亚氏以来之演绎论理与近世新派之归纳法，皆有以论述而阐明之。……又取印度之因明，比较参伍以求之。天下之论理学，盖毕罗于是。[1]

“logic”可音译为“牢辑科”，但它研究的是“言论之理”，故日本学者将其意译为“论理学”。按胡氏之见，西方逻辑与印度因明已穷尽“天下之论理学”的外延，因此先秦名辩实质上被排除在了论理学即逻辑之外。[2]

同样是在 1906 年，朱执信认为，“中国之人，自来无有论理学。（坚白之论，实不与论理学同物，特论理之应用而已。）”[3] 既然以坚白之论为代表的先秦名辩与西方逻辑并不同类——前者为论理之用，后者才是论理之学，那么借助“逻辑名辩化”这一译介策略来普及和研究西方逻辑的可行性与成效就难免引起人们的怀疑。事实上，这种怀疑首先就表现为去质疑“名学”一词是“logic”的合适译名。严复本人并不认为“论理学”是一个好译名，但他没有提供具体的理由，只是在《名学浅说》的一则按语中指出：“日本谓名学为论理学，已极浅陋，……不可以东学通用而从之也。”[4] 反过来，主张用“论理学”取代“名学”的学者倒是进行了颇为充分的讨论。早在 1904 年，梁启超就认为，严复从名辩去理解逻辑，用源于“名家”的“名学”译“logic”，“惟于原语意，似

---

[1] 胡茂如：《序》，大西祝著、胡茂如译：《论理学》，上海：泰东图书局，1914 年，第 3 页。此序原署名为“李鸣阳”，据该书第三版谷钟秀序：“李序，即其自为而以李名之者。”

[2] 胡茂如的这一观点很可能受到了原作者大西祝的影响，后者就认为，“泰西论理学之端，渊自希腊，而亚理斯多德为之魁。亚洲则惟印度古代所构成者之因明足以当之。世界人民之与于斯学者，盖不能求诸印度、希腊人之外。虽间有之，皆导源于二土之人者也。”（第 2—3 页）

[3] 县解（朱执信）：《就论理学驳新民丛报论革命之谬》，《民报》，1906 年第六号，第 65 页。

[4] 耶方斯著、严复译：《名学浅说》，第 43 页。

有所未尽。”[1]

对于“名学”为何未能完全表达出“logic”的语义，张君劢做了进一步的分析：

> 夫为推论之器与其目的者，固名焉，然而论理之所恃，不独在名。前乎此者，犹有思想公例之大部分，固此学之所赖以成科者也。后乎此者，犹有智识之理论问题 Theory of Knowledge，即近世所称实质论理学者，愈非此名之所能涵概矣。若是乎，名学一名，去此学之范围不已远乎！日人“论理”二字，……其意言推论之理法、言论之理法，盖即取此学之界说而为其学之名，故颇足以概此学之全。所不足者，其名与界说中字眼常相复叠，不免犯论理学中界说定例。严氏定名，素雅驯概括，为译界泰斗。独此一名，则日人所定，似有一日之长，故今用之。[2]

这就是说，“名”（名词/概念）固然是推理、论证所凭借的工具，但并非唯一的工具；而逻辑除了要研究“名”，还要研究“思想公例”（推理、论证的规则与规律），甚至是知识论的一些问题，因此“名”字并不足以表达逻辑的全部研究对象。相反，“论理”一词意指“推论之理法、言论之理法”，则能涵盖逻辑的全部内容。[3]

与张君劢对“名学”一词的质疑类似，高元认为：

> Logic 之输入东洋也，日本译为“论理学”。严氏译为“名学”，不知论 Syllogism（日人谓之论式）也者，辨学之终也；名也者，辨学

---

[1] 梁启超：《墨子之论理学》，《饮冰室合集》（第 8 册），专集之三十七，第 55 页。

[2] 张立斋（张君劢）：《耶方思氏论理学》，《学报》，1907 年第 1 期，第 17 页。

[3] 1919 年，孙中山指出，无论是把“logic”译为“名学”还是“辨学”，抑或是“论理学”，都犯有以偏概全的错误。在他看来，“凡稍涉猎乎逻辑者，莫不知此为诸学诸事之规则，为思想行为之门径也。人类由之而不知其道者众矣，而中国则至今尚未有其名。吾以为当译之为‘理则’者也。”见孙中山：《建国方略》，《孙中山选集》，北京：人民出版社，1981 年，第 143 页。

之始也。以一端赅其全,其为不当等耳。王国维氏译为“辨学”,其言最当。[1]

这也是说以“名学”译“logic”有以偏概全之嫌,难以涵盖逻辑对于推理的研究。不过,相异于张氏主张以“论理学”取代“名学”,高氏认为“辨学”才是恰当的译名。

尽管如张君劢所言,“论理学”之名容易导致循环定义或同语反复,但在近代中国,冠以“论理学”之名的译著、著作和教材,其数量远远超过了以“名学”或“辨(辩)学”命名的出版物。据不完全统计,截至20世纪40年代末,前者有近60种之多,而后者则不超过10种。[2]这从一个侧面说明,尽管“辨学”在清末被学部审定为“logic”的标准译名,[3]基于“逻辑名辩化”的译介策略来用“名学”、“辨(辩)学”之名对西方逻辑进行译介、普及和研究,似乎没有得到近代中国社会尤其是学者和出版机构的广泛认同。

章士钊也质疑以“名学”或“辨(辩)学”来译“logic”。前文业已指出,严复创制了“逻辑”一词,但并不主张将其作为学科的正式名称。在《论翻译名义》一文中,章氏力主“逻辑”作为正式的译名。对于严复

[1] 高元:《辨学古遗》,《大中华杂志》,1916年,第二卷第8期,第1页。

[2] 此数据来源于利用中国国家图书馆联机公共目录查询系统(http://opac.nlc.gov.cn/F? RN=932191852)所进行的检索。检索条件为正题名:“名学”、“辨学”、“辩学”和“论理学”(正题名);时间:2011年8月12日。

[3] 严复本人极力主张以“名学”译“logic”,反对“辨学”或“论理学”等译名,但在1909年出任学部编订名词馆总纂后,却最终把“辨学”定为标准译名。按其之见,“logic”一词,“旧译‘辨学’,新译‘名学’,考此字语源与此学实际似译‘名学’为尤合,但《奏定学堂章程》沿用旧译相仍已久,今从之。”参见《辨学中英文名词对照表》,学部编订名词馆铅印本,第1页。关于严氏提及的《奏定学堂章程》沿用旧译一事,1902年颁布的《钦定京师大学堂章程》在豫备科之政科课程门目表中使用的仍是“名学”,但1904年颁布的《奏定高等学堂章程》、《奏定大学堂章程(附通儒院章程)》等则转而使用“辨学”,并附加说明“日本名‘论理学’,中国古名‘辨学’”,或“外国名‘论理学’,亦名‘辨学’,系发明立言著论之理、措辞驳辨之法”,并未提及“名学”一词。参见璩鑫圭、唐良炎编:《中国近代教育史资料选汇编·学制演变》,上海:上海教育出版社,1991年,第237、345、415页。

主张“取吾国旧文而厘定”西语译名,[1]他以为,“欲于国文中觅取一二字,与原文意译之范围同其广狭,乃属不可能之事。”[2]例如,以源于“名家”的“名学”来称呼逻辑,或可涵盖亚里士多德的词项逻辑,却难以涵盖培根以后的逻辑。这是因为“古之名学,起于名物象数之故,范围有定,虽名家如尹文、公孙龙、惠施之徒,其所为偶与今之逻辑合辙,其广狭浅深,相去弥远。”[3]至于“辩学”[4],章士钊指出:

> 吾国夙分名、墨为两家。……以愚思之,通括名墨而无所于滞,惟“辩”字耳。……然“辩”虽能范围吾国形名诸家,究之吾形名之实质,与西方逻辑有殊。今以其为同类也,谓彼即此,几何不中于《淮南》谓狐狸之讥。……故通常译名不正,其弊止于不正。而以“辩”或“名”直诂“逻辑”,则尚有变乱事实之嫌。[5]

这就是说,以“辩学”译“logic”,如同用“名学”称呼逻辑一样,都是基于一个错误的预设,即先秦名辩(古之名学/形名之学)与西方逻辑同类,具有本质的同一性。而据章氏之见,名辩与逻辑虽偶有合辙,但“其广狭浅深,相去弥远”,因此用先秦名辩的语汇来翻译与诠释西方传统逻辑的术语和理论,亦即逻辑的名辩化,恐“有变乱事实之嫌”,从而妨碍对传统逻辑的学科性质和理论内容的准确把握,最终不利于其在中国社会的普及和研究。

从20世纪20年代开始,“逻辑”一词逐渐在中国社会得到了广泛的使用。据不完全统计,截至20世纪40年代末,被冠以“逻辑”之名出

---

[1] 参见耶方斯著、严复译:《名学浅说》,第41页。
[2] 章士钊:《论翻译名义》,《章士钊全集》(第一卷),上海:文汇出版社,2000年,第449页。此文原刊于《国风报》,1911年,第一年第29号,第33—42页。
[3] 章士钊:《逻辑指要》,北京:生活·读书·新知三联书店,1961年,第1页。章氏此书之底稿成于1917年,后于1943年由重庆时代精神社首次印行。
[4] “其实‘辩’即‘辨’本字,二者无甚择别。”见同上,第3页。
[5] 同上,第2—3页。

版的译著、著作和教材已超过60种。[1] 1949年之后,“逻辑”最终作为正式的学科名称被确定下来,沿用至今。

五、从“逻辑名辩化”到“名辩逻辑化”

“名学”、“辨(辩)学”等译名最终为“逻辑”取代,预示着“逻辑的名辩化”——用先秦名辩语汇来翻译与诠释西方传统逻辑的术语和理论,以利于后者的普及和研究——难以挽回其在总体上失败的命运。大约自20世纪20年代开始,中国学者对传统逻辑以及逻辑的其他分支的翻译、研究和普及,逐渐走上了一条摆脱先秦名辩的影响而独立发展的道路。这主要表现在:

第一,现在通行的逻辑术语几乎不出自先秦名辩的语汇,即便是在逻辑名辩化的阶段所使用的一些具有名辩词源的逻辑译名,绝大多数也已经被弃而不用。[2]

第二,除了对中国逻辑史的研究,后来的中国学者在进行逻辑研究时并不需要以掌握先秦名辩的语汇和理论为前提。

从表面上看,逻辑名辩化的失败,似应直接归因于先秦名辩未能提供足够数量的合适语词来翻译西方逻辑的术语,而之所以如此,又是因

---

[1] 此数据来源于利用中国国家图书馆联机公共目录查询系统(http://opac.nlc.gov.cn/F? RN=932191852)所进行的检索。检索条件为正题名:“逻辑”;时间:2011年8月12日。

[2] 参见陈振明:《西方逻辑传入初期汉译作品中英汉词语对照表》,温公颐主编:《中国逻辑史教程》,上海:上海人民出版社,1988年,第428—449页。本节对“logic”译名的讨论,主要着眼于“逻辑的名辩化”,因此并不是对“logic”一词在逻辑东渐过程中出现的各种译名的全面评述。相关的讨论可以参见董志铁:《关于“逻辑”译名的译名及论战》,《天津师大学报》,1986年第1期,第25—28页;顾有信:《语言接触与近现代中国思想史——“逻辑”中文译名源流再探讨》,邹嘉彦、游汝杰主编:《语言接触论集》,第170—194页;《逻辑学:一个西方概念在中国的本土化》,郎宓榭、阿梅龙、顾有信:《新词语新概念:西学译介与晚清汉语词汇之变迁》,济南:山东画报出版社,2012年,第153—183页;Joachim Kurtz: *The Discovery of Chinese Logic*, Leiden: Koninklijke Brill NV, 2011.

为自秦汉以降,名辩逐渐衰微,长期以来鲜有研究,仅仅是在明清之际随着诸子学的兴起才陆续出现对名辩著作的整理,义理层面的研究更是尚未起步。不过,在更深的层次上,“逻辑名辩化”的译介策略未能取得完全成功,其原因似应从(传统)逻辑和名辩各自的理论内容或学科性质中去寻找。如前所述,质疑“名学”、“辨(辩)学”等译名的学者,亦即自觉或不自觉地质疑“逻辑名辩化”的学者,或者认为这些渊源于先秦名辩的语词不足以涵盖传统逻辑的全部内容,或者强调先秦名辩与传统逻辑根本就不同类。就“逻辑名辩化”的译介策略在事实上已经失败而言,我们应该有理由认为先秦名辩与由西方输入的传统逻辑并不完全等同。

从客观上讲,以《辨学启蒙》、《辨学》、《穆勒名学》和《名学浅说》等西方逻辑译著为代表,逻辑的名辩化对于在近代中国普及和研究传统逻辑做出了巨大的贡献。更为重要的是,它还刺激了近现代学者对于先秦名辩的研究。

历史地看,具有近代意义的名辩研究构想——对名辩著作的义理诠释而非只是文本整理——最早似可追溯到孙诒让。1897 年,孙诒让致信梁启超,认为自己的《墨子间诂》对《墨辩》诸篇的诠释尚有遗憾:

> 《经》《说》诸篇,闳义眇恉,所未窥者尚多。尝谓《墨经》,楬举精理,引而不发,为周名家言之宗。窃疑其必有微言大例,如欧士论理家雅里大得勒之演绎法,培根之归纳法,及佛氏之因明论者,惜今书讹阙,不能尽得其条理。……近欲博访通人,更为《墨诂》补义,傥得执事赓续陈、邹两先生之绪论,宣究其说以饷学子,斯亦旷代盛业,非第不佞所为望尘拥篲翘盼无已者也。[1]

在这封信中,孙诒让猜测《墨辩》的“闳义眇恉”、“微言大例”似可援引西方逻辑、印度因明来加以阐明,并寄希望于梁启超能仿效邹伯奇、陈

[1] 孙诒让:《与梁卓如论墨子书》,《籀庼述林》,第 382—383 页。

澧所开创的以西学新知阐释《墨辩》义理的方法，来为《墨子间诂》的《经》《说》诸篇补义。

正是受到孙氏来信的鼓励与启发，[1]梁启超于 1904 年发表了《墨子之论理学》一文。在他看来：

> 《墨子》全书，殆无一处不用论理学之法则，至专言其法则之所以成立者，则惟《经说上》、《经说下》、《大取》、《小取》、《非命》诸篇为特详。今引而释之，与泰西治此学者相印证焉。[2]

所谓“殆无一处不用论理学之法则”，强调《墨子》全书都遵守了逻辑的规则；“专言其法则之所以成立者”，是说《墨辩》诸篇对逻辑规则有专门的研究；而“引而释之，与泰西治此学者相印证”，则是指一种关于《墨辩》的研究构想。

由孙诒让提出、梁启超实践的这种研究构想，可以称为“墨辩逻辑化”，即用表述逻辑“大例”的西方逻辑来诠释墨辩中的“微言”，在墨辩语汇与逻辑术语之间建立对应关系，以此证成中国本土有逻辑，墨辩中包含着逻辑之理。经过近现代一大批名辩学者的加盟与推动，孙、梁倡导并实践的这种“以欧西（逻辑）新理比附中国（墨辩）旧学”的研究构想，逐渐从墨辩研究扩展至对整个先秦名辩的研究，相应地，“名辩逻辑化”也就逐渐成为了百余年来名辩研究所采用的主要方法。

在逻辑名辩化的刺激下，近现代的名辩研究就这样沿着“名辩逻辑化”的方向起步了。

---

[1] 据梁氏回忆，孙诒让在活字初本《墨子间诂》印行后不久曾寄赠一部给他，“我生平治墨学及读周秦子书之兴味，皆自此书导之。”参见梁启超：《中国近三百年学术史》，第 280 页。

[2] 梁启超：《墨子之论理学》，《饮冰室合集》（第 8 册），专集之三十七，第 56 页。

第四节 小 结

作为历史的先导,有清一代对先秦名辩著作的整理,为近现代的名辩研究奠定了初步的文本基础;而在逻辑名辩化的刺激下提出的"名辩逻辑化"的研究构想,则为近现代名辩研究从文本整理走向义理诠释创造了条件。

综观这一时期的名辩研究,有如下三点值得注意:

(一) 对先秦名辩著作的整理很不平衡

与墨学、荀学的复兴有直接的关联,清代学者对《墨子》与《荀子》两书进行了大量的整理,积累了众多的校勘与注释的积极成果,直接催生了诸如孙诒让的《墨子间诂》、王先谦的《荀子集解》等影响深远、流传广泛的校注名著的出现。尤其值得一提的是,毕沅发现了《经上》篇的"旁行"体例,作《新考定经上篇》;张惠言将这一体例应用于《经下》篇并重新确立了"引《说》就《经》"的原则等,这些对于准确重建和识读《经》《说》四篇的文本都具有重要的意义。此外,以郭庆藩的《庄子集解》为代表,对包括《天下》篇在内的《庄子》全书的整理也初步完成。这些成果无疑为义理层面的名辩研究奠定了文本的基础。不过,由于长期以来存在着对《邓析子》、《尹文子》和《公孙龙子》三书的真实性的怀疑或否定,清代学者尚未完成对先秦名家著作的整理,这在很大程度上延迟或妨碍了后来学者对于邓析、尹文等人名辩思想的研究。

(二) 对名辩著作的文本整理与义理诠释之间的复杂关系有所意识

在评述清代的墨学研究时,陈柱指出:"自毕氏以来,为墨学者或整理全书,或书中之一部分;虽各有精审之处,然大抵皆训诂章句之学;

而于墨子之学说，评论者不过寥寥千百言之叙文，略见己意而已。”[1]不仅如此，清代的名辩研究在总体上主要是对名辩著作的辨伪、校勘与注释，因而基本上还只是一种文本的整理而非义理的诠释。

文本整理与义理诠释在经典研究中往往相互依赖、彼此促进：一方面，文本整理是义理诠释的基础，“古书非校勘无以善其读，非训诂无以通其义。舍校勘训诂以谈义理，是尤冥行索途，终不免于歧而颠踬者也。”[2]另一方面，经典研究又不可止步于文本整理，义理诠释不仅是经典研究的题中应有之义，而且往往有助于对经典的文本整理，所以说：“训诂不得义理之真，致误解古经，实多有之。若不以义理为之主，则彼所谓训诂者，安可恃以无差谬也！”[3]

以《墨辩》整理为例，在为毕沅《墨子注》所写的《后叙》中，孙星衍就指出：“《经》上、下略似《尔雅·释诂》文，而不解其意指。又怪汉唐以来，通人硕儒，博贯诸子，独此数篇莫能引其字句，以至于今，传写伪错，更难钩乙。”[4]似已注意到如果不能正确理解《经》篇的义理（不解其意指），就难以对其文本做出可靠的整理（传写伪错，更难钩乙）。

在1897年致梁启超的信中，孙诒让不仅充分肯定了义理层面的研究有助于对《墨辩》文本的整理，而且对二者之间的复杂关系已有所认识：

> 《经》、《经说上》、《经说下》及《大、小取》六篇，文义既苦奥衍，章句又复褫贸，昔贤率以不可读置之，爻山《刊误》致力甚勤，而于此六篇竟不著一字。专门之学，尚复如是，何论其他。唯贵乡先达兰浦、特夫两先生，始用天算光重诸学发挥其恉，惜所论不多。

[1] 陈柱：《墨学十论》，第196页。

[2] 栾调甫：《墨子要略》，《墨子研究论文集》，第136页。

[3] 方东树：《汉学商兑》，江藩：《汉学师承记（外二种）》，北京：生活·读书·新知三联书店，1998年，第320—321页。

[4] 毕沅：《墨子注》，《墨子大全》（第11册），第284—286页；亦见《孙星衍墨子注后叙》，孙诒让：《墨子间诂》，第663—667页。

> 又两君未遘精校之本，故不无望文生训之失。[1]

孙氏在此主要表达了这样几点意思：第一，由于对《墨辩》一些义理缺乏准确的把握，“昔贤率以不可读置之”，导致对《墨辩》的文本整理鲜有积极的成果。第二，尽管所论不多，邹伯奇、陈澧运用天文、算术、光学和力学等西学新知对《墨辩》义理的诠释，以及由此对《墨辩》文本整理所产生的影响，非苏时学运用传统校勘法所得之《墨子刊误》所能比肩。第三，对《墨辩》的义理诠释必须建立在可靠的文本基础上，由于邹、陈两人没有碰到“精校之本”，对《墨辩》部分文本的诠释就难免“望文生训”。

事实上，邹、陈的研究所存在的问题，并不止于孙氏所指出的因缺乏“精校之本”而“望文生训”。援引西学新知来诠释《墨辩》义理确有其积极的意义，这是作为传统校勘训诂大师的孙诒让所明确承认的。但是，对于这种“比类达义”的研究来说，诚如姜亮夫在论及义理一派的清代诸子学时所言，“类不竟可比，比亦不必即为类。即放者为之，浩汗鸿洞，支言漫演，违离道本，其失也大。”[2]如果缺乏对西学新知的准确把握，放任这种“比类达义”，让其沦为牵强比附和过度诠释，就不仅会危及《墨辩》义理诠释的合理性，也会妨碍《墨辩》文本整理的可靠性。从运用西学对《墨辩》部分文本进行了合理的诠释到最终因牵强比附和过度诠释而走向“西学源出《墨子》”，邹伯奇的教训就是明鉴：

> 西人天学，……尽其伎俩，犹不出《墨子》范围。……《墨子》俱西洋数学也。西人精于制器，其所恃以为巧者，数学之外有重学、视学。……然其大旨亦见《墨子》。……至若泰西之奉上帝、佛氏之明因果者，则尊天明鬼之旨，同源异流者耳。《墨子·经

[1] 孙诒让：《与梁卓如论墨子书》，《籀庼述林》，第383页。
[2] 姜亮夫：《诸子古微》，《姜亮夫全集》（第20册），昆明：云南人民出版社，2002年，第381页。

上》云“此书旁行，正无非”，西国书皆旁行，亦祖其遗法。故谓西学源出《墨子》可也。[1]

简言之，孙星衍、孙诒让的上述分析不仅反映了他们对于名辩研究中文本整理与义理诠释之复杂关系的初步认识，而且对于我们准确刻画与公允评价近现代名辩研究在相关领域的进展与不足也具有重要的意义。正如后文将要论及的，文本整理与义理诠释之间的这种复杂关系将一而再、再而三地在近现代名辩研究的各个发展阶段表现出来。

（三）“逻辑名辩化”与“名辩逻辑化”之间隐含着内在的冲突

在逻辑名辩化的刺激下，孙诒让猜测可以援引西方逻辑、印度因明来阐明《墨辩》诸篇的“闳义眇恉”、“微言大例”，并希望梁启超能仿效邹伯奇、陈澧所开创的以西学新知诠释墨辩义理的方法来完善《墨子间诂》一书。这种“以（逻辑）新知比附（墨辩）旧学”的研究构想，经过梁启超以及一大批名辩学者的实践，最终发展成为“名辩逻辑化”——运用传统逻辑（以及逻辑的其他分支）的术语、理论和方法，来梳理名辩的主要内容，勘定其理论本质，评判其历史地位。

作为近现代名辩研究所采用的主要方法，“名辩逻辑化”的研究构想得以可能的基本前提是名辩与逻辑具有本质的同一性：“在中国特殊的古代思想史上，名辩即是逻辑，二者是实质上的同义语。”[2]然而吊诡的是，作为催生“名辩逻辑化”的动因之一，“逻辑名辩化”——借助名辩语汇来翻译与诠释传统逻辑的术语和理论——似乎也预设了名辩与逻辑的本质同一性。但是，正如前文分析所指出的，“逻辑名辩

[1] 邹伯奇：《学记一得》，戴念祖编：《中国科学技术典籍通汇 · 物理卷》（第一分册），第1012页。张自牧也认为，《墨辩》诸篇所论多含化学、重学、光学之祖，“泰西智士从而推衍其绪，其精理名言、奇技淫巧，本不能出中国载籍之外。”见张自牧：《瀛海论》，王锡祺辑：《小方壶斋舆地丛钞》，光绪十七年（1891年）上海著易堂刻本，第十一帙。

[2] 纪玄冰（赵纪彬）：《名辩与逻辑——中国古代社会的特殊规律与古代逻辑的名辩形态》，《新中华》，1949年，第12卷第4期，第29页。

化”的失败在很大程度上恰好表明了这一预设是不成立的，即先秦名辩与由西方传入的传统逻辑并不等同。至此我们不难发现，“逻辑名辩化”的失败与“名辩逻辑化”的预设之间隐含着内在的冲突：前者表明“名辩与逻辑并不同一”，后者则主张“名辩与逻辑同一”，而“名辩与逻辑同一”跟“名辩与逻辑并不同一”之间恰好是一种非此即彼的矛盾关系。

“逻辑名辩化”的失败与“名辩逻辑化”的预设之间存在矛盾，无疑是笔者的一种“后见之明”(hindsight)，但不可否认的是，近现代的名辩研究就是在这种矛盾中起步并发展起来的。对这种矛盾的揭示、对“名辩逻辑化”所预设的“名辩与逻辑的本质同一性”之合理性及其在名辩研究方法论上的得失分析，同样是我们准确刻画与公允评价近现代名辩研究所不能回避的一项重要内容。

第二章　起步与开拓

20世纪初至30年代末是近现代名辩研究的起步与开拓阶段。相对于此前仅有名辩之实而无“名辩”之名，本阶段不仅出现了对“名辩”一词的最初使用，而且引入并辨析了跟先秦名辩相关的一系列术语；相对于此前对名辩著作的不平衡整理，本阶段开始了对名辩著作的深入考辩与全面整理；相对于此前对名辩义理的札记或批注式的零散研究，本阶段开始出现了对于名辩义理的系统诠释。无论是把“名辩逻辑化”确定为首选的研究方法，还是把名辩的理论本质勘定为中国本土逻辑，本阶段的研究均有筚路蓝缕之功，对于整个近现代名辩研究都具有奠基性的意义。

第一节　名辩著作的辨伪与整理

对名辩著作的辨伪、校勘和注释，是从义理层面上开展名辩研究的基础。进入20世纪以后，《墨辩》整理取得了颇为丰硕的成果，基本解决了文本识读问题；对《邓析子》、《尹文子》和《公孙龙子》三书的真伪考辩有了新的进展；出现了一批关于《庄子·天下》与《荀子·正名》的新校释。

一、《墨辩》整理与相关争论

在本阶段,《墨辩》整理所取得的新成果主要表现在:第一,通过确立"牒经标题"的体例,基本解决了《经》《说》文本的重建与识读问题;第二,发表了一批《墨辩》校释的新成果;第三,围绕"旁行"、"牒经"的体例以及《墨辩》的作者等论题进行了深入的考辩和激烈的争论。

(一)"牒经标题"体例的确立

1906年,曹耀湘在《墨子笺》中明确提出了《经说》各章首字具有标目(标题)的功能:"《经说》二篇,每遇分段之际,必取《经》文章首一字以识别之,其中亦有脱漏数处。必明乎此,然后此四篇之章句次序始可寻求,而校讹补脱,略有依据之处矣。"[1] 事实上,孙诒让、王闿运已先后注意到《经说》各条首字的标目功能,如前者就在《经说》首条"故,小故……"首字"故"下注曰"此目下文",并于各条的首字或首二字下断句。[2] 在此,曹耀湘将孙、王等人的发现加以提炼和推广,明确提出《经说》各条"必取《经》文章首一字以识别之"。

1922年,梁启超在《墨经校释》的"凡例"中把曹氏的这一论说进一步明确为"牒经标题"的体例:"凡《经说》每条首一字,皆牒经标题之文,不应与下文连读"。[3] 在该书所收《读墨经余记》中,他对这一体例进行了更为详细的说明:

> 今细绎全文,得一公例:凡《经说》每条之首一字,必牒举所说《经》文此条之首一字以为标题。此字在《经》文中可以与下文连读成句;在《经说》文中,决不许与下文连读成句。此例张、孙各

[1] 曹耀湘:《墨子笺》,光绪三十二年(1906年)湖南官书报局排印本,《墨子大全》(第19册),第585页。

[2] 参见孙诒让:《墨子间诂》,第332页;王闿运:《墨子注》,光绪三十年(1904年)江西官书局刊本,《墨子大全》(第19册),第379页。

[3] 梁启超:《凡例》,《墨经校释》,《饮冰室合集》(第8册),专集之三十八,第2页。

> 家，本皆见及，但信之不笃，守之不严，故旧注之引《说》就《经》，常滋伪谬。[1]

如前所述，“旁行”体例的发现初步解决了《经》篇的文本重建与识读问题，但要准确诠释《经》篇之义理，还必须诉诸“引《说》就《经》”的原则。为此，就必须解决《经说》的文本重建与识读。而按梁氏之见，引《说》就《经》之所以可能，就在于《经说》各条首字具有“牒举所说《经》文此条之首一字以为标题”的功能。这便是“牒经”体例的意义所在。

“旁行”与“牒经”这两个体例对于《墨经》的文本整理具有重要的意义。如栾调甫所言，此二体例“是我们研究这《经》与《说》最要紧的。因为若不明白旁行的例，就不知晓《经》上下两篇之文错综的缘故，而且难以引《说》来解《经》。若不明白牒字的例，就不能分清《说》上下两篇的句读。”[2]

（二）《墨辩》校释的新成果

在本阶段上，学者们不仅对《墨经》文本的编制体例有了进一步的认识，伴随着这种认识的逐步深化，还发表了一批专门校释《墨辩》的新成果。[3] 下文择其要者略作介绍。

《名经注》，作者栾调甫。脱稿于 1911 年，未肯刊印，[4] 目前仅通过孙碌 1926 年的《坚白离盈辩考证》一文所附 10 条尚可窥见一斑。[5] 栾氏认为，坚白之辩始于春秋之季，有盈、离两宗；同异之辩亦可区分出合、别二派。就前者说，墨子与他家辩难，立“坚白不相外”之

---

[1] 梁启超：《读墨经余记》，《墨经校释》，《饮冰室合集》（第 8 册），专集之三十八，第 4 页。

[2] 栾调甫：《读梁任公〈墨经校释〉》，《墨子研究论文集》，第 8 页。

[3] 关于本阶段校释《墨辩》及《墨子》全书的情况，可参见郑杰文《20 世纪墨学研究史》的相关述评。

[4] 参见栾登、栾汝珠：《栾调甫与墨子》，张知寒主编：《墨子研究论丛》（二），济南：山东大学出版社，1993 年，第 591 页。

[5] 参见孙碌：《坚白盈离辩考证》，《墨子研究论文集》，第 166—172 页。

宗,其后学祖《墨经》亦持盈宗之论,于是有杨墨之辩。驯至刑名成家,乃有惠施邓析之说。1922 年,栾氏此说得以刊布,[1]不仅更正了张惠言、梁启超等对《墨经》所载坚白之论的误释强释,而且被众多学者运用于校释《墨经》及区分后期墨家与惠施等名家一派。

《墨子小取篇新诂》,作者胡适。系拟撰写的《墨经新诂》的一部分,亦是该书稿唯一公开发表的部分。[2] 全篇分为九节,逐节详加解说;每节均"采摭旧校勘正误文,复据逻辑申发其论。其体例严整,义理精微,均有足以述之者。"[3]此文最大的特点是没有局限于文本校勘,还运用传统逻辑从义理层面上对《小取》所论"辩"之本质、功用、方法、常见的谬误诸论题进行了诠释。

《新考正墨经注》,作者张之锐。此书引《说》就《经》,上下两栏,旁行排列,以阿拉伯数字标出经文序号;认为《墨经》多含科学与名学知识,附有图说以明经文所言几何、光学、力学之理。[4]

《墨经校释》,作者梁启超。系梁氏根据 20 余年的校释札记写定而成,为印刷便利计,未旁行排列,而是析为四卷,将《经》文拆分编号,引《说》就《经》,逐条校释。[5] 校语先引孙诒让之说,然后辩说是非,并出已意,颇多可从;释语解字义多引《说文》,释句意则引近代数理科技与逻辑新知,或列出《墨子》中的相关之语加以补释,多有超越前人之处。此书文字明晰,释义通俗,影响甚巨,堪称本阶段结合传统考据

---

[1] 参见栾调甫:《读梁任公〈墨经校释〉》,《墨子研究论文集》,第 1—21 页。

[2] 胡适:《墨子小取篇新诂》,《北京大学月刊》,1919 年,第一卷第 3 号,第 49—70 页。《墨经新诂》的全部手稿已收入耿云志主编:《胡适遗稿及秘藏书信》(第 7 册),合肥:黄山书社,1994 年。这些手稿的校订本,可参见《胡适全集》(第 7 卷),合肥:安徽教育出版社,2003 年。

[3] 栾调甫:《二十年来之墨学》,《墨子研究论文集》,第 144 页。

[4] 张之锐:《新考正墨经注》,民国十年(1921 年)河南官书局排印本,收入《墨子大全》(第 32 册)。

[5] 梁启超:《墨经校释》,上海:商务印书馆,1922 年,后收入《饮冰室合集》(第 8 册),专集之三十八。

方法与近代西学新知来校释《墨经》之最重要成果。不过,《校释》也存在不少疏失,如拘守《经说》必牒举经文首一字以为标题之说、本前人之说而不出前人之名、援引多讹、改字太多、疏于文字之学以致古音义无所证明,等等。[1]

《墨辩解诂》,作者伍非百。初稿成于1911年,称《墨经说章句》;1917年稿本更名为《墨子辩经解》;1921年第三稿改作今名。[2] 伍氏认为《辩经》所论主要关乎正名、达辞、立说、明辩四者之原理、方法、材料和应用,即"名辩学术"[3],于是依经文原有次第列出《辩经目录》,将经文编缀而成一个名辩学系统。诚如梁启超所言:"伍非百著《墨辩解诂》,从哲学科学上树一新观察点,将全部《墨经》为系统的组织。……为斯学(指墨学——引者注)一大创作也。"[4]

《墨经易解》,作者谭戒甫,系拟撰写之五编本《墨辩发微》书稿的第三编。[5] 谭氏主张名家之外别有形名一家,公孙龙是形名家的集大成者,而墨家乃名家的代表,形名之学不同于名家之学。此书在解说中除援引古人论说、佛家诸理与近代西学,继续申说其关于形名家异于名家之说,认为《墨经》中存有名家引来辩驳的形名家之言;《墨辩》已提出独立的辩学论式,并将其与因明三支、逻辑三段进行了对比。

---

[1] 详见陈柱:《墨学十论》,第203—205页。

[2] 有关手稿修改的具体情况,详见许行成:《序》,《墨辩解诂》,北平:中国大学晨光社,1923年,第1—13页。此外,伍氏还有《大小取章句》发表于《论学》,1937年,第1—4期。

[3] 参见伍非百:《墨辩定名答客问》,《学艺杂志》,1922年,第四卷第2号,第1—4页;《墨辩释例》,《学艺杂志》,1922年,第四卷第3号,第1—5页。

[4] 梁启超:《中国近三百年学术史》,第281页。

[5] 谭戒甫:《墨经易解》,上海:商务印书馆,1935年。除此书外,谭氏还有单篇论文对《大取》《小取》进行校释,参见谭戒甫:《墨子大取篇校释》,《国立武汉大学文哲季刊》,1936年,第五卷第4期,第761—804页;《墨子小取第四章校释》,《国立武汉大学文哲季刊》,1935年,第五卷第1期,第153—172页。

《墨经通解》，作者张其锽。[1] 作者对《经》文次序进行了重新编排，分类并列；力主不应尽以西方逻辑、印度因明来解《墨经》；主张每条《经》不必皆有《说》，牒经字例亦不必限于经首一字。[2] 书末附有《墨子大取篇校注》。

《墨经集解》，作者李大防。[3] 作者视"《墨经》一书，为我国名学专书之祖"，采毕沅、孙诒让、曹耀湘、梁启超、胡适、章士钊、张纯一、邓高镜等十余家注语辑为《集解》，"错乱难解之处，则详列众说，俾读者参观互证，择善而从，尤不敢强作解事，误己误人"。[4]

《墨辩疏证》，作者范耕研。共七卷，卷一对《经》篇各条进行了归类和介绍，认为"每条各明一义"，但"相承相发，以类相从，决非漫然杂最"；[5] 卷四至七疏解《经》《说》四篇，引《说》就《经》，按序排列，引清末至当时各家之说甚多。

《墨辩新注》，作者鲁大东。上下两卷，先校后注，简明扼要，多据前人成说。作者认为《墨辩》注重"思想与知识之学"，墨家辩学实乃"求知之工具，推理之源泉"，"其义同于现代研究思考之'逻辑'也。"[6] 在串讲文意时能从逻辑角度对《墨辩》的若干重要观念予以分析和评价，间或还能与逻辑、因明进行比较。

《墨子辩经讲疏》，作者顾实（顾惕生）。正文前有《墨子辩经旧本校异》，详注各家版本异同。顾氏视《墨辩》为"世界诸国最古之逻辑宝典……足以该摄印度欧西逻辑宝典而有余也"[7]，故其讲疏能联系

---

[1] 张其锽：《墨经通解》，民国二十年（1931 年）桂林独志堂排印本，收入《墨子大全》（第 39 册）。

[2] 参见梁启超：《墨经通解叙》，《国学论丛》，1928 年，第一卷第 4 号，第 193—198 页。

[3] 李大防：《墨经集解》，《安徽大学月刊》，1934 年，第二卷第 2—5 期。

[4] 李大防：《墨经集解自序》，《安徽大学月刊》，1934 年，第二卷第 2 期，第 1、3 页。

[5] 范耕研：《墨辩疏证》，上海：商务印书馆，1935 年，第 12 页。

[6] 参见鲁大东：《自序》，《墨辩新注》，上海：中华书局，1936 年；卷上，第 27 页。

[7] 顾实：《自序》，《墨子辩经讲疏》，南京：至诚山庐，1936 年，第 5 页。

《墨辩》其他文字并借助逻辑新知进行解说,间或还能以“参考”列出可资比照的古人论说或逻辑理论。

此外,较为重要的《墨辩》整理成果还有张煊的《墨子经说新解》、胡国钰的《墨子小取篇解》、邓高镜的《墨经新释》以及徐廷荣的《新校正墨经注》等。[1]

需要指出的是,本阶段还出现了一批校释《墨子》全书的新成果,其中不少对于《墨辩》的整理也值得注意。例如,《墨子注》,作者王闿运。从总体上看,王氏“鲜所发明,轻议卢、毕所校,斥为‘浅率陋略’,徒自增其妄而已。惟对于《经》《说》四篇,颇有新解,是其一节之长。他又将《大取》篇分出一半,别自为篇,名为《语经》,可谓大胆已极。”[2]

又如,《墨子新释》,作者尹桐阳。此书一改传统篇第次序,将《墨子》分为“墨经”、“墨论”和“杂篇”三部分,其中《墨辩》六篇归入“墨经”置于首卷。尹氏继承了以西学新知校释《墨辩》的做法,认为“不明假借,不足以释《墨子》;不明光、力、数、名诸学,亦不足以释《墨子》。”[3]

再如,《墨子集解》,作者张纯一。选录了自毕沅以来近20家《墨子》校注成果,以案语引出评说,表述己意;虽疏于文字校勘和字词注

---

[1] 参见张煊:《墨子经说新解》,《国故》,1919年第2—3期;胡国钰:《墨子小取篇解》,《哲学》,1922年第7期,第1—24页;邓高镜:《墨经新释》,上海:商务印书馆,1931年,第20页;徐廷荣:《新校正墨经注》,北平:商务印书馆北平分厂京华印书局代印。徐氏此书印刷时间不详,约印于1915—1930年间,见李匡武主编:《中国逻辑史》(现代卷),第307页。又,李大防在1936年评述墨学研究现状时曾提及此书,故可推定该书在1936年前即已刊行于世。参见李大防:《读墨要旨》,《安大季刊》,1936年,第一卷第2期,第167页。

[2] 梁启超:《中国近三百年学术史》,第280页。

[3] 尹桐阳:《墨子新释》,民国三年(1914年)衡南学社石印本,《墨子大全》(第22册),第2页。

释,但对句意、段意和篇意多有解说与发挥。[1] 张氏多类比因明、逻辑来解说《墨辩》,认为"《墨辩》大旨,多与因明同"。[2]

（三）《墨辩》整理引发的若干争论

在整理《墨辩》的同时,学者们还围绕"旁行"、"牒经"这两个文本编制体例以及《墨辩》的作者等论题展开了考辩和争论。

1. 关于《经》篇文本编制的考辩

进入 20 世纪后,致力于校释《墨经》的学者无不以恢复旁行本《经》篇为先务,以期《经》《说》能够完全对应。与此同时,他们还对《经》篇文本编制的历史演变进行了考辩,主要涉及:第一,旁行本《经》篇与《经》《说》各自为篇是否就是《墨经》的原始形式?如果不是,旁行本出现于何时?第二,《经》篇在流传过程中先后出现过哪些版本?第三,旁行本转变为近世直行本究竟发生于何时?[3]

关于第一个问题,曹耀湘、张之锐、张纯一、陈柱等均主张《墨经》的原始形式就是《经》篇两重旁行、《经》《说》各自为篇。不过,曹氏与二张均认为此原始本为竹简本,陈柱则以为当是帛书。[4] 由于不能很好解释近世直行本《经》篇的错简情况,此说对于《经》篇的错简考正和章句审定鲜有助益。

伍非百和栾调甫力主《墨经》的原始形式为《经》《说》各自为篇,但

[1] 张纯一:《墨子集解》,上海:医学书局,1932 年;《墨子集解》(修正本),上海:世界书局,1936 年。

[2] 张纯一:《墨子集解》(修正本),第 266 页。

[3] 关于《经》《说》的文本编制形式及历史演变,以及二者在历史上是否一开始就各自为篇,近现代学者各抒己见,异见纷呈。对这些不同意见及彼此争论的一般性介绍,可参见张斌峰:《近代〈墨辩〉复兴之路》,第 89—98 页;李匡武主编:《中国逻辑史》(现代卷),第 312—314 页。较为系统的评述和总结,则可参见沈有鼎:《论〈墨经〉四篇之编制》,《沈有鼎文集》,北京:人民出版社,1992 年,第 415—428 页。

[4] 曹耀湘:《墨子笺》,《墨子大全》(第 19 册),第 567 页;张之锐:《新考正墨经注》,《墨子大全》(第 32 册),第 7 页;张纯一:《读伍非百〈评胡梁栾《墨辩》校释异同〉之管见》,《墨学分科》,上海:定庐,1923 年,第 3 页;陈柱:《墨经之体例》,《墨学十论》,第 85 页。

《经》篇并非两重旁行。伍氏认为原本《经》篇为离章竹简本,即一条一章,一章一行,从右至左,直至篇终。[1] 栾氏则援引竹简之长短及可写字数之数量,力主《经》篇竹简原本为连文直下,不分章离句,可称为"古直行本"。[2]

若果真《经》篇原本非旁行本,那么旁行本又出现于何时呢?栾氏推测古直行本流传至晋时,由于经文艰深难读,学者为之分章,而每章之文过短,不足半行,故两重写之。伍氏则认为当在汉人以绢素重写《经》篇之时,因为此时已出现隶书、章草,较之篆书少占面积,而且两栏旁行还能节省绢素。[3]

关于第二个问题,伍非百认为,《经》篇先后出现过四个版本:原始的离章竹简本;汉人重写之旁行绢素本(即毕沅、张惠言、孙诒让等人企图复原的旁行本);鲁胜引《说》就《经》之旁行纸册本,以及近世通行之连书直行纸册本。栾调甫认为有三种编制形式,即竹简原本(古直行本)、古卷分章本(旁行本)和刊木本(近世直行本)。杨宽则提出《经》《说》写式"凡三变,共四本":《经》《说》合写竹简原本;《经》《说》分篇直行绢帛本;《经》文旁行纸册或绢帛本;《经》《说》分篇直行纸册今本。[4]

至于旁行本《经》篇究竟在何时被改写为直行本,陈柱推测在汉后改用竹简之时。[5] 伍非百则认为必在鲁胜引《说》就《经》之《墨辩

[1] 参见伍非百:《辩经原本章句非旁行考》,《学艺杂志》,1922 年,第四卷第 4 号,第 1—8 页。

[2] 参见栾调甫:《读梁任公〈墨经校释〉》、《旁行释惑》,《墨子研究论文集》,第 1—21、48—58 页;《墨子经上下旁行说》,伍非百:《中国古名家言》,第 355—374 页。

[3] 谭戒甫推测《经》《说》四篇,"原亦皆论式所组成,实有旁行读之之必要;《经》上下二篇特其遗迹耳。"不过,他既未明言旁行句读是否为此四篇之原本,亦未判定此体例出现于何时。参见谭戒甫:《墨子经说释例》,《国立武汉大学文哲季刊》,1934 年,第三卷第 3 期,第 573—580 页。

[4] 详见杨宽:《墨经义疏通说》,《制言半月刊》,1935 年第 7 期,第 26 页。杨氏亦主张旁行本《经》篇系抄写者为节省绢素之故,时间当在战国之后。

[5] 参见陈柱:《墨经之体例》,《墨学十论》,第 84 页。

注》亡失后，约在西晋至中唐之间。栾调甫则主张近世直行本最早只能追溯至宋代，因为唐人尚知旁行体例，且宋刊本之木版无容纳两截排列之余地。

2. 围绕"牒经"体例的争论

"旁行"体例关乎《经》篇文本的重建，"牒经"体例则与《经说》的文本整理、《经》与《说》的对应关系有关。围绕后者的争论，主要针对的是梁启超对"牒经"体例的表述。

梁启超对"牒经"之例的表述颇为严格。在为《墨经校释》稿本作序时，胡适就指出，梁氏对许多旧注进行了正确校改，但"牒经"之例的表述"太狭窄了，应用时确有许多困难。若太拘泥了，一定要发生很可指摘的穿凿附会"。事实如胡适所言，此书的校勘不仅存在诸多牵强的删改，而且多有不遵守"牒经"之例的地方。见于此，胡适提出，若果真存在"牒经"之例，更恰当的表述应该是"《经说》每条的起首，往往标出《经》文本条中的一字或一字以上。"[1]

面对胡适的批评，梁启超一方面承认自己的表述"不免过于严格"，另一方面坚持认为"牒经"体例本身仍然是引《说》就《经》、重建《墨经》文本的重要标准。因此，说他对"牒经"之例的规定"时有例外焉则可，谓此例不足信凭则不可也"。[2]

胡、梁二人围绕"牒经"体例的批评与回应，在《墨经校释》正式出版后引起了栾调甫、伍非百、张纯一等人的关注。栾氏认为，胡适的批评与修正是有道理的，但不能因梁氏对"牒经"之例的严格规定以及具体应用上的问题，就否定这一体例本身的客观存在。[3] 伍非百赞成

[1] 胡适:《后序》,《墨经校释》,《饮冰室合集》(第8册),专集之三十八,第100—101页。

[2] 梁启超:《读墨经余记》,《墨经校释》,《饮冰室合集》(第8册),专集之三十八,第10页。

[3] 参见栾调甫:《读梁任公〈墨经校释〉》,《墨子研究论文集》,第7—8页。

栾调甫的评述，认为梁启超的规定强调的是“古人牒经标题的例”，胡适的批评和修正侧重于“今人用例读书的法”；同时援引自己的“标目五例”之说，替梁氏的“牒经”之例进行了辩解。[1] 张纯一则指出，“牒经”之例似可收据《经》治《说》、据《说》治《经》之效，但泥迹以求，必致任意增删改移；至于伍非百以“标目五例”为梁启超辩护，危害更甚。[2]

由于史料有限以及对相关史料的解读见仁见智，学者们的意见往往不尽一致，有些甚至彼此对立，难以成为共识。尽管历史的细节还没有得到完全复原甚至已无完全复原的可能，“旁行”与“牒经”这两个体例，对于重建《墨经》文本的积极意义是不容否认的。进一步完善《墨辩》校勘的任何努力，都不能回避学者们在本阶段所取得的成果以及彼此之间的意见分歧与争论。

3.《墨辩》的作者之争

关于《墨辩》六篇的作者，有清一代并无定论。汪中认为，《墨经》所论坚白同异之辩，始于惠施、公孙龙，非《墨子》本书；毕沅断定《经》《说》四篇为墨子自著；孙诒让据《天下》篇所言，认为《墨经》“似战国之时墨家别传之学，不尽墨子之本怕。”[3]

进入20世纪后，学者们对《墨辩》作者展开了进一步的考辩，众说杂陈，莫衷一是。[4] 在本阶段，关于《墨辩》的作者是否为墨子本人，

---

[1] 参见伍非百：《墨辩释例》，《学艺杂志》，1922年，第四卷第3号，第1—5页；《评胡梁栾〈墨辩〉校释异同》，《学艺杂志》，1923年，第五卷第2号，第1—20页。

[2] 参见张纯一：《读伍非百〈评胡梁栾《墨辩》校释异同〉之管见》，《墨学分科》，第12—15页。

[3] 参见汪中：《墨子序》，《新编汪中集》，第409页；毕沅：《墨子注》，《墨子大全》（第11册），第249页；孙诒让：《墨子间诂》，第308页。“怕”，中华书局点校本误作“从”，今据宣统二年（1910年）《定本墨子间诂》校改。

[4] 关于近现代学者在《墨辩》作者问题上的不同意见与彼此争论，可参见杨俊光：《墨子新论》，南京：江苏教育出版社，1992年，第42—45页；李匡武主编：《中国逻辑史》（现代卷），第309—312页；张斌峰：《近代〈墨辩〉复兴之路》，第76—88页。

概而言之,可以区分出三种看法:(1)“全部说”,即六篇均为墨子自著;(2)“部分说”,即六篇中有部分为墨子自著;(3)“否定说”,即六篇均非墨子自著。下文对这三种观点略作介绍。

(1) 全部说

尹桐阳、张纯一主张《墨辩》为墨子自著,但理由各不相同。[1] 李大防、虞愚赞成张氏之说,认为六篇皆墨子自著。[2]

(2) 部分说

根据自著篇数之多寡,“部分说”又可区分出“一篇说”、“两篇说”和“四篇说”。

杨宽主张“一篇说”,认为《墨经》仅指《经上》,系墨子自著;《经下》则是后墨与他家辩难而作。[3]

梁启超、栾调甫、谭戒甫等主张“两篇说”。梁氏初以为《墨辩》“大半是讲论理学。《经》上下当是墨子自著,《经说》上下当是述墨子口说,《大取》《小取》是后学所著”。[4] 后改称六篇性质各异,不容并为一谈,但“《经上》必为墨子自著无疑;《经下》或墨子自著,或禽滑厘、孟胜诸贤补续,未敢悬断”。[5] 栾调甫则考证《墨辩》作者可分为四期,其中《经》篇为墨子自著;《经说》为《经》之传,为墨子后学所作,似在墨子后百余年;《大取》作者又在《经说》作者之后;《小取》则可能作于荀子之后。[6] 谭戒甫立足于墨辩论式之草创、完善与定型的历史发展

---

[1] 参见尹桐阳:《墨子新释》,《墨子大全》(第22册),第7页;张纯一:《墨子集解》(修正本),第265页。

[2] 参见李大防:《墨子集解自序》,《安徽大学月刊》,1933年,第一卷第4期,第2页;虞愚:《墨家论理学的新体系》,《民族杂志》,1935年,第三卷第2期,第389页。

[3] 参见杨宽:《墨经考》,《江苏教育》,1932年,第一卷第9期,第209—236页。

[4] 梁启超:《墨子学案》,《饮冰室合集》(第8册),专集之三十九,第7页。支伟成几乎完全照搬了梁氏的这一看法,见支伟成:《墨子综释》,上海:泰东图书局,1925年,第5—6页。

[5] 梁启超:《读墨经余记》,《墨经校释》,《饮冰室合集》(第8册),专集之三十八,第2页。

[6] 参见栾调甫:《墨子要略》,《墨子研究论文集》,第116—118页。

进行推测,认为"《经》《说》四篇,本为墨子及其门人先后肄习之物";"《小取》之著作,殆发轫于墨子,而告成于三墨之末年";《大取》"大抵三墨之门弟子之所为"。[1]

张煊、张之锐均主张《经》《说》四篇为墨子自作。[2] 陈柱先认为《经》上下两篇为墨子自著,后又提出《墨经》四篇,"虽尽非墨子自著之旧,而亦从墨子原著增损而来"。[3] 顾实推断《墨经》乃墨子"自为卫道而作",《大取》《小取》两篇"当俱出墨徒所增益"。[4]

(3) 否定说

持"否定说"的学者完全否认《墨辩》为墨子所著,但其作者究竟是谁,亦是众说纷纭。

1908 年,张尔田提出《墨辩》"皆非墨家学术之正宗","所言多据《公孙龙子》相符合,真粹然名家之学也"[5],但未明确断定《墨辩》是否为名家所作。1919 年,胡适率先提出"否定说",认为《墨辩》是"别墨"的书,"若不是惠施、公孙龙作的,一定是他们同时的人作的"。[6]

在《墨经》的作者与年代问题上,钱穆认为胡氏的说法较为可信;

---

[1] 参见谭戒甫:《墨辩论式源流》,《国立武汉大学文哲季刊》,1931 年,第二卷第 3 期,第 657—682 页。

[2] 参见张煊:《墨子经说新解》,《国故》,1919 年第 2 期;张之锐:《新考正墨经注》,《墨子大全》(第 32 册),第 15 页。

[3] 参见陈柱:《墨学十论》,第 24—26 页。

[4] 顾实:《自序》,《墨子辩经讲疏》,第 1—2 页。范耕研、鲁大东等人也认为《经》《说》四篇为墨子所自著,参见范耕研:《墨辩疏证》,第 2 页;鲁大东:《自序》,《墨辩新注》。

[5] 张尔田:《原墨》,《史微》,上海:上海书店出版社,2006 年,第 33—34 页。据《点校本序》,此书分内外篇,实成于光绪三十四年(1908 年),内篇四卷同年先行刊印于沪上(第 1 页)。

[6] 参见胡适:《中国哲学史大纲》,北京:商务印书馆,2011 年,第 149—152 页;《先秦名学史》,上海:学林出版社,1983 年,第 56—58 页。前书最初以"《中国哲学史大纲(卷上)》为名由商务印书馆在 1919 年出版;后书首先以英文版刊行,后于 1980 年代初由中国逻辑史研究会组织人员译成中文,参见 Hu Shih: *The Development of the Logical Method in Ancient China*, Shanghai: The Oriental Book Press, 1922. 胡适此说还引发了针对何为"别墨"、惠施与公孙龙究竟属于名家还是别墨等问题的激烈争论,参见本章下一节的相关述评。

章士钊则立足于名墨訾应论，反对胡适之说，认为“今之六篇，殆墨家弟子之所撰述。……为其徒之一派，半述半创，以抗御名家之謷者如施、龙辈焉。”[1]冯友兰亦持“否定说”，但认为“《经》及《经说》等篇，乃战国后期墨者所作”；《大取》《小取》这种据题抒论的体裁非墨子时代所有；《墨辩》实为驳斥辩者之学而作。[2] 郭湛波主张“《墨辩》是后期墨家所作，施、龙是名家，《墨辩》当然非施、龙所作。”[3]方授楚以“墨经”称六篇，认为“《墨经》辞约义丰，包罗甚富。如决定为一人所著，亦非一人所能著也。……此必为禽滑里、孟胜、田襄子诸巨子硕学以多数人之力量随时而决定颁布之者，系用集体主义之精神所成。”[4]

要言之，针对《墨辩》六篇的作者是谁这一问题，学者们从各篇的成书时代、文体风格、称谓用语、义理内容、名墨关系诸方面进行了广泛的考证，无论是在方法上还是结论上，都是有得有失；彼此之间的意见交锋与观点争论，有分歧亦有共识。尽管由于原始材料的有限和直接证据的缺乏，《墨辩》究竟为谁所作的详情已不可靠，但是此六篇为后期墨家所作，是战国后期的作品，逐渐成为主流的看法，为越来越多的学者所接受。

二、其他名辩著作的辨伪与校释

1900 年以来，名辩研究除了在《墨辩》整理方面取得丰硕的成果，还在对于其他名辩著作的真伪考辩与校释方面取得新的进展。

---

[1] 参见钱穆：《墨子》，上海：商务印书馆，1931 年，第 21—28 页；章士钊：《名墨訾应论》，《东方杂志》，1923 年，第 20 卷第 21 号，第 75—78 页。

[2] 参见冯友兰：《中国哲学史》，上海：商务印书馆，1934 年，第 110—111、307—309 页。

[3] 郭湛波：《先秦辩学史》，北平：中华印书局，1932 年，第 196、203 页。

[4] 方授楚：《墨学源流》，上海：中华书局，1934 年，第 156 页。

（一）《邓析子》辨伪

关于今本《邓析子》的真伪，马叙伦、周述政等认定是作于魏晋之间的伪书。[1] 其后，罗根泽从八个方面力证今本之伪，提出“古诸子之整理与伪造，多在魏晋两代，宋齐即渐衰矣。然则《邓析子》盖亦晋人之作乎?”[2]此外，孙次舟、郭湛波等亦主张今本系后人伪作。[3]梁启超更甚一步，认为今本“盖唐宋后妄人所为，绝非《汉志》旧本也。……疑原书已属战国末年人依托，今本又伪中出伪也。”[4]钱穆亦认为“《邓析》书乃战国晚世桓团辨者之徒所伪托。邓析实仅有《竹刑》，未尝别自著书也。……今传《邓析子》，复非战国晚世之真也。”[5]

上述学者对《邓析子》之真伪的考辩虽非当而不可易，但今本非真的观点在本阶段几成定论。关于此书的校释，重要者有马叙伦的《邓析子校录》、王启湘（王时润）的《邓析子校诠》、[6]王恺銮的《邓析子

---

[1] 参见马叙伦：《后序》，《邓析子校录》，民国十二年（1923 年）《天马山房丛书》排印本；周述政：《邓析子辨证》，《国学》，1929 年，第一卷第 1 期，第 1—6 页。周氏在文中提到栾调甫曾著有《名家篇籍考》，立四证以断今本《邓析子》之伪。在近现代名辩研究中，栾氏此文曾被治《公孙龙子》者（如陈柱、杜国庠、庞朴等）所广泛征引，但均未提及文献出处或版本信息。今似已不存于世。

[2] 参见罗根泽：《〈邓析子〉之真伪及年代》，《文学丛刊》，1931 年第 5 期。此文后易名为“《邓析子》探源”收入罗根泽编：《古史辨》（第六册），上海：开明书店，1938 年，第 197—206 页。

[3] 参见孙次舟：《〈邓析子〉伪书考》，罗根泽编：《古史辨》（第六册），第 207—219 页；郭湛波：《先秦辩学史》，第 21 页。

[4] 梁启超：《〈汉书 · 艺文志 · 诸子略〉考释》，《饮冰室合集》（第 10 册），专集之八十四，第 33 页。

[5] 钱穆：《邓析考》，《先秦诸子系年》，上海：商务印书馆，1935 年，第 18 页。

[6] 此书现收入《周秦名家三子校诠》，北京：古籍出版社，1957 年。一个较早的版本收入《周秦三名学诂》，载《国学论衡》，1935 年第 6 期，第 4—16 页。《周秦名家三子校诠》由王氏 1931 年印行的《周秦名学三种》增订而成，国家图书馆藏有后者 1934 年的铅印本一册。

校正》,[1]以及沈延国的《邓析子校释》。[2]

(二)《尹文子》真伪考

尽管明代宋濂已怀疑今本《尹文子》的真实性,清人姚际恒亦曾附和,但严格说来,把今本视为伪书是在本阶段才出现的。

顾实、梁启超、马叙伦、钱穆等先后对今本的真实性表示过怀疑。[3] 1927年,唐钺列举10条证据以证此书为后人伪托,强调"今本《尹文子》是伪书,没有疑义。……唐初到今日所流行的《尹文子》,大约是陈隋间人的伪托"。[4] 同年,罗根泽完成《〈尹文子〉之真伪及年代》一文的草稿,因结论与唐钺的考辩大致相同,未肯付印,直至1936年经修订后才公开发表。不过,罗氏认为"其书言啬意丰,文简理富,聚百家而冶之,合万流而一之,折衷群说,兼揽众长,虽不无可议,而大体固亦整齐博赡之书"。[5]

唐、罗两人的辨伪文章发表后,今本之伪在本阶段几乎成为定论。至于本阶段对《尹文子》的校释,重要者有王启湘的《尹文子校诠》、王恺銮的《尹文子校正》和陈仲荄的《尹文子直解》。[6]

(三)《公孙龙子》考证

姚际恒曾因"《汉志》所载而《隋志》无之",怀疑今本《公孙龙子》

---

[1] 王恺銮:《邓析子校正》,上海:商务印书馆,1935年。

[2] 沈延国:《邓析子校释》,《制言月刊》,1939年总第56—57期。次年,沈氏还有《〈邓析子〉版本考》一文,见《群雅》,1940年,第一卷第4—5期。

[3] 顾实:《〈汉书·艺文志〉讲疏》,上海:商务印书馆,1924年,第146页;梁启超:《〈汉书·艺文志·诸子略〉考释》,《饮冰室合集》(第10册),专集之八十四,第31页;马叙伦:《庄子义证》,上海:商务印书馆,1930年,第三十三卷;钱穆:《尹文考》,《先秦诸子系年》,第346页。

[4] 参见唐钺:《尹文和〈尹文子〉》,《清华学报》,1927年,第四卷第1期,第1153—1174页。

[5] 参见罗根泽:《〈尹文子〉探源》,《文哲月刊》,1936年,第一卷第8期,第39—51页。

[6]《尹文子校诠》收入《周秦名家三子校诠》。一个较早的版本收入《周秦三名学诂》,载《国学论衡》,1936年第6期,第1—13页;第7期,第1—6页。王恺銮:《尹文子校正》,上海:商务印书馆,1935年。陈仲荄:《尹文子直解》,上海:商务印书馆,1938年。

的真实性。近人黄云眉虽不完全赞成姚氏的论证，但也倾向于今本乃"后人研究名学者附会《庄》、《列》、《墨子》之书而成，非公孙龙之原书矣"。[1] 不过，从总体上看，《公孙龙子》在本阶段上并没有一边倒地被判定为伪书。

针对姚氏的怀疑，汪馥炎提出异议，认为虽然《隋志》中无《公孙龙子》书名，但著录有《守白论》，而后者在唐人作注时已被改回《公孙龙子》之名。金受申也指出："《公孙龙子》自《白马论》以下五篇，论理一贯，文辞避违，决非后人所能伪作。"[2]

王琯赞成汪馥炎今本非伪的观点，不过他认为，"扬子《法言》称公孙龙诡辞数万，似当时完本，为字甚富。《三国志 · 邓艾传》注引荀绰《冀州记》谓爰俞辩于论义，采公孙龙之辞，以谈微理。晋张湛《列子注》亦引原书《白马论》，称此论现存云云。刘孝标《广绝交论》'纵碧鸡之雄辩'，'碧鸡'一义，即出本书，可证魏梁之间原著犹存"。[3]

栾调甫亦主张今本不是伪书，但对王琯怀疑汪馥炎今本原名《守白论》之说进行了回应。他援引五条证据以证《隋志》所载《守白论》即《公孙龙子》，如成玄英《庄子疏》云"公孙龙著守白之论，见行于世"；又云"坚白，公孙龙守白论也"。[4] 这些都表明唐时仍有人称《公孙龙子》为《守白论》。换言之，不能因"《隋志》无之"而认定今本为伪书。

总体上看，学者们普遍认为今本《公孙龙子》基本为真书，虽然其中间有后人窜入。至于何以此书《汉志》录为十四篇而今本仅为六篇，学者们也各抒己见，有所讨论，此不赘述。

本阶段整理《公孙龙子》的成果颇多，下面择其要者略作介绍：

---

[1] 黄云眉：《古今伪书考补证》，南京：金陵大学中国文化研究所，1932 年，第 146 页。

[2] 参见汪馥炎：《坚白盈离辩》，《东方杂志》，1925 年，第 22 卷第 9 号，第 73—79 页；金受申：《公孙龙子释》，上海：商务印书馆，1928 年，第 66 页。

[3] 王琯：《读公孙龙子叙录》，《公孙龙子悬解》，上海：中华书局，1928 年，第 1 页。

[4] 栾调甫：《名家篇籍考》，转引自陈柱：《公孙龙子集解》，上海：商务印书馆，1937 年，第 26 页。

《公孙龙子悬解》,作者王琯(王献唐)。采《庄子》、《墨辩》、《尹文子》及俞樾、孙诒让、章太炎、梁启超、章士钊、胡适诸家之说,择善而从,附以己见。此书在校诂上堪称明清以来"最为善本";主张公孙龙为"墨家者流",尝试运用传统逻辑来进行校释。

《公孙龙子新解》,作者钱穆。此书将《迹府》改置末篇,引《墨辩》以及俞樾、陈澧、孙诒让、王琯诸家之说予以解说,并附己见。[1]

《公孙龙子形名发微》,作者谭戒甫。全书共十章,其中"论释"一章对《迹府》之外其余五篇进行了校释。此书搜罗了先秦典籍中有关形名之学的材料与《公孙龙子》相互参证发微,同时对先秦形名一派的历史发展及其与墨家的辩难进行了挖掘与整理。[2]

《公孙龙子集解》,作者陈柱。此书正文以《道藏》本为底本,间有改正;辑录了周秦汉晋诸子及历代50余位学者之说(包括当时一些学者如伍非百等尚未公开发表的手稿)以为《集解》,并自附按语,影响颇大,是明清以来较为完备的一个注本。[3]

《公孙龙子斠释》,作者张怀民。此书较陈柱《集解》晚出,所采诸家之说略多;包括《考证》二卷、《斠释》六卷,末附《解故》一篇。《考证》上卷考《公孙龙子》传本源流及古今学者评论,下卷辑公孙龙传略及年表。《斠释》正其训故,刊其讹误,考其源流,"博采诸书,用资参考,旁及逻辑、因明之义,罔不并举兼收,以相比付。"[4]

此外,较有影响的校释还有金受申的《公孙龙子释》、王启湘的《公孙龙子校诠》[5]等。

---

[1] 钱穆:《公孙龙子新解》,收入《惠施公孙龙》,上海:商务印书馆,1931年。

[2] 据此书1957年版后记,《形名发微》完成于1928年,1932年由国立武汉大学印为讲义,1934年略有增改,又重印一次。参见谭戒甫:《公孙龙子形名发微》,北京:科学出版社,1957年,第121页。

[3] 陈柱:《公孙龙子集解》,上海:商务印书馆,1937年。

[4] 张怀民:《公孙龙子斠释》,上海:中华国学会,1937年。

[5] 此书收入王氏《周秦名家三子校诠》。

（四）《庄子·天下》校释

惠施的名辩思想主要保存于《庄子·天下》中。本阶段出现了不少专门校释《天下》篇的成果，较为重要者有如下几种：

《庄子天下篇讲疏》，作者顾实。顾氏认为“惠施之逐物，乃甚近唯物主义”，故多援引几何学等近代新知来疏解“历物”十事。辩者二十一事中，自“卵有毛”至“丁子有尾”六事属合同异之类，其余十五事则属离坚白之类，“科学之精深寓焉”。[1]

《读庄子天下篇疏记》，作者钱基博。此书的特色在于以子解子，其“庄周惠施公孙龙”篇以老、庄解惠施，认为“惠施为道者之旁门”，“历物之意”与庄子“抱一”之指无殊；桓团、公孙龙等辩者之徒“亦多宗惠施而出入于道家者言”，“其意亦宗庄子”。[2]

《庄子天下篇笺证》，作者高亨。对惠施、辩者一章，旁征远引，着力阐述，主张“以名学释之，虽不得作者之原意，亦不致背名家之大恉”。[3]

《庄子天下篇校释》，作者谭戒甫。受《北齐书·杜弼传》“弼注庄子惠施篇”的启发，谭氏将《天下》“惠施多方”以下别为《惠施篇》，尤为特识所存；视惠施“历物”十事与《墨经》通，为名家之学；辩者二十一事则为形名家之学，多合于《公孙龙子》。[4]

（五）《荀子·正名》校释

长期以来，学者多对《荀子》一书的真实性持肯定态度，仅唐代杨倞、宋代王应麟以及后来的《四库全书总目》等怀疑有部分内容或系伪作或系弟子所增。在本阶段，梁启超、吕思勉、杨筠如等人表达了类似

[1] 参见顾实：《庄子天下讲疏》，上海：商务印书馆，1928 年，第 123、99 页。

[2] 参见钱基博：《读庄子天下篇疏记》，上海：商务印书馆，1930 年，第 59—60、67 页。

[3] 高亨：《庄子天下篇笺证》，《高亨著作集林》（第九卷），北京：清华大学出版社，2004 年，第 427 页。此文最初发表于《北强》，1934 年，第一卷，第 3—5 期。

[4] 参见谭戒甫：《庄子天下篇校释》，台北：台湾商务印书馆，1985 年，第 51—52、60 页。此书最初于 1935 年由武汉华中日报社印刷所线装排印。

的怀疑。

梁氏认为,"《荀子》全书,大概可信。惟《君子》、《大略》、《宥坐》、《子道》、《法行》、《哀公》、《尧问》七篇,疑非尽出荀子手,或门人弟子所记,或后人附益也。"[1]吕思勉强调,"今《荀子》书……与诸书同处,正足证其书由钞袭而成。"[2]杨筠如则力证今本《荀子》为后人杂凑而成,不仅梁氏所疑诸篇均是伪作,其余篇中亦有作伪的内容。[3]

不过,尽管存在上述质疑,学者们普遍认为《正名》一篇是荀子本人的著作,并对其进行了校释,重要者有如下几种:

《荀子名学发微》,作者刘师培。刘氏认为,《正名》一篇早明"名学之大要,不外归纳、演绎二端",但仍多谬误,为了"阐发隐词以补前儒之略,使中邦名学不至失传",故选择体现《正名》奥义的 15 则原文予以诠释。[4]

《荀子补释》,作者刘师培。鉴于王先谦《集解》对于《荀子》的"奥义隐词未克阐发",刘氏"胪列众说以己意为折衷,得二百八十条",其中《正名》篇共计 31 条;能着眼于逻辑、哲学等对名辩论说予以补释,如释"名约"为"名之界说"等。[5]

《荀子正名篇札记》,作者刘盼遂。引杨倞、郝懿行、俞樾、王先谦、刘师培、梁启超等诸家之说及历代古书,断以己意。仅有札记四条,多着眼于文字训诂,鲜有义理阐发。[6]

《荀子正名篇讲记》,作者谭戒甫。谭氏认为"只除了三墨后学一派人,专究名理,别有成就之处,若其他一切论名的诸子,大概都不能和

[1] 梁启超:《〈汉书·艺文志·诸子略〉考释》,《饮冰室合集》(第 10 册),专集之八十四,第 10 页。
[2] 吕思勉:《经子解题》,上海:商务印书馆,1929 年,第 122—123 页。
[3] 参见杨筠如:《荀子研究》,上海:商务印书馆,1931 年,第 14—21 页。
[4] 刘师培:《荀子名学发微》,《国粹学报》,1907 年,第三卷第 7 期,第 1—5 页。
[5] 参见刘师培:《荀子补释》,1936 年《刘申叔先生遗书》宁武南氏铅印本。
[6] 刘盼遂:《荀子正名篇札记》,《清华周刊》,1926 年,第 25 卷第 10 期,第 1—3 页。

他（指荀子——引者注）并驾齐驱”。此文将《正名》篇分为七章，除去谭氏认为与《正论》篇相类且夹杂宋钘原文的后两章，分别从循旧名、作新名、禁三惑、辩说与言对前五章进行了疏解。[1]

《荀子正名篇诂释》，作者刘念亲。是著“依长沙王氏本，次为解诂，粗释厥旨”；赞成胡适关于先秦各家均有名学之说，认为由荀子的名辩论说，可知“逻辑非特产于西瀛”，可识“因明不擅美于身毒”；提出《正名》上承孔子之“正名”，下启董仲舒的《深察名号》。[2]

此外，梁启雄的《荀子柬释》一书对于《正名》篇的校释也颇有所得。此书是第一本采用新式标点来注释《荀子》全书的著作，以王先谦《集解》为底本，“覆为审校，益以王氏所漏采及近儒之说，旁及日本诸学者所为书。博观约取，其善者存之，不当者屏之；其先儒所未备，则自下己意。大抵精而能约，简而不陋。”[3]

第二节　“名辩”诸术语的引入与辨析

名辩著作的辨伪与整理为从义理层面上开展名辩研究奠定了基础。由于尚处起步与开拓阶段，学者们还未能从整体上把先秦名辩作为一个相对独立的思想史现象来加以自觉考察，尽管已有学者使用了“名辩”一词，但并未引发普遍的关注。不过，学者们在相关研究中陆续引入了一系列跟先秦名辩有关的术语，这些术语或者关乎如何理解卷入名辩话语的具体学派，如“名家”、“形名家”、“刑名家”、“辩者”、“别墨”等；或者涉及如何称呼名辩的代表性著作，如“墨经”、“墨辩”、“辩经”等。对这些术语的辨析与争论，构成了本阶段名辩研究的一项

[1] 谭戒甫：《荀子正名篇讲记》，《东方杂志》，1935年，第32卷第7期，第157—165页。
[2] 刘念亲：《荀子正名篇诂释》，《华国月刊》，1924年，第一卷第10—11期；第二卷第1期；1925年，第二卷第3、5、7、9期。
[3] 杨树达：《序》，梁启雄：《荀子柬释》，上海：商务印书馆，1936年，第2页。

重要内容,也在一定程度上为后来的研究奠定了术语方面的基础。

一、"名辩"的出现与使用

从名实关系看,无论是仅就先秦而言还是纵观整个中国古代,名辩之实早已存在,但"名辩"一词可能晚至1904年才在章太炎的重订本《訄书》中首次出现。1916年,伍非百在《墨辩解诂》中率先在理论术语的意义上使用了"名辩"一词:

> 近世德清俞樾、湘潭王闿运、瑞安孙诒让,并治此书(指《墨经》——引者注),瑞安实集其成。然数子校勘虽勤,章句间误。且不悉名辩学术,诠释多儒者义,颇琐碎,不类名家者言。[1]

此即是说,第一,由于不熟悉名辩学术,俞、王、孙等人往往立足于儒家学说来诠释《墨经》,颇为琐碎,不得要领;第二,《墨经》的义理乃至古名家言的理论本质,均可从名辩学术的角度来把握。[2]

关于《墨经》及古名家言,伍氏进一步指出:

> 此《经》系名家言,世为别墨诵习。秦汉学者,病名学艰深难读,篇籍颇多散亡。唯此《经》与《墨子》书,众篇连第,故独存。今周秦文学复兴,诸子之学,间有讨论。而欧洲逻辑、印度因明,蔚然列为专科。中土名籍,赖有此经。发挥光大,责在后学。故于全书中特为分出,别录单本,以复兴中夏旧有名学一派。[3]

按伍氏之意,《墨经》为古名家言的代表,而研究《墨经》的目的在于复兴本土名学以成与欧洲逻辑、印度因明三足鼎立之势。伍氏的上述论说颇多值得注意之处:前文说不少学者因不熟悉名辩学术而在注解《墨经》时不得要领,故名辩学术在某种意义上构成了古名家言的本

---

[1] 伍非百:《再叙》,《墨辩解诂》,第2页。

[2] 关于"古名家言",伍非百在《中国古名家言》中有详细的说明。相关讨论可参见本书第三章。

[3] 伍非百:《再叙》,《墨辩解诂》,第1页。

质。此处又说古名家言之衰微在于“名学艰深难读”,而研究《墨经》旨在复兴旧有名学。由此而来的一个问题就是如何理解名辩学术与旧有名学之间的关系,进一步的追问则牵涉如何理解“旧有名学”中的“名学”一词的含义。

纵观此书,伍氏虽未对“名辩”进行任何界说,但其《辩经目录》实质上已经将经文所论编缀而成一个名辩学的系统(见下表):

<table>
<tr><td rowspan="5">辩经上</td><td>第一编 释故</td><td>第一章 故之定义</td></tr>
<tr><td rowspan="2">第二编 正名</td><td>第一章 正名之在人者</td></tr>
<tr><td>第二章 正名之在物者</td></tr>
<tr><td rowspan="2">第三编 明辩</td><td>第一章 辩之原理</td></tr>
<tr><td>第二章 辩之方法</td></tr>
<tr><td rowspan="13">辩经下</td><td rowspan="3">第一编 论名辩</td><td>第一章 论推类</td></tr>
<tr><td>第二章 论判断</td></tr>
<tr><td>第三章 名之同异两面观</td></tr>
<tr><td>第二编 论光影</td><td></td></tr>
<tr><td>第三编 论力重</td><td></td></tr>
<tr><td>第四编 论货币</td><td></td></tr>
<tr><td rowspan="7">续第一编 名辩</td><td>第四章 难诡辩派对名辩学根柢上所持之怀疑论</td></tr>
<tr><td>第五章 论“指”</td></tr>
<tr><td>第六章 论“辞”</td></tr>
<tr><td>第七章 正论</td></tr>
<tr><td>第八章 论“知”与“名谓”</td></tr>
<tr><td>第九章 比辞推类之律令</td></tr>
<tr><td>第十章 名辩要义</td></tr>
</table>

不难发现,“名辩”一词多次出现在《墨辩解诂》的目录与正文之中。按伍氏之见,“战国治名辩者数家,庄墨荀均识此义(指‘知识’的定义——引者注)”。[1] 这表明在他看来,对名辩的论说并非仅有墨家为之,而是一个至少展开于战国时期,由多个学派参与的共同话语。1922年,在论及如何补订和解释《墨经》脱误的专门名词时,伍非百提出的方法之一是“以同时诸子关于‘名辩学’所下之界说为标准”。很明显,伍氏认为存在着一个由《墨经》作者及其同时代诸子共同参与的名辩话语。更为重要的是,他对“名辩学”的内涵进行了初步说明:

> 《辩经》研究之范围,为名、辞、说、辩四事。然亦非仅四者之原理及方法而已。而关于原理之材料,及应用方法解决之问题,亦附其中。……或诘难百家之论,或标明自宗之说,虽非名辩本论,要亦有附论之价值焉。[2]

按其之意,《墨经》所论名辩之学似包括两部分内容:其一为名辩本论,即关于名、辞、说、辩四者的原理与方法;其二为名辩附论,即有关名辩原理的材料和运用名辩方法所解决的问题。不过,他在这篇文章中尚未明确论述名、辞、说、辩四者的内涵与相互关系。

在同年发表的另一篇文章中,伍非百把名辩本论所研究的名、辞、说、辩四者,进一步明确为正名、达辞、立说、明辩。他不仅引用《正名》来表明名、辞、说、辩四者,“各有等伦”,而且援引《小取》来阐明这四者的关系。在他看来,“以名举实者,正名之事也;以辞抒意者,达辞之事也;以说出故者,立说之事也。三者皆明辩之所有事。不能正名,无以达辞;不能达辞,无以立说;不能立说,无以明辩。”[3] 名辩之学与《小取》、《正名》的关联,表明伍氏所说的“名辩学术”、“名辩学”、“名辩本

---

[1] 伍非百:《墨辩解诂》,辩经上,第9页。
[2] 参见伍非百:《墨辩释例》,《学艺杂志》,1922年,第四卷第3号,第2—4页。
[3] 参见伍非百:《墨辩定名答客问》,《学艺杂志》,1922年,第四卷第2号,第2—4页。

论”等，并非仅仅用来概括《墨经》四篇的所思所论，而是对整个先秦名辩所争所论之理论本质的一种概括。

1936 年，谭戒甫在《墨子大取篇校释》中也指出，“战国晚世名辩之说甚盛，其思虑恢弘，已非墨子旧义所能范围”。[1] 谭氏虽未解释何谓“名辩之说”，但指其“甚盛”、“思虑恢弘”，似已有见于名辩思潮在战国晚期的波澜壮阔及其所争所论的范围广博。

就笔者所见之公开发表的材料，继章太炎于 1904 年率先使用“名辩”一词后，在 1940 年代以前似乎也就只有伍非百、谭戒甫二人使用了这一术语。[2] 直到名辩研究在 1940 年代进入发展与提高的阶段，“名辩”一词才逐渐为学者们所熟悉并得到普遍使用。

二、“名家”及其相关论争

对于如何在概念层面上把握先秦各家围绕“名”与“辩”所涉诸问题而展开的研究与争辩，如何在语言层面上命名这场研究与争辩，本阶段的多数学者尚未形成自觉的意识。不过，在相关研究中，他们陆续引入了一大批跟先秦名辩有关的术语，并自觉或不自觉地对其进行了讨论和辨析，其中就涉及如何理解汉儒所说的“名家”。

---

[1] 谭戒甫：《墨子大取篇校释》，《国立武汉大学文哲季刊》，1936 年，第五卷第 4 期，第 761 页。“墨子”二字原作“子墨”，今据文义校改。

[2] 在 1947 年发表的《中国哲学中之名与辩》一文中，张岱年曾明确使用了“名辩”一词。此文系张氏《中国哲学大纲》第三部分“致知论”之第二篇“方法论”的第二章。据其自述，此书的撰写始于 1935 年，初稿成于 1937 年，1943 年曾在北平私立中国大学印为讲义。据此，在起步与开拓阶段，除了伍非百、谭戒甫，至少还有张岱年使用过“名辩”一词。鉴于《中国哲学大纲》迟至 1958 年始由商务印书馆正式出版，本书把张氏有关名辩的论述放在下一章来考察。参见张岱年：《中国哲学中之名与辩》，《哲学评论》，1947 年，第 10 卷第 5 期，第 8—19 页；《再版序言》，《中国哲学大纲》，北京：中国社会科学出版社，1982 年，第 1 页。又，张斌峰曾引郭斌和 1936 年《严几道》一文，其中云：“先生首先翻译西洋名著，提倡名辩之风，其功实伟。”查郭氏原文，实乃“先生首先翻译西洋逻辑名著，提倡慎思明辨之风，其功实伟。”故可知郭氏在 1936 年并未使用过“名辩”一语。参见张斌峰：《近代〈墨辩〉复兴之路》，第 46 页；郭斌和：《严几道》，《国风月刊》，1936 年，第八卷第 6 期，第 218 页。

（一）何谓“名家”

名家一派是先秦名辩话语的重要参与者。“名家”一词始于汉代，《汉志》著录有名家七人，即邓析、尹文、公孙龙、成公生、惠施、黄公和毛公，著作七部共计三十六篇。

在1906年发表的《诸子学略说》中，章太炎在广、狭两种含义上使用了“名家”一词：

> 凡正名者，亦非一家之术，儒、道、墨、法必兼是学，然后能立能破，故儒有《荀子·正名》，墨有《经》《说》上下，皆名家之真谛散在余子者也。若惠施、公孙龙辈，专以名家著闻，而苟为鉱析者多，其术反同诡辩。[1]

《正名》、《墨经》等因含有“名家之真谛”，可视为广义名家的著述；施、龙等“专以名家著闻”，则是狭义名家的代表。章氏此说可以追溯至鲁胜。在致章士钊论名墨关系书中，他就指出：“胜又言：‘自邓析至秦时，名家者（此名家乃泛言之）世有篇籍……’”。[2] 所谓“泛言之名家”，泛指先秦时期对“名”有所研究的人物或学派。

其后，张尔田也表达了类似的观点：“名家之学百家无不兼治之：荀子有《正名》篇矣，则儒家之有名也；墨子有《辨经》及《大取》、《小取》矣，则墨家之有名也；韩非子尝言形名参同矣，则法家之有名也；《吕氏春秋》亦有《正名》篇矣，则杂家之有名也。……皆非专修名家之术者也。专修名家之术者则始于邓析子。”[3]

不过，本阶段学者主要还是围绕汉儒所说的“名家”展开争论，表达了各自对于这一术语的不同理解。

---

[1] 参见章太炎：《诸子学略说》，傅杰编校：《章太炎学术史论集》，昆明：云南人民出版社，2008年，第229—230页。

[2] 见章士钊：《名墨訾应论》，《东方杂志》，1923年，第20卷第21号，第77页。

[3] 见张尔田：《原名》，《史微》，第44页。

（二）名家的有无之争

1917年，胡适在《诸子不出于王官论》一文中提出先秦显学只有儒、墨、道三家，不存在汉儒所说的名家。[1] 其后在《中国哲学史大纲》中，他更为明确地宣称：

> 古代本没有什么“名家”，无论哪一家的哲学，都有一种为学的方法，这个方法，便是这一家的名学（逻辑）。所以老子要无名，孔子要正名，墨子说“言有三表”，杨子说“实无名，名无实”，公孙龙有《名实论》，荀子有《正名》篇，庄子有《齐物论》，尹文子有刑名之论：这都是各家的“名学”。因为家家都有“名学”，所以没有什么“名家”。不过墨家的后进如公孙龙之流，在这一方面，研究的比别家稍为高深一些罢了。不料到了汉代，学者如司马谈、刘向、刘歆、班固之流，只晓得周秦诸子的一点皮毛糟粕，却不明诸子的哲学方法。于是凡有他们不能懂的学说，都称为“名家”，却不知道他们叫做“名家”的人，在当日都是墨家的别派。[2]

从先秦各家各派均有各自之名学（逻辑），以及惠施、公孙龙属于“墨家的后进”、“墨家的别派”出发，胡适完全否定了名家作为九流十家之一的存在。

针对胡适的说法，梁启超指出：“惠施、公孙龙一派，不仅以辩论名实为治学之手段，而实以为彼宗最终之目的，此其所以异于他家也。故此派不能隶属或合并于任何一派，只能别指目之曰‘名家’，有固然矣。”[3]这就是说，尽管先秦各家均有名学或均以辩论名实关系为治学之手段，但专注于名实之辩并以此为学术宗旨的，仅有惠施、公孙龙一派，故司马谈认定名家的存在有其充分的理由。

---

[1] 参见胡适：《诸子不出于王官论》，欧阳哲生编：《胡适文集》（第二册），北京：北京大学出版社，1998年，第182—183页。此文原刊于《太平洋》，1917年，第一卷第7号。

[2] 胡适：《中国哲学史大纲》，第152—153页。

[3] 梁启超：《司马谈〈论六家要旨〉书后》，《饮冰室合集》（第10册），专集之八十二，第3页。

受到胡适的影响，虞愚也认为先秦诸子“各家皆有名学之材料，无所谓名学专家”，[1]即研究逻辑的专门家。[2] 至于施、龙之学的性质，他认为施、龙之辈属于墨家别派，但并不赞成彻底否定名家的存在，而是主张保留“名家”的称谓。因为汉儒所说的“名家”与《天下》篇提到的“别墨”实为异名而同谓：前者强调惠施、公孙龙对“名”的专门研究，后者着眼于二人与墨家之间的师承关系。[3]

与胡适试图从名与实两个层面否定名家一派不同，郭湛波在《先秦辩学史 · 自序》中针锋相对地指出：

> 一、胡先生不承认有名家，本书认为有“名家”。二、本书认为名家始于邓析，胡先生没有说明名家的起源。三、本书认为孔子的“正名”、老子的“无名”，都非名学，胡先生认为是名学。四、胡先生说惠、龙之学出墨家，本书认为惠、龙之学出于名家，与墨家无关。五、胡先生说墨翟有名学，本书认为没有。[4]

事实上，胡适对名家的否定并未得到普遍的认可，多数学者还是肯定自汉代以来的传统看法。钟钟山（钟泰）就指出，胡适视“施、龙皆为别墨，而谓古无所谓名家，并力诋刘子政父子以名家别于儒、墨、道、法为向壁虚构，不能不惜其于名墨两家之旨，犹有未尽释然者也”。贺昌群也认为，胡适否定名家以圆其“别墨”之说，未免“过犹不及”。杨宽除了指出胡适“混同名墨两家”，更强调汉儒认定的名家“自有其一贯

[1] 虞愚：《中国名学》，南京：正中书局，1937 年，第 12 页。

[2] 虞愚认为，西洋论理学称为“逻辑”，印度论理学叫做“因明”，中国论理学则称“名学”。而“我国学者以人生实际应用为鹄，不暇措意于理论之是非，向无名学专家。”同上，第 11 页。

[3] 参见虞愚：《中国名学》，第 98 页。

[4] 郭湛波：《自序》，《先秦辩学史》，第 4 页。

之学术思想，卓然成一家之言。”[1]

（三）名家的主要代表

就与儒、墨、道、法等并称的名家而言，其起源如何？主要代表有哪些人？也引起了本阶段名辩学者的关注。

关于名家的起源，章太炎坚持传统的看法，认为“九流皆出王官，及其发舒，王官所不能与。官人守要，而九流究宣其义，是以滋长”。[2] 胡适则认为传统之论“皆属汉儒附会揣测之辞，其言全无凭”。[3] 冯友兰虽认为刘歆、班固旧说并非全无根据，但对其亦有所修正，提出“名家者流，出于辩士”或者“名家者流，盖出于讼师”。[4]

在《汉志》著录的名家七人中，成公生、黄公和毛公三人已无迹可靠。此外，在先秦典籍中被提及且被一些后世学者认为有可能属于名家的其他人物，也都不可详考。鉴于有著作留存于今的只有邓析、尹文、惠施和公孙龙——暂且不考虑其著作的真伪，于是有关名家代表人物的讨论实质上也就主要围绕这四人而展开。

胡适否认名家的存在，自然也就不可能论及名家的代表人物。虞愚所用“名家”一词具有别墨一派与名学（逻辑）专家的双重含义。就后者说，他认为，“班固《汉书·艺文志》所称名家只有……七人，揆诸事实诸多不合。邓析好逞小辩，乱国法，故见杀于当时……，不宜列入名家。”[5]

---

[1] 钟钟山：《名家不出于墨说》，《国学丛刊》，1926 年，第三卷第 1 期，第 18—22 页；贺昌群：《上古哲学史上之名家与所谓“别墨”》，《东方杂志》，1927 年，第 24 卷第 21 号，第 59—71 页；杨宽：《名家言释义》，《光华大学半月刊》，1934 年，第二卷第 8 期，第 60—63 页。

[2] 章太炎：《原学》，庞俊、郭诚永：《国故论衡疏证》，北京：中华书局，2008 年，第 473 页。

[3] 胡适：《诸子不出于王官论》，欧阳哲生编：《胡适文集》（第二册），第 180 页。

[4] 参见冯友兰：《原儒墨》，《清华学报》，1935 年，第 10 卷第 2 期，第 279—310 页；《原名法阴阳道德》，《清华学报》，1936 年，第 11 卷第 2 期，第 279—292 页。

[5] 虞愚：《中国名学》，第 13 页。

不过,更多的学者还是把邓析视为名家的开端或主要代表,如张尔田就提出,“专修名家之术者则始于邓析子。”[1]谭戒甫也指出:

《史序》《汉志》所论名家则与形名混同。今观《汉志》名家,首列邓析,核与次列尹文、公孙龙、毛公皆属形名;且并求诸所持之说,即以邓析为创始之人,尹文辈继之,而公孙龙殆其正宗矣。……形名之学,邓析可谓始事之人。[2]

从实质的层面看,由于谭氏所谓的“形名家”几乎涵盖了通常所谓“名家”的全部外延,因此他把邓析视为形名家之始,也就是把邓析看作是名家的开端。

按郭湛波之见,“名家”与“形名家”、“名学”与“形名学”,皆异名而同实。“形名学发源于郑国,而始于邓析。……因为春秋时代的郑国,封建制度最先崩坏,商业最先发达;礼的观念最先破坏,法治观念最先发生,所以形名学始于邓析。”[3]

关于邓析是否属于名家,冯友兰多有保留。起初,他认为邓析大概是古时一位有名的讼师,“故后来言及辩者多及之。其实辩者虽尚辩而不必即尚诡也。”[4]后来,又仿效郭湛波从法治初创、讼师涌现的角度来论证邓析为名家之始,认为名家起源于讼师,与子产同时的邓析为最初的讼师,即“专门巧释法律之专家”,并引史籍推断邓析、惠施、公孙龙在当时人之心目中属于同一学派。[5] 这实质上就是把邓析视为名家的先驱。[6]

---

[1] 张尔田:《原名》,《史微》,第44页。

[2] 谭戒甫:《论形名家之流别》,《国立武汉大学文哲季刊》,1930年,第一卷第2期,第363—364页。

[3] 郭湛波:《先秦辩学史》,第11页。

[4] 冯友兰:《中国哲学史》,第243页。

[5] 参见冯友兰:《原名法阴阳道德》,《清华学报》,1936年,第11卷第2期,第281页。

[6] 对此,冯友兰后来有更为明确的表述:“邓析是中国名家的先驱。”冯友兰:《中国哲学史新编》(第二册),北京:人民出版社,1984年,第145页。

这一阶段针对名家代表人物的争论主要集中于惠施和公孙龙。据汉代以来的主流看法，此二人皆属名家，张尔田就指出，虽百家莫不兼治名家之术，但“专标此学以号于天下者，则又始于公孙龙。……自龙之后，惠施、毛公皆闻其风而悦之”。[1] 不过，在《先秦名学史》中，胡适从文本与义理两个层面考察了惠施的“历物十事”、辩者“二十一事”、公孙龙的有关理论与《墨辩》之间的关系，其结论却是：

> 惠施与公孙龙不是构成“名家”的孤立的“辩者”，而是别墨学派合法的代表。这一学派继承了墨翟伦理的和逻辑的传统，并为中国贡献了整个中国思想史上发展得最为系统的逻辑方法理论。[2]

在《惠施公孙龙之哲学》一文中，他列出三条证据力证惠施、公孙龙是墨家别派；[3] 其《中国哲学史大纲》甚至提出“《墨辩》诸篇若不是惠施、公孙龙作的，一定是他们同时的人作的”。[4]

胡适此说一经提出，就受到不少学者的追捧。除虞愚把惠施、公孙龙归于别墨，[5] 梁启超也主张“施、龙辈确为‘别墨’，其学说确从《墨经》衍出，无可疑也”。[6] 此外，金受申亦认为公孙龙属别墨；王章焕推测其为墨家；钱穆虽不赞同把施、龙归于“别墨”，也认为二者所论为

---

[1] 张尔田：《原名》，《史微》，第46页。

[2] 胡适：《先秦名学史》，第111页。译文根据英文版略有修改，见 Hu Shih: *The Development of the Logical Method in Ancient China*, pp. 128-129.

[3] 参见胡适：《惠施公孙龙之哲学》，《东方杂志》，1918年，第15卷第5号，第87—88页。

[4] 胡适：《中国哲学史大纲》，第152页。

[5] 需要注意的是，由于虞愚视“别墨”、“名家”和“形名家”为异名而同谓，因此他实际上并未否认惠施、公孙龙属于名家。

[6] 梁启超：《读墨经余记》，《墨经校释》，《饮冰室合集》（第8册），专集之三十八，第3页。在1921年出版的《墨子学案》中，梁氏就认为：“惠施、公孙龙皆所谓名家者流也，而其学实出于墨。……胡适谓《天下》篇所谓‘别墨’，即施龙一派，可谓特识。”梁启超：《墨者及墨学别派》，《墨子学案》，《饮冰室合集》（第8册），专集之三十九，第78页。

“墨学旁枝”。[1]

王琯注意到施、龙之学多与墨家相反，但认为这正足以证明二人属于墨家：

> 相里之徒虽诵《墨经》，而与经旨乖违。……既与墨殊，诵经者流乃互遮其不合之处，诮以“别墨”。“别墨”犹言异端，谓与真墨相别。……下文接云‘以坚白同异之辩相訾’。‘坚白’一义，畅于公孙，惠施亦时阐其旨。……足知均为相里一流而俱诵《墨经》者。[2]

不过，王氏认为惠施、公孙龙诵读《墨经》主要着眼于传承墨家的论辩籀理之术，于义理方面或背而不遵；加之当时诸子言“名”有兼有专，而汉儒发明“名家”一词旨在强调对“名”的专门研究，所以施、龙虽诵习《墨经》，但在汉代不归入墨家而归入名家。

胡适的大胆立论引发了三个不能回避的问题：墨子后学相訾相应的实情如何？《墨辩》究竟为何人所作？惠施、公孙龙是否祖述墨学？鉴于此，章士钊援引相关史料，对胡适的上述主张进行了驳斥，力证惠施、公孙龙既非正墨亦非别墨，名墨两家不可混同；《墨经》中所存惠施、公孙龙及其他辩者的文字乃名墨訾应之记录。以惠施为例，章氏认为：

> 墨、惠两家凡所同论之事，其义莫不相反。……理均相抗，各执一端。……细译两家之辞意，似惠子诸义先立，而墨家攻之。……以如此互为冰炭之两宗，并为一谈，谓此是一是二，夫亦可谓不思之甚者矣。[3]

---

[1] 参见金受申：《公孙龙子释》，第5页。王章焕：《论理学大全》，上海：商务印书馆，1930年，第385页。钱穆：《墨子》，第72—74页；《公孙龙传略》，《惠施公孙龙》，上海：商务印书馆，1931年，第38页。

[2] 王琯：《读公孙龙子叙录》，《公孙龙子悬解》，上海：中华书局，1928年，第8—9页。

[3] 章士钊：《名墨訾应论》，《东方杂志》，1923年，第20卷第21号，第76页。

此外，章士钊还撰有多篇文章，详为考证惠施、公孙龙与墨家反复辩难的诸多论题，进一步申论名墨之异，以证惠施、公孙龙绝非祖述墨学的墨家。[1]

针对章氏的“名墨訾应”之论，钱穆等人多次撰文予以驳斥。[2]不过，诚如汪馥炎所指出的，“章君行严《名墨訾应论》《考》两篇，既证名墨两家渊源之有自，复取墨与施、龙所论之事，逐条考之，一一证其说之相反，以明施、龙之学，不出于墨；用心入细，可称发前人所未发矣。”[3]尽管章氏的论断并非无懈可击，[4]但在这场关涉惠施、公孙龙是否属于名家的争论中，自汉代以来的主流看法最终还是占据了上风。

按谭戒甫的认识，惠施为墨者后学。[5] 鉴于《淮南子·诠言训》等将公孙龙与邓析“等量并称”，他认为“析、龙皆形名家”，“龙之学出于邓析无疑。”[6]

冯友兰提出，惠施、公孙龙实乃以“辩”名家的辩者，即汉人所称的名家。针对胡适等从公孙龙主张偃兵推断其为墨家，冯氏指出，“偃兵

---

[1] 参见章士钊：《墨学谈》，《新闻报》，1923 年 11 月 6 日；《名墨訾应考》，《东方杂志》，1924 年，第 21 卷纪念号，第 19—26 页；《名墨方行辨》，《甲寅周刊》，1925 年，第一卷第 21 号，第 7—8 页。按陈柱之见，章氏认为《墨经》乃名墨訾应之记录，于理不通。理由有二：第一，《天下》所说“訾应”指的是诵读《墨经》者之间相互訾应，而不是名墨訾应；第二，《天下》所说“訾应”是因对《墨经》的不同理解而起，故《墨经》不可能是记录訾应之书。参见陈柱：《墨学十论》，第 270 页。钱穆也认为《天下》所言“相訾相应”，指的是墨家内部的事情，而非名墨訾应。见钱穆：《墨子》，第 27 页。

[2] 参见钱穆：《名墨訾应辨》、《再辨名墨訾应》等，俱附录于《惠施公孙龙》一书。

[3] 汪馥炎：《坚白盈离辩》，《东方杂志》，1925 年，第 22 卷第 9 号，第 73 页。

[4] 参见伍非百：《〈名墨訾应考〉辨正》，《东方杂志》，1924 年，第 21 卷第 17 号，第 82—87 页；汪馥炎：《坚白盈离辩》，《东方杂志》，1925 年，第 22 卷第 9 号，第 73—79 页；栾调甫：《杨墨之辩》、《二十年来之墨学》以及孙禄：《坚白盈离辩考证》，俱载于栾调甫《墨子研究论文集》。

[5] 参见谭戒甫：《墨经易解》，第 203 页。

[6] 参见谭戒甫：《论形名家之流别》，《国立武汉大学文哲季刊》，1930 年，第一卷第 2 期，第 365 页。

乃当时一般人之意见,非公孙龙所以名家。……公孙龙之所以名家在于'辩',故当时以'辩士''辩者'称之。"[1] 如果说上述论说是对施、龙属于名家的直接论证,那么他认为"《墨经》之作,亦辩者之学之反动"[2],则可看作是对《墨辩》或为施、龙之辈所作一说的否定,从而间接地论证了此二人并非别墨。

《荀子》一书的《非十二子》、《不苟》、《儒效》诸篇曾将惠施、邓析放在一起加以批判,郭湛波据此推断惠施之学源于邓析。通过比较"历物十事"与邓析的"无厚"之论与"两可"之说,郭氏认为惠施与邓析之间存在思想上的承传关系。他进而引用《天下》篇以证"形名学在公孙龙时已成显学。……公孙龙是当时辩者之首领"[3],从而否定了那种把施、龙视为别墨而排除在名家之外的观点。

至于先秦名家的其他代表人物,张尔田还论及了尹文和毛公,认为专修名家之术者虽始于邓析,但"畅发其学者则始于尹文子"。[4] 张氏此说源于班固。在《天下》篇中,尹文虽与宋钘并称,但在《汉志》中,却位列名家第二,宋钘归于小说家。不过,《刘子·九流》又将两人同时归于名家。此外,谭戒甫也简要介绍过尹文、兒说、田巴、桓团和毛公等人的思想。在论及战国时期的百家之学时,冯友兰把尹文与宋钘(即宋牼)放在一起论说,并未涉及尹文与辩者(即名家)的关系。[5] 郭湛波在讨论公孙龙时代前后的辩者时,亦曾论及桓团、毛公、綦母子、兒说、田巴等人,但没有提及尹文。[6] 虞愚不仅将邓析排除在形名家之列,而且由于名家著作多已亡失或被认定为伪作,在讨论形名一派的

---

[1] 参见冯友兰:《中国哲学史》,第244、255页。
[2] 同上,第307页。
[3] 郭湛波:《先秦辩学史》,第51—52、86页。
[4] 张尔田:《原名》,《史微》,第44页。
[5] 参见冯友兰:《中国哲学史》,第185—192页。
[6] 参见郭湛波:《先秦辩学史》,第157—164页。

名学时，也没有对尹文等人有所论说。[1]

要言之，经过学者之间的往复辩难，邓析为名家之首，惠施、公孙龙并非别墨当属名家，逐渐在这一阶段成为主流的看法。由于今本《尹文子》为后人伪托在这一时期几成定论，故而较诸名家的其他三位主要代表，学者们对于尹文甚少关注，相关研究也不多。

三、"形名家"、"刑名家"及其他

此外，还有一些学者在肯定先秦存在名家一派的基础上，进一步对"名家"及其与"形名家"、"刑名家"、"辩者"等术语之间的关系进行了辨析。

"形名"一词首见于《庄子》，其《天道》篇引故书曰"有形有名"推断："形名者，古人有之"。由于"形""刑"二字古相通用，于是又有"刑名"。如"刑名从商"（《荀子 · 正名》）；"人主将欲禁奸，则审合刑名。"（《韩非子 · 二柄》）

谭戒甫明确区分了"名家"与"形名家"，完全抛弃了汉代以来对"名家"的传统理解："《经》《说》皆名家言，顾别有形名之学，门户独启，绝不混淆"，[2]"周秦间名家之学，大抵传诸墨家。"[3]按其之见，尽管《汉志》、《隋志》"未立专号"，但形名之家见诸春秋末而大盛于战国是不容否认的事实。此派以邓析为前驱，其后有尹文、田巴、兒说、桓团和毛公，公孙龙乃其集大成者。[4] 另一方面，虽然"形""刑"古相通用，但"形名"不同于"刑名"："《汉书 · 艺文志》，形名入诸名家，刑

[1] 参见虞愚：《中国名学》，第96—100页。
[2] 谭戒甫：《墨辩发微序》，《墨经易解》。此序作于1928年。
[3] 谭戒甫：《论晚周形名家》，《国立武汉大学文哲季刊》，1930年，第一卷第1期，第9页。
[4] 参见谭戒甫：《论形名家之流别》，《国立武汉大学文哲季刊》，1930年，第一卷第2期，第361—386页。

名入诸法家,截然二事,不相混也。"[1]简言之,谭氏以"名家"指墨家,"形名家"的外延大致涵盖传统所说的名家,而"刑名家"则指法家。

谭戒甫的这些见解曾引起不少的质疑。有学者就指出:"今谭氏更以《墨经》归之名家,而另以公孙龙为形名家,谓名家与形名家持论相乖,遍搜先秦古籍,无此说也。谭氏以惠施为墨家后学……然则惠施、公孙龙与《墨经》三者间之异同,又将如何说之乎?若《墨经》诚多驳诘公孙龙之说,岂惠施承墨立说,公孙龙驳惠施,《墨经》又驳公孙龙乎?"[2]

事实上,更多的学者还是立足于汉儒的理解来辨析"名家"与"形名家"、"刑名家"、"辩者"等术语之间的关系。冯友兰指出:

> 汉人所谓名家,战国时称为"刑名之家"(《战国策·赵策》:"刑名"即"形名"。)……或称为"辩者"。……"辩者"乃当时之"显学",而"辩者"亦当时此派"显学"之通名也。……辩者之学说必全在所谓名理上立根据,所谓"专决于名"也。故汉人称之为名家。[3]

冯氏不仅肯定名家的存在,而且认为"名家"与"形名家"、"刑名家"、"辩者"等语词具有相同的所指。伍非百也持有类似的看法,认为"古者有形名家而无名家。……'形名'与'名',乃今古称谓之殊,非于形名外别有所谓名家。"[4]

按虞愚之见:

> 施、龙所究之名多属形名,故"别墨"亦即"形名家"。……"刑名"即是"形名",为先秦诸子推论时常用之术语。……窃尝总而

[1] 谭戒甫:《论晚周形名家》,《国立武汉大学文哲季刊》,1930年,第一卷第1期,第4页。
[2] 与忘:《〈墨经易解〉书评》,《图书季刊》,1935年,第二卷第4期,第226—229页。
[3] 冯友兰:《中国哲学史》,第239—242页。
[4] 伍非百:《〈中国古名家言〉序》,《归纳》,1933年第2期,第1页。

论之,从其师承上言之,可称“别墨”,从其讲究形式名相之理,亦可称谓形名家,而别墨与形名家,皆班固所谓名家也。[1]

显然,相似于冯友兰把“名家”等同于“形名家”、“刑名家”,虞愚也主张“名家”即“形名家”,亦即“刑名家”。不过,两人对于“名家”的理解很不一样,冯氏基本追随汉儒的看法,虞愚则跟胡适一样,视名家为墨家别派。

郭湛波把中国本土的逻辑称为“形名学”或“刑名学”,认为“形名学自西汉以来,把形名学与正名学弄在一块,即所谓‘名家’。殊不知形名学是讲思想的(Logic),正名学是讲伦理的(Ethic),这是最大的错误。”[2]由此出发,相异于冯、虞等人把“名家”与“形名家”、“刑名家”等而视之,郭氏认为由汉儒创制的“名家”一词,其外延其实既包括形名家也包括正名家,因此“名家”与“形名家”、“刑名家”的外延并不重合。

再就“形名家”与“刑名家”来说,谭戒甫对二者进行了区分,并将其外延大致分别对应于通常所说的名家和法家;冯友兰认为这两个术语与汉儒所说的“名家”同义;虞愚也认为形名家即刑名家,但将其代表人物局限于惠施和公孙龙。与冯、虞两人的观点类似,郭湛波也主张“形名家”与“刑名家”同义:“形名学古又称刑名学,因为‘形’、‘刑’二字,古代通用。……研究形名学的人,多称为刑名家。”[3]不过,由于视形名学为中国古代逻辑,形名家为中国古代逻辑学家,所以较诸冯、虞等人的理解,郭氏所说的“形名家”或“刑名家”的外延更为宽泛,包括邓析、惠施、公孙龙及其同时代辩者、后期墨家以及荀子,几乎与整个先秦名辩的代表人物完全重合。

---

[1] 虞愚:《中国名学》,第98—99页。后一“形名家”原作“刑名家”,今据前后文意校改。

[2] 郭湛波:《先秦辩学史》,第3页。

[3] 同上,第4页。

至于“辩者”,《天下》篇曰“桓团、公孙龙,辩者之徒”;又云“惠施日以其知与人之辩,特与天下之辩者为怪”。那么“辩者”究竟指哪些人?他们与名家之间又是什么关系?学者之间针对这些问题上也出现了不同意见。鉴于“名家”一词始于汉代,而辩者之实与“辩者”之名在战国即已有之,伍非百认为,“是故当知古有‘辩者’而无‘名家’。”他更援引《战国策·赵策》所载苏秦论形名的材料,强调“当时辩者之徒,亦形名家也。”[1]冯友兰亦主张汉代之“名家”实即战国之“辩者”。郭湛波则认为,战国时代的辩者,除了惠施,还有与公孙龙同时代的桓团、毛公、綦母子、兒说、田巴等人。不过,就冯氏的说法看,邓析、尹文尽管在传统上被归入名家,在历史上鲜有将他们视为辩者的记载。[2] 再就郭氏的观点说,在他所提及的辩者中,仅有惠施、公孙龙和毛公后来被《汉志》录为名家。

由于在名家之有无、“名家”的所指为何等问题上异见纷呈,相应地,学者之间在“名家”、“形名家”、“形名家”、“辩者”等术语的外延及其相互关系的问题上也就众说纷纭。这些分歧,见仁见智,一时难有定论。

四、从“别墨”到“后期墨家”

在本阶段,学者们在相关讨论中还使用了“别墨”、“墨经”、“墨辩”和“辩经”等术语,但彼此之间围绕这些术语的含义与所指也存在不少意见分歧。

据《天下》篇:“相里勤之弟子五侯之徒,南方之墨者苦获、已齿、邓陵子之属,俱诵《墨经》,而倍谲不同,相谓别墨,以坚白、同异之辩相

[1] 伍非百:《墨辩定名答客问》,《学艺杂志》,1922 年,第四卷第 2 号,第 4 页;《〈中国古名家言〉序》,《归纳》,1933 年第 2 期,第 1 页。

[2] 胡适曾把邓析甚至老子称为“辩者”(sophist)。见胡适:《先秦名学史》,第 18—19 页;Hu Shih: *The Development of the Logical Method in Ancient China*, pp. 12–13.

訾，以觭偶不仵之辞相应。”“别墨”、“墨经”这两个术语即出于此。1908 年，张尔田写道：

> 《经》上下、《经说》上下，庄周名之曰《别墨》，而鲁胜称之曰《辩经》者也。《大取》、《小取》，则又专为语经而作者也。以余考之，皆非墨家学术之正宗也。……（此）六篇，所言多与《公孙龙子》相符合，真粹然名家之学也。……盖名家本出礼官，而墨家则出清庙之守。清庙之守又掌郊祀之礼者也，其与名家相表里也，固其宜矣。[1]

张氏的这番话引发了一系列的问题：何谓“别墨”？如何称呼《经上》至《小取》这六篇？别墨与名家（主要是惠施、公孙龙）之间是何关系？等等。

据前引《天下》篇的说法及《韩非子 · 显学》所称“自墨子之死也，有相里氏之墨也，有相夫氏之墨也，有邓陵氏之墨也”，胡适认为墨家在墨子死后有两个发展方向：一是以“巨子”为首领的宗教组织所代表的“宗教的墨学”，二是以致力于科学研究和逻辑探讨的别墨为代表的“科学的墨学”。针对“科学的墨学”，他指出：

> 这一派科学的墨家，所研究讨论的，有“坚白同异”、“觭偶不仵”等等问题。这一派的墨学与宗教的墨学自然“倍谲不同”了，于是他们自己相称为“别墨”（别墨犹言“新墨”。柏拉图之后有“新柏拉图学派”。近世有“新康德派”，有“新海智尔派”）。“别墨”即是那一派科学的墨学。[2]

这里有几点值得注意：第一，胡适明确用“别墨”来称呼致力于科学研究与逻辑探讨的那一派墨子后学；第二，他认为“别墨”也是这派墨子后学的自称；第三，“别墨”之“别”，其意为“新”，所以“别墨”当译为

---

[1] 张尔田：《原墨》，《史微》，第 33—34 页。
[2] 胡适：《中国哲学史大纲》，第 151 页。

“Neo-Mohism”。[1] 除此之外，前文已论及胡适认为根本不存在名家，惠施、公孙龙是“别墨学派的合法代表”；《墨辩》非墨子自著，或为施、龙之辈所作。[2]

胡适的这一系列观点引起了名辩学者的极大关注，或赞成之，或反对之，或修正而发展之。关于别墨与惠施、公孙龙等名家的关系，章士钊提出“名墨訾应”论，力证惠施、公孙龙既非正墨亦非别墨，名墨两家不可混同。不少学者赞成章氏的论点，并做了进一步的申论。此点前文已有论说，兹不赘述。

至于先秦是否存在一个自称或他人称为“别墨”的学派，当时治墨学者大多接受胡适的说法。在辨析施、龙是否为名家时，金受申、王琯、虞愈等均认为存在别墨一派。栾调甫也认为，“墨者持辩，以别同异为务，因树别宗，而谓别墨”。在复张纯一论墨学书中，他进一步指出，“别墨乃墨者偏重辩学之称，非三墨互相讦诋之号也。”[3]

按梁启超之见，别墨实即“非墨家之正统派”；“别墨”只是各派之间“互相诮”的用语，因此胡适把“相谓”释作“自谓”并不准确。此外，梁氏所说的“别墨”，其外延也较胡适的理解更广，不仅包括传统所说的名家，还包括法家、无政府主义者以及游侠家等。[4]

针对《天下》篇所说的“相谓别墨”，章士钊指出：

> 此指墨家有数派，俱自称正宗，而称其余各派为别墨，故曰“相谓”。“别墨”犹言异端，谓他派，非以自谓，《天下篇》语意甚明。胡适之谓“别墨”犹言新墨，如欧洲言新柏拉图学派之类，乃

[1] 参见 Hu Shih: *The Development of the Logical Method in Ancient China*, p. 59.

[2] 参见胡适《中国哲学史大纲》，第 149—152 页；《先秦名学史》，第 56—58 页。

[3] 栾调甫：《杨墨之辩》，《墨子研究论文集》，第 62 页；张纯一：《墨子集解》（修正本），第 266 页。

[4] 参见梁启超：《读墨经余记》，《墨经校释》，《饮冰室合集》（第 8 册），专集之三十八，第 4 页；《墨者及墨学别派》，《墨子学案》，《饮冰室合集》（第 8 册），专集之三十九，第 77—78 页。

"他们自己相称",非也。[1]

此后,唐钺进一步指出,所谓墨子后学"倍谲不同",也就是《韩非子·显学》所说的"墨离为三,取舍相反不同";而"相谓别墨",亦即后者所说的"皆自谓真……墨"的反面。由此,他得出结论:

> "别墨"明明是墨家之任一派用以挖苦任何他派的绰号,也如荀况隐然自命为"大儒"而呼子张氏之儒及子夏氏之儒为"贱儒"一样。……我们实有理由可以说先秦并没有什么墨家的新派叫做"别墨"的;至于谁是"别墨",谁不是"别墨"的问题,更是"毛将安附"的了。[2]

伍非百不同意唐钺对"别墨"的否定,认为"别墨"实指"二墨徒属,诵习《墨经》,日与其侪或外道,为坚白同异觭偶不仵之辨者是也"。[3]见于此,唐钺又从义理与文法两个层面对伍氏的论据进行了逐条驳斥,强调"'别墨'确是墨者轻蔑他宗之语,实无可指"。[4]

唐钺对"别墨"说的否定在当时产生了较为广泛的影响,从者甚多。[5] 事实上,关于先秦是否存在别墨一派以及"别墨"所指究竟为何,学者们还有不少的申说与争辩。[6] 究其实质,胡适提出"别墨"一说主要是想表明墨子死后仍有墨者在著书立说,现存《墨子》一书有关

---

[1] 章士钊:《名墨訾应论》,《东方杂志》,1923 年,第 20 卷第 21 号,第 75 页。

[2] 唐钺:《先秦无所谓"别墨"》,《现代评论》,1925 年,第二卷第 32 期,第 13—14 页。

[3] 伍非百:《何谓别墨》,《现代评论》,1925 年,第二卷第 44 期,第 9—12 页。

[4] 擘黄(唐钺):《先秦"还是"无所谓别墨》,《现代评论》,1925 年,第二卷第 48 期,第 10 页。

[5] 参见陈柱:《墨学十论》,第 200 页;郭湛波:《先秦辩学史》,第 202 页;杨宽:《名家言释义》,《光华大学半月刊》,1934 年,第二卷第 8 期,第 60 页。

[6] 参见汪镒甫:《墨家名称派别研究》,《时事新报·学灯副刊》,1924 年第 3 期;钟钟山:《名家不出于墨说》,《国学丛刊》,1926 年,第三卷第 1 期,第 18—22 页;贺昌群:《上古哲学史上之名家与所谓"别墨"》,《东方杂志》,1927 年,第 24 卷第 21 号,第 59—71 页;孙致稣:《别墨问题商榷》,《国立中央大学半月刊》,1930 年,第二卷第 5 期,第 27—44 页;张泽民:《别墨问题的探讨》,《光华大学半月刊》,1933 年,第二卷第 5 期,第 28—32 页;方授楚:《真墨、别墨与非墨》,《墨学源流》,第 148—154 页;等等。

"宗教的墨学"的篇章实为前期墨家记录或推演墨子论述而成,关于"科学的墨学"的篇章则由他所谓别墨一派写就,非墨子自作。这就是说,"别墨"一说实际上蕴含着墨家之可分为前后两期。对于"别墨",钱穆一方面认为不存在胡适所说的别墨一派,主张"别墨"实源于争巨子之正统,另一方面则把胡适对"宗教的墨学"与"科学的墨学"的区分,发展为"初期墨学"(墨子时代的墨学)与"墨家后期的新哲学"的区别。[1]

在1934年出版的《中国哲学史》中,冯友兰用"墨子及前期墨家"与"墨经及后期墨家"两章来介绍墨家哲学,并从文体特点、论题出现时间等方面论证《经》《说》诸篇为战国后期墨者所作,《大取》《小取》亦为战国时代作品。[2] 至于胡适的"别墨"说,他认为:

> 墨家各派,"倍谲不同","相谓别墨",即互相指为非墨学正统,非自谓"别墨"也。然皆"以巨子为圣人,皆愿为之尸,冀得为其后世",则纷乱之中,仍有统一存焉。盖墨者之铁的组织,尚未崩溃矣。[3]

冯氏此番论说标志着有关"别墨"的争论在一定程度上得到了总结,加之其《中国哲学史》的巨大影响,"别墨"一词逐渐被名辩学者弃而不用,取而代之的是"后期墨家"这一术语。

五、"墨经"、"墨辩"和"辩经"

如何称呼从《经上》到《小取》的这六篇,学者之间也是众说纷纭,莫衷一是。据鲁胜,《经》《说》四篇称"辩经",但他将其易名为"墨辩"。汪中则认为此六篇在历史上是一个整体,称为"墨经"。[4] 而按

---

[1] 参见钱穆:《墨子》,第三章。
[2] 参见冯友兰:《中国哲学史》,第110、309页。
[3] 同上,第309页。
[4] 汪中:《墨子序》,《新编汪中集》,第409页。

孙诒让之见，“《墨经》即《墨辩》，今书《经》、《说》四篇及《大取》、《小取》二篇，盖即相里子、邓陵子之伦所传诵而论说者也。”[1]

在本阶段，胡适可以说是引发“墨经”、“墨辩”所指为何这场争论的始作俑者。在《中国哲学史大纲》中，他指出：

今本《墨子》里的《经》上下、《经说》上下、《大取》、《小取》六篇是这些“别墨”作的。……晋人有个鲁胜，曾替《经》上下、《经说》上下四篇作注，名为《墨辩注》。我如今用他的名词，统称这六篇为《墨辩》，以别于墨教的“墨经”。[2]

这就是说，“墨经”指的是“墨教”的经典，如《兼爱》、《非攻》之类的；“墨辩”则指《经上》至《小取》六篇。历史地看，胡适的这些看法其来有自。就前者说，张尔田已主张“墨子之经，惟《亲士》、《修身》、《所染》、《法仪》、《七患》、《辞过》、《三辩》七篇足以当之”。[3] 就后者看，孙诒让已用“墨辩”来称呼《经上》至《小取》六篇。

针对胡适对“墨经”的理解，梁启超指出，“明明有《经》两篇，必指为非经，而别求经于他处，甚无谓也。”[4]也有一些学者赞成胡适的观点，如郭湛波就认为，“《天下》篇所谓的《墨经》似指《亲士》、《尚贤》、《兼爱》……而言。”[5]不过，大多数学者还是认为“墨经”与《经上》至《小取》六篇有关，彼此的分歧主要是“墨经”究竟指全部六篇还是仅指其中的一部分。

---

[1] 孙诒让：《墨学传授考》，《墨子间诂》，第717页。

[2] 胡适：《中国哲学史大纲》，第151页。

[3] 张尔田：《原墨》，《史微》，第34页。

[4] 梁启超：《读墨经余记》，《墨经校释》，《饮冰室合集》（第8册），专集之三十八，第4页。伍非百也认为“胡适谓指墨教经典而言，恐非是。”见伍非百：《何谓别墨》，《现代评论》，1925年，第二卷第44期，第10页。

[5] 郭湛波：《先秦辩学史》，第192—193页。直至1943年，罗根泽还坚持与胡适近似的理解，认为庄子所说的“墨经”一词“当指《尚贤》至《非儒》诸篇所述墨子之遗教。”见罗根泽：《〈墨子〉探源》，《国立中央大学文史哲季刊》，1943年，第一卷第1期，第37页。

梁启超的《墨经校释》仅校释了《经》《说》四篇，因为在他看来此六篇“虽多言名学，而诸篇性质各异，不容并为一谈”。[1] 此外，张之锐、邓高镜、徐廷荣以及谭戒甫等都主张“墨经”仅指《经》《说》四篇。

如果说《经》《说》四篇构成了狭义的《墨经》，那么广义的《墨经》则包括全部六篇。如栾调甫就认为：“《墨经》就是《墨子》书内的《经》上下两篇，连《经说》上下与《大取》《小取》一共六篇，是当时墨子言谈的法仪与其后墨者辩论的方法。”[2] 此外，支伟成、郭湛波、虞愚也持这一看法。针对汪中以“墨经”称六篇，方授楚指出：“按《大取》《小取》二篇，向无称之为《经》者；但二篇产生之时代相同，其所讨论者又与《经》及《经说》相应。汪氏之称谓虽有可议，兹仍合六篇而研讨之。”[3] 冯友兰对“墨经”的理解与方氏相似，认为胡适关于“墨辩”的理解并不恰当，因为《墨经》中虽也有“坚白同异之辩”、“觭偶不仵之辞”，但其主要目的是为了阐明墨学，反对辩者。[4]

尽管方、冯等人认为以“墨辩”称六篇并不恰当，但这一术语仍然得到了广泛的使用。概而言之，“墨辩”一词在本阶段似乎被赋予了名辩著作与墨家辩学的双重含义。

首先，“墨辩”指后期墨家的名辩著作，但究竟指六篇中的全部还是部分，学者之间的观点不尽相同。与胡适的主张类似，栾调甫、陈显文、林仲达等人均认为可以把六篇称作“墨辩”。如栾氏指出：

> 按《墨辩》之名，起于鲁胜。原指《经》《说》四篇，盖谓墨氏之辩也。然《经》上下不专指辩而言，胜以名理说《经》，乃晋人清谈家数，非用名之正者。况《易》合经传十二篇而称《周易》，则《经》

---

[1] 梁启超：《读墨经余记》，《墨经校释》，《饮冰室合集》（第8册），专集之三十八，第2页。

[2] 栾调甫：《读梁任公〈墨经校释〉》，《墨子研究论文集》，第1页。

[3] 方授楚：《墨学源流》，第156页。

[4] 参见冯友兰：《中国哲学史》，第309页。

> 合《说》《取》六篇当曰《墨经》。名出《庄子》,远有依据,鲁氏弗从,亦其失也。学者多称《墨辩》,姑为顺俗循用不改,附而辨之于此。[1]

伍非百、范耕研、鲁大东等人则严格遵循鲁胜的提法,以“墨辩”称《经》《说》四篇。如伍氏就强调,“‘墨辩’者,晋人鲁胜称墨子《辩经》之简名也。‘墨’以著其人,‘辩’以别其书,故合而称之曰‘墨辩’也。”胡适等人视其为六篇合称,“未之前闻”。[2]

其次,“墨辩”又指墨家的辩学。如陈显文认为,“墨辩在中国,正如西洋亚里斯多德之逻辑、印度耶也派之因明一样。”[3]显然,与“逻辑”、“因明”并称的“墨辩”,不应该指后期墨家的著作。谭戒甫也指出:

> 墨辩一科,其最初之如何开创、嗣后之如何研究,不可得知;要其渐次因革之度,尚散见于《经》《说》《大小取》六篇及《尚贤》等各篇中,未尝不可以得其崖略也。……今墨辩久成绝学,不复旁征曲引。惟据《小取》前三章及《大取》末章所论“论式组织”之最可考见者以为纲领,复就《尚贤》诸篇及《经》《说》四篇论式各例以为旁证;庶几论式之源流、墨辩之系统,得以粗明。[4]

从“墨辩一科”、“墨辩久成绝学”、“墨辩之系统”等表述不难看出,此所谓“墨辩”指的是《经上》至《小取》六篇所思所论的具体内容及其理论本质。

对“墨辩”一词持类似理解的还有栾调甫、王章焕等人。前者认为“所谓墨辩,乃专就《墨子》之《经》、《说》、大小《取》六篇而研讨其辩术

---

[1] 栾调甫:《墨子要略》,《墨子研究论文集》,第118页。
[2] 参见伍非百:《墨辩定名答客问》,《学艺杂志》,1922年,第四卷第2期,第1页。
[3] 高傭:《名理通论》,第59页。
[4] 谭戒甫:《墨辩论式源流》,《国立武汉大学文哲季刊》,1931年,第二卷第4期,第657页。

者,亦墨学之支隅也。"[1]后者把"墨者之辩学"简称为"墨辩",认为墨辩虽在法式方面远不如印度因明、西洋论理学,但在世界名学史上仍占有重要的地位,"且论理学与因明,都经过千百年之补饰工夫,吾有目今完密繁复之法式。而墨辩前后之历史,至多不出二百年。"[2]

在郭湛波那里,"墨辩"一词的双重含义有着更为集中的表述:"墨辩就指《经》上下、《经说》上下四篇东西而言,这四篇东西是墨家讨论辩学的东西。其中虽有别的问题,但大部分是讲知识、论理的。可说墨辩就是墨家的辩学。"[3]

在本阶段,还有学者将《经上》至《小取》六篇的全部或部分称为"辩经"。如曹耀湘就认为,此六篇"篇第相属,语意相类,皆所谓《辩经》也。"[4]伍非百也指出,"'辩经'者,古篇名。鲁胜犹及见之。今所传《经》上、下者,实脱一'辩'字。拾残补缺,当正名曰'辩经上篇'、'辩经下篇',始合于原书之旧。"[5]陈启天说得更为明白:

> 《经》《说》上下等六篇,向叫做"墨辩"或"墨经",我以为不如叫做"辩经",直截了当。因为《墨经》是墨家所用为辩论的经典,犹之 Aristotle 的连珠律令——即三段论法的规则,为讲形式论理学的不可不遵守。《辩经》就是墨家的一种辩学而已。[6]

持相同观点的还有顾实:"《墨子辩经》者,今存墨子书中之《经上》《经下》《经说上》《经说下》四篇,及《大取》《小取》二篇也。乃世界最古之逻辑宝典。"[7]

---

[1] 栾调甫:《二十年来之墨学》,《墨子研究论文集》,第 144 页。
[2] 王章焕:《论理学大全》,第 361、375 页。
[3] 郭湛波:《先秦辩学史》,第 191 页。
[4] 曹耀湘:《墨子笺》,《墨子大全》(第 19 册),第 634 页。
[5] 参见伍非百:《墨辩定名答客问》,《学艺杂志》,1922 年,第四卷第 2 期,第 1 页。
[6] 陈启天:《中国古代名学论略》,《东方杂志》,1922 年 19 卷第 4 号,第 40 页。
[7] 顾实:《例言》,《墨子辩经讲疏》,第 1 页。

相异于"别墨"一词为"后期墨家"所明确取代,关于如何称呼《经上》至《小取》六篇,学者们在本阶段上并没有达成共识,"墨经"、"墨辩"、"辩经"等不同的称呼各有其理由,并行而不悖。此外,"墨辩"的双重含义尽管为使用者所习焉不察,但其双重用法本身并没有引起学者的质疑和否定。需要指出的是,这些情况在近现代名辩研究的后续阶段上并没有发生根本的改变。本书在对近现代名辩研究进行评述时,一方面尊重学者各自对于这些术语的理解和使用,另一方面则采孙诒让、胡适等人之说,把《经上》至《小取》六篇合称为"墨辩",而用"墨经"称呼《经》《说》四篇。此外,"墨辩"一词若置于书名号中,则指后期墨家的著作;无书名号者,则指这一著作所含之思想。

第三节　名辩:逻辑与因明之间

名辩研究的核心是对名辩义理的诠释,而后者的首要问题是如何准确把握先秦名辩所争所论的理论本质。在本阶段,学者们把"名辩逻辑化"的研究构想付诸实践,不仅援引"名学"、"辩学"等"logic"译名对先秦名辩话语及其本质进行了一般性的描述和概括,而且以西方逻辑、印度因明为参照展开了深入的个案研究。无论是从研究方法的选择还是名辩本质的勘定来看,这些工作对于日后的名辩研究都产生了持续而深刻的影响。

一、名辩研究兴起的双重动因

诸子学的兴起与名辩著作的整理为名辩研究奠定了初步的文本基础,逻辑名辩化催生的"名辩逻辑化"的研究构想为名辩的义理诠释创造了条件,但是一个不能回避的根本性问题是:为什么近现代中国会出现名辩研究?或者说,名辩研究得以兴起的直接动因是什么?

1932 年,栾调甫指出,"近二十年来学人治《墨子》之较有成绩,实为有清三百年之朴学奠树基础，而由晚期剧变以促成之也。”[1]简言之，考据一派诸子学的兴起，使得“足以订证经义”的《墨子》一书在清代中叶“由废而起”；面对来势汹汹的近代新学，因包含所谓“足以颉颃西学”的光重几何之理，《墨子》所受到的关注“由微而著”；加之墨子所持兼爱之说与所擅论辩之术，跟崇尚博爱、强调逻辑的时代风气相呼应，为了拯救时弊，墨学于是“由微而得以大显于世”。[2]

栾氏的这一分析对于把握名辩研究得以兴起的直接动因，具有重要的借鉴意义。考虑到墨学研究的核心是《墨子》一书的义理诠释而非文本整理，在其揭示的导致墨学盛行的三点原因中，后两点无疑更为重要。无论是为了应对西学挑战还是旨在拯救时弊，都可归结为时务所需。时务之需不仅是墨学盛行一时的原因之一，也是名辩研究得以兴起的一个直接动因。

（一）时务的需要：发挥名辩经世致用之能

近代中国，当儒家文化及其政治、经济、军事等体制已经难以有效应对来自西方列强的挑战时，一些有识之士意识到必须从器物、制度乃至精神各个层面全方位地向西方学习。另一方面，为了维护中国文化的自尊与自信并使之能够跟西方文化相抗衡，他们往往又将目光投向非儒家的本土文化，特别是先秦诸子之学，希望从中找到与西学的相契之处，进而将其作为救亡图存、变法维新和开启民智的工具。

作为近现代名辩研究的先行者，梁启超之所以对《墨辩》发生兴趣，除了受到孙诒让的启发与鼓励，还在于他认为《墨辩》具有某种经世致用之能。1902年，在论及先秦学派较诸希腊学派、印度学派的长短时，梁氏强调，“不知己之所长，则无以增长光大之；不知己之所短，

[1] 栾调甫：《二十年来之墨学》，《墨子研究论文集》，第139—140页。
[2] 同上，第140页。

则无以采择补正之。语其长，则爱国之言也；语其短，则救时之言也。”[1]显然，这是着眼于能否增进爱国心、能否拯救时弊来谈论学术思想的优劣长短。

面对疾重难治之中国，梁启超在1904年断言，“今欲救之，厥惟墨学，惟无学别墨而学真墨。”[2]那么，什么才是学习真墨的正确途径呢？在他看来，一独立之学说，无论是自树其义还是驳斥他说，必以论理学为根据。而在先秦诸子之中，

> 持论理学最坚而用之最密者，莫如墨子。《墨子》一书，盛水不漏者也，纲领条目相一贯，而无或抵牾者也。何以故？有论理学为之城壁故。故今欲论墨子全体之学说，不可不先识其所根据之论理学。

这就是说，只有首先掌握了墨子的论理学，才能够进一步申论墨学之全体；只有真正理解了墨子的全部学说，才能够将其付诸实践以发挥其经世致用之能。换言之，若真要以墨学救中国，就必须掌握墨子的论理学。由此而来的一个问题便是：人们应该从哪里去研究和学习墨子的论理学？梁氏进一步指出：“《墨子》全书，殆无一处不用论理学之法则。至专言其法则之所以成立者，则惟《经说上》、《经说下》、《大取》、《小取》、《非命》诸篇为特详。”[3]惟有通过对《墨辩》诸篇的学习与研究方能掌握墨子的论理学。

按梁氏之见，研究、学习和应用《墨辩》的论理学，不仅是通过施行墨学来拯救时弊的先决条件，而且有助于维护中国文化的自豪感，提升国人应对西学挑战的自信心。墨子是“全世界论理学一大祖师”，是生于两千年前的“吾东方之培根”。尽管其论理学，不如当时欧美论理学

---

[1] 梁启超：《论中国学术思想变迁之大势》，《饮冰室合集》（第2册），文集之七，第33页。

[2] 梁启超：《子墨子学说》，《饮冰室合集》（第8册），专集之三十七，第1页。

[3] 梁启超：《墨子之论理学》，《饮冰室合集》（第8册），专集之三十七，第55—56页。

那样完备,“即彼土之亚里士多德……其缺点亦多矣,宁独墨子。故我国有墨子,其亦足以豪也。”因此,“苟诚为古人所见及者,从而发明之淬厉之,此又后起国民之责任也,且亦增长国民爱国心之一法门也。……近世泰西之文明,导源于古学复兴时代,循此例也。故今者以欧西新理比附中国旧学,其非无用之业也明矣。”[1]

(二) 学术的兴趣:寻找中国本土逻辑

名辩研究在近代中国得以兴起的另一个动因与逻辑东渐有着直接的关系。尽管逻辑的名辩化最终并未取得成功,但它在客观上促进了西方传统逻辑在近代中国的普及与研究。不仅如此,逻辑的名辩化,更为宽泛地说,逻辑东渐,还刺激了近现代学者从中国固有文化中去尝试寻找能够跟西方逻辑相契合的思想,或者说,能够容纳与结合西方逻辑的本土思想资源。而这种寻找实质上就是去寻找中国本土的逻辑。[2]

对中国本土逻辑的寻找与研究,固然有维护中国文化的自尊与自信并使之能够跟西方文化相抗衡的考虑,但更多地表现为一种学术和理智上的兴趣。那么,究竟该从何处着手去寻找中国自己的逻辑呢?1902 年,梁启超提出,“论理 Logic 思想之缺乏”是先秦学术派别较之希腊学派、印度学派的缺点之一:

---

[1] 梁启超:《墨子之论理学》,《饮冰室合集》(第 8 册),专集之三十七,第 63、55 页。

[2] 20 世纪初,不少学者否认中国本土有自己的逻辑。上一章在论及对“逻辑名辩化”的质疑时已提到,朱执信在 1906 年认为,“中国之人,自来无有论理学。(坚白之论,实不与论理学同物,特论理之应用而已。)”同年,胡茂如强调,西洋逻辑与印度因明已穷尽“天下之论理学”的外延。甚至到了 1912 年,蒋维乔受到日本文学博士中岛力造的影响,还主张“东亚向无论理学,有佛家所谓因明者略似之。我国古时所谓名家似是而实非。”见蒋维乔编:《论理学讲义》,上海:商务印书馆,1912 年,第 1 页。不过,蒋氏后来改变说法,认为“名学在我国周末时代,发达极早;为荀子之《正名篇》、墨子之《经》上下《经说》上下《大取》《小取》诸篇,亦即惠施公孙龙之坚白同异论,皆与名学有相似之处。自汉以后,此学久已不传。”参见蒋维乔:《近三百年中国哲学史》,上海:中华书局,1932 年,第 141 页。

中国虽有邓析、惠施、公孙龙等名家之言，然不过播弄诡辩，非能持之有故，言之成理，而其后亦无继者。（当时坚白马等名学之词句，诸子所通称道也。如墨子《大取》、《小取》等篇最著矣，即孟、荀、庄、韩书中，亦往往援为论柄。但其学终不成一科耳。）[1]

“论理 Logic 思想之缺乏”、“其学终不成一科”，说明梁氏此时尚不认为中国先秦思想家（主要是名家、墨家等）已经像古希腊、古印度的思想家那样提出了系统的逻辑理论。

对于西方逻辑，梁启超在同年发表的《泰西学术思想变迁之大势》和《近世文明初祖二大家之学说》两文中多有提及。在前者中，梁氏认为亚里士多德之“穷理之法，亦综合诸家。彼以为剖辨真理，当有所凭藉也，于是创论理学”。[2] 在后者中，他注意到“logic”一词有“论理学”、“辨学”、“名学”等众多译名，并简要介绍了培根的“四假像说”及其有关归纳的思想。[3]

随着逻辑东渐的深入，梁启超对西方逻辑的了解也逐渐增多。1902—1903 年，严复译《穆勒名学》（引论及部甲）、杨荫行译《名学》、汪荣宝译《论理学》、林祖同译《论理学达恉》、田吴炤译《论理学纲要》等相继出版或发表。这些逻辑译著或多或少对梁氏有关中国古代是否存在逻辑的思考产生了影响。在 1904 年的《墨子之论理学》一文中，针对“logic”的翻译，梁启超提出“今从东译通行语，作‘论理学’。其本学中之术语，则东译严译，择善而从，而采东译为多”。[4] 并至少两次引用严译《穆勒名学》有关词项周延性及“logic”一词兼有论与学两义的论述。此外，他还集中介绍了八条“论理学家所奉为神圣不可侵犯之

[1] 梁启超：《论中国学术思想变迁之大势》，《饮冰室合集》（第 2 册），文集之七，第 33 页。

[2] 梁启超：《论希腊古代学术》，《饮冰室合集》（第 2 册），文集之十二，第 63 页。

[3] 参见梁启超：《近世文明初祖二大家之学说》，《饮冰室合集》（第 2 册），文集之十三，第 2—5 页。

[4] 梁启超：《墨子之论理学》，《饮冰室合集》（第 8 册），专集之三十七，第 55 页。

公例”，即三段论的判定规则。

正是在这一背景下，梁启超放弃了自己先前的主张，转而“以欧西新理比附中国旧学”，在《墨子》一书中找到了中国自己的逻辑。按其之见，《墨子》全书在论说时不仅普遍遵守了逻辑规则，而且《墨辩》诸篇更是对逻辑规则本身进行了专门的研究。因此，尽管逻辑这一学科在中国之发达“甚幼稚”，“萌芽之稍可寻者，惟先秦诸子”，且“秦汉以后，则并其幼稚者而无之”，墨子为“全世界论理学一大祖师”、“吾东方之培根”，却是不可否认的历史事实，中国本土的逻辑就包含在《墨辩》诸篇之中。

要言之，时务的需要（发挥经世致用之能）与学术的兴趣（寻找中国本土逻辑），不仅直接促成了梁启超从义理层面上对《墨辩》的研究，而且正如下文将要进一步论及的，构成了名辩研究在近代中国得以兴起的双重动因。

二、名辩与辨（辩）学、名学

从梁启超的《墨辩》研究实践不难看出，对中国本土逻辑的寻找与对先秦名辩所争所论之理论本质的勘定其实是一个一而二、二而一的统一过程。由于“logic”一词在这一时期常常被译为“辨（辩）学”或“名学”，因此学者们很自然地就想到了先秦名辩，如儒家的正名之学、名家对坚白同异之辩的讨论、后期墨家的《墨辩》诸篇，等等。于是，对中国本土逻辑的寻找就相应地表现为以欧西逻辑新知去阐发先秦名辩义理，从而证成先秦名辩与西方逻辑在本质上的同一性。正是在这一研究过程中，“辨（辩）学”、“名学”等语词逐渐被用来表述先秦名辩所争所论的理论本质。

（一）名辩与辨（辩）学

如前所述，“辨学”与“辩学”均为中国旧有名词，二者在被用作“logic”译名之前，既无逻辑之义，也与名辩无涉。1898 年，《东亚报》第

1—4 册连续刊登了由桥本海关等翻译的日本学者桑木严翼的《荀子创辨学说》一文。[1] 较之于古希腊的论理学与印度的因明，文章认为：

> 于中国则少见有能罗织是等论法而为论理之一派者焉。盖职出学风偏重实际，尚论辨之实质，而不注意于形式之如何也。然考据古书，则岂无论理说之滥觞者哉！如《荀子》书中《正名》篇，实与西洋之论理学符合矣。[2]

《正名》所论虽不似亚里斯多德对三段论的研究，亦不类印度因明对五支作法或三支作法的刻画，但与苏格拉底等对概念、定义的研究非常相似，因此算得上是“论理说之滥觞”。尽管这篇文章译自日文，但它以“辨学”称呼《正名》之所论，认为后者“实与西洋之论理学符合”，很可能是汉语学术界中作为“logic”译名的“辨学”一词被用来概括先秦名辩所争所论之理论本质的开端。

1915 年，刘世杰指出，辨学旨在“辨明思想之规则，使人之思想秩然有序，真诚无妄”，但是“吾国斯学久已失传。”[3] 所谓“吾国斯学”，即“吾国辨学”，指中国古代的本土逻辑。在简要回顾了“logic”一语的不同译名后，刘氏对辨学在中国的起源进行考察：

> 战国之世，学说纷如，而名学出焉。……（言名学者，以公孙龙为最著。所谓坚白同异之论是也……。）孟子与告子陈相辨难之辞，亦多含有辨学精理。……实则吾国古今文字之具有精义、颠扑不破者，大抵皆有合于辨学之实际。特习焉不察，知其当然而不

[1]《东亚报》在发表此文时并未署作者名，但文题下有“译西四月二十五日早稻田学报”等字。经与王国维译《荀子之名学说》比对，二者内容完全一致，又王氏在文末注明“此篇乃日本文学博士桑木严翼之作。载于《早稻田学报》十四号……”，故可确定《荀子创辨学说》之作者即为桑木严翼。参见桑木严翼：《荀子之名学说》，《教育世界》，1904 年第 77 号。桑木严翼的这篇文章在近现代的名辩研究领域曾引起学者的广泛注意，除了这里提及的两个译本外，该文至少还有第三个汉译本，即余又荪译《荀子之论理说》，《新民月刊》，1935 年，第一卷第 4—5 期，第 55—65 页。

[2] 桑木严翼：《荀子创辨学说》，《东亚报》，1898 年 6 月 29 日，第一册，第 4 页。

[3] 刘世杰：《辨学讲义详解》，汉口：维新印书馆，1915 年，第 1 页。

知其所以然耳。[1]

"多含有辨学精理"、"有合于辨学之实际",说的是中国古代论说辩难对逻辑的具体应用;而"名学出焉",则是说战国时已经出现了逻辑研究,其代表就是公孙龙的坚白同异之论。显然,刘世杰也是着眼于寻找中国本土逻辑而把先秦名辩所争所论的理论本质归结为辨学。

如果说中国本土逻辑(辨学)在《荀子创辨学说》中还局限于以荀子正名思想为表现形态,在刘世杰那里还仅仅以公孙龙的坚白同异之论为其主要代表,那么高元在1916年的《辨学古遗》一文中已经把辨学跟整个先秦名辩联系起来。

依高氏之见,"辨学者,研究思想形式上当然法则之科学也。"西洋辨学研究的思想形式有三,即 term(词项)、proposition(命题)和 syllogism(推理/三段论),而墨、荀所论之名、辞、说三者正好与其相当,故以"辨学"译"logic"颇合先秦名辩古义:

> 《墨子》以辨统名 Term、辞 Proposition、说 Syllogism。夫辨者,别也。……于名则有别(别名实之理),于辞则有别(别同异之理),于说则有别(别是非之理),故谓之辨学也。

不难看出,逻辑的名辩化与名辩的逻辑化在此是统一在一起的。高元进一步指出,由于中国本土的辨学偏重于论名,而较少研究推理,"故中国辨学家,乃以名家称焉。……于推理亦未暇多及焉。此中国推理之原则所以不能发达而辨学所以缩其范围为名学也。"[2]这里有两点

---

[1] 刘世杰:《辨学讲义详解》,第3—4页。

[2] 高元:《辨学古遗》,《大中华杂志》,1916年,第二卷第8期,第1—3页。该文的其余两部分,分别刊载于同卷之第9、10两期。据周云之,"辨学"即"辩学",最初明确使用"辩学"以指称中国古代逻辑的是1930年由商务印书馆出版的王章焕著《论理学大全》。此说不确,盖因周氏既未注意到1898年的《荀子创辨学说》一文已用"辨学"来指称荀子的逻辑思想,也未注意到高元在1916年已把中国古代逻辑叫做"中国辨学",中国古代逻辑学家称为"中国辨学家"。参见周云之:《名辩学论》,第19页。

需要注意：第一，高氏以“辨学”称逻辑，突出的是逻辑研究的目的——分辨、区别思想形式之好坏；第二，在他看来，中国辨学就是中国逻辑，不过由于名学仅仅是对名(term)的研究，故中国辨学与中国名学并不等同，后者仅仅构成前者的一部分内容。由此，相异于作为“logic”一词之不同译名的“名学”与“辨学”，高氏所用的“辨学”与“名学”并不等义，二者之间反映的是整体与部分的关系。

“辨学”常常写作“辩学”。在1930年出版的《论理学大全》一书中，王章焕指出：

> 春秋之际，为吾国政治制度、人心思想大行变动与发展之时，学者称为文化极盛时代。辩学亦应运而生，蔚成一家。而秦汉以后，继起无人，……至今未能甚振，惜哉！
>
> 辩学亦称名学，九流内有名家。兹因有译西洋之论理学为名学者，故称曰辩〔学〕，藉以区别。实则论理、因明与辩学皆名学也。辩〔学〕则吾国之名学耳。[1]

王氏不仅肯定了名家的存在，而且认为西洋论理、印度因明和中国辩学都是逻辑(名学)。由于“名学”一词通常被用来称呼西方逻辑，为了以示区别，中国本土的逻辑则可称为“辩学”。就辩学的形成与发展看，他指出，老子对名实关系的关注、孔子的正名主义，尚不是辩学，但对辩学的形成有重要的影响。墨子则是有系统地对思想法式开展专门研究的组织者，地位堪称“辩学之亚理斯多德”；墨者辩学主要体现在《墨辩》之中，而以《小取》为其总论。邓析、惠施、公孙龙、尹文以及宋钘、彭蒙、田骈、慎到等诡辩派或辩者亦有辩学；非辩者的辩学，则以庄子、孟子和杨朱为代表。相异于墨者辩学对推理、论证的注重，荀子的辩学

---

[1] 王章焕：《论理学大全》，第357页。方括号内“学”字为笔者所补。按王氏之见，“论理学者，思考之规范学也。……东亚向无论理学，惟古代印度之因明与我国之辩学，略似之。……而范围之广狭、研究之精粗，亦复互异。”(第2页)

则更为关注知识发生、成立之根据。秦汉以后，辩学中绝，不复先秦之盛。[1] 不难看出，王章焕对中国辩学的主要学派及其论说的理解，与先秦名辩的主要学派及其思想是基本重合的，因此可以说他也是在用“辩学”一词来概括先秦名辩所争所论的理论本质。

在 1931 年的《名学》讲义中，栾调甫视“名学”为一通名，下辖三个种名，即希腊之“逻辑”、印度之“因明”与中国之“辩学”。就其对辩学的简要论说看，栾氏也认为辩学之为本土逻辑实际上就存在于先秦名辩话语之中：“辩学创始于墨子，已别玄名两宗。墨子而后，法家儒家有所衍益，皆名宗也。然唯名家专任其术，和合两宗以成一家。今可言者，名宗而已。……辩学至汉而绝，先秦旧籍传世无多。自今言之，可谓略矣。”[2]

寻找中国本土逻辑与把握先秦名辩所争所论之本质的统一，在郭湛波的《先秦辩学史》中得到了更为鲜明的表现。在他看来，不同的哲学具有不同的方法。中国哲学的方法，自古至秦，为辩学；自汉至明末，为因明；自明末至现在，为逻辑。由于后二者均为舶来品，唯有盛行于先秦的辩学才是中国自己的方法。郭氏指出：

> 中国近代受西洋逻辑的影响，所以对中国“辩学”也研究起来，……关于中国论理学，没有像“因明”、“逻辑”固定的名词。中国论理学有名学、形名学、辩学等名词，我以为“名学”二字太宽泛，“形名学”太生涩，所以就用“辩学”二字。[3]

---

[1] 参见王章焕：《论理学大全》，第 357—414 页。

[2] 参见栾调甫：《名学》，《栾调甫子学研究未刊稿》，南京：凤凰出版社，2011 年，第 58—59 页。据郑杰文为此书所撰《关于栾调甫先生子学研究未刊稿（十二种）》，《名学》讲义存世有两种，一为齐鲁大学文学院 1931 年铅印本，一为袁兆彬整理的栾氏 1946 年秋至 1947 年春在山东师范学院讲授“名学”时所做的笔记（第 4 页）。由于前者留有栾氏 1947 年的眉批“丁亥二月廿八日补正”，故可知后者所依之讲稿仍为 1931 年铅印本。此处所引为袁氏整理本。

[3] 郭湛波：《自序》，《先秦辩学史》，第 2—5 页。

显然,郭湛波也认为西方逻辑的输入激发了中国学者去寻找本土的逻辑(辩学),而这正构成了名辩研究在近代中国得以兴起的动因之一。此处所言有三点值得注意:第一,鉴于西方和印度的论理学有固定的称谓,即“逻辑”与“因明”,郭氏建议用“辩学”来称呼中国本土的论理学。第二,由于“辩学”以及与其异名而同谓的“名学”等均特指中国的论理学,不再泛指西方逻辑或逻辑本身,因此“辩学”与“中国论理学”这两个术语之间实质上是全同关系,并非通常理解的属种关系。第三,由于辩学仅仅是盛行于先秦的哲学方法,“中国论理学”或中国本土逻辑相应地就仅指先秦时期的逻辑。

进一步看,郭湛波对先秦辩学的起源与发展的描述,其实质也是从逻辑的角度去把握先秦名辩所争所论的历史演变与理论本质。在他看来,孔子“正名”论关涉伦理学,老子“无名”论是形上学,都不是辩学。辩学最早起源于邓析,其“两可”之说论及对一个命题可有相互否定的两个判断,“无厚”之论则是讨论“有无”形名的问题,对后来辩学的发展均有着重要的影响。不过,辩学至惠施方为盛行。“历物十事”表明惠施长于逻辑辩论之术,而其“同异”之论已触及辩证逻辑的对立融合法则。公孙龙是辩学的集大成者,其“白马说”、“臧三耳”说、“指物论”等均着眼于概念与对象、共相与个体这一逻辑的根本问题进行立论,“通变论”则涉及共相之成立、共相之变否以及个体之变迁等问题;“名实论”把“名”、“实”分别理解为逻辑判断的谓词和主词,主张由正实以正名,堪称公孙龙辩学的要领。

公孙龙之后的诸家辩学,则以后期墨家和荀子为成就最著者。郭氏认为,先秦辩学发展至《墨辩》的时代已成为精密完善的方法。墨家辩学不仅论及了“知”的本质、来源、种类和用途,还深入探讨了跟“辩”有关的诸多问题。如,“辩”的本质在于“争彼”,即争同一对象之然否;“辩”的方法有演绎(以名举实、以辞抒意、以说出故)与归纳(以类取、以类予)两大类,具体而言则有或、假、效、辟、侔、援、推七种。

以儒家的正名之论为出发点,荀子明确反对辩者,不过由于受到辩者的影响,他又把孔子的伦理"正名"改造成论理之"正名"。荀子的辩学以对"名"的研究为核心,强调"以一持万"、"以类度类"的演绎法,对名的制定、用途、分类等进行了系统的考察,把辩学推进到一个更高的阶段。遗憾的是荀子之后,辩学中断,成为绝学。

(二) *名辩与名学*

在寻找中国本土逻辑的过程中,也有不少学者用"名学"一词来概括先秦名辩所争所论的理论本质。

"名学"原指著名学者,其逻辑义源于逻辑东渐。那么,"名学"一词究竟是在何时开始跟本土名辩发生关联的呢? 1902 年,严复在先期出版的《穆勒名学》(引论及部甲)中曾援引先秦的正名思想来解释以"名学"译"logic"的正当性,其后又在 1909 年的《名学浅说》中明确断言"名学为术,吾国秦前,必已有之。"[1] 进一步的历史考察表明,杨荫杭、刘师培、章太炎、王国维等在 20 世纪的最初几年也援引作为逻辑的名学对先秦名辩进行了初步的考察。

1902 年,杨荫杭译《名学》由东京日新丛编社出版。在作于 1901 年的序中,杨氏一方面把名学定义为"推理之学及推理之术",另一方面对名学发展史进行了简要梳理。按其之见,名学起源甚古,其流不一,可分西洋名学和东洋名学,而东洋名学又包括印度名学和中国名学,但"独盛于印度"。印度名学有古因明与新因明两派,其特点是"不在自悟而在悟人";中国名学则散见于尹文子、邓析、惠施、公孙龙等人的学说之中。[2] 杨荫杭把作为逻辑的名学与先秦名家之学联系起

[1] 参见穆勒著、严复译:《穆勒名学》,第 2 页;耶方斯著、严复译:《名学浅说》,第 46 页。

[2] 参见熊月之:《晚清逻辑学译介述论》,《西学东渐》(第三辑),第 157 页;邹振环:《辛亥前杨荫杭著译活动述略》,《苏州大学学报》(哲社版),1993 年第 1 期,第 122 页。

来，堪称以“名学”概括先秦名辩所争所论之理论本质的第一人。

在完成于1903年的《攘书》中，刘师培受到严译《穆勒名学》（引论及部甲）的影响，尝试运用穆勒的概念理论对先秦的正名论说进行了阐释，认为荀子《正名》所论“与穆勒《名学》合”，“墨之《经》上、下篇多论理学”。[1] 在1905年的《论理学史序》一文中，他又着眼于正名思想对先秦名辩的发展进行了扼要的描述，内容涉及后期墨家、名家、荀子等学派的相关论说。刘师培指出：

> 若名家者流，则有托恢诞以饰诡词，不明解字析词之用，遂使因明之书，流于天竺，论理之学，彰于大秦，而中邦名学，历久失传，亦可慨矣。今欲诠明论理，其惟研覃小学，解字析词，以求古圣正名之旨，庶名理精谊，赖以维持。若小学不明，骤治西儒之名学，吾未见其可也。[2]

把印度因明、欧洲逻辑的兴起和发展归因于先秦名家不明“解字析词”之用，无疑是草率之论。不过值得注意的是，刘师培在此明确提出了“中邦名学”一语来指称失传已久的中国本土逻辑，并将其与印度因明之书、欧洲论理之学鼎足而立。可以说，“中邦名学”也就是刘氏对先秦名辩所争所论之理论本质的概括。

1904年，章太炎引日本学者桑木严翼之说，从名学的角度来理解荀子的正名之论：“其正名也，世方诸仞识论之名学，而以为琐格拉底、亚历斯大德间（桑木严翼说）。”[3] 同年，王国维翻译发表了桑木严翼的《荀子之名学说》，该文也把作为逻辑的名学与荀子的正名论说关联

[1] 刘师培：《刘师培辛亥前文选》，北京：读书 · 生活 · 新知三联书店，1998年，第53页。刘氏后来认为“名学之大要，不外归纳、演绎二端。而《荀子 · 正名》篇早明斯义。”见《荀子名学发微》，《国粹学报》，1907年，第三卷第7期，第1—5页。

[2] 刘师培：《刘师培辛亥前文选》，第219页。

[3] 章太炎：《訄书重订本》，《章太炎全集》（第三卷），第135页。

起来,所谓"荀子之名学说",指的就是荀子的逻辑思想。[1] 此后,尽管一度认为"中国有辩论而无名学",[2]但在《周秦诸子之名学》、《荀子之学说》和《墨子之学说》等一系列论文中,王国维还是立足名学对先秦名辩的积极成果进行了梳理和阐释。他指出:

> 我国名学之祖,是为墨子。墨子之所以研究名学,亦因欲持其兼爱、节葬、非乐之说,以反对儒家故也。……荀子疾邓、惠之诡辩,淑孔子之遗言,而作《正名》一篇,中国之名学于斯为盛。暴秦燔书,学问之途绝。至汉武之世,罢斥百家,而天下之学术定于一尊,学术之争绝于此矣。[3]

这里,王氏明确使用了"我国名学"、"中国之名学"等语词来表述先秦名辩的理论本质,即中国本土逻辑。在他看来,墨子为本土名学之祖,荀子《正名》则代表着中国名学之盛。《墨辩》的《经》篇对定义(Definition)的论说、《大取》和《小取》对推理之谬误(Fallacy of Reasoning)的论说,以及荀子和公孙龙对概念(Conception)的论说,虽不及亚里士多德逻辑那样完备,却是中国古典学术中最可宝贵的一部分,也是名学史或逻辑史上最有兴味之事。

此后,"中国名学"及其类似提法逐渐得到了广泛的使用,学者们自觉或不自觉地用这一术语来概括他们所理解的先秦名辩的所争所论。

例如,王延直在1912年出版的《普通应用论理学》中就指出:

---

[1] 桑木严翼:《荀子之名学说》,《教育世界》,1904年第77号。由于既未注意到王国维的这篇译文,也未注意到刘师培在1905年已用"中邦名学"来指称中国古代逻辑,周云之误以为胡适在1917年写就的《先秦名学史》一书最早明确把中国古代逻辑称为"名学"。参见周云之:《名辩学论》,第12页。

[2] "惠施、公孙龙等所谓名家者流,徒骋诡辩耳!其于辨论思想之法则,固彼等之所不论,而亦其所不欲论者也。故我中国有辩论而无名学。"王国维:《论新学语之输入》,《教育世界》,1905年第96号。

[3] 王国维:《周秦诸子之名学》,《教育世界》,1905年第98号。

> 春秋之季，孔子首倡正名之说。其言曰："名不正则言不顺。"（所谓正名者，其所见与今之论理固无以异也。论理学亦可译作名学）荀子踵之，作《正名》篇，……惜乎荀子而后无人继起而广大之，以致中国名学，历久失传，亦可慨矣。

所谓正名之论与论理学（名学）"固无以异"，说的是二者具有本质的同一性，显然王氏在此也是用"中国名学"（中国本土逻辑）来概括作为名辩论题之一的正名之论的理论本质。不过在他看来，真正称得上是中国古代名学家的唯有孔子和荀子。"若夫惠施、邓析、尹文、公孙龙辈，无非徒逞诡辩，取快一时。今之学者，或以论理大家推尊之，殆亦未之深考也。虽然，韩墨诸家之文章，苏张诸家之辩论，证以论理法则，合者亦复颇多。然此不过偶然之符合，决非皆由论理法则而出者。"[1]这似乎是说，先秦名辩所争所论尽管有很多合乎逻辑的地方，但名辩话语本身并不能全部归结为是对逻辑问题的讨论。

又如胡适。他认为，自唐代以来"中国哲学与科学的发展已深受缺乏恰当逻辑方法（logical method）之害"，那么"我们在哪里能找到可以有机联系现代欧美思想体系的合适基干，以使我们能在新旧内在调和的新基础上发展我们自己的科学和哲学?"鉴于儒家文化在当时已无力有效应对来自西方的挑战，他提出，"非儒学派的复兴（the revival of the non-Confucian schools）是绝对需要的，因为在这些学派中可望找到移植西方哲学和科学最佳成果的合适土壤。关于方法论（methodology）的问题，尤其如此。"[2]他于1917年完成的博士学位论文《先秦名学史》（*The Development of the Logical Method in Ancient China*），其英文名直译就是"中国古代逻辑方法的发展"。

胡适自称，撰写此书是出于教学的（pedagogical）兴趣，其目的是

---

[1] 王延直：《普通应用论理学》，贵阳：贵阳论理学社，1912年，第9—10页。

[2] 参见胡适：《先秦名学史》，第4—9页；译文据英文版（pp. 1-8）有所修改。

“对中国古代的逻辑理论与方法的重新发现(re-discovery)”,[1]而换一个角度看,这种重新发现的实质也就是着眼于逻辑与方法论去把握先秦名辩各家各派所争所论的理论本质。《先秦名学史》具体论述了孔子、《易经》、墨翟、别墨(《墨辩》以及惠施和公孙龙)、庄子、荀子和韩非等的逻辑与方法论思想。在胡适看来,邓析和老子是中国古代逻辑诞生之前的“辩者”的主要代表,中国古代逻辑则始于孔子的“正名”学说。[2] 墨翟的“三表法”表述了“检验任何已知思想的真实性的要求”,是关于推理和论辩的理论。“别墨”的《小取》堪称一篇完整的逻辑论文,分九节论述了逻辑的本质与功能、推论的方法及其常见危险与谬误、与古汉语的特点有关的逻辑困难。惠施的“历物十事”以及公孙龙和其他辩者的命题具有悖论的性质。荀子受到非儒学派的影响,对孔子的“正名”学说进行了改造,提出了系统的关于名的社会约定理论。法家“循名责实”的逻辑则可以看作是对儒家“正名”学说的进一步发展。

再如,在《中国古代名学论略》一文中,陈启天指出,“中国古代有所谓‘名家’,无所谓‘名学’;名学这个名词,不过近人用以译西洋的Logic之后,才通用于学术界。”这就是说,中国古代既有名家之实也有“名家”之名;至于名学,却是有实而无名,散见于诸子百家之书中。陈氏把中国古代名学分为五派:老子、杨朱代表的无名学派;孔子、荀子和法家代表的正名学派;墨家的实用学派;庄子的齐论学派;邓析、惠施、桓团、公孙龙等代表的诡辩学派。其中,“墨家的名学,简直可与Aristotle的*Organon*及陈那的《因明正理门论》相比拟,而同为世界名学最古而又有条理的著作。”[3]不难看出,陈启天所理解的中国古代名

[1] 胡适:《先秦名学史》,第10页;译文据英文版(p.9)略有改动。

[2] 胡适在《中国哲学史大纲》中提出:“孔子的正名主义,实是中国名学的始祖。正如希腊梭格拉底的‘概念说’,是希腊名学的始祖。”(第10页)

[3] 陈启天:《中国古代名学论略》,《东方杂志》,1922年,第19卷第4号,第29、42页。

学，明显地跟先秦名辩各家各派的论说存在对应的关系。换言之，从义理上说，先秦名辩之所争所论就是中国本土的逻辑。

再如，陈显文1925年付梓的《名学通论》[1]认为，“名学就是论思想方法的学问，……其内容所讲，都是些归纳演绎等方法。”[2]印度名学称“因明”，西洋名学叫“逻辑”，中国名学即“墨辩”。中国名学可以分为正名和无名两派，周秦是中国名学的初创时代，但在汉儒将名家列为九流之一后即进入埋没时代，而“中国名学复活，实在是西洋逻辑输入以后。”[3]陈氏所言再次表明逻辑东渐刺激了近代学者对中国本土逻辑的寻找，而这种寻找的另一面相就是以欧西逻辑新知去阐发本土名辩义理，从而证成先秦名辩所争所论的理论本质就是中国本土逻辑。“中国古代哲学家对于名学成功最大者，当推墨家的别墨一派。……墨辩在中国，正如西洋亚里斯多德之逻辑、印度耶也派之因明一样。”[4]

林仲达的《论理学纲要》也使用了“中国名学”一词，并把中国名学、印度因明以及欧洲逻辑视为不同类型的论理学，而“论理学是研究正确认识客观世界，指示人生正轨之思维活动规律底方法学的科学”。[5] 在林氏看来，中国名学经历了三个发展时期，即秦汉以前的固有名学期、汉唐至明的印度因明输入期，以及自明以来的欧洲逻辑输入期。中国固有之名学实有三派：以孔子、荀子、杨朱及法家为代表的价值论派；以墨子为代表的功利主义派；以老子、庄子、惠施和公孙龙等为代表的辩证论派。其中，墨者的辩学为我国古代有完整体系的一种

[1] 陈显文的《名学通论》即高傭的《名理通论》，相关考证见本书第一章第二节。《名学通论》的节选可参见《中国逻辑史资料选》（现代卷，下），第55—68页，下引此书实为高傭的《名理通论》。

[2] 高傭：《名理通论》，上海：开明书店，1929年，第1页。

[3] 同上，第68页。

[4] 同上，第59—60页。

[5] 林仲达：《论理学纲要》，上海：中华书局，1936年，第20页。

名学，其精髓体现于《墨辩》六篇之中；公孙龙对于名学亦有特殊的贡献。[1] 不难看出，先秦名辩各家各派的论说与争辩，正构成了林仲达所谓“秦汉以前固有之名学”（即中国本土逻辑）的基本内容。

刁道宗指出，自西学东渐，逻辑之学输入中国，先后出现过“辩学”、“名学”等译名，其后又习用“论理学”一词。他认为，“不能谓中国古无论理学”，其理由在于：

> 中国自黄帝正名百物以来，千圣百王，代有思辩。孔子集前哲之大成，昌言正名为政。墨子后起之秀，更著《辩经》专书，遂为中国辩学之祖。……邓析、惠施、公孙龙子辈，以名家鸣于一时。儒家荀子继承孔子正名之教训，时势熏陶，不得不然。至今读荀子书，犹可窥其学说合于论理学甚多焉。[2]

刁氏所言未必全部合乎历史事实，但他立足孔子“正名”、墨家《辩经》、名家所论以及荀子《正名》的发展脉络来论证中国存在本土逻辑，其实也就是从逻辑的角度去把握先秦名辩所争所论的理论本质。

在《中国名学》一书中，虞愚指出，论理学旨在“立定思考之形式及法则，研究各科学之工具”。古代希腊、印度与中国对于论理学的形成与发展均有相当的贡献：

> 通常称印度论理学，即指“因明”而言；西洋论理学，即指“逻辑”而言；中国论理学，即指“名学”而言。中国名学材料，虽散见诸子百家学说之中，一鳞一爪，残缺不完，……衡之西洋逻辑或印度因明，其所述或稍幼稚，然亦不无可采之处。[3]

按虞氏之见，中国名学即中国本土的逻辑，其材料散见于先秦诸子百家之说，并不局限于名家。与此相关，中国名学可以区分为四个学派：以老子、杨朱和庄子为代表的无名学派；以孔子、荀子为代表的正名学派；

[1] 参见林仲达：《论理学纲要》，第146—150页。
[2] 刁道宗：《荀子之论理学》，《国专月刊》，1936年，第四卷第4期，第65页。
[3] 虞愚：《自序》，《中国名学》，第1—3页。

以墨家为代表的立名学派；以惠施、公孙龙为代表的形名学派。以因明、逻辑为参照，中国名学颇多“可采之处”，如墨家“以名举实”、“以辞抒意”、“以说出故”以及荀子“大别”、“小别”所论及的演绎逻辑，墨家“以类取、以类予”和荀子“大共”、“小共”所论及的归纳逻辑，以及公孙龙对于物指之辨的研究及“审其名实、慎其所谓”的强调，等等。鉴于虞愚所论中国名学的主要派别及其可采之处与先秦名辩话语高度对应，因此“中国名学”一语实质上表达了虞氏对于先秦名辩所争所论之理论本质的理解。

与大多数学者用“中国名学”来概括先秦名辩的理论本质并将其归结为中国本土逻辑不同，齐树楷对“中国名学”的使用似乎与主流的看法并不完全一致。在1923年出版的《中国名学考略》一书中，他已经注意到名辩研究中的逻辑化倾向：“时之人亦遂讲求名学，捃摭先秦战国诸子之言名者，以为征证。”[1]同时，基于对“名学”、“辞学”的独特理解，齐氏对“中国无名学”、“误以辞学为名学”等观点进行了批评。在他看来：

> 名学与辞〔学〕判然分界。一居立名之先，一在制名之后。今人所谓名学，乃辞〔学〕之部分，有名为“辨学”者，称名甚当；日本谓之“论理学”，亦合。
>
> 由名发于言、由言达于辞，则须有法以知其正确与否。须用辞学，或名曰“辨学”；日本为“论理学”，颇当；今人之所谓名学也者。至于文，则又进于辞矣。[2]

这里有几点值得注意：第一，齐氏是立足于名、辞、文等不同的语言单位来谈论名学和辞学的。第二，他所理解的辞学，就是通常所说的名学、

[1] 齐树楷：《序》，《中国名学考略》，京师：四存学会出版部，1923年。

[2] 这两段引文分别出自《中国名学考略》的《凡例》与第一章。方括号内文字系笔者根据文意增补。

辨学或论理学，即逻辑。[1] 第三，纵观全书所论，主要涉及名之缘起与制造等内容。就名之制造而言，齐氏主要讨论了制名之义、制名之人、名之分类、名之兴废、名之禁戒和名之统一诸问题。在论及制名之义与诸家之名时，他对先秦名辩中儒、墨、名、道诸家的相关论说多有评述；在论及制名之人时，则对国家制名、诸家制名、成俗制名以及外名移入等类型进行了述评。

由此可见，齐树楷所使用的"名学"与作为指称逻辑的"名学"并不等义，前者主要指对于语词的起源、发展、分类以及规范化等问题的研究，更多地属于语言学的范畴。相应地，齐氏所谓"中国名学"，指的就不是中国本土逻辑，而是中国古代对于语词的起源、发展、分类以及规范化等问题的思考。

三、名辩与形名学、刑名学

除了用"辨（辩）学"、"名学"来概括先秦名辩所争所论的理论本质，在本阶段上，与引入"形名家"、"刑名家"等概念相关联，学者们还使用了"形名学"、"刑名学"等术语来概括先秦形名家、刑名家，甚至整个先秦名辩的论说与争辩。

谭戒甫高度重视名家之学与形名之学二者之间的区分。在他看来，名家之学集中体现于《墨辩》之中，而形名之学则以公孙龙的学说为代表。就二者的关系看，"形名家之于名家，其立破之点，几无不针锋相对，若相放效者然。"[2] 简言之，二者之同在于"名"，其异在于"实"。名家之学认为万物皆有实而后以名命之，形名之学则主张万物

---

[1] 齐氏在书末曾言及有撰写"辞学编"的打算，惜乎未能成文付梓，致使我们今天已无法确知他所说的"辞学"（逻辑）、"中国辞学"（中国本土逻辑）究竟包括哪些内容。

[2] 谭戒甫：《论晚周形名家》，《国立武汉大学文哲季刊》，1930 年，第一卷第 1 期，第 11 页。1956 年，谭氏更为明确地指出："形名家之学是从《墨经》内部引起的，《墨经》都是名家之学，而形名学是由名家之学的反面发生之故。"见谭戒甫：《后记》，《公孙龙子形名发微》，北京：科学出版社，1957 年，第 120 页。

皆无实或以实为形。相应地，名家之弊在于“用实乱名”，不能控名而责实；形名家之弊则在于“用名乱实”，失实而专决于名。

与形名家异于刑名家（即法家）相应，形名之学也就不同于刑名之学。按谭氏之见，刑名之学起源甚早，传至战国时期，商鞅、申不害和韩非均精通此学：“鞅少好刑名之学”（《史记·商君列传》）；“申子之学，本于黄老而主刑名”，韩非“喜刑名法术之学，而其归本于黄老。”（《史记·老子韩非列传》）显然，此所谓“刑名之学”，亦即通常所说的刑名法术之学。

在如何理解“形名学”与“刑名学”的问题上，郭湛波的看法至少在两个方面与谭戒甫不同：

第一，谭氏强调形名之学并非刑名之学，而郭氏则主张“形名学”与“刑名学”同义：“形名学古又称‘刑名学’，因为‘形’、‘刑’二字，古代通用。……所以称形名学为刑名学，研究形名学的人，多称为刑名家。”[1]

第二，谭氏所说的“形名学”仅指形名家的学问，与后期墨家、荀子的学说并无直接关联，“刑名学”则指刑名法术之学，即法家的学问，与传统所说的名家、墨家、荀子等亦无直接关系。而郭氏把“形名学”、“刑名学”、“名学”、“辩学”等而视之，指中国本土的逻辑：“形名学是什么？就是中国逻辑学（Logic）。”[2]由于形名学或刑名学主要存在于邓析、惠施、公孙龙及其同时代辩者、后期墨家以及荀子的相关论说中，因此郭湛波对形名学或刑名学的论说，也可以看作是对先秦名辩所争所论之理论本质的一种整体把握。

至于谭戒甫所说的刑名学，郭湛波称其为“法术学”。通过分析《史记》有关申不害和韩非的论说，郭氏认为“刑名”与“法术”对举表明

[1] 郭湛波：《先秦辩学史》，第4页。
[2] 同上，第3页。

二者并不等义。“刑名”当指名实之学,亦即司马谈所说的名家之学或形名之学。不过,由法家皆好刑名之学可知刑名学与法术学之间有着密切的联系:

> 法家乘商业资本社会之起,而讲“法”,不讲刑名则无从作起。故讲法必讲刑名,如商鞅、申不害、韩非、……之流。讲刑名亦多讲法,如邓析、惠施、公孙龙、……可见刑名学虽非法术之学,而刑名学实与法术之学并进而行。故法家多出于刑名之流。[1]

所谓“刑名学实与法术之学并进而行”,大意是说,一方面,讲刑名是讲法的前提,即法家所谓的循名责实、以功过定赏罚,必须建立在名实相符的基础之上;另一方面,讲法又是对讲刑名的具体化,即法术之学是关于名实关系的一般理论在法治领域的具体运用。郭湛波的这一看法对于准确把握名家与法家在名实之辩上的相互关系无疑具有重要的启发意义。

在本阶段上,伍剑禅也曾用“形名学”来概括先秦名辩的所争所论。他指出:“形名学何？质言之,古之文字学也;用言之,今之论理学也。”论理学为“尚条例公式以推求理解之科学”,形名学则因“明是非,别同异,正□□而为一切学术之准绳”,故二者实质无异。按伍氏之见,尹文子论“名有三科”、《荀子·正名》、《庄子·齐物论》以及公孙龙的坚白说等,“皆所以阐明形名也”。而《墨辩》所论名之达、类、私三种,实即公名词(common noun)、集合名词(collective noun)和专名词(proper noun),而类名又可进一步分为以形貌命者、以居运命者和以量数命者;立辞须“以故生、以理长、以类行”,说的是辩论的方式;“以类取、以类予”,既指论理学之归纳、演绎,亦指判决辩论之定则。“此种

[1] 郭湛波:《先秦辩学史》,第5—6页。“并进而行”一句中的“刑名学”,原书误植为“形名学”,尽管二者在郭氏那里异名而同谓。

程序，即为中国论理学最深密、最完善之原理法则也。”[1]

联系到学者们在本阶段引入“形名家”和“刑名家”这两个概念后出现的意见分歧，这里对“形名学”与“刑名学”的不同理解便是一件很自然的事情。不过值得注意的是，郭湛波、伍剑禅等学者已经明确使用“形名学”等术语来概括先秦名辩所争所论的理论本质，并将其归结为中国本土的逻辑。

相较于作为“logic”译名的“辨（辩）学”、“名学”，谭、郭、伍等人所使用的“形名学”或“刑名学”无疑具有某种本土文化的色彩。在本阶段上，冯友兰也主要是从逻辑的角度来把握先秦名辩各家论说的本质。按冯氏之见，论理学（逻辑）在古希腊即为哲学的三大组成部分之一，但其范围相较于“论理学”一词在近现代的所指为广。近现代以来的论理学或者说狭义的论理学为知识论之一部分，旨在“研究知识之规范”。[2] 哲学家欲成立道理，必须进行论辩，以逻辑的方法即论证来攻击他人之非，证明自己之是：

> 哲学家不辩论则已，辩论必用逻辑……。然以中国哲学家多未竭全力以立言，故除一起即灭之所谓名家者外，亦少人有意识的将思想辩论之程序及方法之自身，提出研究。故知识论之第二部，逻辑，在中国亦不发达。[3]

虽然逻辑在中国古代并未得到充分的发展，但作为先秦名辩重要一派的名家对思想辩论之程序及方法进行了研究，却是不争的事实。不过，类似谭、郭等人的做法，冯友兰在从逻辑角度对先秦名辩所争所论进行描述与阐释时，更多地还是立足于中国哲学固有的范畴。

他认为，惠施、公孙龙等辩者之学可总称为“坚白同异之辩”，前者

---

[1] 参见伍剑禅：《答伍非百论形名学书》，《中大季刊》，1926年，第一卷第1期，第1—6页。一个“□”方框虚缺号表示一个无法辨识的文字。

[2] 参见冯友兰：《中国哲学史》，上海：商务印书馆，1934年，第2—3页。

[3] 同上，第11页。

主“合同异”，强调个体之物，后者持“离坚白”，注重共相。辩者之学的大体倾向“全在所谓名理上立根据”，[1]名理亦即逻辑。由于“辩者立论，皆有名理的根据，故驳之者之立论，亦须根据名理。所以墨家有《墨经》，儒家有《荀子》之《正名》篇，皆拥护常识，驳辩者之说”。[2]如，《小取》考察了辩的功用与立说之方；《经》《说》从同异、坚白之辩等方面批驳了辩者之学，但肯定其“正名实”的主张；以“辩有胜”驳斥庄子的“辩无胜”之说。冯氏指出，“荀子生当‘辩者’正盛时代，故其所讲正名，逻辑的兴趣亦甚大。”[3]就根本观点说，《正名》篇所论与《墨经》是一致的，不仅考察了名之起源与功用，而且对当时诸家之学包含的三类谬误进行了辩驳。不过冯友兰认为，从总体上看，《墨经》之成就较荀子《正名》为高，这主要是因为前者更为重视“辩”，而后者仅提及了“推类而不悖”、“辩则尽故”等，远不如《小取》的深入讨论。

四、以逻辑、因明释墨辩

在致力于从总体上去描述先秦名辩的所争所论，把握其逻辑本质的同时，学者们在本阶段还对其代表人物或主要著作展开了具体的个案研究。笔者在导论中已经指出，在重新审视近现代的名辩研究时，本书主要着眼于近现代学者如何从整体上去把握作为一个相对独立的思想史现象的名辩，无意也无力对他们关于名辩的代表人物、主要著作或基本论题的个案研究进行全面的述评。鉴于《墨辩》在先秦名辩话语中的重要地位以及近现代学者对其所进行的持久而深入的研究，本章以及后续各章在必要的时候将主要通过对《墨辩》研究的述评来回顾与反思个案层面上的近现代名辩研究。不过，即便是这方面的述评，也

[1] 冯友兰:《中国哲学史》，第242页。
[2] 同上，第308页。
[3] 同上，第373页。

主要着眼于《墨辩》研究的总体特征与基本结论，较少涉及其各方面的具体细节。

关于本阶段的《墨辩》义理研究，栾调甫指出：

> 所谓墨辩，乃专就《墨子》之《经》《说》、大小《取》而研讨其辩术者，亦墨学之支隅也。……及梁任公所著《墨子之论理学》出，乃有辩理之谈。虽《经》《说》诸篇包罗宏富，不仅辩学一科，二十年来治斯学者，亦不只墨辩一途，然论其治业之成绩，则惟墨辩差可以言。[1]

栾氏所言有三点值得注意：其一，所谓“研讨其辩术者”、“墨学之支隅”，表明“墨辩”一语在此是指后期墨家的辩学，而非其著作；其二，从逻辑角度对《墨辩》的义理研究，始于梁启超的《墨子之论理学》一文；其三，《墨辩》所论“包罗宏富”，对其义理的诠释并非仅有辩学（逻辑）一科，“不只墨辩一途”。

针对第三点所涉及的问题，我们首先简要回顾一下学者们在本阶段对于《墨辩》的内容与性质的讨论。

（一）《墨辩》的内容与性质

清代学者的《墨辩》研究虽然主要表现为校勘与注释，但毕沅已觉察“《经》上下、《经说》上下四篇，有似坚白异同之辩”；[2] 孙诒让则认为“皆名家言，又有算术及光学、重学之说”，[3] 即《墨辩》的内容与性质难以完全归结为“名家言”。进入 20 世纪后，学者们对此进行了更为深入的讨论，大致可以区分出两种意见。[4]

---

［1］栾调甫：《二十年来之墨学》，《墨子研究论文集》，第 144 页。

［2］毕沅：《墨子注》，《墨子大全》（第 11 册），第 284 页。

［3］孙诒让：《墨子间诂》，第 308 页。

［4］关于 1900—1949 年间学者们针对《墨辩》内容与性质的不同意见，可以参见张斌峰：《近代〈墨辩〉复兴之路》，第 98—110 页；李匡武主编：《中国逻辑史》（现代卷），第 314—315 页。

1.《墨辩》所论包含有或主要是逻辑

梁启超认为,《墨辩》六篇为"专言其(指论理学——引者注)法则之所以成立者","皆多言名学","大半是讲论理学"。[1]

胡适强调,"六篇《墨辩》乃是中国古代名学最重要的书。"[2]其中,《经》《说》"有逻辑学、心理学、伦理学、经济学以及政治学和语法规则、数学、力学、光学等方面的理论";《大取》亦有关于逻辑的论述;《小取》更是"一篇关于逻辑的完整的论文"。[3]

伍非百指出,《辩经》乃古名家言,"篇中'雄辩'、'修辞'、'论理'三者往往不分",保存着"古代名学之绪";对《辩经》所论名辩学术的研究,有助于"复兴中夏旧有名学一派"[4]。

陈启天认为,《辩经》是"墨家所用为辩论的经典,犹之 Aristotle 的连珠律令——即三段论法的规则,为讲形式论理学的不可不遵守。《辩经》就是墨家的一种辩学而已。"[5]

在王章焕看来,《墨辩》所论"颇与今之所谓论理学上之方式者之意义相仿",而"《小取》一篇实为墨者辩学之结晶。举凡今日论理学上所谓概念论、判断论、推理论,以及统整、探究等方法,其中殆无不备,文字亦最完全可读。"[6]

郭湛波强调,《墨辩》六篇是"墨家讨论辩学的东西","其中虽有别的问题,但大部分是讲知识、论理的"。[7]

依方授楚之见,"知识论与辩学,《经》上下均有之;《大取》言及'语

---

[1] 梁启超:《墨子之论理学》,《饮冰室合集》(第8册),专集之三十七,第56页;《读墨经余记》,专集之三十八,第2页;《墨子学案》,专集之三十九,第7页。

[2] 胡适:《中国哲学史大纲》,第152页。

[3] 参见胡适:《先秦名学史》,第77—78页。

[4] 参见伍非百:《墨辩释例》,《学艺杂志》,1922年,第四卷第3号,第2—4页;《再叙》,《墨辩解诂》,第1页。

[5] 陈启天:《中国古代名学论略》,《东方杂志》,1922年,第19卷第4号,第40页。

[6] 王章焕:《论理学大全》,第361、369页。

[7] 郭湛波:《先秦辩学史》,第191—192页。

经’;《小取》则专言‘辩’。”“《经》中辩学尤详,乃有《墨辩》之称。其他科学,几为辩学所掩矣。”[1]

谭戒甫亦认为,“《经》《说》四篇为墨家辩学壁垒,多论辩术。”[2]

顾实明确指出,《辩经》为“世界诸国最古之逻辑宝典”;“《大取》《小取》二篇,则《辩经》之叙篇也。大取者,取利天下也;小取者,取辩言辞也。”[3]

鲁大东认为,《经》《说》四篇“精立‘辩学’,以为求知之工具,推理之源泉焉。其义同于现代研究思考之‘逻辑’也。”[4]

虞愚也注意到当时的学者“多凭西洋之逻辑、印度之因明,解《墨经》以为条贯,始知此六篇为墨子独有之论理学,且详于辩律之部焉”。[5]

2.《墨辩》所论并非全是或主要不是逻辑

与上述学者的看法不同,张之锐认为:

> 《墨子》,《经上》、《经下》、《经说上》、《经说下》四篇之中,有物理学,有哲学,有论理学,名为“辩学”,仅可以代表其中之一种论理学。《大取》一篇,系以阐扬墨家兼爱学说为主旨。篇内所援引之名学规律不过藉以为学说之辩护,而实亦非论理学也。以鄙见论之,《墨子》书可以为辩学者,仅《小取》一篇耳。[6]

张氏所言要点有三:第一,以“辩学”称《墨经》所论,实为以偏概全;第二,《大取》篇有对逻辑的运用但并未专论逻辑;第三,《墨子》全书专论逻辑者,仅《小取》一篇。质言之,从义理角度说,《墨辩》六篇所论并非全是逻辑,甚至主要不是逻辑。

---

[1] 方授楚:《墨学源流》,第157、173页。
[2] 谭戒甫:《墨经易解》,第65页。
[3] 顾实:《自序》,《墨子辩经讲疏》,第4—5页。
[4] 鲁大东:《墨辩新注》,卷上,第27页。
[5] 虞愚:《中国名学》,第61页。
[6] 张之锐:《墨子大取篇释义》,《哲学》,1922年第7期,第1页。

类似观点亦见诸杨宽的文章。杨氏认为,“《经上》举名拟实,文皆界说,……其于宇宙人生以及名实之理,无不作系统之论述,盖墨学纲要之所在,其旨非仅同《荀子》之《正名》而已。”“《经下》虽皆辨说,然其旨全在维护《经上》之说。”[1]这就是说,《墨经》的主旨并非专论逻辑,而是论说以及维护墨学之纲要。稍后他更为明确地指出,《经上》“论及辩说名实者,亦仅二章而已。自鲁胜杜撰《墨辩》之名,近人或以其义在辩,为论名学,与《荀子·正名》篇同”。[2] 即《墨经》并非论说名学(逻辑)的专书。

尽管学者们在本阶段普遍认为《墨辩》所论包含有或主要是逻辑,但张、杨两人的看法却不容小觑。事实上,围绕如何准确把握《墨辩》的内容与性质,如下一些问题是不能回避的:

第一,《墨辩》所论与名辩论说之间的关系究竟如何理解?二者是同一关系还是整体—部分的关系?显然,多数学者的回答倾向于后者,即《墨辩》所论具有多重的理论内涵,而名辩论说——对与“名”相关的一系列论题(名实、同异、坚白之争等)及“辩”之目的、方法、方法等问题所进行的论说——仅仅构成《墨辩》所论的一部分内容。

第二,更进一步看,《墨辩》对名辩话语所涉诸问题的论说能否完全归结为逻辑?在此问题上,不少学者的回答包含着一种理论与实践之间的紧张,即一方面在总体上把《墨辩》所载名辩论说的理论本质归结为逻辑,另一方面在具体诠释时又往往涉及大量逻辑之外的内容,似乎《墨辩》的名辩论说在义理上又非逻辑所能范围。

下面以梁启超、章太炎和胡适的墨辩研究为例,对本阶段学者如何理解与实践“名辩逻辑化”的研究构想做一简要考察。

---

[1] 杨宽:《名家言释义》,《光华大学半月刊》,1934年,第二卷第8期,第61页。
[2] 杨宽:《论晚近诸家治〈墨经〉之谬》,《制言半月刊》,1936年第29期,第7页。

（二）梁启超："以欧西新理比附中国旧学"

梁启超从逻辑角度对《墨辩》义理的系统诠释主要见于《墨子之论理学》、[1]《墨家之论理学及其他科学》[2]以及《墨经校释》等论著。

按其之见，"'墨辩'两字，用现在的通行语翻出来，就是'墨家论理学'。"[3]在《墨子之论理学》中，梁氏从"释名"、"法式"、"应用"和"归纳法之论理学"四个方面系统阐明了他对于墨辩（墨家辩学、墨家逻辑）的理解。

"释名"部分是对墨辩基本概念的解释。例如，辩，"即论理学"；名，"即论理学所谓名词 Term 也"；辞，"即论理学所谓命题 Proposition 也"；说，"即论理学所谓前提 Premise 也"；实、意、故，"皆论理学所谓断案 Conclusion 也"；类，"殆论理学所谓媒词 Middle Term 也"。对于其余八个概念，梁氏也亦类似的方式进行了解释和阐述。

"法式"部分主要援引概念的内涵与外延、概念间的外延关系、周延性以及三段论规则等逻辑理论对《墨辩》中的一些命题与推理进行分析。如"墨子所谓效，殆含法式之义，兼西语 Form、Law 两字之意。"尽管"墨子言论理学之格式，东鳞西爪，略可考见，而与今世之论理学家言颇有合者也"。

"应用"部分旨在说明墨子如何具体运用三段论等逻辑工具来论证"兼爱"、"天志"、"非攻"等主张。

"归纳法之论理学"部分以演绎法和归纳法的区别为前提，认为墨子的"三表"法实际上是"归纳派论法"，因此"墨子每树一义明一理，终未尝凭一己之私臆以为武断也，必繁称博引，先定前提，然后下其断案。

---

[1] 此文系《子墨子学说》的附录，见《饮冰室合集》（第 8 册），专集之三十七，第 55—72 页。下引此文，不再一一注明页码。

[2] 此文系梁启超《墨子学案》（上海：商务印书馆，1921 年）的第七章，收入《饮冰室合集》（第 8 册），专集之三十九，第 35—73 页。

[3] 梁启超：《墨家之论理学及其他科学》，《饮冰室合集》（第 8 册），专集之三十九，第 35 页。

又其前提亦未始妄定，必用其所谓三表三法者，一一研究之，而求其真理之所存”。

总此四个方面，梁启超认为足以证明墨子是“全世界论理学一大祖师”，是生于两千年前的“吾东方之培根”。而就研究方法来看，他对“以欧西新理比附中国旧学”这一方法的运用，“自信未尝有所丝毫缘饰附会，以诬我先圣墨子。”

在《墨家之论理学及其他科学》中，梁氏吸收胡适等人的研究成果，对墨辩的逻辑诠释更趋细致和系统。[1] 此章包括“墨经与墨辩”、“墨家之知识论”、“论理学的界说及其用语”、“论理的方式”、“论理的法则”和“其他科学”六小节。就这一节目安排看，他显然并不认为《墨辩》所论可以完全归结为名辩论说，因为其中尚包括大量形学（几何）、物理学、经济学、心理学、伦理学、政治学等其他科学的材料。更进一步看，梁启超似乎也不认为《墨辩》中的名辩论说可以完全归结为逻辑，因为他在此章还分析了《墨辩》有关知识的本质、类型和方法的论述，并且主张“亲知是归纳的论理学，说知是演绎的论理学”。

关于墨家逻辑的基本概念，梁氏指出，“以名举实”、“以辞抒意”、“以说出故”说的是思维作用的概念（Concept）、判断（Judgment）和推论（Inference）三种形式：“名”兼指“主观上的概念”和“概念的表示”即语词，“实”则指“客观上的对境”即对象；“辞”指命题，“意”更多指臆说（Hypothesis）而非判断；“说”指证明所以然之故，而“故”则指事物所以然之故，即原因（Cause）。

就对论理方式的刻画而言，“墨经论理学的特长，在于发明原理及法则。若论到方式，自不能如西洋和印度的精密。但相同之处亦甚

---

[1] 梁氏在《墨子学案》的自序中坦承，《墨家之论理学及其他科学》对于胡适在《中国哲学史大纲》中有关墨学的创见多有采用。参见《饮冰室合集》（第8册），专集之三十九，第2页。

多。”梁氏认为,较诸印度因明的宗、因、喻三支论式,墨辩引《说》就《经》,其推理方式既有宗在《经》、因与喻在《说》的“正格”,也有宗与因在《经》、喻在《说》等其他形式;较诸欧洲逻辑所刻画的三段论,墨辩推理除了使用标准三段论,使用更多的是把标准三段论“积叠起来”的复合三段论。

关于论理的法则,梁氏认为,“墨家论理学最精彩的部分,在论法则。”其中,“或”指特称命题;“假”指出假言命题;“效”指法则,“与法则相应的论辩,便是中效,反是便是不中效”;“辟”是悟他的简捷方法,“用那个概念说明这个概念”,“用之于‘以名举实’”;“侔”则是“用那个判断说明这个判断”,“用之于‘以辞抒意’”;“援”指援例,“将所已知说明未知”,“用之于推论”;“推”讲的是“以类取、以类予”的归纳法。按其之见,《墨经》已论及穆勒五法中的求同、求异和同异交得三法。

从研究方法说,梁启超对墨辩的逻辑诠释实导源于“以欧西新理比附中国旧学”。综观梁氏的相关说明,这一方法的要点有二:

第一,用表述逻辑“大例”的西方逻辑来诠释《墨辩》中的“微言”,在墨辩语汇与逻辑术语之间建立对应关系,以此证成墨辩在义理上与逻辑(主要是传统逻辑)的一致性。

第二,在将墨辩与逻辑进行对照参证时,应该避免二者之间的简单附会、牵强比附:“自鲁胜合彼六篇,锡名《墨辨》。近人或以经文全部与印之因明、欧之逻辑同视。……若事事与因明逻辑相傅会,或反有削足适履之虞。”[1]

避免墨辩与逻辑之间的比附,不仅是梁启超对墨辩研究方法的明确规定,也是他对自己研究实践的自我要求。在《墨子之论理学》中解释《小取》所谓“援”时,他就坦承“其义不甚分明,不敢强解。若附会适用之,则积叠式 Sorties 之三段论法,庶几近之”。对于后期墨家关于

[1] 梁启超:《墨经通解叙》,《饮冰室合集》(第8册),专集之三十九,第86页。

"推"的定义,他也说:"颇奥古,不敢强解。"不过,梁启超对墨辩的逻辑诠释并非如他自己所称的"未尝有所丝毫缘饰附会",他用直言命题中词项的周延性理论解释"一周而一不周",以直言命题的换位法推理说明"彼此彼此可",以三段论之中词(媒词)解释"类",用连锁三段论说明"援",以求同、求异之法解说《经》中"同""异"诸句,等等,都很明显是在以逻辑强解墨辩。

需要指出的是,固然梁氏在研究实践中未能完全避免墨辩与逻辑之间的比附,但这一事实并不能否定他把"避免墨辩与逻辑之间的比附"明确规定为墨辩研究所必须坚持的方法论原则。换言之,要解释梁启超何以在研究中对墨辩与逻辑进行了比附,就不能简单归咎于"以欧西新理比附中国旧学"这一方法本身,而应该从别的地方去寻找原因。

总的来说,梁启超的墨辩研究,尤其是其《墨子之论理学》,在墨辩研究史上第一次系统证成了墨辩的本质就是墨家逻辑。诚如栾调甫所言:"及梁任公所著《墨子之论理学》出,乃有辩理之谈。"[1]无论是在研究方法还是基本结论上说,梁氏对墨辩的逻辑诠释都具有影响深远的典范意义。就前者说,"以欧西新理(逻辑)比附中国旧学(墨辩)"的方法,不仅对其后的墨辩研究产生重要影响,更被推广并概括为"名辩逻辑化"的研究构想而成为整个近现代名辩研究的主导方法。就后者说,"墨辩即墨家逻辑"这一结论不仅很快为墨辩研究学者所接受,而且成为学者们普遍地把先秦名辩所争所论的理论本质归结为逻辑的开端。

（三）章太炎:以因明校理《墨经》

章太炎的墨辩研究主要集中在《原名》一文。[2] 此文首先援引荀

---

[1] 栾调甫:《二十年来之墨学》,《墨子研究论文集》,第144页。

[2] 章太炎:《原名》,《国粹学报》,1909年,第五卷第11期;后收入1910年于日本初版的《国故论衡》。下引此文据傅杰编校:《章太炎学术史论集》,第266—273页,不再一一标明出处。

子的《正名》,扼要论述了爵名、刑名和散名的主要内容及其相关研究的历史演变,然后着重考察了跟散名有关的“名之所以成,与其所以存长者,与所以为辩者”诸问题,即关于散名的形成、存在与发展以及如何进行辩说(论证)等一系列的认识论与逻辑问题。

就对散名的研究来看,章氏认为,“墨有《经》上下、儒有孙卿《正名》,皆不为造次辩论,务穷其柢。”即此二篇对于散名的论说,旨在力求穷究辩说之根源与准则,而不是像惠施、公孙龙那样因急于追求辩说的胜利而导致言论放任纷乱。关于如何进行辩说,他首先提出:“诸同类同情者,谓之众同分。其受、想同,其思同,是以有辩。”众人同类,具有相同的属性,因此彼此拥有的感性材料(受)、对感性材料的初步加工(想)与理性把握(思),也是相同的。正是这种人与人之间在语言、认识以及思维规范等方面所具有的共同性,使得辩说成为可能。

由此出发,章太炎借助《墨经》论“知,闻、说、亲;名、实、合、为”条对辩说的依据(依隐)进行了分析,强调辩说必须依据闻知(间接知识)、说知(理性推理)和亲知(直接经验)来进行。亲知是知识的基础;从已知出发借助推理而得的说知能超越特殊时空条件的限制,但说知一旦违背亲知与闻知,论证就难以成立。所以,“凡原物者,以闻、说、亲相参伍。参伍不失,故辩说之术奏;未其参伍,固无所用辩说。”质言之,在认识事物时,必须把间接知识、理性推理与直接经验结合起来,相互比较,加以验证。唯有如此,论证才能获得成效,否则便一无所用。

那么,什么样的辩说模式才是能够获得成效的、理想的模式呢?章太炎认为:

> 辩说之道,先见其旨,次明其柢,取譬相成,物故可形,因明所谓宗、因、喻也。印度之辩,初宗,次因,次喻(兼喻体、喻依)。大秦之辩,初喻体(近人译为大前提),次因(近人译为小前提),次宗。其为三支比量一矣。《墨经》以因为故,其立量次第,初因,次喻体,次宗,悉异印度、大秦。……大秦与墨子者,其量皆先喻体,

后宗。先喻体者，无所容喻依，斯其短于因明。

章氏的如上论说包含以下几层意思：

第一，“辩说之道”的理想模式是先提出论点，然后列明论据，最后通过取譬设喻来强化论证。

第二，印度因明的三支论式，与“先见其旨，次明其柢，取譬相成”的“辩说之道”的理想模式完全一致。如：

宗：声是无常。

因：所作性故。

喻：凡所作者皆是无常，喻如瓶。

第三，欧洲逻辑与本土墨辩的“辩说之道”，与三支论式具有某种一致性，但在“立量次第”（推理要素的构成次序）上，二者既与印度因明不同，彼此之间也存在区别。按章氏之见，欧洲逻辑所刻画的三段论，其模式为：

喻：凡所作者皆无常。

因：声是所作。

宗：声无常。

鉴于《墨经》所说的“小故”相当于“小前提”、“大故”相当于“大前提”，其辩说模式则是：

因：声是所作。

喻：凡所作者皆无常。

宗：声无常。

第四，由于不符合理想的“辩说之道”，加之“喻体”（立论根据）缺乏“喻依”（例证）会削弱论证力量，欧洲逻辑与本土墨辩所揭示的辩说模式均不如印度因明的三支论式。

尽管三支论式被章太炎视为理想的辩说模式，但他援引《墨经》对“仁内义外”说的反驳以及因明所谓违宗、同彼和胜彼等“明破他说”的三种反驳方法，明确指出，“立量者，常则也，有时不可用三支。”这就表明他不仅没有把三支论式绝对化，没有将其视为一切辩说都必须采用的模式，而且进一步揭示了墨辩在辩说模式方面具有相异于因明的自身特点。

总的来看，与梁启超主要援引西方逻辑来诠释墨辩不同，章太炎墨辩研究的最大特点是自觉地将墨辩置于跟西方逻辑、印度因明的比较研究框架中来展开论说。1909 年，章氏因《原名》一文致信《国粹学报》社，认为固然邹伯奇以几何、力学等诠释《墨经》“诚多精义”，但是，

> 《墨经》本为名家之说，意不在明算也。向时无知因明者，亦无有求法相者；欧洲论理学复未流入，其专以形学、力学说《墨经》，宜也。今则旧籍已多刊印，新译亦时时间出，而学者不能以是校理《墨经》，观其同异。盖信新译者不览周秦诸子，读因明者亦以文义艰深置之，而《墨经》艰深又与因明相若，因无有参会者。仆于此事，差有一长，不以深信比傅，惟取真相契当之文为之证解。其异者亦明著之，如宗、因、喻之次第，彼此互异。大故、小故，相当于欧人之大前提、小前提，不当于尼夜耶派之大词、小词，皆稽合文义，不以单词强证。[1]

“以是校理《墨经》”，说的就是借助印度因明和西方逻辑来诠释墨辩义理；“观其同异”，强调的是这种相互参会、对比研究不是简单地把墨辩纳入因明、逻辑的框架之中，不是“比傅”，不是“以单词强证”，而是立足于“真相契当之文”去发现三者之同，揭示彼此之异。

不过，尽管章太炎在主观意识上对通过比较研究来揭示墨辩、因明与逻辑在“辩说之道”上的同异有充分的自觉，但在研究实践上他尚未完全避免三者之间的比附。例如，由于深受佛学的影响，他实质上把因明作为比较研究的出发点，将墨辩、逻辑对“辩说之道”的论说与实践

[1] 参见《国粹学报》，1909 年，第五卷第 11 期；亦见汤志钧：《章太炎年谱长编》（上册），北京：中华书局，1979 年，第 307 页。

纳入三支论式的框架中来加以考察和评价。又如,他提出的墨辩"初因,次喻体,次宗"的辩说模式及其例证,既未结合《小取》对"辩说之道"的系统论述,也不是对《墨经》引《说》就《经》之论证实践的概括。再如,他把《墨经》所说的"小故"解释为"小前提"或"因",把"大故"解释为"大前提"或"喻体",并暗示《墨经》关于"故"的条文与其辩说模式的"立量次第"是一致的,均不无牵强比附之处。[1]

章氏墨辩研究的另一个特点是把认识论分析引入了对"辩说之道"的考察。梁启超已经注意到《墨辩》的名辩论说非逻辑所能范围,其中还有不少对于知识的本质、类型和方法的论述。通过对"辩所依隐"之闻、说、亲知的分析,以及对三者"相参伍"而"辩说之术奏"的强调,章太炎不仅自觉地把认识论的分析引入了对"辩说之道"的考察,而且揭示了墨辩中的认识论思想与逻辑之间的内在关系,这对于准确把握墨辩的多重理论内涵及其相互关系无疑具有积极的意义。

(四) 胡适:墨辩与逻辑的比较研究

胡适的墨辩研究主要包含在《先秦名学史》、《中国哲学史大纲》以及《墨子小取篇新诂》之中。如前所述,《墨辩》六篇所论并非全部都是名辩论说,即便是有关是"名"与"辩"的文字,在义理上也难以完全归结为逻辑,因为其中还有不少认识论的内容。

有见于《墨辩》对"知"之多重用法的区分,胡适认为,后期墨家的知识概念其实预设了智力(intelligence)、知觉(perception)与理解(understanding)的相互配合,而这种相互配合又依赖于时间与空间这两个要素。"我们借助名(names)来记住事物。名是代表被命名的某个或某类事物之属性的记号。"《墨辩》把名分为达、类、私三种,将知识按获

[1] 如谭戒甫就认为,章氏以小故即因、大故即喻体,并不正确。按其之见,因明所谓的因、喻体、喻依,实相当于墨辩所说的故、理、类。参见《墨辩发微》,北京:中华书局,1987年,第77、204页。沈有鼎亦持与谭氏相同的理解,见《墨经的逻辑学》,北京:中国社会科学出版社,1980年,第44页。

得的途径分为闻、说、亲三类。所谓说知(inference/inferential knowledge),就是"借助已知去认识未知:把亲知(the knowledge of direct experience)扩展到个人观察的领域之外。"胡适指出,由《墨辩》所谓的"说,所以明也"、"以说出故"可知,后期墨家实质上把"说知"看作是"借助一个或多个前提的认识过程"即推理,因此《墨辩》"有关说知的理论"其实就是后期墨家的逻辑,或者说,后期墨家的逻辑也就是"有关说知的理论"。[1]

关于后期墨家的逻辑,胡适首先从逻辑观(the conception of logic)的角度对《小取》篇的第一段进行了诠释。"明是非之分,审治乱之纪,明同异之处,察名实之理,处利害,决嫌疑",说的逻辑的用处;"摹略万物之然,论求群言之比",是对逻辑推理完整程序的总括;"以名举实,以辞抒意,以说出故",涉及推理的形式方面,即名(terms)、辞(proposition)和前提中的"故"(the"because"in premises);"以类取,以类予",则表明"逻辑推理被认为完全以类同原理(the principle of similarity)为基础"。[2]

在此基础上,他进一步指出,"故"在后期墨家逻辑中具有"原因"(cause)与"理由"(because)的双重内涵,"以说出故"就是指在前提中给出结论得以成立的理由。"理由与结论之间的关系具有因果性:理由之于结论就如同原因之于结果。"而就《墨辩》所说的"故,所得而后成也"与"法,所若而然也"来看,后期墨家实质上主张"故"与"法"具有一种异名而同谓的关系:"一事物的法(form)就是已知的、为了推论的目的而明确表述出来的该事物之原因(cause)。"[3]

立足于对逻辑范畴的如上理解,胡适又从推理理论的角度对《墨

[1] 参见胡适:《先秦名学史》,第79—84页;译文据英文版(pp. 87-94)略有改动。
[2] 同上,第83—84页;译文据英文版(pp. 93-94)略有改动。
[3] 同上,第84—85页;译文据英文版(pp. 94-95)略有改动。

辩》的相关论说进行了诠释。他指出,《小取》所说的"效",就是指演绎:"演绎推理就是根据效或范型(mold)来进行推论"。具体来说,"理由给出了结论据以得出的法或典范(model)",而"此所谓'法'就在于主词所包含其中的类(class)或属(genus)",因为"法就是一个或一类事物据以形成的原型(archetype)。而这正是类名(the name of the genus)所代表的东西"。进而言之,"去寻找'法',就是去寻找主词的属,这是一个归类(classification)或命名(naming)的行为。演绎不过是根据那些遵循了命名之恰当规则的命题(辞)所进行的推论。"[1]

至于《小取》论及的"辟"、"侔"、"援"、"推"和《经下》所说的"擢",胡适认为,主要指一些非演绎的推理或说明的方法。简言之,辟(comparison)是用与一物相似的他物去说明该物;侔(parallel)是命题(辞)之间的比较;援(analogy)是类比推论;推(induction)是归纳;擢(analogical induction)是类比式归纳。而"根据已知或表述出来的原因进行推论是演绎,而去寻找原因则是归纳的任务"。后期墨家的归纳理论"把归纳(包括类比和类比式归纳)看作既是推断原因的方法也是归类的方法。因为这一理论看上去假定因果关系暗含在属种关系(the genus-species relation)之中,因此,正确地归类就是表述事物间因果关系的一种方法。"由此出发,胡适认为,《墨辩》对于同异关系的论说表明后期墨家已经初步讨论了求同法、求异法以及求同求异并用法等归纳方法,其中的"同异交得知有无"之论更是准确揭示了"真正的科学归纳方法"即求同求异并用法的本质。[2]

从研究方法上说,胡适对《墨辩》义理的逻辑诠释首先应归功于对中西思想比较研究方法的自觉运用。在《先秦名学史》一书的前言中,他就明确指出:

---

[1] 参见胡适:《先秦名学史》,第85—88页;译文据英文版(pp. 95-98)略有改动。
[2] 同上,第88—93页;译文据英文版(pp. 99-104)略有改动。

> 此类著述最重要且同时又是最为困难的任务在于对哲学体系的解释、建立或重建。不过,在这一方面,较之于早期的注释者和评论者,我更为幸运,因为我从我对欧洲哲学史的研究中已经获得了许多有益的启示。只有那些在比较研究(comparative studies)中——例如,在比较语言学(comparative philology)中——有着类似经验的人,才能真正领会西方哲学在帮助我解释中国古代思想体系时的价值。[1]

就对墨辩的逻辑诠释而言,胡适所说的“比较研究”,与梁启超的“以欧西新理比附中国旧学”,章太炎的用因明、逻辑来参会《墨经》,在本质上是相同的,即援引西方逻辑来诠释《墨辩》文本,以此证成墨辩在义理上与逻辑(主要是传统逻辑)的一致性。

胡适在《中国哲学史大纲》中进一步申说了比较研究的必要性,不过他强调,在援引西方哲学来诠释中国古代学说时,要尽量避免错误心理的干扰,即“不以为中国古代也有某种学说,便可以自夸自喜”,不能有“穿凿附会、发扬国光、自己夸耀的心”,因为中西思想之间的比较仅仅是“一种解释演述的工具”,“东家所有,西家所无,只因为时势境地不同,东家未必不如西家,东家也不配夸炫于西家。何况东西所同有,谁也不配夸张自豪。”[2]

正是基于对比较方法的这一理性认识,胡适对墨辩与逻辑、因明之间的同异优劣给予了特别的关注。在他看来:

> 墨家的名学在世界的名学史上,应该占一个重要的位置。法式的(Formal)一方面,自然远不如印度的因明和欧洲的逻辑。……墨家的名学虽然不重法式,却能把推论的一切根本观念,如“故”的观念,“法”的观念,“类”的观念,“辩”的方法,都说得很

[1] 胡适:《先秦名学史》,第2页;译文据英文版(p.2)略有改动。
[2] 胡适:《中国哲学史大纲》,第22页。

明白透切。有学理的基本,却没有法式的累赘。

此即是说,相对于因明与逻辑,墨辩之长在于对有关推理的逻辑范畴的深刻说明,其短则在于对逻辑形式的刻画缺乏足够重视。又如,胡适认为,“印度希腊的名学多偏重演绎,墨家的名学却能把演绎归纳一样看重。《小取》篇说‘推’一段及论归纳的四种谬误一段,近世名学书也不过如此说法。”[1]

与梁启超、章太炎的情形类似,尽管胡适在主观意识上竭力避免墨辩与逻辑、因明之间的牵强附会,他在研究实践中也未能完全摆脱中西思想的比附,如把《墨辩》的同异之论解释为探求因果关系的求同法、求异法与求同求异并用法。此外,他对墨家逻辑之特点的揭示也有颇多值得商榷的地方,如认为《墨辩》的“效”(演绎)“并不要求三段论的形式:它只要求理由与法一致”。[2] 不过从总体上看,胡适对中西思想比较研究方法的理性认识与自觉运用,对《墨辩》所含认识论思想与逻辑论说之内在联系的初步阐明,立足于墨辩的固有范畴(类、故、法等)对墨家逻辑的大胆重建,对墨辩与印度因明、欧洲逻辑之同异的初步揭示,对于起步与开拓阶段的墨辩研究乃至整个名辩研究都具有公认的典范意义。

第四节 小 结

在起步与开拓阶段,“名辩”一词尚未得到普遍使用,学者们也没有使用合适的语词来命名先秦那场围绕“名”与“辩”所涉诸问题而展开的争辩,因而也就未能把名辩话语作为一个相对独立的思想史现象

---

[1] 参见胡适:《中国哲学史大纲》,第181页。

[2] 胡适:《先秦名学史》,第87页;译文据英文版(p. 97)略有改动。彭漪涟就指出,胡适此说错误地把一个三段论的省略式(省略大前提或省略小前提)排除在三段论之外,参见《中国近代逻辑思想史论》,第208页。

来加以自觉的研究。不过,梁启超、胡适、郭湛波、冯友兰、虞愚等一大批学者创榛辟莽,首先在事实层面上确认了先秦名辩话语的存在。为了维护中国文化的自尊,他们把“名辩逻辑化”的研究构想付诸实践,用“辨(辩)学”、“名学”、“形名学”等语词来概括先秦名辩所争所论的理论本质,尝试通过证成名辩与逻辑的本质同一性来赢得西方文化的承认,实现中国文化在西方文化面前的平等地位,为整个近现代名辩研究立下筚路蓝缕之功。

从总体上看,本阶段的研究在如下几方面值得做进一步的讨论:

(一) 关于名辩著作的辨伪与整理

如前所述,对名辩著作的真伪考辩和文本整理在本阶段取得了前所未有的进展,不过由于不同学者在掌握古籍整理知识、运用相关方法方面的水平各有千秋,加之有关名辩著作及其作者的史料存在限制,对名辩著作的真伪考辩常常众说纷纭,难有定论;对多数名辩著作的整理尚未形成公认的标准文本。以对《经》《说》四篇的研究为例,梁启超就曾指出其所面临的八种困难:

> 原文本皆旁行,今本易以直写,行列错乱,不易排比,一也。《说》与《经》离,不审所属,无以互发,二也。章条句读,交相错迕,上属下属,失之千里,三也。文太简短,其或讹夺,未由寻绎语气以相是正,四也。案识之语,羼入正文,不易辨别,五也。累代辗转写校,或强作解事,奋笔臆改。讹复传讹,六也。古注已亡,无所凭藉质证,七也。含义奥衍,且与儒家理解殊致,持旧观念以释之,必致误谬,八也。[1]

这八种困难,前六种直接关乎《墨经》的文本,后两种虽更多牵涉义理的诠释,但亦跟文本的可靠性间接相关。鉴于此,致力于《墨经》研究的学者在本阶段无不以恢复旁行本《经》篇、重建《经》《说》的对应关系

[1] 梁启超:《自序》,《墨经校释》,《饮冰室合集》(第8册),专集之三十八,第1—2页。

为先务。不止于此，上述八种困难也以不同方式见诸对《墨辩》的其余两篇以及其他名辩著作的研究。

有鉴于此，栾调甫明确提出了古书整理“八事”。简言之，考版本，即考察古书的传本源流，以便选定善本作为整理的基础。正文字，即校勘，删衍文、补脱字、正讹误。明训诂，即对古书进行注释，“明训，当治古文以穷造字之本。明诂，宜参诸子以究古语之意。”离章句，即恢复古书原有的章节句读。辨真伪，即考辩古书或其中之篇章的真伪，以确定哪些为作者自著，哪些为弟子增益或弟子所作，哪些为后人冒名伪作等。定篇什，即“考诸篇作者之先后，辨学说之异同，因以定其本末源流”。辑遗佚，即按逸文、遗事、遗说三类对先秦诸子其人其事及其著述“分类采集，使无杂厕”。辨同异，即将诸子之说“彼此相参：或观同以辨其异，或观异以求其真”。[1]

尽管梁启超、胡适等也曾论及古书校勘之法，[2]而且前述古书整理“八事”亦非全是栾氏的创见，但在对名辩的义理诠释渐成风潮的1930年代，栾调甫坚持并重申文本整理对于古书研究的重要性，确实令人深思：

> 整理古书，必先之以校勘训诂。因古书本多古字古义，复经缮刻致多讹误。非校勘无以善其读，非训诂无以通其义。此治古书一定之步骤也。今则鄙弃校勘训诂而不屑为，广征群籍而以辨伪鸣高。肆其博辩之才，发其汪洋之论，充其量不过为狂言瞽说而已。此学者以躐等之学治《墨子》，而墨子之学所以不能蕴发无余

[1] 本段引文俱见栾调甫：《墨子要略》，《墨子研究论文集》，第123—136页。

[2] 1923年秋至1924年春夏之间，梁启超在清华等校讲授“中国近三百年学术史”，提出要对古书进行正确地注释，必须先行或者连带对古书进行校勘，并对清儒常用的四种校勘之法进行了介绍，参见梁启超：《中国近三百年学术史》，第274—277页。胡适亦曾提出整理史料之法有三，即校勘、训诂和贯通，并对校勘、训诂的不同根据进行了说明，参见胡适：《中国哲学史大纲》，第17—22页。

者……[1]

质言之，在古书研究中，校勘训诂是义理诠释的基础，断不可躐等。若不以可靠校勘和准确训诂为基础，所谓诠释义理的“汪洋之论”亦不过是些“狂言瞽说”，无根之谈。栾氏对文本整理之为义理诠释的基础的强调、对古书文本整理之方法论的自觉构建，以及对《墨经》文本的不遗余力的研究，都警示我们——在义理层面上诠释先秦名辩所争所论的任何努力，都必须以对名辩著作的可靠整理为前提。

（二）关于“名辩”诸术语的引入与辨析

本阶段不仅出现了对“名辩”一词的最初使用，而且引入并辨析了跟名辩有关的一系列术语：这些术语或者关乎如何理解卷入名辩论争的各家各派，或者涉及如何称呼名辩的代表性著作，抑或是关涉如何概括先秦名辩所争所论的理论本质。更为重要的是，这种引入与辨析为后来的名辩研究奠定了术语方面的基础。关于这些术语的来源与含义，大致可以区分出以下三种情形：

首先，对中国古代旧有语词的沿用或改造。例如，“名家”、“辩者”、“别墨”、“墨经”、“墨辩”、“辩经”等属于前一种情形，而“形名家”、“刑名家”、“形名学”、“刑名学”等则属于后一种情形。这些语词都是与名辩话语紧密相关的旧有语词，其旧有含义构成了名辩学者理解与辨析这些术语的基础。

其次，对西文译名的借用。“辨（辩）学”、“名学”也是中国古代旧有语词，但其旧有含义与名辩话语并没有关系。在近代中国，二者首先被视为“logic”一词的汉语译名，然后逐渐从通名——作为逻辑的辨（辩）学或名学——演变为专名——作为中国古代（本土）逻辑的辨（辩）学或名学。由于名辩学者对这两个术语的理解均未建立在二者的旧有含义基础之上，因此本阶段对它们的使用就不属于对旧有语词

[1] 栾调甫：《二十年来之墨学》，《墨子研究论文集》，第146页。

之旧有含义的沿用或改造,而应归于对西文译名的借用。

再次,近代学者创制的新名词,例如“名辩”、“后期墨家”等。名辩之实肇始于春秋末年,战国中后期达到高潮,秦汉以降逐渐衰微,但“名辩”之名却是本阶段才出现的一个新术语。“墨家”是中国古代的旧有语词,“后期墨家”则是本阶段学者新创制出来用以替代“别墨”、指称《墨辩》作者的一个新术语。

需要指出的是,尽管本阶段引入与辨析的这些术语均在不同程度上具有先秦思想史的基础,由于对思想史资料的解读不尽一致,名辩学者在具体使用中赋予同一个术语的含义往往不尽相同。就此而言,虽然学者们希望通过对这些术语的辨析来更好地把握名辩话语的真相,更准确地揭示名辩的理论本质,但这些术语被赋予的含义并不是对“原意”或旧有含义的简单回归,而是更多地表现为名辩学者基于各自对思想史资料的理解而进行的主观重构,反映了他们各自不同的“前理解”与思想史资料之间的“视域融合”。

(三) 关于名辩研究兴起的双重动因与研究心态

义理层面的名辩研究在近代中国兴起具有双重动因:其一,满足时务的需要,即发挥名辩的经世致用之能以应对西方挑战,拯救时弊;其二,为了学术的兴趣,即从名辩话语中寻找能够跟西方逻辑相契合的思想以发现中国本土逻辑。在这双重动因中,前者出于实用的考量,关乎学术研究的工具价值;后者出于理智的兴趣,关乎学术研究的内在价值。理想地说,名辩研究的工具价值与内在价值是统一的,但实际地看,本阶段的研究似乎存在着一种实用考量胜过理智兴趣、工具价值压倒内在价值的倾向。

栾调甫在评述当时的墨学研究时就指出:

> 逮至国势日衰,外侮日乘。学人埋首穷经之余,辄有经世致用之慨。自知所业无以应时世之亟变,思采西学之长辅所弗逮,则又耻于步武后尘。不得不谬其辞,以为斯皆古先所尝有,西学盖得其

传而未绝。故其言曰:海外几何传自冉有,泰西工艺出于墨子。……然其校理故书不过为治学之初步,因时致用亦不免有比附缘饰之辞。[1]

"应时世之亟变"说的是墨学在近代兴起的动因;"采西学之长辅所弗逮"指的是在经学无力应对西方挑战的情况下所应采取的策略;"耻于步武后尘"点明了近代学人维护本土文化之自尊与自信的研究心态;"谬其辞,以为斯皆古先所尝有"、"比附缘饰"等则揭示了在"耻于步武后尘"的研究心态影响下,以"应时世之亟变"为目的的墨学研究存在的问题。

就名辩研究而言,有效发挥名辩的经世致用必须以对名辩的真理性认识为前提,但无论是对名辩之工具价值的过度强调还是"耻于步武后尘"的研究心态,都有可能影响到对名辩之义理诠释的准确性。这一倾向在梁启超的墨辩研究那里其实就已初露端倪。梁氏一方面强调研究、学习和应用墨辩论理学,不仅是通过施行墨学来拯救时弊的先决条件,而且有助于维护中国文化的自豪感,提升国人应对西学挑战的自信心;另一方面,在上述研究旨趣与研究心态的影响下,他"以欧西新理比附中国旧学",致力于证成先秦墨家早已发明归纳论理学;宣告"吾东方之培根,已生于二千年以前";感叹"以全世界论理学一大祖师,而二千年来,莫或知之,莫或述之"。[2] 其中就不无栾氏所说的"谬其辞,以为斯皆古先所尝有"的"比附缘饰之辞"。[3]

不仅是梁启超,面对外来文化的挑战、面对逻辑在西方已蔚成一科的现状,起步与开拓阶段的名辩学者或多或少、或显或隐地都表现出这样一种心态:为了维护本土文化的自尊,往往"耻于步武后尘"而自觉

[1] 栾调甫:《二十年来之墨学》,《墨子研究论文集》,第 141 页。

[2] 参见梁启超:《墨子之论理学》,《饮冰室合集》(第 8 册),专集之三十七,第 69、71 页。

[3] 参见本章第三节有关梁启超墨辩研究的评述。

或不自觉地“以为斯皆古先所尝有”。在这种心态的影响下，他们希望援引名辩与逻辑的本质同一性来证成中国本土的名辩与古印度的因明、古希腊的逻辑一样，也是“逻辑”这个大家庭中的平等一员，以赢得西方文化的承认。令人遗憾的是，对西方文化之承认的过热追求，也在相当程度上造成了对名辩的义理诠释出现程度不等的“比附缘饰之辞”。

(四) 关于“名辩逻辑化”的研究构想及其实践

在逻辑东渐的过程中，虽然逻辑的名辩化最终并未取得成功，但由其催生的“名辩逻辑化”的研究构想却为名辩研究从文本整理走向义理诠释创造了条件。关于本阶段的“名辩逻辑化”及其实践，有以下几点值得注意：

第一，“名辩逻辑化”涉及名辩与逻辑两个项，但本阶段对二者的内容或范围尚未进行自觉而充分的讨论。

就“名辩”一项而言，章太炎、谭戒甫使用过“名辩”一词，但并未明确论及其具体含义。伍非百虽然以《小取》和《正名》为基础对“名辩学术”(名辩本论与名辩附论)的目的与内容进行了初步论说，但尚未立足于他所理解的“名辩学术”来考察整个先秦的名辩话语，未能对后者的起止时间、代表人物、主要著作、基本论题等进行具体说明。更多的学者只是在寻找中国本土逻辑时不自觉地对名辩话语进行了研究，在事实上确认了名辩话语的存在，但未能使用合适的语词来命名这场展开于先秦的争辩，因而也就未能把名辩话语作为一个相对独立的思想史现象来加以自觉的研究。与此同时，对于作为中国本土逻辑之具体形态的名辩话语的内容或范围，这些学者也有各自的理解，并不完全相同。[1]

[1] 例如，郭湛波与胡适对作为中国本土逻辑之具体形态的名辩话语就存在不同理解，前者认为后者的《先秦名学史》“有两个根本缺点：一，是没有把‘辩学’的系统弄清，二，是所叙述的出了‘辩学’的范围以外。”参见郭湛波：《自序》，《先秦辩学史》，第2页。

类似的情况也存在于对“逻辑”一词的理解上。从总体上看，逻辑的普及与研究在20世纪头40年的中国社会还处在一个较低的水平，相当一批名辩学者对逻辑本身其实并没有什么深入的了解。在把“名辩逻辑化”付诸研究实践时，他们往往只是罗列一些逻辑的术语或理论，然后从名辩话语中剪裁一些材料去进行简单地比附，既对这些逻辑术语或理论缺乏准确的理解，[1]也未将其与相关的名辩材料进行求同存异的科学比较。即便有部分学者对逻辑形成了较为明确的自觉意识，彼此之间在逻辑观上也不尽一致。从内容上说，有的强调逻辑是对思维的形式及其规则、规律的研究；有的侧重逻辑的核心是对方法论问题的讨论；有的认为逻辑与认识论紧密相关以至于把逻辑视作知识论的一部分。就类型来看，有的主张只有形式逻辑才是逻辑；有的则认为除了形式逻辑，辩证逻辑也是逻辑的一种合法类型。

在“名辩逻辑化”的研究构想中，如果说名辩相当于对象语言，那么逻辑就是元语言。由于本阶段对这一构想所涉及的对象语言与元语言均未进行自觉而充分的讨论，致使同样是展开于“名辩逻辑化”框架下的名辩研究，不同学者对于名辩话语的主要派别、基本论题、理论内容等的理解与论述往往各不相同。极端而言，对于同一条名辩材料的

[1] 以对公孙龙“白马非马”之论的诠释为例，王琯认为，“马为周延，白马为不周延，两辞之范围不同”；而“周延者，名辞包含所言事物之全体者也。如本论所称之马，能包括一切马类之外延全体，故为周延。白马为马之色白者，在众马之中只占一类。除是而外，尚有其他各类之马，白马莫能容焉，故为不周延”。显然，王氏对“周延”的理解是不准确的：其一，周延指的是在直言命题中主项与谓项的外延被断定的情况。“白马非马”作为一个全称否定命题，主项（白马）与谓项（马）均是周延的，并非如王氏所说，“马”周延，“白马”不周延。其二，就其对“马”之周延与“白马”之不周延的解释看，王氏似乎混淆了“周延”与“属概念”、“不周延”与“种概念”。参见王琯：《公孙龙子悬解》，第40页。又如，金受申认为，援引“凡白，非马也”与“白马，非白也”可证“白马，非马也”。事实上，这一推理作为第一格EEE式的三段论，违反了“两否定前提不能推出任何确定结论”的规则，并非如金氏所说是“合于论理程式的”。换言之，他对三段论推理规则的理解并不准确。参见金受申：《公孙龙子释》，第19—20页。

诠释,也可能彼此对立,相互抵牾。以此为前提,名辩研究的进一步发展就不仅要求对名辩话语做更为全面深入的考察,还需对作为研究工具的逻辑有更为准确的把握。

第二,应完整把握“名辩逻辑化”方法的全部环节。

“名辩逻辑化”的核心是梁启超在墨辩研究中提出的“以欧西新理比附中国旧学”,即运用传统逻辑(以及逻辑的其他分支)的术语、理论和方法,来梳理名辩的主要内容,勘定其理论本质,评判其历史地位。如前所述,按照梁启超的说明,这一方法包括相互联系的两个环节:一方面,以名辩与逻辑的本质同一性为前提,用逻辑诠释名辩,在名辩语汇与逻辑术语之间建立对应关系;另一方面,在将名辩与逻辑进行对照参证时,应努力避免二者之间的简单附会、牵强比附。事实上,章太炎、胡适等在论及名辩与逻辑、因明的比较研究时也表述了与梁启超相同的意思:前者强调墨辩与因明、逻辑的相互参会不能“比傅”,不能“以单词强证”[1];后者要求尽量避免错误心理的干扰,“不以为中国古代也有某种学说,便可以自夸自喜”,不能有“穿凿附会、发扬国光、自己夸耀的心”。[2]

不过,“避免名辩与逻辑之间的比附”固然构成了“名辩逻辑化”的一个内在环节,包括梁、章、胡在内的诸多名辩学者在本阶段的研究实践中却未能完全避免名辩与逻辑之间的比附。吴熙早在1925年的《墨子的名学》一文中就指出:“墨子的名学,在形式和理论二方面,都和西人的逻辑学完全相反;如果不悉心研究,强合西人的逻辑学,便要弄得十分的‘支离破碎’的。”[3]杨宽在1930年代中期对此亦已有所见。他在评析当时的《墨经》研究时就举例指出,胡适、梁启超等人用逻辑

[1] 参见《国粹学报》,1909年,第五卷第11期;亦见汤志钧:《章太炎年谱长编》(上册),第307页。

[2] 参见胡适:《中国哲学史大纲》,第22页。

[3] 吴熙:《墨子的名学》,《学生杂志》,1925年,第12卷第11期,第56页。

的“求同”、“求异”之法来解说《墨经》“同”“异”诸条，犯了“强以名学诠释之谬”。[1] 那么，究竟该如何解释在“名辩逻辑化”的研究实践中出现的名辩与逻辑之间的比附呢？

在论及如何通过“博采参考比较的资料”来推进国学研究时，胡适强调“附会是我们应该排斥的，但比较的研究是我们应该提倡的”。他特别提到，“《墨子》里的《经》上、下诸篇，若没有印度因明学和欧洲哲学作参考，恐怕至今还是几篇无人能解的奇书。”[2] 质言之，运用逻辑来诠释名辩义理是应该坚持的一种名辩研究方法，不能因为可能或者事实上存在着名辩与逻辑之间的比附，就因噎废食，放弃二者之间的比较研究。显然，之所以出现名辩与逻辑之间的比附，原因不应简单归咎于“名辩逻辑化”这一方法本身，而应该从别的地方去寻找。依笔者之见，这至少包括三方面的原因：维护本土文化自尊、“耻于步武后尘”而“以为斯皆古先所尝有”的研究心态；对名辩话语缺乏全面深入的考察、对逻辑工具缺乏准确的把握；对什么是科学的比较法、什么是名辩与逻辑之间的科学比较缺乏深入的讨论。

第三，在“名辩逻辑化”的研究构想与研究实践之间存在多重的紧张关系。

首先，从研究构想上说，“名辩逻辑化”提倡比较、反对比附，内在地蕴含着在以逻辑诠释名辩时应该坚持求同与明异并重的比较原则，既要证成本土名辩所具有的普遍的逻辑本质（求同），也要多方面地揭示它相异于西方逻辑的个性或特殊性（明异）。不过，就研究实践来看，在前述研究心态的影响下，名辩学者以逻辑释名辩更多地表现为在

---

[1] 参见杨宽：《论晚近诸家治〈墨经〉之谬》，《制言半月刊》，1936 年第 29 期，第 7—8 页。关于本阶段名辩研究所存在的中西牵强比附、过度诠释等问题，更为详细的分析和论述可以参见曾祥云的《中国近代比较逻辑思想研究》与张斌峰的《近代〈墨辩〉复兴之路》的相关内容。

[2] 参见胡适：《〈国学季刊〉发刊宣言》，《国学季刊》，1923 年，第一卷第 1 号；亦见欧阳哲生编：《胡适文集》（第三册），第 16 页。

名辩与逻辑之间求同，以证成中国本土也有逻辑，相对而言，对二者之异或者说各自特点的揭示则有所忽视。也就是说，在本阶段，学者们尚未把名辩话语置于它得以产生和发展的具体社会历史文化环境之中来加以深入的考察，未能通过与西方逻辑的多方面对照来以揭示名辩话语在产生原因、发展历程和主要论题诸方面的特点。[1] 进一步看，特点既包括优点也包括缺点，二者往往联系在一起。在本阶段，不少学者即便对中国本土逻辑相异于西方逻辑、印度因明的特点有所注意，也多把特点等同于优点。无论是梁启超强调“墨经论理学的特长，在于发明原理及法则”，还是胡适认为墨家名学的长处之一在于“有学理的基本，却没有法式的累赘”，都在不同程度上折射出前述那种维护中国文化的自尊、急于赢得西方文化承认以实现中国文化在西方文化面前之平等地位的研究心态。[2] 要言之，在研究构想上的求同明异并重与研究实践中的重求同轻明异之间存在着某种紧张关系。

其次，面对逻辑、因明在西方、印度已蔚为一科的现状，不少学者急于想通过找寻中国本土逻辑来挽回自尊，赢得与其他二者鼎足为三的地位。于是，目的转化为动力，寻找中国本土逻辑就成为了名辩研究在近现代得以兴起的动因之一，学者们以逻辑新理比附名辩旧学的过程，也就是在先秦名辩话语中去寻找中国本土逻辑的过程。从“名辩逻辑化”的研究构想看，这一研究目的决定了学者们主要是透过“逻辑”的滤光镜去审视先秦名辩，而不管名辩话语本身究竟是只有“逻辑”这一

---

[1] 这一不足固然跟名辩学者的研究心态有关，也与他们未能把名辩话语作为一个相对独立的思想史现象来加以自觉研究有关。

[2] 梁启超、胡适的这些看法对于后来有关中国本土逻辑之特点的揭示与优劣评价有直接的影响。在本阶段，虞愚对中国名学相异于西方逻辑、印度因明的特点进行了概括，认为中国名学具有“注重人事问题”、“家数繁多”、“传统势力之发达”、“无抗辩之风尚”等特点。在此基础上，他对这些特点相较于逻辑、因明的所长所短尝试进行了评价；如就“注重人事问题”来说，中国名学在纯粹论理学上“固有未善处，然其侧重伦常之道，谋人类切身之幸福，固为希印二土所不及”。详见虞愚：《中国名学》，第121—125页。

种色彩还是五彩斑斓。这就是说,受制于上述研究目的"名辩逻辑化"实际上预设了名辩与逻辑的本质同一性。但是从研究实践的角度看,本阶段无论是对于名辩的总体研究还是有关墨辩的个案考察均表明,先秦名辩的所争所论难以完全归结为对逻辑问题的讨论。先就后者说,尽管多数学者认为《墨辩》所论包含有或主要是逻辑,但正如前文分析所指出的,《墨辩》所论具有多重的理论内涵,对"名"与"辩"所涉诸问题的论说仅仅构成《墨辩》所论的一部分内容;即便是对于这部分名辩论说,他们在具体诠释时也常常引入逻辑之外的内容,如对宇宙论、认识论等问题的讨论。质言之,《墨辩》的名辩论说在义理上非逻辑所能范围。再就前者看,胡适的《先秦名学史》、郭湛波的《先秦辩学史》、虞愚的《中国名学》等是本阶段从总体上考察作为中国本土逻辑之具体形态的名辩话语的代表性成果。这些著作所叙述的内容,除了他们各自所理解的中国本土逻辑,也程度不等地包括对于名辩话语所论宇宙论、认识论、方法论等问题的诠释。很明显,在研究构想上的"名辩与逻辑的本质同一性"的预设与研究实践上名辩义理非逻辑所能范围的事实之间也存在着某种紧张关系。在寻找中国本土逻辑的热情背后,不仅潜藏着使"名辩逻辑化"从名辩研究的一种特定进路沦为唯一进路的危险,也隐藏着以证成名辩之为中国本土逻辑的具体形态来牺牲多方面诠释名辩义理的可能。

第三章　发展与提高

20世纪40年代至60年代是近现代名辩研究的发展与提高阶段，大陆的名辩研究没有因1949年中华人民共和国的成立与国民党政权退守台湾而中断，在很大程度上保持了研究的连续性。本阶段对名辩著作的整理在数量上不及前40年，但义理层面的研究却有了大幅度的发展与提高，这主要表现在：作为一个相对独立的思想史现象，先秦名辩的整体得到了前所未有的自觉研究，"名辩"、"名辩思潮"等术语为学术界所普遍使用；"名辩逻辑化"的研究构想经过理论的论证与研究的实践被确立为一种具有范式意义的研究方法；更为重要的是，展开于"名辩逻辑化"框架下的墨辩研究，初步证成了中国古代逻辑之为世界三大逻辑传统之一的地位。

第一节　名辩著作的进一步整理

本阶段对名辩著作的整理主要有如下一些特点：首次出现了对于名辩著作的系统性整理，即把先秦名辩的主要著作汇集成为一个整体来加以辨伪、校勘与注释；出版了若干《墨辩》校释的重要成果；对《邓析子》、《尹文子》和《公孙龙子》三书的辨伪有了一些新的进展。

一、名辩著作的系统性整理

相对于20世纪以前对名辩著作的不平衡整理,学者们在起步与开拓阶段开始了对名辩著作的深入考辩与全面整理。但是,与“名辩”之名尚未得到普及、对名辩的整体性研究尚告阙如相关联,所谓的“全面整理”还主要表现为对单部著作的分散式整理,还没有出现把名辩的各部代表性著作作为一个整体来加以系统性整理的成果。[1] 在本阶段,伍非百的《中国古名家言》与汪奠基的《中国逻辑思想史料分析》(第一辑)填补了这一空白。

(一)伍非百的《中国古名家言》

1949年,伍非百的《中国古名家言》由南充益新书局土纸石印。此书包括《墨辩解诂(附墨辩校勘记)》、《大小取章句(附大取篇校勘记)》、《尹文子略注》、《公孙龙子发微(附公孙龙子考证)》、《齐物论新义》、《荀子正名解》、《形名杂篇》以及《邓析子辩伪》八种,50余万字,汇集了现存有关古名家言的几乎全部篇籍,并加以编次、校勘和诠释。[2] 此书着手于1914年,脱稿于1932年。[3] 其中,前三种较早公于学林,其余五种虽成稿多年,皆未正式出版。[4] 1949年,伍氏自

---

[1] 王启湘1931年印行的《周秦名学三种》对存世的三部名家著作进行了校诠,但并未一并整理先秦名辩的其他代表性著作。

[2] 在先秦名辩的主要著作中,伍氏未加整理的仅有《庄子·天下》一篇。不过,在《形名杂篇·名理第五》中,他对《天下》所载惠施的“历物十事”与辩者“二十一事”之旨归略有提示。详见伍非百:《中国古名家言》,第812—814页。

[3] 今存伍氏自撰《名学丛著序》(出版时间与出版机构不详,大学数字图书馆国际合作计划CADAL有藏),包括“总序”即《整理中国古名家言序》与“分序”即八书各自的序、释题、后序、后语等。前者的落款为“中华民国二十一年十二月伍非百序于南京考试院”,可证《中国古名家言》在1932年已脱稿。

[4] 关于《中国古名家言》的成书与出版详情,可参见1983年本《出版说明》、沈有鼎《序》、伍氏自撰《总序》,以及许行成:《序》,《墨辩解诂》,北平:中国大学晨光社,1923年,第1—13页;蒙默:《缅怀墨学大师伍非百先生——〈中国古名家言〉再版代序》,《文史杂志》,2010年第1期,第4—10页。

感"四海鼎沸，恐绝学渐亡，特以土纸石印《中国古名家言》百数十部"，[1]部分赠送友人及各大图书馆。此后又陆续补正，并在1961—1962年进行过一次仔细的修改，1983年由中国社会科学出版社正式出版。

伍非百以"名辩学术"统摄对古名家言著作的整理。《墨辩解诂》引《说》就《经》，各附其章，整篇相属，无复旁行；又依经文原有次第，以义类相从，假为标题，编制了《新考定墨子辩经目录》，对1923年本中的《墨子辩经目录》进行了修订，将《墨经》四篇编缀而成一个名辩学系统。

《墨辩校勘记》据道藏本原文，参合毕沅、张惠言、王引之、俞樾、孙诒让、梁启超诸家校注本及时贤关于《墨经》校改的单辞片语，撮录而重加校订。

《大小取章句》取此二篇与《墨经》诸篇相发明者，各为疏证；认为《大取》以墨家之辩术证成墨家之教义，所重在兼爱之"道"，而《小取》以《辩经》之要旨组成说辩之论文，所重在辩说之"术"。

《尹文子略注》参校诸本，择善而从，间以己意；以其言形名者归入上篇，其他言法术及泛论政俗者，归入下篇，各为条次，不相连属，标其旨于后。

《公孙龙子发微》取证于《墨经》，因二书为相反之论，彼此转注，其义益明。附录《公孙龙子考证》从先秦至清代文献中搜集史料76则，考证公孙龙其人其书之结论六条。

《齐物论新义》视此篇大旨在于批评儒、墨百家名辩之学，谓是非之论及治是非之方法均无据，不如付诸"寓诸庸"。

《荀子正名解》把《正名》一篇看作是集名辩论争之大成者，吸收名

---

[1] 引自笔者所藏石印本《中国古名家言》之四《公孙龙子发微》所附《公孙龙子考证》文末的伍氏后记。1983年本无此后记。

家各派之长而弃其短，取其所明而解其所蔽。“所缘有名”与“制名之枢要”，取诸《墨辩》；“所缘以同异”及“异状同所”等，则取诸《公孙龙子》；“名无固宜”、“约定俗成”，又取诸《齐物论》。

《形名杂篇》仿效鲁胜《形名》二篇，从先秦两汉 11 部典籍中采录涉形名者 129 条，略示旨归，分为要略、法术、分守、辞说、名理与思辩六卷。

《邓析子辩伪》认为今本两篇之首章不类诸子家言，乃作伪者依题作训，望文生义。进而对其余各章条分缕析，检寻出杂凑诸子之文共计 124 句。

正如《中国古名家言》一书的“编辑说明”所指出的：“可以说中国古名家之学，主要是名辩——逻辑之学大备于此了。前人没有这样做过。今人有系统研究名家的，但如此规模宏大的校勘、诠释工作也还没有人做过。伍先生不仅以逻辑学的观点说名家，而且说法家、墨家、道家、儒家，不限于以法说法，以墨说墨，以道说庄，以儒说荀，突破了历来的陋见，故能多有创见。这对于研究先秦逻辑思想以至整个先秦学术思想，都很有参考价值。”[1]

（二）汪奠基的《中国逻辑思想史料分析》（第一辑）

虽然篇幅及系统程度不及《中国古名家言》，汪奠基的《中国逻辑思想史料分析》（第一辑）也对先秦名辩的代表性著作进行了初步的系统整理。[2] 汪氏原拟用四辑的规模编写一套先秦至“五四”时代的中国逻辑思想史料，由于种种原因，这一设想最终没有完全实现，本书是这套史料唯一公开出版的部分。[3]

---

[1] 见《出版说明》，伍非百：《中国古名家言》，第 2 页。

[2] 汪奠基：《中国逻辑思想史料分析》（第一辑），北京：中华书局，1961 年。此书并未涉及《荀子 · 正名》，按作者设想，此篇应该在关于先秦逻辑思想史料分析的第二辑中来处理。

[3] 据说，第二辑的书稿于 1964 年交给了中华书局，有 600 多页，后因“文革”一直未能出版。在经手的编辑去世后，稿子也就下落不明了。参见刘培育：《论汪奠基对中国逻辑学研究的贡献》，《湖北大学学报》（哲社版），2010 年第 5 期，第 2 页。

汪奠基设想把中国逻辑思想史料的先秦部分分为两辑：第一辑是从邓析到惠施、公孙龙的名辩思想史料及墨辩的逻辑科学史料分析，第二辑是道、儒、墨、法诸家的逻辑思想史料分析。“一方面说明名辩思想的发生发展，一方面指出逻辑科学的创见。……两辑的内容当然是不可分割的，并有着发生发展的具体联系。但是我们把第一辑作为从名辩的辩术到墨辩的逻辑科学创见来理解；第二辑作为正名的范畴概念到荀卿、韩非正名的逻辑思想形式来理解，这样可以帮助说明先秦逻辑思想系统发展的两种情况。”[1]不难看出，汪氏对以“名辩逻辑化”为指导思想来整理名辩著作有着高度的自觉。

《中国逻辑思想史料分析》（第一辑）共计九章，第一章总论研究中国逻辑思想史的意义，史料选辑的范围、内容与体例，以及先秦逻辑史料的真伪诸问题。

第二章先讨论了邓析名辩思想的影响以及有关选录《邓析子》史料的问题，然后利用《邓析子》五种合刊本与王启湘的《邓析子校诠》，对今本《无厚》、《转辞》两篇进行了选释。

第三章“尹文的名辩思想史料研究”部分，在论及有关尹文论名辩的史料问题后，又依王启湘的《尹文子校诠》和伍非百的《尹文子略注》，对今本上下两篇进行了选释。

第五章先讨论了惠施名辩思想的渊源、惠施学说与《天下》篇论题的划分、惠施的论题与《经下》派的关系等问题，然后对“历物十事”与“辩者二十一事”进行了解释。

第六章先讨论了公孙龙与墨辩学派的关系、公孙龙名辩的思想内容等问题，然后根据王启湘的《公孙龙子校诠》，参以王琯《公孙龙子悬解》，分题解、解释诸项对《公孙龙子》六篇进行了分段解说，最后还根据谭戒甫的《公孙龙子形名发微》和伍非百的《公孙龙子考证》罗列了

[1] 汪奠基：《中国逻辑思想史料分析》（第一辑），第20页。

历代评公孙龙的参考资料。

第七章讨论了墨辩逻辑的形成与内容以及《墨经》中的科学思想诸问题，把《墨经》181 条划分为 20 章，又将 20 章分为相互关联的五部分，以把握《墨经》内在的理论系统；然后参考毕沅、张惠言、孙诒让、谭戒甫、高亨诸家之说，逐条进行了详细的解释；最后分别从逻辑思想体系与论辩的逻辑原理的角度对《大取》和《小取》进行了解说。

值得一提的是，此书还选录、分析与解释了有关宋钘、彭蒙、慎到、田骈、申不害、尸佼、兒说、田巴、毛公、邹衍以及纵横家的名辩或诡辩思想的史料。

二、《墨辩》整理的新成果

在伍、汪等人对名辩的代表性著作进行系统性整理的同时，围绕《墨辩》作者的讨论以及《墨辩》校释也取得了若干新的成果。

（一）对《墨辩》作者的进一步探讨

在起步与开拓阶段，学者们对《墨辩》作者进行了深入考辩，或主张六篇均为墨子自著，或以为六篇中仅有部分为墨子自著，抑或力证六篇均非墨子自著，众说杂陈，莫衷一是。

本阶段，鲜有人再主张六篇均为墨子自著。与杨宽相似，吴毓江也持“一篇说”，认为《大取》为墨学纲领旨趣之所在，为墨子亲著。[1] 谭戒甫对其 30 年代的“两篇”说作了修订：“墨子当日摸挲探讨之物，实只现存《经上》《经下》二篇之少半”，此二篇之多半连同其余四篇，则由三墨及其弟子“籀绎琢磨，增补改进”，“结集所订”。[2] 高亨也持“两篇”说，即《经》篇为墨子自作，后为弟子增补；《说》篇则出于墨徒之手。[3] 汪奠基与谭、高不同，主张“《经上》和《大取》语经部分作于墨

[1] 参见吴毓江:《墨子各篇真伪考》,《墨子校注》,北京:中华书局,2006 年,第 1015—1027 页。此书最初于 1943 年由重庆独立出版社线装排印。

[2] 参见谭戒甫:《墨辩发微》,北京:中华书局,1987 年,第 7 页。

[3] 高亨:《墨子校诠》,《高亨著作集林》(第七卷),第 3—4 页。

子,而《经下》、《经说》上下及《小取》主要内容则是战国时期南北两派墨辩学者从科学实际认识中总结得来的成果”。[1]

受到章士钊、冯友兰、郭湛波、方授楚等人“否定”说的影响,《墨辩》非墨子自著,乃后期墨家所作,在本阶段逐渐成为主流的看法。

1943 年,罗根泽引《墨辩》所含驳斥惠施、公孙龙、庄子和邹衍的 10 条材料,认为《墨辩》的出现当在施、龙、庄、邹之后,“当然非墨子自著,亦非禽滑釐续补,亦非施、龙时代之别墨所作”。尽管作者姓名无可考,但为战国末年谈辩之墨家所作应该没有疑问。[2]

1944 年,杜守素(杜国庠)对《墨辩》作者做了进一步的考辩。鉴于墨子时代尚无著书之风气,《墨辩》中有许多批评其他诸子的言论,而其对象是墨子所不及见的,故《墨辩》非墨子自著。受章士钊“名墨訾应”论的影响,杜氏亦认为施、龙在学术派别上不属于墨家,从思想角度上看也无成为《墨辩》作者的可能。由于《经下》“说在某某”与《大取》“其类在某某”的文体亦出现于《韩非子》、《吕氏春秋》中,杜氏推定此二篇是《韩非子》、《吕氏春秋》时代的作品;着眼于思想发展的过程,《经下》多含各种科学的见解以及与各家的辩难,《大取》《小取》则综合地说明推理与“辞辩”的纲要,故又可推定《墨辩》写成的年代大体是依今本六篇的顺序。在此基础上,杜国庠诉诸方授楚的《墨辩》乃集体著作之说,以及冯友兰认为《墨辩》之成就较《荀子·正名》为高,推定其编订时代约在《荀子》和《韩非子》成书年代的中间。[3] 稍后,上述结论被杜氏与侯外庐、赵纪彬合著的《中国思想通史》(第一卷)所吸

---

[1] 汪奠基:《中国逻辑思想史料分析》(第一辑),第 269 页。

[2] 参见罗根泽:《〈墨子〉探源》,《国立中央大学文史哲季刊》,1943 年,第一卷第 1 期,第 38—48 页。

[3] 参见杜国庠:《关于〈墨辩〉的若干考察》,《杜国庠文集》,北京:人民出版社,1962 年,第 217—243 页。此文最初发表于《中苏文化》,1944 年,第 15 卷第 2 期,第 37—46 页;后收入作者的《先秦诸子批判》,上海:作家书屋,1948 年,第 165—204 页,署名皆为“杜守素”。

收，并在具体考辩上有所扩充。[1]

此外，沈有鼎的《墨经的逻辑学》、任继愈主编的《中国哲学史》（第一册）也认为《墨辩》为后期墨家所作。[2]

不过，詹剑峰在《读墨余论——批判胡适以来研究"墨经"的错误观点》一文中，对胡适、方授楚、侯外庐等人的相关考证进行了批判，认为现存《经》《说》四篇就是《天下》篇所说的"墨经"，其中的相互矛盾条文，正是墨家各派相訾相应的遗存。他罗列四条证据，认为"皆足以证明'墨经'是墨子自著的。"针对作者为后期墨家之说，詹氏进一步指出："所谓'前期墨家'、'后期墨家'，于史无据。中国哲学史上，在惠施、公孙龙哲学之后，再出现'后期墨家'哲学，再出现儒家的荀子哲学，于史更无据。所以我们说，所谓后期墨家乃五四运动以后的产物，先秦无有也。"[3]

对于《墨辩》作者的这些考证，见仁见智，难有定论。从总体上看，越来越多的学者认为《墨辩》六篇为战国后期的后期墨家所作。

（二）《墨辩》校释的新成果

本阶段校释《墨辩》的重要成果主要有如下几部：

《墨经哲学》，作者杨宽，成稿于 1936 年，出版于 1942 年。[4] 杨氏以"墨经"称《经上》一篇，故仅对《经上》各条及相应《说》文进行了校释。正文按主题分为十五章，每章校释数条《经》《说》文。有见于晚近诸家在《墨经》研究中以"以欧西新理比附中国旧学"，其结果往往

---

[1] 侯外庐、赵纪彬、杜国庠：《中国思想通史》（第一卷），北京：人民出版社，1957 年，第 477—485 页。

[2] 参见沈有鼎：《墨经的逻辑学》，北京：中国社会科学出版社，1980 年，第 2 页；任继愈主编：《中国哲学史》（第一册），北京：人民出版社，1963 年，第 185 页。

[3] 詹剑峰：《读墨余论》，《墨家的形式逻辑》，武汉：湖北人民出版社，1957 年，第 168 页、133—134 页。

[4] 杨宽：《墨经哲学》，重庆：正中书局，1942 年。据此书所收蒋维乔作于 1937 年的《序》，"去岁，君既毕业，汇集其十年来研究《墨经》之说，结集成册，别为十五章"。

“揆之一句固甚通，验之全文终不协”，杨氏主张“以《墨》治《墨》，以子证子，不说科学，不谈玄妙”[1]；认为“《墨经》之文，虽多界说，然义例条贯，上下相蒙，实为墨家哲学之纲领”。[2]

《墨经校诠》，作者高亨，脱稿于1944年，经修改后于1956年定稿，1958年正式出版。此书编制有《墨子经说表》，把《经上》与《经下》各分为上下两栏，引《说》附《经》，逐条编号，以便寻检，首次实现了“引《说》就《经》”原则与《经》篇“旁行”体例的合二为一。高氏的校诠非常重视前人已经取得的成果，用301条注释明确标注了所采用的他人成果。由于作者具有深厚的古文字学功底，对先秦诸子的文本与义理相当熟悉，此书在《墨经》校注方面解决了一些前人没有解决或者没有彻底解决的问题，尤其是揭示了《墨经》对事物之矛盾对立现象的认识。尽管还存在若干差错或需要改进之处，此书堪称20世纪下半叶出版的最为重要的一本《墨经》校注之作。

《墨辩发微》，作者谭戒甫，由《墨经易解》修改扩展而成，初版于1958年，1964年修订再版。[3] 原拟正文五编，现改为三编，继续申论形名家异于名家之说，致力于从文本上区分哪些章、条代表墨家观点，哪些属于名家论说，哪些又是形名家辩辞。在义理诠释方面，明确主张“我国本有独立性的辩学”[4]，不赞成用西方逻辑的架子去套古名家言，参照印度因明对墨辩的论式进行了深入挖掘。由于过于偏爱因明，此书对墨辩的诂解多有牵强附会之处；加之未能充分吸收前人的校释成果，多次出现“前人校释，大抵已臻明畅，而谭书转守原文遂又失之”的情况。[5]

---

[1] 杨宽：《墨经通说》，《墨经哲学》，第1页。

[2] 杨宽：《目次》，《墨经哲学》，第1页。

[3] 谭戒甫：《墨辩发微》，北京：科学出版社，1958年；中华书局，1964年。

[4] 谭戒甫：《序》，《墨辩发微》，北京：中华书局，1987年，第3页。

[5] 参见与忘：《〈墨经易解〉书评》，《图书季刊》，1935年，第二卷第4期，第226—229页。

就《墨子》全书的整理而言,吴毓江的《墨子校注》也颇为重要。此书虽弱于义理诠释,但吴氏积二十年之功,致力于搜集异本,征引善本,寻求例证,"保存了许多今天已不易获见或竟已失传的《墨子》各种版本的异文,为整理《墨子》集中提供了迄今为止最详尽的版本资料。"[1]作者广采海内外存世的28种版本之《墨子》,并大量利用类书、古注以校勘文字,解决了毕沅、王念孙、孙诒让等人没有解决的诸多文字问题,堪称毕《注》、孙氏《间诂》之后治《墨子》全书之成就最大者,对《墨辩》的整理也具有重要的意义。

三、对其他名辩著作的辨伪与整理

在本阶段,学者们继续对《邓析子》、《尹文子》和《公孙龙子》三书的真伪展开讨论,提出了一些新的看法。至于对《庄子·天下》与《荀子·正名》的校释,兹不赘述。

(一)《邓析子》辨伪

20世纪前40年,今本《邓析子》之伪几成定论。在本阶段,伍非百继续质疑其真实性,认为"无厚"与"坚白"之论是名家辩论最为激烈的两大论题,但今本《无厚》、《转辞》两篇之首章,"不类诸子家言,依题作训,望文生义,其为伪作甚明";"以其书之显晦观之,其作伪之时代,大抵与隋不相远者近是。"[2]冯友兰亦认为此书是伪书,理由与伍氏大体相近。[3]

汪奠基对此书的真伪提出了不同的看法。按其之见,《汉志》著录《邓析》二篇,实非邓析本人的全部文字。经过历代后人的杂抄,今本

---

[1] 孙启治:《点校说明》,吴毓江:《墨子校注》,北京:中华书局,2006年,第5页。

[2] 参见伍非百:《中国古名家言》,第843—844、859页。

[3] 参见冯友兰:《中国哲学史史料学》,载《三松堂全集》(第六卷),郑州:河南人民出版社,2001年,第346—347页。此书最初以《中国哲学史史料学初稿》为名由上海人民出版社于1962年出版。

中有关同异之辩、两可之说的文字,已非原文辞意。鉴于唐人李善注《文选》时前后引用《邓析子》13 条且引文大多与今本相同,加之今本不及四千字,竟被引用 13 条,汪氏推断,唐人并不认为《邓析子》全属伪书,故“合起秦、汉前的散篇记载与今本《邓析子》来选录分析,也可能还是接近历史事实的”。[1]

(二)《尹文子》辨伪

在起步与开拓阶段,经过唐钺和罗根泽的系统考证,今本《尹文子》系伪书亦几成定论。在本阶段,郭沫若指出:“传世有黄初仲长氏序《尹文子》,仅《大道》一篇,分为上下。学者颇有人信以为真,案其实完全是假造的,文字肤陋,了无精义,自不用说。”[2]冯友兰亦认为《尹文子》是伪书,作伪者套用了《天下》篇中的一些名词和词句,但并未理解问题的实质。[3] 任继愈等则直接断言:《汉志》著录的《尹文子》已佚,“今存《尹文子》一书当是东汉末的伪书。”[4]

不过,相异于前一阶段学者们一边倒地否定《尹文子》的真实性,本阶段的一些学者提出不应将其全部归为伪作。例如,伍非百一方面据《汉志》尹文“说齐宣王,先公孙龙”,认为“今其书辩‘好牛’、‘好马’之名,而不言‘白马’,则似先于龙,为龙所取资”,揭示了公孙龙对于尹文名辩思想的承传,另一方面又引《天下》篇对宋钘、尹文的评说,“核以今世所传《尹文子》,大较不甚相远。”至于今本上篇言“形名”,下篇语“法术”,则可能是作序之仲长氏鉴于此书多脱误而移易条撰的结果。“至其言‘形名’,与惠施、公孙龙异趣,而于荀卿为近。尚犹是‘形

[1] 汪奠基:《中国逻辑思想史料分析》(第一辑),第 29 页。

[2] 郭沫若:《宋钘尹文遗著考》,《青铜时代》,载《郭沫若全集 · 历史编》(第一卷),北京:人民出版社,1982 年,第 551 页。《青铜时代》最初由重庆文治出版社于 1945 年出版。

[3] 参见冯友兰:《中国哲学史史料学》,第 347—349 页。

[4] 任继愈主编:《中国哲学史》(第一册),第 113 页。

名'正宗,而于'辩者'为别派"。[1]

在考证形名一派的流别时,谭戒甫亦主张今本并非全属伪作:"自来学者皆称尹文书伪作,今考其文,所论形名,间有精语;故高诱称其'作《名书》一篇',《庄子·天下篇》谓其'接万物以别宥为始'。盖就正名检形,辨察名分而言,知其非全属赝鼎;大抵魏晋间人,袭录尹文残缺及其他类似之言,增窜而成者。"[2]

汪奠基亦指出,不能因今本杂有后人之缀补而完全否定其内容。在他看来,《尹文子》原书从隋到宋已有所移易;宋以后,残缺补窜,亦不少。"但是上下篇分论'形名'、'法术'的主要思想,还是值得注意分析的。还有许多关于形式逻辑的概念分析,如'好牛'、'好马'的论证,与后来公孙龙辈的学说对照起来看,也是有脉络可寻的。"[3]

值得注意的是,对今本《尹文子》之真实性的否定,也带来了对尹文著作是否存世,若尚存于世,又是哪些著作的追问。郭沫若一方面断定今本完全假造,另一方面则声称"从现存的《管子》书中,发现了宋研、尹文的遗著,那便是《心术》、《内业》、《白心》、《枢言》,那么几篇了。"[4]进而言之,《白心》、《枢言》两篇应该是尹文的遗著或后人的抄本。

对于郭氏的这一论断,杜国庠认为,"这确是一大'定性发见'";《心术》、《白心》、《内业》诸篇有助于"了解荀子怎样批判地接受了宋、尹学说的积极的因素"。[5] 侯外庐等同意"此四篇'毫无疑问是宋钘、尹文一派的遗著',至谓《白心》一篇出于尹文,还不敢遽视为断

[1] 参见伍非百:《中国古名家言》,第470—471页。
[2] 谭戒甫:《公孙龙子形名发微》,北京:科学出版社,1957年,第77页。
[3] 汪奠基:《中国逻辑思想史料分析》(第一辑),第50页。
[4] 郭沫若:《宋鈃尹文遗著考》,《青铜时代》,第551页。
[5] 杜国庠:《荀子从宋尹黄老学派接受了什么》,《杜国庠文集》,第135页。此文最初刊于《先秦诸子批判》,第103—137页。

案”。[1] 任继愈等亦赞成“目前研究宋、尹的思想的重要材料是《管子》书中的《心术》上下、《白心》、《内业》等四篇”。[2]

不过,冯友兰指出:“《管子》中的《白心》、《内业》、《心术》上下等四篇为宋饼、尹文的著作,并以此四篇作为讲宋、尹学派的主要资料。我认为这还是不能肯定的。”其理由是以《天下》篇云“以此白心”断定《白心》篇以此二字名篇,只是一个孤证,而且从内容看,《天下》篇对宋、尹一派的评说也与《管子》四篇不合。[3]

汪奠基认为,《管子》四篇在逻辑上不可分,《白心》虽然包含与尹文子论形名法术的理论相通者,但不必就是《天下》篇所谓‘以此白心’的一词之论。他主张“把《心术》、《白心》、《内业》统作为宋鈃一派的名辩史料看”;至于尹文的著作,“我们也并不因为今本《尹文子》杂有后人之缀补的文字,遂完全否定它的内容。”[4]

(三)《公孙龙子》辨伪与整理

前文已经指出,学者们在起步与开拓阶段普遍认为今本《公孙龙子》基本为真书,虽然其中间有后人文字窜入。在本阶段,杜国庠在王琯、栾调甫等人考辩的基础上,对《公孙龙子》六篇非伪的认定,补充了两个证据:其一,从裴骃《史记集解》引刘向《别录》载邹衍批评公孙龙之言可知,“烦文以相假,饰辞以相惇,巧譬以相移”诸语应是针对现存六篇而发,今本不是后人的伪作。其二,关于名辩著作,鲁胜有“率颇难知,后学莫复传习”之叹;宋濂感叹《公孙龙子》之难解而主张“苟欲名实之正,亟火之”,这些都说明《公孙龙子》是“不容易作伪的”,是后

[1] 侯外庐、赵纪彬、杜国庠:《中国思想通史》(第一卷),第354页。
[2] 任继愈主编:《中国哲学史》(第一册),第113页。
[3] 参见冯友兰:《中国哲学史史料学》,第336页;《中国哲学史新编》(第一册),北京:人民出版社,1962年,第168—169页。
[4] 汪奠基:《中国逻辑思想史料分析》(第一辑),第49页。

人“伪不来”的。[1]

冯友兰则从《公孙龙子》的内容上展开分析，认为今本大部分是关于逻辑和认识论的问题，而这些问题在先秦以后就很少讨论了，因此“《公孙龙子》的主要部分定然是真的，就是说，真是先秦的著作。”[2]任继愈等亦认为，除《迹府》篇被公认是后人编集的公孙龙的事迹，其余五篇“基本可信”。[3]

此外，作为《墨辩发微》的姊妹篇，谭戒甫的《公孙龙子形名发微》虽在1928年就已脱稿，并在1932和1934年作为武汉大学讲义印行过两次，但一直未能正式出版。1951年后，谭氏再次“详加检阅，复有字句间的修整”，最终由科学出版社在1957年正式出版。[4]

第二节 名辩之为思潮

作为一个相对独立的思想史现象，先秦名辩在本阶段得到了前所未有的自觉研究，“名辩”之名开始为学术界所广泛知晓。其中，伍非百在整理“古名家言”时，勾勒了他所理解的“形名学之流衍”，并对蕴含于“古名家言”中的名辩话语进行了初步梳理；郭沫若不仅在近现代名辩研究史上第一次使用了“名辩思潮”一词，其《名辩思潮的批判》一文还对此后先秦思想史、哲学史和逻辑史中的名辩思潮研究产生了积极而广泛的影响。

[1] 杜国庠：《论公孙龙子》，《杜国庠文集》，第85—87页。此文最初发表于《说文月刊》，1944年第四卷，第175—204页，署名“杜守素”；后收入《先秦诸子批判》，第1—76页。

[2] 参见冯友兰：《中国哲学史史料学》，第350页。

[3] 参见任继愈主编：《中国哲学史》（第一册），第175页。

[4] 参见谭戒甫：《后记》，《公孙龙子形名发微》，第121页。

一、“形名学之流衍”与“古名家言”

在起步与开拓阶段，伍非百就率先把“名辩”作为一个理论术语来加以使用，并初步阐明了“名辩学术”的理论内涵。在《中国古名家言》“总序”中，他又进一步辨析了“名家”与“形名家”这两个术语之间的关系，并对“形名学之流衍”以及“古名家言”所反映的名辩话语进行了勾勒与梳理。

（一）名家与形名家

类似于章太炎、张尔田等人的理解，伍非百也认为“名家”一词有狭义与广义两种用法：前者指汉儒所说的名家七子；后者的范围甚广，“专门研究与这个‘名’有关的学术问题，如名法、名理、名言、名辩、名分、名守、形名、正名等等学问的皆是。”[1]

与“名家”常常联系在一起的是“形名家”。在前一阶段，谭戒甫、郭湛波、冯友兰、虞愈等对二者已有所辨析，伍非百认为，“名家”与“形名家”是异名而同实之称，“形名”与“名”乃古今称谓之殊，“世人不察，疑‘名家’外，别有‘形名家’，误矣。”[2]需要注意的是，虽然冯友兰也认为“名家”即“形名家”，但“名家”在冯氏那里仅指名家七子，而非伍非百所说的广义名家。

（二）形名学之流衍

与郭湛波近似，伍非百也认为广义名家或形名家讬始于邓析，其原因与郑人子产“铸刑书”有关。按其之见，“形名”与“刑书”相待而生：“‘形名’兴，上可据‘刑书’以断狱，而有考核情实、引用条文之事；下可据‘刑书’以致讼，而有解释条文、分析事实之争。于是而

[1] 伍非百：《总序》，《中国古名家言》，第5页。
[2] 同上，第6页。伍氏认为，后世学者以“名家”专称好辩之徒，尤其是辩“坚白”“无厚”之言者，远非“形名家”之古谊。（第10页）

‘辩’生。”[1]

伍氏将“名家”与“形名家”等而视之,故名家之学也就是形名之学。关于“形名学之流衍”,伍非百指出:

> 形名之为学,“以形察名,以名察形”,其术实通于百家。自郑人邓析倡其学,流风被于三晋(韩、赵、魏),其后商鞅、申不害皆好之,遂成“法、术”二家。其流入东方者,与正名之儒、谈说之墨相摩荡,遂为“儒墨之辩”。其流入于南方者,与道家之有名、无名及墨家之辩者相结合,遂为“杨墨之辩”。至是交光互映,前波后荡,在齐则有邹衍、慎到;在宋则有兒说;在赵则有毛公、公孙龙、荀卿;在魏则有惠施、季真;在楚则有庄周、桓团;在韩则有韩非,皆有所取资于“形名家”。[2]

综其要旨,形名之学或形名家可以分为以下六派:

1. 韩非、申不害为代表的重“术”一派,基本主张是“君操其名,臣效其形。形名参同,赏罚乃生”。

2. 商鞅为代表的重“法”一派,基本主张是“言者名也,事者形也。言与事合,名与形应”。

3. 尹文为代表的重“名分”、“名守”一派,基本主张是“名不正则言不顺,言不顺则事不成。正名顺言,使万物群伦各当其名,各守其分,不相惑乱”。

4. 墨翟、邹衍、荀卿为代表的重“正名”、“析辞”、“立说”、“明辩”一派,基本主张是“别殊类使不相害,序异端使不相类乱。秩然有序,范然有型。名足以指实,辞足以见极”。

5. 邓析、别墨、惠施、季真、公孙龙为代表的一派,基本特点是“游心于坚白同异之言,窜句于觭偶不仵之辞。上智之所难知,人事之所不

[1] 伍非百:《总序》,《中国古名家言》,第8页。
[2] 同上,第9页。

用。耗精冥索,穷年于'心''物''力'之推求。"

6. 庄周、慎到代表的主"齐物"一派,基本特点是"以不辩为大辩,以不言为至言。刳心于滑疑之耀,著语于是非之表"。

值得注意的是,伍非百在"总序"中还提到广义名家在当时最流行、最显著的有名法、名理、名辩三派:

名法一派主要研究"形名法术",应用于政治就是申不害之流的"术家",应用到法律就是商鞅之流的"法家"。

名理一派主要研究"极微要眇"之理论,辩论跟宇宙论以及名实、坚白、同异之辩有关的问题,堪称中国最早的自然科学理论家。

名辩一派主要研究"名"、"辞"、"说"、"辩"四者之原理和应用,即研究"正名"、"析辞"、"立说"、"明辩"的规律和有关问题,有时也涉及思维和存在的问题。此派以惠施、公孙龙为代表,汉儒所说的"名家"多属于此派。不过,各家对此都有研究,如儒家之孔、孟、荀,墨家之墨子与南方墨者等。

就上述两种有关形名家或广义名家的派别划分来看,[1] 前一种划分中的第1、2派其实就是后一种所说的名法一派,第4派对应于名辩一派,第5派也就是名理一派。至于第3、6派,很可能就是后一种划分没有提及的那些不甚流行、不甚显著的广义名家派别。不过,惠施、公孙龙等人的派别归属在第二种划分中似乎有点问题。按第一种划分,此二人明确属于第5派(即名理一派),但在第二种划分中,他们却归属名辩一派,而此划分中的名理一派并没有像其余两派那样列出代表人物。那么,伍非百所说的名理一派主要指哪些人呢?据《形名杂篇·名理第五》中,惠施、公孙龙、桓团以及当时辩者所辩之问题"皆属

[1] 在《荀子正名解》中,伍氏还提到过广义名家的第三种分类:"'明贵贱'、'别同异',为古代名家之两大宗。明贵贱,所以定治乱也。后世名法家守之。盖出于春秋时之名家。别同异,所以明是非也。后世名辩家守之。盖出于战国时之名家。"参见伍非百:《中国古名家言》,第725、753页。

于自然哲学范围”,“中国学人具有创建自然科学之精神者,当以此派为代表。”[1]对照第二种划分对名理一派的描述,显然此派的代表应该就是惠施、公孙龙等辩者。

惠施、公孙龙等人在广义名家的派别归属上之所以出现了两种不一样的结果,在很大程度上似可归因于《中国古名家言》的“总序”在伍非百生前尚未最后改定。[2] 事实上,第一种划分即形名六派之分在1932年版的“总序”中即已出现,[3]并在1962年稿本中得到保留,而第二种划分即广义名家之最流行、最显著者有三这一提法则是在1962年稿本中才出现的。当然,正如下文将要论及的,伍氏在第二种划分中把惠施、公孙龙等人同时归入名理与名辩两派,并非草率之作,而是跟他对古名家言之性质的理解有关。

（三）“古名家言”与名辩话语

从字面上看,伍非百所说的“古名家言”指的是古代名家的著述。就“名家”与“形名家”异名而同谓来说,“古名家言”的所指也就是古代论形名之学的著述。再就形名家之分为六派来看,“古名家言”理应涵盖形名六派的全部著述。不过,虽然重“术”一派的《韩非子》、重“法”一派的《商君书》、主“齐物”一派的《慎子》等著作尚存于世或并未尽佚,伍氏却说现存古名家言仅有《墨辩》、《尹文子》、《公孙龙子》、《庄子 · 齐物论》、《荀子 · 正名》、其他短章单句散见诸子书中者以及伪书《邓析子》。[4] 显然,“古名家言”的字面含义与伍氏对这个词的实际用法并不一致。

---

[1] 伍非百:《中国古名家言》,第813—814页。

[2] 据《中国古名家言》1983年本的《出版说明》,出版者有此书的两个稿本,“总序”则有三个稿本,其中最后一稿也只是大体写定,还有交代不清、论证不周之处。(第2页)

[3] 参见伍非百:《整理中国古名家言序》,《名学丛著序》;《〈中国古名家言〉序》,《归纳》,1933年第2期,第1—9页。

[4] 参见伍非百:《总序》,《中国古名家言》,第11—12页。

在《中国古名家言》中，伍非百实际上是用“古名家言”或“名家之学”来指称名辩和名理两派的著作或论说，且有以名辩涵盖名理之意。这一点可以从他关于现存古名家言之大意的介绍中窥得一斑。按伍氏之见，《墨经》的大部分内容属于名辩，另一部分关乎名理，还有一部分则是周秦诸子各家学派所争辩的问题和论式。《经》篇“虽寥寥短章，各不满百，而一时代之名辩要义，大率在是”。作为《墨经》之余论，《小取》“专讲名辩方术，文章整齐，条理密察”，《大取》则是以墨家名辩之术证成墨家兼爱之道。《公孙龙子》的五论皆与《墨经》相訾应，二者相反而相成，实乃中国古代名家的两大论宗。而《齐物论》又与《墨经》、《公孙龙子》彼此对立，互为论敌，其中“全是用名墨两家术语，而破诘百家之说，也多是从‘名辩学术’攻入”。《荀子·正名》吸收了名家各派的长处而弃其短，取其所明而解其所蔽，可以说是“一篇名辩学者经过多年讨论后的简明总结”。[1] 至于《尹文子》，上篇多形名之言，下篇多法术之语。“至其言‘形名’，与惠施、公孙龙子异趣，而于荀卿为近。尚犹是‘形名’正宗，而于‘辩者’为别派。”[2]

伍非百之所以把古名家言视为名辩（含名理）一派的著作，将名家之学归于名辩学术，在很大程度上是缘于他认为在形名学内部还存在着一个有关名辩的共同话语。简而言之：

> “名家”之学，始于邓析，成于别墨，盛于庄周、惠施、公孙龙及荀卿，前后历二百年，蔚然成为大观，在先秦诸子学术中放一异彩，与印度的“因明”，希腊的“逻辑”，鼎立为三。[3]

此所谓“名家”，既非狭义上汉代学者所说的名家七子，亦非广义名家即形名家之全体，而主要指形名家中的名辩（含名理）一派；相应地，

[1] 参见伍非百：《总序》，《中国古名家言》，第13—16页。
[2] 伍非百：《中国古名家言》，第471页。
[3] 伍非百：《总序》，《中国古名家言》，第7页。

“名家之学”指的也不是形名学之全体,而主要指其中与名辩(含名理)一派相关的名辩学术。很明显,除了没有提及尹文子,名家之学的主要代表与先秦名辩的代表人物几乎是完全重合的。

从被视为名家之学之集大成者的荀子来反观名辩话语,伍非百认为,《正名》的正面立论承继了《墨经》、《公孙龙子》和《庄子》三家论“辩”的精华,而对“三惑”的批判针对的则是邓析、惠施、公孙龙及其他辩者的错误之例。按其之见,荀子的最大成就是:

> 把从邓析、孔子以来发展的由正名而析辞而立说而明辩的过程,明白清楚地指出为“名”、“辞”、“说”、“辩”四级,使我们从学术思想上,知道由孔子的“正名”发展到墨子《辩经》,及再由墨家之“辩”,回到荀子之“正名”,是一线相承,回环往复的。[1]

对于荀子之后名辩话语的余绪,伍氏亦有不少的提示。其一,作为荀子的学生,韩非“弃其辩说之要妙者,而纳其名实之综核者,融‘法术’‘形名’于一炉而冶之。‘形名’中绝,‘刑法’代兴”。[2] 其二,《齐物论》中的名辩思想后来演变为魏晋之间的清谈名理。其三,作为儒家正统之学的《正名》,其后流为“春秋学”之“正名分”,董仲舒之“深察名号”。此一余绪之弊在汉代表现为标榜“名节”;在魏晋之初表现为夸饰“名教”,至于《人物志》等在此时俱归入名家著述,则标志着“古代名家学”或先秦名辩话语的彻底亡绝。[3]

总的来看,伍非百对名家与形名家之关系的辨析、对形名学之流衍的勾勒、对古名家言所反映的名辩话语的梳理,未必尽数合乎历史之真实,也不一定能得到名辩学者的一致赞同,但诚如沈有鼎所指出的,伍氏“以敏锐的眼光,紧紧抓住了逻辑学和其他学问所以不同的特点,因

---

[1] 伍非百:《总序》,《中国古名家言》,第17页。
[2] 伍非百:《中国古名家言》,第753页。“代兴”,原文误植为“代舆”;据上下文意,当为“代興”,简写即是“代兴”。
[3] 参见伍非百:《总序》,《中国古名家言》,第17—18页。

此能不囿于俗见,对古书时有独创的新解。古代中国的逻辑学说和有关逻辑的学说,所有不同的家数和歧异的方向,在书中都已一一阐明……将来在这样坚实的基础上大家共同协力,步步深入,必能对古代中国逻辑思想的发展和高潮以及其间产生的不同派别达到全面的、系统的科学认识”。[1]

二、“名辩思潮”的提出

历史似乎给伍非百开了一个玩笑。虽然伍氏是在理论术语的意义上使用“名辩”一词的第一人,但真正使“名辩”在本阶段为学术界所广为知晓的,并不是他那部八书一体的《中国古名家言》,而是郭沫若于1945年发表的《名辩思潮的批判》一文。[2]

在起步与开拓阶段,伍非百和谭戒甫已先后使用过“名辩学术”、“名辩学”、“名辩本论”以及“名辩之说”等术语,但学者们在当时还没有把名辩话语作为一个相对独立的思想史现象来加以整体的研究,而主要是出于不同的目的对卷入名辩论争的部分学派或个别人物开展过程度不等的研究。即便是在像胡适的《先秦名学史》、郭湛波的《先秦辩学史》、虞愚的《中国名学》这样的系统论述中,名辩话语也没有为这些学者所充分地自觉。他们确曾用“名学”、“辩学”等来概括发生于先秦的那场围绕“名”与“辩”所涉诸问题而展开的争辩的理论本质,或者说,在他们看来,作为本土逻辑的先秦名学、辩学就存在于那场各家各派均参与其中的争辩之中,但是,这些学者都没有用一个合适的语词来命名这场争辩。

---

[1] 沈有鼎:《序》,《中国古名家言》,第3—4页。

[2] 据《十批判书》的《后记》,郭沫若开始撰写此文的时间是1944年11月,完成时间应不晚于1945年1月;初发表于《中华论坛》,1945年,第1卷第2—3期;后收入《十批判书》,重庆:群益出版社,1945年。下引此书用《郭沫若全集》本。另,郭氏对“名辩”一词的使用,是否受到伍非百、谭戒甫等人的影响,似已不可考。

就此而言,正是郭沫若对“名辩思潮”一词的首次使用及其《名辩思潮的批判》一文的公开发表,标志着对先秦名辩的研究开始摆脱起步与开拓阶段的自发与零散,逐步走向了一种自觉而系统的研究。

(一) 名实相怨:名辩思潮的起因

按郭氏之见,春秋战国时代是社会史上的一个转折点,是社会制度正在经历新旧交迭的一个时代。一般而言,在社会比较固定的时候,事物及其关系的称谓亦大体固定,但当社会制度发生变革时,旧的称谓便不能适应新的内容,新的称谓也需要争取才能获得一定的公认。由此便造成了社会生活层面上的“名实之相怨”,时间一长,名与实之间就会“绝而无交”(《管子·宙合》)。而名与实的这种背离、相乖在意识形态上的初步反映就是孔子于春秋末年提出的“正名”要求,即调整名实关系,对日常所用之事物的称谓尤其是社会关系上的用语进行调整。可以说,“名实相怨”的出现、“正名”要求的提出,不仅促成了名家或辩者在战国时期的出现,也成为了先秦名辩思潮得以形成的起因。

(二) “名家”与名辩思潮

在论及名辩思潮的影响范围时,与章太炎、张尔田、伍非百等人区分“名家”的狭义与广义两种用法,进而强调先秦诸子都曾对“名”有所论说相类似,郭沫若也认为,卷入名辩思潮的学派或人物非汉儒所谓“名家”所能范围:

> “名家”本来是汉人所给与的称谓,在先秦时代,所谓“名家”者流每被称为“辩者”或“察士”。察辩并不限于一家,儒、墨、道、法都在从事名实的调整与辩察的争斗。故我们现在要来研讨这一现象的事实,与其限于汉人所谓“名家”,倒不如打破这个范围,泛论各家的名辩。[1]

所谓“察辩并不限于一家”,说的就是先秦儒、墨、道、法各家也不同程

[1] 郭沫若:《名辩思潮的批判》,《十批判书》,第253页。

度地“在从事名实的调整与辩察的争斗”，成为了名辩思潮的重要参与者。因此，对名辩思潮的考察，就不能局限于仅仅去分析名家一派的相关言行。

（三）名辩思潮简论

关于名辩思潮的起源、发展与终结，郭沫若有一个非常扼要的描述：

> 这一现象的本身是有它的发展的，起初导源于简单的实际要求，即儒者的“正名”；其后发展而为各派学说的争辩，一部分的观念论者追逐着观念游戏的偏向，更流为近于纯粹的诡辩；再其后各家的倾向又差不多一致地企图着把这种偏向挽回过来，重新又恢复到“正名”的实际。待秦代统一六国以后，封建社会的新秩序告成，名实又相为水乳，于是乎名辩的潮流也就完全停止了。这样便是先秦名辩思潮的整个发展过程。[1]

这一描述有以下两点值得注意：首先，从起止时间看，名辩思潮始于春秋末年孔子提出“正名”的要求，终于秦国统一六国。其次，从所争辩的论题看，名辩思潮应该围绕“正名”的要求来展开，但在实际争辩中它大致分化出了两种倾向：一种坚持以“正名”为宗旨进行争辩，另一种则在争辩中陷入观念的游戏而流于诡辩。

关于卷入名辩思潮的主要人物，除了作为发端者的孔子，郭沫若还提及了列子、宋鈃与尹文、兒说、告子和孟子、惠施与庄周、桓团与公孙龙、墨家辩者、荀子、邹衍和韩非。至于他们在名辩问题上的基本立场与所见所蔽，根据郭氏的相关论说可简述如下：

列子（列御寇）属黄老学派，亦是一位辩者。《战国策 · 韩策》中的一则材料表明，列子所贵之“正”包含有“正名”的成分。

宋鈃、尹文一派是稷下黄老学派的重要一支，《汉志》则将尹文归

[1] 郭沫若：《名辩思潮的批判》，《十批判书》，第 253—254 页。

于名家,宋钘亦有辩者倾向。此二人均主张摒弃主观成见(别宥)而采取客观的态度。据《白心》、《心术》及《吕氏春秋》等对尹文"正名"之义的叙述,可见其在"正名"问题上态度纯正,"不为苟察"。

兒说(貌辩、昆辩)亦善于辩论,先于公孙龙而首倡"白马非马"之论。此说将"白马"析而为二,即"白"与"马",这种分析倾向的渊源似可追溯到子思的五行说。

告子与宋钘、尹文属同一系统,"言谈甚辩",与墨不全合,与儒亦相非,很有辩者的倾向,曾与孟子辩"生之谓性"和"仁内义外"。而作为儒者,为了"正人心,息邪说,距詖行,放淫辞",孟子自称"不得已"而"好辩",对辩术很有研究。

惠施为道家别派,著作已佚,但遗言逸行有相当部分保留在《庄子·天下》中;其"历物十事","有些和近代的微分、积分、量子、电子、天文年、地质年等那样的观念相近,在先秦诸子中最有科学素质的人恐怕就要数他"。[1] 如果说惠施致力于向外穷索,那么庄子的思维动向则是向内冥搜。不过,庄子虽然好辩,辩才犀利,但在理论上却否定辩的作用,主张通过"不谴是非"来超越辩论,最终流于诡辩。

名辩思潮发展到桓团和公孙龙,"正名"的实际要求几乎沦为为了辩察而辩察的观念游戏。公孙龙与惠施在思想派别上有相同之处,亦为道家别派,但就今本《公孙龙子》看,则可能渊源于宋钘,属黄老学派。公孙龙的"白马论"源自兒说,其分析主义立场,在客观上把实物自体分析为无数的"指",在主观上把感官官能完全分离。

墨家染上辩者的色彩始于孟子时代。墨子死后,"墨离为三",其中似又可区分出南、北二派。就《墨辩》六篇来看,又可分为《经上》派与《经下》派,彼此时相驳斥。例如,在坚白之辩上,前者主"盈坚白",后者讲"离坚白";在同异之辩上,前者持常识论的同异观,后者则接受

[1] 郭沫若:《名辩思潮的批判》,《十批判书》,第271页。

惠施的主张,亦与公孙龙的见解十分接近。《大取》《小取》的见解与《经上》派相近,多有驳斥公孙龙之论。不过,《墨辩》六篇均承认"辩"的价值,主张辩必有胜负,反对"辩无胜"。《大取》强调"故"、"理"、"类"为一辞所必具的要素,此说类似印度因明学的宗、因、喻三支,但原意终不甚明悉。《小取》对辩论方式有更多发挥,提出了或、假、效、辟(譬)、侔、援、推等七种辩论方法,但墨家辩者并不认为这些方法是必须遵守的。尽管他们对辩术的使用相当戒慎,在援、推的辞例上还是难以避免错误,最终走向了诡辩。

邹衍属阴阳家一派,主要思想是对儒家思孟一派的发展,主张对辩说持一种平正通达的态度,认为辩者当"别殊类使不相害,序异端使不相乱,抒意通指,明其所谓,使人与知焉,不务相迷也"(刘向《别录》)。

与惠施、公孙龙等名家以及部分墨家辩者把名辩引向游戏式的诡辩不同,作为儒家中参与辩争最积极的一位,荀子反对诡辩,企图把名辩挽回到"正名"这一实际要求上来。荀子强调"君子必辩",并于辩中区分出小人、君子和圣人。"圣人之辩"应该是能"从心所欲不逾矩"者的言论,见理明澈,无须预备,正当而有体统,这是侧重于内容—伦理,而非形式—论理。"小人之辩"则是泛指当时的诸子百家,包括儒家的别派。在正名问题上,荀子主张名实相符,新旧调和;在同异之辩上,反对"合同异",主张"别同异"。《正名》篇所论及的"制名之枢要"与《经上》派的见解接近,但对名、实、期、命、说、辩的界说则多是一些常识,对名学(逻辑)方法无所发明,只注重所说的内容即"道"。荀子"不是想探索名辩法则的论理以寻求真理,而只是根据一种主观观念的伦理放为说辞而已。故尔他的方法也和墨家《经上》派差不多,至多只做到了一点正名与推类的工作"。[1]

荀子对心理揣摩而非名学方法的偏爱成为了后来韩非《说难》、

---

[1] 郭沫若:《名辩思潮的批判》,《十批判书》,第311页。

《难言》诸篇的滥觞，不过这种探索只能属于宣传术或所谓雄辩术的范围，并不是逻辑学。

综观《名辩思潮批判》一文，郭沫若的研究主要有以下几个特点：

第一，在近现代名辩研究史上首次使用了“名辩思潮”一词，率先把先秦名辩作为一个相对独立的思想史现象来加以整体的研究。对于后一点，郭氏自己也有非常明确的意识：“我想写《名辩思潮的批判》，企图把先秦诸子关于名辩的思想综合起来加以叙述。我不想把所谓名家的惠施、公孙龙诸人孤立起来看，也不想对于墨家辩者毫无批判地一味推崇，那种非辩证法的态度是我在整个研究中所企图尽力摒弃的。”[1]

第二，尝试对名辩思潮作社会史的还原，一方面揭示名辩思潮形成和演变的社会背景，另一方面阐明各家各派名辩言论的社会意义。有见于当时“名辩逻辑化”的研究倾向，郭沫若指出：

> 游离了社会背景而专谈逻辑也是以前治周、秦诸子者的常态。……我是不满意这种办法的。无论是怎样的诡辞，必然有它的社会属性，一定要把它向社会还原，寻求得造此诡辞者的基本立场或用意，然后这一学说或诡辞的价值才能判断。[2]

由此出发，郭氏明确把名辩思潮的起因归结为应对“名实相怨”的“正名”这一实际要求，在肯定紧扣“正名”宗旨来参与争辩的相关学派及其名辩言论的同时，对那些把名辩从“正名”的实际要求引向观念游戏式的诡辩的思想家或学派提出了批评。

第三，虽然试图对名辩思潮作整体的把握，但基本上还只是按时间的先后顺序逐个介绍卷入名辩思潮的思想家在“正名”以及相关问题上的基本立场与主要论点，尚未对名辩思潮所涉及的诸多论题及其理

[1] 郭沫若：《后记》，《十批判书》，第483—484页。
[2] 同上，第484页。

论意蕴进行系统的整理与深入的诠释，亦未对名辩思潮的不同发展阶段及其内在联系加以明确的区分和具体的说明，而这些课题是任何关于名辩思潮的系统研究都不能回避的。

第四，在如何看待名辩思潮的主要人物及其相互关系，如何把握各家名辩言论的基本性质与理论意蕴诸方面，不少观点也与已有的研究成果意见相左。例如，郭氏从坚白、同异之辩的角度把墨家辩者分为《经上》派与《经下》派，这一观点迥异于名辩学者对《墨经》的通常理解，即《墨经》中有关坚白、同异之争的文字反映的是名墨之辩，而非墨家辩者自身的立场分化。再如，郭氏没有论及邓析的名辩思想及其在名辩思潮中的地位。[1]

三、思想史、逻辑史与哲学史中的名辩思潮

虽然学术界对于郭沫若的名辩思潮研究还存有不少见仁见智的异议，《名辩思潮的批判》一文的广泛影响却是不容否认的事实。它不仅对杜国庠、侯外庐、任继愈等学者的先秦思想史、哲学史研究产生了巨大的影响，而且直接推动了赵纪彬和汪奠基从名辩思潮的角度来研究先秦逻辑史。

（一）杜国庠的《先秦诸子思想》

在1946年出版的《先秦诸子思想》一书中，杜国庠以“名辩”为题在第九章勾勒了名辩思潮的概貌，对郭沫若的相关研究有所吸收，也有所保留和修正。[2]

关于名辩思潮的起源，杜国庠也认为社会的变革引发了名与实的背离，于是名实关系的调整就作为整个社会生活调整的一个重要方面

---

[1] 参见郭沫若：《名辩思潮的批判》，《十批判书》，第282—283页。

[2] 在写作《十批判书》时，郭沫若曾向杜国庠借阅过相关资料，后者也曾阅读过此书的部分手稿。由此推测，杜氏应该有机会在此书正式出版后阅读过全文，包括《名辩思潮的批判》一文。参见郭沫若：《后记》，《十批判书》，第472、477、490页。

被提了出来，由此便产生了名辩论争，即诸子之间围绕“名”与“辩”所涉诸问题所展开的相訾相应：

> 先秦诸子大都关心于名辩，擅场于论辩的。而被视为有名的辩者：惠施有道家的倾向；公孙龙的所谓“指”，不能说和惠施的“小一”没有渊源。荀子正名，站在儒家的立场；《墨经》作者，则继承墨家传统，虽对于墨子学说有所修正或发展，但依然属于墨家的体系。然而诸子“相訾”“相应”的结果，好像后浪推着前浪，自然而然地构成了一股发展的名辩思潮。[1]

就名辩思潮的论题说，杜氏并不认为这场论争仅仅围绕政治道德领域内的名实之辩而展开：“名辩的论争固然起于社会的需要，但争论频繁，自然会使人注意到辩论本身的法则；注意到要使自己主张得到大家的承认，必须把握住这种法则，才能克服论敌，获得胜利。”[2]不难发现，杜、郭两人对名辩论题的理解并不完全一致：后者认为名辩思潮的主题应该是“正名”，脱离这一主题的辩察均是“观念游戏”，最终流于诡辩，如惠施、公孙龙的诡辞；而前者则积极肯定惠施、公孙龙在名辩思潮中的表现，因为他们所专注的论题——对辩论法则的探讨——有其产生的客观必然。

至于名辩思潮的起止时间，杜国庠亦认为始于孔子在春秋末年提出“正名”，并一直延续到战国末期。不过，相异于郭沫若把韩非视为名辩思潮终结的代表，杜氏倾向于认为名辩思潮终结于战国末期墨家后学写定《墨经》。

纵观“名辩”一章的论述，名辩思潮的代表人物主要有孔子、墨子、宋钘和尹文、惠施与庄周、公孙龙、荀子以及《墨经》的作者，这与郭沫

[1] 杜守素：《先秦诸子思想》，上海：生活书店，1946 年，第 3 页；《杜国庠文集》，第5 页。

[2] 同上，第 81 页；《杜国庠文集》，第 58 页。正是注意到杜国庠在理解名辩思潮主题上的这一特点，王匡指出，“《名辩》一篇，又可以说是相当简洁扼要的古代逻辑思想发展史”，见《写在〈杜国庠文集〉后面》，《杜国庠文集》，第 595 页。

若提出的名单也不完全重合。按杜氏之见,孔子的"正名"有政治伦理的意味,所欲正之名并不限于辩察之士所谓的名。墨子提出"三表法",其"事功检证"精神对《墨经》作者有巨大影响。宋钘、尹文亦持正名之说,但要求名实相承,以实正名;在认识论上,则较为注重心理的因素。惠施在名辩上主张"合同异",含有一些反乎常识的诡辩思想;而庄周与惠施相反,主张任其"两行"以超越辩论,即"辩无胜"。公孙龙则建立了纯逻辑的正名实理论,"在中国古代名辩史上,他的地位恰在惠施与荀墨(《墨经》作者)中间,构成名辩发展史的一环。"[1]荀子的名辩思想受到宋、尹的影响,其认识论具有物观的心理的色彩;注意到在名的构成因素中既有客观的、主观的因素又有社会的因素;简单论述了有关推理的一些基本原则。《墨经》几乎全部论述科学和逻辑,尤其是其中的逻辑部分,可谓集名家之大成。[2]

(二) 侯外庐等的《中国思想通史》(第一卷)

侯外庐等人合著的五卷本《中国思想通史》是本阶段出版的一套在马克思主义观点方法指导下写成的中国思想史著作。在论及古代思想的第一卷中,作者辟出专节讨论了战国名辩思潮的源流以及"名家"的派别问题。由于杜国庠也是作者之一,所以他关于名辩思潮的不少看法也被吸收进了相关的论述。

与郭、杜两人的看法类似,或者说,受到了他们的影响,此书也将名辩思潮的起源归结为春秋末年战国初叶出现的名实关系问题。至于这一问题究竟如何刺激了名辩思潮的形成,侯氏等人认为,一个重要的环节就是辩诘之风的盛行。所谓"辩诘",亦即郭沫若所说的"察

[1] 杜守素:《先秦诸子思想》,第100页;《杜国庠文集》,第71页。"名辩"一词在前书中写作"名学"。不过,杜氏对惠施、公孙龙名辩思想的分析,似乎并未体现他所说的名家专注于对辩论规则的探讨这一特点。就在对公孙龙做出上述评价的同时,杜氏又说,公孙龙"在逻辑方面的成就,大抵停留于概念论的阶段,关于推理,只在《通变论》中略有暗示而已。"

[2] 杜守素:《先秦诸子思想》,第105页;《杜国庠文集》,第75页。

辩”,既是古代思想自由竞争的一种表现,也是逻辑学所从成立的摇篮:

> 自墨子以降,……辩诘之风大炽,百家思想几乎无例外地沾染了尚争好辩的学风。……总之,尚争好辩,形成了战国子学思想的显著特征。在这样的学风里,名辩思潮遂大为高涨,百家之学,也各有其名辩思想,以为立己破敌的思想斗争的武器。[1]

关于名辩思潮的代表人物,此书认为,虽然只有名家专注于辩察“名”及其与“实”的关系,但其他各家亦有参与,其所辩所察多在社会政治与天道人道的范围内,因此其名辩思想与实际主张往往直接相关,甚至浑然一体。根据书中对诸子思想的具体分析,名辩思潮的代表性人物主要有墨子、曾子和思孟学派、庄子、惠施、公孙龙、后期墨家、荀子、韩非和邹衍。这一名单与郭、杜的看法也不完全一致。

前文已经指出,着眼于是否紧扣“正名”要求这一主题,郭沫若认为名辩思潮在实际展开过程中分化出了两种倾向,一种坚持以“正名”为宗旨进行争辩,另一种则在争辩中陷入观念的游戏而流于诡辩。侯外庐等人也认为名辩思潮在事实上分裂为两大阵营,但立场分野的标准与前者并不相同,而是看名辩论争是否有益于逻辑科学的形成:

> 中国的古代社会,在逻辑史也有唯物主义和唯心主义的斗争,因而产生了名辩思潮两条战线的分裂。一方面是向上的发展,发端于墨子,而完成于《墨经》作者及荀子、韩非。另方面是向下的堕落,滥觞于曾子,放大于思、孟,溃决于庄、惠,而枯竭于公孙龙、邹衍。前者之所以称为“发展”,是因其将名辩的方法净化而成了形式逻辑的科学。后者之所以称为“堕落”,则因其丧失了名辩思潮的积极内容,而蜕变成概念游戏的“诡辩”。[2]

---

[1] 侯外庐、赵纪彬、杜国庠:《中国思想通史》(第一卷),第416页。
[2] 同上,第419页。

据侯氏等人的论述，作为名辩思潮的开端，墨子极富辩诘精神，其辩诘方法就是其逻辑思想之所在，而后者的核心是“知类”、“察类”、“明辩其故”。“就此点来看，墨子虽然在文字形式上没有逻辑著作，而在思想实质上正是中国逻辑史的伟大发端。”[1] 思孟学派以墨子学派为论敌，其逻辑思想由曾子的“以己行物”出发走向了主观主义的比附方法。惠施与公孙龙虽同属名家，但前者以“合”的观点讲坚白同异，陷入相对主义；后者从“离”的观点说坚白同异，倒向绝对主义；二者都代表着名辩思潮的“堕落”一面。名、墨乃相訾相应的敌对学派，墨家后学的《墨经》六篇贵经验，重实践，发展了墨子的思想并总结了百家的名辩思想；《小取》篇提出的基于“明类”的归纳法的同异论，反对了庄子的齐物论、惠施的“万物毕同毕异”以及公孙龙的“离坚白”诸论，其成就远远高于先秦其他各家的名辩思想。荀子对作为逻辑滥觞的名辩持肯定态度，立足于儒家立场而吸收了墨家的逻辑成果，通过对诸子思想的批判，尤其是对名辩思潮以及道家诡辩方法的批判，建立了儒家的逻辑体系。韩非则发展了荀子“类不可两”的思想，提出了主张矛盾律的“矛楯之说”。

联系侯外庐等人对名辩思潮的代表人物、阵营分野的上述分析不难看出，名辩思潮的起止时间应该是从春秋末年一直持续到战国末期，这与郭沫若、杜国庠的理解是一致的。

（三）赵纪彬的《先秦逻辑史论稿》

1941 年，赵纪彬立意撰写《中国逻辑史》，至 1948 年共得先秦逻辑史散稿 10 余篇，或随时发表，或收入他书。[2] 1961 年，赵氏又对散稿

---

[1] 侯外庐、赵纪彬、杜国庠：《中国思想通史》（第一卷），第 238 页。

[2] 由《先秦逻辑史论稿》相关章节文末附记可知，《中国思想通史》（第一卷）有关思孟学派、惠施、公孙龙、墨家后学、荀子、韩非的名辩思想的部分，以及“名辩思潮”总论部分，均由赵纪彬执笔。不过，在具体行文上，由于后书毕竟是集体著作，两个文本还是存在不少差异。

作了一些修改,并在序言中明确指出:“在历史分期问题上,改用了郭沫若同志的体系;在名辩思潮发展上,也基本采用了他的论断。(但在某些具体问题上,我一方面仍然保留了自己的一些旧看法,另方面也提出了自己的一些新看法。)”[1]

关于名辩思潮之所以兴起于春秋战国的原因,赵纪彬在引用了郭氏的论述后指出,“名辩思潮是春秋战国时代社会制度发生了质的变革的反映,这一变革的性质或内容则是‘旧时的奴隶制度逐渐崩溃,新的封建秩序在逐渐产生的过程中’,亦即从奴隶制向封建制过渡。名辩思潮正是这一过渡时期的矛盾的反映。”[2]

在此前的研究中,郭、杜等人都没有明确论及名辩思潮的发展阶段。通过分析郭沫若的相关论述,赵纪彬认为郭氏似乎把名辩思潮的发展分为三个阶段,即所谓“起初导源于简单的实际要求,即儒者的正名”,“其后发展而为各派学说的争辩”,“再其后……重新又恢复到正名的实际”。在此基础上,他明确地提出:

> 关于先秦名辩思潮的发展程序,……为了研究逻辑史的方便,似乎应该分成这样三个时期:其一,萌芽期,包括春秋战国之际的孔墨对立;其二,汎滥期,包括战国中叶的百家之学;其三,结实期,包括战国末叶的《墨经》作者、荀子和韩非。[3]

不难发现,与郭、杜等人从思想史的角度泛论名辩思潮不同,赵纪彬是着眼于先秦逻辑史的研究而提出了名辩思潮的发展阶段问题。

所谓名辩思潮的萌芽期,始于孔墨的对立,大致对应于郭氏所说的“导源于简单的实际要求”,具体指春秋末年战国初叶这段时期。按赵

[1] 赵纪彬:《再序》,《先秦逻辑史论稿》,《赵纪彬文集》(第三卷),郑州:河南人民出版社,1991 年,第 4 页。

[2] 赵纪彬:《先秦逻辑史论稿》,第 7 页。

[3] 同上,第 11—12 页。“汎滥期”之“汎”,通“泛”,原文误植为“汛”,据纪玄冰(赵纪彬)《名辩与逻辑——中国古代社会的特殊规律与古代逻辑的名辩形态》一文校改,参见《新中华》,1949 年,第 12 卷第 4 期,第 32 页。

氏之见,孔墨虽是非相反,但其言论已非官府诰命而是私人著述,因此要赢得他人的认可,就必须"持之有故,言之成理",方能证成己说,摧破论敌。就此而言,孔子的"必也正名"、墨子的"取实予名",就是他们各自名辩方法的代表,其中就包含着对矛盾律、充足理由律以及类比推理法的初步认识和运用。所有这些蕴含于名辩论争中的逻辑果实,"由孔门所发端,而被墨子所分别给以纠正或发展。在墨子一面'非儒',而一面'有称于孔子'(《墨子·公孟篇》)的显学訾应里面,正表明着这些逻辑果实的渐次长大秩序。"[1]

名辩思潮的泛滥期,指的是孔墨以后,名辩大盛,在战国中叶形成了一种时代思潮,各家的名辩纷纷陷入了郭沫若所说的"观念游戏"以及"近于纯粹诡辩"等偏向。赵纪彬指出,在这一阶段,稷下道家的宋钘、尹文,把源于实际要求的名辩引向形上的世界,对作为宇宙本体的"道"展开辩察。南方道家的《庄子》和《老子》作者,则在"辩无胜"的"齐物论"与相对论的诡辩过程中最终否定了名辩。中期儒家的子思和孟子重新重视墨子提出的"类"、"故"这两个概念,但受"好辩"之风的引导,又陷入于"僻违而无类,幽隐而无说"(《荀子·非十二子》)的主观比附。名家的惠施和公孙龙,分属"合同异"派与"离坚白"派,前者对分析法加以片面而夸张地使用,陷于同一主义的诡辩;后者否定"质"的可变性,加之形而上学地对待同一律,最终流于绝对主义的诡辩。阴阳家的邹衍,把思孟学派的名辩思想更加放大,走向了命定论的主观类推逻辑。名辩论争的这种"泛滥",一方面使名辩思潮的论题从政治道德领域扩展至跟自然、宇宙以及思维形态有关的广泛问题,另一方面也正因这种相訾相应,使得各家各派在参与争辩、著述立说方面采取了更严密的方法。

名辩思潮的结实期,指的是经过螺旋式的上升,名辩思潮在战国末

---

[1] 赵纪彬:《先秦逻辑史论稿》,第95页。

叶“重新又恢复到正名的实际”，进入了自我批判的阶段。在赵氏看来，经过《墨经》作者、荀子和韩非的自我批判，名辩思潮在逻辑方面收获了丰富的果实。例如，思维三律以及充足理由律先后得到了修正或纯化；对“类”、“故”概念的认识与运用有了很大的发展；概念的起源、具体概念与抽象概念的关系、概念的分类等问题，有了科学性的解决；判断形式的区分、推理的种类及法则、逻辑的任务和界说，以及一般的定义法等，也都应有尽有地确立了起来。

像伍非百一样，赵纪彬对先秦名辩对后世影响的“轮廓”也有简要的勾勒。[1] 按其之见，名辩之为思潮确如郭沫若所说在秦代统一六国后就“完全停止”，但其逻辑果实的影响并未因此而完全消失。魏晋的“清谈名理”、六朝的“形神即异”、宋明的“理气先后”，以及清初的“道器本末”等等，“这些时代思潮，虽其取辩之物另有所寄，时代和阶级意义亦各不相同，但从逻辑的传统上看，却都和先秦的名辩，有着一定的承藉关联。”[2]

（四）汪奠基的《中国逻辑思想史料分析》（第一辑）

郭沫若的名辩思潮研究也对汪奠基的中国逻辑史研究产生了重要影响。1957 年，汪氏在《关于中国逻辑史的对象和范围问题》一文中就指出，作为研究中国逻辑史的参考资料，此前的一些相关论著仍然具有一定的作用和意义，其中“特别应该指出的是郭沫若对‘名辩思潮的批判’（原文见‘十批判书’，人民出版社），给我们开辟了一条研究‘名

[1] 赵氏原打算在《中国中古逻辑史》和《中国近代逻辑史》中详细分析先秦名辩对后世的影响，可惜两书终未写成。此外，他在《先秦逻辑史论稿》中曾提及该书附录有《先秦逻辑果实中的中古胚胎》一文，对这一问题也有部分论说（第 16 页），不过查《赵纪彬文集》（第三卷），并无附录。又，查赵纪彬之子赵明因汇集赵氏手稿、修改稿以及残稿编辑而成的《先秦逻辑史资料》（电子扫描版），亦未收《先秦逻辑果实中的中古胚胎》一文，疑此文在赵氏生前其实并未完成。

[2] 赵纪彬：《先秦逻辑史论稿》，第 13 页。

家'学说的新道路,这是值得我们注意的"。[1] 这种"注意",在肯定之中也有保留与修正,其结果在《中国逻辑思想史料分析》(第一辑)中有较为集中的反映。

在"名家"与"名辩"的关系问题上,汪奠基指出,班固在《汉志》中对"名家"的理解存在偏见,没有把"正名"当作名辩的逻辑观点来看,将许多合于逻辑理论的学说,尤其是《墨辩》、《荀子·正名》等,都视作无关名辩的学说。由此出发,他赞成鲁胜对"名家"的广义理解,认为郭沫若关于名辩思潮非汉儒所谓"名家"所能范围的看法与鲁胜的说法很相近,基本上是正确的。

其次,汪氏指出,用"名家"称呼以研究名辩思想为业的学派并无不当,但把名家视为"破名的诡辩派"则是汉儒的又一偏见,即害怕"辩"的客观分析。事实上,在春秋战国时期,虽然理法正名之论主要还是礼制工具,属于政治伦理的范畴,但在对"名"与"言"的认识和论证方面,还具有一种积极的逻辑分析之用,推动了名辩的形成与发展。因此,把先秦各家的名辩都视为逻辑史料的重要内容,是符合"辩"在这一时期的逻辑发展的。[2]

至于先秦时期的名辩话语,汪奠基并没有像郭、杜、侯、赵诸位学者那样明确使用"名辩思潮"一词,而且受制于著述的体例——对先秦逻辑思想史料的分析,他也没有对名辩思潮的起源、代表人物、阵营分野、基本论题、起止时间和发展阶段等问题展开系统的论说。不过,由于《中国逻辑思想史料分析》(第一辑)试图说明"从名辩的辩术到墨辩的逻辑科学创见"的发展,因此汪氏事实上还是对名辩思潮有所论列。[3]

---

[1] 汪奠基:《关于中国逻辑史的对象和范围问题》,《哲学研究》,1957年第2期,第42页。

[2] 汪奠基:《中国逻辑思想史料分析》(第一辑),第10—12页。

[3] 由于汪奠基设想的先秦逻辑思想史料分析有两辑,而第二辑的书稿下落不明,因此仅根据已出版的第一辑尚难以完整把握本阶段汪氏所理解之先秦名辩话语的全貌。至于他对整个名辩话语的描述与分析,则可参见本书下一章对其《中国逻辑思想史》一书相关内容的讨论。

相异于多数学者把名辩思潮的起源归因于对名实关系问题的回应，把孔子提出“正名”视为名辩思潮的开端，汪奠基在这些问题上倾向于郭湛波、伍非百等人的看法，认为邓析是“先秦名辩思想史中最早的创始人之一”；[1]讲究名辩达辞的风气之所以出现于春秋末年的郑国，与当时“乡校议政”的风气、子产“铸刑书”等密不可分。邓析的名辩思想以主张“两可”、“无厚”为特点，并非全然是诡辩，其中包含着某些政治变革的要求和朴素的辩证观念。

按汪氏之见，邓析的两可论在春秋末年与儒家的正名论相对立，其名辩思想发展至战国时代，则分化为以稷下黄老学派早期学者宋鈃、尹文为代表的正形名与正名法的一派，与同属稷下黄老的以兒说、田巴为代表的离形言名与言坚白同异的另外一派。前者兼取儒、道、墨的正名论，提出了部分科学论证的方法；后者以思孟儒家与稷下黄老的名辩为主，最终走向了诡辩。

承袭邓析的“无穷”、“无厚”之辩说，综合儒、墨，尤其是稷下黄老一派的范畴思想，惠施提出了“历物十事”与“合同异”的相对主义论点，取代了旧有的“名实”、“分守”与“兼别”、“差等”的正名主义。公孙龙则上承邓析的刑名之辩、两可之辞，以及兒说的坚白同异之论，从合同异而离坚白，而然不然，而可不可，鼓其淫辞巧转与不相盈之辩，使名辩由“离”的绝对主义而流于主观主义的纯概念分析。

汪奠基指出，名辩思想演进到战国末年，墨子学派的辩者坚持“取实予名”和“言以举行”，先后向孟、庄、惠、龙、桓团以及稷下诸辩察之士展开论争，批判了各家在名辩上玩弄名词概念、怀疑是非对错的可能、为辩察而辩察等错误思想，总结了战国以来社会、自然诸科学方面的新知识，形成了真正科学的逻辑体系。

与一般学者在论及名辩思潮时多不注意古兵书、阴阳家和纵横家

---

[1] 汪奠基：《中国逻辑思想史料分析》（第一辑），第25页。

的名辩思想不同,汪奠基对此给予了相当的关注。在他看来,老、庄的抽象辩证观念和形名法术家的名法理论,多能从兵术权谋的实际活动中得到真正具体的理解。阴阳家邹衍在名辩上提出了类比推验的方法,但其正名思想在本质上却是儒家的主张,对公孙龙等辩者的思想方法多有批评。以鬼谷子、苏秦、张仪为代表的纵横家,为时务主义者,主张运用名辩的手段为实际政治服务,其辩说形式与兒说、惠施、公孙龙等人有一定的联系。

(五) 任继愈主编的《中国哲学史》(第一册)

任继愈主编的四卷本《中国哲学史》是本阶段出版的一套颇有影响的中国哲学史教材,并在以后的几十年内不断地重印或修订再版。第一册讲授先秦哲学,对名辩思潮亦有简略的论述,从中可以很容易发现有郭沫若、《中国思想通史》(第一卷)的影响。

此书也把名辩思潮的起源归因于为解决社会生活中的名实矛盾而在意识形态领域出现的调整名实的斗争。最初,关于名实问题的看法,均具有社会伦理和现实政治的色彩,后来逐渐发展成关于认识论和逻辑学的探讨,并逐渐成为当时哲学中的一个重要问题,到战国时期,便形成了名辩思潮。具体来说:

> 战国时代的名辩思潮,一般说来,有两种对立的倾向。一种倾向是从对名词和概念的探讨,倒向了诡辩论;一种倾向是通过对名词和概念的研究,在反对诡辩论的斗争中,进一步阐述了思维的一般规律,建立起逻辑学。[1]

这里有两点值得注意:第一,此书对名辩思潮阵营分野的理解,与《中国思想通史》(第一卷)的表述非常近似;第二,此书认为名辩思潮的主题是认识论和逻辑学问题,故而名辩思潮并非始于春秋末年,而是出现于战国时期。

---

[1] 任继愈主编:《中国哲学史》(第一册),第168—169页。

按任继愈等人的看法，名辩思潮中的诡辩论倾向的代表是惠施与公孙龙。惠施讲“合同异”，公孙龙讲“离坚白”，对逻辑学和客观辩证法具有一定的认识，但都夸大了自己所强调的那一方面，在一定程度上表现出诡辩的倾向，或者为诡辩论提供了思想基础。至于“辩者二十一事”，则把惠施、公孙龙的观点进一步引向了诡辩论。

后期墨家和荀子则代表着名辩思潮中以建立逻辑学为目标的倾向。《墨经》六篇的内容大多属于认识论、逻辑和科学的范围，保留了大量与其他思想家（包括公孙龙等坚白同异之论）争论的材料。在认识论上，发展了墨子重视经验与实践的特点，同时在相当程度上克服了狭隘经验论的倾向。在逻辑上，对墨子的“类”、“故”等逻辑思想有很大的发展和提高，在反对诡辩论的斗争中，集各家逻辑思想之大成，提出了中国哲学史上第一个相当完整的逻辑学系统。荀子身处战国名辩思潮高涨的时代，积极参加当时的名辩争论，主张“君子必辩”。在名实关系上，与“合同异”、“齐是非”、“离坚白”等各种学说针锋相对；批驳了“用名以乱名”、“用实以乱名”和“用名以乱实”等三类诡辩；通过争辩建立了正名论的逻辑思想体系，从名实关系问题上对先秦认识论和逻辑学做出了总结性的概括。

综上，尽管在形成原因、代表人物、阵营分野、基本论题、起止时间、发展阶段等问题上还存在着诸多见仁见智的意见分歧，本阶段的名辩学者普遍认为，先秦时期出现过一场围绕“名”、“辩”所涉诸问题而展开的长时间争辩，儒、墨、名、道、法等各家各派均卷入其中。在名辩思潮得到前所未有的自觉研究，“名辩”之名开始为学术界广泛接受的前提下，名辩研究的进一步追问就是——究竟该如何理解先秦名辩所争所论的理论本质？

第三节　名辩的逻辑化：范式的确立

伴随着对名辩思潮的自觉研究以及“名辩”之名的广泛使用，本阶段对名辩之理论本质的把握有了进一步的发展，这主要表现在：第一，以伍非百和张岱年的探索为代表，对何谓“名辩”的追问开始从自发走向自觉；第二，借助赵纪彬、汪奠基等人对“名辩即逻辑”的系统论述，“名辩逻辑化”事实上被确立为具有范式意义的研究方法；第三，展开于“名辩逻辑化”框架下的墨辩研究，初步证成了中国本土逻辑是世界三大逻辑传统之一。

一、何谓“名辩”：从自发到自觉

在起步与开拓阶段，名辩尚未被主题化，但学者们已经自发地对先秦名辩所争所论的理论本质进行了初步探索，不仅在总体上将其勘定为中国本土逻辑，而且尝试用“名学”、“辩学”、“形名学”等来概括名辩的逻辑本质。进入 1940 年代以后，对何谓“名辩”的关注开始从自发走向自觉，伍非百和张岱年率先对这一问题表达了各自不同的看法。

（一）伍非百：“名辩学”的双重含义

就名辩之为形名六派之一来看，名辩学无疑属于伍氏所谓形名学（即广义名家之学）的范畴。综合来看，“名辩学”一词在《中国古名家言》中有狭义与广义两种用法：前者仅指广义名家中名辩一派的所思所论；后者泛指现存古名家言所论及的内容，主要包括名辩与名理两派的论说。

1. 广义的名辩学

作为现存古名家言的代表，《墨经》所论并未囊括形名学之全体，而主要是与名辩（含名理）一派相关的“名辩学术”。在伍非百看来，

《墨经》"用极精简的文字,极有系统的组织,将邓析至墨子时代所有'名家'相訾相应之说,及名家与各家对诤的问题、术语、原理、原则都一一加以审核、标志"。这个"极有系统的组织",说的就是广义名辩学的体系。进而言之,《墨经》所体现的这一组织、体系,主要包括三方面的内容:

> 〔《墨经》的〕内容大部分是属于"名辩"的,包括古代名家所专门研究的名、辞、说、辩四者的原理和应用。另一部分则是辩"名理"的,即古代学者对自然现象所发明的力、光、数、形的抽象理论,和一些关于知识论、宇宙论(时、空)的朴素见解。还有一部分则是周秦诸子各家学派所争辩的问题和论式。[1]

这里,伍氏对广义名辩学的理解与其1922年对《辩经》所论"名辩学术"的看法是一致的:(狭义的)名辩之学即后者所说的"名辩本论",名理之学以及先秦诸子各派所争辩的问题和论式,因其关乎(狭义)名辩之学的材料和运用名辩方法所解决的问题,则属于后者所说的"名辩附论"。[2]

在《墨辩解诂》中,伍非百又按经文原有次第,以义类相从,假为标题,编制了《新考定墨子辩经目录》,相较于1923年版的《辩经目录》更为直观地展现了《墨经》的广义名辩学体系(见下表):

辩经上	第一编　散名	(甲)正散名之在人者	正名
		(乙)正散名之在物者	
	第二编　专名	(甲)属于辩之理则者	
		(乙)属于辩之方术者	

[1] 伍非百:《总序》,《中国古名家言》,第12—13页。方括号中文字为笔者所增。

[2] 参见伍非百:《墨辩释例》,《学艺杂志》,1922年,第四卷第3号,第4页;《中国古名家言》,第353页。亦可参见本书第二章第一节第一部分的相关分析。

（续表）

辩经下	第一编　名辩本论	第一章　推类	立说
		第二章　论偏去	
		第三章　论然疑	
		第四章　俱特一体	
	第二编　名理遗说	第一章　论光影	
		第二章　论力重	
		第三章　论贯宜	
	第三编　名辩问题	第一章　难诡辩派所持之怀疑论	
		第二章　论“指”	
		第三章　论“辞”	
		第四章　正论	
		第五章　论比辞推类之例	
		第六章　正论二	
		第七章　论关于名辩学上几个问题	
		第八章　再破他宗论	

在这一体系中,《辩经上》(即《经上》《经说上》)旨在正名,《辩经下》(即《经下》《经说下》)旨在立说。在正名部分,相对于散名,所谓“专名”指“名辩学术用语”,可进一步分为两大类:关于辩之理则的术语与有关辩之方术的术语。立说部分则包括名辩本论、名理遗说与名辩问题三方面的内容。名辩本论,即狭义的名辩学;名理遗说,主要指“研究物理之精微者”,属于科学的范围,也包括一些讨论宇宙论、认识论问题的内容;名辩问题,即“当日‘别墨’与各家学派所辩论之学术问题也。其事多属于哲学范围,以关于名辩学者为主,间有涉及各学派之根本义者。”[1]

究其实质,《辩经下》欲立之说,正是广义的名辩学。如果我们把

[1] 参见伍非百:《中国古名家言》,第7—16页。

关注范围从《墨经》扩展至整个先秦名辩话语，广义名辩学的代表人物，至少包括伍氏所谓形名六派之中的名辩与名理两派，即后期墨家、荀子，以及以惠施、公孙龙为代表的名家等。相应地，广义名辩学的代表性著作，就至少包括《墨辩》《荀子 · 正名》《公孙龙子》和《庄子 · 天下》等；其讨论的主要论题，则包括名辩本论、名理遗说与先秦诸子各家学派所争辩的问题和论式。就此而言，"广义名辩学"这一提法无疑较为全面地概括了先秦名辩所争所论的理论内容。

2. 狭义的名辩学

与广义名辩学相对的是狭义的名辩学，主要是形名六派中名辩一派的相关论说，伍非百称其为"名辩本论"。简言之，狭义的名辩学旨在"研究'名'、'辞'、'说'、'辩'四者之原理和应用，详言之，就是研究'正名'、'析辞'、'立说'、'明辩'的规律和有关问题，有时亦涉及思维和存在的问题。"[1]

伍氏对狭义名辩学之研究对象与主旨的理解，主要源于对《小取》与《正名》两篇的分析。按其之见，《小取》专论名辩，立足于《辩经》之要旨来明辩说之术；《正名》则似名辩学者对有关由正名而析辞而立说而明辩之过程的诸家论说的简明总结，反映出从邓析、孔子的"正名"到后期墨家之"辩"，再到荀子之"正名"的名辩话语，是一线相承，回环往复的。[2] 事实上，早在 1922 年的《墨辩定名答客问》一文中，伍氏就已尝试通过《小取》和《正名》的相互发明来建构作为狭义名辩学的名辩本论。在他看来，荀子以"正名"命篇，是"原其始"；墨徒以"辩经"称篇，是"要其终"；"其实一也"。[3] 这就是说，尽管各有侧重，荀子

[1] 伍非百：《总序》，《中国古名家言》，第 5—6 页。

[2] 同上，第 14、16—17 页。

[3] 参见伍非百：《墨辩定名答客问》，《学艺杂志》，1922 年，第四卷第 2 号，第 2—4 页；《中国古名家言》，第 335—337 页。亦可参见本书第二章第二节第一部分的相关分析。

关于"名"的论说与后期墨家有关"辩"的论说,在本质上是一致的,都是名辩本论的具体形态。

就伍非百在本阶段的认识看,据《大小取章句》的诠释,"名、辞、说,为构成'辩'之三要件",分别指名词、命题和推理。进而言之:

> 名、辞、说、辩四者层累而上。"名"也者,所以举实也。"辞"也者,兼两名而抒一意也。"说"也者,兼两辞而明其故也。"辩"也者,兼两说而判其是非也。名、辞、说、辩为古代名学之四级,本文(《小取——引者注》)仅举名、辞、说,而不及辩者,因辩为第四级,包名、辞、说在内。本文主旨在明辩,其全篇内容皆叙述辩之要义,故不赘举也。[1]

在《荀子正名解》中,伍氏不仅坚持对"名"、"辞"、"说"、"辩"的如上理解,而且对后两者的区别与联系做了更为明确的说明:

> "说"为兼两辞而成之独语体,"辩"则兼两说而成之对语体也。……说为或正或反,只须具有一面。而辩则一正一反,必须具有两面。[2]

例如,某曰"此山有火,说在有烟"或"此山无火,说在非烟",就是"说"(推理);但"我曰'此山有火,说在有烟',彼曰'此山无火,说在非烟'",则是合正反两"说"的"辩",其中包含着有火无火之争与有烟无烟之证。鉴于独语之"说"已被伍氏解释为推理,那么对语之"辩"就应该指展开于立场相对的双方之间的论辩。

着眼于狭义名辩学对正名、析辞、立说、明辩的规律和有关问题的研究,伍非百认为,《小取》在开篇部分首先总示"辩"之作用与目的,然后分疏"名"、"辞"、"说"三者之含义与功能,再次提出"类行"或"推

---

[1] 参见伍非百:《中国古名家言》,第437—442页。

[2] 同上,第746页。关于"说"与"辩"的区分,伍氏在《墨辩解诂》中的另一种表述是:"谓其立敌对诤者曰'辩',谓其各自立量者曰'说'。"(第70页)

类”的原则，最后是辩者所应遵守的规律。紧接着开篇部分则是对“辩”之三种判断（命题）的释义：“或”为“特称”；“假”为“选言”；“效”为“公式”、“原则”、“定律”等。自“辟、侔、援、推”以下，则是论立说之方法及其误因，其中“侔”释作直接推理之“附性法”，“援”释为间接推理之“类比法”，“推”则泛指“演绎、归纳及其他类推法之原理原则”。至于《大取》的“三物”论说，则是关于立说的一般原则：“故”即“思辩之根据或理由”、“因明之‘因’”、“演绎推理之‘前提’”、“归纳法之‘与件’”；“理”即“条理、分理，有分析与综合之意”；“类”谓“同异之类”，以其为基础的“同一原理”则是“推论之基”。[1]

至于《正名》，此篇不仅解释了“名”、“辞”、“说”、“辩”四者的含义以及相互关系，而且明确表述了狭义名辩学的目的与内容：“欲求治者，必先明道；欲明道者，必先治心；欲治心者，必先明辩；欲明辩者，必先成说；欲成说者，必先析辞；欲析辞者，必先正名。以正名为初步，以郅治为极则。”在对“圣人之辩说”的解释中，伍氏更为具体地指出，“正名而期，质请而喻”，讲的是正名之术；“辞合于说”，说的是析辞之术；“辩异而不过，推类而不悖。听则合文，辩则尽故”，则是申论辩说之道。[2]

虽然伍非百主要立足《小取》和《正名》来解说狭义名辩学的对象与主旨，但先秦名家一派的所思所论在很大程度上似亦可为狭义名辩学所涵摄。以《公孙龙子》为例，“名实论”旨在讨论正名实的方法，基本思想是“因正实而正名，因正名而唯谓”；“指物论”则是讲名实不能密合，“天下之实，其本体不径入于吾人认识之范围内”；“通变论”与“名实论”相互发明，其目的是论说名实相当，即“实变则名与俱变”之

[1] 详见《大小取章句》及《墨辩解诂》，尤其是后者的第17、108—109页。按伍氏之见，“《墨辩》立说轨范，颇与‘因明’相近。因明之本在‘明因’，《墨辩》之旨在‘出故’。惟因明有宗、因、喻、结、合五支，《墨辩》则仅有谓、故、说三辞而已。”（第440页）

[2] 参见伍非百：《中国古名家言》，第747—749页。

义;“白马论”与“坚白论”皆出自“通变论”,前者辨别名与共名之谓,后者亦关于名实之辩。[1] 就《公孙龙子》的主旨是讨论名实之辩而言,其论说无疑可归于狭义名辩学对正名的规律及相关问题的研究。再看《尹文子》,伍氏认为其上篇多形名之言,虽与惠施、公孙龙异趣,但与《正名》为近,故其中的形名之论亦可归于狭义名辩学对正名的论说。[2] 就此而言,尽管“广义名辩学”的提法更为全面地概括了先秦名辩的所争所论,但不可否认的是,“狭义名辩学”或者说“名辩本论”也能从一个侧面来概括这场争辩所关注的论题,或者说,对各家(至少是名家、后期墨家和荀子)有关由正名而析辞而立说而明辩之过程的论说给予总结。[3]

要言之,以形名之学内含着一个名辩话语为前提,伍非百提出名辩学术是准确把握现存古名家言之理论本质的钥匙,而名辩学在事实上又有狭义与广义两种形态,二者均能程度不同地概括先秦名辩的所争所论。这里,尤其值得一提的是伍氏对狭义名辩学的解说。从 1916 年将“名辩”一词率先引入名辩研究,到 1922 年初论名辩之学的主旨与部类(名辩本论与名辩附论),再到 1960 年代初明确规定狭义名辩学的对象与主旨,并以此涵摄整个先秦名辩的所争所论,伍非百对“名辩”含义的自觉追问、对名辩体系的系统梳理,可以说在近现代名辩研究的前两个阶段发前人所未发,独步一时。他立足于《小取》《正名》所阐明的狭义名辩学的理论体系,更是近现代名辩研究史上对于先秦名辩所争所论的第一次体系化重构,对后来学者从本土独立学术的角度来重构名辩话语影响深远。

---

[1] 详见伍非百:《中国古名家言》,第 510—580 页。

[2] 同上,第 471 页。

[3] 在现存名家四子的篇籍中,伍非百认为今本《邓析子》为伪书,而《庄子·天下》所载惠施的“历物十事”与“辩者二十一事”则属“名理遗说”,非研究正名、析辞、立说与明辩之“名辩本论”所能范围。

3. 名辩学之本质

早在1916年，伍非百就指出，俞樾、王闿运、孙诒让等人皆因不熟悉名辩学术而在注解《墨经》时不得要领。按其之意，《墨经》为古名家言的代表，研究《墨经》的目的在于复兴本土旧有名学以成与欧洲逻辑、印度因明三足鼎立之势。在上一章，笔者曾针对伍氏的这一看法发问：如何理解名辩学术与旧有名学之间的关系？"旧有名学"之"名学"指的是什么？名辩学术的理论本质又该做何理解？

纵观《中国古名家言》全书，伍氏对"名学"一词的使用亦有两种不同的用法。其一，"名学"乃"形名之学"或"名家之学"的省称，指广义名家之所思所论。例如，《墨辩解诂》在论及"知材"之"知"时曰："此'知'之有无真伪，中土名家多置诸存而不论之列。惟庄子怀疑于此知之有无真伪，故其非毁名家，常自用其怀疑之名学，以诋各派辩言之无根，《齐物论》即其名著也。"[1]这里，"中土名家"无疑泛指形名各派，而庄子所持"怀疑之名学"则是形名学之一种。其二，"名学"与"逻辑"、"论理"异名而同谓。《解诂》释《经上》首条时指出，"故"指思辩之根据或理由，相当于因明之"因"、演绎推理之"前提"，亦即常语所谓的"所以然"。在伍氏看来，"'所以然'一词，关于名学方法论最巨。""今俗言'故'，则曰'所以然'，而不知其自出。盖沿用名学之例，而不自知也。"[2]就"所以然"一词出现于其中的语境看，此所谓"名学"很明显与"逻辑"同义，而不是泛指形名诸家的论说。

以"名学"一词的两种用法为前提，就名学之为形名学而言，旧有名学与名辩学术之间无疑是一种整体与部分的关系，因为名辩与名理在形名六派中仅占其二；就名学之为逻辑来看，旧有名学（即中国本土逻辑）反过来却成为了名辩学术的一个组成部分。这后面一点，既涉

---

[1] 伍非百：《中国古名家言》，第25页。
[2] 同上，第17、20页。

及伍非百研究古名家言之缘起,也关乎如何把握名辩学术的理论本质,当详细论之。

伍氏之所以研究以《墨经》为代表的古名家言,主要是受到西方逻辑、印度因明已"蔚然列为专科"的刺激,希望能借此复兴旧有名学,以证成后者与前两者的鼎立之势。就此而言,如果说名辩学术是把握现存古名家言之理论本质的钥匙,那么要准确阐明名辩学术的理论本质显然就难以绕开逻辑,但问题在于名辩学术与逻辑之间的关系又该如何理解。

先看狭义名辩学与逻辑的关系。狭义名辩学主要研究正名、析辞、立说、明辩的规律和有关问题,由于伍非百把"名"、"辞"、"说"、"辩"释作名词、命题、推理和论辩,而且主要援引逻辑、因明来阐明《小取》《正名》的名辩论说,因此我们有理由认为对逻辑问题的讨论构成了狭义名辩学的主体或核心。不过需要强调的是,对逻辑问题的讨论并不构成狭义名辩学的全部内容,其原因主要有二:第一,伍氏明确指出,狭义名辩学有时还要研究思维与存在的关系问题,而这一问题显然不属于通常所理解的逻辑的问题域。第二,就《墨辩》《正名》的实际论说看,对正名、析辞、立说、明辩的规律和有关问题的研究还包括不少认识论的内容。早在1922年,伍非百就发现,中国正名之学从文字方面讨论名、辞、说、辩甚详,但疏于对致思求诚之术的研究,《辩经》"篇中'雄辩'、'修辞'、'论理'三者往往不分。"[1]与梁启超、胡适和章太炎在墨辩研究中强调认识论与逻辑的关联一样,伍氏在本阶段也认为狭义名辩学必须关注认识论的问题:

> 辩也者,所以求真理也。而求真理之器,在"知"。是故"知"之本体观念如何,乃思辩方法所由生也。
>
> "何者为知?""云何有知?""所知为何?"此三问题,为知识论

[1] 参见伍非百:《墨辩释例》,《学艺杂志》,1922年,第四卷第3号,第4页。

所急欲解决之问题，亦即名学根本上所急欲解决之问题也。[1]

“知”之本体观念是思辩方法（逻辑方法）得以可能的前提、知识论的问题亦即名学（逻辑）的问题，这些都是在一般的意义上讲逻辑离不开认识论。进而言之，对正名、析辞、立说、明辩之规律的研究，也必须以认识论为前提：

正名之学，非仅专研于名辩者所能为功也。必也，内正其心，外正其物，而后乃能无所蔽。

《解蔽》与《正名》，互为表里。欲正其名之惑，必先解其心之蔽。蔽解则智生，为正名、析辞、立说、明辩之本。[2]

《解蔽》主要讨论的是认识论问题。《解蔽》与《正名》互为表里，破除心蔽是正名、析辞、立说、明辩之基础，这些都表明认识论也是狭义名辩学的一项重要内容。

就广义名辩学与逻辑的关系看，尽管逻辑构成了狭义名辩学的主体或核心，但作为广义名辩学的其余两项内容，名理之学主要涉及自然科学理论，也有一些讨论宇宙论、认识论问题的内容；而名辩问题主要属于哲学的论域，间或有涉及各学派之根本宗旨的内容。就此而言，广义名辩学的内容更非逻辑所能范围。

综上，尽管对逻辑问题的讨论构成了伍非百所谓名辩学术的一项重要内容，甚至狭义名辩学的主体或核心就是逻辑，但从总体上看，伍氏并不认为先秦名辩所争所论的理论本质和具体内容可以完全归结为逻辑。

（二） 张岱年：作为方法论的名辩理论

相异于伍非百、谭戒甫等人常用的“名辩学术”、“名辩学”、“名辩之说”等语词，张岱年在《中国哲学大纲》中首创“名辩理论”一词，用以

---

[1] 伍非百：《中国古名家言》，第25、80页。

[2] 同上，第753、748页。

概括先秦哲学乃至整个中国哲学对于名与辩所涉诸问题的讨论。

张氏把中国哲学的知识论与方法论统称为"致知论"。对致知方法的探讨,始于孔子,其后哲学家所用的方法主要有六种,即征行、体道、析物、体物或穷理、尽心、两一或辩证。对这些方法的讨论,构成了一般方法论的内容。[1] 他进一步指出:

> 先秦哲学中,有关于名与辩的讨论,亦是方法论之一部分。……一般方法论,是关于探索真知的途径之理论;名与辩的讨论,则是关于宣表思想、论证真知的规律之理论。亦可以说,一般方法论是讲求知之道,名与辩则是论立说之方。[2]

"孔子讲正名,墨子重辩说,为名辩理论之发端。"[3] 按张岱年的解释,关于名的讨论最初源于孔子的正名之说。所谓正名,指使名实相应、相符,但孔子的正名主要是一种为政之道。其后公孙龙将孔子的正名原则应用于一般事物,提出"唯乎其彼此"的正名原则。后期墨家的正名理论大致与公孙龙相同,并对名的分类问题有所研究。荀子综合孔子的正名论及名墨两家之说,为先秦哲学中论正名之最详者。其后,董仲舒的"深察名号"、魏晋的"名理"之谈等均对名有所论说,而鲁胜的《墨辩注叙》则可谓对先秦诸家论名的一种综述。

至于对辩的讨论,张岱年认为,惠施、公孙龙专注于对名言与事物的辨析,但其关于析名持辩之方法的研究,今已不可得知。先秦哲学中论辩之最精者当属墨家,而《墨子》书中论辩最为详备者则是《小取》,

---

[1] 参见宇同(张岱年):《中国哲学大纲》,北京:商务印书馆,1958年,第525—553页。"征行"一词在再版时改作"验行",见张岱年:《中国哲学大纲》,北京:中国社会科学出版社,1982年,第528页。

[2] 宇同:《中国哲学大纲》,第554页。此书第三部分"致知论"之第二篇"方法论"的第二章"名与辩",曾先期以"中国哲学中之名与辩"为题,发表于《哲学评论》,1947年,第10卷第5期,第8—19页。引文中"宣表思想"句,再版时改作"表达思想、论证真知的思惟规律之理论"(第561页)。

[3] 同上,第578页。

内容涉及辩之作用、根本要义、要术、准则、立辞七法及其易于谬误者，等等。儒家对辩不甚重视，孟子虽被认为“好辩”，但其所谓“知言”主要是辨识谬妄的命辞之法；荀子论辩以推类为主要方法，但不曾论及推类的具体原则。汉魏时期，徐干分辩为两类，一类能“服人心”、“明大道之中”，一类为“屈人口”、“取一座之胜”；刘劭亦把辩分为两类：理胜之辩能服人心，辞胜之辩仅能屈人口。

作为方法论的一部分，名辩理论旨在“论立说之方”，除了讨论如何论证真知，还涉及真知能否为名言、名辩所表述的问题。按张氏之见，名墨两家皆重名尚辩，主张名是用以拟实的工具，而辩是达到真知的途径，故名言足以表述真知。道家则鄙弃名言与辩，认为名言与辩不仅不足以表述而且妨碍对真知的把握。儒家的态度居于名墨与道家之间，强调名言可以表述真知，也承认辩之必要，但对其不甚重视。

综观先秦哲学乃至整个中国哲学对名与辩所涉诸问题的讨论，张岱年认为，名辩理论大致包括如下几方面的内容(见下表)：

1. 名	1.1　名之意义与类别
	1.2　正名之必要与方法
	1.3　名与真知
2. 辞	2.1　辞之意义
	2.2　辞与真知
3. 辩	3.1　辩之意义
	3.2　辩之方法
	3.3　辩与真知

前文已经论及，张氏视名辩理论为方法论的一部分，旨在探索“关于宣表思想、论证真知的规律之理论”。在《中国哲学大纲》有关“方法论综论”的部分，他进一步对名辩理论之本质进行了勘定：“方法可大别为二：一探求真知的方法，二表述真知论证真知的方法。前者即一般

的方法,后者即形式逻辑。"[1] 质言之,作为关于表述真知、论证真知之方法的理论,名辩理论的本质就是形式逻辑。例如,《小取》所论或、假、效、辟、侔、援、推等立辞七法之义理即可用逻辑来诠释,分别指或然、假设、演绎、譬喻、以彼辞证此辞、援例、归纳式类推。"《小取》篇所说之'效''推'二法,尤其是可以与西洋逻辑中的演绎与归纳相提并论的。"[2]

需要指出的是,名辩理论的本质虽可归于形式逻辑,但其内容又远非后者所能范围。按张岱年的理解,在名辩理论的多重内容中,1.1、1.2、2.1、3.1 和 3.2 所讨论的问题,属于形式逻辑的论域;而 1.3、2.2 和 3.3 三个部分,则是关于名言与辩之价值诸问题的讨论。这里,张氏对名辩理论之本质——形式逻辑——的勘定与其对名辩理论之具体内容——相当一部分不属于形式逻辑的论域——的理解之间,明显存在着某种抵牾。

二、"名辩即是逻辑"与范式的确立

虽然伍非百、张岱年均认为先秦名辩所争所论非逻辑所能范围,但前者主张对逻辑问题的讨论构成了狭义名辩学的主体或核心,后者强调名辩理论的本质就是形式逻辑。再联系到在名辩研究的起步与开拓阶段,不少学者已经自发地把先秦名辩与中国本土逻辑联系起来,因此在勘定名辩之理论本质时似难以回避名辩与逻辑的关系。在本阶段,赵纪彬、汪奠基等人更甚一步,他们提出并系统论述了名辩与逻辑的本质同一性,使得"名辩逻辑化"的研究构想在事实上被确立为具有范式意义的名辩研究方法。

---

[1] 宇同:《中国哲学大纲》,第 577—578 页。
[2] 同上,第 569 页。

（一）赵纪彬："名辩即是逻辑"

1949年，赵纪彬以"纪玄冰"之名发表了《名辩与逻辑——中国古代社会的特殊规律与古代逻辑的名辩形态》一文，率先对"名辩即是逻辑"展开论说：[1]

> 中国古代逻辑史的演进，就存在于先秦名辩思潮的发展过程里面；或者反过来说，当作先秦诸子"为学之方术"的"名辩"，正是中国古代逻辑的特殊表现形态。更简括的说：在中国特殊的古代思想史上，名辩即是逻辑，二者是实质上的同义语。[2]

这段文字言简意赅，结合整篇文章的论述，大致包括如下几点意思：

第一，中国古代有逻辑。按赵氏之见，逻辑"以思维的形式、结构为研究的对象，而以发现思维法则和端正思想方法为目的。"[3]虽然先秦诸子文献中只有《公孙龙子》《墨经》等具有较为明显的逻辑色彩，但不能由此得出"好像除了这些而外，在中国的古代，就无所谓逻辑"。在充分肯定胡适所提出的"古无有无名学之家"以及"凡一家之学，无不有其为学之方术，此方术即是其逻辑"等论断的基础上，他明确指出，"没有有形的逻辑著作并非没有实质的逻辑成就。"以此为前提，作为先秦各家（从孔子至韩非）"为学之方术"的名辩，就是中国古代逻辑

---

[1] 纪玄冰：《名辩与逻辑——中国古代社会的特殊规律与古代逻辑的名辩形态》，《新中华》，1949年，第12卷第4期，第28—33页。下引此文，不再另行标注。又，赵氏在1961年对此文进行了一定的修改，其后作为《先秦逻辑史论稿》的第一章收入《赵纪彬文集》（第三卷），第1—16页。

[2] 此段文字在《先秦逻辑史稿》中改作："先秦逻辑史的演进，就存在于名辩思潮的发展过程里面；或者反过来说：先秦诸子的名辩方法，正是当时逻辑的特殊表现形态。更简括地来说：在先秦思想史上，'名辩'即是'逻辑'，二者实质上是同义语。"（第2—3页）

[3] 赵纪彬：《逻辑学和逻辑史的统一》，《困知录》，北京：中华书局，1963年，第186页。此文系赵氏1941—1947年间在复旦大学、东北大学、山东大学讲授逻辑学时自编之讲稿《逻辑学发凡》的"序论"。

的具体形态,中国古代逻辑的演进就具体展开为先秦名辩思潮的发展。

第二,就先秦思想史而言,“名辩”与“逻辑”异名而同谓,二者具有本质的同一性:一方面,先秦名辩所争所论之实质就是中国古代对逻辑问题的讨论,故名辩即是(中国古代)逻辑;另一方面,中国古代逻辑以先秦名辩话语为具体形态,因此也可以说(中国古代)逻辑即是名辩。赵纪彬之所以把名辩论争的本质归于逻辑,主要源于他把名实之辩视作名辩论争的中心论题,而先秦各家“既观察名实,即有其用以观察的方法;既辨别是非,有其证成己说的工具,而方法或工具,则正是逻辑本性的暴露。”[1]

第三,“逻辑是名辩的完成,名辩是逻辑的幼芽;二者并不完全相同。”[2]在赵氏看来,先秦名辩是中国古代逻辑的特殊表现形态,而所谓“特殊”,其义有三:首先,名辩论争最终并没有发展为独立的科学,它更多地表现为蕴含于各家政治伦理思想中的一种方法或工具,发挥着甄别同异,辨明是非的逻辑功能。其次,各家在名辩论争中的主张往往随着各自的实践立场和思想内容而变化,并没有提出公认的构成原理和立敌共许的思维规律。最后,由于没有形成系统的理论,对于名辩方法之“偶然出现的自觉性片断或萌芽”也很快消失在政治伦理思想的笼罩之中。要言之,先秦名辩更多地还只是一种逻辑“术”,而非逻辑“学”,因此“中国古代逻辑采取了名辩的形态,是其逻辑本身不发达或未完成的证件”。[3] 究其用意,赵氏的如上论述无非是要防止把名

[1] 赵纪彬:《先秦逻辑史论稿》,第2页。

[2] 赵氏在《名辩与逻辑》一文中还有类似的表述:“所谓‘逻辑’,一方面是‘名辩’的完成形态,(‘名辩’是‘逻辑’的幼芽。)另方面又是宇宙观表现自己的方法”。

[3] 所谓中国古代逻辑“不发达或未完成”,主要是相较于古希腊的逻辑成就而言的。按赵氏之见,中国古代逻辑之所以未能发展出类似亚里士多德创立的逻辑体系,在很大程度上是“中国古代社会的特殊规律的必然的反映。”对此更为详细的论述,可参见赵纪彬:《名辩与逻辑——中国古代社会的特殊规律与古代逻辑的名辩形态》,《新中华》,1949年,第12卷第4期,第29—30页;《先秦逻辑史论稿》,第3—6页。

辩与逻辑的本质同一性僵化地理解为二者可等量齐观。不过需要指出的,名辩与逻辑之间存在着的术与学之异、幼芽与完成形态之别,只是一种发育成熟程度上的差异,而不是种类的不同。换言之,名辩与逻辑的本质同一性并没有发生变化。

第四,名辩与逻辑的本质同一性具有重要的方法论意义。赵纪彬指出,先秦名辩的所争所论虽然没有发展成为独立的逻辑理论,但其中包含着一定的逻辑内容却是不容否认的事实。因此,"对于名辩似乎只有从逻辑方面着眼,方才能够把握它的本质;对于各家的名辩也似乎只有从逻辑果实的大小上加以评价,方才能够衡量各家思想的优劣,指明各家思想正误的方法论的根据。"[1]这里,"只有"二字的两次出现充分说明了在赵氏看来,"名辩逻辑化"——运用传统逻辑(以及逻辑的其他分支)的术语、理论和方法,来梳理先秦名辩的主要内容,勘定其理论本质,评判其历史地位——是唯一可取的名辩研究方法,或者说,是具有范式意义的研究方法。

如果说赵纪彬主要立足于先秦思想史来阐述"名辩即是逻辑"及其方法论意义,那么通过把"名辩"的意义与中国逻辑史的对象范围问题关联起来,汪奠基不仅在更为广阔的视域中论述了名辩与逻辑的本质同一性,而且对二者之间的关系给予了更为辩证的阐述。

(二) 汪奠基:名辩之为中国逻辑史的对象

在《中国逻辑思想史料分析》(第一辑)的第一章中,汪奠基提出:"'名辩'在历史上的意义,应该理解为中国逻辑史的对象范围问题。它具有一般逻辑的基本内容,亦摄朴素的辩证概念和认识方法。"[2]结合汪氏在本阶段发表的其他相关论文可以发现,他对名辩之逻辑本质的说明经历了一个从"逻辑史"经"中国逻辑史"再到"中国本土逻

[1] 亦可参见赵纪彬:《先秦逻辑史论稿》,第5页。
[2] 汪奠基:《中国逻辑思想史料分析》(第一辑),第12页。

辑”层层推进、不断具体化的过程：

第一，关于逻辑史的对象范围。一般而言，“逻辑史就是研究逻辑理论思维认识的发生和发展的历史。”具体来看，逻辑史研究主要包括两方面的内容：其一是普通逻辑思维认识的对象史，其二是古代辩证思维方法的历史对象。[1] 尽管尚未明确使用“辩证逻辑”一词，汪奠基实际上主张逻辑史主要是普通逻辑（形式逻辑）与辩证逻辑发生和发展的历史。从逻辑观的角度说，这一主张预设了逻辑至少有形式逻辑和辩证逻辑两种类型；逻辑包含形式逻辑，但并不等于形式逻辑。

第二，关于中国逻辑史的对象范围。上述“逻辑史”定义所揭示的两方面内容对于中国逻辑史也是适用的，不过考虑到后者尚未得到科学的系统研究，汪氏认为可以把中国逻辑史的对象范围作如下的定义：

> 中国逻辑史，就是研究所有留在旧中国哲学和一定的科学思想范围内的，有关形式逻辑及辩证法方面的思维形式法则及思维理论认识的发生和发展的历史——包括西藏因明与自唐以后翻译的外国逻辑。[2]

这里，汪奠基明确论及了中国逻辑史研究的三大“板块”：中国本土逻辑的发生和发展、印度因明的输入及其影响，以及西方逻辑的输入及其影响。关于中国本土逻辑的研究，主要是探索自先秦以来在长期的封建社会发展进程中所有关于逻辑思想法则及其理论认识的学说发生和发展的具体情况，这又涉及两方面的内容，一方面是中国逻辑思想形式及其法则的学说的系统发展，另一方面是中国逻辑思想表现在各科学认识中或在有关各学说中的作用、任务和发展的情况。

第三，关于名辩与中国本土逻辑的关系。按汪氏之见：

---

[1] 参见汪奠基：《关于中国逻辑史的对象和范围问题》，《哲学研究》，1957 年第 2 期，第 44 页。

[2] 同上，第 45 页。

> 先秦逻辑思想的体系，基本上是古代中国独立创造的一个逻辑体系。……截至战国末年的时候，代表中国古代逻辑的思想体系，即已在后期墨辩学者和荀子正名论的科学理论基础上形成了。但是春秋至战国之际，在许多名辩思想学说中，先后出现过不少有关逻辑思想方法的认识和实际运用的不同形式，对于完成这个逻辑体系来说，是有积极的历史意义的。[1]

这就是说，先秦逻辑是一种产生于中国本土的逻辑，它虽以战国末年后期墨家和荀子的名辩论述为基础，但先秦各家的名辩学说中也包含着构成中国本土逻辑的积极因素。很明显，汪氏的这一论断与赵纪彬把作为先秦诸子"为学之方术"的名辩视作中国古代逻辑的特殊表现形态如出一辙。

不过，从总体上看，相异于赵氏仅在先秦思想史上主张"名辩即是逻辑"，汪奠基则是在一个更为广阔的视域下来理解名辩及其跟逻辑的关系：

首先，着眼于对中国逻辑史之完整过程（从先秦至近代）的把握，汪氏认为对中国本土逻辑的研究实质上就是对名辩话语的研究。相应地，作为本土逻辑的表现形式，名辩话语就并非仅仅存在于先秦，而是一直延续至中国近代。在他看来，名辩话语"既可以概括名家诸子一部分合理的概念分析问题，也可以统摄儒、道、墨、法诸子在名实理论上各种论争的内容。推而至于秦、汉以后，联系历代天文、数理以及其他自然科学思想的发展，特别是朴素辩证的思想形式来看，名辩的科学精神，不断地在每一时代中表现了有力的作用"。[2] 例如，王充《论衡》中的逻辑思想方法，范缜《神灭论》对逻辑思维形式的运用，魏晋名理之学对"辩"的认识，欧阳建《言尽意论》所使用的名言方法，以及宋、

[1] 汪奠基：《先秦逻辑思想的重要贡献》，《哲学研究》，1962 年第 1 期，第 36 页。
[2] 汪奠基：《中国逻辑思想史料分析》（第一辑），第 12 页。

明、清三代如张载、王夫之等对分析与综合、演绎与归纳诸方法的运用,等等,都属于名辩思想与认识方法的范围。

其次,名辩话语具体包括跟“名”和“辩”有关的两方面内容:

> “名”:作为包括一般研究逻辑概念问题的主要形式来看,包括历史上所有论“正名”、“名分”、“名守”、“名理”、“名法”、“形名”等名实对象;同时包括“名言”、“说辞”的表达形式以及论“推”、“类”、“比”、“喻”、“比类”、“比较”、“连珠”、“连类”、“伦类”、“譬称”和朴素的科学分类或概念划分等等有关逻辑的说法。至于历代典型地运用“名理”、“名辩”的例证,当然也应作为逻辑思想史的材料。
>
> “辩”:作为包括普通论辩形式及古代“辩证法”、“对话”的东西来说,先秦辩者及秦、汉以后的某些议论辩驳形式,都具有揭露对方议论中矛盾的对立的和克服这些矛盾对立以求得真理的技术意义。这种辩术形式,先秦学者,特别是在战国诸子争鸣的论辩中表现得最丰富。如早期自发的辩证思想,易卦论爻象对立、翕辟变化的理论,老子论道的有无范畴、正反曲全的方法,诸子哲学中论察故、别类、通变、辩言、审辩以及战国长短术与兵法理论的诸形式,都是值得分析评选的。至于历代数学,如论名数之正负、同异的变换观念,医理之经脉传变、杂症对称的初步辩证认识,农田水利与种植时地关系等等的实践理论,再如《尔雅》《方言》以及文艺上许多有关思维表达的特殊格式,都对于名辩思维的发生发展有极重要的关系。[1]

相异于郭、杜、赵诸位学者把“名辩”一词视为一个整体,汪奠基跟伍非

[1] 汪奠基:《中国逻辑思想史料分析》(第一辑),第13页。汪氏对中国本土逻辑之对象范围的说明,亦可参见《关于中国逻辑史的对象和范围问题》,《哲学研究》,1957年第2期,第45—46页。

百、张岱年类似,将"名辩"析分为"名"与"辩"两项,但并未如伍氏那样进一步考察"名"与"辩"之间的关系。汪氏所理解的名辩话语,其内容或论题极其宽泛和庞杂,远远超出了"名辩话语"一词的通常含义——先秦各家围绕与"名"有关的一系列论题(如名实、同异、坚白之争等)及"辩"之用途、方法和原则等问题所展开的争辩。这一理解,不仅非伍非百的狭义名辩学或张岱年的名辩理论所能范围,亦是伍氏广义名辩学之三项内容所远不能及的。简言之,举凡中国古代有关形式逻辑及辩证思维的形式法则的一切理论与实践,均是中国本土逻辑思想史的材料,因而也就属于名辩话语的范围。

按汪氏之见,逻辑是关于普通逻辑思维与辩证思维之形式法则的自觉研究,但从逻辑史的角度看,这种研究的自觉性有其产生发展的过程,在不同的认识领域和发展阶段上表现出程度上的差异。因此,"我们不应该脱离科学认识的历史阶段来谈论逻辑思想概念的范畴性质;同时也并不能干脆地说:自觉地讲逻辑就是逻辑,不自觉而突出地运用逻辑思想方法对某些论题进行论证的就不是逻辑范围的史料。"[1]以此为前提,不仅公孙龙的《名实论》、后期墨家的《墨辩》、荀子的《正名》等作为自觉地讨论逻辑问题的名辩著作,是研究中国本土逻辑的重要文献,即便是那些以政治伦理论争为表现形式的名辩实践以及在各家学说和科学认识中对名辩方法的自觉或不自觉的运用,也是研究中国本土逻辑的重要思想资料。

值得注意的是,汪奠基还从三个方面对名辩与逻辑之本质同一性的辩证关系进行了更为全面的论述。其一,汪氏对"唯希腊逻辑史观"及其影响下的"对待中国逻辑思想史的虚无主义态度"进行了批判。在他看来,这种逻辑史观的错误之处就在于坚持"逻辑这门学问,世界

[1] 汪奠基:《关于中国逻辑史的对象和范围问题》,《哲学研究》,1957 年第 2 期,第 48 页。

上只有希腊人是独创者”;不仅“排斥因明学在逻辑史上的科学地位”,而且“怀疑中国古代名辩思想并没有真正可称为逻辑科学的东西。”以中国古代有逻辑,中国本土逻辑以名辩为表现形态为前提,汪奠基明确反对那种“否认中国有自觉的逻辑认识,无视名辩的科学方法和历史的逻辑思想遗产”的虚无主义立场。[1]

其二,立足于逻辑至少包括形式逻辑与辩证逻辑两种类型,逻辑史研究应该关注两种逻辑的发生与发展,他进一步批判了“唯西方形式逻辑史观”。汪氏指出,这种逻辑史观主张“逻辑内容主要是‘三段论式’的演绎结构,或是环绕在这种推论和证明的形式方面的一些规律。”受其影响,不少学者错误地认为“中国古代名辩学者的论辩形式,既无任何逻辑科学的发现,更谈不上什么演绎方法上的认识。因此,老、庄、惠、邓的学说既皆无自觉的逻辑理论,而一切古代辩证思想的形式更无与于逻辑史了。”[2]

其三,有鉴于名辩是中国本土逻辑的具体形态,汪氏强调,名辩既有逻辑的共同性,亦具民族语言的特殊表达方式:

> 一般地说,逻辑思维形式,包括简单辩证思维形式,都是人类思维的共同形式。但是逻辑科学的具体发展,则不能孤立地脱离人们自己民族社会的历史而独立存在。……中国逻辑史是说明中国历代逻辑科学思想的发展情况的,它具有人类共同性的思维形式,亦显有人类不同语言的即民族历史类型的表述方式。[3]

正是基于这种辩证的理解,他对那种“强调所谓形式逻辑史的‘严格’意义,达到只承认有一个‘共同的逻辑史’而无所谓中国逻辑史‘特征’

[1] 参见汪奠基:《中国逻辑思想史料分析》(第一辑),第4—5、7页。
[2] 同上,第5页。
[3] 同上,第7—8页。

的谬论”进行了批评。[1] 例如，针对有学者把中国古代伦理“正名”的规范形式和有关“名法”、“刑名”的名实基本问题严格地排除在逻辑之外，否认伦理范畴与逻辑概念之间的联系，汪氏认为这是“无视古代逻辑语言与社会实践的语言不可分割的联系”。又如，有见于部分学者把《墨经》的辩术、韩非的逻辑思想僵化地纳入“绝对的‘公式语言’”的框架之中，给它们贴上种种逻辑的“形式标志”和“机械形式”，他指出，“实质上这是违反逻辑与历史的统一和无视民族语言特征的非科学形式，是对逻辑的形而上学的看法。”[2]

既然中国本土逻辑具体展开于自先秦以降的名辩话语之中，名辩与逻辑具有本质的同一性，那么“名辩的逻辑化”无疑就应该是名辩研究的基本方法。以名辩兼具逻辑的共同性与语言表达的民族性为前提，汪奠基又强调，名辩研究必须“切实掌握辩证唯物主义和历史唯物主义的观点方法，根据具体史料和实践的标准，来分析各个历史阶段里不同形式的思想论争，与不同类型的表达方式”。例如，尽管逻辑的三段论式、因明的三支论式，都是一般推理的形式，但没有必要把墨辩的“三物”论说生硬地纳入与前两者相同的结构之中。事实上，三段论式与三支论式并不全同，“三物”论说更有独立的意义。“它们所讲的都是‘立辞’、‘推理’的共同形式，都有其正确的表述方法。比附为一样的就未免显得贫乏。……否定了逻辑语言表述方法的历史特征，就会使丰富多彩的科学内容成为千篇一律的死板形式。”[3]

值得注意的是，在本阶段，除了赵纪彬、汪奠基等人对名辩与逻辑之本质同一性的自觉阐明，侯外庐等人也力主从逻辑的角度来研究先秦名辩思潮，堪称赵、汪等人将“名辩逻辑化”确立为名辩研究之范式

[1] 汪奠基:《关于中国逻辑史的对象和范围问题》,《哲学研究》,1957 年第 2 期,第 43 页。
[2] 参见汪奠基:《中国逻辑思想史料分析》(第一辑),第 5 页。
[3] 同上,第 8—10 页。

方法的同盟军。在《中国思想通史》(第一卷)中,侯外庐等把先秦名辩思潮区分为“向上的发展”与“向下的堕落”两大对立的阵营,并把“发展”与“堕落”之别归因于前者“将名辩的方法净化而成了形式逻辑的科学”,后者“丧失了名辩思潮的积极内容,而蜕变成概念游戏的‘诡辩’。”很明显,上述断定的立足点是在价值评判上把对逻辑问题的讨论视作名辩思潮的正宗。用侯氏等人自己的话来说就是,在从整体上把握名辩思潮时,必须意识到“从诡辩理论的扬弃到形式逻辑的成就,在世界思想史上也是名辩思潮合理发展的归宿。”[1] 以此为前提,唯有着眼于逻辑是名辩思潮的发展归宿,方能梳理先秦名辩的主要内容,揭示名辩论争的理论本质,评判名辩思潮各个阵营的所见与所蔽。一言以蔽之,“名辩逻辑化”是具有范式意义的研究方法。

三、中国古代逻辑的证成:以墨辩研究为例

在本阶段,虽然还有不少学者(如郭沫若、杨宽等)对“名辩逻辑化”表示了程度不一的质疑,但这一研究构想在事实上已经被确立为具有范式意义的研究方法。尤其值得一提的是,展开于“名辩逻辑化”框架下的墨辩研究还初步证成了中国古代逻辑(即中国本土逻辑)之为世界三大逻辑传统之一的地位。

(一) 对“名辩逻辑化”的质疑

郭沫若对“名辩思潮”一词的首次使用及其《名辩思潮的批判》一文的公开发表,标志着对先秦名辩的研究开始摆脱起步与开拓阶段的自发与零散,逐步走向了一种自觉而系统的研究。不过,与赵纪彬、汪奠基等人强调名辩与逻辑之本质同一性、将“名辩逻辑化”确立为范式方法不同,郭沫若认为:

> 近时学者每多张皇其说,求之过深,俨若近世缜密之逻辑术,

---

[1] 参见侯外庐、赵纪彬、杜国庠:《中国思想通史》(第一卷),第419—420页。

于墨辩中已具备。[1]

整个说来，无论是先秦名家、墨家辩者、或其它学派，关于名辩的努力，都没有达到纯粹逻辑术的地步。或许是资料丧失了吧。但是无征而必地高扬先秦的学术成就，或称颂辩者为最有科学精神，都不免是犯了主观主义的毛病。[2]

郭氏不仅从宏观上批评把名辩的理论本质归结为逻辑犯了主观主义的错误，而且从个案的角度质疑主张墨辩包含逻辑的观点有“求之过深”的牵强比附与过度诠释之虞。在他看来，《小取》所论辟、侔、援、推等，“并不是专为寻求真理的法门，而是辩敌致胜之术数。”[3]

事实上，早在郭沫若之前，杨宽就已经对把《墨经》所论悉数归于逻辑的做法提出了批评。在起步与开拓阶段，他强调《墨经》的主旨并非专论逻辑，而是论说以及维护墨学之纲要。[4] 1942 年的《墨经哲学》又按主题将《墨经》分为知识论、德行论、人生论、平治论、言谈论、刑政论、宇宙论、辩说论、从事论、名实论、知源论、行为论、同异论、闻言论、别道论十五章。有见于当时治墨诸家以欧西新理强解《墨经》，其结果往往“揆之一句固甚通，验之全文终不协”，杨氏主张“以墨治墨，以子证子，不说科学，不谈玄妙。”[5]蒋维乔对杨宽的这一研究设想颇为欣赏，认为梁启超虽称赞伍非百的《墨辩解诂》把《墨经》全篇一归之为辩学(逻辑)，“然《墨经》实非全辩学之书，故犹不能无扞格难通处”；而杨氏将《墨经》所论分为十五大类，“莫不穷原竟委，观其会通，无割裂破碎之病，无立奇炫异之弊。”[6]

从内容上说，十五章中仅知识论、言谈论、宇宙论、辩说论、名实论、

[1] 郭沫若:《名辩思潮的批判》,《十批判书》,第 301 页。
[2] 郭沫若:《后记》,《十批判书》,第 485 页。
[3] 郭沫若:《名辩思潮的批判》,《十批判书》,第 301 页。
[4] 参见杨宽:《名家言释义》,《光华大学半月刊》,1934 年,第二卷第 8 期,第 61 页。
[5] 杨宽:《墨经通说》,《墨经哲学》,第 1 页。
[6] 蒋维乔:《序》,《墨经哲学》,第 2 页。

知源论、同异论、闻言论等涉及与“名”、“辩”相关的论题，这就是说，《墨经》所论并非全然是名辩的话题。杨宽进一步指出，在名辩论争中，名墨相訾，各据其知识论立论。墨家重经验，名家主怀疑。名家之所起，源于以“离坚白”来攻击墨家的宇宙论，后者认为宇宙万物之不同，源于物德组合之有异。而荀子《正名》之知识论立场颇与《墨经》相同。显然，即便《墨经》中跟“名”、“辩”相关的论题亦并非全是对逻辑问题的讨论，其中还涉及大量宇宙论、知识论的内容。可以说，杨宽以“墨经哲学”而非“墨家辩学”或“墨家名学”来命名自己的著作，不仅鲜明地表明了他对于《墨经》研究逻辑化倾向的质疑，而且跟他在上一阶段批评晚近治《墨经》诸家“强以名学诠释之谬”是一脉相承的。

相异于郭、杨两人对“名辩逻辑化”的质疑甚至否定，不少学者的态度显得较为温和，认为《墨辩》所论内容非常丰富，对逻辑问题的论说仅仅是其中的一部分，哪怕是很重要的部分。如高亨就指出，《墨经》包含有大量墨家反驳名家及其他诸子说法的文字，记录了当时学术争辩的诸多侧面。固然其内容“大部分是晚周时代墨家的名学，就是墨家的逻辑学”，但是“还有少许墨家的政治观点和伦理观点……；还有少许自然科学，如几何学、力学、光学；还有两条经济理论”。[1]在一些有影响的思想史、哲学史著作或教材中，也能见到类似的表述。《中国思想通史》(第一卷)就认为，在《墨经》四篇350余条中，“讲逻辑的最多，占第一位，讲自然科学的占第二位，讲道德定理的占第三位，讲心理学的占第四位，其他如经济政治等理论、对各家学说的批判又次之。”[2]任继愈主编的《中国哲学史》(第一册)也认为，《墨辩》六篇“大都属于认识论、逻辑和科学的范围”。[3]

---

[1] 高亨:《墨子校诠》,第3—9页。
[2] 侯外庐、赵纪彬、杜国庠:《中国思想通史》(第一卷),第495页。
[3] 任继愈主编:《中国哲学史》(第一册),第185页。

关于如何准确把握墨辩的理论内容，除了上面简要分析的两种立场，以章士钊、杜国庠、沈有鼎、詹剑峰等为代表的一批学者，虽并不否认墨辩除了论及逻辑问题，还包括认识论、宇宙论等多方面的内容，但更为自觉地运用“名辩逻辑化”的研究方法，更多地从逻辑的角度来勘定墨辩的理论本质，初步证成了中国古代逻辑之为世界三大逻辑传统之一。

（二）章士钊：“以欧洲逻辑为经，以本邦名理为纬”

自1920年以来，章太炎就陆续在《东方杂志》、《新闻报》、《甲寅周刊》等报刊上发表了一系列专论名、墨名辩思想的论文以及诂解《墨经》的笔记。[1] 这里主要通过《逻辑指要》一书对章氏关于墨辩义理之诠释略作述评。此书底稿成于1917年，后经整理于1943年由重庆时代精神社首次印行，1961年重版时有所增删。

在本书第一章论及对“逻辑名辩化”的质疑时，笔者曾提到章士钊反对以“名学”、“辩学”译“logic”。在他看来，本土名辩（古之名学/形名之学）与西方逻辑虽“偶有合辙”，但“吾形名之实质，与西方逻辑有殊。今以其为同类也，谓彼即此，几何不中于《淮南》谓狐狸之讥。”倘若用名辩语汇来翻译与诠释逻辑术语和理论，恐“有变乱事实之嫌”。[2] 既然名辩与逻辑不具有本质的同一性，那么在名辩研究中自然也就不应再局限于运用逻辑的术语、理论和方法，来梳理先秦名辩的主要内容，勘定其理论本质，评判其历史地位。

不过吊诡的是，章士钊又说：

> 逻辑之名，起于欧洲，而逻辑之理，存乎天壤。其谓欧洲有逻辑，中国无逻辑者，讆言也。……〔欧洲逻辑外籀内籀不能并举〕若吾之周秦名理，以墨辩言，即是内外双举，从不执一以遗其二。

[1] 其中有五篇作为附录收入《逻辑指要》一书，其余的可参见《章士钊全集》（上海：文汇出版社，2000年）的相关卷册。

[2] 章士钊：《逻辑指要》，北京：生活 · 读书 · 新知三联书店，1961年，第2—3页。

> 惜后叶赓续无人,遂尔堙塞到今。[1]
>
> 逻辑起于欧洲,而理则吾国所固有。……先秦名学与欧洲逻辑,信如车之两轮,相辅而行。[2]

此处所言至少有三点值得注意:首先,章氏主张逻辑具有普遍性,虽然“逻辑”之名源于欧洲,但中国古代也有逻辑;其次,章氏将周秦名理或先秦名学与欧洲逻辑并称,虽未明确将前者之本质归于逻辑,至少暗示前者是后者在中国本土的对应物;再次,章氏认为欧洲逻辑在外籀(演绎)研究方面到17世纪已“沉滞不进”,内籀(归纳)研究方面自培根方“始渐开发”,而墨辩自始就是“内外双举”,这表明他还是在诉诸“名辩逻辑化”来诠释墨辩义理。

在谈及《逻辑指要》一书的特点时,章士钊不仅认为这算得上是“一部逻辑发展史急遽而紊乱的速写”,而且鉴于这是为中国人写的逻辑书,因此“首以墨辩杂治之,例为此土所有者咸先焉”。更为重要的是,他自我期许其逻辑研究能“以欧洲逻辑为经,本邦名理为纬,密密比排,蔚成一学,为此科开一生面”。[3] 尽管在如何理解名辩与逻辑的关系问题上,章氏的看法或表述还存在着某种不一致,但从总体上看,他一方面坚持用普遍的逻辑之理来诠释本土名辩的义理,另一方面又尝试运用本土名辩的实例与论述来例示逻辑的普遍之理,较为自觉地坚持了“名辩逻辑化”与“逻辑名辩化”的统一。[4]

---

[1] 章士钊:《自序》,《逻辑指要》。方括号内文字为笔者据文意所增。“赓续”,原误植为“赓绍”,据文意校改。

[2] 章士钊:《例言》,《逻辑指要》。

[3] 参见章士钊《逻辑指要》之《重版说明》、《例言》和《自序》。

[4] 张君劢已注意到,《逻辑指要》“章节次第虽同于西方逻辑,而所征引为中土学者关于逻辑学之言论。一以辨中土无逻辑说之非,二以明中土旧逻辑与西方学说之相合。故此书不仅为寻常逻辑读本,而中土旧逻辑史料,实具于其中。”见《张序》,《逻辑指要》,重庆:时代精神社,1943年,第4页。《章士钊全集》(第七卷)所收此序颇有错漏,如“中土无逻辑说”之“无”、“为寻常逻辑读本”之“为”皆漏,“中土旧逻辑与西方学说”之“与”错释为“学”(第287页)。

具体到对墨辩义理的诠释,章士钊在书中以逻辑为经,墨辩为纬,密密比排,不仅充分揭示了墨辩的逻辑本质,而且运用当时逻辑的理论框架对墨辩进行了初步的重构。全书共计 28 章,内容涉及逻辑观("逻辑"一词的含义与逻辑的历史发展)、思想律、概念论、命题论、推理论、方法论与谬误论等方面。

按章氏之见,思想律有三,即同一律、毋相反律(矛盾律)和不容中律(排中律),而《经上》"正无非"意谓"真理在是,无足以非之",讲的就是"甲为甲"的"无非之律"(同一律);"不俱当,必或不当"讲的是矛盾律,"无间而不相撄"意指"正反相得",说的是对矛盾律的违背;而"不可两不可",则是讲排中律。[1]

在概念论方面,墨辩之"名"指的是概念或表达概念的名词。《经上》曰"名,达、类、私",其中达名、类名为公名,即普遍概念;私名为单独概念;"体,分于兼也"讲的兼名,则为丛名,即集合概念。"举,拟实也"在是讲界说(定义),"界之而当,谓之正举;不当,谓之狂举。"[2]

在命题论方面,《经上》之"佴"指的就是命题(辞)。据《说文》,"佴,佽也","佽"通"次",指排列有序。"盖凡辞,以二名相次为之,前曰主词,后曰谓词。"《经说下》"非同,则异也",则是说一切正命题皆含同谓,一切负命题皆含异谓。而《小取》对"侔"的论说,即"比辞而俱行"、"有所止而正",则是对命题之换位与换质的论述。[3]

在推理论方面,章氏认为《大取》"语经,语经也。白马非马,执驹马说求之。……三物必具,然后足以生"一段已论及三段论。"白马"、"马"、"驹"即"三物",而"以三物论事,号为常经,可见当时立论之体

---

[1] 参见章士钊:《逻辑指要》,第 14—22 页。
[2] 同上,第 44、113 页。
[3] 同上,第 52、74 页。

制，与逻辑三段、因明三支相合。”[1] 他进一步指出，《经上》“辩，争彼也”中的“彼”，指的是三段论的中项；《小取》讲“推也者，以其所不取之同于其所取者予之也”，是说去掉中项而把大项和小项连接成为结论。[2] 《经上》“尽，莫不然也”，说的是外籀之事；《经说上》“尽，但止动”，则是讲内籀之事。[3]

章士钊对墨辩之逻辑义理的诠释与重构，对近现代的名辩研究产生了重要影响。谭戒甫在回顾自己的墨辩研究之路时就特别指出：“章氏善谈逻辑，能汇《墨经》为一炉，所见伟岸深至，对我影响很大。”[4] 不过，章氏的墨辩研究固然在一定程度上证成了中国古代逻辑的存在，即“中国无逻辑者，谮言也”，但也存在着一些明显的问题：

第一，由于对《墨辩》部分文本缺乏准确校勘，对相关文本进行了不合理的诠释。例如，《经下》“合，与一或复否，说在矩”条，“矩”原作“拒”，孙诒让认为“拒”当作“矩”，是也。但章氏却将此条校为“合与一，或复否，说在拒”，认为其中表述了“墨辩之所以律思想者”，即“合与一”昭同一律，“或复否”言矛盾之当戒，“拒”即排中之谓，一条经文解释了三条思想律。[5] 事实上，此条所论根本不关乎思想律，而是以方形（矩）为例来说明几何图形之间的同异。

第二，从逻辑角度对《墨辩》部分文本强作诠释，过于牵强，失之比附。例如，将《经上》“辩，争彼也”之“彼”，附会为三段论的中项；把《小取》“推也者，以其所不取之同于其所取者予之也”中的“所取”比附为三段论的大、小项，“所不取”比附为中项；等等。

---

[1] 章士钊：《名学他辨》，《逻辑指要》，第 257 页；亦可参见秋桐（章士钊）：《名学他辨》，《东方杂志》，1920 年，第 17 卷第 20 号，第 45 页。

[2] 参见章士钊：《逻辑指要》，第 93—94 页。

[3] 同上，第 160 页。《经上说》“尽，但止动”条，据孙诒让，“但”字疑当作“俱”，“尽”与“俱”义略同。见《墨子间诂》，第 340 页。

[4] 谭戒甫：《后记》，《墨经分类译注》，北京：中华书局，1981 年，第 202 页。

[5] 参见孙诒让：《墨子间诂》，第 321 页；章士钊：《逻辑指要》，第 24 页。

第三，未能立足于《小取》来揭示墨辩的内在结构，重建其理论内容。由于受到“以欧洲逻辑为经，本邦名理为纬”的研究思路的限制，章士钊对墨辩义理的诠释，实质上是从普遍的逻辑之理出发，或者说，以当时逻辑的理论框架为工具，去阐发和收纳《墨辩》相关文本的义理，所谓的墨辩逻辑其实是散见于《逻辑指要》的各个章节，难以窥其全貌。就此而言，相较于梁启超、胡适、伍非百等立足于对《小取》的新诂来把握墨辩义理，章氏的研究显然既未能很好地揭示墨辩的内在结构，也未能很好地重建其理论内容。

（三）杜国庠：以认识论为基础的墨家逻辑

1943 年，杜国庠完成了《关于墨辩的若干考察》一文，并于次年公开发表；其后又陆续发表了《该怎样看待墨家逻辑》、《墨家的逻辑也没有和认识论分家》等论文，[1] 初步证成了《墨辩》中包含着一个以认识论为基础的逻辑系统。

按杜氏之见，《墨辩》六篇所论“几乎全属于科学和逻辑的范围。关于逻辑的部分，说得尤其有条理有组织”；[2]“《墨经》关于逻辑和认识论方面的现象，统称曰‘辩’”，而“‘辩’学（大体相当于逻辑）”。[3] 其中，“《小取》篇是整个墨家逻辑的总结，从‘辩’学的目的、作用、方式、应防的过错以及辩学和文法的关系都谈到了。”[4]

简言之，《小取》第一部分是对墨家辩学的全面解释，开篇“明是非之分”以下六句论辩之作用与目的，其核心是别同异与明是非，前者是后者的根本。接下来的“摹略万物之然”二句，说明同异之根源在于

[1]《该怎样看待墨家逻辑》一文最初发表于《哲学研究》，1959 年第 10 期，第 49—56 页，连同《墨家的逻辑也没有和认识论分家》俱收入《杜国庠文集》。

[2] 杜国庠：《杜国庠文集》，第 217 页。

[3] 同上，第 224、553 页。

[4] 同上，第 552 页。杜氏认为，“《小取》（包括《大取》篇‘夫辞，以故生，以理长，以类行者也’以下在内）则似专为墨家‘辩’学做总结的。”《大取》中的“三物”论说一段，“概括地阐明了立辞对于类、故的依赖关系。”见《杜国庠文集》，第 545、552 页。

“万物之然”,不明白“万物之然”即不知“类”,这是属于“亲”知即直接知识的范围;“群言”则关乎“闻”知即间接知识;而对群言进行比较,务求正确,则进入“说”知的范围。“以名举实”以下五句,是对辩学方法和步骤的说明,属于通常所说之逻辑的范围。其中,“以名举实、以辞抒意、以说出故”相当于形成概念、构成判断、组成推论;“以类取、以类予”则是演绎与归纳。最后“有诸己不非诸人”二句,是说用辩的道德。第二部分,先扼要规定了辟、侔、援、推等立辞方式的内容。辟即譬喻;侔则是如张之锐所释“言宾主两辞,相比而行,其义自见,不必说明以此况彼”;援即援例以反击论敌;推即类推。然后从实质角度说明立辞时应防止的过错,强调听言立辞,都应遵守“异类不比”、“通意后对”的原则。最后通过对推理实例的分析专论“侔”式立辞必须考虑语言的习惯,不能单纯地从形式上去“比辞而俱行”。

正是立足于《小取》所反映出的辩学结构,杜国庠通过对墨辩的逻辑诠释最终得出结论:“墨家逻辑可以说是集先秦逻辑思想之大成,是中国古代一家比较完备的唯物主义的逻辑。”在他看来,墨家逻辑主要有如下一些特点:第一,反映了墨家重实践重功用的精神;第二,强调先“自悟”(自己学习而明白道理)后“悟他”(启发他人明白道理);第三,“不管悟己悟他,中心都在追求真理,所以,注重认识,即是逻辑和认识论,吻合一致,不可分离”;第四,“重实质不重形式”。[1]

就杜氏的墨辩研究来说,有如下一些特点值得注意:

首先,以《小取》统摄《墨辩》其余五篇来揭示墨辩的内在结构,重构其理论内容。相异于章士钊以当时逻辑的理论框架为工具去阐发和收纳《墨辩》相关文本的义理,以至于所谓的墨家逻辑只能是散见于《逻辑指要》的各个章节而难以呈现为一个独立的理论体系,杜国庠从《小取》所反映出的墨家辩学结构出发,把《墨辩》其余五篇的相关论述

---

[1] 参见杜国庠:《杜国庠文集》,第544—555、224—225、241页。

纳入《小取》的理论框架之中来加以具体诠释，使得墨家逻辑的内在结构与理论内容都能得到较为集中的呈现，从而实现对墨家逻辑的整体把握。

其次，立足于逻辑与认识论的统一来诠释墨辩的逻辑义理。从事实层面看，墨辩乃至整个名辩话语都包含着多方面的内容，这些内容之间往往彼此关联，而逻辑与认识论的关联就是其中之一。这一点自梁启超以来一直为名辩学者所重视。相应地，在方法层面上说，联系认识论来诠释墨辩乃至整个名辩的逻辑义理就成为这些学者在研究方法上的一大特点。杜国庠本人也认为“先秦逻辑的最大特点，在于它带有极浓厚的认识论色彩”。[1] 他不仅自觉坚持了这一肇始于起步与开拓阶段的研究传统，而且撰写了《为什么逻辑离不开认识论?》一文，从理论上对其进行了辩护。正是立足于逻辑、辩证法和认识论的统一以及逻辑是“对世界的认识的历史的总计、总和、结论”，他强调只有坚持逻辑与认识论的结合“才能实质地承继中国古代逻辑思想着重认识论因素的优良传统”。[2]

再次，在强调墨辩具有逻辑的普遍本质的同时，对因语言的民族性等因素造成的墨家逻辑的特殊性有所意识。杜氏指出：

> 主观逻辑是客观逻辑的反映，是具有人类性的，所以能够用别的逻辑论式去翻译；不过翻译的结果，往往会失掉它原来的意义和风味。这是思维必须通过语言去表现，而语言却具有国民性（或地域性——方言）的缘故。

主观逻辑即思维发展的规律，客观逻辑即物质世界发展的规律。人类思维遵循共同的发展规律，决定了反映这些规律的不同逻辑（如欧洲

[1] 杜国庠：《杜国庠文集》，第527页。

[2] 同上，第519页。此文最初刊于《读书与出版》，1948年，第三年第5期，第44—49页；收入《文集》时，文末落款民国纪年“三七、四、廿”误植为“一九三七年四月二十日”。

逻辑、印度因明和墨家逻辑等）具有共同的本质，因而可以相互翻译。另一方面，思维总是通过语言表达出来，而语言总有其民族性，因此思维规律在不同的民族语言中总有其不同的表现形式，由此决定了特定的逻辑又有其跟特定语言的民族性相关的特殊性。有见于此，他认为，"《小取》末段似乎专就'侔'辞去讨论它的表现必须注意到语言的习惯，不能单纯形式地去'比辞俱行'。"[1]不过，语言的民族性究竟如何造成了逻辑的特殊性？这种特殊性是否涉及逻辑之学理基本？墨家逻辑乃至整个中国古代逻辑究竟在语言表达方面具有哪些相异于欧洲逻辑与印度因明的地方？对于这些问题，杜国庠皆语焉不详。

另一方面，沿袭胡适的看法即墨家逻辑的特点亦即长处之一在于"有学理的基本，而没有法式的累赘"，杜国庠也认为墨家逻辑特殊性的另一个表现是"墨家重实际，不拘于形式，……这种不拘形式的方法，与其说是墨家辞辩的缺点，毋宁说是它的优点，因此可以省却许多腐心于烦琐格式的精神"。[2] 从事实认知层面看，墨家逻辑的确不重视对推理形式的刻画，但从价值评判的角度说，这一特点是否真的就是优点，即有利于逻辑本身的发展，杜氏却没有给出必要的论证。

最后，强调在运用"名辩逻辑化"的方法即借鉴西方逻辑来诠释墨辩义理时，应避免中西之间的牵强比附。基于逻辑的普遍性与特殊性的统一，杜国庠指出：

> 形式逻辑和'因明'，只可借镜，不能用它替代。辩证逻辑也只能用来做研究的指南。……各国的逻辑发展史有它自己的特

[1] 杜国庠：《杜国庠文集》，第558页。

[2] 同上，第230页。杜氏认为，墨家逻辑不重视形式，并不意味着就根本没有形式。《经下》各条"说在某某"的句式或者"（辞）说在（故）"的结构，可以说就是推理或论证形式的雏形。不过，他似乎混淆了自发的逻辑实践（对推理论证习焉不察的使用）与自觉的逻辑理论（对推理论证的研究）之间的区别，毕竟《经下》仅仅使用了这些句式，而没有将其提升至反思的层面来加以研究。参见杜国庠：《杜国庠文集》，第557页。

点，各个历史阶段的逻辑，其形式、内容当然也是不一样的。我们研究古代逻辑和逻辑史，主要目的在于研究逻辑的发展规律，推陈出新，找到解决我们现在的逻辑问题的途径或启发。如果拿外国形式逻辑一套就可，我们何必要研究墨家逻辑，多此一举呢？

由此出发，他批评了有些学者用逻辑“三段论法”或因明“三支作法”来强解墨辩论述或实例的做法，嘲笑他们在不好解释时就会“画蛇添足”或“削足适履”式地使后者符合前者。

（四）沈有鼎：墨经的逻辑学

沈有鼎最初在《光明日报》（1954 年 5 月 19 日—1955 年 3 月 9 日）的“哲学研究”副刊连载了《墨辩的逻辑学》一文，1957 年曾将其扩充至 15 万字送中华书局准备出版，但书稿在送专家审读后却至今下落不明。[1] 1980 年，沈氏对该文略加修改易名为《墨经的逻辑学》由中国社会科学出版社正式出版。

沈有鼎以“墨经”称《经上》至《小取》六篇，认为它产生于公元前四世纪后期墨家跟惠施等辩者的论辩，“不仅代表了中国古代逻辑学的光辉成就，并且还是多面性的科学著作，所讨论的包括数学、物理学（力学、光学）、心理学、政治经济学各方面的问题。”[2] 他首先从认识过程的构成要素、从来源和内容角度对知识的分类、墨家对其他各家论题的批判等方面考察了《墨经》的认识论，认为这是一种概括和总结了当时一些具体科学知识的唯物反映论，而后期墨家对“名”之本质、“辞”之正确性判定、“说”与“辩”之根据的理解均建立在这种反映论的基础之上。

---

[1] 参见刘培育：《作者年表》，《沈有鼎集》，北京：中国社会科学出版社，2006 年，第 380 页。

[2] 沈有鼎：《墨经的逻辑学》，第 2 页。在 1981 年 5 月 11 日致王浩的信中，沈氏再次强调，“墨经一书本来是奇书，以一书而兼讨论数学、力学、光学、经济学、逻辑和认识论诸问题，实在是世上少有。”见《沈有鼎文集》，北京：人民出版社，1992 年，第 585 页。

有见于古代希腊、印度和中国的逻辑均起源于论辩术，沈有鼎以《小取》对“辩”的论说为基础来具体展开他对墨经逻辑的重构。《经上》“辩，争彼也”，[1]论辩是对一对矛盾命题的争论以判明孰是孰非。《小取》开篇首论“辩”之六大功用，次论“辩”之准备（搜集材料），然后是“辩”之步骤与原则。而“以名举实、以辞抒意、以说出故”这三个步骤正是逻辑通常论及的概念、判断、推理和论证。

“名”在中国古代哲学通常用来称呼概念以及表达概念的词项，而在沈氏看来，《墨经》仅以“名”称词项。“以名举实”说明名的本质是对实的反映。而按外延的大小，《墨经》把名分为达、类、私三类，其中《大取》还初步论及了类名的若干情形，如“以形貌命”、“以居运命”、“以举量数命”等。此外，《墨经》还对中国语言中较为常见的二名并举的形式、集合名词与元素名词的关系有所分析。

《墨经》以“辞”称命题、语句，所表达的“意”即判断。判断有肯定与否定之分，反映的是现实事物间的同异关系，其中最为重要的是“类同”与“不类”之异。“尽”与“俱”、“或”、“必”分别是全称判断、特称判断和必然判断的表达方式。沈有鼎认为，“或”在表达特称肯定时也间接地隐含着特称否定的意思，反之亦然；相异于“尽”，“必”则指“全都如此并且一直如此下去”。除此之外，《墨经》还初步讨论了关系判断的特点以及词项在语句中的周延性问题。

“说”在《墨经》中主要指用论证把“辞”所以能成立的“故”（理由、论据）阐述出来，也可指举例来说明一个一般性的规律或定义。沈有鼎高度评价了《大取》的“三物”论说，认为“‘辞以故生，以理长，以类行’十个字替逻辑学原理作了经典性的总括”。[2]“理”的具体表现

---

[1] 据沈氏，“彼”旧作“攸”，一本作“彼”，从胡适校改。见沈有鼎：《墨经的逻辑学》，第12页。

[2] 沈有鼎：《墨经的逻辑学》，第42页。

是“类”，“知类”就是“明理”，辨别每一类的特殊规律；而“辞以类行”是说包括演绎、归纳、类比在内的一切推论最后都要从“类推”出发，[1]后者的根据就在于事物间的“类同”。就“说”与“辩”的具体方法看，“假”指与当前事实相违背的假设。“止”指用反面的例证来推翻一个全称判断；“效”指在“立辞”之先提供一个评判是非的标准，再看所立之“辞”是否符合该标准；“侔”指复构式的直接推理；此三者在本质上都是演绎推理。“譬”指比喻或类比；“援”指援引对方所说作为类比的前提；“推”指归谬式类比，此三者皆属类比推理。在此基础上，《墨经》还分析了推理论证中出现谬误的原因以及谬误的具体表现。

着眼于研究方法，沈有鼎的《墨经》研究有如下一些特点值得注意：

第一，根据《小取》来重构墨经逻辑，避免用外在的理论框架剪裁和收容《墨经》文本。对包括墨家逻辑在内的中国古代逻辑的体系化重构，可以说是“名辩逻辑化”范式下的名辩研究的首要目标。历史地看，这一目标的确定至少可以追溯到吴熙在 1925 年提出的研究设想：“我现在希望对于名学‘研究有素’的同胞们，切切实实的把我国固有的各家整理一下，创出一种‘中国名学’来。”[2]这一目标后来在章士钊的《逻辑指要》中得到了部分的实现，即中国古代逻辑的思想资料被系统地纳入了逻辑理论的框架之中，但由于章氏的目的是要“以欧洲逻辑为经，本邦名理为纬”来“为此科开一生面”，即促成逻辑理论或逻辑教材在取材范围与叙述方式上的革新，而不是对中国古代逻辑的重构，因此中国古代逻辑的理论面貌在该书中并没有得到体系化的呈现。梁启超、胡适、杜国庠等虽有意于从《小取》出发来重构墨家逻辑的体

[1] 沈氏所说的“类推”也就是“推类”：“《墨经》所说的‘推类’，和我们前面所说的‘类推’意思差不多。”见沈有鼎：《墨经的逻辑学》，第 67 页。

[2] 吴熙：《荀子的名学》，《学生杂志》，1925 年，第 12 卷第 9 期，第 36 页。

系,但由于种种原因也仅仅是浅尝辄止,没有完成体系化的重构。

与梁、胡、杜诸位学者的做法一样,沈有鼎也以《小取》作为把握墨经逻辑的体系与论题的基础,以“辩”之功用、准备、步骤、原则、方法等为经,以《墨辩》六篇及《墨子》其余篇章之相关文本为纬,初步完成了对于墨经逻辑的富于理论细节的体系化重构,从而避免了像章士钊那样用外在的理论框架来剪裁和收容《墨经》文本。可以说,沈有鼎在近现代名辩研究中“第一个系统、深刻、独立地阐发了《墨经》的逻辑体系,把《墨经》逻辑研究提高到一个新的水平”;[1]其《墨经的逻辑学》一书堪称展开于“名辩逻辑化”范式框架下的墨辩研究的典范。

进一步看,陈启天在1922年说中国古代名学是世界三大名学派别之一时,[2]包括陈氏本人在内的当时学者对于中国古代逻辑的理论体系及其细节其实还没有什么清晰的认识。就此而言,我们完全有理由说沈有鼎在1955年真正完成了对中国古代逻辑之为世界三大逻辑传统之一的初步证成。正是通过对《墨经》中跟认识论和逻辑学有关部分的准确诂解与阐发,沈氏最终得出结论:墨经逻辑“代表了中国古代逻辑学的光辉成就”,“其成就不在古代希腊、印度逻辑学之下”。[3]

第二,主张墨经逻辑既具有普遍性,也具有跟语言的民族性相关的特殊性,防止因“名辩逻辑化”而造成墨辩与逻辑之间的牵强比附。自梁启超率先以欧西新理比附中国旧学以来,如何避免本土墨辩与西方逻辑之间的牵强比附,一直为名辩学者所重视。针对这一问题,沈有鼎认为:

人类思维的逻辑规律和逻辑形式是没有民族性也没有阶级性

[1] 中国社会科学院哲学研究所逻辑室编:《摹物求比——沈有鼎及其治学之路》,第428页。

[2] 陈氏曾论及“中国古代名学在世界名学上的地位——世界名学可照世界学术的分野,划为三大派”,即西洋名学、印度名学和中国名学。参见陈启天:《中国古代名学论略》,《东方杂志》,1922年,第19卷第4号,第30页。

[3] 沈有鼎:《墨经的逻辑学》,第2、90页。

> 的。但作为思维的直接现实的有声语言则虽没有阶级性，却是有民族性的。中国语言的特性就制约着人类共同具有的思维规律和形式在中国语言中所取得的表现方式的特质，这又不可避免地影响到逻辑学在中国的发展，使其在表达方面具有一定的民族形式。

既然思维的规律和形式没有民族性与阶级性，相应地，研究这些规律与形式的逻辑也没有民族性与阶级性，因而是普遍的。就此而言，那种认为“中国没有逻辑学，或者说中国人的思维遵循着一种从人类学术康庄大道游离出来的特殊逻辑”的观点无疑是错误的。[1] 不过，思维总是通过语言表达出来，而语言总有其民族性，因此思维的规律与形式在不同的民族语言中总有其不同的表现形式。以此为前提，中国古代逻辑又有其跟语言之民族性相关的特殊性。例如，相较于西方逻辑以字母来表达变项，沈有鼎认为《墨经》把古汉语中的“彼”、“是”等代词作为变项；《墨经》中的某些论式“随时可以展开，伸缩自如，多少表现了东方语言的特点”，“比起亚里士多德常喜欢讲的单纯的、三项的演绎论证格式来似乎还更切合实际一些。”[2] 不过，和杜国庠一样，沈有鼎也没有对逻辑的特殊性这一论题进行深入考察。逻辑的特殊性是否仅仅跟语言的民族性相关？由语言的民族性所造成的特殊的逻辑表达方式究竟关乎逻辑的学理根本还仅仅是无关紧要？这些问题似乎尚未进入他的理论关注范围。

第三，站在逻辑发展的高级阶段来诠释《墨经》，以便更为深刻地把握相关论说的逻辑本质。沈有鼎不仅熟悉古文字学和校勘训诂方面的知识与方法，更对西方传统逻辑及其现代发展有精深的研究。着眼

[1] 沈有鼎：《墨经的逻辑学》，第 90—91 页。
[2] 参见沈有鼎：《〈墨经〉中有关“不定称判断”的争论》，《沈有鼎文集》，第 467 页；《〈墨经〉中有关原始诡辩说的一个材料》，同上书，第 437—440 页。

于"名辩逻辑化"范式框架下的墨辩研究,无论是在所掌握的逻辑工具的多样性还是对逻辑理论理解的准确性上,他都胜前辈与时贤一筹。与当时多数学者还只能使用传统逻辑的术语、理论和方法来诠释墨辩不同,沈有鼎已经开始运用现代逻辑的工具来研究《墨经》。例如,他用公式 $a \cup a = a$ 来刻画"'彼此彼此'与'彼此'同"等所代表的古汉语中二名并举形式的逻辑本质;用数理逻辑的工具来分析"言尽悖"、"非诽"的错误;着眼于关系命题的本质来疏解"兼爱相若……其类在死蛇"的含义,等等。[1] "人体解剖对于猴体解剖是一把钥匙。"[2] 正是由于站在了逻辑发展的高级阶段来回顾历史,沈有鼎才能对《墨经》的文本做出合理的诂解,才能从中发掘出鲜为人知的逻辑思想,也才能使相关命题和思想的逻辑本质得到了更为清楚的解释和展现。

（五）詹剑峰:墨家的形式逻辑

稍晚于沈有鼎,詹剑峰历时四载,三易其稿的《墨家的形式逻辑》于1956年正式出版。如其自述,此书最大的特点是"综合《墨子》全书,融会贯通,整理成一套规模初具的形式逻辑,并按照现代逻辑教学大纲的秩序来叙述"。[3]

按詹氏之见,《墨经》所论涉及多方面的内容,《经上》之系统顺次包括总纲、认识论、道德学、心理学、政治学、宇宙论、几何与逻辑八部分,秩序整然,直指逻辑;《经下》所论包括物理学、经济学、心理学,而以逻辑论题为最。墨家辩学(即墨家的形式逻辑)一方面以其他科学为基础,另一方面又通过墨家与其他各派所进行的坚白、两可、同异之争等而得以建立。[4] 詹剑峰认为,逻辑的对象是"思维的工具和方

[1] 参见沈有鼎:《墨经的逻辑学》,第26—27、15—16、33—34页;亦可参见诸葛殷同:《关于中国逻辑史研究的几点看法》,《哲学研究》,1991年第11期,第81页。

[2] 马克思、恩格斯:《马克思恩格斯选集》(第二卷),北京:人民出版社,1995年,第23页。

[3] 詹剑峰:《自序》,《墨家的形式逻辑》,武汉:湖北人民出版社,1956年。

[4] 参见詹剑峰:《墨家的形式逻辑》,第10—11、21—32页。

法,是避免错误而导致正确的思维方法,是探求真知和论证真知的逻辑方法,是各种逻辑方法的规则、规律,以及思维的一般规律。简言之,逻辑是研究思维用以辨别真伪的普通方法及其必须遵守的规则、规律的科学。"[1]由此出发,他化理论为方法,运用形式逻辑的术语、理论和方法去阐发、引申和显扬墨辩的相关术语与论述,并按照当时形式逻辑的理论体系对其加以了重构和叙述(见下表)。

墨家形式逻辑		通行的形式逻辑
章次	章名	内容
一	明辩	逻辑的对象与意义
二	言法	思维规律
三	立名	概念论
四	立辞	判断论
五	立说上	推理论
六	立说下	
七	辞过	谬误论

"明辩"章论逻辑的目的与意义。与梁启超、胡适、杜国庠等人一样,詹剑峰也把《小取》的开篇看作是墨辩的总纲:开头六句说明为什么辩,即辩之功用;中间七项说明怎样立辩,即立辩之方;最后两项说明辩者应遵守的准则。简言之,"我们可以为墨子的逻辑下一定义:辩学是'别同异,明是非'的学问。"[2]

"言法"章论思维规律。从"三表"法出发,詹氏提出墨辩探究了两大思维原则:其一是与明"故"相关的思维之理由原则,它以因果律为

[1] 詹剑峰:《试论逻辑的对象》,《理论战线》,1959 年第 5 期,第 49 页。詹氏指出,"我们这里所讲的逻辑是指形式逻辑和普通逻辑。"(第 43 页)后来他曾简要提及《墨家的形式逻辑》第一版忽略了墨家在辩证法或辩证逻辑上的贡献。参见詹剑峰:《后记》,《墨家的形式逻辑》(第二版),武汉:湖北人民出版社,1979 年,第 241 页。
[2] 詹剑峰:《墨家的形式逻辑》,第 32 页。

基础;其二是跟“别同异,明是非”相关的思维之同异原则,具体包括同一律、必异律、毋矛盾律和拒中律。

“立名”章论概念。詹剑峰联系墨子的认识论来说明名(概念)的由来,认为“以名举实”表明墨辩把概念的本质理解为对客观存在的反映;名之达、类、私,相当于把概念分为范畴、普遍概念和单称概念三种;墨辩所论“莫不有”之“盈”,即概念的内涵,而“尽”则是对外延的定义。此外,墨辩还讨论了名词的歧义、概念的定义与分类。

“立辞”章论判断。詹氏认为,“以辞抒意”是讲由概念结合而成的判断旨在陈述意思。“正,无非”指判断与现实一致即正确,“假,必悖”则指判断与事实不符即假。“合,正、宜、必”涉及判断之分为实然、规范和必然判断三种。此外,通过对墨辩所论“谓”、“同”、“异”、“见”的分析,表明墨辩还初步讨论了判断的谓词、分类以及量词的问题。

“立说”章论推理。墨辩之“说”既有“察往以知来”的推理义,也有“所以明也”的说明义,二者均须以“故”为根据,采用一定的法式来进行。《大取》“三物”论说为墨辩立说之纲,[1]其立说之法既不限于因明的五支或三支,也不限于亚氏的三段论式。《小取》以极简的言词规定了立说七法的意义,“或”、“假”、“效”分指选言、假言和直言推理,均属由普遍到特殊的演绎推理;而“譬”、“侔”、“援”、“推”之所指均系“类同的推证”,“推”指归纳,“援”指类比,“譬”、“侔”则是墨辩特有的用个别说明另一个别的立说方式。

“辞过”章论谬误。墨辩以“过”、“悖”、“狂举”等称谬误或诡辩,所论“辞过”有三大类:其一自语相违,即一句话本身包括着矛盾;其二现实相违,即一种论断和客观现实相矛盾;其三比论相违,即一种论断违反逻辑推理规则。

[1] 詹氏后来更为明确断言,“墨子立说方法的要义则在以类为推,亦即据‘类’来进行推证。”见詹剑峰:《后记》,《墨家的形式逻辑》(第二版),第240页。

继沈有鼎之后,詹剑峰以专著的形式为我们提供了第二种形态的墨家逻辑,再次证成了中国古代逻辑是世界三大逻辑传统之一:“墨子的形式逻辑不仅是中国文化的宝贵遗产,即放在世界的逻辑史上,亦可与亚里士多德的工具并列而无愧色”,换言之,“中国的辩学,与希腊的逻辑、印度的因明鼎足而立。”[1]不过,诚如沈有鼎所说,以学术标准来衡量,此书也存在若干严重的缺陷。例如,“对于古籍的文字方面,作者似乎没有下过很多功夫,因而这书往往只承袭着从梁启超以来以讹传讹的旧说。”这种文字校释上的不精当很容易造成对墨辩义理的诠释与重构缺乏稳固的基础。[2] 抛开细节不说,詹氏墨辩研究的最大问题恐怕还在于其研究方法,即不是从对《墨辩》的文本校勘出发经由文字训诂、义理诠释去发现墨辩的内在结构,提炼其主要论题,重构其理论体系。他虽然提及《小取》开篇是墨辩总纲,但在重构墨辩的理论体系时,并没有按照《小取》的内在结构来具体展开,而是把当时形式逻辑的理论体系作为一个先验的框架去剪裁、诠释和收容墨辩文本,由此重构出来的墨辩体系很难说反映了墨辩固有的结构,所谓的墨家逻辑也很难讲是对墨辩文本的圆融阐释。在某种意义上,詹剑峰版本的墨辩可以说重蹈了章士钊“以欧洲逻辑为经,本邦名理为纬”来重构墨家逻辑的覆辙。

当然《墨家的形式逻辑》毕竟是本阶段“一部很值得注意并且极有参考价值的书”,[3]其中也有不少值得肯定的地方,特别是他在运用“名辩逻辑化”方法以诠释墨辩义理时,对逻辑之普遍性与特殊性有所注意。为了证成中国古代有逻辑、中国古代逻辑是世界三大逻辑传统

[1] 詹剑峰:《墨家的形式逻辑》,第122页;《后记》,《墨家的形式逻辑》(第二版),第238页。“亚里士多德的工具”,当指《工具论》一书。

[2] 详见沈有鼎:《评〈墨家的形式逻辑〉》,《沈有鼎文集》,第222—225页。该篇书评首刊于《人民日报》,1957年2月23日。

[3] 同上,第221页。

之一,他首先对逻辑之普遍性与共同性给予了肯定。所谓普遍,指的是根据思维发展的规律,逻辑必出现于不同的文明、民族及其不同的发展阶段,如印度因明、希腊逻辑、中国辩学;所谓共同,强调的是就对思维形式与规律的研究而言,"逻辑本身不但没有阶级性,并且是全人类的。"[1]另一方面,"亚里士多德的工具论和墨子的辩学都是思维的规范,然而墨子的辩学却具有中华民族文化的特征。"[2]例如,墨辩对于推理形式缺乏明确而周密的论述,墨辩先于欧洲逻辑提出了普遍因果律与理由原则作为归纳与演绎的根据,墨辩所论推理类型较之于亚里士多德逻辑更为完善,等等。[3] 不过,这些特点究竟如何体现了中华民族文化的特征,或者说,中华民族文化究竟如何造成了墨家逻辑相异于欧洲逻辑的这三大特点,詹氏本人却没有给予深入的讨论。

(六) 谭戒甫:以因明释墨辩

1958年,耗费谭戒甫40余年精力的《墨辩发微》正式出版,1964年又修订重印。谭氏以"墨辩"称《经上》至《小取》六篇,认为其中门类众多,有辩学、哲学、光学、力学、数理学、几何学、经济学、政法学、教育学、伦理学等。对于辩学,他指出:

> 墨辩者,吾华夏固有之学也,宜可与因明、逻辑鼎足而三;竟乃千载尘封,无人肯发其覆,坐视近世一切学术,致让欧美独步于前。吾侪后学,处此东西文化沟通之会,犹不竭其心思耳目之力,以启其钥而籀其绪,公诸天下,追从希印而日益光大之,其委弃祖先遗业孰有大于此者![4]

很明显,谭氏所做的工作就是要在逻辑东渐(东西文化沟通之会)的背景下,参照印度因明、西方逻辑(追从希印)来重构墨家辩学,以证成墨

[1] 参见詹剑峰:《墨家的形式逻辑》,第2—3页。
[2] 詹剑峰:《后记》,《墨家的形式逻辑》(第二版),第238页。
[3] 参见詹剑峰:《墨家的形式逻辑》,第123—125页。
[4] 谭戒甫:《墨辩发微》,第3—4页。

辩可与因明、逻辑鼎足而三。不过,对于“名辩逻辑化”的研究范式,他并不完全赞同:

> 周秦诸子里面多有名家言,自来不少学者利用西方逻辑三段论法的形式,把来一模一样地支配,因说东方也有逻辑了。及仔细查考,只是摆着西方逻辑的架子,再把我们东方的文句拼凑上去做一个面子。这不是我们自己的东西,虽有些出于自然比附,但总没有独立性。[1]

谭氏这一评价是否直接针对章士钊、詹剑峰等人以西方逻辑为框架来剪裁、收容墨辩而未能揭示墨辩固有之理论体系,尚不明确,[2]但是如何通过合理的诠释而从整体上把握墨辩的固有体系与理论内容,避免重构出来的墨辩只是西方逻辑的框架与本土墨辩实例的外在结合,这的确是名辩研究中必须认真加以对待的问题。

如果说章、杜、沈、詹诸位学者主要是通过“名辩逻辑化”来诠释墨辩以证成墨家逻辑乃至中国本土逻辑,那么谭戒甫则主张效仿章太炎,更多地援引印度因明来诠释墨辩以证成其中包含着独立的本土辩学。按谭氏之见,“我国本有独立性的辩学,其论式组织即在《小取》《大取》二篇中,而《经》《说》各条就是辩学论式的例证。”[3]为此,他首先根据《小取》前三章与《大取》末一章,对墨辩的理论体系即“墨辩轨范”进行了重建(见下表):[4]

---

[1] 谭戒甫:《序》,《墨辩发微》,第3页。

[2] 谭氏此序写于1956年11月24日,其中提及了章士钊1943年出版的《逻辑指要》一书。詹剑峰的《墨家的形式逻辑》出版于1956年9月,但不能确定谭氏在写序之前读过该书。

[3] 谭戒甫:《序》,《墨辩发微》,第3页。

[4] 参见谭戒甫:《墨辩发微》,第410—450页。

<table>
<tr><td rowspan="15">总论“辩”</td><td rowspan="6">论“辩学”</td><td rowspan="4">体</td><td colspan="3">明是非之分</td></tr>
<tr><td colspan="3">审治乱之纪</td></tr>
<tr><td colspan="3">明同异之处</td></tr>
<tr><td colspan="3">察名实之理</td></tr>
<tr><td rowspan="2">用</td><td colspan="3">处利害</td></tr>
<tr><td colspan="3">决嫌疑</td></tr>
<tr><td rowspan="7">论“辩术”</td><td rowspan="2">体</td><td colspan="3">摹略万物之然（亲知）</td></tr>
<tr><td colspan="3">论求群言之比（说知）</td></tr>
<tr><td rowspan="5">用</td><td rowspan="2">辞</td><td colspan="2">以名举实</td></tr>
<tr><td colspan="2">以辞抒意</td></tr>
<tr><td>说</td><td colspan="2">以说出故</td></tr>
<tr><td rowspan="2">类</td><td colspan="2">以类取</td></tr>
<tr><td colspan="2">以类予</td></tr>
<tr><td rowspan="2">总结</td><td>用</td><td colspan="3">有诸己不非诸人（悟他）</td></tr>
<tr><td>体</td><td colspan="3">无诸己不求诸人（自悟）</td></tr>
<tr><td rowspan="9">论“论式”</td><td rowspan="2">起因</td><td>假</td><td colspan="3"></td></tr>
<tr><td>或</td><td colspan="3"></td></tr>
<tr><td rowspan="7">组织</td><td>效（名）</td><td rowspan="2">辞</td><td rowspan="3">二物</td><td rowspan="7">六物</td></tr>
<tr><td>所效（实）</td></tr>
<tr><td>故</td><td>说</td></tr>
<tr><td colspan="2">辟</td><td rowspan="4">四物</td></tr>
<tr><td colspan="2">侔</td></tr>
<tr><td colspan="2">援</td></tr>
<tr><td colspan="2">推</td></tr>
<tr><td rowspan="2">论辟、侔、援、推四物常偏不常偏之理</td><td>论四物常偏之理</td><td colspan="4"></td></tr>
<tr><td>论四物不常偏之理</td><td colspan="4"></td></tr>
<tr><td>论“三辩”</td><td colspan="5"></td></tr>
<tr><td>论“三物具足”</td><td colspan="5"></td></tr>
</table>

有见于基于“名辩逻辑化”的墨辩研究所存在的问题，谭戒甫认为，虽然墨辩与逻辑诚可相通，参照因明来诠释墨辩更为可取：“逻辑、因明、墨辩三学当鼎足并峙，而墨辩与因明尤为接近，不独理论多同，即论式组织亦多符合。”[1]以墨辩体系中的“辩术”环节为例，谭氏将其与因明进行了同异比较，认为二者之同在于辩术之环节与构成要素彼此对应，即亲知、说知与现量、比量对应；辞、说、类与宗、因、喻对应；前一组构成自悟，后一组构成悟他。二者之异则在于辩术的次第开展与重心不同，即墨辩先自后他，所急者在自悟；而因明先他后自，所重在悟他。[2]

在此基础上，谭戒甫进一步参照因明对墨辩的论式及其演变进行了深入的发掘。在他看来，类似于印度因明经历了一个从五支论式从三支论式的发展，墨辩在论式方面也经历了一个从“辩”期的“六物”式向“三辩”期的“四物”式的转变。

所谓“辩”期，主要指《小取》所反映的墨家对论式的探索与运用，它概括和总结了墨家从“墨论”期到“经说”期的论式探索；“三辩”期则指《大取》“三物”论说所代表的墨家对论式的认识。进一步看，“辩”期之“六物”式，指的是由辞、故、辟、侔、援、推六物所组成的论式。按谭氏之见，辞、故为论断一切问题所必需，不可缺少，其余四物则因情形不同可以任意使用，故“六物”式又有“二物”式、“三物”式等多种变体。在校释《经下》“推类之难”条时，他曾举例说明墨辩“六物”式、因明五支式与逻辑三段论的异同（见下表）：

[1] 谭戒甫：《后记》，《墨经分类译注》，北京：中华书局，1981 年，第 202 页。据落款，这篇后记写于 1957 年 7 月 29 日。在近现代名辩学者中，多数认为墨辩与逻辑既有相通之处，亦有各自的特点；谭氏尽管主张墨辩更多地与因明相近，但也不否认它与逻辑诚可相通，似乎只有吴熙坚称：“墨子的名学在形式和理论二方面，都和西人的逻辑学，完全相反。”参见吴熙：《墨子的名学》，《学生杂志》，1925 年，第 12 卷第 11 期，第 56 页。

[2] 参见谭戒甫：《墨辩发微》，第 422 页。

墨辩六物式	例	因明五支式	逻辑三段论
辞	牛马为物	宗	
故	四足兽故	因	
辟	若犬羊	（新因明为喻依）	
推	凡四足兽皆为物	喻	例（大前提）
侔	牛马为四足兽	合	案（小前提）
援	故牛马为物	结	判（结论）

不难发现，三种论式的构成要素之间存在着对应关系，“三者实同一结构，亦物、支、段之数繁简不同耳。”[1]

“三辩”期之“四物”式，则指由一辞三物（故、理、类）组成的论式。谭戒甫认为，墨辩“四物”式与因明三支式更为相近，因为三支式之喻支又分为理喻（喻体）与（事喻）喻依，“今理、事二喻，既与理、类二物同，而宗与辞同，因与故同，则二者可谓大同。”[2]关于二者的对应关系可以借助实例列表如下：

<table>
<tr><td rowspan="4">墨辩</td><td>辞</td><td>牛马为物</td><td colspan="2">宗</td><td rowspan="4">因明</td></tr>
<tr><td>故</td><td>四足兽故</td><td colspan="2">因</td></tr>
<tr><td>理</td><td>凡四足兽皆为物</td><td rowspan="2">喻</td><td>体</td></tr>
<tr><td>类</td><td>若犬羊等</td><td>依</td></tr>
</table>

就以因明释墨辩来说，梁启超在起步与开拓阶段主要是套用因明论式来分析墨辩的推理实例，尚谈不上是对墨辩有关论式的思想的发掘与阐释；章太炎虽从“辩说之道”来比较逻辑、因明与墨辩，但他所提出的墨辩论式及其例证既未结合《小取》的相关论述，也不是对《墨经》引《说》就《经》之论证实践的概括。谭戒甫批评了章太炎在以因明释

[1] 参见谭戒甫：《墨辩发微》，第205—206页。
[2] 同上，第204页。

墨辩方面存在的问题,[1]通过对墨辩论式及其演变的考察把以因明释墨辩提升到了一个新的水平。除了上文提及的"六物"式和"四物"式的典型形态,他还援引《经》《说》四篇的实例分析了数十种具体的论式,其结论便是"因明、墨辩,理实一贯",二者具有本质的同一性;墨辩与因明"沆瀣一气,术式符同者几达十之七八,……〔逻辑〕其与因明、墨辩通者不过四五而已。"[2]

不过,谭戒甫的墨辩研究也存在不少较为突出的问题。例如,他虽然强调从《小取》《大取》所论足以证明墨辩是本土具有独立体系的辩学,但在具体论说过程中却是更多地申说墨辩与因明在论式上的本质同一性,对于如何联系《墨辩》其余四篇来细化和完善墨辩的理论体系,如何把握墨辩之独立体系相异于因明、逻辑的独特个性,这些问题谭氏都鲜有涉猎。又如,由于过分执著于用"以因明释墨辩"来抗衡章士钊的"以逻辑熔《墨经》",[3]无论是用旧因明向新因明的发展来类比墨辩论式从"辩"期到"三辩"期的演变,还是仿效五支论式来提出"六物"论式,其实都没有什么史料的支撑。这些结论至多是谭戒甫本人对于《墨辩》辩说实践的猜想与总结,根本谈不上是墨辩本身对于论式的研究。再如,过分偏爱以因明释墨辩,也妨碍了谭戒甫对《墨辩》若干关键段落之逻辑本质的正确把握。他把辟、侔、援、推等错误地解释"六物"论式的构成要素,而没有认识到《小取》将其视作说、辩的具体方法;他把故、理、类视为所谓一辞三物之"四物"论式的构成要素,

---

[1] 参见谭戒甫:《墨辩发微》,第77、204页。

[2] 同上,第449、5页。方括号内文字为笔者据文意所增。谭氏在别的地方也说,《墨经》辩术类条目反映了"名家们研究学问所遵循着一种推理的简要形式,这和印度的'因明'极其相似,和希腊'逻辑'也有很多相通之处"。见《自序》,《墨经分类译注》,第3—4页。此序作于1957年7月28日。

[3] 谭戒甫在回忆自己的治墨历程时称:"那时颇不自量,意欲抗衡章氏,因《章氏墨学》已成整个系统,遂不再步后尘,立志要钻入因明。"见《后记》,《墨经分类译注》,第202页。

未能向沈有鼎等人那样将《大取》的"三物"论说解释为对逻辑学基本原理的总结。此外,可能是过于热衷于对墨辩义理的诠释,谭戒甫常常忽略了对《墨辩》文本进行必要的校勘,致使其诂解出现不少不必要的疏失。谭氏致力于对墨辩论式的挖掘与刻画,却未能发现墨辩对于"止"式推论的论述,这在很大程度上就是因为他未能注意到孙诒让对《经下》相关文本的正确校勘,以至于"前人校释,大抵已臻明畅,而谭书转守原文遂又失之"。[1]

从总体上看,通过章士钊、杜国庠、沈有鼎、詹剑峰等学者的努力,名辩与逻辑的本质同一性在墨辩中得到了具体呈现。虽然重构出来的墨家逻辑体系呈现出一种多元化的态势,但不可否认的是,展开于"名辩逻辑化"范式框架下的墨辩研究,已经初步证成了以墨家逻辑为代表的中国古代逻辑是世界三大逻辑传统之一。

第四节　小　结

关于本阶段的名辩研究,可略作小结如下:

(一) 关于文本整理与义理诠释的关系

本阶段对名辩著作的整理在数量上不及前40年,但义理层面的研究却有了大幅度的发展与提高。不过,着眼于文本整理与义理诠释的关系,张东荪在评述当时的《公孙龙子》研究时指出:"这些著述自然有其所长,但我总觉得除了加上观点一层,专就文字来说,似乎都反不及俞樾与陈澧。"所谓"加上观点一层",指的是对文本的义理诠释,而"专就文字来说"则更多地跟文本的校勘注释有关。正是有见于《公孙龙子》研究中多少存在着一种忽视校注、脱离文本来强解义理的倾向,张

[1] 参见与忘:《〈墨经易解〉书评》,《图书季刊》,1935年,第二卷第4期,第226—229页。

氏强调,“研究中国思想,尤其是古代的,……必须先明白其本来面目是甚么,然后方可加以批评。如果先有了一些主观的评价潜伏在心中便不能十分客观地认识了。”[1]这就是说,对中国古代思想的研究,必须以可靠的文本(本来面目)为基础,不能用缺乏文本基础的“前理解”(主观的评价)来扰乱对文本的义理诠释。

张东荪揭示的这一倾向其实也程度不等地存在于对其他名辩著作的研究之中。由于《墨经》在流传过程中脱误极多,不易校勘,研究者往往望文生义,随意增经减字以适合主观成见。沈有鼎对此提出了批评,认为以往的注释者“一般说来都犯了一个极大的毛病,就是主观主义”,即“常常望文生义,先构成了一个主观成见,于是利用《墨经》脱误本来极多这话作为理由,任意改窜《墨经》的文字来适合自己的成见”。[2] 主观成见的危害,不仅表现在任意改窜文本,还可能表现为义理诠释层面的牵强比附和过度诠释。针对有人主张《墨经》已论及现代物理学原理等“重诬古人”的现象,沈氏不仅认为“这种方法太不科学”,还特别强调他“对墨经的兴趣主要是文字学和语法的”,以此说明立足于文本本身、摒弃主观成见对于《墨经》研究的重要性。[3] 为此,他提出:

> 在校勘方面,要遵守以下的原则:没有必要的时候不轻易改动原文。在注释方面,要反复比较各种可能的解释,经过了精详的考虑,然后采取一个比较最自然最合理的说法。(若是找不到一个

---

[1] 参见张东荪:《公孙龙的辩学》,《燕京学报》,1947年,第37期,第27—28页。

[2] 参见沈有鼎:《序》,《墨经的逻辑学》,第1—2页。

[3] 沈有鼎:《致王浩的信件(1981年5月11日)》,《沈有鼎文集》,第585页。关于墨辩的研究方法和态度,杜国庠也强调,“正确的研究方法,必须以墨家逻辑还诸墨家逻辑,不要‘增字说经’,也不要减辞便己。”(《杜国庠文集》,第558页)李匡武亦指出,“在介绍墨学时必须兼顾当时的科学水平和历史条件。凡在《墨子》中找不到确实证据的,不应凭臆比附缘饰,或对其中文字任意增删乙正以适己意,以免有失墨家学说的真实面目。”李匡武:《墨家的辩学》,《形式逻辑》,广州:广东人民出版社,1962年,第348页。

合理的解释,也不强解)。在这里必须把主观成见放下,让《墨经》自己来注释自己。

质言之,文本校注是义理诠释的基础,“若是诂解的工夫不先作好,正确的全面估价是不可能的。”[1]沈有鼎不仅是这样说的,也是这样做的。《墨经的逻辑学》全书不足6万字,共有注释213条,其中130余条是称引前人时贤的研究成果(主要是校勘);32条是对古汉语中20多个通假字的注释;仅有51条涉及沈氏根据自己的研究对《墨经》原文的改动,其中真正出于己意对原文的改动还不到20条。[2] 正是在充分尊重前人时贤的校注成果又谨慎断以己意的基础上,沈有鼎把《墨经》研究提高到了一个相当高的水平,纠正了自梁启超以来的诸多讹传旧说,发掘出了一批在当时鲜为人知的墨经逻辑思想。

对名辩研究来说,文本整理与义理诠释的结合固然重要,实事求是的科学态度无疑更为重要。相较于前人和时贤,沈有鼎对《墨经》有关逻辑的文字已经进行了较为准确的诂解。例如,他围绕“止”这一论辩方法对相关条目所作的校释,就比高亨、谭戒甫等人等理解更为准确与合理。[3] 尽管如此,沈氏认为,“古书的校勘是一个接近真实的无穷过程,《墨经》尤其如此,正如章太炎所说,不是一个人所能完成的事业。”在《墨经的逻辑学》正式出版之际,针对自己以往的研究,他不仅强调“作者并不认为对于任何问题本文所给的答案乃是唯一可通的说法”,[4]而且

---

[1] 参见沈有鼎:《序》,《墨经的逻辑学》,第1—2页。

[2] 参见董志铁:《沈有鼎〈墨经〉研究特色》,中国社会科学院哲学研究所逻辑室编:《摹物求比——沈有鼎及其治学之路》,北京:社科文献出版社,2000年,第343—352页。关于沈氏《墨经》研究在文本校注与义理诠释方面的特点,还可参见刘培育:《沈有鼎研究先秦名辩学的原则和方法》,《哲学研究》,1997年第10期,第49—56页。

[3] 详见孙中原:《墨家逻辑的新生——论沈有鼎〈墨经〉逻辑研究的成就、方法和意义》,《摹物求比——沈有鼎及其治学之路》,第328—330页。

[4] 参见沈有鼎:《序》,《墨经的逻辑学》,第1—2页。

对自认为11处不合理的校勘、注释和文义分析进行了否定。[1]

实事求是的科学态度，不仅是沈有鼎也是其他学者之所以能够在名辩研究上取得出色成就的一个重要前提。虽然还存在不少需要改进的地方，高亨的《墨经校诠》无疑称得上是20世纪下半叶出版的最为重要的一部《墨经》校注之作。高氏对于校诠非常谨慎，“其有确据者，则改之。其无确据者，虽知其当然，亦仍其旧文，但云某当如何而已，以免武断。”他不仅用301条注释明确标注了所采用的他人校注成果，而且强调“我所选择的旧说，未必完全切当；我所提出的新解，未必完全正确，只是个人的‘管窥蠡测’而已。”[2]

从上述分析不难看出，文本整理与义理诠释的有机结合在沈有鼎等人的名辩研究中已得到较为有效地实践，取得了相当丰硕的成果，但这种结合在不同的名辩学者那里所表现出来的水平还参差不齐，为数不少的成果甚至割裂了二者的结合，出现了任意窜改原文、牵强比附与过度诠释等问题。[3] 张东荪、杜国庠、沈有鼎、高亨等人从不同角度对这些问题的揭露与批评，说明在名辩研究中坚持实事求是的科学态度、坚持文本整理与义理诠释的统一仍然是一项必须高度重视的课题。

（二）关于名辩研究的心态问题

如前所述，面对外来文化的挑战、面对逻辑在西方已蔚成一科的现状，起步与开拓阶段的名辩学者或多或少、或显或隐地都流露这样一种心态：为了维护本土文化的自尊，往往“耻于步武后尘”而自觉或不自觉地“以为斯皆古先所尝有”。受此影响，他们尝试援引名辩与逻辑的本质同一性来证成中国本土有逻辑，进而赢得西方学界的承认，以有助

[1] 详见董志铁：《沈有鼎〈墨经〉研究特色》，《摹物求比——沈有鼎及其治学之路》，第350—352页。

[2] 参见高亨：《墨子校诠》，《高亨著作集林》（第七卷），第10—11页。

[3] 关于本阶段名辩研究在中西关系上所存在的牵强比附、过度诠释等问题，更为详细的分析和论述可以参见曾祥云的《中国近代比较逻辑思想研究》与张斌峰的《近代〈墨辩〉复兴之路》的相关内容。

于中国文化在西方学界面前确立其平等地位，但也在相当程度上造成了对名辩的义理诠释出现程度不等的“比附缘饰之辞”。

在本阶段，上述心态以一种新的方式对名辩研究产生了影响。出于巩固新生政权的需要，1949 年之后出现了连续不断的政治运动与思想批判，这些运动和批判要求用马克思主义的立场、观点和方法来彻底清算所谓帝国主义、洋奴买办思想影响下的旧中国的学术研究。另一方面，出于思想改造的需要，追求政治进步的学者大多立足于爱国主义的立场，试图通过挖掘古代劳动人民的贡献，继承民族文化的优秀遗产，来证明经过马克思主义洗礼的中国文化具有与西方文化平等的地位甚至是更具优势的地位。政治批判的要求与爱国主义的驱动以一种普遍的社会心理或研究心态影响到了本阶段的名辩研究。

以汪奠基为例，在论及中国古代有无逻辑的问题时，他指出：

> 所有过去这些对待中国逻辑史的虚无主义思想，正反映了半封建半殖民地旧中国的社会形态。它们剽窃了外国哲学史的教条，来忠实地替帝国主义哲学史家伪造“中国没有逻辑科学”的谎言，但这些反科学历史的主观唯心论的幻想，早已被我国人民中国革命的胜利这一历史事实彻底予以消灭了。

很明显，立足于中国革命的胜利这一历史事实，“我们必须彻底清除这些主观的教条主义的反科学历史的幻想，坚持马克思列宁主义哲学对待任何科学和哲学的历史的研究态度，把中国逻辑史的对象和范围科学地明确起来。”[1] 由此出发，他一方面反对以虚无主义的态度对待中国古代逻辑思想的遗产，强调“我们不能忽视希腊逻辑史的研究，同样也不能无视古代中国的、印度的以及其他民族有关逻辑科学方面的

[1] 汪奠基：《关于中国逻辑史的对象和范围问题》，《哲学研究》，1957 年第 2 期，第 42—43 页。

发觉和贡献”。[1] 另一方面认为对“名辩”含义的理解其实就关涉中国逻辑史的对象与范围问题——中国古代不仅有逻辑，而且就存在于名辩话语之中。“先秦的逻辑思想，具有古代逻辑先进的思想特征。由于形式上与传统的西方逻辑结构不相同，所以在思维形式的共同原则之下，突出地形成了自己民族语言表述的特殊方式。”[2]就这样，基于政治批判的要求与爱国主义的驱动，汪奠基通过对名辩与逻辑之本质同一性的证成，揭示了中国古代逻辑思想的优秀遗产不仅具有与古希腊逻辑同等的重要性，而且在语言表述方面具有后者不可替代的民族特色。

詹剑锋的墨辩研究也明显受到前述社会心理或研究心态的影响。在他看来：

> 旧中国不讲逻辑者久矣。固有的逻辑文献多不克保存，有的不得不求之于异国，又何怪洋奴买办式的学者大唱其“中国无逻辑”的谬论。但是这种谬论，只表白他们的无知，又何伤乎我国劳动人民对逻辑的贡献。[3]

从清算所谓洋奴买办思想影响下的谬论、肯定中国古代有逻辑（辩学）出发，詹氏认为，“在大学里讲授逻辑应当和辩学结合起来讲，一方面因辩学有其精到之处，另一方面可以激发学生爱国主义的思想。但要做到这点，那就必须先把辩学整理成较为完整的体系才行。所以我发

---

[1] 汪奠基：《从研究逻辑史的问题谈到中国逻辑思想史的特点》，《教学与研究》，1961年第3期，第12页。

[2] 汪奠基：《先秦逻辑思想的重要贡献》，《教学与研究》，1962年第1期，第36页。

[3] 詹剑锋：《墨家的形式逻辑》，第4页。此书附有《读墨余论（批判胡适以来研究“墨经”的错误观点）》一文，对所谓胡适名辩研究中的错误观点和方法进行了批判。正如詹氏自己所说，“这篇文字将脱稿之际，“人民日报”连续发表了许多篇批判胡适的资产阶级反动哲学实用主义，使我更明确地认识到批判胡适的思想是无产阶级思想对资产阶级思想的艰巨斗争，认识到肃清胡适反动思想的遗毒是一个巨大的政治任务。但我这篇文章只是自发地批评胡适的错误的方法，而不是自觉地反对胡适的反动思想，所以是不够彻底的。”（第126页）

愿来整理中国的逻辑，首先是墨子的形式逻辑。”[1] 显然，激发学生的爱国主义构成了詹剑峰研究与讲授辩学的内在驱动之一，而其结论便是辩学不仅与逻辑、因明鼎足而立，而且具有鲜明的中华民族文化的特征。

政治批判的要求和爱国主义的驱动对名辩研究的影响颇为复杂。积极地说，名辩学者在本阶段，尤其是在1949年之后，将爱国主义的热情倾注于名辩研究，立足于名辩与逻辑的本质同一性，初步证成了以墨辩为代表的中国古代逻辑与古希腊逻辑、印度因明鼎足而立，是世界三大逻辑传统之一，并且在语言表述方面具有相异于其余二者的显著民族特色。消极地看，一方面，政治批判的急迫性使得不少学者在运用马克思主义来清算所谓旧中国名辩研究的错误观点、发掘中国古代逻辑的优秀遗产时，来不及对阶级分析方法本身做充分的准备，也没有对这一方法如何运用于名辩研究作深入的思考，往往是简单化、庸俗化地“贴标签”、“扣帽子”，将名辩话语的代表人物及其思想封闭于革命（进步）与反动、唯物主义与唯心主义的二元对立框架之中。[2] 另一方面，奠基于革命胜利之上的爱国主义热情，不仅促使名辩学者坚定对于社会主义制度的优越性、对于马克思主义能带来学术和文化繁荣的自信，而且推动着他们尽快把这种自信具体表现于名辩研究之中。受此

---

[1] 詹剑锋：《墨家的形式逻辑》，第5页。对詹氏的这一认识，沈有鼎给予了高度的评价：“在大学里讲授逻辑学应当和墨经的辩学结合起来讲，这是非常正确的，这无疑是激发同学爱国主义思想的有效方法之一。”参见沈有鼎：《评〈墨家的形式逻辑〉》，《沈有鼎文集》，第222页。

[2] 除了前面已经提到的汪奠基、詹剑峰，赵纪彬的《先秦逻辑史论稿》、侯外庐等的《中国思想通史》（第一卷）、任继愈主编的《中国哲学史》（第一册）等著作也或多或少地存在此类问题。又如，李世繁在1961年针对汪奠基《中国逻辑思想简史》一书的初稿特别指出，“把中国逻辑史规定为‘研究中国逻辑思想发生发展的历史’还不够，应该把唯物主义对唯心主义、朴素的辩证法对形而上学的斗争贯穿进去。”参见兆柯：《哲学会座谈中国逻辑思想史研究问题》，《中国逻辑思想论文选（1949—1979）》，北京：生活·读书·新知三联书店，1981年，第598页。此文首刊于《光明日报》，1961年5月11日。

影响，不少学者在名辩与逻辑之间重求同轻明异，急于通过名辩与逻辑的本质同一性来确立中国古代逻辑在世界逻辑史上的重要地位，由此而来的问题就是在诠释名辩义理时出现程度不等的“比附缘饰之辞”。

与其他任何学术研究一样，名辩研究并不是在真空中进行的，而总是展开于种种主客观条件的制约之中。如何妥善处理政治批判与学术研究之间的关系、如何有效平衡爱国主义热情与客观理智分析之间的关系，在本阶段的名辩研究中并未得到很好的总结。这一不足既是上一阶段研究在动因与心态方面所存在问题的遗留与变形，也或多或少地对下一阶段的研究产生了某种负面的影响。

（三）关于“名辩”的学派、思潮与理论三义

作为一个相对独立的思想史现象，先秦名辩在本阶段得到了前所未有的自觉研究。由伍非百引入的“名辩”一词开始为学术界所普遍使用，学者们从学派、思潮和理论三个角度对名辩话语展开了多元化的研究，“名辩”三义的格局逐渐显现。

第一，“名辩”的学派义指的是某些思想家对名辩话语所涉诸论题进行了专门研究，彼此之间具有师承关系或其学说之间具有传承关系，形成了独特的学术传统。例如，伍非百就视名辩为形名六派之一，至于其代表人物，则有两种说法，一为墨翟、邹衍、荀卿；一为惠施、公孙龙所代表的名家，以及儒家之孔、孟、荀，墨家之墨子与后期墨家等。汪奠基的《中国逻辑思想史料选辑》（第一辑）对“名辩”的学派义也有所涉及，但在不同语境中其所指并不固定。例如，针对有人主张“中国先秦名辩学派的逻辑思想，不过是古希腊诡辩一类的‘逻辑对立物’”，汪氏认为其错误就在于“否认古代名家在科学认识上提出的某些逻辑辩证思维形式”，显然“名辩学派”在此具体指通常所说的名家。他又指出：“还有不少人主观上不愿意把留在旧哲学史里的辩证思维方法，当作逻辑史的对象，所以往往用夸大诡辩错误的说法，来排斥整个先秦名辩学者的逻辑理论。”很明显，“名辩学者”在此的所指就不再局限于名

家,而是泛指所有卷入名辩论争的先秦思想家。[1]

第二,"名辩"的思潮义强调的是围绕"名"与"辩"所涉诸论题而展开的研究与争辩持续时间长,影响范围广。郭沫若在近现代名辩研究中首次使用了"名辩思潮"一词,主张突破汉儒"名家"的范围来泛论先秦各家的名辩,从思潮的角度对"儒、墨、道、法都在从事名实的调整与辩察的争斗"这一思想史现象做整体的考察。受其影响,杜国庠、赵纪彬、侯外庐、汪奠基、任继愈等纷纷从思想史、逻辑史和哲学史的角度对"名辩"的思潮义做出了自己的理解。例如,关于名辩思潮的形成原因,多数学者主张起源于为应对"名实相怨"而提出的"正名"要求,侯外庐等人强调在名实关系调整中逐渐盛行的辩诘之风的刺激作用,汪奠基则认为肇始于跟"乡校议政"、"铸刑书"密切相关的讲求名辩达辞的风气。关于名辩思潮的起止时间,多数学者主张始于春秋末年终于战国末期,任继愈等则认为仅存在于战国时代,此外赵纪彬、汪奠基等还简要勾勒了名辩思潮在先秦之后的余绪。关于名辩思潮的基本论题,郭沫若认为是名实之辩以及如何正名的问题,杜国庠则提出对辩论法则的探讨亦是论题之一,而侯、赵、任等则倾向于把逻辑和认识论的问题视为名辩思潮的基本论题,汪奠基提出对"名辩"含义的理解其实关涉整个中国逻辑史的对象与范围问题。与在基本论题上的歧见相关,这些学者在名辩思潮的代表人物、阵营分野、发展阶段等问题上也是见仁见智,各执己见。可以说,正是在对"名辩"之思潮义的具体解说中,先秦名辩之为一个相对独立的思想史现象从整体上得到了自觉的考察,标志着本阶段的名辩研究相较于起步与开拓阶段有了大幅度的发展与提高。

---

[1] 参见汪奠基:《关于中国逻辑史的对象和范围问题》,《哲学研究》,1957 年第 2 期,第 43 页。汪氏之所以用"名辩学派"称名家,很可能是因为他想强调名家乃是"以研究名辩思想为业的学派",其余先秦各家虽也有大量名辩论述,但并不以此为业。参见汪奠基:《中国逻辑思想史料分析》(第一辑),第 11—12 页。

第三,"名辩"的理论义侧重的是名辩话语的主要论题与理论本质。在本阶段,伍非百和张岱年率先对"名辩"的理论义表达了各自不同的理解。伍氏区分了广狭两种名辩学,并立足于《小取》《正名》把狭义名辩学规定为主要是对名、辞、说、辩四者之原理和应用的研究,即对正名、析辞、立说、明辩的规律和有关问题的研究。尽管对逻辑问题的讨论构成了狭义名辩学的主体或核心,但从总体上看,伍非百并不认为先秦名辩的主要论题与理论本质可以完全归结为逻辑。张岱年视名辩理论为方法论的一部分,旨在探索表述真知、论证真知的方法。他一方面将名辩理论的实质明确归结为形式逻辑,另一方面却在罗列具体论题时把对于名言与辩之价值诸问题的讨论也归于名辩理论,致使其对名辩的理论本质与具体内容的理解出现明显的不一致。赵纪彬认为在先秦思想史上"名辩即是逻辑","逻辑是名辩的完成,名辩是逻辑的幼芽",二者具有本质的同一性。相较于更为关注如何从历时态的角度来把握先秦逻辑发展的不同阶段及其所取得的逻辑成果,赵氏对于如何从共时态的角度来梳理名辩(先秦逻辑)的主要论题、重构其理论体系则鲜有论说。按汪奠基之见,"名辩"的含义关涉中国逻辑史的对象与范围问题,中国本土逻辑就存在于从先秦至明清之际的名辩话语之中。他所说的名辩话语,其论题与内容极其宽泛和庞杂,举凡中国古代有关形式逻辑及辩证思维的形式法则的一切理论与实践,均是中国本土逻辑思想史的材料,因而也就属于名辩话语的范围。由于汪氏在本阶段公开发表的成果主要是对中国逻辑思想史料的分析,因此跟赵纪彬的情形非常类似,他也没有从共时态的角度对中国本土逻辑或者说名辩话语的主要论题与理论体系进行梳理与重构。

总的来看,"名辩"一词所具有的学派、思潮与理论三义,反映了本阶段学者对于名辩话语之不同侧面的关注;而围绕"名辩"三义所存在的种种意见分歧,则折射出这些学者对于重构名辩话语的不同尝试,渗透着他们对于名辩话语的形成原因、起止时间、代表人物、阵营分野、主要论题、发展阶段以及理论本质的不同理解。

（四）关于“名辩逻辑化”的研究范式

本阶段的名辩研究之所以能在义理层面上获得大幅度的发展与提高，在很大程度上得益于“名辩逻辑化”的研究构想被确立为一种具有范式意义的研究方法。关于“名辩逻辑化”的研究范式及其实践，有如下几点值得注意：

第一，“名辩逻辑化”被确立为研究范式。

从名辩话语中寻找能够跟西方逻辑相契合的思想以发现中国本土逻辑，是名辩研究在近现代得以兴起的动因之一。在起步与开拓阶段，与名辩话语还没有得到自觉研究相关，“名辩与逻辑的本质同一性”在梁启超、胡适、郭湛波、虞愚等人那里还仅仅是一个蕴含于研究实践中的预设，尚未作为名辩研究的一条方法论原则被主题化。在本阶段，赵纪彬、汪奠基等人不仅从理论上阐明了名辩与逻辑的本质同一性，提出名辩是中国古代逻辑的具体表现形态，中国古代逻辑就存在于名辩话语之中，而且化理论为方法，将“名辩与逻辑的本质同一性”明确为名辩研究的方法论原则，强调只有从逻辑着眼才能把握名辩的本质与衡量各家名辩思想的优劣正误。至此，“名辩逻辑化”的研究构想——运用传统逻辑（以及逻辑的其他分支）的术语、理论和方法，来梳理先秦名辩的主要内容，勘定其理论本质，评判其历史地位——成为了唯一可取的研究方法，或者说，被确立为一种具有范式意义的研究方法。

需要指出的是，“名辩逻辑化”的范式地位不仅来源于理论上的论述，更在研究实践中得到了进一步的确立。章士钊、杜国庠、沈有鼎、詹剑峰等人在各自的墨辩研究中，对“名辩与逻辑的本质同一性”给予了多样化的具体呈现，初步证成了以墨辩为代表的中国古代逻辑是世界三大逻辑传统之一，堪与古希腊逻辑、印度因明鼎足而立。“名辩逻辑化”在研究实践中的成功反过来又进一步强化了其研究范式的地位，对下一阶段的名辩研究产生了深刻的影响。

第二,名辩学者的逻辑观及其研究实践。

如前所述,“名辩逻辑化”关涉“名辩”与“逻辑”两项。如果说在起步与开拓阶段,这两项的内容或范围均未得到自觉而充分的讨论,那么在本阶段,伴随着对“名辩”一词的广泛使用以及从整体上对名辩话语的自觉研究,学者们对作为研究工具的逻辑也有了更为全面与准确的把握。章士钊、汪奠基、詹剑峰、沈有鼎等人均在国外研习过逻辑,归国后继续从事逻辑研究与教学,发表和出版了不少介绍与研究逻辑的论文、专著以及教材;赵纪彬等人也曾在多所高校讲授和研究逻辑。

从总体上看,这些学者均主张一种多元的逻辑观。例如,虽然《逻辑指要》主要涉及传统逻辑,但在勾勒逻辑发展史时,章士钊对近代以来的“数学派”之逻辑亦有提及。[1] 汪奠基在《逻辑与数学逻辑论》中除了介绍以亚里士多德逻辑为代表的传统形式逻辑,以及培根、笛卡尔、康德、汉密尔顿、密尔等的补充和完善,还介绍了莱布尼茨、德摩根、布尔、施罗德、皮亚诺、罗素等人改革形式逻辑、建立新逻辑的努力和取得的成果;[2] 其《现代逻辑》则着重介绍了他称作“象征”或“符号逻辑”的新逻辑,包括逻辑主义、形式主义和直觉主义的逻辑理论和数学思想;[3] 后来,他又认为还存在着关于辩证思维形式的逻辑思想。[4] 杜国庠明确指出:“在西方,有形式逻辑——演绎的和归纳的;有辩证逻辑——观念论的和唯物论的。”[5] 赵纪彬则把西方逻辑的发展区分为四个阶段,相应地,逻辑就至少有四大类型,即直观逻辑、演绎逻辑、

---

[1] 参见章士钊:《逻辑指要》,第10—11页。

[2] 汪奠基:《逻辑与数学逻辑论》,上海:商务印书馆,1927年。

[3] 参见汪奠基:《现代逻辑》,上海:商务印书馆,1937年。亦可参见宋文坚:《逻辑学的意义:实用、科学——汪奠基〈现代逻辑〉评价》,《湖北大学学报》(哲社版),2011年第1期,第21—28页。

[4] 参见汪奠基:《关于中国逻辑史的对象和范围问题》,《哲学研究》,1957年第2期,第42—53页。

[5] 杜国庠:《为什么逻辑离不开认识论》,《杜国庠文集》,第520页。

归纳逻辑和辩证逻辑。[1] 詹剑峰强调,逻辑的定义随历史而变动不居,重要的逻辑体系有辩证逻辑、数理逻辑、形式逻辑、普通逻辑等类型。[2] 沈有鼎亦认为逻辑至少包括两大类型,即广泛意义的形式逻辑和辩证逻辑(辩证的范畴论),前者又包括严格意义的形式逻辑和形式的范畴论。[3]

正是从多元的逻辑观出发,上述学者把“名辩逻辑化”的方法运用于名辩研究,尤其是墨辩研究,对其中包含的逻辑思想进行了各具特色的发掘与整理。章士钊、詹剑峰“以欧洲逻辑为经,本邦名理为纬”,用普通逻辑或传统逻辑的理论体系为模板来剪裁、诠释和收容墨辩文本。杜国庠、沈有鼎则立足于《小取》的固有结构来诂解《墨辩》六篇的相关文本,通过跟普通逻辑——必要时,也援引现代逻辑的理论与方法——的对照参证,初步完成了对墨经逻辑的体系化重构。汪奠基把“名”与“辩”作为中国逻辑史的对象,尝试通过梳理和考察中国古代有关普通逻辑与辩证思维的形式法则的理论与实践来把握中国本土逻辑思想的发生与发展,但对中国本土逻辑的理论体系本身着墨不多。

前文曾简要提及在运用逻辑来诠释名辩义理时,往往容易出现梁启超所说的“重诬古人”的现象,即“举凡西人今日所有之学而强缘饰之,以为吾古人所尝有,此重诬古人而奖厉国民之自欺者也”。[4] 一般而言,在经典研究中,“重诬古人”通常有两种表现,除了梁氏提及的那种将古人由于历史条件的限制而根本不可能提出的某种观念强加给

[1] 参见赵纪彬:《逻辑学和逻辑史的统一》,《困知录》,第212—228页。赵氏也把辩证逻辑称作“对理论理学”,参见赵纪彬:《论理学》,《新乡师范学院学报》(哲社版),1985年第1期,第13—14页。此文系赵纪彬1939—1943年讲授逻辑学的讲义。

[2] 参见詹剑峰:《试论逻辑的对象》,《理论战线》,1959年第5期,第43页。

[3] 参见沈有鼎:《论“思维形式”和形式逻辑》,《沈有鼎文集》,第244—251页。此文最初发表于《光明日报》,1961年11月10日。

[4] 梁启超:《墨子之论理学》,《饮冰室合集》(第8册),专集之三十七,第55页。

古人,另一种表现就是因为古人限于历史条件而未能提出某种观念而责备古人。[1] 之所以会出现这两种倾向,其原因不仅与研究者的心态、文本诂解的准确性等因素有关,也跟诠释工具的适当性有很大关系。就对名辩的逻辑诠释来说,诠释工具的适当性要求在多种类型的逻辑理论与方法中选择与名辩话语发展水平相适宜的工具来诠释名辩。在这方面,杜国庠与沈有鼎的论述与实践尤其值得重视。

针对第一种倾向,杜国庠强调不能简单援引处于较高发展阶段的西方逻辑来评判墨家逻辑的长短:“有人以为墨家逻辑没有繁复的论式,遂认为不及西方形式逻辑或印度‘因明’的进步。不知墨家逻辑是二千多年前的产物,而形式逻辑和‘因明’的初期也是这样”。[2]

针对第二种倾向,沈有鼎赞成金岳霖的说法,即中国古代逻辑“虽有萌芽而后来不发展”,[3]认为普通逻辑才是墨辩研究的首要恰当的工具。在他看来:

> 普通逻辑是广泛意义的形式逻辑的初步入门的阶段,是“初级的初级逻辑”。作为初步入门的东西,严格意义的形式逻辑和形式的范畴论这两个部分在普通逻辑中还处在未分化的状态。我们甚至可以,这正是普通逻辑的独特的优点,它使普通逻辑始终不脱离各门科学的具体认识过程,始终和这样的认识过程以及日常思维紧密地联系着。

由于“逻辑学在开始形成的时候,不论在中国、印度、西方,都是以一般的认识工具或认识方法的姿态出现的”,[4]因此普通逻辑就成了诠释墨辩义理、证成墨经逻辑、评估墨辩价值的适当工具。根据沈氏的研

[1] 参见高瑞泉:《观念史何为》,《华东师范大学学报》(哲社版),2011 年第 2 期,第 7 页。

[2] 杜国庠:《杜国庠文集》,第 557—558 页。

[3] 沈有鼎:《致王浩的信件(1981 年 5 月 11 日)》,《沈有鼎文集》,第 585 页。

[4] 沈有鼎:《论“思维形式”和形式逻辑》,《沈有鼎文集》,第 248 页。

究,墨经逻辑是对中国古代一些具体科学知识的总结,中国古代逻辑首先作为辩论术而发展起来,《墨经》主张"辩"具有"明同异"、"明是非"的认识功能,墨经逻辑尚未用明确术语来分辨演绎、归纳、类比,等等,这些都充分说明了墨经逻辑具有普通逻辑的性质,从而有效避免了过度诠释等"重诬古人"现象的发生。

如果说"重诬古人"的问题在很大程度上源于没有妥善处理名辩研究所涉的古今关系,那么在以逻辑诠释名辩时如何协调求同与明异的关系则关乎中西之争。如前所说,杜国庠、沈有鼎、詹剑峰、汪奠基等人在其研究构想上均认为应该坚持求同与明异并重,一方面努力证成名辩话语所具有的普遍的逻辑本质,另一方面尝试阐明以名辩为具体形态的中国本土逻辑跟语言的民族性等因素有关的个性或特殊性。不过,在研究实践中他们都未能对本土名辩相异于西方逻辑的特殊性这一论题进行深入考察。语言的民族性究竟如何造成了逻辑的特殊性?这种特殊性是否涉及逻辑之学理基本?墨辩乃至以名辩为具体形态的整个中国本土逻辑究竟在语言表达方面具有哪些相异于欧洲逻辑与印度因明的地方?对于这些关乎中西之争、体现普遍与特殊之辩的问题,杜、沈、詹、汪等人或者语焉不详,或者根本没有意识。与上述学者至少在研究构想层面上主张求同与明异并重不同,李匡武在论及墨辩研究的方法时虽然反对"把西方逻辑底框子硬套到墨家的颈上——把经过二千余年发展的西方逻辑的形式、规律和方法整套搬给墨家,或以西方逻辑做评价墨辩的尺度",认为这是民族自卑感的一种表现,但他强调不能由此排斥在本土墨辩与西方逻辑进行适当比较,因为二者之间具有很多的共同性,"譬如逻辑思维的基本方法、规律和形式本身,便是属于全人类的,其中可以通译的地方更多。"[1]

第三,"名辩逻辑化"的限度。

---

[1] 李匡武:《墨家的辩学》,《形式逻辑》,第349页。

在总结起步与开拓阶段的研究时，笔者指出，在研究构想上的“名辩与逻辑的本质同一性”预设与研究实践上名辩义理非逻辑所能范围这一事实之间存在着某种紧张关系。在寻找中国本土逻辑的热情背后，不仅潜藏着使“名辩逻辑化”从名辩研究的一种特定进路沦为唯一进路的危险，也隐藏着以证成名辩之为中国本土逻辑的具体形态来牺牲多方面诠释名辩义理的可能。随着“名辩逻辑化”被确立为研究范式，以墨辩为代表的中国古代逻辑被确立为世界三大逻辑传统之一，上述危险与可能在本阶段可以说已经在相当程度上便成现实。张岱年在诠释名辩本质与梳理名辩论题时所暴露的前后矛盾，郭沫若将以逻辑释名辩归为“求之过深”，杨宽对墨辩研究中“强以名学诠释之谬”的批评，谭戒甫援引因明来诠释墨辩以重构“我国本有独立性的辩学”的尝试，均在不同程度上反映了“名辩逻辑化”存在的问题以及他们对其范式地位的质疑。不仅如此，即便在章士钊、杜国庠、沈有鼎、詹剑峰等致力于证成墨家逻辑的研究实践中，他们也在事实上承认墨辩除了论及逻辑问题，还包括认识论、宇宙论等多方面的内容。这就是说，前述紧张关系在本阶段的名辩研究中依然存在，并没有得到有效克服。

进一步看，“名辩逻辑化”的主要目的是通过援引名辩与逻辑的本质同一性来证成中国本土有逻辑。就这一目的驱动下的墨辩研究而言，无论是立足于逻辑的理论框架来剪裁、诠释与收容墨辩文本，还是从《小取》本身的论题与结构出发并结合逻辑理论来诂解《墨辩》六篇，其最终成果都指向作为一种理论体系的墨家逻辑。对这种体系的把握与重构更多地来自于墨辩与逻辑之间的求同性研究，即通过寻找墨辩与逻辑在术语、理论和方法之间的对应与一致来证成墨辩已对逻辑问题进行过体系化的考察，由此就有可能忽视了去把握墨辩本身得以产生和发展的具体社会历史文化环境及其对墨辩的目的、论题与内容的影响，相应地，也就有可能忽视了对于墨辩固有的实质性体系的梳理与阐释。就上文论及的墨辩研究个案看，章士钊、詹剑峰等人的研究无疑较为突出地存在着这样的问题。这就是说，展开于“名辩逻辑化”范式下的名辩研究恐有只见逻辑不见名辩之虞。

在“名辩”三义中，以证成中国古代逻辑为目的的名辩研究与“名辩”的理论义更为相关。但是，对名辩话语的系统研究，除了梳理其主要论题、勘定其理论本质、评价其历史地位，还包括从学派与思潮角度所进行的研究。如果说“名辩逻辑化”范式下的名辩研究更为关注名辩话语的常见术语、主要论题、基本主张等因素之间的逻辑联系与体系重构，那么从学派与思潮角度所进行的名辩研究，无疑更加重视名辩话语得以产生和发展的具体社会历史文化环境，要求结合社会史、经济史、政治史以及文化史等学科来考察社会、经济、政治、文化诸因素如何推动了名辩话语的形成与发展，如何影响到名辩论题的提出与各家各派的回应和主张，如何关联着名辩话语的社会效应，等等。同时，为了更为深刻地把握名辩话语的理论特征与历史地位，还需要结合相关的宇宙论、本体论、认识论、伦理学、政治学、语言学、科学技术史等学科来对名辩话语的主要论题、具体内容与理论本质给予更为全面的梳理和更为准确的诠释。简言之，对于名辩话语全面而系统的研究来说，“名辩逻辑化”的方法有其自身难以克服的限度。

值得注意的是，郭沫若、杜国庠、侯外庐、赵纪彬等人在本阶段已经联系先秦社会史、经济史、政治史、思想史、哲学史等来考察名辩思潮的形成发展，梳理名辩论争的主要论题，勘定名辩话语的理论本质。尽管由于种种主客观条件的限制，这些研究还带有较为强烈的意识形态特征，包含着颇为明显的政治性表述，但我们有理由说，他们的研究代表着通过对名辩话语的历史分析与文化诠释来超越“名辩逻辑化”的可贵尝试。

第四章　复苏与推进

1970 年代末至 1980 年代末是近现代名辩研究的复苏与推进阶段。“文革”结束，名辩研究从为期十年的停滞中逐渐复苏，对名辩著作的辨伪与校释取得了若干新的进展，出现了以《中国逻辑史资料选》为代表的一批新的整理成果。“名辩逻辑”一词在本阶段的出现与广泛使用，不仅意味着名辩话语的理论本质再一次被明确为逻辑，而且标志着对中国本土逻辑的理论形态的探索，从上一阶段含义不甚明确的“名辩即是逻辑”被最终定格为“名辩逻辑”，即以名辩为具体形态的传统形式逻辑。在此基础上，学者们化理论为方法，将“名辩逻辑化”的研究范式全面贯彻于历史书写，或者对名辩话语的基本论题、代表人物、主要著作等展开个案研究，或者立足于名辩逻辑的形成与发展来建构中国逻辑史的叙述内容，出版了一大批中国逻辑史著作，在更为广阔的历史视野中证成了名辩逻辑之为中国本土逻辑是世界三大逻辑传统之一。

第一节　名辩著作整理的新进展

虽然“复苏与推进”更多指的是义理层面的名辩研究，但本阶段的名辩著作整理还是取得了不少新的进展，这主要表现在：第一，五卷本《中国逻辑史资料选》的编纂出版，为名辩研究提供了一套内容较为全面的入门性资料选辑；第二，对名家著作的真伪展开了进一步的考辩，纠正了此前的一些偏激看法，出版了一批校释成果；第三，《墨辩》等著作的整理也有若干新的成果问世。

一、《中国逻辑史资料选》的编纂出版

鉴于古籍的影印与点校在1970年代末还不能满足研究的需要，而学者们要获取和利用1949年以前的相关著作与论文也颇不方便，为了进一步推进中国逻辑史的研究，中国逻辑史研究会1980年决定编纂一套《中国逻辑史资料选》，共分先秦、汉至明、因明、近代和现代五卷，其中现代卷又分为上下两册，由甘肃人民出版社在1985—1991年间陆续出版。

这套资料选虽被冠以“中国逻辑史资料选”之名，与名辩研究的关系其实非常紧密。编选者对资料的编选范围有如下的说明：

> 这套资料选的范围，是以中国历史上有关形式逻辑的思想资料为主，目前尚有很大争议者如辩证逻辑等，暂不选入。考虑到中国名辩逻辑发展的历史特点，也选入少量与名辩思想有直接关系的认识论方面的资料如名实关系，和某些科学方法论资料。这套资料选主要是供研究中国名辩逻辑思想及其发展使用，所以以形式逻辑的理论资料为主，不包括大量应用逻辑方面的例证，也不同于一般的古代逻辑故事。[1]

这里，“名辩思想”与“名辩逻辑”交替使用，鲜明体现了“名辩逻辑化”范式对于名辩研究的影响；“以形式逻辑的理论资料为主”，说明编选者倾向于把名辩的理论本质归于形式逻辑，而对名辩话语是否涉及辩

---

[1] 钟罗：《〈中国逻辑史资料选〉和〈中国逻辑史〉编纂出版概况》，《哲学动态》，1986年第7期，第38页。亦可参见中国逻辑史研究会资料编选组：《例言》，《中国逻辑史资料选》（先秦卷），兰州：甘肃人民出版社，1985年，第1页。

证逻辑持谨慎的态度。此外，这套资料选还收录了少量认识论和科学方法论方面的材料，表明编选者虽主张名辩与逻辑的本质同一性，似乎也认为名辩话语难以完全归结为对逻辑问题的讨论。

事实上，除去跟印度因明、西方逻辑的输入、研究与普及相关的内容，这套资料选可以说就是一套名辩研究史资料选。其编纂体例是先简介思想家的生平、著述与思想；然后据同一底本按篇章对其代表作进行选编，注释一般以段注为主，多采自较为通行的有代表性的注释本，编选者的自注较少；最后附有引注的书目。对于真伪存疑的"伪书"，除在注释中加以说明外，也按同样的原则进行了选编。简言之，先秦卷的内容涵盖名辩逻辑的发生、建立和完善，选编有邓析、孔子、老子、子思、孟轲、商鞅、惠施、庄子、公孙龙、墨家、管子、尹文、纵横家、荀子、韩非和吕不韦等思想家或学派的名辩资料；汉至明卷对名辩资料亦有收录，不过名辩逻辑在这段时间虽有一定程度的继承和发展，但更多地处于受批判、被废置的相对衰落地位；近代卷的内容涉及明末《名理探》的翻译至"五四"运动以前这段时期，选编了大量名辩研究复苏阶段有关名辩著作的发掘、整理和校释的资料；现代卷的时间跨度始于"五四"运动前后终于中华人民共和国成立，对校释与研究先秦名辩著作的30余部著作和近20篇论文进行了节选，反映出这一时期已经出现对于名辩逻辑的全面而系统的研究。

《中国逻辑史资料选》对名辩的理解类似于汪奠基把名辩视为中国逻辑史的对象，即名辩话语并不仅仅存在于先秦，而是作为中国本土逻辑的具体形态一直存续至今，虽然其间经历了一个由盛转衰直至重新复苏的曲折发展过程。就此而言，这套资料选具有选材年代长、范围广、内容详等特点，其编纂出版在一定程度上满足了本阶段开展包括名辩研究在内的中国逻辑史研究的迫切需要。不过，由于种种主客观条件的限制，这套资料选在底本选择、内容取舍、注释称引以及出版校对等方面，还存在着不少不尽如人意的地方。从总体上看，五卷六册的

《中国逻辑史资料选》所提供的资料更多地带有一种入门的性质，对名辩研究初涉者较为有用，但要有助于实现栾调甫、沈有鼎等所希望的那种基于严谨的文本校勘、注释之上的义理研究，则显得力所不逮。

二、名家著作的非伪之辩与校释

针对《邓析子》、《尹文子》和《公孙龙子》三书在前两个阶段多被视作伪书，学者们在本阶段更多地展开了非伪之辩，纠正了此前的一些偏激看法，出版了一批校释成果。

（一）《邓析子》

20 世纪的头 40 年，今本《邓析子》之伪几成定论。其后，伍非百、冯友兰等继续质疑其真实性，但汪奠基提出异议。在本阶段，汪氏继续坚持今本未必全文皆伪；邓析的“无厚”之论可能兼摄自然、社会和政治伦理多方面的内容，而惠施的“历物”之论可能是从自然科学的角度对前者的发挥。[1] 温公颐赞成汪氏对名家“无厚”之论的主题存在一个发展过程的分析，同时援引《荀子》和《吕氏春秋》对邓析“两然”、“两可”之说的评论，认为“今本《邓析子》二篇中的基本主张出于邓析，是有旁证的。”[2]

受到汪、温两位学者的启发，周山对《邓析子》非伪之说进行了更为详细的论证，逐条分析并反驳了伍非百所提出的三条证伪论据，即今本无刘向所谓“设无穷之辞，操两可之辩”者；今本无荀子所批评的“好治怪说，玩琦辞”者；据刘向所谓“无厚”与公孙龙同类，可知今本伪造

---

[1] 参见汪奠基：《中国逻辑思想史》，上海：上海人民出版社，1979 年，第 58—59 页。据作者后记，此书写成于 1960 年代初，当时曾铅印成册征求意见，后又作过多次修改（第 440 页）。又，1961 年，中国哲学学会曾组织京津地区的逻辑工作者 40 余人在中国人民大学召开座谈会，讨论汪氏的《中国逻辑思想简史》一书的初稿。参见兆柯：《哲学会座谈中国逻辑思想史研究问题》，《中国逻辑思想论文选（1949—1979）》，第 597—599 页。

[2] 参见温公颐：《先秦逻辑史》，上海：上海人民出版社，1983 年，第 8 页。

者“未究厥旨，望文生义，造为刻薄寡恩之说”。[1] 其结论便是：“今存《邓析子》并非伪作，它是我们研究先秦名学的一篇重要著作。”[2]

经过汪、温、周诸位学者的持续考辩，今本《邓析子》非伪或者并非全属伪书的观点逐渐为名辩研究或中国逻辑史研究领域的学者所认可。[3] 当然，相当一批学者还是坚持认为今本乃伪书，不过他们多径自沿袭旧说，并未提出自己的考辩。[4]

就对《邓析子》的校释来看，1976 年出版的《邓析与〈邓析子〉》几乎是本阶段唯一的成果。此书以马叙伦《邓析子校录》为底本，参以其他诸本、各家校勘及古书所征引的字句，并断以己意略作校正。注释除去字句的解释，囿于“评法批儒”的背景，多着眼于划清法家与儒家、法家与道家、马克思主义与法家之间的思想界限，对其中的名辩之论鲜有提及。此外，还辑录有古书所载邓析事迹六条及历代论述其人其书的文字 47 则。整理者认为，从文字比较平易、结构不相连属看，今本《邓析子》应是战国时邓析后学搜辑邓析言论编纂而成，虽在编辑流传过程中混入一些他家或晚出的思想文字，但不能武断视其为伪书。[5]

（二）《尹文子》

唐钺和罗根泽在起步与开拓阶段对今本《尹文子》之伪的考证影

[1] 参见伍非百：《邓析子辨伪》，《中国古名家言》，第 843—844 页。

[2] 详见周山：《邓析及其〈邓析子〉》，《中国逻辑史论》，沈阳：辽宁教育出版社，第 39—45 页。

[3] 参见中国逻辑史研究会资料编选组：《中国逻辑史资料选》（先秦卷），第 2—3 页；温公颐主编：《中国逻辑史教程》，上海：上海人民出版社，1988 年，第 2 页。

[4] 参见周文英：《中国逻辑思想史稿》，北京：人民出版社，1979 年，第 1 页；冯友兰：《中国哲学史新编》（第一册），北京：人民出版社，1982 年，第 181—183 页；周云之、刘培育：《先秦逻辑史》，北京：中国社会科学出版社，1984 年，第 24 页；孙中原：《中国逻辑史》（先秦），北京：中国人民大学出版社，1987 年，第 15 页；杨沛荪主编：《中国逻辑思想史教程》，兰州：甘肃人民出版社，1988 年，第 31 页；李匡武主编：《中国逻辑史》（先秦卷），第 36 页。

[5] 参见哈尔滨正阳河木材加工厂工人理论研究组、哈尔滨师范学院中文系：《邓析与〈邓析子〉》，哈尔滨：黑龙江人民出版社，1976 年，第 31—32 页。

响巨大,以至于在本阶段周文英、冯友兰等人仍然主张今本为伪书,不能作为研究尹文名辩思想的依据;周氏甚至认为今本的作者就是魏晋时期的缪熙伯(缪袭)。[1] 不过,《中国逻辑史资料选》(先秦卷)注意到尽管多数学者认为《尹文子》为伪作,但其中亦有人主张某些内容可能保留了尹文的思想,具有一定的参考价值。[2] 温公颐则认为,如果把今本《尹文子》认作尹文本人所作,则确系伪书;若把其中的部分内容看作是齐稷下学士的杂著,则仍有其学术价值。[3]

基于伍非百、谭戒甫、汪奠基等人对《尹文子》并非全属伪作的考辩,周山对今本非伪展开了进一步的辨析,强调《尹文子》序的作者并未说自己是仲长统(东汉末年人),而是后人的推测;提出由序中关于尹文"学于公孙龙"一语推测"伪托无疑",失之偏颇;认为指责今本"引古书而掩晦来源"、"袭用古书而疏谬"、"一篇之中自相矛盾"、"无尹文子之主张"、"有与尹文子主张相反者"等,均难以成立。因此,"认《尹文子》为后人伪托,并无根据;我们应该重视《尹文子》中'名理'思想的研究。"[4]

《尹文子》非伪的看法在本阶段得到了一定程度的认可,《中国逻辑史》(先秦卷)就认为"断为伪作的证据未必确凿。从思想内容看,这

---

[1] 参见周文英:《中国逻辑思想史稿》,第1、90—91页;冯友兰:《中国哲学史新编》(第二册),北京:人民出版社,1984年,第96页。周云之、刘培育的《先秦逻辑史》、杨沛荪主编的《中国逻辑思想史教程》均未论及尹文或《尹文子》的名辩逻辑思想,似亦认为今本《尹文子》为伪书。

[2] 参见中国逻辑史研究会资料编选组:《中国逻辑史资料选》(先秦卷),第10—11页。温公颐主编的《中国逻辑史教程》亦注意到历代对今本之真伪就有争议,但认为虽有脱误,仍保留了尹文的思想(第26页)。

[3] 参见温公颐:《先秦逻辑史》,第240页。

[4] 参见周山:《〈尹文子〉非伪析》,《中国逻辑史论》,第98—112页。此文最初发表于《学术月刊》,1983年第10期,第33—37页。稍后于周氏,胡家聪从今本有战国时代特征、包含黄老思想内容及其书流传有序三方面断定,《尹文子》并非伪书。参见胡家聪:《〈尹文子〉与稷下黄老学派——兼论〈尹文子并非伪书〉》,《文史哲》,1984年第2期,第21—28页。

书具有战国的时代色彩是不能否认的。……《尹文子》一书近似语录，大抵由尹文弟子集师言成书。”孙中原以《尹文子》为主要文本论述了尹文的概念论，似亦主张今本非伪。[1]

针对《管子》一书中的《心术》、《内业》、《白心》、《枢言》四篇是否宋钘、尹文一派的遗著，《白心》、《枢言》两篇是否就是尹文的遗著或后人的抄本这一问题，冯友兰、汪奠基在本阶段继续对郭沫若的看法提出质疑，前者认为上述四篇不能肯定为宋、尹一派的著作，后者主张此四篇当为同一理论体系即宋钘、尹文的名辩思想，不过《白心》反映的是宋钘的学说，而今本《尹文子》能够代表尹文的部分思想。[2] 与冯友兰的观点类似，温公颐虽认为《管子》中的这四篇是一组思想完成的体系，但要将其归于宋、尹一派则论据不足，如此四篇并未提及《庄子·天下》、《荀子·正论》评述宋、尹思想时所论及的“见侮不辱”和“情欲寡”；此四篇主要阐发“道”的最高范畴，并将其作为名法的最后依据，而《天下》篇对此只字不提；《天下》篇的“以此白心”与《白心》篇名，只是名词上的偶合，不能作为二者相同的证明，等等。[3]

至于专门校释《尹文子》的成果，“文革”结束不久出版过《尹文子简注》。此书以王启湘《尹文子校诠》为底本，对其错字、衍文加以标识，亦有不少改动和增补；除去《大道》上下两篇，还附有佚文15条。整理者认为，今本《尹文子》“论述‘以名稽虚实，以法定治乱’，强调名辨和法治。它是研究名家和法家重要资料。”[4]

---

[1] 李匡武主编：《中国逻辑史》（先秦卷），第94页；孙中原：《中国逻辑史》（先秦），第136—146页。

[2] 参见冯友兰：《中国哲学史新编》（第二册），第100—101页；汪奠基：《中国逻辑思想史》，第61—62页。

[3] 参见温公颐：《先秦逻辑史》，第239页。

[4] 上海师范大学历时熙：《出版说明》，《尹文子简注》，上海：上海人民出版社，1977年。

（三）《公孙龙子》

在名辩研究的前两个阶段，学者们普遍认为今本《公孙龙子》六篇基本为真书，虽然其中间有后人文字窜入。

1978年，沈有鼎提出，“汉代流传的《公孙龙子》十四篇已不复存在，现时流行的《公孙龙子》六篇……可能是晋代人根据一些破烂材料编纂起来的”，今本除《通变论》开首一小段等可以认为肯定是先秦的材料以外，其余部分都颇为可疑。[1] 周云之也表述过类似的意见：“除《白马论》外其他各篇则杂似儒家、阴阳家和道家的思想，很可能是后来晋朝人补作或改作的”[2]。杨芾荪对沈、周两人的看法提出了质疑，强调《隋志》所无，并不能说明今本是伪书；书中所论亦曾见诸同时代人的著作，似也只能断其真而不能断其伪；今本所讨论的问题，不是两晋思想界所重视的问题；晋人未必需要也未必能够伪作这样的书。“《公孙龙子》原有十四篇，宋时已亡佚八篇，现存六篇中，除《迹府》不是自作外，其余各篇，不是伪作，可代表他的学说的体系。”[3]

对《公孙龙子》的真伪考辩除了涉及今本六篇之真伪，还有一个问题就是何以此书《汉志》录为十四篇而今本仅为六篇。郑樵《通志》、陈振孙《直斋书录解题》、马端临《文献通考》以及《四库全书总目提要》均认为《汉志》录为十四篇属实，今本之外的八篇亡佚于宋代。针对此说，庞朴提出，不仅今本不是伪书，而且其书本来就只有六篇，“《汉志》所说的十四篇，大可怀疑。”其理由主要是唐本已是六篇，且篇名次第

---

[1] 沈有鼎：《〈公孙龙子〉的评价问题》，《沈有鼎文集》，第271—272页。此文原载于《哲学研究》，1977年第6期，第29—31页。

[2] 周云之：《公孙龙关于名（概念）的逻辑思想》，《哲学研究》编辑部编：《逻辑学文集》，长春：吉林人民出版社，1979年，第340—341页。周氏后来放弃了这一看法，认可“多数人都承认除《迹府篇》是后人摘录公孙龙言行的材料外”，其余五篇“都是公孙龙本人的著作，是我们今天研究公孙龙思想的主要根据。”见周云之、刘培育：《先秦逻辑史》，第75页。

[3] 参见杨芾荪：《〈公孙龙子〉非伪作辨》，《哲学研究》，1981年第5期，第52—57页。

全与今本相同;《汉志》所载篇数,许多地方是糊涂账,"十四篇"之说,原属子虚,乃转写之误;今本除《迹府》,其他五篇实在是一个完整的不可或缺的体系,公孙龙的学说在六篇之外已无余义。[1]

针对庞朴的考辩,沈有鼎指出它所依靠的论据主要是思想性论据,非思想性的论据不是很强且不成熟,继续申说今本六篇乃晋代人利用《公孙龙子》原书的残篇创作而成。[2] 此外,杨俊光亦援引史料对庞氏力证六篇之外已无余义提出了质疑。[3] 赵吉惠则主张,"既不能说今本六篇出于后人'伪造',亦不可谓今本六篇就是古本《公孙龙子》。今本六篇很可能是原书的残篇。"[4]

尽管由庞朴的考辩所引发的争论尚无定论,今本《公孙龙子》非伪已为本阶段多数学者所接受,汪奠基、周文英、温公颐、孙中原、周山等学者以及《中国逻辑史资料选》(先秦卷)、《中国逻辑史》(先秦卷)、《中国逻辑史教程》、《中国逻辑思想史教程》等专著教材均认为今本并非伪作,除去《迹府》,其余五篇为公孙龙本人的著作。

关于本阶段校释《公孙龙子》的情况,按出版顺序择其要者略作介绍如下:

《公孙龙子研究》,作者庞朴。[5] 此书成稿于1963年,改订于

---

[1] 参见庞朴:《公孙龙子研究》,北京:中华书局,1979年,第51—70页。庞氏这一观点,最早见诸《公孙龙子辨真》,新建设编辑部编:《文史》(第四辑),北京:中华书局,1965年,第9—17页。

[2] 参见沈有鼎:《评庞朴〈公孙龙子研究〉的〈考辨〉部分》,《沈有鼎文集》,第399—412页。此文原载中国社会科学院哲学研究所《哲学研究》编辑部、中国哲学史研究室编:《中国哲学史研究集刊》(第二辑),上海:上海人民出版社,1982年,第57—72页。

[3] 参见杨俊光:《〈公孙龙子〉蠡测》,济南:齐鲁书社,1986年,第4—8页。

[4] 赵吉惠:《今本〈公孙龙子〉考辨述评》,中国历史文献研究会:《古籍整理论文集》,兰州:甘肃人民出版社,1984年,第104页。

[5] 庞朴曾于1974年在上海人民出版社出版过《公孙龙子译注》,对原书中错字错句有所校改,难懂之处做了注释,并对六篇加以语译。1979年《研究》一书中的注译部分对《译注》进行了必要的修改与扩充。

1978 年;以《道藏》本为底本,分注译、考辨、批判、探源各篇,并辑录历代有关公孙龙其人其书的事迹、评说、著录等以为附录。作者考证今本《公孙龙子》即是古本,本来就只有六篇;运用辩证法和辩证逻辑对公孙龙诡辩学派进行了批判,分析了其阶级属性与社会背景;通过追溯公孙龙学说的思想渊源,确定了其在思想史和逻辑史上的流派和价值。

《公孙龙子新注》,作者屈志清。[1] 此书参考各家注释及各家《中国哲学史》关于公孙龙的论述,对今本六篇进行了注释与今译,试图就"非"、"指"、"离"等关键概念提出新解;书末附有《历代典籍中有关公孙龙及其学说的记述》与《〈公孙龙子〉注释考》。

《公孙龙子长笺》,作者栾星。[2] 此书以《道藏》本为底本,参校其他诸本,并断以己意。每篇篇名下有解题,于正文分段、标点、作注,后附译文。作者不避文烦,遍征诸家之说,意图为前此《公孙龙子》的校释予以小结。附录有《公孙龙及〈公孙龙子〉史料汇编》、《〈公孙龙子〉传世版本目录》以及《〈公孙龙子〉注说书(篇)目(举要)》。

《〈公孙龙子〉蠡测》,作者杨俊光。此书系杨氏考证与研究《公孙龙子》的论文集,对今本六篇进行了校译;并以《道藏》本为底本,参校他本 20 种,列出各本异文,写成《校勘记》,认为陶宗仪辑《说郛》本实源于《道藏》以外的另一系统,是一最值得重视的版本。

《〈公孙龙子〉新解》,作者许抗生,系许氏《先秦名家研究》的第二编。[3] 参考谢希深、辛从益、陈澧、俞樾、王琯、谭戒甫、伍非百、陈柱、庞朴诸家之说予以新解,每篇篇名下有题解,于正文分段注释与解义。

《公孙龙子论疏》,作者胡曲园、陈进坤。[4] 此书包括公孙龙子论、公孙龙子疏与附录三部分。充分肯定了公孙龙子在古代逻辑学说

[1] 屈志清:《公孙龙子新注》,武汉:湖北人民出版社,1981 年。
[2] 栾星:《公孙龙子长笺》,郑州:中州书画社,1982 年。
[3] 许抗生:《先秦名家研究》,长沙:湖南人民出版社,1986 年。
[4] 胡曲园、陈进坤:《公孙龙子论疏》,上海:复旦大学出版社,1987 年。

中的奠基者地位;按说明、原文、注释、译文诸项对今本六篇进行疏解;收录了历代著录、注释《公孙龙子》的情况,并选录了部分发表于1949年前的研究论文。

《公孙龙子校解译话》,作者杨柳桥。[1] 校解与今译仅针对除《迹府》外的五篇;校解主要以陈柱《公孙龙子集释》为依据,亦参校其他诸家,断以己意,对原文更动较大。《迹府》与《公孙龙子原序》列为附录,各章下略作疏证。

三、《墨辩》整理的新进展

本阶段《墨辩》整理的成果主要有以下两项:

《墨辩逻辑学》(修订本),作者陈孟麟。[2] 此书共分导言、认识论、名(概念)、辞(判断)、说(推论)、思维规律和结束语等七章,附录包括墨辩六书今译等内容。《今译》部分,原文从孙诒让定本《墨子间诂》、《经说表》据高亨《墨经校诠》略有改动;《经》《说》首列校文,次写今译,再写原文和注;《大取》《小取》校文从略,今译顺序一按原文。陈氏在校注时,参校了伍非百、王闿运、张惠言、梁启超、胡适、鲁大东、谭戒甫、范耕研、曹耀湘、沈有鼎、毕沅、吴汝纶诸家著作,并断以己意。

《墨经分类译注》,作者谭戒甫。此书稿成于1957年,1981年由中华书局按手稿付排。作者把《墨经》四篇共计178条析为名言、自然、数学、力学、光学、认识、辩术、辩学、政法、经济、教学、伦理等十二类,逐条加以校勘、今译和注释。其中,认识类反映了先秦名家哲学的基础,"里面有很多精辟的见解,可为他们的辩论推理作先导";辩术类是"名家们研究学问所遵循着一种推理的简要形式,这和印度的'因明'极相

[1] 杨柳桥:《公孙龙子校解话》,天津:天津古籍出版社,1988年。

[2] 陈孟麟:《墨辩逻辑学》(修订本),济南:齐鲁书社,1983年。此书最初由山东人民出版社于1979年出版,修订本增加了《墨辩》六书今译及跟《墨辩》逻辑思想研究有关的四篇论文。

近似,和希腊的'逻辑'也有很多相通之处,惜秦后失传,没有照样得到应有的发展";辩学类是"名家们对于当时所论述的若干原理作了一些解释,又对当时一些异义作了很多驳辩"。[1]

本阶段还陆续重印或者点校整理出版了自名辩研究复苏以来所取得的若干重要校释成果,如孙诒让的《墨子间诂》、梁启超的《墨经校释》、张纯一的《墨子集解》、王先谦的《庄子集解》和《荀子集解》、郭庆藩的《庄子集释》、梁启雄的《荀子简释》等。此外,对《庄子·天下》、《荀子·正名》等名辩著作的整理也取得了若干新的进展,在此不再赘述。

第二节　从"名辩即是逻辑"到"名辩逻辑"

在发展与提高阶段,"名辩"之名为学术界所普遍接受,名辩话语也因此而得到了前所未有的自觉研究:学者们或者从思潮角度来梳理名辩话语的形成与发展,或者从理论角度来揭示名辩与逻辑的本质同一性,或者以墨辩为代表来证成中国古代逻辑是世界三大逻辑传统之一。十年"文革",名辩研究陷入停顿,鲜有成果问世。[2] 为数不多的论及先秦名辩的文章,其影射史学的性质、政治批判的意义也远甚于学术研究的价值。[3] "名辩"一词重新出现于学术界已是在"文革"结

[1] 参见谭戒甫:《自序》,《墨经分类译注》,第3—4页。谭氏区分了名家与形名家,通常所说的后期墨家被其归入名家。

[2] 根据刘培育、周云之、董志铁对1949—1979年间包括名辩研究在内的中国逻辑史研究的梳理,出版专著仅10余部,发表论文不足50篇。在其编选的《中国逻辑思想论文选(1949—1979)》(北京:生活·读书·新知三联书店,1981年)中,无一篇论文发表于"文革"期间;专著中仅有庞朴的《公孙龙子译注》,出版于1974年。

[3] 参见田用:《孔老二的正名论与林彪的复辟哲学》,《开封师范学院学报》,1974年第2期,第24—28页;外语系大批判组:《"白马非马"是对孔丘"正名"的挑战》,《开封师范学院学报》,1974年第4期,第8—12页;叶由:《论公孙龙的"白马非马"——兼评先秦关于名实问题的论战》,《南京师院学报》,1975年第3期,第53—55页,等等。

束之后的1970年代末。在本阶段,学者们提出并广泛使用了"名辩逻辑"一词,不仅意味着名辩话语的理论本质再一次被明确为逻辑,而且标志着对中国本土逻辑的理论形态的探索,从上一阶段含义不甚明确的"名辩即是逻辑"被最终定格为"名辩逻辑",即以名辩为具体形态的传统形式逻辑。

一、"名辩"的重新登场

随着"文革"的结束,名辩研究从停滞中逐渐复苏。1978年在北京召开了第一次全国逻辑讨论会,次年又召开了第二次全国逻辑讨论会,均有不少学者提交了名辩研究方面的论文。[1] 1979年9月,汪奠基的《中国逻辑思想史》正式出版。[2] 作为第一部中国逻辑史领域的通史性著作,此书系统梳理了从先秦直至"五四"运动以前的中国逻辑思想的产生与发展,其中就包含着大量有关名辩的论述。

在《中国逻辑思想史料分析》(第一辑)中,汪氏认为"名辩"的含义关乎中国逻辑史的对象范围。《中国逻辑思想史》对"名辩"的理解虽与这一看法基本一致,[3]但也出现了一些值得注意的变化。

(一)"名辩"与外域逻辑

就名辩研究的前两个阶段来看,"名辩"一词指的都是中国本土的学派、思潮或理论,汪奠基本人在1960年代也是这样理解的。不过,就理论义而言,他在本阶段似乎倾向于用"名辩"来泛指逻辑——而不仅仅是中国本土逻辑——的载体或具体形态:

---

[1] 关于这两次讨论会的会议论文,可以参见《哲学研究》编辑部编:《逻辑学文集》,长春:吉林人民出版社,1979年;《全国逻辑讨论会论文选集1979》,北京:中国社会科学出版社,1981年。

[2] 汪奠基:《中国逻辑思想史》,上海:上海人民出版社,1979年。

[3] 此书的绪论实际上就是汪氏发表于《教学与研究》1961年第3—4期的《从研究逻辑史的问题谈到中国逻辑思想史的特点》一文。据汪氏在后记中的回忆,该文写于1950年代(第440页)。

> 要研究亚里士多德的逻辑，必须把古希腊研究逻辑问题的赫拉克利特、埃利亚派、德谟克利特、诡辩派、柏拉图以及其他思想家们的名辩思想贯串到《工具论》的六大论著中来理解。[1]

很明显，“名辩思想”在此指的并不是中国本土逻辑，而是古希腊思想家对于逻辑问题的研究。历史地看，汪氏对“名辩”的这种使用似可追溯至侯外庐等人。在出版于1957年的《中国思想通史》（第一卷）中，他们主张“从诡辩理论的扬弃到形式逻辑的成就，在世界思想史上也是名辩思潮合理发展的归宿”[2]，似已有见于“名辩”一词不仅适用于中国思想史，亦可在论及世界思想史时加以使用，堪称汪奠基用“名辩”指称域外逻辑的先驱。

就指称中国本土的学派、思潮与理论的“名辩”一词来看，其具体用法在《中国逻辑思想史》中显得较为混乱。这在很大程度上可以归因于汪氏在1960年代初完成此书初稿后曾多次进行修改，但在正式出版前又未能作进一步的完善。[3]

（二）“名辩”学派义的多重理解

汪奠基在1950—1960年代已经对“名辩”的学派义有所涉及，有时指通常所说的名家，有时则泛指所有卷入名辩话语的先秦思想家。[4]在本阶段，他继续从狭义与广义两种用法上来理解“名辩”的学派义，但具体含义相较于前一阶段已有所变化。

《中国逻辑思想史》第一章的标题是“先秦名辩学派的逻辑思想”，

---

[1] 汪奠基：《中国逻辑思想史》，第4页。

[2] 参见侯外庐、赵纪彬、杜国庠：《中国思想通史》（第一卷），第419—420页。

[3] 在写于1979年6月的后记中，汪奠基说：“这部稿子是我六十年代初写成的。当时曾铅印成册，请有关专家审议。承他们提出了不少宝贵的意见，我又作过多次修改。在修改中，愈觉得中国历史悠久，逻辑思想丰富，有待发掘的方面不少，需要补充之处很多。后来，受了客观条件的限制，一直没能如愿。”（第440页）

[4] 参见汪奠基：《关于中国逻辑史的对象和范围问题》，《哲学研究》，1957年第2期，第43页。

具体评述了邓析、宋钘、尹文、彭蒙、慎到、田骈、申不害、尸佼、兒说、田巴、毛公、惠施、公孙龙等人的逻辑思想。[1] 显然,此所谓“名辩学派”,已非《汉志》所列“名家”七子所能范围,还包括了春秋战国时期其他热衷于坚白、同异之辩的“辩察之士”。就主要人物看,第一章论及的名辩学派大体可以称为扩展版的“名家”,它构成了汪奠基从狭义上理解“名辩”之学派义的具体内容。

除了狭义的名辩学派,汪氏在该书第一编“先秦逻辑思想的产生和发展”中还用了五章的篇幅来分别讨论墨辩、儒家正名论、道家无名论、法家形名法术的逻辑思想,以及先秦兵书及医书中朴素辩证的思想方法。如果前述“名辩学派”是一个专名,其所指无疑应当独立于儒、墨、道、法诸家而存在。不过,他又指出:

> 古代所谓“名家”,实在就是“形名家”,亦即“刑名家”。……先秦“名家”并不限于汉代人所说的惠、邓一派人,而应广泛地包括所有名辩学派的人在内。因此我们说的先秦逻辑思想,实际也就是指的春秋战国时代所有名辩学派的逻辑思想。[2]

从外延上看,这里所说的“名家”已不再指汉儒所理解的名家,也不是汪氏本人在狭义名辩学派意义上所说的扩展版名家,而是类似于鲁胜、章太炎、张尔田、伍非百等人所理解的广义名家——所有对与“名”有关的诸问题有所论说的先秦思想家。这种广义的名家有时也被汪奠基称作“名辩诸子”。[3] 就广义名家“应广泛地包括所有名辩学派的人”这一表述看,“名辩学派”在此就不再是一个专名,而是一个通名,

---

[1] 参见汪奠基:《中国逻辑思想史》,第54—93页。

[2] 同上,第55页。

[3] 同上,第13页。陈道德、李先焜认为汪氏所谓“名辩学派”主要指惠施、公孙龙一派,建议扩大“名辩学”的所指范围来统称《中国逻辑思想史》第一编论及的先秦六派,似未能注意到“名辩学派”在汪奠基那里本来就存在着这种广义的用法。参见陈道德、李先焜:《汪奠基中国逻辑思想史研究四题》,《湖北大学学报》(哲社版),2011年第1期,第31页。

泛指卷入先秦名辩论争的任何一个学派。因此儒、墨、道、法诸家均可归入广义的名辩学派。

需要指出的是，虽然汪氏在使用“名辩学派”一词时的确存在着狭义与广义两种用法，但他很可能对“名辩”之学派义的这种区分缺乏足够的意识。[1] 这从《中国逻辑思想史》第一章的标题“先秦名辩学派的逻辑思想”可见一斑：它究竟指的是扩展版名家的逻辑思想还是指整个先秦逻辑思想？这种表述的歧义性一方面折射出汪奠基并未对“名辩”的学派义形成明确的认识，另一方面也削弱了他用“名辩学派”来取代“名家”的合理性。

（三）“名辩”思潮义的双重拓展

就“名辩”的思潮义来看，《中国逻辑思想史》的正文并未使用“名辩思潮”一词，但出现过含义相近的“名辩论争”、“名辩斗争”等表述。[2] 对应于狭义的名辩学派，汪奠基认为扩展版的名家曾围绕名辩诸论题展开过长达两百年的激烈论争，或者反过来说，自邓析以降直至惠施、公孙龙的辩察之士正是因为参与了这场论争而被称作“名辩学派”。[3] 邓析是最早主张“形名之治”的人，其学说到战国初年有了新的发展，对稷下学宫的辩士产生了积极影响。宋钘、尹文一系的名辩思想以“别囿”为重，强调不囿于主观为辩的思想原则；其正形名的理论或名实观，尤其是尹文从形名一致出发强调名法统一，是对邓析以来

[1] 在论及魏晋时期的名理之学时，汪氏还在第三种意义上使用了“名辩派”一词。在他看来，当时的名理之学并不仅仅讨论形名问题，更多关注的是人事政治才性的思想评鉴问题。因此，在当时谈论名理之学的，除了以惠施、公孙龙的学说为基础的“名辩派”，还有所谓“人物论”一派。就前者说，“应包括整个魏晋六朝讲论名辩思想的各个学派，他们的思想特点是：‘依方辩对’，并‘有以坚白广修之书，公孙形名之论，适足示巧表奇以诳俗’的辩论形式”。（参见第 253—254 页）

[2] “名辩思潮”在书中仅出现过一次。在附录《关于中国逻辑思想史参考书目》中，汪氏提出对于郭沫若的《十批判书》，要“重点阅读名辩思潮的批判”（第 434 页）。

[3] 展开于狭义名辩学派之中的名辩论争，与汪奠基在《中国逻辑思想史料分析》（第一辑）中所勾勒的名辩思潮是基本一致的。参见本书第三章第二节的相关讨论。

的“形名因理”学说的发展。彭蒙、慎到、田骈一系以关乎正名治国的名法问题为论争对象，均是根据名法观念来论说名分、名守的辩者。相异于前两系立足于“法”来论说名实的客观性，申不害则主张从“术”来强调名实的因应性。尸佼亦属战国名辩者流，其“正名定分”的法术理论总括了战国初年儒、墨、名、法的一般说法。

如果说前述诸家的名辩思想并不皆以“名”为辩察对象，形名或名实之论仅仅构成了名辩论争的一部分内容，那么以兒说、田巴为首的一系稷下辩士则是专就“名”本身展开辩察，“离形而言名”。其中，兒说持“白马非马”之论；田巴曾讨论“离坚白、合同异”的问题；毛公以辩治政，所持辩说多以“治天下”为目的。

按汪氏之见，惠施与公孙龙总结并系统发展了邓析之后差不多两百年间围绕形名（名实）、坚白、同异诸论题展开的名辩论争。“历物”十事可能是邓析所唱而惠施和之，主要涉及哲学、宇宙论的问题；其“合同异”的名辩思想与方法原则，打破了当时名辩论争主要集中于形名辩讼的僵局。公孙龙参与名辩旨在“以正名实而化天下”；其名辩思想聚焦于对抽象概念的分析，尤其是关于白马、坚白、通变等概念离合的分析论断，被概括为“离坚白”之论。

事实上，名辩论争并非仅仅展开于作为扩展版名家的狭义名辩学派之中。根据《中国逻辑思想史》的实际论述，先秦儒、墨、道、法、纵横诸家作为广义的名辩学派均卷入其中。以儒家为例，孔子的正名思想既包括“正形名”的名实概念，也包括“正名分”的伦理规范，体现了名实相当与名分政理的统一。孟子不仅在正名思想上批评杨朱、墨子，而且利用名辩方法来“正人心，息邪说，距诐行，放淫说”。荀子综合了邓析、老子、墨子、宋钘、尹文、惠施、公孙龙，特别是墨家辩者的认识，提出了新的正名论。

至于墨家，根据汪奠基的梳理，墨家辩者之间所争论的，以及他们与惠施、公孙龙之间相訾相应的，除了具体科学的问题，主要还是一些跟名实、同异、坚白等论题有关的名辩问题。不仅如此，墨家辩者还在名辩论争的基础上总结并提出了一套关于“辩”的系统理论。

再就道家看，老子的无名论或者说自然逻辑的名辩学说，跟孔子的正名论针锋相对。杨朱发挥老子的无名论以对抗儒家对名实关系的理解，受到孟子的反驳；有关坚白同异的名辩思想在战国初年又为察辩之士所反对。庄子受到老子的影响，立足是非相对之说来反对儒墨的正名思想，否定名家“以正名实化天下”为名辩的真正目的，好辩而否定辩的积极作用。

法家则是从政治或治道的角度来参与名辩论争，强调以形名法术来综核参验，循名责实。如管子主张名实与名法之治的统一，提出了“正名治国”的形名理想。商鞅主张定名分以去民议，以“法”为一切名言行事的标准，反对恃巧辩以枉法。韩非融贯了儒、墨、道诸家的名辩论述，强调以形名理论为基础解决法术政治的实践问题，反对名家的抽象辩说；他对“矛盾”的认识与运用，“使战国名辩诸家的重要思想无形中得以从认识上推进一步。”[1]

此外，以鬼谷子及苏秦、张仪等为代表的先秦纵横家也积极参与了名辩论争，主张运用名辩的政治手段来为统治者服务，其纵横辩术跟名家的辩说方法具有一定的联系。

汪奠基对“名辩”之思潮义的拓展，不仅表现在他认为先秦诸广义名辩学派均参与了名辩论争，更为重要的是，在他看来，围绕“名”与“辩”所涉诸问题的论说与辩难在先秦以后并未完全亡绝，仍然时断时续地存在着。秦汉之际，《吕氏春秋》杂糅儒、墨、名、法诸家思想提出了自己的名实之论，认为“名正则治，名丧则乱”（《正名》）；要求“正名审分”，因为“至治之务在于正名”（《审分》）。《淮南子》欲假黄老以统一百家，对包括名辩学说在内的先秦各家思想均有所否定，但强调循名

[1] 汪奠基：《中国逻辑思想史》，第 193 页。

责实，要求名言、名法与名实的统一，又与先秦名辩论争中的许多提法大体一致。

两汉时代，名辩论争依然持续。董仲舒提出大一统的正名主义理论，主张正名以正政。尽管受到各家批判，这一理论及其在政治上表现的名言形式仍然影响巨大。这一时期名家思想没有什么重大发展，但对先秦名家的研究与评论堪称为先秦以后的历代之冠。此外，扬雄认为辩言以事实为尚而不在虚辞，王充提出"考验"的方法反对正名主义学说，王符强调名辩的真正实用在于能符合客观实在的要求，徐干也有不少有关名实辩言的名辩思想。

自魏武帝推崇法术以来，形名思想得以再兴。"在西晋儒、佛、道、玄四派的论战开始时，久被废弃的墨家名辩学说和惠施、公孙龙的同异之辩，可能因讲论辩方式的关系，不仅仅有了个别学者研究的成绩，而且引起了相当多的人都来讨论。"[1]这从鲁胜的《墨辩注》与盛行一时的名理之学可见一斑。按汪氏之见，谈论名理之学的，除了立足于惠施、公孙龙等名家学说来讲论名辩的各个"名辩派"，还有谈论人事政治才性之思想评鉴问题的"人物论"、"才性论"一派。后者与以老、庄无为易象为谈论对象的玄学派，"在名辩理论上，并没有本质的不同。"[2]作为名辩话语核心论题之一的名实之辩，在魏晋哲学中亦有较多的讨论，具体表现为围绕"言不尽意"、"立象以尽意"诸问题展开的辩论。此外，嵇康对论辩之客观基础和形式法则的考察，连珠式之为名辩表述方式的风行，葛洪立足儒家"正名"对才性之论与辩谈的反对，《刘子新论》的"审名"之说及其对名家的评论，也从不同的侧面反映出魏晋时期依然存在着对名辩诸问题的相互论争。

隋唐时代，"名辩的学说，遭到'正统'派的排斥，长期受到为封建

---

[1] 汪奠基:《中国逻辑思想史》，第 250 页。
[2] 同上，第 258 页。

统治利益服务的正名主义所压制，所以讲论名辩的风气，没有得到真正的发展。”[1]这一时期，不仅鲜有新的名辩著作问世，甚至名、墨两家的传统地位也难以保全，往往被混入杂家。不过，刘知几自称“喜谈名理”，强调名实统一，主张辩言正辞要精简。

有宋一代，名辩话语亦未断绝。汪奠基指出，叶适赞成荀子的正名论，但认为荀子只重“正名”而不知“正事”，结果只是玩弄概念。陈亮推崇传统的“正名实而化天下”，提出了循名责实，变法以期效验的刑名之说。与鲁胜《墨辩注》类似，陈氏的《辩士传》也未能完全保存下来，可以说是“对历代名辩之士的认识和运用逻辑辩术的实际例证的损失。”[2]

明清之际，方以智批评了先秦名辩论争中存在的玩弄名词概念的错误；王夫之联系当时的名辩斗争对名实、名言诸问题进行了考察；顾炎武立足正名主义来评判名理之学，攻击杨、墨的名辩思想，反对清谈名理和不能致用的名实虚义。按汪氏之见，傅山结合因明与名理来诠释《大取》与《公孙龙子》，“是唐代以来最能表现因明识相诸宗的影响和运用这些影响来发挥祖国名辩学说义蕴的一人。”[3]程智的《守白论》虽仅存“十六目”与“宗旨”，仍然是研究坚白、通变思想的重要参考资料。

有清一代，伴随着诸子学的兴起，汪中、毕沅、张惠言、孙星衍、卢文弨及王念孙等对先秦名辩的重要著作进行校勘与研究，在一定程度上推动了名辩话语的复苏与发展。而受到逻辑东渐的影响，章太炎、刘师培、严复等在晚清开始援引西方逻辑、印度因明来研究中国本土的名辩话语，“展开了对中国逻辑史上名实问题的真正逻辑分析与名言关系的新解释。至于某些试图利用‘名学’方法，整理和论释《墨子》、《墨

---

[1] 汪奠基：《中国逻辑思想史》，第295页。

[2] 同上，第338页。

[3] 同上，第377页。

经》、《荀子》及其他诸子学的思想，则更是当时‘名学’影响反映的一般风气。”[1]

在近现代名辩研究的发展与提高阶段，郭沫若、杜国庠、侯外庐、任继愈等均将名辩思潮的范围局限于先秦时期。赵纪彬与伍非百略有不同，前者承认名辩思潮在先秦即已结束，但认为中古时期的逻辑果实仍能发现名辩论争的影响；后者主张名辩话语的余绪直到魏晋时期才完全中断。从上文的简要勾勒不难发现，汪奠基对名辩思潮之时间跨度与影响范围的理解，无论是相较于学术界的通行理解还是针对汪氏本人对“名辩”之学派义的广义理解，都有了空前的拓展。对“名辩”之思潮义的这种广义理解，与汪氏在上一阶段立足中国逻辑史的对象范围对“名辩”含义的说明，其实是一致的。从时间跨度说，中国本土逻辑发生与发展的历史进程从先秦一直延续到中国近代，相应地，作为中国本土逻辑具体形态的名辩话语也就从先秦一直延续到中国近代。这就是说，名辩思潮或名辩论争在先秦之后并未亡绝，而是时断时续地存在着，一直延续到中国近代。[2] 正如后文将要论及的，对“名辩”之思潮义的这种广义理解，对本阶段乃至下一阶段的名辩研究产生了巨大的影响。不过，毋庸讳言的是，很可能与“名辩”及其相关术语的多重用法相关，汪奠基在《中国逻辑思想史》中并未对名辩思潮的发展阶段、内在线索以及主要论题给予清晰地勾勒和描述。

---

[1] 汪奠基：《中国逻辑思想史》，第406页。

[2] 就《中国逻辑思想史》的实际叙述看，“中国近代”的下限截至“五四”运动前夕。着眼于中国本土逻辑的发生与发展来理解名辩思潮的时间跨度，还可以从汪氏编选的《关于中国逻辑思想史参考书目》得到印证。按历史分期，他把这些参考书目区分为“先秦学者论名辩思想发生发展的著述”、“汉代有关名辩思想的论著”、“汉代学者论先秦名辩思想的著作”、“魏晋六朝迄隋唐有关名辩、名理的主要参考书籍”、“宋元明清时代有关名辩思想的主要参考书籍”等。参见汪奠基：《中国逻辑思想史》，第424—439页。

（四）“名辩”理论义的具体辩证

就名辩之为理论而言，汪奠基在上一阶段极力论证名辩的逻辑本质，即名辩话语是中国本土逻辑的具体形态。从总体上看，《中国逻辑思想史》一书继续坚持了上一阶段的看法，但不少表述或提法尚需深入的分析与考辩。

1. 中国本土逻辑以名辩话语为具体形态

汪氏在书中多次使用过“先秦诸子名辩的逻辑理论”、“名辩的逻辑方法”、“名辩的逻辑”等表述，也在与“古希腊逻辑”相对应的意义上使用过“中国先秦名辩思想”一语。[1] 在他看来，以先秦逻辑为代表的中国本土逻辑就存在于从先秦到中国近代围绕“名”与“辩”所涉诸论题而展开的所争所论之中。

在汪奠基的用语中，与指称中国本土逻辑之“名辩”相关的，还有“形名”和“名言”：

> “形名”就是古人讲的“逻辑”一类的名辩之学。
>
> “名言”这个名词在古代有分合的用法，一般都是指名正言顺的意思，合用就成了与逻辑同义的术语了。……名辩的目的，主要是利用“最适当的”语言，表达“最合理的”思想。[2]

在《中国逻辑思想史料分析》（第一辑）中，汪氏把名辩话语区分为“名”与“辩”两项，其中“名”的部分具体包括历史上与名实关系相关的所有论说（如“正名”、“名分”、“名守”、“名理”、“名法”、“形名”等）以及对逻辑概念问题的其他讨论。依此为前提，“形名”、“名言”与“名辩”之间就应该是一种部分与整体的关系。[3] 但是，在《中国逻辑思想史》中，“形名”、“名言”事实上成为了指称中国本土逻辑的“名辩”或“名

---

[1] 参见汪奠基：《中国逻辑思想史》，第11、35、55、12页。
[2] 同上，第24、21页。
[3] 参见汪奠基：《中国逻辑思想史料分析》（第一辑），第13页。

辩之学”的同义词。这样，前二者与“名辩”之间的关系就从部分与整体的关系变成了一种异名而同谓的关系。

问题的复杂性不止于此。再就“正名”与“名辩”的关系看，汪奠基在本阶段提出：

> 正名主义者认为只有从正名的逻辑观点出发，才能正确地运用名实的手段，求得至治的目的。……由于长期封建政治的递变，正名的逻辑思想成了为统治阶级利益服务的正统思想（即所谓正名主义的思想）。历史上这种“正统”的名学，认为逻辑思维活动，必须符合政治伦理的规范，直接排斥名辩各派的思想学说。[1]

由于涉及名实关系，所以正名之论包含着逻辑的内容；再考虑到中国本土逻辑以名辩话语为具体形态，正名之论无疑应被视为名辩话语的一个重要组成部分。[2] 但是，汪氏又认为正统化的正名之论（正名主义）与名辩各派的思想学说是直接排斥的。鉴于此所谓“名辩各派”并非仅指扩展版的名家，而是泛指卷入名辩思潮的各家各派，因此他将正名主义与名辩话语相对立，似乎意味着正名之论不再是名辩话语的一部分，不再包含逻辑的内容。

究其原因，汪奠基在前述论说中表现出的混乱与不一致，跟“形名”、“名言”、“正名”等术语所具有的多重内涵有很大的关系。以“正名”为例，正名之论的核心虽然是名实正当的问题，但“名”在中国古代有名字与名分二义，因此“正名”在具体论说中又往往包含“正形名”与“正名分”两方面的内容，“前者是要做到立名言，别同异，明是非，辨真伪等等有关逻辑内容的‘事实判断’的认识；后者则是实行定名分，治

[1] 汪奠基：《中国逻辑思想史》，第37页。例如，在论及隋唐时代的名辩思潮时，汪氏就认为正统的正名主义长期压制名辩学说，以至于名辩之风没有得到真正的发展（第295页）。

[2] 在上一阶段，汪奠基就明确把对正名问题的讨论看作是名辩话语的一个重要组成部分，相应地，正名之论也就成为了中国本土逻辑的一项重要内容。参见《中国逻辑思想史料分析》（第一辑），第13页。

纲纪,正理平治,以及明贵贱,别善恶等等以封建政治伦理为基础的'价值判断'的问题。"[1]就二者的关系看,以儒家正名学说为代表的正名主义不仅强调正名分必须以正形名为基础,根据名实正当的原则来使社会的政治伦理生活有序化、合理化,而且要求正形名必须体现正名分,按照统治阶级的政治伦理生活原则来规范思想与言论。但是,名家、墨家等名辩学派并不完全赞成正名主义的上述立场。正是由于正名之论包含有逻辑的内容,因此可以将其视作名辩话语的一个重要组成部分;又由于在如何对待正形名与正名分的关系上存在不同意见,所以在名辩话语内部又存在着正名主义与名、墨等其他名辩学派之间的对立与斗争。

类似地,"形名"、"名言"等术语也具有不止一种含义。就"'形名之学'为别同异、明是非的法则的科学"[2]而言,"形名"与"名辩"一样也可以被用来指称中国本土逻辑;又由于"形名"在其发生发展过程中逐渐与"法术"相结合而成"形名法术"(简称"名法"),"形名"又跟"正名"一样具有政治伦理的维度,而不仅仅是对逻辑问题的讨论。至于"名言",汪氏虽将其视为"逻辑"的同义语,但亦强调其中包含着政治伦理的内容:"古代'名言'的逻辑艺术,基本上是为政治上的伦理'规范'服务的,思维的形式和规律,都是受制于伦理规范的。"[3]

更进一步看,汪氏在前述论说中表现出的混乱与不一致也跟他对名辩话语之具体内容的理解存在很大的关联。

2. *名辩话语不能完全归结为对逻辑问题的考察*

在上一阶段,汪奠基着眼于中国逻辑史的对象范围来理解"名辩",认为举凡中国古代有关形式逻辑及辩证思维的形式法则的一切

[1] 汪奠基:《中国逻辑思想史》,第124页。
[2] 同上,第19页。
[3] 同上,第21页。

理论与实践,亦即关于"名"与"辩"的一切理论与实践,均是有关中国本土逻辑的材料,因而也就属于名辩话语的内容。在本阶段,他继续把名辩之学视为中国本土逻辑的具体形态,但强调名辩话语在内容上又远非逻辑所能范围。

关于这一点,前文对"正名"、"形名"、"名言"等术语的多重内涵的分析其实已经有所揭示。汪氏曾谈及先秦逻辑思想指的是春秋战国时代所有名辩学派的逻辑思想,这一方面意味着先秦逻辑的具体内容就存在于名辩话语之中,另一方面则说明卷入名辩话语的不仅包括汉儒所说的名家,还包括持形名法术之论的其他学派。不过,他认为:

> 这也并不等于说春秋战国时代所有讲形名诡辩或纵横辩术的察辩形式,都是名理辩说的东西。纵横辩术,只是政治的诡辩,与名辩的逻辑完全相反。从逻辑发生发展的认识看,尽管当时各国政治论争的名实问题,对于逻辑的概念分析上具有一定的作用,但是只有"正名实"的思想才是逻辑的,而形名的诡辩,则是反逻辑的。[1]

究其实质,出现于春秋战国时代的名理辩说的东西、名辩的逻辑、"正名实"的思想,也就是先秦逻辑;而形名诡辩、纵横辩术不属于名理辩说,与名辩的逻辑完全相反,则表明这一时期围绕名辩诸论题而展开的所争所论并不能完全归结为对逻辑问题的考察。以《墨经》和《公孙龙子》为例,汪奠基就认为并不是"全部书都是讲逻辑辩论的",因此他反对那种割裂名辩话语中的逻辑与非逻辑内容的历史联系,"把那些有关自然科学的概念定义和社会经济、政治、伦理诸范畴的东西,作为非逻辑史的对象死板地划在逻辑研究之外"的研究。[2]

正是有见于中国本土逻辑以名辩话语为具体形态,而后者在内容

---

[1] 汪奠基:《中国逻辑思想史》,第55页。
[2] 同上,第41页。

上又远非逻辑所能范围,汪奠基强调在对名辩话语进行逻辑诠释时,必须注意四个方面的问题:

第一,中国古代对“名言”形式与规律的逻辑考察,往往以政治伦理领域的规范与原则为标准。“这种以伦理规范为中心的逻辑思想,并非偶然出现于某家某派,它与当时历史的要求是相应的。……由于古代科学水平有限,所以一般都拿社会伦理和经验所‘公认’的标准,来作听辩的尺度。”[1]

第二,中国古代“形名”、“审分”的政治逻辑往往代替了对于正确思维形式的逻辑研究。“从正名或形名的思想立场来说,……是非、然否、治乱等等,都要循名审分,据实检名,所以思维的形式逻辑,必须以正名的政治逻辑为标准。”[2]这就是说,名辩话语中有关“形名”、“正名”的材料大多有其政治伦理的意义。在对名辩话语进行逻辑诠释时,如果排除了此类材料,不仅意味着忽视了中国本土逻辑的这一特征,而且会模糊卷入名辩论争的不同学派之间的立场差异。

第三,中国古代对逻辑问题的考察往往与形而上学、认识论等交织在名辩话语中。这方面,汪奠基的看法与伍非百的观点非常类似,后者认为名辩之学必须关注认识论的问题,对正名、析辞、立说、明辩之规律的研究必须以认识论为前提。以荀子为例,汪氏指出,据其“礼义”、“隆正”的理论,若能“举统类”而应万变,“张法度”而隆礼义,便能使观物之心有所正,论物之理无所惑,于是“在正名、立辞、辩说、推类诸方面,不惟显其能发挥形名外推的逻辑功效,而且特别能展示所谓心术内明的理解作用。”[3]

---

[1] 汪奠基:《中国逻辑思想史》,第23—24页。
[2] 同上,第27页。
[3] 同上,第32—33页。

第四，中国古代的名辩论争在很大程度表现为正名主义的"正统"思想与其他名辩学派之间的斗争。正名主义强调正名的目的在于分是非、明同异、治曲直、明贵贱，而这些问题又一概以合于"王制"为统类。一旦正名知类，便可一制度，齐天下，使百家归于一治。与其针锋相对的名辩各派，或者反对占统治地位的"名言"，或者专注于"离形而言名"。孟子之排斥杨朱、墨翟；荀、韩之反对惠、邓、宋、尹；汉儒之视名家为"苛察缴绕"、"苟钩鈲析乱"，均是立足于正名主义的"正统"思想来批判其他名辩学派。

3. 作为逻辑的名辩之学既包括形式逻辑的内容也包括对辩证思维的研究

虽然从内容上看名辩论争不能完全归结为对逻辑问题的讨论，但不可否认的是中国本土逻辑就是以名辩话语为其具体形态。那么，名辩之学究竟包含哪些逻辑内容？如何理解其理论本质？对于这些问题，汪奠基基本上延续了他在前一阶段的看法。

在他看来，逻辑史"主要就是根据逻辑对象的概念、判断、推理以及论证方式等有关思维形式和方法的发生发展来研究。简单地说，逻辑史就是研究逻辑理论发生发展的历史"。以对逻辑类型的多元理解为前提，汪氏对唯形式逻辑的逻辑史观进行了批评，强调"所谓逻辑史，根本就不只是什么形式逻辑史的问题，而是必须包括形式逻辑及其方法与辩证思维认识，或古代有关辩证法历史发展的逻辑思想对象在内的问题"。[1]

至于名辩之学的逻辑内容，汪奠基认为先秦名、墨和荀、韩诸子的名辩论述对于思维的规律和形式法则均有不同程度的揭示。简而

[1] 汪奠基：《中国逻辑思想史》，第6、12页。关于逻辑类型的多样性，汪奠基还说："我们对于逻辑史的对象或内容的理解，确实有与一般所谓形式逻辑史的含义不完全一样的东西。我们主张把对象的范围放开些，这正是要尽量吸取所有逻辑遗产的意思"。（第17页）

言之：

> 从墨子学派开始，才建立了“正名本”的思想理论。战国中叶，墨辩学者们进一步结合科学概念，提出了“辩”的逻辑任务……，这就把名辩的逻辑内容具体明确了。荀子在这个基础上，更立定了“制名的枢要”和“所为有名”的法则，同时把名辩的问题，具体到“名、辞、辩说”三方面的形式结构，恰是把逻辑科学的基本内容，确定为对概念、判断、推论形式的研究。[1]

在汪氏看来，名辩的逻辑内容主要集中在《小取》和《正名》两篇之中，或者说，此二篇是先秦逻辑乃至整个中国本土逻辑的代表。究其理论本质，作为逻辑的名辩之学主要是对概念、判断和推理的形式结构的研究，因而包含着大量的形式逻辑的内容。例如，从《小取》可知《墨经》逻辑“既有论名实、辞意、说故的形式逻辑原理，亦统摄社会、自然、辩证的取予方法。”[2]大体来看，《墨经》逻辑的主要内容和特点表现在五方面，即关于逻辑思维认识过程方面的问题；关于知的种类、名的区分以及辩说的各种形式的提出；关于辩的发展情况；关于“演绎归纳推论式”的方法问题，以及《大取》、《小取》对于实践经验论证方法的重视。又如，通过对《正名》体系的分析，可知“荀子对形式逻辑科学建立的功绩”。[3] 荀子的逻辑主要包括三方面的内容，即关于思维与心理活动方面的问题，或者说，思维法则的运用问题；关于名、辞、辩说的基本形式问题；关于思想方法、论证形式及定义方法的问题。

除了形式逻辑的内容，名辩话语中还包含有丰富的对于辩证思维

[1] 汪奠基：《中国逻辑思想史》，第56页。陈道德、李先焜建议通过扩展“名辩学”的外延来称呼汪氏所说的先秦各家逻辑思想，但认为名辩学之为中国古代逻辑属于非形式逻辑的范围，似未能注意到汪奠基明确主张中国本土逻辑既包括形式逻辑的内容，也包括对辩证思维的研究。参见陈道德、李先焜：《汪奠基中国逻辑思想史研究四题》，《湖北大学学报》（哲社版），2011年第1期，第31—32页。

[2] 同上，第15页。

[3] 同上，第20页。

的研究。“中国古代名辩学者和希腊辩者们一样，在进行辩论中，都喜欢运用朴素的辩证艺术，以揭露对方议论中的矛盾，并力求战胜这些矛盾；也就是说，他们都在有意无意中把辩证思维的方法，当作探求真理的方术。”[1]不止于此，这些名辩学者还对辩证思维方法进行了自觉的研究。例如，汪奠基认为，惠施的“历物十事”、辩者“二十一事”，就“不仅是有关逻辑的认识对象，而且表示出古代逻辑中，辩证思维形式的论题，确占名辩思想的重要地位。”[2]又如，今本《道德经》是“一部古代朴素辩证法的理论专书”、“一部讲‘道’的范畴的自然逻辑论著”，影响巨大。杨朱、庄周等人，发挥了老子的“无名”、“无为”的自然辩证观念，形成了自然逻辑的名辩学说。[3]

需要指出的是，虽然汪氏从历时态的角度将名辩思潮的时间跨度从先秦扩展至中国近代，而且明确主张以名辩话语为具体形态的中国本土逻辑既包括形式逻辑的内容也包括对辩证思维的研究，但是，与他在上一阶段对中国逻辑思想史料的分析一样，也未能从共时态的角度对中国本土逻辑的主要论题与理论成果进行全面的梳理与系统的总结。

4. 对名辩之学的逻辑诠释必须防止两种错误倾向

中国本土逻辑以名辩话语为具体形态，相应地，对中国本土逻辑的研究就主要表现为对名辩话语所包含的逻辑内容进行诠释。那么究竟该如何科学地诠释名辩之学以揭示蕴含于其中的中国本土逻辑呢？汪奠基以墨辩研究为例对此进行了初步的探讨。

汪氏以“墨经”称呼《经上》至《小取》六篇，用“墨辩”称墨家逻辑或《墨经》逻辑。在他看来，墨家所说的“辩”指的就是逻辑，故不必把

[1] 汪奠基：《中国逻辑思想史》，第15页。
[2] 同上，第42页。
[3] 同上，第157页。

“墨辩”与“逻辑”并称。针对前两个阶段的墨辩研究，他认为有两种倾向值得注意：

第一种是根据普通逻辑的内容，将墨辩的内容按概念、判断、推理、证明或反驳等板块填补进现有的理论体系或教材体系之中。这一做法好比把《周髀算经》翻译成欧几里德式的《几何原本》，在前者中寻找类似后者中的“定理”、“定义”之类的东西。

第二种表面上与第一种形式相反，但实质相同，主要表现为打乱全部《墨经》的顺序，按研究者的主观看法（包括形式逻辑的看法），在《墨经》六篇中，搜出部分主观上需要利用的论点，给予跟现代逻辑不相干的解释。

需要指出的是，《中国逻辑思想史》一书并未明确列出这两种倾向的代表人物或论著。联系到前两个阶段的墨辩研究，章士钊、詹剑峰很可能是第一种倾向的代表。前者强调“以欧洲逻辑为经，本邦名理为纬”来重构墨家逻辑，后者则是“按照现代逻辑教学大纲的秩序来叙述”墨家的形式逻辑。至于第二种倾向，由于汪氏的描述语焉不详，似难以确定其代表。

至于这两种研究倾向，汪奠基强调：

> 对于整个墨辩来说，无论在历史或科学方面都没有什么好处。……如果离开墨辩本身的历史对象和它的形式特征，而以发展了的两千多年的形式逻辑来加以排比，那将使这一逻辑科学史料变为支离破碎，同时也将使它失掉真正科学史的作用。[1]

在此，汪氏似主要表达了以下两方面的意思：

首先，从历史的角度看，无论是将墨辩的内容填补进现有的逻辑理论或教材体系还是根据研究者的主观意图来挑选自认为有用的墨辩内

[1] 汪奠基：《中国逻辑思想史》，第104—105页。

容进行诠释,都没有表现出对墨辩之为一个“历史对象”的足够尊重,即没有能够联系具体的社会历史文化背景来考察墨辩的形成与性质——没有考察墨辩的内容反映了墨子及其后学什么样的政治伦理立场?他们所处时代的实践经验、科学知识与哲学思辩对墨辩的内容产生了何种影响?他们在名辩思潮中与其他各派的相訾相应在墨辩中有何反映?民族语言的特殊表达方式如何影响到墨辩的内容与表述方式?等等。

其次,从科学的角度说,不立足于对作为一个历史对象的墨辩的具体考察,仅仅是援引处于发展高级阶段的形式逻辑来剪裁、排比墨辩的内容,往往容易造成在诠释墨辩时忽略了墨辩本身的“形式特征”,遮蔽了墨辩所提出的“逻辑分析方法”,使墨辩的固有体系显得“支离破碎”。为此,汪氏提出应通过对《墨经》“原文程序”的仔细考察,即从文本校勘出发经由文字训诂、内容梳理来发现《墨经》各个组成部分之间的内在联系,概括出各个部分的主要论题;进而联系当时的政治伦理辩论、自然科学知识和古代汉语的语法等来准确诠释《墨经》所提出的关于“辩”的逻辑理论系统,客观评价墨辩的历史意义。

换一个角度来看,通过对上述两种错误研究倾向的批评,汪奠基实际上提出了墨辩研究以及一般的名辩研究必须坚持的两个原则:

首先,必须坚持全面性的原则。前文的分析已经标明,汪氏认为中国本土逻辑固然以名辩话语为具体形态,但后者的内容并不能完全归结为对逻辑问题的讨论。对此,他还有更为明确的表述:

> 本来就名实的逻辑问题来说,所有“形名”或“名辩”的思想都应该是属于逻辑范围的。但是,由于中国古代名辩的学说,具有它的历史特征,即在“形名”或“名”的发生发展过程中,主要问题往往与一般政治伦理规范的“正名、定分”联系在一起。也正由于这种特征,因而使名实问题的内容,包含了自然、社会各方面丰富的思维对象,既联系了古代自然科学的认识方法,也吸收了政治论辩

的思想方式。[1]

很明显,名辩话语(中国古代名辩的学说),除了包括对逻辑问题的考察与争辩,还包括跟自然科学与政治论辩密切相关的、关于自然和社会的丰富内容。由此出发,名辩研究就必须坚持全面性的原则,一方面要联系具体的社会历史文化背景,多方面地考察社会、经济、政治、文化诸因素如何推动了名辩话语的形成与发展,如何影响到名辩论题的提出与各家各派的主张及其彼此之间的争辩,如何关联着名辩话语的社会效应,等等。另一方面要重视对名辩话语之多重理论内涵的揭示,结合相关的宇宙论、本体论、认识论、逻辑学、伦理学、政治学、语言学、科学技术史等学科对名辩话语的主要论题、具体内容与理论本质给予全面的梳理和准确的诠释。

其次,必须坚持普遍与特殊相结合的原则。在论及一般的逻辑史研究时,汪氏认为:

> 一部世界逻辑史,是同世界上所有民族的科学和逻辑的特征分不开的。抽象地谈全人类性的共同形式,将变成空洞的概括,因为不通过自己民族语言的表述形式,人们是不会发生概念的认识的。[2]

以此为前提,在运用"名辩逻辑化"的研究方法来诠释名辩义理以证成

---

[1] 汪奠基:《中国逻辑思想史》,第55页。对名实关系的讨论,既涉及逻辑问题,又关乎政治伦理的内容,二者的相互交织从一个侧面反映了名辩话语在论题或内容上的多样性。有见于此,汪奠基又指出,要通过名辩之学来把握中国本土逻辑,就必须认识到《春秋》的正名,邓析的辩讼,惠施的历物,老、庄的无名无为,墨辩的逻辑科学,荀卿的正名论以及战国纵横辩察的名实理论,都是对社会实践的、历史现实的认识。我们基本上只能通过对名辩话语所论及之正名、辩物、无名、辩察或形名法术等的分析来揭示其中的逻辑内容。(第43页)

[2] 同上,第4页。关于逻辑的普遍性与特殊性,汪氏还写道:"要知道人类思维的逻辑的东西,必然是同历史的东西一致的,人类思维共同形式的物质基础是与每个民族思想语言的具体表现不可分的,专靠'共同形式'作抽象代替的想法,只是对逻辑与历史的嘲笑。"(第5页)

中国本土逻辑时，就既要注重对名辩与逻辑之间共同性的研究，也要揭示名辩相异于逻辑的个性；或者说，既要发掘名辩话语所包含的普遍的逻辑之理，也要揭示名辩话语跟民族语言的表达方式相关的特殊性。[1]

正是基于普遍与特殊相结合的原则，汪奠基指出："我们重视对希腊逻辑科学的研究，但这并不等于说要以古希腊逻辑史代替我们自己民族的逻辑科学历史，或者把自己民族语言表述的思想特征，勉强比附不同类型的逻辑思想学说。"[2]由此出发，针对有人把墨辩所说的"名"、"辞"、"说"解释为形式逻辑的概念、判断、推理，将"以类取、以类予"解释为归纳推理，他强调"这种比拟只可供参考"，因为二者的"组织形式实质并不一样"。例如，墨辩之"名"是针对事物的语言或名字而言，"实"则指客观事物的真实性；二者具有不同的义蕴，并且与当时辩者所持"唯谓"的"举拟"之说，亦有相互关系，因此不宜专以"概念"来译述"名"。[3]

5. 名辩研究既要研究理论形态的名辩之学，也要研究实践形态的名辩方法

有见于对逻辑问题的考察总是经历了一个从自发到自觉的过程，即便是自觉的考察在不同的认识领域和发展阶段上还表现出程度上的差异，汪奠基在1950年代就指出，在对名辩话语进行逻辑诠释时，不仅要关注公孙龙、后期墨家、荀子等在其著作中对于名辩诸论题的自觉考察与争辩，还应重视各家各派在与名辩诸论题相关的各种论争以及科

---

[1] 在论及老子以及魏晋时期的名辩思想时，汪氏就着眼于民族语言的表达方式，对《道德经》中跟朴素辩证思维方式相关的若干特殊推论形式、魏晋六朝"连珠式"的多种表述形式进行过初步考察。此外，他还非常重视章太炎、刘师培等联系"思维语言的表述方式，民族语言习用的传统形式，与文字衍化的丐词形式等等"对名辩话语之逻辑内容的诠释与评价，认为这是他们"在中国名学上提供的新内容"。

[2] 汪奠基：《中国逻辑思想史》，第4页。

[3] 同上，第112—113页。

学认识中对名辩方法的运用。[1] 在1961年发表的《略谈中国古代"推类"与"连珠式"》一文中，他又提出加强对于中国古代广泛使用的各种"推类"方法的研究，并通过文艺实例的分析对"连珠式"的结构与类型进行了初步的提炼与区分，其结论便是"从各科学方面应该抽出来的东西可能很多。丰富的古代逻辑遗产，也就在多方面的研究上"。[2]

在本阶段，汪奠基继续强调应该从理论与实践两个层面来研究名辩话语以揭示中国本土逻辑的内容与特征。这是因为古代的辩者常常将"辩"的形式法则运用于生活故事或文艺形式；不同派别的思想家都非常重视跟"知类"、"别类"、"推类"相关的理论与实践问题；辩察之士极端注重由辩论社会政治问题所引发的逻辑论辩的方术问题。总的来说：

> 这些有关思想方法的逻辑特征，并不是真正为讲逻辑而讲出来的东西，相反地，这些多种多样的认识形式，——演绎的、归纳的、类比的、推类的形式，是从研究中国逻辑思想史的角度把它们挖掘和集中起来的。这里不仅有不同程度的科学观察、实验和各种证明的方式，而且还具有古代辩证思维形式的方法。如果只注意寻找"讲逻辑"的历史人物和学说，那就会失掉这些逻辑科学内容的客观材料。[3]

就此而言，要全面把握名辩话语以及蕴含其中的中国本土逻辑，就不仅要重视理论形态的或者说"讲逻辑"的名辩之学，也要去挖掘那些实践形态的或者说在各种认识与辩论活动中所包含的"用逻辑"的客观

---

[1] 汪奠基：《关于中国逻辑史的对象和范围问题》，《哲学研究》，1957年第2期，第48页。

[2] 汪奠基：《略谈中国古代的"推类"与"连珠式"》，《中国逻辑思想论文选（1949—1979）》，第87—92页。此文原刊于《光明日报》1961年10月11日。

[3] 汪奠基：《中国逻辑思想史》，第49页。

材料。

相较于名辩研究应该坚持理论与实践的并重，汪氏认为，此前的研究由于忽视了名辩话语的实践之维，“长期停顿在正名主义的逻辑思想和墨辩立名本的思想认识上，无法前进”；“把农学、医学、算学及诸实用技术方面的创造活动，看成完全与推进科学认识的思想方法不相干”，以至于未能对分散于各种科学技术思想方面的理论给予逻辑的综合研究。正是注意到惠施、邓析、公孙龙的名辩思想在不同程度上均反映了当时自然科学的认识，《墨经》与《正名》跟当时的几何、物理、力学、心理学及社会政治经济等方面的科学认识都有直接的联系，汪奠基提出，在对名辩实践的研究中尤其要重视（当然并不限于）对中国古代自然科学、数学的研究。“如果结合过去两千余年生产科学的经验认识，分析各种有关逻辑思维在具体运用中的情况，那就一定会找到不同思想发展的逻辑形式和不同科学认识的逻辑方法。……如果我们今天竟不能按逻辑科学思想的历史观点来系统地研究这种逻辑思想，那将使许多极关重要的材料，直接与逻辑对立，即使直接被利用的材料，也难免会发生支离破碎的解释。”[1]

要言之，就“名辩”的理论义而言，汪氏认为名辩话语是中国本土逻辑的具体形态，但它不仅包含大量围绕政治伦理问题而展开的论说与争辩，还包括跟自然科学密切相关的丰富内容，因而其内容远非逻辑所能范围。与此相关，对名辩话语的研究就必须坚持全面性的原则，既要关注对逻辑问题的考察，也要重视其中的非逻辑的内容；既要揭示其中所包含的形式逻辑内容，也要重视对辩证思维的研究；既要注重理论形态的名辩之学，也要加强对名辩实践的研究。针对以往运用“名辩逻辑化”的方法来诠释名辩义理所存在的重求同轻明异的问题，他要求贯彻普遍与特殊相结合的原则，既要发掘名辩话语所包含的普遍的

[1] 参见汪奠基：《中国逻辑思想史》，第52页。

逻辑之理,也要揭示名辩话语跟民族语言的表达方式相关的特殊性。

《中国逻辑思想史》对作为中国本土逻辑的名辩之学的研究,标志着"名辩"在缺席十年之后的重新登场。汪奠基对"名辩"之学派、思潮与理论三义的如上理解,对本阶段乃至后来的名辩研究均产生了重要的影响。正如下文将要陆续指出的,追随而发展者有之,批评而修正者亦有之。

二、名辩之学与中国古典逻辑

同样是在1979年,周文英在《中国逻辑思想史稿》中联系名辩话语对中国古典逻辑进行了初步的梳理,也可以说从中国古典逻辑的角度揭示了名辩之学的逻辑本质。[1]

(一)"名辩思潮"的广义理解

很可能受到汪奠基的影响,[2]周氏也没有把名辩思潮的存续时间局限在先秦,而是对其做了广义的理解,即肇始于战国,其后时断时续地一直延续至中国近代("五四"运动前后)。

在他看来,战国时代,"儒、墨、道等各种学派相继出现。学派之间开始互相争论,互相辩难,互相批判。在这种'相訾''相应'的风气之下,蕴育着名辩思潮的发展"[3],其代表人物或学派主要有惠施、公孙龙、后期墨家和荀子等。随着秦始皇统一中国,以及旋即而来的秦亡汉兴,诸子争鸣之风暂时平息。汉统一天下后,社会重新走上安定,诸子

---

[1] 据周氏回忆,此书经1961—1978年的长期研讨和1973—1978年的潜心伏案写作而成。参见周文英:《我的学业和学术》,《周文英学术著作自选集》,北京:人民出版社,2002年,第33页。又,此书最初以"中国逻辑思想史稿"为名在《江西师院学报》(哲社版)1978年第2—4期以及1979年第1—4期连载。

[2] 由于《中国逻辑思想史》尚未正式出版,周文英在写作《中国逻辑思想史稿》时不可能阅读该书。不过,他自述曾在1960年代阅读过汪氏的《关于中国逻辑史的对象和范围问题》一文。参见《周文英学术著作自选集》,第29页。

[3] 周文英:《中国逻辑思想史稿》,北京:人民出版社,1979年,第57页。

百家之流风余绪在西汉初期仍然存在,《淮南子》等还对先秦名辩的某些论题有所论列。其后,罢黜百家、独尊儒说,虽未使名辩论争完全停止,但名辩思潮逐渐衰微则是不争的事实。

名辩之风在魏晋时期复有昌盛。"魏晋时期玄学与非玄学之间,玄学内部之间,经常互相辩难,因而孕育出了一种具有特殊风尚的名辩之学。这个名辩之学就是所谓名理学。"由于名理学的发展越来越追求一种巧辩术,即近乎诡辩的论辩法,加之这一时期占主导地位的是唯心主义,"因此始终未能出现一个较为强大的唯物主义学派,或反玄、佛的强大学派,因而也就不能产生较为系统的科学的名辩理论和方法。"[1]

到了唐代,"儒学经义、释氏因果、老庄虚无,讲辩三教,不务矛盾相向,但求江海同归,内容上企图构成一种新的唯心主义,逻辑上发展折衷诡辩的色彩,这便是唐代名辩思潮的一般倾向。"在这一时期,从印度传入的因明"这种科学的逻辑思想和当时中国名辩思潮的一般风尚是不合拍的。"[2]

有清一代,伴随着诸子学的重光,尤其是傅山、汪中等人的推动,以《墨辩》为代表的先秦名辩的重要著作陆续得到整理。进入 20 世纪,不仅个案层面上针对墨辩之学、名家之学以及儒家、法家名辩思想的研究获得突破,学者们还开始了对先秦名辩思想的综合研究,出现了郭湛波的《先秦辩学史》以及其他类似性质的专论。

同样是对名辩思潮做扩展的理解,汪奠基对卷入先秦名辩思潮的各个派别及其相互关系的梳理无疑较为全面与深入,而周文英的考察则显得颇为简略,既没有对名家参与名辩论争的情况做完整的考察;也没有论及孔子、孟子等儒家如何参与名辩;至于老、庄道家对于名辩的

[1] 周文英:《中国逻辑思想史稿》,第 97、131 页。
[2] 同上,第 176 页。

态度,则完全在其视野之外。周氏之所以未能如汪奠基那样较为全面而深入地考察先秦名辩思潮,在很大程度上跟他对名辩所争所论之理论本质的理解有关。在他看来,名辩之学本质上是中国本土对于逻辑问题的考察,而孔、老、孟、庄等在逻辑上无甚建树,自然在先秦名辩思潮中也就没有什么地位可言。

(二) 名辩之学的本质是中国古典逻辑

按周氏之见,名辩思潮发展至惠施、公孙龙时,逐渐形成了对于逻辑问题的自觉讨论。而名辩论争的一项重要论题就是名实关系问题,“名实问题也就是今天所说的概念问题。中国古典逻辑的概念论,由惠施开始,中间经过公孙龙诡辩的刺激,最后到荀子和墨家后学手中便发展得非常完整。”[1]很明显,周文英也认为在名辩话语中包含着对逻辑问题的考察,或者说,中国古典逻辑(即中国本土逻辑)的具体形态就是名辩之学。

如果说惠施、公孙龙和荀子的名辩之学,其主要成就集中于概念论,尚未深入研究推理论证的形式结构问题,那么墨家后学通过发展墨子的“言故”、“察类”,提出了较为完整的关于推理论证的理论。与“故”、“类”并提相应,后期墨家对归纳和演绎都进行了考察。不过,由于更为关注推类的问题,其逻辑思想的重心似乎还是演绎上。尽管“明故、察类是形式逻辑的两大基石”,但二者又不完全是一个逻辑的问题,还牵涉人们对于客观事物认识的深度和广度。正是有见于在具体认识过程中明故、察类的复杂性,针对后期墨家所提出的“以说出故,类取类予”,《吕氏春秋》主张“类不可推”。其后,《淮南子》对《吕氏春秋》的观点有所继承亦有所修正,“强调要考察事物的具体缘由,但也不否定类推的可能性,从而发展了古典的归纳逻辑,使中国古典逻

[1] 周文英:《中国逻辑思想史稿》,第57页。

辑思想体系进一步完备起来。”[1]

周文英指出，随着名辩思潮在汉武帝推行“罢黜百家、独尊儒说”之后逐渐衰微，战国时期就已蔚为大观的中国古典逻辑不再广为流播。尽管侯外庐等人撰写的《中国思想通史》率先证成了中国古典逻辑并不仅仅存在于先秦，也存在于先秦以后的各个时期，但先秦逻辑无疑是中国古典逻辑的高峰。[2]

如前所述，汪奠基在阐明“名辩”之理论义时，实际上在两个层面上表现出了一种多元的立场：其一，名辩话语的具体内容是多元的，不能完全归结为对逻辑问题的考察，其中还包含着大量与政治伦理辩论、形而上学、认识论等相关的内容；其二，名辩的逻辑之维亦是多元的，不仅包括形式逻辑的内容，还包括对辩证思维的研究。对于汪氏的这一看法，周文英在《中国逻辑思想史稿》以及随后的若干论文中提出了异议。

以《墨经》为例，他认为后期墨家的所争所论在一定程度上反映了当时的自然、社会、政治、伦理诸方面的问题，“但是逻辑史的重点不是去研究自然的、社会的各种具体问题。逻辑史应当重点研究《墨经》中有关逻辑理论和逻辑形式方面的东西。”[3]更为一般地看，名辩话语的一项重要内容就是去考察与争辩跟“名”有关的诸论题。对此，他指出：

> 先秦时期，儒家讲正名，道家讲无名，法家讲刑名，都离不开一个“名”字。但是“名”不就等于逻辑，只有把名和辩联系起来以及把名和实对待起来加以讨论的时候，才开始了中国古代逻辑的真正发展史。

[1] 周文英：《中国逻辑思想史稿》，第57—58页。
[2] 参见周文英：《中国逻辑思想史稿》，第220—221页。
[3] 周文英：《略论中国逻辑史的对象、性质》，《中国逻辑史研究》编辑小组编：《中国逻辑史研究》，北京：中国社会科学出版社，1982年，第10页。

孔子的“正名”关乎政治伦理,老子的“无名”纯粹是哲学的讨论,商鞅的“刑名”则涉及法术的问题,唯有惠施、公孙龙,以及稷下学宫中的宋鈃、尹文、彭蒙、慎到、田骈、申不害等人才程度不同地讨论了与“名”有关的逻辑问题,主要是名实关系中的一些具体理论和法则问题。有见于此,周文英不点名地对汪奠基所主张的联系政治伦理辩论来研究中国本土逻辑的做法提出了批评,认为“中国逻辑思想的发展也存在着一种逐渐净化的趋向,即是说逐渐脱去政治伦理的束缚而转向纯逻辑的境界”;而汪氏的做法则在“无形中又扩大了逻辑史叙述和讨论的范围,多少有点混淆思想史和逻辑史的研究对象。”[1]

周文英不仅在如何把握名辩话语的具体内容上与汪奠基意见相左,在如何把握名辩的逻辑之维的问题上,也与后者针锋相对。从逻辑观的角度看,周氏承认逻辑的类型不止一种,如形式逻辑(普通逻辑)、辩证逻辑等;不过在逻辑史观上,他却主张形式逻辑的一元史观,其理由是他认为单讲“逻辑”二字时总是指形式逻辑,故一般说的“逻辑史”就应当指形式逻辑的发生发展史。由此出发,他指出:

> 有人认为:所谓逻辑史,根本就不只是什么形式逻辑史的问题,而是必须包括形式逻辑及其方法与辩证思维认识,或古代有关辩证法历史发展的逻辑思想对象在内的问题。其意思是说:古代的辩证思维孕育出了普通逻辑。甚至可以说,古代的辩证思维就是属于普通逻辑的范畴。我认为这样的说法是值得商榷的。[2]

此所谓“有人”其实指的就是汪奠基。周文英之所以认为逻辑史只能是形式逻辑的发生发展史,是因为在他看来汪氏的观点包含着一个错误的预设,即“古代的辩证思维孕育出了普通逻辑”或者说“古代的辩

---

[1] 周文英:《略论中国逻辑史的对象、性质》,《中国逻辑史研究》编辑小组编:《中国逻辑史研究》,第11页。

[2] 同上,第9页。

证思维属于普通逻辑的范畴”。正是从这一预设的不可接受出发，他认为包含这一预设的逻辑史观也是不可接受的。不过，对照《中国逻辑思想史》的原文，不难发现周氏的这种批评在很大程度上歪曲理解了汪奠基的观点。在阐明为什么逻辑史还应该包括历史上对辩证思维的研究时，汪氏并没有直接或间接地表述过周文英所概括的那个预设，而是认为“逻辑概念的普通形式思维与辩证思维确有不可分割的联系”；针对形式逻辑一元史观的主导地位，他特别强调“辩证思维的认识活动，始终是属于思维能动的主要形式，绝不是说在形式逻辑的思想领域里，就绝对不存在辩证的思维活动。”[1]

要言之，研究目的（发现中国本土逻辑）决定了研究方法（名辩逻辑化），由此造成周文英反对联系名辩的政治伦理维度等来研究其逻辑之维（中国古典逻辑），从而以对名辩的逻辑之维的研究牺牲了对于名辩思潮各个派别的完整考察，遮蔽了对于名辩之多重内涵的全面诠释，难以避免只见逻辑不见名辩的后果。同时，多元的逻辑观与一元的逻辑史观的冲突，又使得周氏在发掘和整理蕴含于名辩话语中的中国古典逻辑时，仅仅关注了其中形式逻辑的内容，忽略甚至否定了其中所包含的历代对于辩证思维的研究。

（三）名辩、逻辑与因明的比较与综合

鉴于名辩之学的本质是中国古典逻辑，周文英又从方法论的角度对如何通过跟西方逻辑、印度因明的比较来研究名辩进行了初步的思考。在他看来，这种比较研究有不同的路数，表现出不同的倾向：第一种路数是立足于西方逻辑来整理与诠释名辩之学的逻辑内容。其倾向有二：一种是研究者既熟悉西方逻辑又有较好的中国旧学的基础，于是这种比较“尚能两头都吃透，不至于生吞活剥，因而作出了不少成绩”；另一种只是利用西方逻辑的理论框架去寻找、整理和排列中国古籍中

[1] 参见汪奠基：《中国逻辑思想史》，第15页。

相应的例子,既未能在西方逻辑与名辩之学间作系统的比较对照,也没有去探究后者所包含的自觉的逻辑思想。第二种路数则是不以西方逻辑为比较的主体或基础,而主要是在印度因明与名辩之学间进行比较,并参照西方逻辑加以综合。[1]

针对在现有的比较研究存在的问题,周文英提出了名辩与逻辑、因明之间比较研究的步骤与目的。简言之:

第一步,求同性研究,即"以西方逻辑和印度因明为借鉴,系统研究和整理中国古代的逻辑史料,先着重从共同的一方面去考察,对中国古代逻辑的具体内容作粗线条的描述"。

第二步,明异性研究,"当我们对中国的逻辑史料有相当积累以后,我们应当力求同中求异,力求去发现它的特殊性。"

第三步,综合性研究,即"将三种逻辑体系的同和异加以比较综合,改变现在普通逻辑教本中完全按西方逻辑的体系和内容来编排的作法"。[2]

在他看来,随着诸子学的兴起以及逻辑东渐,自从清代以来,名辩、逻辑与因明三者之间的求同性研究已经取得了很好的成绩,但以寻找各种逻辑体系特殊性为目的的明异性研究尚未取得可观的成绩,至于第三步的综合性研究则基本上没有开展有计划的研究。

周文英对名辩、逻辑与因明之比较与综合的方法论思考,有如下两点值得注意:

第一,在研究构想上,他坚持了梁启超首先阐明的"名辩逻辑化"的方法论原则,强调求同与明异不可偏废,既要通过比较研究来证成名辩之学所具有的普遍的逻辑本质,也要揭示名辩之学相异于西方逻辑、

---

[1] 参见周文英:《中国逻辑思想史稿》,第233—234页。

[2] 同上,第245—246页。周氏后来修正了关于综合性研究的提法,认为三种不同的逻辑体系是不能综合为一种的。参见《周文英学术著作自选集》,第35页。

印度因明的特点或个性，以避免从比较倒向“生吞活剥”的比附。当然，如同前两个阶段的名辩研究一样，研究构想上的求同明异并重与研究实践中的重求同轻明异之间的紧张关系，同样存在于周文英自己的名辩研究之中。[1]

第二，从研究目的看，他认为表现为逻辑史研究的名辩研究“不光是为了了解过去，也不只限于借鉴古人，更主要的是要继承和发展古代逻辑中那些有生命力的东西，并把它应用于今天，以增加现代逻辑的色彩”。[2] 与此相关，周文英强调名辩、逻辑与因明的比较研究必须以三者的综合为鹄的，这类似于章士钊所说的“以欧洲逻辑为经，本邦名理为纬，密密比排，蔚成一学，为此科开一生面。”

在上世纪的70年代末80年代初，除了汪奠基和周文英以专著形式从中国逻辑史的角度对名辩话语展开了研究，还有不少治中国逻辑史的学者在相关论文中亦表达了各自对于“名辩”三义的理解。1980年12月，中国逻辑史第一次学术讨论会在广州召开，为数不少的论文都不同程度地论及了中国古代的名辩之学、名辩思潮或名辩学派。例如：

李匡武在探讨中国逻辑史的研究方法时就强调，“尽管是探究中国逻辑史，或者说是名辩之学的历史，也应当对西方逻辑史以及印度的因明学史具备必要的知识，以便扩大眼界，增长见闻。”[3] 这里，“中国逻辑”与“名辩之学”的交换使用表明二者是同义词，中国（本土）逻辑就是以名辩之学为其具体形态。

在李元庆看来，为了能在百家争鸣的思想论战中证成己说，驳斥他

---

[1] 在论及《中国逻辑思想史稿》的缺陷时，张晴认为周氏对中国古代逻辑与西方逻辑“同”的方面阐发较多，而忽视对它们“异”的方面的阐发。详见张晴：《20世纪的中国逻辑史研究》，第122—123页。

[2] 周文英：《前言》，《中国逻辑思想史稿》，第2页。

[3] 李匡武：《略论中国逻辑史的研究对象和方法》，《中国逻辑史研究》编辑小组编：《中国逻辑史研究》，第8页。

论,以达到"以其学易天下"的目的,先秦思想家们势必会面对所谓"名"的问题(逻辑概念问题)和所谓"辩"的问题(即逻辑思维规律与法则问题),其中一些思想家专门以"名"与"辩"所涉及的问题为考察和争辩的对象,把关于理论问题的争辩发展为对于逻辑问题的探讨,于是便出现了"名家"、"辩者"之流,形成了名辩思潮。随着秦灭六国,百家争鸣的局面不复存在,名辩思潮亦因此而告结束。他指出:

> 基于这一基本历史事实,我们说,相对于古希腊亚氏的"逻辑",古印度佛教的"因明",不妨把古代中国的逻辑科学称之谓"辩学"或"名辩之学",从这种意义上讲,也不妨把中华民族思想方法论的发展史称之谓"辩学"或"辩"的理论的发展史。[1]

很明显,李元庆也认为名辩之学的理论本质是中国古代逻辑。

前文已经指出,对于名辩的逻辑之维,汪奠基认为其中既有形式逻辑的内容也包含对辩证思维的研究,周文英则将其局限在形式逻辑(普通逻辑)的范围。在此问题上,李元庆对汪氏的观点有所扩展,认为中国逻辑史之为名辩之学的历史可以从四个方面展开研究,或者说,包含着四个方面的内容:关于形式逻辑理论思维的发展史、关于辩证逻辑理论思维的发展史、关于形而上学逻辑理论思维的发展史和关于"应用逻辑"理论思维的发展史。[2] 崔清田的立场与周文英近似,认为"形式逻辑(或称普通逻辑)是历史上中国逻辑科学的主要内容";辩证逻辑的体系则因古代的辩证思维尚处于自发的、素朴的、十分不成熟

[1] 李元庆:《关于中国逻辑史的研究对象和内容》,《中国逻辑史研究》编辑小组编:《中国逻辑史研究》,第 17 页。

[2] 同上,第 18—31 页。在提交中国逻辑史第一次学术讨论会的论文中,孙中原、何应灿、蔡伯铭等虽未明确将名辩之学与中国本土逻辑等同起来,但在论及"中国土生土长的逻辑思想"、"中国古典逻辑"究竟包含哪些具体内容时,他们也认为其中既有形式逻辑的内容,也包括对辩证思维形式和方法的研究。

的状态而未能形成，因而不可能成为中国古代逻辑的内容。[1] 何应灿的理解较为复杂。一方面，他采取了类似周文英的立场，将名辩的逻辑之维限定在形式逻辑，明确把"名辩逻辑学"、"名辩形式逻辑"与"朴素的辩证逻辑"区别开来；另一方面，他又与汪奠基、孙中原、蔡伯铭等人的看法近似，认为中国古代逻辑包含着对辩证思维基本原理的考察，因此在研究中国逻辑史时必须加强对古代辩证逻辑的研究。例如，在他看来，荀子"初步总结了古代朴素辩证法的思想，并自觉地运用它来考察思维的辩证运动，在批判继承名辩形式逻辑理论的基础上，突破了古典形式逻辑的'框框'，提出了某些辩证思维的基本原理"。[2]

此外，欧阳中石对"名辩"的学派义也有所论及："先秦名辩学派、墨辩、孔丘、孟轲、荀卿、老、庄、管、商、韩，秦汉之际的'吕览'、'淮南'，两汉的董、扬，魏晋的名理，以及唐宋明清各家，直至'五四'之前的章炳麟、刘光汉，都对名实问题作为自己的一个论题，都要求'正名实'。"[3] 相较于汪奠基对"名辩"之学派义的三种理解，此所谓"先秦名辩学派"似略当于汪氏所说的扩展版"名家"。

三、哲学史视野中的名辩

"名辩"在1970年代末80年代初的再次登场，指的是作为一个相对独立的思想史现象，名辩话语或名辩思潮再次得到了自觉的研究。这种研究除了展开于中国逻辑史领域，也反映在这一时期中国哲学史的研究著作之中。下面择其要者略作评述。

[1] 参见崔清田：《关于中国逻辑史的研究对象和方法问题》，《中国逻辑史研究》编辑小组编：《中国逻辑史研究》，第68—70页。

[2] 参见何应灿：《中国逻辑史要加强古代辩证逻辑的研究》，《中国逻辑史研究》编辑小组编：《中国逻辑史研究》，第89页。

[3] 参见欧阳中石：《中国逻辑思想史研究的对象与范围》，《中国逻辑史研究》编辑小组编：《中国逻辑史研究》，第124页。

（一）几本中国哲学史教材论名辩

受到郭沫若的影响，孙叔平的《中国哲学史稿》（上册）、北京大学哲学系中国哲学史教研室编写的《中国哲学史》（上），以及萧萐父、李锦全主编的《中国哲学史》（上卷）等均认为春秋战国之际社会生活中存在的名与实的背离、相乖，引发了政治、哲学层面上对于名实关系问题的讨论，促成了名辩思潮的兴起。

孙叔平提出，对名实问题的不同回答在一定程度上将卷入名辩思潮的学派区分为两大阵营：一是主张“正名求实”，按旧事物之名复旧事物之实；二是主张“取实予名”，对已经存在的新事物给予正式的名义。其著作第十章以“名辩”为题，统括“名家”与“墨辩”。[1] 惠施在名辩上的基本倾向是取消差别，“合异为同”；公孙龙则提出了名与实、共性与个性的关系问题。墨辩派除了讨论伦理、政治、经济观点和几何、光学、力学等自然知识，更为重要的是对逻辑问题的考察。

北大版的《中国哲学史》（上）似把名实关系问题作为名辩思潮的核心论题，认为这种讨论在孔子的时候还主要着眼于一些具体事物的名实关系，直到战国时期，才进一步发展成为对概念的规定和分类、判断、推理等逻辑问题的研究。该书第六章题为“惠施、公孙龙的名辩思想”，认为二者主要从事辩论中的逻辑问题研究，此外后期墨家也参与了这一辩论。[2]

萧萐父、李锦全主编的《中国哲学史》（上卷）明确指出，“名辩思潮是战国时期各家围绕名实关系展开的一场哲学论战，是百家争鸣的一项重要内容。”不过，他们又强调，在“处士横议”、“辩士云涌”的战国时代，各家辩论内容并不局限于名实关系问题，可以说从自然到社会以至

---

[1] 孙叔平：《中国哲学史稿》（上册），上海：上海人民出版社，1980 年，第 157 页。
[2] 北京大学哲学系中国哲学史教研室：《中国哲学史》（上），中华书局，1980 年，第 122 页。

思维，无所不包。这就是说，名辩思潮所涉及的论题其实非常广泛，非逻辑所能范围。至于名辩的逻辑之维——从着眼于名实关系的辨察，进而发展到对概念的规定和分类，以至判断、推理等逻辑问题的研究，则主要以名家和后期墨家为代表。[1]

（二）任继愈主编《中国哲学发展史》（先秦）论名辩思潮

在本阶段，任继愈等基本沿袭了他们在上一阶段出版的《中国哲学史》（第一册）中的理解，认为名辩思潮高峰出现于战国中期以后，其特点是“在相互辩难中注意分析名词、概念和命题，考察名实关系，探讨思维规律和方法，企图改善人的主观认识能力”。[2] 他们认为，专门研究上述问题的学问在哲学史上被称为“辩学”或“名学”；专著于研究这门学问的人，先秦称之为“辩士”，西汉以后则统称为“名家”。至于“名辩”或“辩士”之“辩”，取其好辩、善辩；“名辩”或“名家”之“名”，则取其察名、正名。究其理论本质，辩学、名学，大体上相当于逻辑学的研究范围。

同样是受到郭沫若的影响，任继愈等认为，名辩思潮得以产生和发展的社会根源就是春秋战国时期因社会急剧变革而导致的名实不符以及重建名实关系的不同努力。名辩之风始于邓析，其后孔、墨、孟、老、庄、《管子》等均不同程度地卷入其中。在各家各派从政治伦理角度争辩名实关系问题的同时，为了驳斥论敌，论证己见，他们又在不同程度上从思维形式、思维规律和逻辑方法上找寻根据和武器。就此而言，“名辩思潮不仅仅为辩士们所推动，而且是一个包括了各家各派的普遍性的学术思潮，它是学术上百家争鸣的产物。”[3]

另一方面，相异于战国中期以前，诸子的名辩思想与其全部学说浑

[1] 萧萐父、李锦全主编：《中国哲学史》（上卷），北京：人民出版社，1982年，第182—183页。
[2] 任继愈主编：《中国哲学发展史》（先秦），北京：人民出版社，1983年，第473页。
[3] 同上，第477—478页。

然一体，战国中期以后，名辩思潮出现高峰，惠施、公孙龙和后期墨家三家以察辩为专长，对“同异”、“坚白”、“白马”等名辩论题进行了独立的研究，展开了相互的争辩，形成了各具特色的学说和学派。至此，以思维本身为专门研究对象的辩学开始成为一门独立的学问，惠施和公孙龙从不同角度为辩学作出了贡献，后期墨家则集名辩思潮之大成，使辩学具有了较为严密的体系，堪与古希腊逻辑和印度因明媲美。[1]

相异于汉儒对辩士、辩学（实际上也就是对名辩思潮）褒贬不一的评价，任继愈等认为，“先秦的名辩思潮和惠施、公孙龙、后期墨家的辩学，就其主流来说，是一种进步的学术潮流，它冲破奴隶制沿袭下来的旧观念，迎接新兴封建制的新观念，是春秋战国时期伟大的思想解放运动和新文化运动的组成部分。”[2]

在论及近代以来的《墨经》研究时，任继愈等简要梳理并评论了四种主要的观点和方法，以及两种不实事求是的做法，这对于从方法论的角度来梳理与反思近代以来的名辩研究无疑具有重要的启发意义。简言之，《墨经》研究常见的四种观点和方法是：第一，着重文字上的考订训诂；第二，以佛学解《墨经》，虽间有所得，但总体上不可取；第三，将《墨经》同西方哲学、科学互相类比参照，有利于发现《墨经》的科学成分，但往往失之穿凿附会，遮蔽了《墨经》具有的中国古代文化的特点；第四，用唯物和辩证的方法来研究《墨经》，资料与观点并重，努力还其本来的历史面貌和历史地位，但尚处于探索之中。两种不妥当的做法是：其一，强解暂时难以确注的文本，或随意增减改字以自圆其说，致使结论陷于武断；其二，不顾《墨经》的时代条件对其加以过度诠释，好像近世许多伟大的科学学说，在《墨经》中早已被发现。[3]

[1] 参见任继愈主编：《中国哲学发展史》（先秦），第545页。
[2] 任继愈主编：《中国哲学发展史》（先秦），第479—480页。
[3] 参见任继愈主编：《中国哲学发展史》（先秦），第524—525页。

（三）冯契论名辩的逻辑之维：形式逻辑与辩证逻辑并重

按冯契在《中国古代哲学的逻辑发展》（上册）的说法，“随着百家争鸣的展开和科学的发展，在战国时期出现了‘名辩’思潮”，其中名家尤其注重考察逻辑问题。惠施、公孙龙等辩者所展开的“坚白”、“同异”之辩，其理论实质就是对“类”范畴的考察，涉及同和异、个别和一般的关系，均是对于逻辑思维形式的讨论。[1] 其中，惠施一派主张“合同异”，强调同异关系的相对性，导致了相对主义；公孙龙一派则主张“离坚白”，把概念之间的差异绝对化了，导致了绝对主义。

在名辩思潮中，后期墨家围绕“名实”、“坚白”、“同异”诸问题，同惠施、公孙龙以及其他各家展开了争论，使墨子的理论得到了进一步的发展，建立了科学的形式逻辑体系。冯契指出，“名实关系问题也是逻辑学问题”。[2] 历史地看，墨子首先从逻辑角度讨论了名实之辩，提出了“类”、“故”、“理”的范畴，其“察类”、“明故”、“出言谈之道”已初步具有了逻辑学的意义。《大取》则第一次把“类”、“故”、“理”联系起来，明确提出了“辞以故生，以理长，以类行”，即“类”、“故”、“理”三个范畴是逻辑思维所必具的学说，初步触及了同一律、矛盾律和排中律等，建立了形式逻辑的科学体系。需要指出的是，虽然《墨经》主要是从形式逻辑的角度来考察“类”、“故”、“理”范畴，但是在考察同异关系时，“同异交得”、“异类不比”等思想已经突破了形式逻辑的界限，注意到在最普通的逻辑思维中已经含有辩证法的因素。

在冯契看来，先秦名辩思想家对逻辑问题的研究，既有形式逻辑的内容，也包含着辩证逻辑的萌芽。以荀子对“名实”之辩的总结为例，荀子所说的“正名”不是“以名正实”，而是要使名称（概念）符合变化的

---

[1] 参见冯契：《中国古代哲学的逻辑发展》（上册），上海：上海人民出版社，1983年，第222—223页。

[2] 同上，第241页。

现实。为此,必须注意“所为有名”、“所缘以同异”以及“制名之枢要”。在“坚白”、“同异”之辩中,荀子对惠施、公孙龙等人的思想进行了批判,对逻辑思维的矛盾本质有了初步的正确认识——强调名实关系不是固定不变的,名称(概念)要以实在为转移;名言作为社会现象,是历史地约定俗成的。冯契指出,荀子并未像后期墨家那样对名、辞、说等逻辑思维形式作详尽的探讨,而是注意揭露逻辑思维的辩证因素:

> 荀子把逻辑思维中的“名”结合为“辞”、“辞”结合为“辩说”的“累而成文”的运动,看作是包含矛盾的、“不异实名以喻动静之道”的过程,这里也确实有了辩证逻辑思想的萌芽。[1]

他进一步指出,荀子认为逻辑思维具体展开为“辨合”(分析和综合的统一)、“符验”(理论与事实的统一)的运动,以求达到概念与实在的统一;荀子用“类”、“故”、“理”的范畴来说明进行“辨合”的正确方法,强调不仅要“壹统类”、“辨则尽故”、“以道观尽”,即全面地看问题,还要“解蔽”,即对各种谬误观点进行分析批判。这些都是辩证逻辑的思想。[2]

如果说汪奠基率先较为明确地论及了名辩的逻辑之维应该既有形式逻辑的内容也包含对辩证思维的考察,但在具体研究中又未能系统揭示先秦名辩思想家在后一方面究竟取得了哪些具体理论成果,那么冯契从他对辩证逻辑的研究出发,[3]化理论为方法,深入考察了先秦

---

[1] 冯契:《中国古代哲学的逻辑发展》(上册),第298页。

[2] 关于先秦哲学在辩证逻辑领域所取得的积极成果,冯契还指出,《老子》第一个提出了“反者道之动”的辩证法的否定原理。此外,《易传》更明确地表达了对立统一的原理,认为可以用范畴的辩证推移来把握宇宙的发展法则;考察了“类”范畴的辩证逻辑意义,要求思维从全面联系的观点出发,比较各类事物之间的同异,把握所考察的类的矛盾运动。参见冯契:《中国古代哲学的逻辑发展》(上册),第371页。

[3] 冯契的辩证逻辑思想主要集中在《逻辑思维的辩证法》(上海:华东师范大学出版社,1996年)一书中。该书最初的版本是1982年油印本,系冯契于1980年9月至1981年6月为华东师范大学和上海社会科学院有关专业(主要是中国哲学史和辩证逻辑专业)硕士研究生讲课的记录稿整理而成。不过,《逻辑思维的辩证法》的准备材料至少可以追溯到《辩证逻辑问题——关于列宁〈哲学笔记〉的辅导报告(1977—1978年)》,后者是冯契为华东师范大学哲学系教师讲列宁《哲学笔记》中的辩证逻辑问题的记录稿。

哲学尤其是名辩思潮对于辩证思维的自觉考察，系统阐述了先秦哲学在辩证逻辑领域的积极成果。这样的考察和阐述，无论是在此前的名辩研究还是与冯契同时代的相关研究中，都是不多见的。

（四）刘毓璜论名辩、正名、形名与墨辩

关于名辩的理论本质，刘毓璜在《先秦诸子初探》一书中提出："'名辩'这个辞是现代哲学术语，指中国古代的逻辑学，即所谓的'名学'。"很明显，刘氏也主张名辩与逻辑具有本质的同一性。由于名辩在汉武帝"罢黜百家"之后逐渐濒于澌灭，他进一步指出：

> 后世学者们偶一提及，往往在不经意中搞乱学术师承关系，把它（"名辩"——引者注）与"正名"、"形名"、"墨辩"的概念和范畴混为一谈，对于"名辩"的研究对象也不免随之模糊起来，造成这样那样的讹误。[1]

有见于此，立足于名辩与逻辑的本质同一性，刘毓璜对"名辩"、"正名"、"形名"与"墨辩"诸概念之间的关系进行了辨析。

"名辩"由"名"与"辩"两项有机而成，具有严格的逻辑内容。"名"义同"概念"，常与"辞"（判断）、"说"（推理）连称并举；"辩"关乎"辩说"之术，要求严格依照规定格式进行周密的逻辑设计以为战胜论敌的必要手段。按刘氏之见，名辩之为中国本土逻辑的源头，始于春秋后期的邓析。当时郑国出现的制刑、教讼的自由，为名辩思潮的产生创造了条件；而邓析的"两反"、"两可"之说，堪称名辩来潮的端倪。邓析死后，辩者东西响应，"坚白"、"同异"之说大行；名辩的主流逐渐演变为离"形"而言"名"，使一切专决于名，以为名至而实归。质言之，名辩之学也就是以邓析、兒说、惠施、公孙龙等为主要代表的先秦名家之学。

"正名"之论出现于礼崩乐坏之际，其内容更多地关乎社会政治伦

---

[1] 刘毓璜：《"名辩"小议》，《先秦诸子初探》，南京：江苏人民出版社，1984 年，第 302 页。

理的“大分”,即秩序与界限,因此不构成作为中国本土逻辑之名辩的真正源头。“正名”的立场是崇仁、反佞、止辩,与“名辩”之风大相径庭,但愈演愈烈的名辩迫使儒家以“辩”止“辩”,立足于“正名”来展开说理的斗争,成为名辩思潮的卷入者。不过,儒家卷入名辩的目的不是发展名辩,而是扩大正名。他援引郭沫若在《名辩思潮的批判》中的观点指出,荀子对名、辞、辩说的考察,“不是想探索名辩法则的论理以寻求真理,而只是根据一种主观观念的伦理放为说辞而已。”[1]

相异于汪奠基在本阶段把“名辩”与“形名”视作异名而同谓,刘毓璜认为与名辩之学强调离“形”言“名”不同,形名之学(或称“黄老形名”、“刑名法术之学”)则主张“形”“名”并举。就其发展历程而言,虽然邓析最早论及“形”、“名”关系,但形名之学的真正起源是战国时代聚集于齐国稷下的《管子》的作者们。他们反对离“形”言“名”,强调“循名”而“责实”,并结合“黄老”思想的原则,从理论和实践上不断加强“法”与“术”的结合,成为一个独立的学派。形名之学,“在古代逻辑思维发展中,体现出朴素的唯物倾向,恰恰与‘名辩’思潮背道而驰。”[2]

刘毓璜认为,“名辩”与“墨辩”也是一对相互对立的概念:“就战国时代情况说,当着名实争议的高潮一经到来,就在不同学术阵营之间出现了‘名辩’和‘墨辩’两家的尖锐对立。在它们持续对垒中,存在着一条突出的思想鸿沟,没有多少可以交换的语言,根本不可能在使用同一的逻辑方法上产生同一的效果,达成同一的学术结论。”[3]所谓“名辩”与“墨辩”的对立,也就是通常所说的名墨訾应,即名家与后期墨家在名实、同异、坚白之辩诸问题上的辩难。这些辩难涉及古代形式逻辑

[1] 郭沫若:《名辩思潮的批判》,《十批判书》,第 311 页。
[2] 刘毓璜:《“名辩”小议》,《先秦诸子初探》,第 317 页。
[3] 同上,第 321 页。

的诸多范畴,并逐渐采取纯逻辑的论理形式,形成了有一定规格和程式的思辩体系。

按刘氏之见,作为中国古代的逻辑学说,名辩之学在先秦有实无名,直至司马谈《论六家要旨》才将其定名为"名家"。秦亡之后,名辩或名家之学渐成绝响,与在汉初煊赫一时的"黄老刑名之学"形成鲜明的对比。这也从一个侧面说明了"名辩"与"形名"不可混同。因此,"必须从原则上把'名辩'与'形名'严格区别开来,划清'去实'与'责实'的界限,使得长时期来的学术是非得以转向澄清,回到各自不同的源头上来。"[1]

刘毓璜对"名辩"、"正名"、"形名"与"墨辩"诸概念之关系的辨析,很容易让人想起在近现代名辩研究之初学者们对跟先秦名辩相关的一系列术语的辨析,或者是伍非百对形名六派的区分。尽管难有定论,对名家之"名辩"、儒家之"正名"、稷下黄老之"形名"以及后期墨家之"墨辩"作适当的区分,对于更为细致地梳理与厘清先秦名辩话语内部的不同流派,无疑具有积极的意义。不过,"名辩"(或"名辩思潮")一词指称中国古代(主要是先秦各家各派)围绕"名"与"辩"所涉诸论题而展开的所争所论,在1970年代末80年代初差不多已经成为名辩学者的共识,并为逻辑史、思想史、哲学史等领域的学者所普遍接受。在此背景下,刘氏仅将先秦名家之学归于"名辩",恐有变造概念之嫌,致人误解之虞。此外,他直接援引"名辩与逻辑的本质同一性"作为辨析上述概念的出发点,并未详细论证这种本质同一性是否成立,似也不利于全面把握先秦名辩话语(哪怕是先秦名家之学)的具体内容。

四、"名辩逻辑"的提出与使用

近现代名辩研究得以兴起的动因之一就是去发现中国本土逻辑,

[1] 刘毓璜:《"名辩"小议》,《先秦诸子初探》,第331页。

那么究竟该如何命名中国本土逻辑呢？历史地看，“名学”、“辩（辨）学”、“形名学”等都曾被不同学者用来指称中国本土逻辑，以区别于用于西方的“逻辑”和印度的“因明”，如胡适的《先秦名学史》、郭湛波的《先秦辩学史》、虞愚的《中国名学》等。进入1940年代以后，随着学者们开始有意识地把名辩思潮作为一个相对独立的思想史现象从整体上加以研究，以及他们自觉或不自觉地把“名辩与逻辑的本质同一性”作为名辩研究的出发点，“名辩”一词与中国本土逻辑的联系也越来越紧密。例如，赵纪彬在其《先秦逻辑史论稿》中明确提出“名辩即是逻辑”；汪奠基也多次使用过“先秦诸子名辩的逻辑理论”、“名辩的逻辑方法”、“名辩的逻辑”等表述，也在与“古希腊逻辑”相对应的意义上使用过“中国先秦名辩思想”一语。[1]

1980年代初，周云之、刘培育把对名辩话语之理论本质的考察与如何恰当称呼中国本土逻辑的问题联系起来，频繁使用了“名辩逻辑”一词并对其内涵进行了较为深入的讨论，不仅意味着名辩话语的理论本质再一次被明确为逻辑，而且标志着对中国本土逻辑之理论形态的探索，从上一阶段含义不甚明确的“名辩即是逻辑”被最终定格为“名辩逻辑”，即以名辩为具体形态的传统形式逻辑。

（一）名辩学：关于正名、析辞、明说、论辩的原理、方法和规律的学问

在1980年的《中国逻辑思想史论略》一文中，刘培育很可能受到汪奠基的影响，提出中国逻辑思想史的对象应该包括如下一些内容：历史上有关名辩的各种思维形式（如名、辞、说、辩等）及其规律和论辩方法；讨论逻辑思维和语言关系的内容；有关辩证思维的一些内容；印度因明和西方逻辑的传入及其对我国逻辑产生的影响，等等。名辩构成

[1] 参见汪奠基：《从研究逻辑史的问题谈到中国逻辑思想史的特点》，《教学与研究》，1961年第3—4期。

了中国逻辑史的部分内容，且名辩不同于印度因明与西方逻辑，这说明刘氏也认可名辩话语中包含着中国本土对逻辑问题的考察。有见于中国逻辑史的研究在当时还处于史料普查、挖掘、搜集和初步加工整理的开拓阶段，他进一步要求“把中国逻辑思想史的对象、范围适当地规定得宽一点，对于搜集史料和丰富中国逻辑思想史的内容都是有好处的”。[1] 就此而言，对名辩内容作宽泛的理解，似也是题中应有之义。

如果说刘培育对名辩的考察在1980年还依附于对中国逻辑思想史的论说，那么在1981年的《〈吕氏春秋〉的名辩思想》一文中，他可以说继伍非百之后再一次对“名辩学”的内涵进行了明确表述，并就“名辩学”与“中国本土逻辑”（即刘氏自己所说的“中国古代的逻辑学”）的关系进行了探讨。他指出：

> “名辩”一词，早已有之。本文使用这个词，是名、辞、说、辩的省称，也是一门学问。所谓名辩学，是关于正名、析辞、明说、论辩的原理、方法和规律的学问，也就是中国古代的逻辑学。[2]

这里有两点值得注意：

第一，关于“名辩”成词以及“名辩学”一词的内涵。就“名辩”一词的起源说，刘氏仅仅以“早已有之”笼统带过，并未深入加以考证，不过他明确提出他本人将其视为“名、辞、说、辩”的省称。历史地看，伍非百在近现代名辩研究史上率先使用了“名辩学术”、“名辩本论”、“名辩学”等术语，并将狭义名辩学的研究对象与宗旨理解为“正名、析辞、立说、明辩的规律和有关问题的学问，有时亦涉及思维和存在的问题”。[3] 虽然“名辩”一词在1940年代以后开始为学术界所普遍接受

---

[1] 刘培育：《中国逻辑思想史论略》，《中国逻辑史研究》编辑小组编：《中国逻辑史研究》，第53—54页。

[2] 刘培育：《〈吕氏春秋〉的名辩思想》，中国社会科学院哲学研究所逻辑研究室编：《逻辑学论丛》，北京：中国社会科学出版社，1983年，第171页。据“编者说明”，刘氏此文最迟在1981年10月即已撰写完毕。

[3] 伍非百：《总序》，《中国古名家言》，第6页。

而得以广泛使用,但在伍氏之后鲜有学者讨论“名辩学”的内涵。随着“名辩”在十年浩劫之后再度登场,本阶段不乏学者使用“名辩学”、“名辩之学”之类的术语,但将名辩学规定为“关于正名、析辞、明说、论辩的原理、方法和规律的学问”或者明确论及“名辩学”之内涵的学者,除了刘培育,似无第二人。

第二,关于“名辩学”与“中国本土逻辑”的关系。相较于“名学”、“辩学”等术语,刘氏认为用“名辩学”来称呼中国本土逻辑更为恰当。理由有三。其一,中国本土逻辑以名、辞、说、辩等为研究对象,其中尤以名、辩最为重要,内容最为丰富。用作为名、辞、说、辩等之省称的“名辩”来称呼中国本土逻辑,更能恰当地反映中国本土逻辑的内容和特点。其二,中国古代关于“名”的论说,内容庞杂,名言、名理、名法、名守、名分、名辩等论题往往涉及哲学、伦理学、政治学、自然科学等领域,唯有同作为思维形式的辞、说、辩等相联系的名,才跟对逻辑问题的考察有关。其三,中国古代关于“辩”的学说,也往往包括多方面的内容,涉及辩的方法、言辞、态度、风度、道德、心理等种种原则,只有同作为思维形式的名、辞、说等相联系的辩,才属于逻辑的范围。因此,用“名学”、“辩学”来称呼中国本土逻辑,从一个方面看,失之过窄;从另一个方面看,又未免失之过宽。

除了从学理层面上为以“名辩”称呼中国本土逻辑作辩护,刘培育还为这一做法找到了历史的根据,即早在1940年代郭沫若、杜国庠就已经用“名辩”来讨论中国本土逻辑。就此而言,他似乎并未注意到远早于郭、杜等人,伍非百就已经将“名辩”作为一个理论术语引入学术界,并将其与欧洲“逻辑”、印度“因明”三足鼎立。不过,就刘氏对“名辩学”内涵的表述来说,又很难不让人联想到伍氏对于狭义名辩学之研究对象与主旨的理解。名辩研究的后续发展表明,刘培育将“名辩学”这一术语与一门产生于中国本土的学问——尽管此时他还认为这门学问就是中国本土逻辑——联系起来,对于反思“名辩逻辑化”的研究范式、重构名辩话语的理论体系，具有重要的启发意义和推动作用。

（二） 名辩逻辑：中国本土逻辑的理论形态

刘培育在本阶段虽将“名辩学”与“中国本土逻辑”等而视之，但在论及名辩话语的理论本质或者中国本土逻辑的理论形态时，他似乎更倾向于使用“名辩逻辑”一词。这一特点集中反映在周云之与他在1984年出版的《先秦逻辑史》中。

1. 逻辑多元论与“名辩逻辑”的提出

在他们看来，正名思想以及名实关系问题是战国时期“百家争鸣”的一项重要课题。各家为了论证自己的观点，非难别家的观点，开始重视“辩”的方法和理论，于是论辩术越来越成为专门的知识和学问。而中国本土的逻辑思想正是在各家互相争辩的需要和实践中开始形成和发展起来的。显然，与主流的看法一样，周、刘二人也认为中国本土逻辑就包含在名辩论争之中，或者说，名辩话语就是中国本土逻辑的具体形态。

以此为前提，“名辩逻辑化”自然就成为了梳理名辩话语的主要内容，勘定其理论本质，评判其历史地位的首选方法。这一方法涉及“名辩”与“逻辑”两项，如果说名辩相当于对象语言，那么逻辑就是元语言。相异于前两个阶段学者们在提出与使用这一方法时并未对“逻辑”一项进行自觉而充分的讨论，周、刘对作为诠释工具的逻辑有着较为明确的意识。从逻辑观的角度看，他们主张存在着不止一种逻辑类型：

> 对逻辑史对象的理解又首先涉及到对逻辑学对象的理解。无可否认，在我国的逻辑学界，目前被列为逻辑科学范围的，包括有普通逻辑（在本书中，普通逻辑、形式逻辑和传统逻辑是作为同一概念使用的）、数理逻辑、语言逻辑和辩证逻辑等几个方面。[1]

[1] 周云之、刘培育：《先秦逻辑史》，北京：中国社会科学出版社，第7页。此书第1—5章由周云之撰写，第6—9章为刘培育所写。

在这四种逻辑类型中，传统形式逻辑主要研究思维形式及其规律的科学，包括演绎和归纳两个部分；数理逻辑和语言逻辑包括许多分支，主要是形式逻辑在数学和自然语言中的运用和发展；辩证逻辑的性质与对象则无定论，但越来越多的人倾向于将其看作是哲学的一个分支。虽然对逻辑类型的数量以及逻辑各分支科学的性质的理解还颇多值得商榷的地方，但周、刘在逻辑观上主张一种多元论是不可否认的。

不过，与逻辑多元论相左，他们在逻辑史观上却主张形式逻辑的一元史观，认为先秦逻辑史主要是先秦形式逻辑思想的发展史：

> 在我国先秦时代，逻辑学虽然没有从政治学说和伦理学说中完全独立出来，但作为相对独立的名辩逻辑已经有了很大的发展。对名实关系、正名理论以及论辩的形式、方法和规律等都已提出了相当丰富的学说和形成了相当完备的体系。……〔名辩逻辑〕主要都是关于思维形式和规律方面的，是属于形式逻辑范围的逻辑学。因此，在先秦，作为逻辑科学的理论和体系最先被明确提出和系统阐发的主要还是属于形式逻辑方面的内容。[1]

这里，周、刘主要表达了两点意思：第一，中国本土在先秦时期就已经存在着对于逻辑问题的考察，这种以名辩话语为具体形态的中国本土逻辑可以称作“名辩逻辑”；[2]第二，究其理论本质，名辩逻辑是传统形式逻辑。值得注意的是，刘培育在此前的《中国逻辑思想史论略》一文中明确把中国历史上有关辩证思维的一些内容视作中国逻辑思想史的一部分，主张“中国逻辑思想史是研究中华民族各种逻辑思想产生和发展的历史的科学。”[3]但是在《先秦逻辑史》中，周、刘两人似乎受周

---

[1] 周云之、刘培育：《先秦逻辑史》，第7页。方括号内文字为笔者所增。

[2] 周云之稍后明确提出：“作为与西方亚氏逻辑和印度因明并列而称的中国古代土生土长、独自创立的逻辑学说，我们称之为名辩学或名辩逻辑”。参见周云之：《试论先秦名辩逻辑在理论上的主要贡献》，《社会科学战线》，1988年第3期，第85页。

[3] 刘培育：《中国逻辑思想史论略》，《中国逻辑史研究》编辑小组编：《中国逻辑史研究》，第55页。

文英批评汪奠基的影响,对名辩逻辑之为中国本土逻辑的理论本质作了较大程度的“纯化”,排除了中国古代的辩证逻辑思想,将名辩逻辑归结为传统形式逻辑,最终倒向了形式逻辑的一元史观。

需要指出的是,虽然在整部《先秦逻辑史》中,“名辩学”、“名辩逻辑”都是用以称呼中国本土逻辑的专门术语,但后者的使用频率相较于前者要更为频繁,并且为本阶段的其他名辩研究成果所广泛使用。同时,“名辩逻辑”一词体现了内容(传统形式逻辑)和形式(以名辩话语为载体)的统一,它的提出与广泛使用不仅意味着名辩话语的理论本质再一次被明确为逻辑,而且标志着在“名辩逻辑化”的指引下,对中国本土逻辑之理论形态的探索,从上一阶段不甚明确的“名辩即是逻辑”被最终定格为“名辩逻辑”。至此,中国本土逻辑便可凭藉“名辩逻辑”(或者“名辩学”、“名辩”等)这一具有民族特点的身份而与古希腊逻辑、印度因明鼎足而立。

2. 名辩逻辑的发展历程

名实之辩是名辩话语的核心论题之一,在周、刘二人看来,这也是中国历史上最早争论的逻辑问题之一。邓析首先提出“两可”之说和“刑(形)名”之辩,是“刑(形)名学派(名家)的创始人”、“我国历史上最早的名辩家”、“古代名辩思想的开拓者”。[1] 孔子则是最早明确提出“正名”问题的思想家。“后来的公孙龙、墨家和荀子等,实际上都在自己的名辩逻辑中吸取和发展了孔子合理的‘正名’思想和‘类推’方法。因此,孔子也可算作我国古代逻辑思想的启蒙家之一。”[2] 墨子在立论与辩论中非常重视进行严格的逻辑论证。他率先强调了“辩”或“谈辩”的作用,比较具体地论述了“名”、“类”、“故”的范畴以及“知类”、“明故”的要求,提出了“三表”法作为立论的根据。“墨子不仅限

[1] 参见周云之、刘培育:《先秦逻辑史》,第28—29页。
[2] 同上,第38页。

于揭示'正名'的意义,而且涉及了整个辩学逻辑,初步揭示了'辩'和'推'的逻辑性质和逻辑方法。正是墨子,为我国先秦名辩逻辑的形成和发展奠定了重要的思想基础。"[1]

战国时期,诸子蜂起、百家争鸣促进了学术思想的发展,作为论辩术的名辩逻辑或名辩学也得到了空前的发展。在周、刘看来,如果名辩逻辑在邓析、孔子和墨子那里还处于萌芽阶段,那么真正推动创立名辩逻辑的则是惠施和公孙龙。惠施重视观察和研究自然,其"历物十事"反映出的"正名"的方法、"同中辨异"的推理方法和"善譬"的类推方法,在先秦逻辑思想发展史上是具有一定价值和贡献的。"辩者二十一事"也是研究先秦名辩逻辑的重要史料,其中既包含着合理的名实观点,也有不少属于在哲学和逻辑学上的诡辩。公孙龙在中国逻辑史上第一次明确提出了"唯乎其彼此"的逻辑正名学说,揭示了逻辑正名的要求和同一律的思想原则,其"白马非马"之论揭示了"名"之种属差别,是对其逻辑正名理论的发挥与运用。从名辩逻辑的发展史上看,公孙龙可以说是比较自觉地从逻辑角度来研究与概括名实之辩的第一人。

后期墨家继承和总结前期墨家(主要是墨子)逻辑思想与应用,概括当时自然科学的研究成果,继承名、儒两家合理的逻辑理论和方法,达到了当时名辩学的高峰。简言之,"《墨辩》全面、系统地阐述了名辩学的对象和作用,讨论了名、辞、说各种思维形式及其逻辑性质,总结了人类思维的规律,揭示了人们思维中的逻辑错误,是中国古代逻辑史上最光辉的篇章。《墨辩》的问世,标志着中国古代逻辑的真正诞生。"荀子也积极参与名辩论争,站在儒家的立场上对先秦逻辑思想的发展进行了综合。"荀子的逻辑,是把名、辞、辩说都招引到正名的旗帜之下,为正名服务,因此,我们可以称它为正名逻辑体系。"韩非对形名关系

[1] 周云之、刘培育:《先秦逻辑史》,第52页

的讨论可以说是先秦形名之学的高峰，所提出的“矛盾之说”堪称对中国古代逻辑的最大贡献。此外，《吕氏春秋》在“批判古代名辩思潮过程中，表现了作者对中国古代逻辑的一些新认识，在一定程度上继承并推进了先秦某些逻辑理论”。[1]

秦以后，随着政治上中央集权，思想上“罢黜百家，独尊儒术”，名辩之风逐渐停息，名辩学或者说名辩逻辑也就日趋衰微了。需要指出的是，周、刘所说的“名辩逻辑”，并非仅指先秦逻辑，而是泛指先秦直至近代中国本土对于逻辑问题的考察。因此，尽管名辩逻辑在秦汉之后逐渐衰微，但并未亡绝。例如，“魏晋时期，名辩思潮复兴，出现了像鲁胜那样有成绩的逻辑家。但总的说来，却没有达到《墨辩》的水平，更不用说超过先秦逻辑了。”[2] 在他们看来，直到考据之学在清朝的兴起，对诸子之学的评注之风日渐高涨，才出现了名辩逻辑的复兴。这种复兴一方面表现为对若干名辩代表性著作的注疏，另一方面则表现为对《墨辩》、惠施、公孙龙、荀子等人名辩思想的研究。不过，这些工作多旨在整理、注疏先秦名辩古籍，进而揭举其中的名辩精华，在逻辑理论上尚未见多少创新与发展。

3. 名辩逻辑的理论成果

在周、刘的术语表中，“名辩学”、“名辩逻辑”、“中国古代逻辑”三者异名而同谓。虽然他们在逻辑观上主张多元论，但在逻辑史观上却坚持一元的形式逻辑史观，认为名辩逻辑的理论实质就是传统形式逻辑：

> 中国古代逻辑就是以名、辞、说、辩作为研究对象，探讨各种思维形式的性质和一些具体形式，揭示思维的规律性，并且在此基础上，总结违反思维规律的各种逻辑错误，讨论思维形式和客观对

[1] 周云之、刘培育：《先秦逻辑史》，第302、236—239、275页。
[2] 同上，第311页。

象、思维规律和事物规律的某些关系问题的。[1]

名辩逻辑的理论体系集中反映在《墨辩》和《荀子·正名》之中。此外，这两篇还从不同方面阐述了名辩逻辑在认识事物规律和辨别真理与谬误，以及为治理国家服务两个方面的作用。

名、辞、说、辩作为名辩逻辑所考察的思维形式，相当于传统形式逻辑所说的概念、判断、推理和证明。由此出发，名辩逻辑的理论成果大致包含如下四方面的内容：在名的考察方面，揭示了名的本质；提出了正名思想；对名进行了相当科学的逻辑分类；认识并阐述了名的属种关系及其逻辑推演；提出了有关名的定义和划分的方法；提出了名的约定俗成原则；揭露了混淆名实关系的种种诡辩。在辞的考察方面，揭示了辞的本质；提出了"当其辞"的正确思想之逻辑要求；总结了辞的一些形式；讨论了辞与辞之间的矛盾关系和反对关系；讨论了辞中名的周延性问题。在说和辩的考察方面，阐述了说与辩的本质；提出了"故"、"理"、"类"三个逻辑范畴，总结了"三物"逻辑的基本推理形式；总结了许多具体的辩说形式；针对当时辩说中的常见逻辑错误，提出了辩说的一些基本原则；提出辩要重效验，讲功用，反对以胜为辩、无用之辩，等等。在思维之逻辑规律的考察方面，提出了思维的理由原则与同异原则。[2]

总起来看，周、刘认为，名辩逻辑之为"具有我国民族特点的古代逻辑理论和体系，从而构成了我们中华民族文化宝库中光辉的一章，而且在世界逻辑思想发展史上也可以与古希腊逻辑、印度因明相媲美，是世界古代逻辑思想的三大源流之一，理应成为中华民族的骄傲而载入人类思想文化的史册。"[3]

---

[1] 周云之、刘培育：《先秦逻辑史》，第305页。
[2] 参见周云之、刘培育：《先秦逻辑史》，第305—310页。
[3] 同上，第6页。

4.“名辩逻辑化”的研究方法

从名辩研究的方法论看，经过赵纪彬、汪奠基等人的理论阐述以及章士钊、杜国庠、沈有鼎、詹剑峰等的研究实践，“名辩逻辑化”的研究构想在事实上已经被确立为一种具有范式意义的研究方法。对周、刘二人来说，揭示名辩逻辑的理论体系，也就是去诠释和阐发蕴含于名辩话语中的中国本土思想家对于传统形式逻辑诸多问题的考察，这实质上也是一个“名辩逻辑化”的过程。

关于“名辩逻辑化”的研究方法，他们以“中国逻辑史研究中的几个方法问题”为题集中论及了四个方面的问题：[1]

第一，坚持以历史唯物主义为指导，坚持实事求是的科学分析方法。这就是说，在名辩研究中，应该联系当时的历史条件、时代背景、科学发展的水平以及思想家本人的某些政治伦理观点和哲学思想等来分析某个时代、某位思想家的逻辑思想及其发展，做出科学的实事求是的总结和评价。

第二，既要以现代逻辑科学为借鉴，也要尊重历史的真实。基于人体解剖是猴体解剖的钥匙，只有以现代逻辑科学（主要是形式逻辑）为借鉴，才能对中国古代名辩学的逻辑内涵作出科学的评价和总结。但是，这绝不是用现代逻辑科学去苛求古人，进而在现代逻辑与古代名辩之间牵强附会、生搬硬套与简单等同。如名辩所论之“名”并不等同于“概念”，因为前者既有概念的性质，也可以指语词；又如《墨辩》所说的“以说出故”，既有演绎的因素也有归纳的成分，折射出后期墨家尚未通过严格区分演绎与归纳将二者作为相对独立的推理类型来加以研究。

第三，坚持思想阐发和文字考辩相结合、材料和观点相统一。在整理名辩著作时，须知无考辨之功的思想阐发，往往导致过度诠释；无思

[1] 参见周云之、刘培育：《先秦逻辑史》，第12—22页。

想阐发之文字考辩，常常不得思想要领。在诠释名辩义理时，必须坚持从史料引出结论，即把结论建立在尽可能充分的史料基础上，有多少材料说多少话，是什么材料说什么话。

第四，既要尊重前人的研究成果，又不应照搬前人的结论。要尊重前人在名辩著作的文本整理与义理诠释方面取得的积极成果，但又不能拘泥于前人的结论，而要对史料进行独立的研究，提出充足的论据，以验证，改变或发展前人的结论。

事实上，通过名辩研究来揭示中国本土逻辑，除了坚持上述四方面的原则外，还涉及如何全面把握名辩之学的内容，如何坚持名辩理论与名辩实践的并重，如何把握名辩的普遍逻辑本质及其个性等跟方法论有关的问题。与此前名辩研究的主流看法类似，虽然周、刘二人把名辩之学的本质理解为中国本土逻辑，但他们也承认名辩话语的内容非逻辑所能范围。例如，针对《先秦逻辑史》的研究内容，他们就指出："根据形式逻辑和逻辑史的一般特点，除重点探讨关于思维形式和规律的思想发展外，与逻辑思想发展有密切关系的名实问题、语言问题和其他方法论问题也是我们研究的范围。"[1]显然，尽管"名辩学"、"名辩逻辑"与"中国古代逻辑"异名而同谓，但名辩之学在事实上除了包含对逻辑问题的研究，还有与逻辑思想发展关系密切的对于名实问题、语言问题以及其他方法论问题的考察与争辩。对于名辩之学具体内容的这一理解，跟刘培育提出把中国逻辑史的对象、范围适当地规定得宽一点的主张无疑是一致的。

如前所述，汪奠基主张名辩研究既要研究理论形态的名辩之学，也要研究实践形态的名辩方法。在说明中国逻辑史的选材范围时，周、刘二人表达了与汪奠基近似的立场。他们提出，首先应该关注在逻辑理论上有突出贡献的思想家及其逻辑论著（如《墨辩》六篇以及《荀子·

[1] 周云之、刘培育：《先秦逻辑史》，第8页。

正名》等），同时也不能忽视那些虽没有逻辑专著，但在某些方面已经提出了具有理论价值的逻辑思想的思想家及其著述；其次，还要重视那些提出了明确逻辑理论的逻辑家在其著作中所使用的实际材料和例证，以及那些未提出明确逻辑理论的思想家所使用的具有重要逻辑价值的具体例子或命题。[1] 简言之，在诠释名辩话语以揭示中国本土逻辑时，应该既要重视对中国古代名辩理论的整理与诠释，也要重视对名辩实践的考察和提炼。

相应于在古今关系上既要以现代逻辑科学为借鉴又要尊重历史的真实，在中西关系上，周、刘认为名辩研究应该求同与明异并重，既要阐明名辩话语所具有的普遍的逻辑本质，也要揭示其与民族传统和历史条件相关的个性。就求同而言，“思维的逻辑规律是全人类的。作为反映思维逻辑规律的三种不同逻辑体系，它们在本质上也应该是一致的。”以求异来说，“三者的差别多半表现在具体思维方法和语言表达形态上，这是和一定的民族传统、一定的历史条件相联系的。”[2] 进而言之，相异于亚里士多德逻辑侧重研究推理、印度因明侧重考察论证之立破，中国本土逻辑以名辩为中心，因此“把中国古代逻辑称为名辩学比叫名学或辩学更合理、更恰当些”。[3] 又如，相较于其他两种逻辑，名辩逻辑常常与政治伦理内容交织在一起以至于未能从后者中彻底分化出来而成为一门相对独立的学问，因而在研究思维时与思维内容结合较紧，并不着重对思维的形式刻画。

（三）名辩逻辑：先秦辩者派的逻辑

在 1970 年代末 80 年代初，除了刘培育、周云之较为频繁地使用了“名辩逻辑”一词，并将其与“名辩学”、“中国古代逻辑”等术语等而视

[1] 参见周云之、刘培育：《先秦逻辑史》，第 10—12 页。
[2] 同上，第 16—17、315 页。
[3] 同上，第 312 页。

之,温公颐在1983年出版的《先秦逻辑史》中也使用过类似的术语。例如,“我国古代的名辩之学实具有西方逻辑学的特征”;随着“以法治为主的法家一派占据了统治地位,名辩的逻辑科学却受到压抑而日趋式微了”。[1] 不过,由于对“名辩”之学派义有独特的理解,他所使用的“名辩逻辑”与周、刘两人的用法并不一致。

按温氏之见,春秋末年,社会剧变导致礼崩乐坏,“名实相怨”,由此必然造成先秦逻辑应运而生。从总体上看,先秦逻辑可以区分为两大派别,即辩者派与正名派:

> 〔先秦逻辑〕其首创人物应推邓析。作为正名派的创始者孔丘,时间虽略后邓析,但也在此时出现。辩者一派,从邓析开始,奠基于墨翟,中经惠施、公孙龙的发展,最后完成于战国晚期的墨辩学者。孔丘首先提出正名,创立政治伦理的逻辑,孟轲继之,稷下唯物派的学者们也标榜正名以正政之说,最后完成于战国晚期的荀况和韩非。[2]

辩者派立足于逻辑本身来讲逻辑,而正名派在论说逻辑时则是以政治伦理为主,逻辑为辅。这两大派别互相辩难,彼此汲取,共同推动了整个先秦逻辑的发展。

在论及辩者派的逻辑思想时,温公颐有时也会用到“名辩”一词。例如,他强调“惠、龙主名辩”;“孟轲、荀卿虽非讳名辩,但他们的正名言都受到辩者的影响”;“荀子虽反对惠施、邓析的名辩,但他并没有否定名辩的作用。”又如,“如果说荀子企图以礼义的力量压抑名辩,那么,韩非就进一步用法术的政治力量打击名辩。墨辩的科学逻辑未能继续发展,与荀、韩的反名辩思潮不无关系。”[3]

---

[1] 参见温公颐:《先秦逻辑史》,第343、264页。
[2] 温公颐:《前言》,《先秦逻辑史》,第4—5页。方括号内文字由笔者所增。
[3] 温公颐:《先秦逻辑史》,第31、54、292、312页。

不仅如此,温氏有时也把辩者派称作“名辩诸子”或“名辩派”,并将其与正名派区分开来。在他看来,虽然荀子主张“君子必辩”,但其“辩的内容、辩的方法和辩的目的却和名辩诸子不同”;“关于辩的方法,荀子也和名辩派不同。”他还指出,“韩非也认为名辩派的逻辑是一些微妙之言”,不利于中央集权的需要。[1] 由于辩者派的主要代表是邓析、墨子、惠施、公孙龙以及后期墨家,显然温氏所说的“名辩派”既不同于通常所说的“名家”,也不同于汪奠基用以指称扩展版名家的“名辩学派”。[2]

就本书的理解或者名辩研究领域的主流看法,温公颐所说的展开于辩者派(即名辩派)与正名派之间的相訾相应,其实也就是名辩思潮或名辩论争——先秦各家各派围绕“名”与“辩”所涉诸论题所展开的考察与争辩。不过,相应于对“名辩”之学派义的独特理解,温氏所说的“名辩逻辑”就具有了不同于在周云之、刘培育的含义。在论及作为正名派之一的稷下唯物论派的逻辑思想及其地位时,温氏指出:

> 这派的共同思想为继承孔子的正名逻辑,改造老子精神性的道,接受墨子唯物的名实观,改造孔子唯心的名实观,对老、孔、墨既有继承,又有扬弃。这样,它就成为战国中期逻辑思想发展转变的枢纽。惠施、公孙龙和墨辩学者的名辩逻辑和荀、韩的法理学的逻辑都和这派思想有关。[3]

这里,“名辩逻辑”与“法理学的逻辑”相对。前者的代表是惠施、公孙龙和后期墨家,后者作为正名逻辑的一种具体形态,以荀子和韩非为代表。进一步看,名辩逻辑注重辨察,深入研究了概念、判断和推理论证

[1] 温公颐:《先秦逻辑史》,第267—268、264页。

[2] 需要指出的是,在温公颐主编的《中国逻辑史教程》中,“名辩学派”一词的用法类似汪奠基从广义上说的“名辩学派”,泛指卷入名辩论争的先秦各家各派。参见温公颐主编:《中国逻辑史教程》,第240页。

[3] 温公颐:《先秦逻辑史》,第264页。

等诸多逻辑思维的方法，既有演绎的内容又有归纳的因素，最终完成于墨辩的逻辑体系；而法理学的逻辑则强调对法理的推究，以法为依据而进行大的演绎。[1]

基于对“名辩”、“名辩逻辑”等术语的用法分析，不难发现，温公颐所说的“名辩逻辑”已不再是对包括先秦逻辑在内的中国本土逻辑之整体的称呼，而仅仅指先秦逻辑的一个流派——以邓析、墨子、惠施、公孙龙和后期墨家为代表的名辩派的逻辑思想。如果说在周云之、刘培育那里，事实层面上对名辩的逻辑之维的研究与他们对“名辩学”、“名辩逻辑”的主观认识基本上是吻合的，那么在温公颐这里二者却并不一致。在事实层面上，温氏对辩者派、正名派及其相訾相应的研究，实质上就是对名辩话语的研究；在主观认识上，他所说的“名辩逻辑”仅指名辩派的逻辑思想，而不是以名辩为具体形态的整个中国本土逻辑。

温公颐对名辩逻辑的考察属于他所论述的先秦逻辑史的一部分。关于先秦逻辑史的内容，温氏的理解相较于汪奠基的说明更为宽泛：“先秦逻辑史的内容是很丰富的，既有普通形式逻辑的内容，也有辩证逻辑思维的研究，还有数理逻辑方面的研究以及语言逻辑的研究等。”[2]不过就《先秦逻辑史》一书的实际叙述看，“则以普通形式逻辑研究为主，即以形式逻辑的理论、思维规律和形式的发展转变为主要内容。”[3]就此而言，名辩逻辑之为先秦名辩派或辩者派的逻辑，也以普通形式逻辑为其主要内容。

要言之，在“名辩”重新登场的1970年代末80年代初，学者们纷纷

[1] 参见温公颐：《先秦逻辑史》，第263页。

[2] 在温公颐的指导下，傅永庆撰写的博士论文就是以先秦语言逻辑为主题。该文认为，相异于表音的拼音文字，汉语是表意文字，而先秦逻辑与汉语的使用密切相关，更为注重对字义的讨论。通过对孔子、墨辩、公孙龙、《易经》等的语言逻辑的研究，作者希望有助于建立以汉语为对象的自然语言逻辑。参见傅永庆：《先秦语言逻辑研究》，南开大学博士论文，1988年。

[3] 参见温公颐：《前言》，《先秦逻辑史》，第4页。

借助“名辩学”、“名辩逻辑”等术语来谈论中国本土逻辑，但彼此对这些术语的理解还不尽一致。从效果历史的角度看，周云之、刘培育对“名辩逻辑”的使用以及他们对名辩逻辑之理论实质的勘定、对名辩逻辑之理论成果的梳理，对本阶段的名辩研究产生了更为广泛的影响，在学术上占有更为重要的地位。

第三节 名辩逻辑的历史书写

随着中国本土逻辑的理论形态在本阶段逐渐被定格为“名辩逻辑”，即以名辩为具体形态的传统形式逻辑，学者们开始化理论为方法，将“名辩逻辑化”的研究范式全面贯彻于历史书写，或者对名辩话语的基本论题、代表人物、主要著作等展开个案研究，或者立足于名辩逻辑的形成与发展来建构中国逻辑史的叙述内容，出版了一大批中国逻辑史方面的著作，在更为广阔的历史视野中证成了名辩逻辑之为中国古代逻辑是世界三大逻辑传统之一。

一、名辩逻辑的个案研究

笔者在导论中已经指出，在重新审视近现代的名辩研究时，本书主要着眼于近现代学者如何从整体上去把握作为一个相对独立的思想史现象的名辩话语，无意也无力对有关名辩的个案研究进行全面评述。不过，鉴于在复苏与推进过程中出版和发表了相当一批基于“名辩逻辑化”的个案研究成果，下文对专著性质的成果择其要者略作评述，挂一漏万，在所难免。

（一）名家研究

在名家研究方面，周山的《中国逻辑史论》和许抗生的《先秦名家研究》值得一提。周山对先秦名家的研究主要集中在以下三个方面：

首先，对郭沫若《名辩思潮的批判》一文关于名家和名辩的诸多看法提出了质疑,并就名家的其他问题提出了自己的看法。周氏认为,“先秦时期,不仅确有‘名家’学派存在,而且这个学派还是整个名辩思潮的轴心。”[1]名辩思潮的兴起并非源于“名实相怨”,而是一方面根源于士人阶级议论政事、反对愚民政策,以及民间讼事等论辩活动,另一方面源于认识自然需要相应的思维工具以及学者之间的论争辩驳需要相应的论辩技巧。在他看来,惠施和公孙龙并非是针锋相对的“合同异”、“离坚白”两派的首领,名家也决非诡辩学派。从名、墨两家围绕“坚白”、“同异”等问题的相訾相应出发,他认为《公孙龙子》不仅总结和发展了名家的名辩思想,而且对《墨经》所论做过仔细的分析与研究,后于《墨辩》成书。至于名家的消亡,周氏强调并非如郭氏所说是因为秦统一六国后名实关系重新归于有序,而是亡于李斯利用统治者的权力所实行的文化专制。

其次,对《邓析子》和《尹文子》的真伪进行了仔细考辩。在伍非百、谭戒甫、汪奠基、温公颐等人辨伪工作的基础上,周氏对普遍认为是伪书的今本《邓析子》、《尹文子》展开了非伪之辩,认为二书并非后人伪托,而是研究先秦名辩之学的重要著作。[2]

再次,运用“名辩逻辑化”的方法对名家的名辩思想进行了深入研究。按周氏之见,邓析是中国逻辑史上第一个提出“类”概念的学者,也是第一个对“辩”进行自觉反思的学者。惠施从理论上对类比推理进行了第一次概括和总结,其“历物十事”受邓析“两可”思想的影响,具有朴素的辩证思想。尹文承邓析之脉,启公孙龙之学,他对形名、名实、名称名分、分类察辨等问题的考察,包含着丰富的逻辑思想。通过对《公孙龙子》的逐篇分析,周氏认为,公孙龙在名实关系上要求准确把握概念,保持思维的确定性;“白马非马”之论是“正名实”诸规则、方

[1] 周山:《中国逻辑史论》,第4页。
[2] 详见本章第一节的相关考察。

法和标准的具体应用;《指物论》立足于唯物主义分析了具体概念"物指"与抽象概念"指"的关系;《坚白论》注意到由于感官功能不同、事物诸属性之间缺乏必然联系,人们只能采取"独"的办法来确保思维的准确性;《通变论》在论证中坚持对类概念进行内涵分析,揭示了对象之间的同异关系。就此而言,"公孙龙既非辩证法大师,更不是唯心主义诡辩家,而是一位'离形而言名'的形式逻辑学家。"[1]

需要指出的是,《中国逻辑史论》的研究范围并不局限于名家。以先秦名辩思潮以及明末清初逻辑东渐和名辩之学复苏为背景,此书还对后期墨家、荀子、韩非、程智等的名辩思想进行了较为深入的考察,新见迭出。仅就名家研究而言,周山对有关名家代表人物及其主要著作的诸多流行看法进行了大胆的质疑或翻案,虽然其分析论证尚未得到学术界的全面认可,但他对义理诠释与文字考辩相结合的坚持,对观点与材料相统一的强调,对尊重前人研究成果又不囿于陈说的实践,在本阶段的名辩研究中显得颇为突出,对于名辩研究的后学不无示范的意义。

许抗生的《先秦名家研究》很可能是本阶段唯一一部名家研究的著作。他接受了汉儒的观点,认为名家的基本特征有二:"正名实,注重名实关系的研究";"苛察缴绕(繁琐论证),专决于名(专门从事概念分析)而失人情。"[2]其中,邓析、惠施偏重后者,尹文侧重前者,公孙龙则两者兼而有之。由此出发,许氏批评了胡适否定名家,主张惠施、公孙龙属于别墨的观点;认为谭戒甫将名家与形名家(以公孙龙为代表)相对立,未能注意后者其实仅仅是名家的一个分派。

就名家的形成与发展说,许氏指出,名家思想萌芽于春秋时期,其先驱是邓析。今本《邓析子》虽伪,但邓析"操两可之说,设无穷之辞"

[1] 周山:《中国逻辑史论》,第124页。
[2] 许抗生:《先秦名家研究》,第4页。

的思维方法的确开启了后来名家思维方法之先河。战国中期，名家勃兴，“惠施偏重于研究概念之间的联系和转化，即概念之间的同一性问题。就这点来看，惠施与邓析的思想较近，……而公孙龙则偏重于研究概念之间的差异性，强调概念的独立性和绝对性。”[1]名家以此二人为中心分别形成了“合同异”与“离坚白”两派。受到谭戒甫的影响，他认为“离坚白”派又可称作“形名”之家，其中公孙龙以前有兒说；与其同时的则有毛公、桓团、魏牟，以及弟子“綦母子之属”。秦统一六国后，百家争鸣的局面结束，名家逐渐销声匿迹，整个汉代（除了桓谭等人）鲜有论及。魏晋时代，社会动荡，思想界出现一定程度的生机，名家思想有所复活。汉末魏初的名家以徐干、刘劭为代表，主要讨论名实关系，为曹操等人推行刑名法治服务，具有积极进取的意义。两晋时期的名家以乐广、阮裕为代表，较为关注先秦名家的诡辩思想，成为当时门阀士子们手中玩弄的工具。[2]

与周山类似，许抗生也认为“在战国中、后期曾经以名家学派的思想为中心，兴起了一股名辩热潮。”[3]由此出发，他较为全面地梳理了先秦名家与墨、道、阴阳、儒、法诸家之间的论辩。名家受到墨家的影响，二者思想具有一致性，但在“坚白”、“白马”诸论题以及如何看待事物的运动、可分割性等问题上存在深刻的分歧。名、道之争主要表现为庄子从相对主义立场对惠施、公孙龙所进行的批判。名家和阴阳家之间的争论主要指邹衍以至道（“五胜三至”的辩论之理）黜退善为“坚白”、“白马”之论的公孙龙。名、儒之争主要有两个标志性事件，其一是孔穿和公孙龙辩“白马非马”和“臧三耳”，其二是荀子立足于正名理论对惠施、公孙龙的批判。法家因研究“刑名”之学而与名家相通，但

---

[1] 许抗生：《先秦名家研究》，第15页。
[2] 参见许抗生：《先秦名家研究》，第88页。
[3] 同上，第72页。

也从“循名责实”、“刑名参同”的角度对后者有所批判，如韩非所说的“坚白无厚之辞章，而宪令之法息。”

相较于周山的名家研究主要展开于中国逻辑史的学科建制之下，更多地受到“名辩逻辑化”的研究范式的影响，许抗生的研究则更多地属于中国哲学史的研究。无论是对名家代表人物之思想的诠释，还是对名家与其他学派之论辩的梳理，他都强调要准确评价名家的哲学思想，“简单地把名家思想完全说成是辩证法思想，或说成是诡辩论思想，两者都是不正确的，都是缺乏具体分析的。”[1] 换言之，虽然许氏承认名家思想在中国古代逻辑思想发展史上占有重要地位，但他似并不主张名家的所争所论都可以归结为对逻辑问题的考察。

（二） 墨辩研究

就墨辩研究而言，詹剑峰的《墨家的形式逻辑》略加删改于 1979 年重印，沈有鼎的《墨辩的逻辑学》经过修改易名为《墨经的逻辑学》于 1980 年正式出版，除此之外，陈孟麟的《墨辩逻辑学》（修订本）与朱志凯的《墨经中的逻辑学说》是本阶段较有代表性的两部著作。

从总体上看，陈、朱二人在运用“名辩逻辑化”方法来诠释墨辩义理时与沈有鼎的工作非常类似。例如，注重《墨辩》的认识论及其对逻辑学的影响；立足于《小取》开篇所论“辩”之功能、认识基础、步骤、方法、原则等来重构墨辩逻辑的理论体系；等等。陈孟麟认为，后期墨家区分了辩的内容（摹略万物之然）与辩的形式（论求群言之比），而“论求群言之比”之学即辩学，也就是逻辑学。后期墨家不仅考察了名（概念）、辞（判断）、说（推论）等思维形式的本质、种类、要求以及彼此之间的区别与联系，而且讨论了跟思维规律相关的诸多问题。可以说，“墨辩逻辑学的历史功绩，在于它第一次建立了我国古典普通逻辑的科学

[1] 许抗生：《先秦名家研究》，第 7 页。

体系。”[1]朱志凯也分章讨论了《墨经》对于论辩、以名举实、以辞抒意、以说出故的考察。通过与逻辑三段论、因明三支式的比较,他认为,《墨经》的“三物”逻辑,即以“故”、“理”、“类”三个范畴作为逻辑体系的基本概念,“这不仅是认识史的高度概括,也是我国古代逻辑的经典总结。而由此形成的墨经中逻辑体系与人类认识史相一致,同时又具有我国古代逻辑学的特点。”[2]

在运用“名辩逻辑化”的研究方法方面,陈、朱二人又表现出各自的特点。陈孟麟对名辩研究应求同明异并重有着较为清醒的意识,一方面强调“逻辑思想的产生具有人类的普遍性,逻辑学绝不是所谓西欧精神所特有”;“普通逻辑具有全人类的共同性,这是人类出于共同的思维和存在之间的关系所决定的”,因此墨辩逻辑学具有古典普通逻辑的普遍本质;[3]另一方面又联系墨辩与西方逻辑在语言以及着眼点的不同,对墨辩逻辑学的个性有所揭示。例如,相异于西方逻辑注重对命题、推理之形式结构,“墨辩逻辑学主要着眼于概念的内涵,从明确概念的性质去判定某一事物的‘类’,以给予事物以同类或异类的确定性认识。”与此相关,“《墨辩》未能如亚里士多德所创造的那样一个十分严密的三段论体系,《墨辩》要求人们遵循的只限于类同、类异的原则提示。”[4]不过,对于墨辩逻辑学所代表的中国古典逻辑的这一个性,陈氏的态度较为谨慎,认为其究竟是优点还是缺点,尚有待于进一步的探索。

如果说陈孟麟较为关注墨辩研究中的中西之辩,朱志凯似乎更为注重其中涉及的古今关系。相异于当时多数学者主要援引传统形式逻辑(普通逻辑)作为诠释墨辩义理的工具,朱氏没有止步于此,还尝试

---

[1] 陈孟麟:《墨辩逻辑学》(修订本),第101页。
[2] 朱志凯:《墨经中的逻辑学说》,成都:四川人民出版社,1988年,第33—34页。
[3] 参见陈孟麟:《墨辩逻辑学》(修订本),第1、101页。
[4] 同上,第101—103页。

运用现代命题逻辑的手段来分析《墨经》的相关文本，以便更好地揭示其逻辑意蕴。在他看来，《墨经》逻辑的主要特征有三：以朴素唯物主义为基础，以“三物”论说为骨架，注重理论联系实际。“总而言之，墨经中逻辑学说的特征，可用内涵逻辑来概括，即着重于名、辞和说的含义、语义的探讨，而不关心思维结构的研究，更没有像亚里士多德那样使用初步的形式符号。”与陈孟麟对这一特点之长短持谨慎态度不同，朱氏明确指出，“这并非是墨经中逻辑学说的根本缺陷，它是由中国古代文化和汉语特点决定的必然，体现人类思维发展的一种方向。现代逻辑不是在向内涵逻辑发展吗？可以预计，随着逻辑科学的发展和演变，墨经中逻辑学说的内涵逻辑的精华，一定会得到弘扬。”[1]

（三）《荀子·正名》研究

关于荀子的名辩思想，夏甄陶在《论荀子的哲学思想》一书中辟出专章进行了较为深入的讨论。其特点大致有三：

第一，立足于名辩思潮的形成与发展以及“名辩逻辑化”的原则来把握荀子的正名之论，并将其本质归结为对逻辑问题的考察。夏氏指出，春秋末年，孔子率先提出“正名”，要求以名正实，不仅具有鲜明的政治意图，而且颠倒了名实关系；墨子则主张“取实予名”，把名实关系建立在唯物主义的基础之上。“战国时期，围绕着名实关系，各个学派之间展开了激烈的论战和辩论，在社会上形成了名辩思潮。”在这场论战和辩论中，名家具有诡辩论的倾向，后期墨家则发展了墨辩逻辑。荀子通过批判诡辩、吸取积极成果提出了以“正名”为目的的逻辑思想体系，在唯物主义的基础上、在更高的阶段上回复到了孔子的“正名”。“荀子的‘正名’逻辑同‘墨辩’逻辑一样，都是我国先秦时代逻辑思想螺旋式发展最后阶段或最后圆圈上的果实。”[2]

---

[1] 朱志凯：《墨经中的逻辑学说》，第 182 页。
[2] 夏甄陶：《论荀子的哲学思想》，上海：上海人民出版社，1979 年，第 245 页。

第二,揭示了荀子正名之论跟政治伦理实践之间的内在关联。按夏氏之见,就荀子将名分为四种来看,刑名、爵名和文名皆与政治法制伦理有密切的关联。就正名的目的来说,旨在满足新兴地主阶级的政治伦理实践需要,所谓"王者之制名,名定而实辨,道行而志通,则慎率民而一焉"(《荀子·正名》,下引此篇不再注明)说的就是这层意思。再就"制名"具有"明贵贱"的意义说,"正名"也可以说就是"明礼",必须反映封建社会贵贱等级秩序的现实。需要指出的是,虽然荀子的正名之论具有政治伦理方面的意义,夏氏强调由此并不能否定其"辨同异"的认识论和逻辑的意义。可以说,荀子正是"研究了'正名'的逻辑意义,从而把'正名'观念从政治伦理范畴推进到逻辑领域。"[1]

第三,梳理并论证了荀子的逻辑思想体系是对"名"、"辞"、"辨说"等思维形式的逻辑作用及其逻辑关系的考察。夏甄陶认为,在"实不喻然后命,命不喻然后期,期不喻然后说,说不喻然后辨"中,"命"即"名",指反映或标示"实"的概念;"期"即"辞",指的是由名结合、连属而成的逻辑判断的表述形式;"说"与"辨"可合称为"辨说"。"说"指通过正面的陈说与论证来阐明一种主张的所以然的道理,而"辨"则指就一种主题的各种不同意见而展开的辩论。"期命也者,辨说之用也",说明论说与辩论均要借助概念和判断来进行推理。关于"辨说"所使用的推理方法,"以类行杂、以一行万"的实质是演绎推理;"求其统类"有诉诸经验的归纳之意;"譬称以喻之"指的是一种类比的方法。是非界限要分明、"言必当理"、"辨则尽故"、"凡议必将立隆正"等则是"辨说"应该遵守的一般原则。总的来说,荀子"以'正名'为目的,从'名'的形成的基础和根据、'制名'的原则等方面,阐述了名实关系,对歪曲名实关系的各种诡辩论倾向,进行了批判,还对'名'、'辞'、'辨说'等思维形式的意义和作用,以及它们之间的关系作了考察,建立了

[1] 夏甄陶:《论荀子的哲学思想》,第195页。

一个比较完整的逻辑思想体系,对于我国古代逻辑理论的发展,有很大的贡献,具有建树性的意义。"[1]

二、五卷本《中国逻辑史》:名辩逻辑史的系统建构

在复苏与推进过程中,对名辩话语的宏观考察也取得了一系列重要成果。李匡武主编的五卷本《中国逻辑史》(以下简称"五卷本")是国家哲学社会科学基金"六五"重点项目的最终成果,包括先秦卷、两汉魏晋南北朝卷、唐明卷、近代卷和现代卷,由中国逻辑史研究会组织全国20多个科研单位和大专院校的24位中国逻辑史工作者参与编写而成。1983年确定编写任务,1988年全部编写完成,次年由甘肃人民出版社出版。[2] 这套书将"名辩逻辑化"的研究范式自觉地贯彻于历史书写,不仅以前所未有的规模率先系统建构了名辩逻辑从先秦直至1949年所经历的发端、奠基、形成、发展、衰落与复苏的历史进程及其所取得的具体理论成果,而且对"名辩逻辑化"所涉及的诸多方法论问题进行了较为充分的讨论。无论是从研究结论还是研究方法看,五卷本都堪称本阶段名辩研究最具代表性的研究成果。

(一) 理论前提:逻辑多元论与一元逻辑史观

前文多次提及,"名辩逻辑化"的研究范式涉及"名辩"与"逻辑"两项,前者相当于对象语言,后者近似于元语言。之所以说五卷本自觉地把"名辩逻辑化"的研究范式贯彻于历史书写,首先是因为这套书对这种历史书写得以可能的元语言进行了自觉讨论,而这种讨论的结果集中反映在五卷本的逻辑观与逻辑史观之中。

从总体上看,五卷本的逻辑观与逻辑史观跟周云之、刘培育的《先

---

[1] 夏甄陶:《论荀子的哲学思想》,第220—221页。

[2] 参见周云之:《我的学术生涯(代自序)》,《周云之文集》,香港:华夏翰林出版社,2005年,第17—19页。

秦逻辑史》是基本一致的。在逻辑观上,五卷本明确主张多元论,认为除传统逻辑(普通逻辑)和数理逻辑这两门古典和现代形式逻辑被国内外公认为属于逻辑科学以外,语言逻辑和辩证逻辑等也被国内学者视为逻辑科学的分支,但对后二者的对象或性质还存在不同的理解。

逻辑科学不止一个分支或者说不止一种类型,是否意味着名辩研究的元语言或工具不止一种?是否意味着"名辩逻辑化"就是运用逻辑科学所有分支的术语、理论和方法来梳理名辩的主要内容,勘定其理论本质,评判其历史地位?对于这些问题,五卷本无疑给予了否定的回答,即不能从逻辑观上的多元论简单地导出逻辑史观上的多元论。在梳理和考察历史上的逻辑思想时,尽管难以完全避免对古代辩证思维方法的评述以及形式逻辑在自然语言中的运用等问题,但无论是辩证逻辑还是逻辑应用都还不具备形式逻辑那样的地位,尚未成为公认的逻辑科学的分支或类型。因此,五卷本指出,"以'中国逻辑史'命名的本书,只能以形式逻辑思想在中国的发生、发展的历史为其研究对象,本书所指的'逻辑',也仅限于传统逻辑或数理逻辑的形式逻辑。"[1]质言之,在将"名辩逻辑化"的研究方法运用于历史书写以揭示名辩逻辑的形成与发展时,必须坚持形式逻辑的一元史观:"本书只限于形式逻辑的思想发展史,对与形式逻辑思想发展史直接有关的哲学问题、语言问题、科学方法论问题等也将有所涉及,但不作专门或全面的论述。"[2]

(二) 名辩逻辑史的系统建构

既然形式逻辑(主要是传统形式逻辑)是揭示名辩义理的首要工

---

[1] 李匡武主编:《中国逻辑史》(先秦卷),第1页。

[2] 李匡武主编:《前言》,《中国逻辑史》(先秦卷),第1页。由于五卷本由多位学者撰写而成,全书实际上存在着程度不等的前后观点不一致。例如,尽管在逻辑史观上宣称全书只以形式逻辑思想在中国的发生发展史为对象,但在具体论述中其实也涉及不少古代名辩思想家(如惠施、王夫之等)对辩证思维的考察。

具甚至是唯一工具,那么展开于"名辩逻辑化"框架下的名辩研究很自然地就把名辩之学的理论本质归结为中国古代逻辑:

> 围绕着名实之辩的百家争鸣,在思想战线上出现了名辩思潮。在这个思潮中,一方面发展了古代的诡辩论。……另一方面也产生了古代的逻辑学说,即墨家的《墨辩》逻辑学说和荀子的正名逻辑学说。[1]
>
> 中国古代逻辑的形成、建立与发展过程,也就是对各家名辩思想的批评、吸收的过程。[2]
>
> 中国古代的逻辑主要是名辩之学。[3]
>
> 中国古代的逻辑又称名学、辩学或名辩学(名辩逻辑)。[4]

以名辩思想为具体形态的中国古代逻辑,五卷本明确将其称作"名辩逻辑"、"中国名辩逻辑"、"中国固有名辩逻辑"以及"中国古典逻辑"等。从中国逻辑思想发展的实际情况和客观过程出发,同时参照中国历史分期的一般情况,该书将1949年以前的中国逻辑史分为先秦、汉魏、唐明、近代和现代五个阶段,相应地,名辩逻辑的发展历程也大致可以区分为这五个阶段。[5] 鉴于五卷本在本阶段名辩逻辑历史书写方面的典范意义,有必要在下文中对相关内容略作介绍。

1. 先秦时期:名辩逻辑的发端、奠基、争鸣、形成与发展

相异于通行观点把名辩思潮或名辩逻辑的形成归诸春秋末年出现的"名实相怨",五卷本认为,名辩逻辑的发生发展既跟春秋战国时期的社会剧变有关,也受到了先秦科学技术发展的一定影响。就前者说,

---

[1] 李匡武主编:《中国逻辑史》(先秦卷),第284页。

[2] 李匡武主编:《中国逻辑史》(两汉魏晋南北朝卷),第58页。

[3] 同上,第69页。

[4] 李匡武主编:《中国逻辑史》(现代卷),第206页。

[5] 除去中国本土名辩逻辑的形成与发展,五卷本认为,中国逻辑史的内容还包括印度因明、西方逻辑的传入、融合与发展。参见李匡武主编:《中国逻辑史》(先秦卷),第4页。

社会转型一方面通过名实之辩而引发对正名问题——其中就包括对概念的确定性、概念和语词的关系等问题——的讨论,另一方面又通过百家争鸣催生对“辩”——运用推理以进行证明和反驳的思维活动——的方法和理论的研究,由此推动了名辩逻辑的发生发展。

名辩逻辑发端于春秋末年的邓析和孔子。按五卷本之见,“邓析是开古代中国论辩之风的实践家和思想家。”[1]他所提出的“形名之辩”在一定程度上反映了“名”必须具有确定性,“两可之说”则对矛盾律思想的产生起了刺激作用。孔子提出“名”必须具有确指性和确定性,具有了同一律思想的萌芽;其“正名”思想是中国古代正名理论的开端,对尔后的名辩逻辑产生了重大影响。

名辩逻辑奠基的代表人物是墨子。在实践层面上,墨子重视逻辑教学与应用,不仅教授门徒以谈辩,而且积极运用演绎、归纳、类比等方法参与论辩。在理论层面上,他提出了“辩”的概念,初步揭示了论辩的任务、客观基础和逻辑要求。此外,他提出的“类”、“故”、“法”等概念,是《墨辩》“故、理、类”所谓三物逻辑的雏型;“三表”法,揭示了对事物直接观察的认识方法,堪称中国古代归纳法思想的开端。

墨子之后,各家围绕若干逻辑问题展开了激烈的争论。在辩无胜与辩有胜、非辩与必辩、无名与有名之争上,老、庄道家倾向于前者,对逻辑有取消主义的色彩;孟子、宋尹学派、公孙龙、墨家后学以及荀子、《吕氏春秋》作者等则倾向于后者。在名的确定性与非确定性之争上,惠施、公孙龙的思想均有其合理的成分,但也包含着相对主义或形而上学的不明确因素。在关于正名的目的和方法的争论中,其中包括对坚白、同异、白马非马等诸多论题的考察,公孙龙提出了具有同一律思想的正名原则;揭示并深入分析了种概念和属概念之间的关系;对一些违反常识的命题的解说,刺激了人们对逻辑问题的深入思考。

---

[1] 李匡武主编:《中国逻辑史》(先秦卷),第11页。

五卷本认为,名辩逻辑形成于《墨辩》:"《墨辩》逻辑的出现,是中国逻辑史上的划时代事件,它标志着中国古代逻辑科学的建立。"[1]简言之,后期墨家从朴素的反映论出发,总结并发展了墨子以来对名辩诸问题的探究与争辩;把关于"辩"的学问归结为逻辑,明确了研究对象、目的、原则和意义。《墨辩》首创并确定了"名"、"辞"、"说"等逻辑术语,研究了概念、判断、推理等思维形式以及彼此之间的区别与联系。在概念论上,分析了概念的特征、实质及其作用;从外延角度对概念的种类做出了某种接近于近代逻辑的划分;论述了明确概念的要求和方法。在判断论上,说明了判断的实质;初步论及了直言判断、模态判断;分析了判断之间的矛盾关系;对假言判断的性质和规律,做了比较正确的说明。在推理论上,提出了"故"、"理"、"类"这三个基本的逻辑范畴以及作为基本推论形式的"三物论式";揭示了演绎、归纳和类比的多式推理和论证形式;总结了"以类取,以类予"、"辞以类行"的推论原则和方法。在规律论上,阐述了普通逻辑规律的内容;明确了思维必须确定和可论证的逻辑要求;揭示了避免谬误的一些原则。

名辩逻辑在荀子、韩非和《吕氏春秋》那里得到了进一步的发展。荀子立足于唯物主义的认识论,明确了"名"、"辞"、"说辩"的定义;阐明了三者是一个有机联系的统一思维过程。在概念论上,他首创了"共名"、"别名"、"大共名"、"大别名"等术语;提出了名的划分和推演的理论;阐述了"制名之枢要"的一系列逻辑原则,相较于墨辩的相关论述更为深入。在推理论上,他进一步总结和丰富了墨辩提出的"类"、"故"、"理"等基本范畴的内容;虽未如墨辩那样深入讨论辞、辩说的具体形式,但提出关于辩说的一些逻辑规则;揭露和分析了各种名实悖谬的逻辑混乱问题。总体上看,荀子的逻辑以正名为中心,是"孔孟正名逻辑思想的继承和发展,是可以与《墨辩》逻辑学相比美的逻辑

[1] 李匡武主编:《中国逻辑史》(先秦卷),第13页。

体系。它在中国逻辑史上占有重要的地位。”[1]

韩非将荀子的正名逻辑应用于刑名法术实践，作为论证刑名法术理论和推行法治的工具。在理论上，他在中国逻辑史上第一个提出“矛盾”之说，揭示并阐发了形式逻辑矛盾律的基本思想；在实践上，他大量使用了二难推理，首创了被后世称为“连珠”的表达逻辑推论的文体。

《吕氏春秋》不仅保存了大量先秦时期名辩思想的史料，而且对名辩逻辑有所推进。该书探索了言与意的关系，强调言、意、实、行四者的一致与确定，反映同一律和矛盾律的逻辑要求；考察了推类（推理）的问题，提出了“类固不必可推知”，肯定了推知的可能与推理的意义；重视对事物的具体考察，具有了归纳法的初步思想；探讨了推理中出现谬误的原因及其防止方法。

在五卷本看来，名辩逻辑的发端、奠基、形成与发展构成了先秦逻辑史的基本内容。“先秦逻辑史是中国逻辑史的最先阶段，也是中国逻辑史的最辉煌的一个阶段。它的成就，是可以和古希腊逻辑、古印度因明相媲美的。正因为如此，它被认为是世界三大逻辑思想源流之一，而成为中华民族文化宝库中一份珍贵遗产。”[2]

2. 汉魏时期：名辩逻辑的发展与衰落

根据五卷本的研究，在“罢黜百家，独尊儒术”的思想钳制下，汉魏时期的名辩逻辑在总体上步入了受批判、被废置的相对衰落状态。不过，由于先秦名辩的流风余绪尚存，名辩逻辑仍有一定的发展。

两汉时期，《淮南子》坚持“循名责实”，强调“类不可必推”，对后来的归纳逻辑研究产生了一定影响。董仲舒把逻辑变成神学论证的工具，其“连通比附”的推理方法具有“天人感应”的神秘主义性质，但对

[1] 李匡武主编：《中国逻辑史》（先秦卷），第313页。
[2] 同上，第33页。

“号”、“名”的分类及其关系理解接近于属种关系概念在内涵与外延上的反变关系。此外，司马谈、司马迁、刘歆等不仅在各自的著作中保存了大量先秦名辩的史料，而且对卷入名辩论争的各家（尤其是名家）进行了评述。

在反对谶纬神学的过程中，扬雄和王充对名辩逻辑有所推进。扬雄重视理性，强调效验，试图用“数”来说明万物阴阳消长的规律，运用了“数”的推衍（演绎）的逻辑方法。王充着重研究了论证，提出了证明和反驳的目的、要求与方法，分析了各种谬误产生的原因及其表现形式，其论证逻辑超越了《墨辩》和《正名》的相关讨论。他还考察了“类”与“推类”，“对归纳推论作了比较深刻的阐述，可以说他是中国古代归纳逻辑的集大成者。”[1]王充的论证逻辑对王符、荀悦、徐干、仲长统等人对名辩诸论题（如名实关系，譬喻的逻辑方法，谈辩的本质、目的与要求等）的考察产生了较大的影响。

魏晋时期，“谈玄辩理之风大盛。在某种意义上说，这是对汉代思想禁锢的一个解放。谈辩离不开逻辑技巧，魏晋南北朝继战国之后出现了新的名辩高潮。”[2]根据五卷本的梳理，在汉末名实之辩被引入人物品评的基础上，刘劭进一步在才性之学的范畴内讨论名实关系，而且“他强调诘难的意义，对理胜之辩和辞胜之辩作了比较深刻和明确的阐述，并且在中国逻辑史上第一次比较全面、系统地提出了论辩者应该具备的思维素质。”[3]嵇康对名实关系、言意之辩等多有论述，他在名辩逻辑上的主要贡献是强调“推类辩物，当先求之自然之理”，提出了以纲带目、不能自相矛盾、避免片面性等论辩的原则。

言意之辩是魏晋南北朝时期名辩论争的一项重要论题。王弼区分

[1] 李匡武主编：《中国逻辑史》（两汉魏晋南北朝卷），第62页。
[2] 李匡武主编：《引言》，《中国逻辑史》（两汉魏晋南北朝卷），第5页。
[3] 李匡武主编：《中国逻辑史》（两汉魏晋南北朝卷），第97页。

了“名”与“称”，似猜测到概念与名称的不同；主张“得意在忘象”，“得象在忘言”。欧阳建则力主“言尽意”，“明确地指出‘名随物而迁，言因理而变’，揭示了名和物、言和理在运动中的对应和统一，这是他对中国古代逻辑的一个重要贡献。”[1]

五卷本认为，这一时期也出现了对于先秦名辩话语的系统回顾和多侧面研究。鲁胜梳理了他所理解的先秦名辩之学的演变与师承关系，概括了名辩论争的主要问题。“他的《墨辩注叙》是中国历史上最早的逻辑史著作，至今仍是我们研究先秦以及魏晋逻辑思想的重要参考文献”。[2]《列子》中记录了许多对先秦名辩思想的评论，从中可见名家辨析入微的思维方法在魏晋时期得到了某种程度的接受，促成了谈玄辩理之风的兴起。首创于韩非而被后世称为“连珠”的文体经过扬雄的发展在陆机、葛洪那里到达巅峰，反映出魏晋人把逻辑推理形式化的一种尝试。刘勰也多方面地考察了名辩话语的诸多论题，如言意关系、名实关系、“论”（论说文/论证）的性质与特点，以及连珠的性质、形成和发展等。

名辩逻辑的发展也反映在这一时期的科学中。其中，刘徽的《九章算术注》是“魏晋南北朝时期自然科学领域里的逻辑最高成就的代表”。[3] 受到《墨辩》逻辑的影响，他将“察故”、“明理”、“知类”的原则运用于数学论证，力图以类求故，由故成理，由理知类。

3. 唐明时期：名辩逻辑的持续衰落

相对于印度因明在内地与西藏的研究和发展，唐明时期的名辩逻辑保持了自己的独立性并取得了一定程度的发展，但总体上仍处于相对衰落的时期。

---

[1] 李匡武主编：《中国逻辑史》（两汉魏晋南北朝卷），第135页。
[2] 同上，第125页。
[3] 李匡武主编：《引言》，《中国逻辑史》（两汉魏晋南北朝卷），第8页。

五卷本指出，唐代的名辩思想尤其是对先秦名家的研究并不活跃，对名实关系的讨论更多地集中于才性之学的范围，但是“古典名辩逻辑并未泯然中断，只是没有得到充分的发展而已。”[1]例如，刘知几“喜谈名理”，认为“名”乃“实”之宾，要求“名实相允”，提倡举一反三。韩愈在其著述中较为自觉地运用了逻辑正名与归纳的方法。刘禹锡主张以“法”为“是非”之依据，对先秦的刑名法术之学有所继承。柳宗元强调“定经界，核名实”，以“不类”来评估论证，明显受到先秦正名之论以及《墨辩》“以类取，以类予”思想的影响。

宋明时期的名辩之学比唐代要丰富，并呈现出一种新的发展动向，即向象数推衍之说的转化。据五卷本的研究，象数推衍之说开始于北宋的邵雍、周敦颐，基本上是宇宙生成学说与当时数学成就的混揉，后来由张载将其引向了较为科学的认识。朱熹发挥了程颢、程颐的理学，其格物致知之说非常重视“推”；以“理一分殊”为基础的“推”，带有较多的演绎性质。在与程朱理学的论辩中，陈亮提出“严政条以核名实”，属于循名责实的刑名之论；其《辩士传》（已佚）重点评述了汉末以来直至南宋的辩者，兼及春秋战国秦汉诸子，以为后世辩者的借鉴。叶适提出“族类”、“辩物”，对同异关系进行了较为深入的考察。

名辩逻辑在明代的代表人物有罗钦顺、王廷相、李贽等人。按五卷本的说法，罗氏论及了“推类而通其余”与“会万而归一”，这是对演绎与归纳的扼要概括，此外，他还反对“含胡两可”，提倡“叩两端而竭”。王氏强调“参验”，要求在论辩过程中“辞而辟之”，通过论证来进行驳斥。李贽重视论辩，强调“是非必辩，真伪必断”，运用多种逻辑方法对时政与理学进行了驳斥。

4. 近代时期：名辩著作发掘、整理与名辩逻辑研究的复苏

伴随着诸子学的兴起与西方逻辑的传入，近代时期“开始了对中

[1] 李匡武主编：《引言》，《中国逻辑史》（唐明卷），第5页。

国名辩著作的发掘、整理和校释，对先秦名辩逻辑开始了初步探讨，这是中国逻辑思想史上新的复苏时期”。[1]

明末清初，“程智，傅山，就是两位复兴中国传统逻辑——名辩学的杰出代表。”[2]程智撰有《白马论》（已佚），阐释并发展了公孙龙的名辩思想；傅山对《墨子大取篇》、《公孙龙子》、《荀子》、《庄子》等先秦名辩著作作了大量批注。方以智在训诂研究中大量运用了类比、归纳，对先秦诸子尤其是惠施、公孙龙的名辩思想进行了评述，肯定了他们“穷大理”的科学精神和“翻名实以破人”的逻辑方法。顾炎武在考据实践中强调旁通博引，体现了归纳与演绎的结合；注重“疏通源流”，重视实际调查。王夫之认为“名非天造，必从其实”；主张“辞，所以立诚而为事之会，理之著”；提出了“比类相观”的推论学说，对“名”、“辞”、“说”等名辩之学的基本范畴进行了辩证的概括和分析。

有清一代的名辩逻辑与考据之学的发展有着密切的联系。根据五卷本的梳理，这一阶段的逻辑成就主要表现在三个方面：

第一，在考据实践以及其他学术研究中运用并总结出了一系列的逻辑方法。颜元强调“求实重验”，以“推”为主要形式的“致”具有演绎的性质；戴震区分了“十分之见”与“未至十分之见”。其后，王念孙、王引之、俞樾、刘师培等在考据实践中多样化地使用了演绎、归纳等方法。此外，章学诚在史学中对逻辑方法的应用、焦循在科学中对数学推理的运用，从不同层面反映了名辩逻辑的实践之维。

第二，对先秦名辩著作进行了初步的整理、考证和注疏。诸子学的兴起，使得长期以来处于相对衰落状态的名辩研究逐渐复苏，汪中、卢文弨、毕沅、孙星衍、王念孙、辛从益、张惠言、陈澧、俞樾、王先谦、孙诒让等致力于对《墨子》、《荀子》、《公孙龙子》等先秦名辩著作的整理与

[1] 李匡武主编：《中国逻辑史》（先秦卷），第22—23页。
[2] 李匡武主编：《中国逻辑史》（近代卷），第29页。

校释，同时以孙诒让致梁启超论墨学书为标志，出现了对于名辩之义理诠释的初步意识，“先后出现过关于惠施、公孙龙、墨辩和荀子名辩思想的研究，这对于中国古典逻辑思想能重见天日，是有功的。”[1]

第三，将原有的名实之辩进一步扩展到对语义问题的逻辑考察。戴震初步论及了语义分析的途径和法则；俞樾的古代汉语研究已具有了某种语言逻辑和语义逻辑的性质，并结合古代汉语的表达方式考察了类推的问题；刘师培提出“解字析词以明论理”，表现出一定的朴素的逻辑语义学思想。

清末民初，对名辩逻辑的研究相较于以前获得了长足的进步，这突出地表现在义理层面上通过与西方逻辑、印度因明的比较研究来诠释本土名辩。五卷本认为，通过这种比较研究，即“借鉴西方和印度的逻辑来探究中国古代逻辑的精义……能打破‘西方逻辑一体化模式’的观念，使中国从事逻辑比较研究的那些先驱人物，一开始就思想比较活跃，没有出现严重的思想僵化和死板的毛病。”[2]例如，梁启超率先将墨辩与西方逻辑进行了比较；章太炎以因明的辩说之道为理想模式，对墨辩、逻辑的辩说之道进行了说明与评判；胡适立足于西方逻辑特别是杜威的实用主义逻辑，对包括名辩论争在内的先秦逻辑史进行了考察，其博士论文“乃是我国第一部中国逻辑断代史的专著，具有不可忽视的影响”。[3]

5. 现代时期：*名辩逻辑全面而系统研究的启动*

现代时期始于“五四”运动的爆发。“正是从‘五四’运动开始，对中国名辩逻辑的研究才开始引起了学术界特别是逻辑学界的较为普遍的关注和重视，并真正开始了对我国古代名辩逻辑的全面、系统的研

[1] 李匡武主编:《中国逻辑史》(先秦卷)，第15页。
[2] 李匡武主编:《引言》，《中国逻辑史》(近代卷)，第8—9页。
[3] 李匡武主编:《中国逻辑史》(近代卷)，第236页。

究。”[1]根据五卷本的梳理，这种全面而系统研究的启动主要表现在以下两个方面：

第一，从文本整理来看，出版了大量名辩著作的校释本，为全面研究名辩逻辑奠定了基础。本阶段对《墨辩》、《公孙龙子》等名辩著作展开了较为深入的辨伪、校勘与注释，并以校释、集解、解故、疏证、校诠以及笺、诂等形式出版了大量整理成果，为名辩逻辑的研究提供了较诸以往更为集中和可靠的资料。随着西方逻辑的进一步输入与普及，以梁启超的《墨经校释》、谭戒甫的《墨经易解》、张纯一的《墨子集解》、王琯的《公孙龙子悬解》、陈柱的《公孙龙子集解》、伍非百的《中国古名家言》等为代表的文本整理成果，“着力从名辩逻辑的角度进行注释，把校勘、注释研究合为一体，不仅为研究中国逻辑史提供了宝贵的材料，而且为发掘名辩逻辑思想作了许多开创性的工作。一直至今，都是我们研究中国名辩逻辑最基本的参考资料。”[2]

第二，就义理诠释而言，出版了第一批名辩逻辑史的专著；在逻辑史、哲学史和思想史等领域出版和发表了一系列有关名辩逻辑的专著、专章与论文。在文本整理取得丰硕成果的同时，义理层面的名辩研究也取得了积极进展，先后出版了胡适的《先秦名学史》（英文本）、郭湛波的《先秦辩学史》、虞愚的《中国名学》等第一批名辩逻辑史（主要是先秦名辩逻辑史）的专著，至今对于名辩研究仍然具有重要的参考价值。此外，名辩逻辑也引起了逻辑史、哲学史和思想史等领域的其他学者的关注。陈显文的《名学通论》、王章焕的《论理学大全》、章士钊的《逻辑指要》、梁启超的《墨子学案》、冯友兰的《中国哲学史》、侯外庐等的《中国思想通史》（第一卷）、赵纪彬的《中国哲学思想》、谭戒甫的《论形名学之流别》、郭沫若的《名辩思潮批判》、杜国庠的《先秦诸子思

---

[1] 李匡武主编：《引言》，《中国逻辑史》（现代卷），第5页。
[2] 李匡武主编：《中国逻辑史》（现代卷），第209页。

想概要》、张岱年的《中国哲学中之名与辩》、赵纪彬的《名辩与逻辑》等以专著、专章或论文的形式，或者从宏观角度论述了名辩逻辑（名学、辩学、形名学等）的历史发展、主要内容和基本特征；或者从个案角度对名家、后期墨家、荀子、韩非子等学派或人物的生平、著作与名辩思想展开了集中的研究。“这就使中国古代名辩逻辑的全貌开始为国内外学者所了解和承认，也为中国名辩逻辑的进一步研究打下了较好的基础。”[1]

从总体上看，尽管还存在撰写风格不统一、前后观点不尽一致、编写体例未能彻底贯彻等问题，[2]五卷本在名辩逻辑史的系统建构方面仍有如下一些特点值得肯定：

首先，以前所未有的规模对名辩逻辑的发展历程进行了梳理。相异于此前学者多将名辩话语局限在先秦，汪奠基的《中国逻辑思想史》和周文英的《中国逻辑思想史稿》在本阶段率先以专著形式系统梳理了以名辩为具体形态的中国本土逻辑从先秦到中国近代（“五四”运动前后）的发展历程，但五卷本对名辩逻辑史的建构显然在规模上大大超出了这两部著作以及同时代的其他著作。就研究对象的时间跨度说，五卷本将时间下限截至 1949 年，并在现代卷中较为全面地梳理了“五四”运动至 1949 年间名辩逻辑的研究状况，填补了近现代名辩研究史的空白。就研究成果的篇幅长短说，五卷本将名辩逻辑从发端、奠基、形成、发展、衰落与复苏的全过程分作五卷加以论述，其总字数非汪、周两人以及同时代其他学者的同类著述所能比肩。就研究所涉人物的数量说，五卷本的论述也是空前的。仅从目录上看，前四卷以专章或专节形式考察其名辩逻辑思想的思想家或学派就超过了 60 个，这还

[1] 李匡武主编：《引言》，《中国逻辑史》（现代卷），第 5 页。

[2] 参见温公颐、曾祥云：《〈中国逻辑史〉（五卷本）评价》，《哲学研究》，1990 年第 6 期，第 118 页。

不包括现代卷在梳理个案层面的名辩逻辑研究时涉及的诸位学者。[1]

其次，突出了名辩逻辑的理论本质是传统形式逻辑。"名辩逻辑"一词在本阶段的出现与广泛使用，标志着对名辩之逻辑本质的再确认，但关于名辩逻辑的性质与内容，尚有不同的看法。汪奠基主张名辩逻辑之为中国本土逻辑既有形式逻辑的内容也包括对辩证思维的研究，周文英等人对此提出质疑，要求"纯化"中国逻辑史的内容。通过温公颐的《先秦逻辑史》、周云之和刘培育的《先秦逻辑史》以及其他学者的研究实践，周氏所提出的"纯化"任务得到了初步完成。在此基础上，五卷本进一步重申在名辩逻辑研究中必须坚持一元的形式逻辑史观，同时在具体论述中"对史料作了精心审定和选择，在内容上紧紧抓住已经肯定的公认的形式逻辑原理作标准，并比较自觉地贯彻于全书"。[2] 至此，把名辩之学的本质归结为中国本土逻辑、把名辩逻辑的本质归结为传统形式逻辑，差不多成为本阶段名辩学者的共识。而在塑造并推广这一共识方面，五卷本《中国逻辑史》无疑扮演了重要的角色。

再次，充分吸取了前贤时人的研究成果，并有新的发挥与探索。近现代名辩研究发展到复苏与提高阶段，已经积累了大量的研究成果。无论是宏观层面上对名辩逻辑史的系统建构，还是微观层面上对名辩史料的取舍与诠释，五卷本都对前人特别是本阶段学者在"名辩逻辑

---

[1] 1983—1993 年，温公颐以一己之力完成的《先秦逻辑史》、《中国中古逻辑史》和《中国近古逻辑史》由上海人民出版社出版，对先秦至清中叶（1840 年鸦片战争前夜）的中国逻辑史进行了梳理与总结。相较于五卷本，温氏三书并未论及鸦片战争以后直至 1949 年这段时间的中国逻辑史，而且没有像五卷本那样对名辩逻辑之为中国本土逻辑形成自觉的意识。这不仅表现为温氏甚少使用"名辩逻辑"一词，更为重要的是，他所理解的"名辩逻辑"仅仅指以邓析、墨子、惠施、公孙龙以及后期墨家为代表的名辩派或辩者派的逻辑，并不指整个中国本土逻辑。

[2] 温公颐、曾祥云：《〈中国逻辑史〉（五卷本）评价》，《哲学研究》，1990 年第 6 期，第 113 页。

化”范式下所取得的积极成果予以了充分尊重。例如，在名辩研究的元语言——逻辑观和逻辑史观——方面，明显受到周云之和刘培育的《先秦逻辑史》的影响；在名辩逻辑的发展脉络方面，很容易发现汪奠基《中国逻辑思想史》的影子。[1] 不止于此，五卷本在具体论述中还有大量新的发挥与探索。例如，对名辩逻辑形成于《墨辩》的论证、对名辩逻辑在秦以后从未亡绝的判断、对程智《守白论》名辩思想的解读、对1919—1949年间名辩逻辑研究状况的梳理，等等，均为学术界所称道。正是由于较为全面地反映了截至1980年代的名辩研究成果并有的发挥与探索，五卷本称得上是本阶段名辩研究最具代表性的研究成果。

（三）“名辩逻辑化”的方法论问题

在致力于系统建构名辩逻辑史的同时，五卷本还对“名辩逻辑化”所涉及的若干方法论问题进行了考察。

1. 坚持文本整理与义理诠释的统一来推进名辩逻辑研究

从某种意义上说，名辩逻辑研究也就是对名辩著作所含逻辑之理的诠释。五卷本强调，这种研究必须体现观点和资料统一，否则义理诠释就会根据不足。而所谓“根据不足”至少有两层含义：从数量上说，就是研究所凭借的史料未能达到翔实、充分的程度；从质量上讲，则是指研究者根据主观需要来剪裁史料，取其一点，不及其余。

与史料的“质”相关的问题还有对名辩著作的真伪判定与文本整理。按五卷本之见，专门从事真伪考辩和文本整理似不属于名辩逻辑研究的范畴，不过鉴于义理诠释必须以可靠的文本为基础，因此上述问

[1] 五卷本副主编周文英就认为，“《中国逻辑史》（五卷本）的体系大致还是汪奠基先生提出的那个。”这里所说的汪氏体系主要指“写中国逻辑本身发生发展情况，也把因明学和西方逻辑的输入及其影响写进去”，但就中国逻辑（名辩逻辑）本身看，无论是对其发展脉络的理解还是对名辩史料的取舍与诠释，汪奠基对五卷本的影响都是显而易见的。参见周文英：《我的学业和学术》，《周文英学术著作自选集》，第34、38页。

题仍然无法回避。而解决之道就是要尊重真伪考辩之定论,慎重对待疑似参半或疑伪无定的资料;以前人的校勘和注释为基础,选取其中最合理的意见。当然,名辩逻辑研究者并非只能被动接受真伪考辩与文本整理的成果,五卷本强调,义理层面上的名辩研究成果反过来也能有益于对名辩著作的真伪考辩与文本整理,即"提供新的论据,注入新的解释。这样,就会别开生面,对逻辑史料本来面目的审定,从逻辑思想的内在联系,提供说明"。[1]

2. 通过比较研究来诠释名辩的逻辑义理

"名辩逻辑化"的研究构想最初源于孙诒让、梁启超在墨辩研究中"以欧西新理比附中国旧学",即在名辩与逻辑之间展开比较研究,运用传统逻辑(以及逻辑的其他分支)的术语、理论和方法来梳理名辩的主要内容,勘定其理论本质,评判其历史地位。五卷本不仅在一般意义上认同比较是研究的基本方法,而且特别强调比较对于名辩逻辑研究的意义,认为对墨辩之逻辑本质和特点的认识就始终是比较研究的产物。不过,在梁启超的时代,比较的内容较为孤立和零散,目的也仅限于发现中国本土逻辑而非去总结其特点与发展规律,因而这种比较具有较为明显的模糊性。其后章士钊等人用西方逻辑的框架去收容本土名辩的实例,亦未能脱离直观比较的阶段。谭戒甫、詹剑峰等人的墨辩研究虽在比较研究的视野上有所扩大和加深,但在总体上仍很难称得上是科学的比较。

按五卷本的理解,相异于模糊的或直观的比较,科学的比较是"根据一定的知识结构作为比较的基础,在思维中形成一个完整的坐标系,以发现事物存在的真实地位……以达到对事物及其发展的系统性和规律性的认识"。[2] 为此,就必须站在逻辑科学发展的高级阶段,把关

[1] 李匡武主编:《中国逻辑史》(先秦卷),第11页。
[2] 同上,第8页。

于逻辑科学的对象、范围、体系和规律的成熟认识作为标准来进行比较，梳理名辩的主要内容，阐明名辩的逻辑本质，勘定名辩的历史地位。

3. 立足于矛盾的普遍性与特殊性的相互联结来把握名辩逻辑的发展条件与特点

在名辩研究中，科学的比较不仅有其古今关系方面的内容——站在逻辑科学发展的高级阶段回顾历史，而且有其中西关系的维度，即立足于矛盾的普遍性与特殊性的相互联结来把握名辩逻辑的发展条件与特点。

五卷本指出，从矛盾的普遍性来说，逻辑思维源于社会实践，各个民族的逻辑思维具有相同或相近的特征，人类的逻辑思维具有统一性和规律性。因此，"对中国逻辑史的虚无主义观点，在理论上是讲不通的，当然也经不起事实的反驳。"这就是说，必须承认中国本土有逻辑，名辩之学包含着普遍的逻辑之理。而从矛盾的特殊性来看，逻辑思想总是受到不同的社会条件、语言、文化传统、科学技术发展水平以及逻辑家本人不同的政治观点和哲学思想的制约，呈现出不同的特点。因此，名辩逻辑研究"又必须从矛盾的特殊性，来揭示这些特点在逻辑思想上的反映，并加以说明"。[1] 即揭示名辩逻辑之为中国本土逻辑相异于西方逻辑(以及印度因明)的个性或特殊性。

五卷本对这一方法论原则的说明，无疑继承了前两个阶段学者们在说明"名辩逻辑化"研究构想时所阐明的求同与明异并重的思想，并进一步援引矛盾的普遍性与特殊性的相互联结对其进行了论证。不过从研究实践来看，这一原则并未得到充分的贯彻。一方面，五卷本仅仅对与形式逻辑思想发展史直接有关的哲学问题、语言问题、科学方法论问题等"有所涉及"，而未能充分考察名辩逻辑得以产生与发展的社会、经济、政治、文化、语言、科学技术诸条件以及名辩思想家本人的政

---

[1] 李匡武主编:《中国逻辑史》(先秦卷)，第8页。

治观点和哲学思想。另一方面,五卷本的主要目的是要系统梳理名辩逻辑的发展历程,因此对名辩逻辑的理论体系本身着墨不多,对名辩逻辑之为中国本土逻辑究竟具有何种相异于西方逻辑、印度因明的个性或特殊性,鲜有论述。[1] 即便近现代名辩学者的研究"有力地向国内外学者论证了中国名辩逻辑不仅有着丰硕的内容和成就,而且已经形成了一个比较完整、比较科学的具有中国名辩特色的逻辑学体系",但"中国名辩特色"究竟指什么,五卷本却语焉不详。[2]

4. 在研究名辩理论的同时不能忽视对于名辩实践的考察

按五卷本的理解,名辩逻辑研究"以研究、概括、论证逻辑思想(理论)为主"。[3] 那么这里所说的"逻辑思想"或"逻辑理论"指的又是什么呢?"只有研究有效论证的原理,才形成逻辑思想。"进一步看,"所谓逻辑思想,首先指对思维形式及其规律的自觉研究而形成一定体系的逻辑学说";其次,"也包括那些虽没有形成体系,但对逻辑学的某些或某一问题,从正面或反面自觉地进行一定的揭示、分析和论述而确有见地(或具有启发意义)的"思想。[4] 这就是说,尽管系统性的程度不尽相同,只要是对以有效论证之原理为核心的逻辑问题的自觉研究,其研究成果就属于逻辑思想或逻辑理论的范畴。而名辩逻辑研究首先展开为对名辩理论——以名辩为具体形态的逻辑思想或逻辑理论——的研究。

如果说"名辩理论"指的是对思维形式及其规律的自觉研究,那么对思维形式及其规律自觉或不自觉的运用就可以相应地称作"名辩实

[1] 五卷本曾简要论及古希腊与古代中国不同的数学发展方向对逻辑的影响。古希腊发达的几何学对亚里士多德提出三段论的演绎系统具有重要影响,而古代中国数学的主流是代数,这在一定程度导致墨辩逻辑并不具备演绎系统的特点。参见李匡武主编:《中国逻辑史》(先秦卷),第6—7页。

[2] 参见李匡武主编:《引言》,《中国逻辑史》(现代卷),第9页。

[3] 李匡武主编:《前言》,《中国逻辑史》(先秦卷),第1页。

[4] 李匡武主编:《中国逻辑史》(先秦卷),第2—3页。

践”。有见于名辩理论不等于名辩实践，五卷本强调“必须将逻辑在思维（表现在文字上）中的应用与其本身作为一个对象加以研究两者区别开来”。既然“对逻辑的应用并不是逻辑思想，也不直接说明一个时代的逻辑水平，所以，历史上大量纯属逻辑应用的例证，原则上不应成为中国逻辑史总结的范围”。[1] “原则上”这一表述说明，虽然对名辩实践的研究不构成名辩逻辑研究的主要任务，但对名辩实践的研究并不完全隔绝于名辩逻辑研究之外。

前文曾经论及汪奠基主张名辩研究既要研究理论形态的名辩之学，也要研究实践形态的名辩方法；周云之和刘培育也认为在诠释名辩话语以重构中国本土逻辑时，既要重视对名辩理论的整理与诠释，也要重视对名辩实践的考察和提炼。很可能是受到这种思想的影响，五卷本虽然在概念层面上明确区分了“逻辑思想”与“逻辑应用”，或者如本书所说，“名辩理论”与“名辩实践”，但也认为“当一个逻辑应用的例子，是为了内在地说明某个逻辑思想……或者，一个逻辑应用的例证，在逻辑上确有较重要的价值，它已接近于成为一种逻辑思想时”，应该对具有这些性质的名辩实践进行研究。[2] 这就是说，对于名辩逻辑的完整研究，其主体当然是对名辩理论的论述，但也不能忽视了对于名辩实践的考察。

三、名辩逻辑史研究的其他主要成果

作为本阶段名辩研究的最具代表性的成果，五卷本《中国逻辑史》无论是在研究方法还是研究结论上都直接或间接地对同时代的其他名辩逻辑史研究产生了重要的影响。

---

[1] 李匡武主编：《中国逻辑史》（先秦卷），第3页。
[2] 同上，第3—4页。

（一）《中国逻辑思想史教程》论名辩逻辑史

1988 年，甘肃人民出版社出版了杨沛荪主编的《中国逻辑思想史教程》（以下简称"杨本《教程》"）。由于撰写者均参加了五卷六册《中国逻辑史资料选》的编选工作与五卷本《中国逻辑史》的编写工作，该教程在某种意义上可以视为五卷本的缩编本，"它不仅直接吸取了五卷本《中国逻辑史》的最新科研成果，而且吸取了近年来有关中国逻辑史研究新著中的新见解。"[1]

关于名辩之学与中国古代逻辑的关系、名辩逻辑的理论本质等问题，杨本《教程》认为中国古代"对名实关系、正名理论以及论辩的形式、方法和规律等都已提出了相当丰富的学说并且形成了相当完备的体系"。作为关于"名"与"辩"所涉诸论题的学说，名辩之学实质上就是中国古代逻辑，即名辩逻辑。那么，名辩逻辑的理论本质又该作何理解呢？此书主张逻辑的多元论，但这些多元的逻辑理论归根到底都属于形式逻辑的领域，而"作为与哲学科学相区别的逻辑科学，就应当是指的形式逻辑"。由此出发，名辩逻辑"作为逻辑科学的理论和体系最先被明确提出和系统阐述的主要还是属于形式逻辑方面的内容"。当然，这并不排斥在论述名辩逻辑的内容与发展时，"与逻辑思想有密切关系的名实问题、语言问题和其他方法论问题也应当有所涉及。"[2]就此而言，杨本《教程》把名辩逻辑归结为形式逻辑，与五卷本以及周文英、陈孟麟、温公颐、周云之和刘培育、朱志凯等所坚持的主流观点无疑是一致的。

如何妥善处理逻辑理论与逻辑应用，或者说，名辩理论与名辩实践的关系，涉及名辩逻辑历史书写的取材范围。与五卷本一样，杨本《教程》强调应该首先抓住在逻辑理论上有突出贡献的思想家及其逻辑论

---

[1] 杨沛荪主编：《前言》，《中国逻辑思想史教程》，兰州：甘肃人民出版社，1988 年。
[2] 参见杨沛荪主编：《中国逻辑思想史教程》，第 1—2 页。

著，其次不能忽视他们所提出的那些不以专著形式存在但在某些方面确有理论价值的逻辑思想，最后还应该考察他们所提出的旨在说明某个逻辑思想的具体例子或命题。至于是否考察那些在政治、伦理、哲学等思想中所实际运用的逻辑形式和规律，可以区分出三种情况：第一，应该利用逻辑家在其著述中所运用的实例材料来说明其逻辑理论；第二，应分析那些虽未加以理论概括但能反映逻辑思维和逻辑方法发展水平的实例；第三，不必考察那些虽能说明古代逻辑思维水平但不能反映逻辑理论发展水平的实例。[1]

杨本《教程》基本沿袭了五卷本的叙述框架与具体结论，梳理并考察了从春秋末年的邓析与孔子直至中华人民共和国成立前的名辩逻辑发展史，内容上有所增删，论述更为集中、精练。相较于五卷本并未从总体上对名辩逻辑的理论体系本身进行概括，此书认为：

> 中国古代的逻辑是一个以"正名"为重点，包括名、辞、说、辩为内容的比较完整的逻辑体系。从邓析到公孙龙以及后来的荀子，基本上是关于正名的逻辑，所以历史上把中国古代的逻辑称为"名学"。但《墨辩》已经形成了相当完整的辩学（逻辑学）理论，被称为"墨辩逻辑学"，所以也有人把中国古代的逻辑称为"辩学"。我们认为，把中国古代的逻辑学称为"名辩"、"名辩学"或"名辩逻辑"更符合实际。[2]

前文已经指出，"名学"、"辩学"作为本土旧有语词，与名辩话语其实没有什么关联；即便在西学东渐后作为"logic"的译名，也主要指西方逻辑

---

[1] 前文已曾提及五卷本在撰写过程中吸收过周云之和刘培育的《先秦逻辑史》的某些观点。事实上，在论及名辩之学与中国古代逻辑的关系、名辩逻辑的理论本质与理论体系、名辩逻辑史的取材范围等问题时，杨本《教程》的诸多观点与具体表述，跟《先秦逻辑史》完全一致。据笔者猜测，这很可能是由于周云之出任了这部教程的副主编并承担了相关章节的撰写工作。参见周云之：《我的学术生涯（代自序）》，《周云之文集》，第21页。

[2] 杨沛荪主编：《中国逻辑思想史教程》，第11页。

或逻辑本身，只是在近现代名辩研究的起步与开拓阶段才开始被用来指称中国古代逻辑。由于中国古代逻辑在不同的思想家或学派那里的研究重点各有侧重，或偏重于对名的研究，或集中于对辩的考察，所以用“名学”、“辩学”来称呼中国古代逻辑有其合理之处。不过，杨本《教程》认为“更符合实际”的做法是把中国古代逻辑称作“名辩”、“名辩学”或“名辩逻辑”。据笔者的理解，个中理由很可能是此书认为作为中国古代逻辑的研究对象，名、辞、说、辩是相互联系、逐级递进的统一体；对名的研究与对辩的考察不能割裂，二者统一于对正名、析辞、明说、论辩之原理、方法和规律的考察。由此出发，用“名学”、“辩学”来称呼中国古代逻辑恐有失之过窄之虞，而“名辩”一词则能较为全面地反映中国古代逻辑的内容与特点。如果这一理解能够成立，那么杨本《教程》在用“名辩”来称呼中国古代逻辑的问题上显然与伍非百、刘培育等人的用法是一脉相承的。

（二）《中国逻辑史教程》对名辩逻辑史的理解

1988 年，温公颐主编的《中国逻辑史教程》（以下简称“温本《教程》”）由上海人民出版社出版。由于参与此书编写工作的人员大多数也是五卷本《中国逻辑史》的撰稿人，因此五卷本的研究成果多少也对这部教程的编写产生了影响。

关于名辩思潮、名辩之学和名辩逻辑的关系，温本《教程》指出：

> 名家就思维实践中的一些典型概念与命题所展开的激烈论争，以及他们的名理研究，掀起并推动了历时数百年的名辩思潮。正是这波澜壮阔的名辩思潮，孕育并产生出了我国古代的逻辑科学。[1]

> 在先秦思想史上，真正以名辩问题作为专门的研究对象，从而使名辩之学成为一门独立学问的，乃是名家学派惠施、公孙龙和后

[1] 温公颐主编：《中国逻辑史教程》，第 1—2 页。

期墨家学派的历史功绩。换句话说,名家和后期墨家学派的出现,是古代逻辑学独立形成的基本标志。[1]

先秦的名辩逻辑是我国古典逻辑的发展高峰。[2]

名辩思潮的理论成果就是名辩之学;作为一门形成于中国本土的独立学问,名辩之学实质上就是中国本土逻辑;既然中国本土逻辑以名辩为具体形态,因此可以称作"名辩逻辑"。

受到"名辩逻辑化"研究范式的影响,此书认为,通过考察名辩之学或名辩思潮的形成与演变过程可以把握中国本土逻辑的发展线索。相异于汪奠基、五卷本以及杨本《教程》等将名辩逻辑史的范围从先秦延续到1949年前,温本《教程》把名辩逻辑发展的起点定在春秋末年的邓析,而以"五四"时代的胡适殿后。尽管此书在名辩逻辑史的具体细节(代表人物的选择、名辩思想的诠释、历史地位的评价等)上与前述著作不尽一致,但在总体的叙述框架上实则大同小异,在此不再赘述。

自周文英以来,如何把握名辩逻辑的理论本质,主流的观点是从一元的形式逻辑史观出发将其归结为传统形式逻辑,把对辩证思维的考察排除在名辩逻辑的范围之外。温本《教程》坚持了汪奠基对名辩之为中国逻辑史对象的广义理解,在具体诠释名辩之学的逻辑内涵时,既注重其中所包含的形式逻辑内容,也不忽视它对辩证思维的考察。例如,此书认为,由于在历史上第一个提出了类、故的逻辑范畴,墨子堪称"我国古典形式逻辑科学体系的奠基人";《墨辩》的"辩学(名学),即逻辑学(这里指形式逻辑或称普通逻辑……)是贯穿《墨辩》的基本内容"。[3] 又如,荀子"对名(概念)、辞(判断)、辩说(推理、论证)这些思维形式内在的固有的辩证因素有所认识和论述";"在批判地总结中

[1] 温公颐主编:《中国逻辑史教程》,第46页。
[2] 同上,第238页。
[3] 同上,第133、80页。

国的传统哲学时,王夫之对中国传统逻辑中的一些重要范畴,如名、辞、说等,作了辩证的分析。"[1]

温本《教程》不仅明确论及名辩逻辑除了包含形式逻辑的内容,还包括对辩证思维的考察,而且在一定程度上注意到名辩之学的范围似难以完全归结为对逻辑问题的考察。以《公孙龙子》为例,此书认为除去《迹府》,可以把其余"五篇看作是一个完整的体系,这就是公孙龙的逻辑思想体系";不过它又说《指物论》论述的是支配公孙龙逻辑思想的世界观和方法论,"它的思想内容主要属于哲学范畴,而非逻辑学问题"。[2] 这种说法上的前后不一致表明公孙龙的名辩思想非逻辑所能范围,还有其哲学的维度。又如,此书一方面承认《墨辩》包含多元内容,但逻辑是贯穿其中的基本内容,《墨辩》提出并规定了名、辞、说这三种基本的辩说形式;另一方面又认为"名被纳入了认识论的范畴,被作为认识论的一个问题加以讨论。"[3]这也从一个侧面说明《墨辩》并非只从逻辑的角度来考察跟"名"与"辩"有关的问题,后期墨家的名辩之学还有其认识论的维度。再如,温本《教程》认为魏晋南北朝的名辩思潮可以区分为两派,一派是名理派,主要与玄学相结合去谈玄说理;另一派是名实派,主要从品评人物去论名实与正名。无论是就此书对这两派名辩思想的论说还是学术界一般对这两派思想的解读来看,似都难以完全归结为对逻辑问题的考察。

需要指出的是,尽管"名辩逻辑"一词继上一阶段"名辩即是逻辑"的提法后再次确认了名辩话语的逻辑本质,但名辩之学的内容能否完全归结对逻辑问题的考察仍然是名辩研究中一个不能回避的问题。从总体上看,名辩学者在本阶段尚未对这一问题形成明确的意识,他们通

---

[1] 温公颐主编:《中国逻辑史教程》,第139、347页。

[2] 参见温公颐主编:《中国逻辑史教程》,第35、66页。

[3] 温公颐主编:《中国逻辑史教程》,第92页。

常倾向于在理论层面上认为名辩之学的实质就是中国本土逻辑，但在有关名辩逻辑史的研究实践中又难以完全回避名辩之学的各种非逻辑的维度。至于这种理论与实践之间的紧张具有什么样的后果，本章小结会有相应的讨论。

（三）《中国逻辑史》（先秦）论名辩之学

1987 年，孙中原撰写的《中国逻辑史》（先秦）由中国人民大学出版社出版。在此之前，他先后参加了《中国逻辑史资料选》的编选工作，以及五卷本《中国逻辑史》和《中国逻辑思想史教程》的编写工作。

虽然"名辩"一词频繁出现于前面提及的那些名辩逻辑史著作或教材，孙氏却很少使用这一术语，"名辩逻辑"在此书中更是一次也没有出现过。不过，在他看来：

> 邓析"刑名"之学的意义，是在中国最早兴起了辩论之风。而随着辩论之风泛起的名辩思潮，为中国古代逻辑学的诞生提供了丰富的滋养。[1]

> 对言辞说活艺术的探讨，正是逻辑学产生的源泉之一。古希腊苏格拉底、柏拉图，亚里士多德的逻辑就导源于对话和辩论艺术的研究。古印度逻辑因明和中国逻辑名辩之学也是如此。[2]

> 有无之辩是中国古代逻辑学（名辩之学）中的一个重要争论问题。[3]

这就是说，与本阶段名辩研究领域的主流观点一样，孙中原也认为名辩思潮孕育了中国古代逻辑，名辩之学的实质就是中国古代逻辑。换言之，孙氏所说的"中国古代逻辑学"或"名辩之学"与本阶段广为流行的"名辩逻辑"其实是异名而同谓的关系。

---

[1] 孙中原：《中国逻辑史》（先秦），第 16 页。
[2] 同上，第 29 页。
[3] 同上，第 120 页。

相异于五卷本以及两部《教程》对从先秦直至中国近代的名辩逻辑发展史进行了完整的考察,《中国逻辑史》(先秦)从其书名上就可以知道这是一部关于名辩逻辑的断代史。孙氏把名辩逻辑在先秦的发展历程大致区分为中国古代逻辑的开端、奠基、争鸣、建立和发展五个阶段。简言之,中国古代逻辑开端于春秋末年老子"正言若反"的辩证思维、邓析的"两可"之说以及孔子的"正名"论;奠基于战国中期墨子对"辩"、"名"、"类"、"故"、"法"等逻辑范畴以及"三表"法的考察。"战国中期各家辩论和百家争鸣盛极一时,各家竞相钻研辩论的技巧和方法,把名辩思潮推向高峰,并经后期墨家的总结遂成为系统科学。"[1] 战国中期逻辑思想的争鸣、争辩以孟子、庄子、尹文、惠施(及其他辩者)为代表。其后,公孙龙总结了名家的思想;后期墨家总结了墨家的逻辑思想,提出了最为系统完整的逻辑学说,标志着中国古代逻辑的建立;荀子总结了儒家的"正名"思想,建立了系统的"正名"逻辑体系。战国末年,中国古代逻辑在吕不韦及其门客、韩非等人那里得到了进一步的发展,但"随着中国古代的名辩学派即逻辑学派的衰亡而遇到了挫折。……从而使中国逻辑的发展,走上了迂回曲折的路途"。[2] 不难发现,尽管在细节上有所出入(如孙氏把老子也视为中国古代逻辑的开端等),孙中原对先秦名辩逻辑史的阶段划分和五卷本的理解是一致的。

关于名辩之学或中国古代逻辑的理论实质,孙氏的理解明显受到汪奠基的影响,认为中国古代逻辑既有形式逻辑的内容,又有对辩证思维的考察,因此《中国逻辑史》(先秦)一书"在取材方面,主张形式逻辑和辩证逻辑并重"。[3] 至于先秦逻辑的理论体系与基本特点,孙氏不

---

[1] 孙中原:《中国逻辑史》(先秦),第38页。

[2] 同上,第426页。

[3] 孙中原:《前言》,《中国逻辑史》(先秦),第1页。关于中国古代逻辑既有形式逻辑的内容又包括对辩证思维的考察,以及在诠释名辩义理时如何坚持形式逻辑与辩证逻辑方法并用的问题,更为详细的讨论可以参见孙中原:《试论中国逻辑史的对象和方法》,《中国逻辑史研究》编辑小组编:《中国逻辑史研究》,第36—38、46—49页。

仅对先秦诸名辩家的逻辑思想进行了深入的个案研究，也曾在宏观层面提及《墨经》与《正名》的逻辑体系是中国古代逻辑的两大典型代表，但他并没有像周云之、刘培育那样在著作中辟出专章来对先秦名辩之学的理论成果进行系统概括，因而未能从总体上对先秦逻辑的理论体系与基本特点进行论说。

展开于“名辩逻辑化”范式下的名辩研究面临的一个重要问题就是如何从中西关系、从普遍与特殊之辩来把握本土名辩与西方逻辑的同异。《中国逻辑史》（先秦）对此略有涉及。孙中原一方面强调中国古代逻辑与古希腊、古印度逻辑所阐述的思维形式及其规律具有本质的一致性，不同民族或地区的人们具有不同的逻辑这一说法似乎站不住脚；另一方面也承认由于时代社会条件、文化科学发展水平以及逻辑学家知识结构的不同，东西方逻辑在内容与体系上各有特点，不应褒西贬中或褒中贬西。至于以名辩为具体形态的中国古代逻辑相异于外域逻辑的个性，孙氏以墨辩与亚里士多德逻辑的对比为例指出，“墨家逻辑在理论的深度上比亚氏逻辑有逊色，在思维形式结构的研究上也不如亚氏逻辑。但墨家逻辑与实际政治的治乱和利害联系较密。从一定意义上说，这与其看作中国逻辑的优点，毋宁看作是中国逻辑的缺点。”[1]此外，“重视研究辩证思维的问题，是中国古代逻辑学的特点和长处。”[2]

值得注意的是，在《中国逻辑史》（先秦）中同样存在着一种理论与实践之间的紧张，即孙氏一方面从理论本质的角度把名辩之学等同于中国古代逻辑，另一方面在研究实践上对名辩之学的具体论说又远非逻辑所能范围。例如，他认为惠施的“历物”十事“主要不是在讲解形式逻辑的问题”；“大都是科学的，或带有科学意义的。这些命题从各

[1] 孙中原：《中国逻辑史》（先秦），第315页。
[2] 同上，第2页。

个方面揭示了自然界的矛盾和运动规律。”而辩者二十一事虽然“反映了从逻辑学和方法论上进行独立探讨的趋向”,“涉及辩证思维上的片面性与全面性问题”,但从内容上看“涉及的多是自然界的事物。”[1]又如,在论及后期墨家的逻辑学说亦即名辩之学时,孙氏先后用两节的篇幅考察了后期墨家的知识论及其同其他学派围绕认识和知识所展开的辩论,以及后期墨家有关唯物主义世界观和辩证思维方法论的若干基本范畴及其所关联的后期墨家与名、儒、道、阴阳等各家的辩论。

第四节　小　结

在复苏与推进阶段,“名辩逻辑”的出现与广泛使用,再次确认了名辩的逻辑本质,标志着中国本土逻辑的理论形态被最终定格为名辩逻辑。在此基础上,学者们把“名辩逻辑化”的研究范式全面贯彻于名辩逻辑的历史书写,在更为广阔的历史视野中证成了名辩逻辑之为中国古代逻辑是世界三大逻辑传统之一。

关于本阶段的名辩逻辑研究,可略作小结如下:

(一) 关于名辩著作的文本整理及其与义理诠释的关系

本阶段对名辩主要著作的整理在数量上非常不平衡,校释《公孙龙子》的新成果远超过了其他名辩著作;从质量上看,有分量的整理成果明显不及前两个阶段。这一方面可能是因为跟校勘有关的大多数问题已经得到解决,剩下的差不多都是一些见仁见智的、在没有新材料的支持下很难有所推进的“老大难”问题;另一方面则可能是因为本阶段名辩学者的主体多由从事普通逻辑教学与研究的学者“改行”而来,他

[1] 参见孙中原:《中国逻辑史》(先秦),第93—94、109页。本土名辩与西方逻辑的异同关联着中国逻辑和其他逻辑体系的比较对照,对此孙氏在提交全国第一次中国逻辑史学术讨论会的论文中有进一步的论说,参见孙中原:《试论中国逻辑史的对象和方法》,《中国逻辑史研究》编辑小组编:《中国逻辑史研究》,第42—46页。

们本身并未受过校勘训诂方面的系统学术训练,不敢轻易涉足名辩著作的文本整理。

尽管文本整理似乎越来越溢出名辩学者(尤其是名辩逻辑研究者)的工作范围,但这项工作对于名辩研究的重要性却为这些学者所普遍强调。这里有两点值得注意。其一,沈有鼎在本阶段以《墨经》整理为例表达了编制名辩著作标准版的想法。在 1983 年的《论〈墨经〉四篇之编制》一文中他指出,西方学者对亚里士多德著作的诠释虽未形成一致认识,但他们对亚氏著作的文本却有共同的认识,因为标准版的亚氏著作在文本方面有"共同之标准或间架"。有鉴于此,沈氏提议为《墨经》的文本建立"一共同之机械标准",从而使墨辩研究能在共同认可的文本基础上得以展开。[1] 沈氏的这一提议对于其他名辩著作的整理也具有启发意义,但令人遗憾的是在本阶段并未引起名辩学界的足够重视。

其二,虽然名辩逻辑研究者的主要工作不是文本整理,但正如五卷本所指出的,顺利读懂古汉语,掌握一定的文字学、声韵学、训诂学的基本知识,对于准确理解前人有关真伪考辩与文本校勘的成果,合理取舍他们的不同意见,具有重要的意义。同时五卷本强调,名辩逻辑研究者也并非只能被动接受他人的考辩与校勘成果,还应积极利用义理层面的成果反过来对名辩著作的真伪考辩与文本整理表达意见,使名辩研究建立在可靠的文本基础之上。

就文本整理与义理诠释的关系说,近现代名辩研究的前两个阶段已经暴露出在研究实践中程度不等地存在着割裂二者的倾向,或者随意改动原文以适合研究者的主观成见,或者脱离原文进行牵强的比附

[1] 参见沈有鼎:《论〈墨经〉四篇之编制》,《沈有鼎文集》,第 426—428 页。此文原载于伍非百:《中国古名家言》,第 375—392 页。沈氏的具体提议是以栾调甫在《墨子经上下篇旁行说》一文中所提出的"正变六例"为基础来编制《墨经》标准版。

和过度的诠释。有鉴于此,在论及名辩逻辑研究的方法论原则时,周云之和刘培育强调应该坚持思想阐发和文字考辩的结合,五卷本要求观点和资料必须统一,李匡武认为应极力贯彻实事求是的精神:

> 有多少说多少,不夸大,不缩小,不歪曲,不捏造,不牵强附会,而是如实地加以反映。对待民族逻辑遗产的虚无主义固然要不得,任意虚夸增饰,把数千年前不可能产生的东西强加进去——把古代的逻辑学者及其学说"现代化",也同样是要不得的。[1]

当然,在方法论上自觉到文本整理与义理诠释相结合的重要性,并不必然带来二者在研究实践中的统一。例如,本阶段学者普遍把《墨辩》所说的"尽,莫不然也"、"或也者,不尽也"解释为后期墨家在判断论上已意识到判断有全称判断和特称判断之分,[2]但有学者认为仅凭这些定义式的简短说明就做出上述断定,明显根据不足。因为墨辩中并不包括跟讨论判断分类有关的各种预备性知识(如对语词的系统研究、对词义和词性的分析与分类,等等),因此对"尽"、"或"的论说至多只能说是对这些语词的定义,而非对全称判断与特称判断的自觉区分。[3] 类似的例子在本阶段的研究还有不少,这说明虽然学者们对文本整理与义理诠释的结合有充分的自觉,在名辩逻辑史的研究中也取得了不少体现观点与材料之统一的重要成果,但脱离文本而过度诠释的问题依然程度不等地存在着。当然,造成这一问题的原因是多方面的,既牵涉文本本身的可靠性、文本诂解的准确性问题,也关联着诠

---

[1] 李匡武:《略论中国逻辑史的研究对象和方法》,《中国逻辑史研究》编辑小组编:《中国逻辑史研究》,第5—6页。

[2] 参见周云之和刘培育:《先秦逻辑史》,第138—140页;孙中原:《中国逻辑史》(先秦),第223—224页;李匡武主编:《中国逻辑史》(先秦卷),第246页;杨沛荪主编:《中国逻辑思想史教程》,第103页;温公颐主编:《中国逻辑史教程》,第103页。

[3] 参见王路:《〈墨经〉逻辑研究质疑》,《逻辑方圆》,北京:北京大学出版社,2009年,第139—140页。此文原题为"《墨经》逻辑研究中的问题和方向",刊于《中国哲学史》,1994年第1期,第49—54页。

释工具的适当性、研究者的心态与水平等诸项因素。

（二）关于名辩逻辑研究的价值与研究心态

名辩研究在近代的兴起源于满足时务需要与为了学术兴趣的直接推动，前者更多地与学术研究的工具价值相关，后者主要关乎学术研究的内在价值。在本阶段，这双重动因获得了新的时代内容，持续地制约着名辩研究的发展。

相较于名辩研究的工具价值在起步与开拓阶段主要表现为发挥名辩的经世致用之能以应对西方挑战，拯救时弊，本阶段学者对其工具价值的理解包含着两方面的内容。其一，研究与学习名辩逻辑史有助于逻辑科学本身的发展，即可以用名辩逻辑的理论成果来充实传统逻辑的教学内容，可以通过总结名辩逻辑发展的经验和教训来为现代逻辑科学的发展提供有益的历史借鉴。其二，鉴于名辩逻辑的发展一直与中国古代哲学、伦理学、法学、语言学以及其他自然科学的发展交织在一起，研究与学习名辩逻辑史无疑将有助于推动中国哲学史、伦理学示、法学史、语言学史、物理学史、数学史等其他相关学科的发展。[1]

如果说名辩研究的内在价值在起步与开拓阶段主要表现为从名辩话语中寻找能够跟西方逻辑相契合的思想以发现中国本土逻辑，那么在中国本土逻辑已得到初步证成的情况下，名辩研究的内在价值在本阶段更多地表现在如下两个方面。其一，通过梳理和总结名辩逻辑的成就和贡献，进一步确认中国本土逻辑在世界逻辑发展史上的地位和价值。正如杨本《教程》所指出的，虽然名辩逻辑在推理的形式化和系统化方面不及亚氏逻辑，在理论表述上更带有朴素的性质，但有的理论探索显然超过了亚氏逻辑和印度因明。因此有充分的理由断定："中

[1] 参见杨沛荪主编：《中国逻辑思想史教程》，第20—24页；亦可参见周云之和刘培育：《先秦逻辑史》，第320—322页；李匡武主编：《中国逻辑史》（先秦卷），第24—26页。

国古代的名辩逻辑对世界逻辑思想的发展最早作出过重大的理论贡献,无疑应当被列为世界逻辑思想发展的最早源流之一,那种贬低中国古代逻辑和否认中国古代有逻辑的种种谬论都是经不起一驳的。"[1]其二,与驳斥对中国古代逻辑的虚无主义态度、确认名辩逻辑的地位和价值相关,名辩研究对于中国古代逻辑能否在世界范围内为"逻辑"大家庭所承认至关重要。诚如五卷本所言:"无可否认,中国名辩逻辑的最大成就在先秦,但是要人们(包括国内和国外的学者)承认中国名辩逻辑的成果和地位,还要靠后来的学者对中国古代名辩逻辑的发掘和研究。"[2]

名辩之为逻辑能否为西方文化承认,关乎中国文化在西方文化面前是否拥有平等地位的问题,关乎能否保持和增强民族自尊心与自豪感的问题。不过,对西方文化之承认的过热追求、对增强民族自尊的过分关注,使得本阶段的名辩逻辑研究仍然难以完全杜绝牵强附会、过度诠释的问题。李匡武就指出:

> 还有些同志,也许是出于"民族自尊心和自豪感"吧,不合理地夸大我国传统逻辑的"伟大贡献",毫无根据地、牵强附会地把经过长期发展的西方逻辑研究成果勉强戴在我国两千多年前的一些逻辑学说头上,甚至把那个时候的逻辑学说封为辩证唯物主义的逻辑学说。[3]

李氏所批评的,也就是梁启超、沈有鼎等人业已批评过的"重诬古人"的现象。究其原因,研究名辩学者的心态无疑要负很大的责任。由于未能贯彻实事求是的精神,致使部分学者"认为我国'古已有之',并以此自傲。这好像是出于'维护民族尊严','发扬民族文化遗产',实际

[1] 参见杨沛荪主编:《中国逻辑思想史教程》,第19—20页。

[2] 李匡武主编:《引言》,《中国逻辑史》(现代卷),第8—9页。

[3] 李匡武:《略论中国逻辑史的研究对象和方法》,《中国逻辑史研究》编辑小组编:《中国逻辑史研究》,第1—2页。

上却是在国内外闹了一场大笑话……。结果不但无补于民族尊严,反而使它受到嘲弄。弄巧反拙,莫此为甚。"[1]

事实上,追求西方文化承认、弘扬民族优秀遗产、提升民族自信心在本阶段以一种普遍的研究心态的方式或隐或显地对名辩逻辑研究产生了巨大的影响。正是有见于墨辩研究在近代中国成为鼓舞民族自信、振兴中华学术的一块瑰宝,孙中原借梁启超之口再一次强调了名辩逻辑研究的重要性与迫切性:"只可惜我们做子孙的没出息,把祖宗遗下的无价之宝,埋在地窖子里二千年。今日我们在世界文化民族中,算是最缺乏论理精神缺乏科学精神的民族,我们还有面目见祖宗吗?如何才能够一雪此耻?诸君努力啊!"[2]五卷本《中国逻辑史》在论及包括名辩逻辑史在内的中国逻辑史的研究时也认为,"具有几千年悠久历史和优秀文化遗产的社会主义中国,理当屹立于世界文化大国之林。如果我们能用马克思主义的观点和方法,总结出一部科学的或比较科学的中国逻辑史来,并为这个目标作出一点贡献,那将是我们的光荣,也是我们应尽的职责。"[3]

在对发展与提高阶段的名辩研究进行小结时,笔者已经指出,名辩研究并不是在真空中进行的,而总是展开于种种主客观条件的制约之中。如何有效平衡爱国主义热情与客观理智分析之间的关系,是名辩研究健康发展的一个重要前提。一旦前者压倒了后者,就很可能出现牵强附会、过度诠释等"重诬古人"的现象,也会进一步加剧在研究构想上求同与明异并重跟研究实践上重求同轻明异之间的紧张,从而妨碍对名辩之理论本质、主要内容与历史地位做出合理的勘定、梳理和评

---

[1] 李匡武:《略论中国逻辑史的研究对象和方法》,《中国逻辑史研究》编辑小组编:《中国逻辑史研究》,第6页。

[2] 参见孙中原:《中国逻辑史》(先秦),第319页。这段话出自梁启超:《墨子学案》,《饮冰室合集》(第8册),专集之三十九,第65页。

[3] 李匡武主编:《中国逻辑史》(先秦卷),第24页。

判。在近现代名辩研究进入反思与深化阶段后,包括本阶段学者在内的名辩学者在研究心态方面所存在的问题逐渐被主题化,成为反思与深化名辩研究的一个重要抓手。

(三) 关于"名辩"的学派、思潮与理论三义

如果说在发展与提高阶段随着"名辩"一词的广泛使用,"名辩"三义的格局逐渐显现,那么在复苏与推进阶段,学者们对名辩话语展开了更为自觉的多侧面研究,进一步强化了"名辩"所具有的学派、思潮和理论三义。

第一,对"名辩"之学派义的理解更趋多样。在前一阶段,伍非百视名辩为形名六派之一,至于其代表人物,则有两种不同的说法;汪奠基所说的"名辩学派",有时指汉儒所说的名家,有时泛指所有卷入名辩论争的先秦思想家。在本阶段,汪氏对"名辩"之学派义的理解有所变化,除了继续用"名辩学派"来泛指对名辩问题有所论说的先秦各个学派,他还用这一语词来称呼扩展版的名家,而后者非汉儒所说的名家七子所能范围。此外,魏晋时期以惠施、公孙龙学说为基础来谈论名理之学的一派也被汪氏称作"名辩派"。对应于汪奠基对"名辩"之学派义的多重理解,欧阳中石所说的"先秦名辩学派"略当于汪氏所谓的扩展版名家;温本《教程》所理解的"名辩学派"泛指卷入名辩论争的先秦各家各派;温公颐本人则独树一帜,把以邓析、墨子、惠施、公孙龙及后期墨家为代表的辩者派称作"名辩派"。

第二,"名辩"之思潮义得到了空前的拓展。自郭沫若在近现代名辩研究中首次使用"名辩思潮"一词以来,多数学者在发展与提高阶段上倾向于把名辩思潮的起止时间限定在先秦时期,仅有赵纪彬、伍非百、汪奠基等简要勾勒了名辩思潮在先秦之后的余绪。在本阶段,无论是相较于前一阶段的通行看法还是针对汪氏对"名辩"之学派义的广义理解,"名辩"的思潮义都有了空前的拓展。最初,汪奠基认为"名辩"的含义关乎中国逻辑史的对象范围问题,而中国本土逻辑发生发

展的历史进程从先秦一直延续到中国近代，因此对名辩问题的考察与争辩亦即名辩思潮也就从先秦一直延续到中国近代。受到汪氏此说的影响，以五卷本、杨本《教程》和温本《教程》等为代表的本阶段主流看法认为中国本土逻辑的具体形态就是名辩之学，而名辩逻辑的历史从一个侧面反映了名辩思潮的命运，即名辩思潮在先秦之后并未亡绝，而是时断时续存在着，一直延续到中国近代。

第三，"名辩"的理论义被不断窄化。在前一阶段，学者们对"名辩"之理论义的理解颇具多元的色彩，如伍非百提出狭义名辩学是对正名、析辞、立说、明辩的规律和有关问题的研究，但认为不可将其完全归结为对逻辑问题的考察；张岱年把名辩理论归于形式逻辑，可又认为对名言与辩之价值等问题的讨论也属于名辩理论的范畴；赵纪彬、汪奠基论证了名辩与逻辑具有本质的同一性，但均未对名辩话语的主要论题与理论体系进行梳理与重构。在本阶段，刘培育继伍氏之后再一次把名辩学规定为关于正名、析辞、明说、论辩的原理、方法和规律的学问，但将名辩学的本质归结为中国古代逻辑。而"名辩逻辑"一词的提出与广泛使用，不仅再次确认了名辩与逻辑的本质同一性，而且标志着中国本土逻辑的理论形态被最终定格为名辩逻辑。尽管对名辩逻辑的具体内容尚有不同的看法，尽管在对名辩之理论本质的勘定与具体论题的罗列之间尚存在着某种不一致，随着学者们在本阶段立足于"名辩逻辑化"的研究范式来展开个案层面的名辩研究或者致力于建构系统的名辩逻辑史，"名辩"的理论义相较于前一阶段的理解被不断窄化似已是不可否认的事实。

"名辩"所具有的学派、思潮和理论三义，一方面体现了名辩话语本身所具有的多方面性质，另一方面在相当程度上也是学者们对名辩话语所进行的多侧面研究使然。无论是学派义的更趋多样，还是思潮义的空前拓展，抑或是理论义的不断窄化，均反映了名辩学者在本阶段重构名辩话语的不同努力，而其中所存在的意见分歧则折射出各位学者在取舍材料、诂解文本、诠释义理等方面的不同水平。至于这些意见是否合理、分歧能否消除,既需要名辩学者在研究实践中不断提高自己的研究水平,也有赖于在这些学者之间展开卓有成效的意见争论与观点批判。

（四）关于"名辩逻辑化"的理论与实践

从方法论的角度说,本阶段名辩研究最大的特点是"名辩逻辑化"的研究构想被全面贯彻于名辩逻辑的历史书写,在前所未有的研究实践中进一步确立了其在名辩研究方法中的范式地位。不过值得注意的是,就在这一范式高歌猛进的同时,它在理论与实践上所存在的诸多问题也充分地显露出来。

第一,名辩逻辑化的研究实践进一步证成了名辩逻辑之为中国本土逻辑是世界三大逻辑传统之一。

名辩研究在近代兴起的动因之一是去发现中国本土逻辑,而实现这一目的的途径正是孙诒让、梁启超等率先提出的"名辩逻辑化"的研究构想,即援引名辩与逻辑的本质同一性来证成中国本土逻辑的具体形态就是名辩。在起步与开拓阶段,学者们主要通过对先秦名辩的梳理与诠释初步把名辩的本质勘定为中国本土逻辑,但他们对先秦名辩之为一个相对独立的思想史现象尚未形成明确的意识,也未能找到一个恰当的名称来称呼这一现象。在发展与提高阶段,"名辩思潮"的提出与广泛使用,标志着先秦名辩之为一个整体得到了自觉的考察;通过展开于"名辩逻辑化"框架下的墨辩研究,中国本土逻辑作为世界三大逻辑传统之一的地位得到了初步证成,但中国本土逻辑的理论形态在此时尚不清晰,对其理论成果的概括和总结更多地还局限在先秦的墨辩。进入复苏与推进阶段后,"名辩逻辑"的提出使中国本土逻辑的理论形态得以最终定格;不仅名辩逻辑在先秦时期的理论成就得到了全面而系统的总结,通过对名辩逻辑从先秦到中国近代的历史发展的系统建构,学者们在更为广阔的历史视野中进一步证成了名辩逻辑之为中国本土逻辑是世界三大逻辑传统之一。

第二,“名辩逻辑化”范式的逻辑观与逻辑史观预设。

在“名辩逻辑化”所涉及的“名辩”与“逻辑”两项中,“逻辑”一项已在前一阶段得到了初步的关注,这主要表现在逻辑观上名辩学者大多持一种多元的立场,于是在把“名辩逻辑化”的方法运用于名辩研究尤其是墨辩研究,能够对其中包含的逻辑之理进行了各具特色的发掘与诠释。在本阶段,学者们对“逻辑”一项的论说主要表现在逻辑观与逻辑史观两个方面。

首先,在逻辑观上,名辩学者多持一种多元论的立场。周云之和刘培育的《先秦逻辑史》、五卷本以及杨本《教程》均有专节讨论名辩逻辑史的研究对象和方法论问题,其中很明确地提到逻辑科学包括普通逻辑(形式逻辑/传统逻辑/传统形式逻辑)、数理逻辑、语言逻辑、辩证逻辑等多个部门,有的还提到数理逻辑包括集合论、递归论、证明论、模型论以及模态逻辑、多值逻辑、认知逻辑、时态逻辑、模糊逻辑等分支。[1] 此外,汪奠基、温公颐、冯契、陈孟麟、朱志凯、何应灿、周文英、孙中原、李元庆等也在各自的名辩研究中表达了逻辑多元论的立场。笔者在前文已经指出,逻辑科学不止一个部门或者说不止一种分支,是否意味着名辩研究的元语言或工具不止一种?是否意味着“名辩逻辑化”就是运用逻辑科学所有分支的术语、理论和方法来梳理名辩的主要内容,勘定其理论本质,评判其历史地位?这些问题不仅关涉逻辑工具在名辩研究中的适用性问题,还能折射出名辩学者在逻辑史观上的不同立场。

其次,在逻辑史观上,名辩学者可以区分为一元史观与多元史观两

[1] 值得注意的是,这些论著承认对辩证逻辑的性质与对象还存在不同理解,但也指出越来越多的人认为它是哲学的一个分支。参见周云之和刘培育:《先秦逻辑史》,第7页;李匡武主编:《中国逻辑史》(先秦卷),第1页;杨沛荪主编:《中国逻辑思想史教程》,第1页。

大阵营。虽然其中多持逻辑多元论的立场,但鲜有学者明确主张逻辑科学的所有分支都能作为工具运用于名辩研究。温公颐曾提及先秦逻辑不仅包含有普通形式逻辑、数理逻辑、语言逻辑的内容,还有对辩证逻辑思维的研究,于是可以把逻辑科学的这些分支转化为方法来撰写先秦普通形式逻辑史、先秦数理逻辑史、先秦语言逻辑史以及先秦辩证逻辑思维史。不过,其《先秦逻辑史》仅仅以普通形式逻辑的理论、思维规律和形式的发展演变为对象,并不涉及数理逻辑、语言逻辑和辩证逻辑思维的内容。[1] 这就是说,从现实形态上看,温氏的逻辑史观实际上是形式逻辑的一元史观。[2] 事实上,在本阶段的名辩逻辑史研究中,周文英、周云之、刘培育、五卷本以及杨本《教程》的作者也持一种一元史观的立场,认为名辩逻辑史的实质就是传统形式逻辑思想在中国的发生发展史。与这种一元史观不同,还有相当一批学者将逻辑多元论推广至逻辑史观,认为名辩逻辑史既有形式逻辑的内容,也包括对辩证思维形式的研究。汪奠基、冯契、陈孟麟、何应灿、孙中原、李元庆以及温本《教程》的作者在诠释名辩之逻辑义理时,就在不同程度上兼顾了形式逻辑与辩证逻辑思想在中国的发生发展。

为什么部分名辩学者在逻辑观上坚持多元论却在逻辑史观上主张一元论?他们的理由大致有二:其一是除了形式逻辑,其他逻辑分支或者尚未发展到跟形式逻辑一样的水平或者其性质尚存在不同的理解;

---

[1] 参见温公颐:《前言》,《先秦逻辑史》,第4页。

[2] 在《〈先秦逻辑史〉编写中的几个问题》一文中,温氏的态度有了更为明确的表述:“我个人的意见,中国逻辑史应以普通逻辑即形式逻辑的范围为主,至于辩证逻辑和数理逻辑不在本稿的范围之内。中国除了普通逻辑以外,有没有辩证逻辑和数理逻辑,我没有研究。冯契同志有这方面的看法,我在这个问题上,与李老(即李匡武)的见解基本一致,辩证思想是有的,而辩证逻辑恐怕很难说得上。既然我对中国逻辑史的对象和范围只限于普通逻辑,对于辩证的思维,只在谈到少数逻辑学家的逻辑思想时,附带论及。”《温公颐文集》,太原:山西高校联合出版社,1996年,第261页。

其二是名辩逻辑对思维形式的考察形成了较为完备的体系。[1] 从过程论的角度说，任何一种逻辑类型都有其发生发展的历史，都要经历一个从零散的萌芽到相对完备的体系的发展过程。既然名辩学者在逻辑观上均主张多元论，那么依笔者之见，在逻辑史观上也应该坚持多元史观的立场，把名辩逻辑史理解为不同类型的逻辑思想在中国的发生发展史；既要研究那些已经形成相对完备的体系的逻辑思想（如传统形式逻辑），也要考察那些尚未形成完备体系但已有零散萌芽的逻辑思想（如辩证逻辑等）。

第三，名辩逻辑化研究中的普遍与特殊之辩。

在近现代名辩研究的前两个阶段，为了证成中国本土逻辑之“有”，在“耻于步武后尘”、“以为斯皆古先所尝有”或者“维护民族尊严”、“发扬民族文化遗产”的研究心态影响下，不少学者在以逻辑释名辩时只见二者之同而忽略二者之异，甚至因此出现程度不等的“比附缘饰之辞”。当然，就梁启超最初构想“以欧西新理比附中国旧学”而言，他不仅强调要关注名辩与逻辑之同，即在名辩语汇与逻辑术语之间建立对应关系；也明确指出要努力避免二者之间的简单附会、牵强比附，即要注意名辩与逻辑之异。

如何妥善处理求同与明异的关系，既关涉名辩研究中的中西之争，也是普遍与特殊之辩的反映。从研究构想上说，汪奠基、周文英、周云之和刘培育、孙中原等都强调应该坚持求同与明异并重的原则，既要阐明本土名辩之学所具有的普遍的逻辑本质，也要揭示名辩逻辑相异于西方逻辑的个性或特殊性。又如，在论及中国逻辑史的研究对象时，欧阳中石认为“国产”的本土逻辑应当是主体，他甚至提出其中按亚里士多德逻辑、印度因明的要求“套不住的那些内容”，才是“非常必要的”、

[1] 参见李匡武主编：《中国逻辑史》（先秦卷），第1页；杨沛荪主编：《中国逻辑思想史教程》，第2页。

"特殊有意义的","才真正是中国逻辑史中最主要的对象。"[1]再如,五卷本立足于矛盾的普遍性与特殊性的相互联结来论述研究中国古代逻辑的意义,认为阐明名辩逻辑与国外逻辑的共同点固然重要,更为重要的可能还在于去揭示名辩逻辑相异于国外逻辑的不同点:

> 如果研究中国逻辑史不但要注意总结中国古代逻辑和国外逻辑在逻辑本质方面的共同点,而且要注意于发现中国古代逻辑在表现形态、内容及其发展规律的不同点时,这就是说,如果人们能发现古代中国人不但有一个和其他国家相同的逻辑思想,而且还有一个和其他国家不同的、具有中国特色的逻辑思想时,那么世界逻辑史就会变得丰富多彩,这自然是人们盼望的。[2]

那么本阶段学者究竟如何理解名辩逻辑相异于外域逻辑的特殊性呢?简要总结前文的考察,汪奠基强调逻辑的特殊性与民族语言的表述方式相关。周云之和刘培育认为不同逻辑间的差别主要表现在跟民族传统和历史条件相联系的具体思维方法和语言表达形态上;进一步说,相异于西方逻辑和印度因明,中国本土逻辑以名辩为中心,常常与政治伦理内容交织在一起,不着重对思维的形式刻画。孙中原认为中国本土逻辑对思维形式结构的研究及其理论深度均不如亚里士多德逻辑,但与实际政治的治乱和利害联系较密,且重视对辩证思维问题的研究。五卷本结合中西数学的不同发展方向提出墨辩逻辑并不具备亚里士多德三段论逻辑那样的演绎系统性质。又如,温公颐认为中国逻辑与西方三段逻辑和印度三支逻辑既有共性,也有个性。就后一方面看,中国逻辑所说的名、辞、说(说辞)与古希腊、古印度讲的并不等同;"从逻辑的总的性质来看,西方推论以类属为依据,可以说是外延的逻辑,这与中国的三物逻辑有所不同,我国古代的三物逻辑重在内涵,……我

---

[1] 欧阳中石:《中国逻辑思想史研究的对象与范围》,《中国逻辑史研究》编辑小组编:《中国逻辑史研究》,第119页。

[2] 李匡武主编:《中国逻辑史》(先秦卷),第23—24页。

姑且名为内涵的逻辑,这是中国逻辑的一个特点。"[1]

从总体上看,本阶段的研究与前两个阶段类似,都未能对名辩逻辑的特殊性这一论题展开深入的考察,现有的相关论述所占篇幅甚少,许多提法仅有断言而没有论证,若干观点含义不明难以把握。例如,以汪奠基的说法为例,在一般的意义上,民族语言的表述方式究竟如何导致了逻辑的特殊性?这种特殊性是否关涉胡适所谓的逻辑之"学理的基本",抑或仅仅是不同地域的逻辑在语言表述上的差异?具体来看,古汉语中哪些特殊的表述方式对名辩逻辑产生了影响?这种影响是否导致了名辩逻辑在义理层面具有相异于外域逻辑的特殊性?又如周云之和刘培育的提法,跟民族传统与历史条件相关的具体思维方法究竟如何造成了不同逻辑之间的差别?是对象层面上不同地域的逻辑所考察的思维方法各不相同,还是义理层面上不同地域的逻辑对同一种思维方法的认识彼此有异?再如孙中原的观点,重视对辩证思维问题的研究究竟在何种意义上成为了名辩逻辑的特点?是对象层面上外域逻辑根本不研究而只有名辩逻辑研究辩证思维,还是说义理层面上名辩逻辑对辩证思维的考察有异于外域逻辑的同类考察?再看温公颐的提法,在"外延逻辑"、"内涵逻辑"这些概念具有确定含义的情况下,从中国逻辑注重内涵分析得出中国逻辑是内涵逻辑是否恰当?用这些概念来刻画西方逻辑与中国逻辑的区别是否恰当?又如,多数学者均把不重视对思维的形式刻画视作名辩逻辑相异于外域逻辑的特殊性,考虑到这些学者均认为逻辑的普遍本质是对思维形式及其规律、方法的研究,那么名辩逻辑的这种特殊性是否会危及名辩之学所具有的普遍的逻辑本质呢?

坦率地说,上面列出的这些问题在本阶段的名辩逻辑研究中要么语焉不详,要么根本没有引起名辩学者的重视。如果不能做到对名辩

[1] 温公颐:《〈先秦逻辑史〉编写中的几个问题》,《温公颐文集》,第264页。

逻辑相异于外域逻辑的特殊性进行深入的考察与明确的论述，那么“求同与明异并重”就将只是停留在研究构想上的一条方法论原则，而无法在以逻辑释名辩的研究实践中转变成持之有故、言之成理的具体结论，由此就使得坚持求同与明异并重的初衷最终都倒向了重求同轻明异的现实。

第四，名辩逻辑化实践对名辩话语之多重内涵的遮蔽。

“名辩逻辑”一词的提出，连同中国本土逻辑的理论形态被最终定格为名辩逻辑，很可能是“名辩逻辑化”的研究构想自提出以来所取得的最为重要的理论成果。从语词构成的角度说，“名辩逻辑”指称的是以名辩之学为具体形态的中国本土逻辑，其重心在“逻辑”，“名辩”仅仅起着限制或修饰的作用。由此出发，以证成中国本土有逻辑为目的的名辩研究势必要求研究者透过“逻辑”的滤光镜去审视名辩话语。在对前两个阶段的名辩研究进行小结时，笔者已多次指出“名辩逻辑化”的方法及其实践所存在的问题，本阶段的研究在这些问题上更是有过之而无不及。以下分两点对此略作述评。

首先，相当一批影响巨大的名辩研究成果尽是逻辑，难见名辩。无论名辩本身究竟是只有“逻辑”这一种色彩还是因兼具“逻辑”、“自然观”、“认识论”、“伦理学”等多重特质而五彩斑斓，当研究者是透过“逻辑”的滤光镜来审视名辩时，他所能看见的就只能是逻辑。进而言之，在梳理和总结名辩逻辑史时，他们要求最大限度地排出哲学史、认识论史、伦理学史等方面的内容，即便这些内容本身属于名辩话语的范畴。[1] 例如，杨本《教程》在论及逻辑史与哲学史的关系时就强调：

> 逻辑史则是专门或主要研究思维形式及其规律的逻辑思想发

---

[1] 有学者高度评价了这一做法，认为杨本《教程》的一个显著特点就在于“不讲中国辩证法史，不讲中国认识论史，不讲中国辩证逻辑史，它所阐述的逻辑，不是与辩证法、认识论统一的逻辑，它不把逻辑史的范围过分放宽”。参见诸葛殷同：《读〈中国逻辑思想史教程〉有感》，《哲学动态》，1989 年第 4 期，第 39 页。

> 展史，它虽然也要研究和回答名实关系中的哲学问题，但这只是为了说明逻辑思想的客观基础，而不是要具体讨论名和实的辩证发展过程及其规律。因此，不能把逻辑史的范围过分放宽，不能把名实关系看作是逻辑史的主要对象和范围。[1]

"名实相怨"是名辩话语兴起的动因之一，名实之辩是名辩话语的一项核心论题。即便名辩逻辑史不应以名实关系为主要对象，不应具体讨论名与实的辩证发展过程及其规律，名实之辩理应成为名辩研究的主要对象。进一步看，名实之辩因"名"的不同内容而具有多重内涵，刘培育就指出中国古代关于"名"的论说，内容庞杂，往往涉及哲学、伦理学、政治学、自然科学等多个领域。不过在他看来，唯有同作为思维形式的辞、说、辩等相联系的名，才属于名辩逻辑史所要考察的对象。[2]不难发现，以名辩与逻辑的本质同一性为出发点，以证成中国本土有逻辑为目的，名辩研究在本阶段实际上已经被置换为名辩逻辑研究；那些即便属于名辩话语的论题，倘若不具有逻辑的意义，就不应成为名辩逻辑史研究的对象。[3] 这就是为什么说本阶段的名辩研究尽是逻辑，

[1] 杨沛荪主编：《中国逻辑思想史教程》，第2页。类似的表述最早见诸周云之和刘培育：《先秦逻辑史》，第8页。

[2] 参见刘培育：《〈吕氏春秋〉的名辩思想》，中国社会科学院哲学研究所逻辑研究室编：《逻辑学论丛》，第171页；周云之和刘培育；《先秦逻辑史》，第312页。周文英也表达过类似的看法："先秦时期，儒家讲正名，道家讲无名，法家讲刑名，都离不开一个'名'字。但是'名'不就等于逻辑，只有把名和辩联系起来以及把名和实对待起来加以讨论的时候，才开始了中国古代逻辑的真正发展史。"这就是说，尽管无名、刑名之论均属于名辩话语的范畴，由于不具有逻辑的意义，因此必须排出在名辩逻辑史的范围之外。参见周文英：《略论中国逻辑史的对象、性质》，《中国逻辑史研究》编辑小组编：《中国逻辑史研究》，第11页。

[3] 例如，五卷本认为除去《迹府》，"《公孙龙子》五篇构成的逻辑思想体系，包括公孙龙的概念论、判断论、思维规律论等等，主要考察了有关'类'范畴的一系列关系问题。"但在具体论述公诉龙的逻辑思想时，该书根本没有提及《指物论》。这其中的原因很可能就是该篇所论更多属于哲学的范畴而非对逻辑问题的考察。参见李匡武主编：《中国逻辑史》（先秦卷），第179页；温公颐主编：《中国逻辑史教程》，第35、66页。

难见名辩的原因所在。

在第一章的小结中，笔者已经提到，“名辩逻辑化”的构想以“名辩与逻辑的本质同一性”这一预设为前提，但“逻辑名辩化”的失败实质上否定了这一预设。就本阶段而言，“尽是逻辑，难见名辩”对名辩多重内涵的遮蔽无疑也与这一预设有关，但研究实践同样暴露了这一预设的虚妄。从前文的分析不难发现，汪奠基承认中国本土逻辑以名辩之学为具体形态，但明确指出中国古代名辩学说除了包括对逻辑问题的考察与争辩，还包括跟自然科学与政治论辩密切相关的、关于自然和社会的丰富内容，因此在名辩研究中必须坚持全面性的原则。温本《教程》与孙中原《中国逻辑史》(先秦)虽未如汪氏那样明确表达名辩之学不能完全归结为逻辑，但两书在实际论说名辩逻辑史时也涉及大量非逻辑的内容。又如，周文英对汪氏的名辩观和逻辑史观颇有微辞，他一方面非常强调名辩逻辑史的纯粹性，反对把对辩证思维的研究以及名辩的政治伦理之维等纳入逻辑史的范围，另一方面又不得不承认名辩其实并非仅仅关注逻辑问题。在诠释墨辩时他就提出，“明故、察类是形式逻辑的两大基石，然而明类、察故却又并不是一个纯逻辑的问题，它还和人们对客观事物认识的深度和广度有关。”[1]再如，五卷本强调名辩逻辑史是形式逻辑思想在中国的发生发展史，但在论及惠施时却说：“‘历物十事’既提出了惠施的宇宙观理论，同时也表现了他用以认识世界和把握世界的逻辑思维方法。”[2]这种研究构想与研究实践之间的紧张，即一方面以“名辩与逻辑的本质同一性”的预设为出发点去建构名辩逻辑史，另一方面在论述名辩逻辑史时又大量涉及非逻辑的但确又属于名辩话语的内容，这充分说明了“名辩与逻辑的本质同一性”其实难以彻底贯彻于名辩研究实践。

---

[1] 周文英：《中国逻辑思想史稿》，第57—58页。
[2] 李匡武主编：《中国逻辑史》(先秦卷)，第121页。

其次,本阶段的研究成果还存在着将非名辩的内容纳入名辩逻辑史的情况。先秦之后名辩衰落,虽未亡绝,但已不复昔日的盛况。为了将“名辩逻辑化”的构想全面贯彻于历史书写以建构系统的连续的名辩逻辑史,本阶段为数不少的研究成果花了相当的篇幅来论述先秦以后尤其是唐明时期的名辩逻辑发展。如杨本《教程》第八章“唐、宋、明时期的名辩思想”,用专节介绍了象数派、理学派和心学派的名辩思想,但书中并未明确交代周敦颐、张载、二程、陆九渊、王阳明等人所谓的名辩思想究竟与名辩话语——先秦那场围绕与“名”有关的一系列论题(如名实、同异、坚白之争等)及“辩”之用途、方法、原则等问题所开展的研究与论辩——存在何种联系。又如五卷本明确将中国古代逻辑称作“名辩逻辑”,但其近代卷第三章“明清之际科学研究中的逻辑方法”、第四章“清代的中国传统逻辑”所论述的内容大多都难以说明其与名辩话语的基本论题之间究竟是一种什么样的关系。方以智、顾炎武在考证中所使用的方法与名辩有何关系?颜元求实重验的逻辑方法与名辩的哪个论题有关?把章学诚史学中的逻辑方法与焦循的数学逻辑推论归于名辩逻辑恰当吗?等等。令人遗憾的是这些问题根本没有进入五卷本作者的关注范围。

从上面两点分析可以看到,本阶段为数众多的名辩学者以“名辩逻辑化”为范式,透过“逻辑”的滤光镜来审视名辩。在他们看来,那些不具有逻辑意义的材料,即便属于名辩话语的范围,也不应该纳入名辩逻辑史的范围来讨论;只要是关乎中国本土对逻辑问题进行考察的材料,即便不属于名辩话语的范围,也可以在名辩逻辑史的范围内进行论说。如果名辩之学的内容非逻辑所能范围,如果中国本土在名辩之外还存在着对逻辑问题的研究,那么“名辩之学”与“中国本土逻辑”之间就不可能是异名而同谓的关系。由此出发,就有必要去质疑“名辩与逻辑的本质同一性”这一预设的合理性,去追问称呼中国本土逻辑的“名辩逻辑”一词的恰当性,去反思“名辩逻辑化”方法对于名辩研究的适用性。

要言之,就在“名辩逻辑化”的研究范式被全面贯彻于名辩逻辑的历史书写,并在前所未有的研究实践中高歌猛进之时,它在理论与实践上所存在的诸多问题也进一步显露出来。正是带着这些问题,近现代名辩研究进入了反思与深化的阶段。

第五章　反思与深化

自 1990 年开始，近现代名辩研究进入了反思与深化阶段。[1] 有见于“名辩逻辑化”主导下的名辩研究存在的问题，以曾祥云、崔清田、张斌峰为代表的一批学者从研究心态、理论预设、研究方法、本质勘定诸方面对这一研究构想进行了批判，随之而来的便是对名辩与逻辑的关系以及什么才是名辩研究之合理方法的热烈讨论。相异于一些学者继续致力于维护和实践“名辩逻辑化”构想，更多的学者放弃了将名辩等同于逻辑（主要是传统形式逻辑）的立场，通过改进比较研究、引入“历史分析与文化诠释”等方法对名辩开展了多方面的研究。刘培育、

---

[1] 这并不意味着在 1990 年以前不存在对于“名辩逻辑化”范式的反思。正如本书前面几章所揭示的，对名辩与逻辑之间牵强比附的批判，始终是近现代名辩研究发展史的一项重要内容。以复苏与推进阶段为例，刘培育在 1981 年就明确指出，“研究中国逻辑思想史必须借鉴外域逻辑研究的一切经验，以任何借口拒绝外域经验的想法和作法都是不对的。但是，借鉴不等于照抄照搬，不是硬套。在中国逻辑思想史的研究中，曾经有过、现在仍然在某种程度上存在着用西方逻辑的模式看待中国古代逻辑，用西方逻辑史的模式编写中国逻辑思想史的一种倾向。这样做是十分有害的。有的人，用西方逻辑体系衡量我国古代逻辑，得出了‘中国古代无逻辑’的荒谬结论。有的人，以西方逻辑为标准模式，对中国古代逻辑或削足适履，或画蛇添足，或无类比附，使中国逻辑成为西方逻辑的翻版，抹煞了中国逻辑及中国逻辑史的特点，歪曲了中国古代逻辑的面貌。”详见刘培育：《中国逻辑思想史研究论略》，《南开学报》（哲社版），1981 年第 3 期，第 24—30 页。据此，本书以 1990 年作为反思与深化阶段的起点，只是想强调 1990 年以来对“名辩逻辑化”研究构想的反思与批判无论是在规模上、深入程度上还是后果上，皆非此前的几个阶段所能媲美。

周云之、崔清田、林铭钧和曾祥云、董志铁等学者更将关注重点从“名辩”之学派义、思潮义转向理论义，尝试对名辩学的体系进行了多元重构。至此，本阶段的名辩研究已无须再执著于援引“名辩与逻辑的本质同一性”来证成中国古代有逻辑以维护中国文化自尊、赢得西方文化承认，而开始通过强调名辩之为逻辑的平等他者、突出名辩的本土特点来追求对民族文化传统的认同。

第一节　名辩著作整理举要

本阶段对名辩著作的整理有了一些新的进展，尤其是若干大型文献整理成果的出版，为直接利用第一手材料来开展名辩研究提供了便利。例如，上海书店在1989—1996年间影印出版了《民国丛书》共计五编，500册，收书1126种，其中就包括大量民国时期整理与研究名辩的图书。又如，北京图书馆出版社在2002—2004年间影印出版了《墨子大全》第一至三编，100册，收录了自古及今《墨子》一书的不同版本和有关论著210种，其中不少是相当罕见的整理与研究《墨辩》的批校、稿本、论文集和专著。再如，中华书局在《新编诸子集成》中陆续出版了《墨子间诂》、《墨子校注》、《墨辩发微》、《公孙龙子悬解》、《公孙龙子形名发微》等名辩校释著作的点校本。在大型文献整理工程之外，本阶段还出版了一批校勘和注释名辩著作的新成果，其中尤以对《墨辩》和《公孙龙子》的整理为最。

一、《墨辩》整理举要

对《墨辩》的校释历来为学者所重视。相较于复苏与推进阶段的整理，本阶段的成果在数量和质量上均有所提升，现举其要者略作介绍。

《墨经校注·今译·研究——墨经逻辑学》,作者周云之。[1] 此书主体包括四部分,首先将《道藏》本《墨经》六篇原文与校文分左右两栏进行对照;其次为原文与校注,校注仅对原文的衍漏、讹误进行校勘,不随意自校自勘,引他人校注计22家;再次为校文的诠解与今译;最后从总论、概念、判断、推理论证、逻辑规律与规则等方面对《墨经》逻辑进行解释和分析,认为墨家辩学是"一门专门讨论推理论式并涉及正名、命题真假关系及逻辑规律等全部逻辑问题的名辩之学"。[2] 此书有自己的特点,[3] 但出版时疏于校对,误植不少。

《墨经研究》,作者杨俊光。[4] 此书对《经上》与《经说上》两篇进行了校勘、诂释和研究。"总论"进一步论证了墨子亲著原始《墨经》两篇之说,分析了《墨经》的理论体系,认为墨辩之"辩"当指包括逻辑学在内的认识论。"分论"97节逐条校释和研究《墨经》原文,直接引述前人校勘、训释、研究成果多达243种,以期能最大限度恢复《经》《说》的原貌、原意。

《〈墨经〉分类译注》,作者孙中原,收入孙氏《中国逻辑研究》一书。[5] 《译注》将《墨经》183条分类编排为哲学社会科学与自然科学两大类共12小类,《大取》、《小取》按篇照录;原文以《道藏》本为底本,并参校孙诒让《间诂》、高亨《校诠》、沈有鼎《墨经的逻辑学》诸本;文字校勘、注释、译文与条目的分合上有自己的见解,与孙、高、沈诸家的校

---

[1] 周云之:《墨经校注·今译·研究——墨经逻辑学》,兰州:甘肃人民出版社,1993年。

[2] 同上,第259页。

[3] 参见温公颐:《〈墨经校注·今译·研究〉序》,《温公颐文集》,第273—275页;张斌峰:《读〈墨经校注·今译·研究——墨经逻辑学〉》,《哲学研究》,1994年第10期,第79—81页。

[4] 杨俊光:《墨经研究》,南京:南京大学出版社,2002年。

[5] 孙中原:《〈墨经〉分类译注》,《中国逻辑研究》,北京;商务印书馆,2006年,第547—665页。

释不尽一致。[1]

《墨经校解》，作者雷一东。[2] 此书以毕沅注《墨子》为底本，每条《经》《说》合并；校解原则上分为原文、校、校改后文、注、译文、解说等部分；出注简明，文字易懂，但所引他家著作不广，以己意校改原文颇多。

《墨经训释》，作者姜宝昌。[3] 此书以《间诂》为底本，参考他书40余种。体例分校注、校文、今译、余论四目。校勘时慎言错简误字，尽量不改原文；训释时尽可能以墨释墨。将《墨经》分为179条，其中132条旨在阐明墨家之人生观、价值观和政治主张；关乎逻辑学者2条，认识论者4条，经济学者2条；余者39条涉及数学、物理、力学和光学，为此书训释之重点。

《墨经辞典》，作者张仁明、王兆春、黄朵。[4] 以《墨子引得》即《间诂》所附原文为底本，参以《墨子校注》、《四部丛刊》影印明嘉靖癸丑刊本；收录《墨经》六篇所用字8436个（非重出单字769个），以及复音词、固定词组及凝固结构多个；义项的确定主要依据《墨经》的全部语料，同时参考前人注释及同时代其他文献；释义一般采用古今辞对译的方式，不避本字；全部词条各义项后均有频率统计。附有《道藏》本和《间诂》本原文、正文与《间诂》本校勘比照以及《墨经》全译。

二、其他名辩著作整理举要

除了《墨辩》，本阶段学者还对其他名辩的代表性著作进行了辨伪

---

[1] 孙氏的《译注》先后以不同形式收入王玉玺：《王玉玺书墨经》，杭州：西泠印社，2004年；谭家健、孙中原：《墨子今注今译》，北京：商务印书馆，2009年。

[2] 雷一东：《墨经校解》，济南：齐鲁书社，2006年。

[3] 姜宝昌：《墨经训释》，济南：齐鲁书社，2009年。此书初版于1993年，后增补《大取》、《小取》两篇训释附于初版本之后一并付梓，故再版本所谓“墨经”属广义理解，指《墨辩》六篇。

[4] 张仁明、王兆春、黄朵：《墨经辞典》，贵阳：贵州人民出版社，2010年。

与整理。例如，部分学者继续撰文对今本《邓析子》、《尹文子》和《公孙龙子》的真伪展开考辩，[1]但并没有改变自上一阶段以来名辩学者对其真伪判断的总体格局。又如，学者们继续对《公孙龙子》抱有极大的热情，出版了一批新的校释成果。较为重要者有如下几种：

《公孙龙子求真》，作者陈宪猷。[2] 依《指物论》、《白马论》、《坚白论》、《通变论》和《名实论》的顺序逐篇分段进行校释，分校、意、释、按四部分。先以《道藏》本为底本，参以其他诸本以校对原文而择其善者；次写出一段之大意，有意译与申述之义；再为如何理解原文及“意”中的文字含义，提供必要的参考、解释；最后对该段进行总结、评论。

《〈公孙龙子〉译注与辨析》，作者宋祚胤。[3] 所据底本为庞朴的《公孙龙子研究》，间或参以己意；按《迹府》、《名实论》、《白马论》、《坚白论》、《指物论》和《通变论》的顺序进行译注与辨析。每篇分段，包括题解、原文、注释、翻译、辨析。文末附《简论〈公孙龙子〉以及当代对它的研究》一文，简要分析了五论的基本思想，并对当时有影响的《公孙龙子》研究成果展开研讨，以明确其是非得失。

《公孙龙子正名学说研究——校诠、今译、剖析、总论》，作者周云之。[4] 此书包括校诠、今译、剖析、总论与附录五部分，前三部分按《名实论》、《指物论》、《坚白论》、《白马论》、《通变论》和《迹府》的顺

[1] 相关的考辨情况，可以参见董英哲：《〈公孙龙子〉真伪考辨》，《西北大学学报》(哲社版)，1995年第3期，第97—102页；《〈尹文子〉真伪及学派归属考辨》，《西北大学学报》(哲社版)，1997年第3期，第93—98、126页；《〈邓析子〉非伪书考辨》，饶宗颐主编：《华学》(第三辑)，北京：紫禁城出版社，1998年，第29—37页。此外，亦可参见邓瑞全、王冠英主编：《中国伪书综考》，合肥：黄山书社，1998年；徐忠良：《邓析子其人其书》，浙江大学古籍研究所编：《雪泥鸿爪——浙江大学古籍研究所建所二十周年纪念文集》，北京：中华书局，2003年，第85—93页；刘建国：《先秦伪书辨证》，西安：陕西人民出版社，2004年。

[2] 陈宪猷：《公孙龙子求真》，北京：中华书局，1990年。

[3] 宋祚胤：《〈公孙龙子〉译注与辨析》，长沙：湖南教育出版社，1990年。

[4] 周云之：《公孙龙子正名学说研究》，北京：社会科学文献出版社，1994年。

序展开；以《道藏》本为底本，并参校他本 12 种；除《名实论》、《迹府》外四篇的主、客区分及分段，则依庞朴。总论部分将《公孙龙子》的正名之论分为哲学正名学说（二元论的名实观）与逻辑正名学说（唯谓原则）两个方面。附录包括《道藏》本原文、所引各家校诠书目、研究参考书目等。

《公孙龙子校释》，作者吴毓江。[1] 此书为吴氏遗著，写成于 1948 年，定稿于 1956 年或以前。全书依《道藏》本分为三卷，卷各二篇；征引 20 余种版本审校写定正文，与通行传本颇有出入；对于各本旧注，择善而从；释语简明，择要采入了陈柱、张怀民等人的解释。附录《墨经坚白解》，作于《墨子校注》定稿前，相关内容与后者不尽一致。

《公孙龙子译注》，作者谭业谦。[2] 按《白马论》、《指物论》、《通变论》、《坚白论》、《名实论》和《迹府》的顺序进行译注，从句读训诂入手，校勘原文，阐发文义，颇多新义。将《道藏》本《公孙龙子》与定本《间诂》的《墨经》部分篇章条目互释互证，其结论基本与鲁胜《墨辩注叙》符同，即《墨经》中与《公孙龙子》有关的部分，与《公孙龙子》同出一源。附录有《墨经部分篇章条目》与《公孙龙事迹与学术思想之记载》。

《廿七年公孙龙研究之评议》，作者杨俊光。[3] 此书系杨氏《〈公孙龙子〉蠡测》的续篇，对 1981 年后作者所见之公孙龙研究论著（包括专书、论文及有关专著的章节）共计 22 种进行了评议。既肯定了所评议各论著中校释、考注、评析方面的胜义不下五六十处，其中可以纠正《蠡测》中不妥、不足或可重新加以详细研览的亦不下十四五处；又对二十七年来各种异说分别作了回答。

[1] 吴毓江：《公孙龙子校释》，上海：上海古籍出版社，2001 年。

[2] 谭业谦：《公孙龙子译注》，北京：中华书局，1997 年。

[3] 杨俊光：《廿七年公孙龙研究之评议》，南京：南京大学出版社，2009 年，方正阿帕比电子图书。

《名家琦辞疏解:惠施公孙龙研究》,作者黄克剑。[1] 导论立足于"名"的自觉对先秦诸子的名辩意识进行了考绎,在此背景下对惠施、公孙龙的名辩论题和著作展开疏解。上篇以郭庆藩《庄子集释》为底本,以先注释、次辨正、后疏解之体例逐题诠释惠施的"历物之意";下篇以《道藏》本《公孙龙子》为底本并参以其他诸本、他家校注,依先注释、次译文、后疏解之体例逐篇诠释《迹府》、《白马论》、《坚白论》、《通变论》、《指物论》和《名实论》。附录包括作者研究施、龙名辩思想及相关论题的论文三篇。

第二节　名辩逻辑化:批判与辩护

有见于"名辩逻辑化"的范式及其实践存在的诸多问题,以曾祥云、崔清田、张斌峰为代表的一批学者先后对1980年代的名辩逻辑研究进行了反思,并旋即将这种反思的范围扩展至整个近代以来的名辩研究,标志着近现代名辩研究进入了反思与深化的阶段。相异于这些学者对"名辩逻辑"的拒斥、对"据西释中"的否定,仍有一批学者采取不同策略为"名辩逻辑化"的研究构想进行辩护,他们或者在传统形式逻辑之外寻找把名辩与逻辑联系起来的新的可能性;或者将争论的焦点引向中国逻辑史的学科合法性问题,借此来反驳对这一构想的否定。

一、从拒斥"名辩逻辑"到否定"据西释中"

作为名辩研究的范式方法,"名辩逻辑化"指的是以逻辑释名辩,在名辩语汇与逻辑术语之间建立对应关系,以证成中国本土有逻辑。换个角度看,在名辩与逻辑之间建立对应关系也就是将二者进行对照、比较。于是,对"名辩逻辑化"的批判首先就表现为对展开于名辩与逻

[1] 黄克剑:《名家琦辞疏解:惠施公孙龙研究》,北京:中华书局,2010年。

辑间的比较研究进行反思。由于长期以来名辩被视为中国本土逻辑的具体形态,因此这种反思也可以说就是对近代以来的中西比较逻辑研究进行反思。1990 年,曾祥云发表了论文《梁启超比较逻辑思想述评》,1992 年又发表了《中国近代比较逻辑研究的贡献、局限与启迪》,同年还出版了由博士论文修改而成的专著《中国近代比较逻辑思想研究》,率先在本阶段对近代以来的比较逻辑研究进行了回顾与总结。[1]

(一)近代以来比较逻辑研究的成绩与局限

按曾氏之见,比较逻辑不是一门独立的逻辑学科,而是逻辑史研究的一个特定研究方向,其实质是逻辑史的比较研究或者比较逻辑史,旨在对不同地区、不同历史发展阶段的逻辑理论或思想进行对比,辨明其同异,揭示其特点,总结其规律。[2] 在他看来:

> 我国现阶段(指 1980 年代——引者注)的比较逻辑研究,主要是找出中国名辩与西方传统逻辑的相同点或相似点,普遍认定中国名辩与西方逻辑是同质不同源。研究者一致肯定《墨辩》是我国先秦名辩思想发展的顶峰和集大成者,并构建了一个完备的传统形式逻辑体系。认为《墨辩》的"辩"即是西方的逻辑,"名"、"辞"、"说"则与西方逻辑的概念、判断、推理相当。[3]

这里的分析很清楚地表达了三点意思:第一,现阶段比较逻辑研究的特点之一是偏重于在名辩与逻辑之间求同;第二,这种研究认定名辩与逻辑具有本质的同一性;第三,这种研究认为以《墨辩》为代表的中国本土逻辑的实质是传统形式逻辑。联系到复苏与推进阶段的名辩研究,

---

[1] 曾祥云:《梁启超比较逻辑思想述评》,《福建论坛》(文史哲版),1990 年第 1 期,第 20—26 页;《中国近代比较逻辑研究的贡献、局限与启迪》,《福建论坛》(文史哲版),1992 年第 6 期,第 15—20、35 页;《中国近代比较逻辑思想研究》,哈尔滨:黑龙江人民出版社,1992 年。

[2] 参见曾祥云:《中国近代比较逻辑思想研究》,第 195 页。

[3] 同上,第 20 页。

这里所论及的比较逻辑研究其实也就是基于“名辩逻辑化”方法的名辩逻辑研究。

曾祥云指出，1980年代名辩研究的得与失在很大程度上可溯因至近代比较逻辑研究。《墨辩》是整个中国古代名辩理论发展的顶峰，其理论体系以“辩”为中心，由“辩”而衍生出“名”、“辞”、“说”、“故”、“理”、“类”等范畴。在详尽梳理了1840—1949年间中国学者围绕上述名辩范畴与西方逻辑作进行的比较研究的基础上，他从总体上对近代比较逻辑研究的成绩进行了总结，并揭示了其中存在的局限。

概而言之，近代以来的比较逻辑研究的成绩主要有三：[1]第一，在研究方法上，比较法成为了近代以来直至1980年代名辩研究的主要方法。可以说，没有比较研究，就没有中国逻辑史这门学科；没有西方逻辑的参照，就写不出一部“中国逻辑史”。第二，在研究成果上，比较逻辑研究揭示了名辩、逻辑和因明是相互贯通的，三者同质不同源，从而直接驳斥了“中国古代无逻辑”的观点，证成了名辩之为中国本土逻辑在世界逻辑史上的独立地位。第三，在学术价值上，无论是微观上的具体比较还是宏观上对中西逻辑特点的揭示，近代的比较研究都为深化名辩或中国本土逻辑的研究指明了方向，提供了借鉴。1949年后尤其是复苏与推进阶段的名辩研究结论差不多都能从近代比较逻辑论著中找到其原型或依据。

尽管比较逻辑研究对于近现代的名辩研究或中国逻辑史研究意义重大，曾祥云认为其中也存在着不少局限。[2] 首先，从方法论的角度

[1] 更为具体的论述，参见曾祥云：《中国近代比较逻辑研究的贡献、局限与启迪》，《福建论坛》（文史哲版），1992年第6期，第15—18页。

[2] 详见曾祥云：《中国近代比较逻辑研究的贡献、局限与启迪》，《福建论坛》（文史哲版），1992年第6期，第18—19页；亦可参见曾祥云：《我看中国逻辑史研究的对象和方法》，《哲学研究》，1992年第4期，第64—66页。此外，曾氏还指出，比较逻辑研究必须注意和避免五种倾向：视野狭窄，不察行情；门当户对，共领风骚；注重结论，短于论证；浮光掠影，流于肤浅；捕风捉影，以字取义。详见《中国近代比较逻辑思想研究》，第206—220页。

看，并没有对比较法本身进行深入的研究。正是由于没有形成对比较之根据、环节、目的等方面的科学认识，“在具体内容的对比研究中，也就不可避免地出现某些不合理的做法、得出了某些错误的结论。例如片面‘求同’，以西方逻辑的模式、框架来规范、套析中国名辩等做法”。此外，也没有能够超越明辨同异的层次来进一步总结中西逻辑发展的内在规律，推动逻辑本身的发展。

其次，未能严格区分“逻辑的应用”与“逻辑问题”，以至于在研究实践中将二者混为一谈。这种区分也就是对逻辑习焉不察的应用与对逻辑问题程度不等的自觉研究之间的区分。按曾氏之见，梁启超所谓“西洋逻辑……合大前提、小前提、断案三者而成”，而“墨子全书，大半都是用这些论式构成”，[1]就不是真正的比较研究，因为前者是对三段论形式的自觉考察，后者仅仅是对三段论的自发应用。[2]

再次，在具体比较时存在着较为严重的牵强比附。由于缺乏对比较法本身的科学认识，不少学者往往盲目在名辩与逻辑之间“求同”，例如梁启超将“有实必得是名，是名止于是实”之论比附为对概念内涵与外延间的反变关系的说明；伍非百将“狂举而不可以知异”中的“知异”等同于逻辑的“分类”；张纯一把“一周而一不周”的论说强解为对周延性的考察，等等。[3]

---

[1] 详见梁启超：《墨子学案》，《饮冰室合集》（第8册），专集之三十九，第49—51页。

[2] 依笔者之见，明确区分“讲逻辑”、“逻辑理论”、“名辩理论”与“用逻辑”、“逻辑应用”、“名辩实践”是必要的，不能将前后两个序列混为一谈。但是，不能从区分二者走向割裂二者，这不仅是因为对逻辑问题的考察要经历一个从自发运用到自觉研究，从自觉程度较低的研究到自觉程度较高的研究的发展过程，而且是因为要深化中国逻辑史研究和名辩研究，有赖于在逻辑理论、名辩理论研究与逻辑应用、名辩实践研究两个层面的双重推进。进一步的讨论可以参见本章的小结，亦可参见晋荣东：《中国古代逻辑研究的若干方法论反思》，中国逻辑学会中国逻辑史专业委员会编：《回顾与前瞻——中国逻辑史研究30年》，北京：中国社会科学出版社，2011年，第497—505页。

[3] 详见梁启超：《墨子学案》，《饮冰室合集》（第8册），专集之三十九，第45—46页；伍非百：《中国古名家言》，第176页；张纯一：《墨子集解》（修正本），第410—411页。

那么,近代比较逻辑研究为什么会存在上述局限,曾祥云主要从研究心态与研究工具两个主要进行了分析。[1] 就前者说,在中西文化的交流与碰撞中,近代中国人形成了一种既要学习西方文化又要固守民族文化阵地的矛盾心态,他们往往视西方之长为中国古已有之来消除或减轻接收外来文化的心理障碍。受此文化心理的影响,研究者在比较逻辑研究中常常用"求同"的方法来为本土名辩"张目",以证成名辩可以与逻辑、因明鼎足而峙。但是,一味"求同"不仅使比较研究容易沦为牵强比附,也难以揭示名辩相异于逻辑、因明的个性。就后者说,近代中国以逻辑释名辩的主要工具是传统逻辑,传统逻辑本身的局限也在一定程度上限制了近代学者的研究眼界和能力,使其难以对名辩的本质与个性展开更为深入的研究,从而无益于近代比较逻辑研究达到应有的深度。

稍后于曾祥云,张斌峰也对近代《墨辩》研究中的比较法进行了反思。在出版于1999年的专著《近代〈墨辩〉复兴之路》中,他较为全面地梳理与评述了近代学者围绕"名"、"辞"、"说"、"辩"等主题所展开的研究,并对梁启超、胡适、章士钊、章太炎、谭戒甫、虞愚等人对比较法的认识和运用逐一进行了考察。按张氏之见:

> 《墨辩》的比较研究法乃是指,近代《墨辩》研究进入义理研究阶段之后,所盛行的以西方传统逻辑或古印度因明学为工具去比附、套释《墨辩》的方法。近代《墨辩》研究进入义理研究阶段所面临的必然选择就是在校勘、训诂的基础上求得贯通,所谓求贯通就是把《墨辩》的每一章句的要旨融会贯通,求出一个有条理的系统来。[2]

[1] 参见曾祥云:《中国近代比较逻辑研究的贡献、局限与启迪》,《福建论坛》(文史哲版),1992年第6期,第19—20页;亦可参见《20世纪中国逻辑史研究的反思——拒斥名辩逻辑》,《江海学刊》,2000年第6期,第72—73页。

[2] 张斌峰:《近代〈墨辩〉复兴之路》,第251页。

义理阶段的《墨辩》研究旨在重构出“一个有条理的系统”，而这种重构之所以可能的关键就是比较研究法。所谓“比较研究法”，如果除去以因明释名辩的内容，其实也就是以逻辑释名辩的“名辩逻辑化”。近代《墨辩》比较研究的成就主要有三：其一，标志着《墨辩》研究从考据阶段进入义理阶段，墨辩的体系在西方传统逻辑的指导下逐渐得到分析、归纳和综合；其二，间接地促进了西方传统逻辑在近代中国的传播和普及；其三，在某种程度上证成了墨辩就是中国古代逻辑，也有类似西方传统逻辑那样的形式体系，由此维护和增强的民族自尊心、自信心。[1]

关于近代《墨辩》比较研究的失误及其原因，张斌峰指出，“这种方法的失误的关键是按照近代传统逻辑的原理、概念或框架去对应式地说明和解释《墨辩》，至于对墨家辩学自身内容的分析及其生成根据的探究则被忽视了，这种重构的实质是西方传统逻辑的中国式讲述，而不是对具有自身特点的墨家辩学的阐述。”质言之，比较法在客观上造成了以西方逻辑框架剪裁、收容墨家辩学，忽视了对墨辩固有体系的把握。其次，以墨辩与逻辑的本质同一性为预设的比较法，“其结果势必割裂了墨家辩学与其产生的文化本源之间的联系”，“忽视或抛弃了《墨辩》的丰富的文化精神财富”，进而“促使墨家辩学与其人文价值分离，使它成为一种游离于中华文化之外的一种纯粹的形式分析理性形态，造成了辩学的僵化。”[2]

相异于曾祥云从研究心态与研究工具两个方面去揭示近代比较逻辑研究之所以存在局限与不足的原因，张斌峰更为关注《墨辩》比较研究在准确把握比较对象、科学理解比较方法方面存在的问题。一方面，由于历史条件的制约，近代学者未能从墨辩得以产生的先秦文化背景

---

[1] 参见张斌峰：《近代〈墨辩〉复兴之路》，第269—270页。
[2] 同上，第270—271页。

中来梳理其内容，把握其特点，即没有对其进行“文化还原”，而是“在未进行墨家辩学自身的内容、性质的定性与定位前，就先假定它是一种逻辑类型或形态”，[1]即墨辩与逻辑具有本质的同一性；同时对西方逻辑也存在着译介不全面、理解不准确的情况。正是由于对墨辩与逻辑这两个比较项本身缺乏全面而准确的认识，所以往往在研究中对二者生吞活剥，牵强比附，难以开展有效的科学比较。另一方面，比较法仅适用于从某一方面对比较对象进行比较或对其进行静止的比较，而要考察比较对象的发生发展过程及其多方面的特点，就必须辅之以历史方法等其他的方法。鉴于近代学者普遍地意识到《墨辩》所论包含多方面的内容，但义理层面的近代《墨辩》研究又把比较法作为范式方法，这就难以充分揭示与准确刻画墨辩所包含的多重内涵与特点。[2]

（二）拒斥“名辩逻辑”：以逻辑释名辩的终结

中西逻辑之间的比较研究或者说基于“名辩逻辑化”的名辩研究所取得的最重要的理论成果，很可能就是“名辩逻辑”一词的提出，以及把中国本土逻辑的理论形态最终定格为名辩逻辑。在对近代比较逻辑的成绩与局限进行分析总结后，曾祥云进一步把批判的矛头指向了“名辩逻辑”：

> 自梁启超于20世纪初在诸子学领域开创“以欧西新理比附中国旧学”的研究风尚以来，西方逻辑便成了我国“名辩”研究的最重要工具，“名辩”也因此而变成了“中国古代逻辑”的代名词。……如果对一百年来的中国逻辑史研究作一实事求是的反思，我们就不难看出，所谓的“名辩逻辑”，不过是20世纪中国逻

[1] 张斌峰：《近代〈墨辩〉复兴之路》，第272页。

[2] 对于近代以来中国逻辑史比较研究的反思，除了参考曾祥云与张斌峰的两部著作，还可参见张晴：《20世纪的中国逻辑史研究》，第190—201页。

> 辑史界人为制造的一桩学术冤案，它在我国古代是根本不存在的。[1]

曾氏的意思包括如下几层：第一，20 世纪名辩研究的基本方法是以西方逻辑诠释本土名辩即“名辩逻辑化”；第二，“名辩逻辑化”的最重要成果是把名辩等同于中国古代逻辑；第三，“名辩逻辑”在中国古代并不存在。

这里最值得关注的是第三层意思。经过前三个阶段对名辩的持续研究，名辩逻辑之为中国本土逻辑在 1980 年代差不多成为中国逻辑史学界的共识。在这种情况下，曾祥云提出“名辩逻辑”在中国古代并不存在，用“逆潮流而动”来描述可以说一点也不为过。那么，他如此断定的依据何在？要回答这一问题，首先必须弄清楚他所说的“名辩逻辑”究竟指什么或者说他通过“名辩逻辑”究竟想表达什么：

> 我国古代有对名、辩的研究之实，而无“名学”、“辩学”之称，更无“名辩逻辑”之说。“名学”、“辩学”、“名辩逻辑”诸术语之被作为学术名称提出并广泛使用，只是最近一百余年的事情。[2]

中国古代有对名、辩的研究之实，这说明曾氏承认中国古代存在着关于名辩的话语，即对于名与辩所涉诸论题的考察与争辩；中国古代没有“名学”、“辩学”、“名辩逻辑”等名称，则说明中国古代尚未找到合适的语词来概括和命名这个话语。至此，曾祥云的判断无疑是有根据的。据本书的考证与梳理，“名学”、“辩学”、“名辩逻辑”等术语的确是在近现代中国才被逐渐引入学术研究领域的，换言之，这些术语的确是近现代名辩学者“人为制造”的产物，“在我国古代是根本不存在的”。再进一步看，“名学”、“辩学”、“名辩逻辑”等所指称的并不是完成时意义上的中国古代名辩话语，而是进行时意义上近现代学者对中国古代名辩

---

[1] 曾祥云：《20 世纪中国逻辑史研究的反思——拒斥名辩逻辑》，《江海学刊》，2000 年第 6 期，第 71 页。

[2] 同上，第 71 页。

话语的研究及其成果;这种研究及其成果更多地表现为名辩学者基于各自对思想史资料的理解而进行的主观重构,反映了他们各自不同的“前理解”与思想史资料之间的“视域融合”。

至于曾氏所说的“名辩逻辑”指什么或者说他通过“名辩逻辑”想表达什么,答案应该就在下面这段文字之中:

> 20世纪80年代以后,以“先秦逻辑”、“中国逻辑”和“名辩逻辑”为标榜的“名辩”研究,更将梁启超所开创的“名辩”逻辑化研究范式,推向了极盛,以致于在今日中国逻辑史界,只允许存在“一种声音”:“名辩即是逻辑”,而除此之外的“看不起先秦逻辑的任何说法都是站不住脚的”。[1]

很明显,曾氏所说的“名辩逻辑”指的是截至1980年代在名辩研究中占有范式地位的“名辩逻辑化”构想以及那些自觉或不自觉在此范式之下所取得的具体理论成果,其中最具代表性的成果就是在复苏与推进阶段学者们提出并使用“名辩逻辑”来指称中国本土逻辑的具体形态。

曾祥云之所以强调“名辩逻辑”在中国古代并不存在,目的是要引出他对于“名辩逻辑”的态度:拒斥“名辩逻辑”,当然这并不意味着否定名辩本身。因为“作为中国传统文化的一个组成部分,‘名辩’乃是一种客观的历史的存在”,或者说完成形态的历史存在;[2]而“名辩逻辑”指的是近代以来学者们基于“名辩逻辑化”范式对名辩的各种重构,其特点是尚未完成,仍处于生成之中。如果把曾氏前面所表述的三

[1] 曾祥云:《20世纪中国逻辑史研究的反思——拒斥名辩逻辑》,《江海学刊》,2000年第6期,第73页。这段文字中没有注明文献出处的“看不起先秦逻辑的任何说法都是站不住脚的”这句话,其实出自周云之和刘培育:《先秦逻辑史》,第310页。关于“在今日中国逻辑史界,只允许存在‘一种声音’”,则可参见周云之:《〈墨经〉逻辑是中国古代(传统)形式逻辑的杰出代表——评所谓“论辩逻辑”、“非形式逻辑”和“前形式逻辑”说》,《孔子研究》,1992年第2期,第48—57、10页。

[2] 同上,第73页。

层意思做一个整体的解读，那么所谓拒斥“名辩逻辑”，其实质就是去否定“名辩逻辑化”的研究构想以及在其指导下取得的理论成果，也就是去终结以逻辑释名辩的进路在近现代名辩研究中的范式地位。

综观曾氏的相关论述，拒斥“名辩逻辑”的必要性主要是因为以逻辑释名辩的研究进路在研究心态、研究实践与研究结果诸方面都存在重要的局限或不足。[1] 他指出：

> 所谓的“名辩逻辑”，实际上并非中国古代原本之所有，而只不过是20世纪一些“名辩”研究者，“举凡西人今日所有之学，而强缘饰之，以为吾古人所尝有”的结果。这种受制于“耻于步武后尘”的狭隘民族文化心态、借助简单“认同”方式而得到的“名辩逻辑”，其真实性如何，可信度怎样，当不言而喻。[2]

关于“耻于步武后尘”而“以为吾古人所尝有”的研究心态对于名辩研究的消极影响，笔者在对前三个阶段的总结时已有充分的论述，在此不再赘述。在曾祥云看来，这种狭隘民族文化心理直接导致近现代名辩学者在具体的研究实践中出现诸多问题。例如，一味热衷于以西方逻辑诠释本土名辩，但对二者之间何以相类、相当的问题，往往不作必要的分析论证，或者缺乏充分的严格的分析论证；一些研究者为了证成

[1] 在2009年的一篇论文中，曾氏指出，中国古代有名、辩的研究之实，但无“名学”、“辩学”、“名辩学”之名，这三个术语来源于近代学者对西方逻辑著作的译介或者以西方逻辑参证、解释中国固有的名、辩思想。尽管在相当长的时间内，尤其是在1980年代，“名学”、“辩学”、“名辩学”以及“名辩逻辑”被专门用来指称中国古代逻辑，不过就主流观点所赋予这些术语的含义看，其中论及的所谓概念论、命题论、推理论等其实都不是真正类似于西方传统逻辑那样的逻辑理论。不仅如此，依曾氏之见，中国古代科学基本还停留在经验领域而未上升到理论科学，中国古代几何学缺乏严格推理的手段，以象形文字为基础的汉语言的特点不利于逻辑科学的建立，“由于中国古代根本就不具备创建逻辑所必需的条件，因此，在中国古代不可能提出和建立类似亚氏逻辑那样的逻辑理论。”详见曾祥云：《名学、辩学与逻辑》，《逻辑学研究》，2009年第2期，第97—106页。

[2] 曾祥云：《20世纪中国逻辑史研究的反思——拒斥名辩逻辑》，《江海学刊》，2000年第6期，第73页。

"名辩逻辑",甚至捕风捉影,以字取义;在名辩材料与逻辑理论无从相类的情况下,采取曲解逻辑理论的手段以求得两者的同存共荣;等等。[1] 要言之,"名辩逻辑"及其所体现的"名辩逻辑化"范式,不仅使西方逻辑理论被肢解得支离破碎,同时也歪曲了本土名辩的本性,曲解了名辩的义理,抹煞了名辩的个性。有鉴于"20 世纪的中国逻辑史研究,赐予土生土长的'名辩'理论,既不是弘扬,也不是发展,而是一场浩劫,一种灾难",[2] 为了名辩研究的健康开展,必须拒斥"名辩逻辑",终结以逻辑释名辩的范式地位。

（三）从否定"据西释中"到主张"中国古代无逻辑"

要全面把握本阶段为什么有学者主张拒斥"名辩逻辑"、否定"名辩逻辑化",还必须提到他们从否定"据西释中"出发进而主张"中国古代无逻辑"。

1995 年,崔清田发表了《墨家辩学研究的回顾与思考》一文,率先用"据西释中"来概括和称呼近代以来墨家辩学研究的方法。在他看来,梁启超所说的"凭借新知以商量旧学"、"以欧西新理比附中国旧学","实际上是'据西释中',即以西方传统逻辑的理论、概念和体系为模式去解释和重构墨家辩学"。[3] 次年,他在《中国逻辑史研究世纪谈》中从两方面扩展了对于"据西释中"的理解:一方面将其视为近代以来研究本土名学、辩学而不仅仅是墨家辩学的主导方法,另一方面认为其目的在于证成中国古代有逻辑。[4] 不难看出,崔氏所说的"据西释中"与"名辩逻辑化"其实是同一种研究方法或构想。

---

[1] 更为详细的讨论,可以参见曾祥云:《中国逻辑史研究的误区》,《长沙电力学院学报》(社科版),2003 年第 4 期,第 27—29 页。

[2] 曾祥云:《20 世纪中国逻辑史研究的反思——拒斥名辩逻辑》,《江海学刊》,2000 年第 6 期,第 75 页。

[3] 崔清田:《墨家辩学研究的回顾与思考》,《南开学报》(哲社版),1995 年第 1 期,第 55 页。

[4] 崔清田:《中国逻辑史研究世纪谈》,《社会科学战线》,1996 年第 4 期,第 8 页。

崔清田认为,“据西释中”在特定历史条件下所具有的积极意义不能否认。例如,通过转换研究的指导观念,使对本土名辩的研究逐渐摆脱了经学的附庸,走上了全新的发展道路;推动了名辩研究从文本整理阶段进到义理的系统整理与阐发阶段;切实有效地在近代中国知识界传播了西方传统逻辑;为后来的中国逻辑史研究开拓了思路、奠定了基础、提供了借鉴;等等。但是,这一方法对于名辩研究来说也存在着根本性的缺陷。以墨辩研究为例,他认为“据西释中”在工作方式上主要存在着两大问题:

第一,重认同、弱求异,即“在认识上强调两种逻辑在体系、法则乃至论式方面的一致,较为忽略两种逻辑各自具有的特质及由此产生的差异;在表述上对两种逻辑的一致方面有较为全面、系统和具体的说明,而对差异方面的说明则较为零碎、笼统,也不够全面”。[1] 具体来说,“重认同”主要表现在两个方面:其一,认为墨家辩学与西方传统逻辑具有本质的同一性;其二,认为墨家辩学与西方传统逻辑在体系、法则、论式等方面是相同的。正是这种工作方式使得“据西释中”实质上变成了以西方逻辑框架来剪裁、收容墨家辩学,从而在一定意义上抹煞了墨家辩学自身的特点。

第二,注重墨家辩学与西方传统逻辑在具体原理、术语上的比照对应,忽视了对二者历史与文化背景的分析。以墨家辩学与西方传统逻辑的本质同一性为前提,“据西释中”方法在实际运用时的着力所在就是去研究墨家辩学所包含的与西方传统逻辑的对应点,并给出尽可能细微周全的说明。但是,“这种一味认同的比照对应,很难避免牵强比附的成分,也很难对墨家辩学有别于西方传统形式逻辑的特质所在和

---

[1] 崔清田:《墨家逻辑与亚里士多德逻辑比较研究——兼论逻辑与文化》,北京:人民出版社,2004 年,第 28—29 页。

决定这种特质的社会文化背景，给予特别的关注并作出令人信服的剖析。”[1]

事实上，除了崔清田，本阶段还有不少学者将近现代名辩研究存在的问题与“据西释中”联系起来。例如，俞瑾就指出：

> 有些学者置中国古代名辩逻辑的实际内容于不顾，一味地照搬西方（传统）形式逻辑的理论模式，将二者作简单的比附，这样来研究中国古代名辩逻辑，是不可能得其真谛的。[2]
>
> 有些研究中国逻辑史的学者带着主观成见，坚持主张“中国逻辑史应以中国古代的形式逻辑思想作为主要和基本的研究对象和范围”，把据西释中、生搬硬套的研究方法当作“科学的对比研究”加以鼓吹与提倡，从而把中国逻辑史研究引向了误区。[3]

通过对周云之、孙中原等人的研究成果以及杨本《教程》的具体分析，俞氏援引13个案例试图说明局限于传统形式逻辑（传统逻辑、普通逻辑）来诠释名辩存在着严重的问题：

其一，主观随意，牵强附会，曲解古文原意。例如，主流观点把“以辞抒意”之“意”解释为“判断”，进而援引“辞”与“意”的区分来说明墨家逻辑已经讨论了命题与判断的区别与联系，但俞氏认为，这一解释曲

---

[1] 崔清田主编：《名学与辩学》，第10页。至于“据西释中”何以会在名辩研究中表现出“重认同、弱求异”的特点，以至于在一味认同的比照对应中走向牵强比附，崔清田似乎没有给出相关的说明。类似于曾祥云对近现代名辩学者的研究心态的揭示，崔氏也曾提及“中外逻辑的比较之所以走向比附，我们不能排除文化价值取向和文化心态等方面的因素”，但没有展开进一步的论述。参见崔清田：《逻辑的共同性与特殊性》，《社会科学》，1999年第2期，第33页。关于中国知识界在近代中西文化交流中的矛盾心态——既要学习西方近代文明以强国，又要维护中华民族的自信与自尊；既不否认“西学”的先进，又要显现“中学”比照“西学”的绝不逊色，更为深入的讨论可以参见崔清田：《墨家辩学研究的回顾与思考》，《南开学报》（哲社版），1995年第1期，第54页。

[2] 俞瑾：《中国逻辑史研究之误区》，《逻辑与语言论稿》，南京：江苏教育出版社，1999年，第64页。此文原刊于《江苏教育学院学报》（社科版），1997年第2期，第84—87页。

[3] 同上，第84页。

解了“辞”的原意,其最通常的用法是泛指思想,而思想并不等于判断,因为疑问句、祈使句、感叹句也表达思想。

其二,断章取义,剪裁拼接,让史料适合预定的尺寸。他举例说,为了说明墨家逻辑已经提出完备的形式逻辑体系,为数众多的学者将《小取》“一周而一不周”断章取义,歪曲为对直言判断主谓项的周延性特点的科学论述。

其三,为古人捉刀,代圣贤立言,把自己的认识强加于古人。例如,有学者运用普通逻辑关于概念的限制与概括的理论去强解荀子对“共名”与“别名”关系的论述,认为荀子举“鸟兽”为“大别名”之例不恰当,并试图予以修正。这一做法在俞氏看来就未能尊重文本原意,将研究者自己的认识强加给了古人。

其四,将逻辑方法的运用与逻辑理论的研究混为一谈。俞瑾认为,有论著强调墨家逻辑在推理研究方面已经提出了“假式”(假言推理)及其两种具体类型“大故式”、“小故式”,从该论著的分析论证看,其实就是混淆了推理的运用与推理的研究。

又如,曾祥云认为,“20 世纪中国逻辑史研究的最大失误就在于研究方法的不科学,即把‘触类比量’变成了一种简单的机械的‘据西释中’,而从根本上忽视了对固有‘名辩’理论本身问题的深入考察和对西方逻辑的深刻把握。”[1]

再如,程仲棠指出,从梁启超以来墨辩研究的基本特征就是把墨辩诠释为逻辑学,这可称为墨辩研究的逻辑学范式。而“‘据西释中’是某些墨辩研究者对逻辑学范式的一个批评,原意是反对用逻辑学‘比附’墨辩,在这个意义上,这个批评是正确的”。[2]

---

[1] 曾祥云:《20 世纪中国逻辑史研究的反思——拒斥名辩逻辑》,《江海学刊》,2000 年第 6 期,第 75 页。

[2] 程仲棠:《从诠释学看墨辩研究的逻辑学范式》,《学术研究》,2005 年第 1 期,第 56 页。

张晓芒也注意到，近代以来中西逻辑的比较研究“近年来又被一些学者称为‘据西释中’的方法，也就是以西方逻辑为依据，重新解释和重构中国古代逻辑思想及体系”。不过，这种方法也带来了一些问题，如未能深入研究中西逻辑在具有共同性之外是否还有各自的个性，忽视对中国古代逻辑得以产生的文化背景以及中国古代逻辑本身的文化精神、文化意义的理解，等等。[1]

宋文坚也认为，“质疑先秦逻辑之存在，认为先秦名辩不是逻辑，而是辩论之学，认为中国古代逻辑研究者乃‘据西释中’，做的是牵强附会的构建，等等，已经是不少学者的共识。”[2]

正是有见于“据西释中”方法既模糊了本土名辩与西方传统逻辑在目的、对象、内容和性质诸方面的区别，又在具体应用时难以避免名辩与逻辑之间的牵强比附、过度诠释，崔清田提出，“为了克服上述缺陷，深化中国逻辑史研究，应当改变‘据西释中’方法。”[3]所谓改变“据西释中”，更为明确的表述是——否定“据西释中”，其实质就是终结“名辩逻辑化”在近现代名辩研究中的范式地位，用一种新的方法取而代之。[4]

在论及梁启超的墨辩研究时，笔者已经指出，梁氏所开创的以逻辑释墨辩的方法包括两个环节：第一，在墨辩语汇与逻辑术语之间建立对应关系，以此证成墨辩在义理上与逻辑的一致性；第二，在将墨辩与逻辑进行对照参证时，应该避免二者之间的牵强比附。就此而言，牵强比附并不是“据西释中”的固有缺陷，其形成原因不能简单地归结“名辩

[1] 张晓芒：《比较研究的方法论问题——从中西逻辑的比较研究看》，《理论与现代化》，2008年第2期，第71页。

[2] 宋文坚：《序》，程仲棠：《“中国古代逻辑学”解构》，北京：中国社会科学出版社，2009年，第2页。

[3] 崔清田：《中国逻辑史研究世纪谈》，《社会科学战线》，1996年第4期，第9页。

[4] 崔氏把取代“据西释中”的名辩研究新方法称作“历史分析与文化诠释”。参见本章下一节的相关内容。

逻辑化"的构想。事实上,这些问题至少是三方面因素综合导致的,即维护本土文化自尊、"耻于步武后尘"而"以为吾古人所尝有"的研究心态;对名辩话语缺乏全面深入的考察、对逻辑工具缺乏准确的把握;对什么是科学的比较法、什么是名辩与逻辑之间的科学比较缺乏深入的讨论。关于崔清田等人对"据西释中"方法的理解是否准确、他们所提出的否定"据西释中"的诉求是否合理,这里暂不作具体讨论。值得注意的是,由于否定"据西释中"意味着终结以逻辑释名辩的范式地位,曾祥云、程仲棠等又从对"名辩逻辑"、"据西释中"的质疑甚至否定出发进而主张"中国古代无逻辑",要求解构"中国古代逻辑学"。

从发表于2001年的《"中国古代无逻辑"论——对20世纪"名辩逻辑"研究的反思》一文的题目便可知道,曾祥云主张,从拒斥"名辩逻辑"出发得出"中国古代无逻辑"的结论,但是文中并未直接论及从前者究竟何以能够推出后者。[1] 据笔者的推测,这很可能是因为作为1980年代中国逻辑史学界的一个共识,"名辩逻辑"与"中国古代逻辑"异名而同谓,因此在他看来拒斥前者同时就意味着否定"中国古代有逻辑"。[2]

与曾祥云的思路不同,程仲棠认为名辩与逻辑并不具有本质同一性:"逻辑萌芽见于先秦诸子的名辩学。但名辩学有别于逻辑学,二者并非同构,很多地方难以互译"[3]。另一方面,在他看来,"据西释中"

[1] 参见曾祥云:《"中国古代无逻辑"论——对20世纪"名辩逻辑"研究的反思》,中国逻辑学会编:《逻辑研究文集》,重庆:西南师范大学出版社,2001年,第395—401页。

[2] 如果曾氏真的是以"名辩逻辑"与"中国古代逻辑"二名一实这一共识作为推理的担保,从拒斥"名辩逻辑"推出"中国古代无逻辑",这说明实际上也认同这一共识。但是,正如笔者在上一章小结中所指出的,就1980年代的名辩逻辑研究来看,既存在着属于名辩话语的内容被排除在中国古代逻辑的研究范围的情况,也存在着中国古代逻辑的内容与名辩话语无关的情形。这就是说,名辩之学与中国古代逻辑,或者说,名辩逻辑与中国古代逻辑,并不完全重合。如果笔者的这一分析成立,这就意味着曾氏从拒斥"名辩逻辑"出发其实不能推出"中国古代无逻辑"。

[3] 程仲棠:《逻辑要与中国现代文化接轨》,《社会科学战线》,1996年第4期,第20页。

这一名辩研究的逻辑学范式的最大症结就是过度诠释：

> 墨辩的过度诠释的结果是逻辑学，这是一门有客观标准的科学。把墨辩说成逻辑学，必然导致逻辑学与其他学问的混淆，甚至把矛盾与逻辑混为一谈，所以，没有可取之处。更严重的后果是：由于"墨辩逻辑学"被认为是"中国古代逻辑学"或"中国古代逻辑史"的主体或主要见证，把墨辩过度诠释为"逻辑学"就无异于伪造历史。[1]

正是有见于名辩与逻辑并不等同，而近现代学者所谓的"中国古代逻辑学"其实是过度诠释的结果，所以程氏极力主张解构"中国古代逻辑学"，从而与曾祥云的"中国古代无逻辑"之论殊途而同归。[2]

从以上分析可以看到，无论是对近代以来比较逻辑研究的局限及其成因的揭示，还是对作为古代名辩之现代重构的"名辩逻辑"的拒斥，抑或是对"据西释中"方法的质疑或否定，均表明"名辩逻辑化"范式及其影响下的研究实践存在着诸多的问题。正是在这种多侧面的反思中，"耻于步武后尘"而"以为吾古人所尝有"的文化心理或研究心态受到指责，"名辩与逻辑的本质同一性"的合理性遭到质疑，"据西释中"及其所伴随的牵强比附与过度诠释受到批评，由此引发了关于名辩与逻辑的关系、名辩的本质以及什么才是名辩研究的合理方法等问题的热烈讨论。

二、传统形式逻辑之外："名辩逻辑化"的自我扩展

同样是注意到"名辩逻辑化"及其实践所存在的问题，在如何对待这一方法的去留问题上，有部分学者却持一种与曾祥云、崔清田、张斌

---

[1] 程仲棠：《从诠释学看墨辩研究的逻辑学范式》，《学术研究》，2005 年第 1 期，第 56 页。

[2] 多年来，程仲棠围绕"中国古代无逻辑学"撰写了一系列的论文，其中 2002 年以来的 12 篇结集为《"中国古代逻辑学"解构》一书。

峰等人不同的立场。例如,俞瑾就提出,逻辑的类型并非只有形式逻辑一种,"逻辑"亦非"形式逻辑"的同义词,因此应该把中国古代思想家有关逻辑问题的思想、理论都纳入中国逻辑史的视野。着眼于他所理解的非形式的"论辩逻辑"或"论证逻辑",他对《墨经》的论证理论进行了重新考察,认为这一理论是"关于论辩的逻辑学,其中有一些形式逻辑思想的萌芽,但还没有发展成为真正的形式逻辑"。[1] 俞氏的做法意味着与其彻底放弃以逻辑释名辩的进路,还不如去扩展这一进路,将非形式的论辩逻辑、论证逻辑等引入名辩研究,从而更为全面和准确地把握中国古代逻辑的成就与不足。

从名辩研究的方法论上看,俞瑾的这一做法应该说涉及到一个非常重要的问题:在传统形式逻辑之外是否还存在着名辩与逻辑联系的可能性?或者说,有无可能把其他类型的逻辑作为研究工具应用于对名辩或中国古代逻辑的研究?在发表于1994年的《中国逻辑史研究中的两个理论问题质疑》中,林铭钧和曾祥云对此已经进行了探讨。在他们看来,古代逻辑是相对于近代逻辑、现代逻辑等而言的,它们之间的区分仅仅是以世界历史的分期为唯一的根据。这种以世界历史分期的时间区位为显著标志对国际逻辑史所进行的相应的历史分期,既不是不同文化区域逻辑思想本身发展阶段的区分,也不是逻辑类型之间的区别。而传统逻辑是相对于数理逻辑而言的一种逻辑类型,其特点是局限于主谓式命题,不考察关系命题及其推理;缺乏对量词的深入研究;假定了主项存在,不考虑空类和全类;对许多推理的有效性不能给予准确解释。鉴于传统逻辑并未穷尽逻辑的全部问题,而且其产生、发展、形成过程,涵括了古代和近代两个不同历史发展时期,他们明确指出:

> "传统逻辑"并不是"古代逻辑"的代名词;传统逻辑是西方逻

[1] 详见俞瑾:《〈墨经〉"论证"研究之我见》,《逻辑与语言论稿》,第34—45页。

辑发展史上的一种特定的逻辑类型或者说逻辑系统，它并不涵盖中国名辩和印度因明，甚至也不含括西方的全部古代逻辑，反之亦然。作为逻辑类型意义上的传统逻辑和作为历史分期意义上的古代逻辑，是完全不同的两个概念，不能混为一谈。[1]

由于“传统逻辑”与“古代逻辑”并非内涵不同而外延相同的两个概念，因此传统逻辑未曾涉及的问题，并不意味古代逻辑就一定不涉及；反过来，古代逻辑学家所探讨的问题也未必尽属于传统逻辑的范畴。

林、曾二人的如上辨析对于全面理解“名辩逻辑化”的构想及其实现方式具有重要的意义。事实上，本阶段对这一范式及其实践的反思并不仅仅表现为对它的否定，还有部分学者像俞瑾一样虽然认识到把名辩的本质归结为传统形式逻辑的确存在诸多问题，但并不主张由此就彻底放弃“名辩逻辑化”。或许正是有见于“传统逻辑”与“古代逻辑”的区分，他们在以逻辑释名辩时，主张根据名辩的不同内容来寻找相应的逻辑工具以发现将名辩与逻辑联系起来的新的可能性，从而使“名辩逻辑化”免于了被彻底抛弃的命运。

（一）非形式逻辑与名辩

早在1989年，赵继伦就发表了《〈墨辩〉是中国古典的非形式逻辑》一文，提出不能把《墨辩》逻辑等同于跟西方传统逻辑类型相同的中国古代的形式逻辑理论。[2] 在他看来，传统逻辑既有形式逻辑的成分，也包含有非形式逻辑的内容。形式逻辑的基本特征是变项的引入以及对有效的推理形式及其规则的研究；非形式逻辑则以实际论证为研究对象，并不单纯研究思维的形式结构，而是在内容与形式相统一

[1] 林铭钧、曾祥云：《中国逻辑史研究中的两个理论问题质疑》，《中山大学学报》（社科版），1994年第2期，第50页。

[2] 参见赵继伦：《〈墨辩〉是中国古典的非形式逻辑》，《天津师范大学学报》（社科版），1989年第6期，第20—24页。下引此文，不再一一注明。

的状态下研究论证的一般过程，是一种具有应用性质的论证逻辑。[1]鉴于《墨辩》体系以“辩”为中心；以实际论证过程为研究对象；侧重于对各种判断形式作实质意义的分析而不是形式解构的刻画，偏重于对实质推论方法的考察而不是有效推理形式及其规则的研究；包含着大量关于谬误的论述，因此，“就基本逻辑特征而言，《墨辩》不属于形式逻辑，而属于非形式逻辑”。有见于《墨辩》体系是在中国古代逻辑理论尚未成熟的状态下形成的，而且在内容上与现代意义上的非形式逻辑并不完全相同，赵继伦认为，更为准确地应该称其为“中国古典的非形式逻辑”。

同年，在提交给第二次《墨经》讨论会的论文《〈墨经〉的辩学是“非形式”的逻辑》中，俞瑾指出，《墨经》所论及的“名”、“辞”、“说”三个范畴具有逻辑学的意义，但在研究中只重视其内容，而忽视其形式结构，因此这方面的研究属于广义的逻辑，但不是形式逻辑。进一步说，《墨经》主要研究的是论证的技法，而不是其中包含的推理形式；其论证理论是“关于论辩的逻辑学，其中有一些形式逻辑思想的萌芽，但还没有发展成为真正的形式逻辑”。[2]

基于对近代中西逻辑比较所存在的问题与缺陷的揭示和批判，张斌峰强调，若要准确把握墨辩的逻辑类型与特点，仅以传统形式逻辑为范式去刻画和诠释是不充分的。“从现代逻辑的发展看，墨家辩学近似于现代西方的‘非形式逻辑’，所以它不是严格逻辑的一种类型，它是关于‘论证的逻辑’，是关于汉语言的语义学、语用学的一个方

---

[1] 赵继伦对非形式逻辑的介绍，主要取材于 Ralph H. Johnson and J. Anthony Blair: "Informal Logic: The Past Five Years 1978—1983", *American Philosophical Quarterly*, Vol. 22, No. 3 (Jul., 1985), pp. 181-196.

[2] 参见罗斯文：《关于中国逻辑史是否应当是中国形式逻辑史的一场争论》，《哲学动态》，1991 年第 6 期，第 42 页。亦可参见俞瑾：《〈墨经〉“论证”研究之我见》，《逻辑与语言论稿》，第 34—45 页。

面。"[1]根据阮松对非形式逻辑的介绍,[2]在他看来,墨辩之所以是中国古代的非形式逻辑,主要是因为墨辩对辩之法则、方法、效能与作用的研究具有重实、重事理、重结合辩的内容的特点,侧重于从其赖以产生的本体论、知识论、语言观等方面来考察辩的基本形式"名"、"辞"、"说"的实质内涵、语言意义、语用范围及其变化。张斌峰强调:

> 从非形式逻辑的角度去理解、解释墨家辩学的"逻辑类型"及其特点,只是否定了那种认为中国古代也存在着那种类同于亚氏传统逻辑的类型的观点;而认为它是"非形式逻辑",同样可以说明中国古代也有"逻辑"。但这种逻辑并不是西方意义上的逻辑,而是广义的逻辑类型的一种。[3]

杨武金也认为中国古代逻辑在总体上以名辩学说为核心,是一个以名正实为重点,包含名、辞、说、辩等内容的名辩逻辑,[4]这表明他在事实上不否认"名辩逻辑化"构想的有效性。那么,这是否意味着他所理解的以逻辑释名辩就仅仅是以传统形式逻辑为工具呢?在发表于2002年的《论〈墨经〉逻辑本质》一文中,他提出,"墨经逻辑从对象语言的角度看主要是一种非形式逻辑,而从元语言的角度看则已经属于形式逻辑的范围。"[5]所谓对象语言的角度,主要是说《墨经》中并不包含命题形式和推理形式,而是典型的具体事例来体现的推理方式。例如,在对譬、侔、援、推、止等论证方式和方法的讨论中,就没有进一步

---

[1] 张斌峰:《近代〈墨辩〉复兴之路》,第364—365页。

[2] 参见阮松:《再谈关于非形式逻辑的若干问题——兼与周云之、诸葛殷同先生商榷》,《晋阳学刊》,1993年第5期,第49—57页。

[3] 张斌峰:《近代〈墨辩〉复兴之路》,第365页。此段引文中所说的"这种逻辑并不是西方意义上的逻辑",可能更好的表述应该是"这种逻辑并不是西方传统形式逻辑意义上的逻辑"。

[4] 参见杨武金、郭哲:《论中国古代逻辑的基本性质》,《中共南京市委党校学报》,2008年第1期,第10页。

[5] 详见杨武金:《论〈墨经〉逻辑本质》,王路、刘奋荣主编:《逻辑、语言与思维——周礼全先生八十寿辰纪念文集》,香港:中国科学文化出版社,2002年,第199—212页。

深入研究其中所包含着的命题形式和推理形式,故这种讨论更多的是一种非形式逻辑的东西。所谓元语言的角度,主要指墨经逻辑在本质上也是用元语言来体现逻辑理论与逻辑规律。不难发现,杨武金并没有将"名辩逻辑化"等同于"名辩的传统形式逻辑化",而是尝试引入非形式逻辑的视角来更为完整地理解《墨经》的逻辑义理。

2004 年,王克喜发表了《从古代汉语透视中国古代的非形式逻辑》一文。[1] 他提出,"中国古代没有发展出古希腊亚里士多德式的逻辑,但作为中国古代逻辑代表的墨家辩学在非形式逻辑的发展和引申上却作出了巨大的贡献。"这里,把墨家辩学视为中国古代逻辑的代表,说明他仍然在实践"名辩逻辑化"的研究构想,将墨辩乃至整个本土名辩视为中国本土逻辑的具体形态;不过,认为中国古代逻辑并非亚里士多德式的逻辑,则说明他试图在传统形式逻辑之外去寻找将名辩与逻辑联系起来的新的可能性。相异于赵继伦更多地援引研究内容的一致性来论证墨辩是非形式逻辑,王克喜更为关注古代汉语的特点如何使得中国古代逻辑在实质上属于非形式逻辑的范畴,尽管他的具体论证并非没有商榷的余地。历史地看,在通过中西比较来把握本土名辩或中国古代逻辑的特点时,沈有鼎、汪奠基等均主张逻辑具有与民族语言的表述方式相关的个性。受此启发,王氏指出:

> 中西在文化上的差异性集中体现在语言上的差异性,由于逻辑学的产生根源于对人类思维中推理的研究,而推理的存在又是以一定的语言作为物质载体的,因此,中西语言的差异在一定程度上决定了中西在逻辑形态上的差异,古代汉语自身的特质就决定了中国古代逻辑的发生和发展的路径和形态,使中国古代的逻辑发生发展不是以形式逻辑的形态为其表现形式,而是以具有和古

[1] 参见王克喜:《从古代汉语透视中国古代的非形式逻辑》,《云南社会科学》,2004 年第 6 期,第 48—53 页。下引此文,不再一一注明。

代汉语本质特征相一致的非形式逻辑的形态作为自己的表现形式。

综观相关的论述,他认为,汉字与古代汉语的意会性、汉语是一种自然状态的语言、古代汉语中没有系词“是”,决定了以墨辩为代表的中国古代逻辑实质上属于非形式逻辑的范畴。

力主名辩之学不是形式逻辑而是非形式逻辑的还有李先焜。[1] 在题为《中国古代逻辑史是非形式逻辑的发展史》[2] 的论文中,他指出,以形式逻辑释名辩的做法存在着理论与实践之间的冲突。例如,《中国逻辑史资料选》前四卷没有收录一篇揭示有逻辑形式的文献;相关的逻辑史著作中也找不到类似亚里士多德所刻画的推理形式;即使《小取》所说的“或、假、效、辟、侔、援、推”等被认为是逻辑形式,也只是后人的猜测。立足于肖尔兹在《简明逻辑史》中所论及的“非形式的逻辑”以及非形式逻辑在现代西方的发展,李氏认为亚里士多德的论辩逻辑其实就是非形式逻辑,而“回顾我国古代,有着非常丰富的这种与亚里士多德论辩逻辑极其近似的我们所谓的‘名辩学’。”就名辩学对“名”的研究来看,正名之论、言意之辩均涉及对意义问题的考察,由意

[1] 在反思与深化阶段,李先焜对名辩之学或中国古代逻辑的理解前后形成了不止一种看法。在1990年第六次中国逻辑史学术讨论会上,他作了题为“中国逻辑史的核心应当是语义学史”的发言,认为名实之辩是中国逻辑史的核心,其实质是语义问题,所以中国逻辑史的核心应当是语义学史。至于语义学,则不必区分自然语义学与逻辑语义学。参见罗斯文:《关于中国逻辑史是否应当是中国形式逻辑史的一场争论》,《哲学动态》,1991年第6期,第43页。在1997年于澳门召开的中国名辩学与方法论研讨会上,李先焜又提出要把名辩学看作是亚里士多德式的形式逻辑是比较困难;如果对“逻辑”作比较广义的理解,名辩学主要是一种非形式的逻辑,更为确切地说,“名辩学中包含着丰富的语义学与语用学的内容,因此说它属于符号学研究的范围。”参见李先焜:《名辩学、逻辑学与符号学》,《哲学研究》,1998年增刊,第15—17页。

[2] 参见李先焜:《中国古代逻辑史是非形式逻辑的发展史》,中国逻辑学会中国逻辑史专业委员会编:《回顾与前瞻——中国逻辑史研究30年》,第53—62页。下引此文,不再一一注明。此文的一个完整本可参见王新生主编:《南开哲学》(第4辑),天津:南开大学出版社,2009年。

义探索进而发展出对定义、分类、归类以及含混歧义等问题的考察；就对“辩”的研究而言，《小取》对辩论进行了系统的理论概括，“以类取、以类予”的类推法既不同于一般的演绎、归纳，也与传统的类比有异，同时还与隐喻修辞有着密切的联系。而根据李氏对非形式逻辑论域的理解，由此足以表明“中国古代逻辑史具有非形式逻辑的性质”。他进一步指出，“有些逻辑史专家特别强调中国逻辑史是‘形式逻辑’的发展史，用意是好的，是为了取得中国逻辑史的生存权，但强调‘形式逻辑’却找不出相应‘形式’，终究有欠缺，不如承认其非形式逻辑的性质更具有说服力。”

要言之，虽然部分学者对把名辩等同于中国本土的传统形式逻辑提出质疑和批评，要求彻底抛弃“名辩逻辑化”的研究构想，赵、俞、杨、王、李诸位学者并不主张完全放弃以逻辑释名辩的研究进路，一方面坚持名辩之学就是中国本土逻辑的具体形态，另一方面尝试在在传统形式逻辑之外引入非形式逻辑来更为准确和全面地把握名辩的逻辑内容，代表着在反思与深化阶段继续实践“名辩逻辑化”的一种新尝试。

（二）自然语言的逻辑指号学与名辩

1992年，蔡伯铭发表了论文《把中国逻辑史的研究提高一步》。他指出，把中国古代逻辑等同于传统逻辑，并不足以对前者进行全面准确地描述。[1] 这是因为一方面中国古代逻辑直接依赖于自然语言，没有使用变项，也没有提出形式推理规则，另一方面由于汉语的表意功能使得中国古代逻辑虽讨论到外延问题，但更注重语词内涵的分析，不同于传统逻辑是以外延性原则为依据的外延逻辑。倘若坚持仅仅以传统

[1] 参见蔡伯铭：《把中国逻辑史的研究提高一步》，《湖北师范学院学报》（哲社版），1992年第2期，第21—27页。下引此文，不再一一注明。此文的一个未经删节版曾刊于中国逻辑学会主办的《逻辑学术通讯》第三期（1989年）。

逻辑为诠释工具，其后果要么是强调中国古代思维材料并不包含对形式推理规则的研究，因而主张中国古代无逻辑；要么是突出名辩逻辑与传统逻辑的一致性而忽略了对二者差异的揭示，从而使名辩逻辑研究流于比附，有失全面，不够准确。

那么，这是否意味着"名辩逻辑化"的研究构想就不再有效了呢？答案显然是否定的，因为蔡氏认为中国古代有逻辑，其具体形态就是名辩之学。"中国古代逻辑是一个以正名为重点，包括名、辞、说、辩等内容的名辩逻辑体系。"在他看来，中国古代逻辑以自然语言为工作语言，正名之论关乎语词的语义问题；名、辞、说、辩，与其说相当于概念、判断、推理、论证的思维形式，毋宁说相当于词项、命题、推论、论辩的语言形式，而墨、荀都是同时从逻辑和语言两方面去探讨它们的性质、结构及其规律。同时，中国古代逻辑往往与政治思想、伦理道德以及哲学认识论等纠缠在一起，故对它的研究又不能不联系语境去分析语义，这又涉及语用的问题。此外，在研究中国古代逻辑时还需要对名辩著作进行准确的标点。"因此，从指号学的角度看，中国古代逻辑是包括语形、语义、语用的一种自然语言的逻辑指号学。……中国古代逻辑的研究重点是古汉语语义学。"[1]虽然蔡伯铭并没有对自然语言的逻辑指号学作进一步的说明，但重要的是他没有从批评将中国古代逻辑与传统逻辑等量齐观出发而走向彻底否定"名辩逻辑化"，而是对这一方法进行了修正，即要求结合名辩话语自身的特点，不再应用传统逻辑而是尝试用逻辑指号学的理论和方法去诠释名辩以重构中国古代逻辑。

由此出发，蔡氏明确提出，要进一步推进对于名辩逻辑或中国古代

---

[1] 有论者把蔡伯铭的观点概括为"中国古代逻辑史应当是语义学史或古汉语语义学史"，似不准确。参见罗斯文：《关于中国逻辑史是否应当是中国形式逻辑史的一场争论》，《哲学动态》，1991 年第 6 期，第 42—43 页；周云之：《再论中国逻辑史的对象和方法》，《哲学研究》，1991 年第 6 期，第 48 页。

逻辑的研究,"就要解放思想,改变传统的观念,在研究对象、范围、方法上有所突破。"在研究对象上,可以直接以古代汉语为研究对象,通过对大量素材的分析来概括其中所表达的逻辑形式,总结出新的思维形式及其规律。在研究范围上,吸收自然语言逻辑的成果,从语境、语义的内涵与外延之分、历时态的语义分析等角度来研究名辩话语。在研究方法上,吸收和掌握现代逻辑和现代语言学的知识,借以分析自然语言及其逻辑问题,以便能敏锐发现和正确理解、评价中国历史上的各种逻辑思想;同时继续在名辩逻辑、传统逻辑与因明之间展开比较研究,但不能只着眼于三者的求同,更应关注同中求异,以揭示不同逻辑传统各自不同的特点。

值得注意的是,既然主张中国古代逻辑是逻辑指号学,相应地就应该将"名辩逻辑化"解释为以逻辑指号学的理论和方法来诠释名辩以重构中国古代逻辑,但蔡伯铭又提出,可以根据社会的需要和个人的兴趣"继续从传统逻辑的角度去进行研究,或者总结中国古代的辩证逻辑思想,或者探求中国古代对数理逻辑的应用等",这又表明基于不同的逻辑理论与方法对名辩的重构其实可以并行不悖。就此而言,"中国古代逻辑是逻辑指号学"这一提法就不是说中国古代逻辑的本质是逻辑指号学,而是说其中包含着逻辑指号学的内容;同时,这并不否定其中也包含着传统逻辑、辩证逻辑以及数理逻辑等方面的内容。

(三)现代逻辑与名辩

运用现代逻辑——数理逻辑及其现当代发展——的理论与方法来诠释名辩是扩展"名辩逻辑化"的又一个途径,但这一做法并非始于本阶段。历史地看,在提高与发展阶段,沈有鼎就已经开始应用现代逻辑的方法来研究墨辩,以使其中包含的逻辑内容得到更为清楚的解释与展现。例如,用公式 $a\cup a=a$ 来刻画"'彼此彼此'与'彼此'同"等所代表的古汉语中二名并举形式的逻辑本质;用数理逻辑的工具来分析"言尽悖"、"非诽"的错误;着眼于关系命题的本质来疏解"兼爱相若……其类在死蛇”的含义,等等。[1] 又如,在复苏与推进阶段,莫绍揆曾运用数理逻辑的观点对《小取》的基本概念及其体系进行了分析和整理,尤其是运用公式对出现于推理过程中的“是而然”、“是而不然”、“不是而然”、“一周而一不周”和“一是而一非”等五种情形进行了分析,认为“是而然”是正常现象,其余四种为不正常现象。[2]

在反思与深化阶段,诸葛殷同提出以现代逻辑的工具、方法和观点来研究中国古代逻辑,是提高中国逻辑史研究水平的关键之一。在他看来,逻辑研究是科学研究,而逻辑史研究是元科学的研究。现代人研究中国古代逻辑,必须有一套现代人的工具、方法和观点。当然,用新工具、新方法、新观点来研究中国古代逻辑,不应该理解为贴时髦标签,以至于歪曲利用新的科学知识;也不应该由此得出结论说任何一种新的逻辑分支、新的学科,中国都古已有之。如果把传统逻辑作为唯一的研究工具,排斥现代逻辑的理论与方法,就难以对中国逻辑史上的某些材料做出准确的解释与评价。例如,《小取》的“侔”与《韩非子》的“矛盾之说”涉及的都是关系命题,而传统逻辑主要属于一元谓词逻辑,主要讨论直言命题及其推理,并没有关于关系命题及其推理的系统理论,即二元或多元谓词逻辑。显然,对这些材料的解释和评价必须依赖于现代逻辑。[3]

此外,张家龙对名辩与逻辑的关系,以及运用现代逻辑来研究名辩

[1] 参见沈有鼎:《墨经的逻辑学》,第26—27、15—16、33—34页;亦可参见诸葛殷同:《关于中国逻辑史研究的几点看法》,《哲学研究》,1991年第11期,第81页。

[2] 参见莫绍揆:《〈墨子·小取〉篇逻辑的体系》,《中国逻辑思想史论文选(1949—1979)》,第427—438页。此文原系提交给1978年第一次全国逻辑讨论会的论文,后又收入《数理逻辑初步》,上海:上海人民出版社,1980年,第162—171页。程仲棠对莫氏的这一分析提出了质疑,认为其中包含着用合取式而非蕴含式来刻画推理、用自相矛盾的公式来表述推理过程等问题,参见《从诠释学看墨辩研究的逻辑学范式》,《学术研究》,2005年第1期,第54—55页。

[3] 参见诸葛殷同:《关于中国逻辑史研究的几点看法》,《哲学研究》,1991年第11期,第81页。

也进行了较为自觉的考察。他认为：

> 中国名辩学主要有两部分，一部分属于形式逻辑，另一部分属于非形式逻辑。对于形式逻辑部分应当采用现代逻辑的方法进行研究。这种方法叫做“人体解剖法”。马克思说：“人体解剖对于猴体解剖是一把钥匙。”用现代逻辑这把钥匙去开启古代逻辑之锁，这样才能深刻地认识古代逻辑的成果所表露的当代成果的征兆，才能进一步发掘古代逻辑的成果，才能对古代逻辑的成果作出科学的解释，才能对古代逻辑的成就及其缺陷作出科学的评价，才能澄清对古代逻辑成果的种种误解。[1]

此即说，名辩的本质就是中国古代逻辑，包括形式逻辑与非形式逻辑两部分内容；不同的内容，应该用不同的逻辑工具去加以解释和评价；对于名辩的形式逻辑之维，应该站在逻辑发展的高级阶段，运用现代逻辑对其进行更为科学的解释和评价。例如，他尝试用谓词逻辑的工具来刻画和分析《小取》所说的“侔”式推论：“白马，马也；乘白马，乘马也。”如果用“S”表示“__是白马”，“P”表示“__是马”，“R”表示“__乘__”，“M”表示“__是人”，“∀”表示全称量词，“∃”表示存在量词，“→”表示蕴涵，“∧”表示合取，则上述“侔”式推论的推理形式可写成：

$$\frac{\forall x(Sx \rightarrow Px)}{\forall x[(Mx \rightarrow \exists y(Sy \wedge Rxy)) \rightarrow (Mx \rightarrow \exists y(Py \wedge Rxy))]}$$

可以证明，上述推理是有效的。这样，借助现代逻辑的工具，原有推理的本质和规律就被揭示了出来。又如，在以往的研究中，论者往往用传统逻辑关于词项的周延性理论来解释《小取》所说的“一周而一不周”，颇多牵强比附之处。经过谓词逻辑工具的整理，张家龙认为这一思想并不是在论述直言命题中词项的周延性问题，而是在关系命题中如何准确使用量词的问题，从而纠正了原来在传统逻辑范围对这一思想的

[1] 张家龙：《论〈墨经〉中“侔”式推理的有效式》，《哲学研究》，1998 年增刊，第 41 页。

误解。

张清宇从弗协调逻辑的角度对邓析“两可之说”的解读，也代表了本阶段扩展“名辩逻辑化”的一种尝试。关于逻辑史研究与其研究工具之间的关系，张氏认为：

> 逻辑研究常常需要从逻辑史中寻求启示。但逻辑史的研究有使用什么样的逻辑工具的问题，逻辑工具不同往往会得到不同的甚至完全相反的结论。……要澄清、理解、阐明历史上的逻辑思想，使其中有价值的东西发扬光大，光靠传统逻辑是肯定不够用的，甚至加上数理逻辑的两个演算也许还是不够用的，还需要有哲学逻辑和自然语言的语义分析等方面提供的逻辑工具。[1]

效仿西方逻辑史研究的成功经验，他尝试从弗协调逻辑的观点来讨论邓析的“两可之说”。在他看来，邓析对相互否定的两个命题——当买而可不买，买与不买两可；当卖而可不卖，卖与不卖两可；一买一卖斯成事理而可不买或不卖，一买一卖与不买或不卖两可——的同时认可，如果站在协调逻辑的角度，是无法理解的，难免被指责为诡辩，但如果站在弗协调逻辑的立场上，则是相当自然的事情。他还大胆提出，与西方现代逻辑沿着形式化方法从协调向弗协调发散不同，中国古代逻辑（先秦逻辑）则是沿着直观方向从弗协调向协调收敛。但无论是从协调走向弗协调，还是从弗协调走向协调，都会有一场二者之间的争论。弗协调逻辑学家为摆脱协调性束缚所作的争论可以说是辩者与墨家争论的现代反响。

正是有见于沈有鼎、莫绍揆、张家龙等学者用现代逻辑的工具来研究墨辩所取得的成绩，杨武金对“名辩逻辑化”的信心跃然纸上：“《墨经》中所讨论的许多逻辑问题，也许在西方传统逻辑或者亚里士多德

---

[1] 张清宇：《邓析“两可之说”的弗协调逻辑态度》，中国社会科学院哲学所逻辑室编：《摹物求比——沈有鼎及其治学之路》，第292页。

逻辑中得不到解释,但它可以在现代逻辑中得到解释,有些问题也许在今天得不到完满的解释,但总有一天会得到解释。"[1]当然,这里所说的以逻辑释名辩已不再局限于传统形式逻辑这一种工具,而是运用包括现代逻辑在内的多种逻辑工具来诠释名辩,以便能够更为全面与准确地把握中国古代逻辑的多重内涵。

(四) 辩证逻辑与名辩

在前一阶段,汪奠基、冯契、陈孟麟、何应灿、孙中原、李元庆以及温本《教程》的作者等在诠释名辩的逻辑义理时,坚持形式逻辑与辩证逻辑并重的原则,已在不同程度上兼顾了形式逻辑与辩证逻辑思想在中国的发生发展。这说明在形式逻辑之外,辩证逻辑也被相当一批学者认为是"名辩逻辑化"的题中应有之义。[2] 在这方面,冯契的工作尤其值得一提。

作为我国辩证逻辑研究的先驱者、倡导者和推动者,[3]冯契不仅高度重视对辩证逻辑基本原理的研究,而且对辩证逻辑思想在中国古代的形成与发展进行了全面梳理与深入考察。1970 年代末 80 年代初,在撰写《中国古代哲学的逻辑发展》时,他就将辩证逻辑的理论与方法应用于对先秦名辩所含辩证逻辑思想的发掘与整理。根据他的解释,《老子》第一个提出了辩证逻辑的否定原理"反者道之动"以及"正

---

[1] 参见杨武金:《墨经逻辑研究》,第 10 页。

[2] 关于中国古代逻辑是否包含辩证逻辑的内容,或者说,能否把辩证逻辑作为工具应用于中国逻辑史研究,至今仍然是一个颇多争议的问题。对此问题的不同回答,往往反映了回答者在逻辑观上的不同主张。否定辩证逻辑是逻辑科学一个合法分支的学者,往往对这一问题持消极甚至反对的态度,而认同辩证逻辑是逻辑科学一个合法分支的学者,则认为中国古代逻辑包含有丰富的辩证逻辑内容,应该把辩证逻辑在现当代所取得成果转化为方法去发掘和整理中国古代辩证逻辑。

[3] 参见彭漪涟:《序论》,《冯契辩证逻辑思想研究》,上海:华东师范大学出版社,1999 年,第 1—28 页。此序论的一个未删节版可以参见彭漪涟:《冯契——我国辩证逻辑研究的先驱者和倡导者:兼论冯契对我国辩证逻辑科学发展的重大贡献》,《上海社会科学院学术季刊》,1996 年第 2 期,第 90—98 页。

言若反”的表述方式。中国古代逻辑的辩证逻辑在荀子那里已初露雏形。荀子认为名、辞、辩说都是同一之中包含差异，进行辩说应该“不异实名以喻动静之道”；提出逻辑思维贵有“辨合”、“符验”的特点，阐述了辩证逻辑方法论的基本原理——分析与综合的统一、理论与事实的统一；要求“以道观尽”和“解蔽”，即从道的观点全面地看问题，对各种谬误观点进行分析批判；主张“以一行万”，要求个别与一般、归纳与演绎的统一。[1]

当然，冯契对中国古代辩证逻辑思想的历史考察并不仅限于先秦名辩，也不仅限于先秦时期，他还系统梳理了中国古代辩证逻辑思想在秦汉以后的进一步发展以及在明清之际的总结。正如彭漪涟所指出的，“要从卷帙浩繁的古代哲学和科学典籍中勾画出这样线索清晰、脉络分明、释义准确、评判公允的轮廓，是一件多么困难、艰巨而又有重大学术价值的工作，更何况这是一件前无古人的学术垦荒式的工作”，冯契的贡献“不仅为我们从事中国古代辩证逻辑思想的研究开辟了道路，奠定了基础，而且，也为我们如何从中国古代辩证逻辑思想的发展中吸取有价值的思想，概括有关辩证逻辑的原理，以丰富现代辩证逻辑科学的内容，指明了线索，提供了范例。”[2]这后一方面的贡献集中表现在他创造性地发展了先秦名辩的相关思想，提出了一个以类、故、理为骨架的逻辑范畴体系。

在1996年出版的《逻辑思维的辩证法》中，冯契提出，中国古代哲学家所提出的最主要的逻辑范畴就是类、故、理。《大取》讲“夫辞以故生、以理长、以类行”，强调任何一个逻辑推论都是“三物必具”，包含有类、故、理三个范畴。《正名》提出“辨异而不过，推类而不悖；听则合文，辩则尽故；以正道而辨奸，犹引绳以持曲直。”讲的也是类、故、道三

[1] 参见冯契：《中国古代哲学的逻辑发展》（上册），第371页。
[2] 参见彭漪涟：《冯契辩证逻辑思想研究》，第20页。

个范畴,其中所说的“正道”含义虽广,但包含逻辑规律之“理”则是肯定的。按冯契之见,后期墨家、荀子等把逻辑范畴分为类、故、理三组,与西方哲学史上康德、黑格尔、恩格斯和列宁等对逻辑范畴的认识是一致的。有见于此,他指出:

> 古人既然已提出类、故、理的范畴,说明古人也已经具体而微地把握了逻辑范畴的体系。一个初生的婴儿已经具有成人的雏形,甚至一个胚胎也应该承认它完整地具备了一切发展要素的萌芽。达到发展的高级阶段进行批判总结的时候,往往好像是出发点的复归,正如老子所说的“复归于婴儿”。我们用类、故、理作为逻辑范畴的骨架,这好像也是出发点的复归。[1]

正是从这一认识出发,冯契立足于客观辩证法、认识论和逻辑的统一对以类、故、理为骨架的范畴体系进行了安排。[2] 简言之,关于“类”的范畴,主要包括同异与差别,个别、特殊与一般,整体和部分,质和量,类和关系;关于“故”的范畴,主要有因果关系和相互作用,条件和根据,实体和作用,内容和形式,客观根据和人的目的;关于“理”的范畴,主要包括现实、可能和必然,必然和偶然,目的、手段和当然,必然和自由。

从认识论的角度来说,察类、明故、达理是认识过程的必经环节,察类是知其然,明故是知其所以然,达理则是知其必然和当然。这就是说,认识是从现象到本质,由感性到理性,由不甚深刻的本质到更加深刻的本质,由不很全面地把握对象到更加全面地把握对象这样一个不断深化、不断扩展,以至无穷的辩证运动过程;也就是逻辑思维通过类、故、理等主要范畴的矛盾运动来具体把握客观实在的本质及其规律性的过程。按彭漪涟之见,冯契所提出的这个逻辑范畴体系是近几十年

---

[1] 冯契:《逻辑思维的辩证法》,第322页。

[2] 关于这一范畴体系的主要范畴及其辩证推演秩序,可参见冯契:《逻辑思维的辩证法》,第325—393页。

来中外哲学史上所能见到的一个最能体现辩证唯物主义一系列基本原理的要求的逻辑范畴体系，也是对包括先秦名辩话语对逻辑范畴的认识在内的中外哲学史上的相关研究成果的科学总结和创造性发展。[1]

总体来看，面对部分学者以拒斥“名辩逻辑”、否定“名辩逻辑化”、改变“据西释中”作为反思与深化名辩研究的诉求，也有相当一批学者虽然赞成这些学者对以传统形式逻辑来解释和重构中国古代逻辑所存在问题的批评，但他们并不主张彻底抛弃以逻辑释名辩的研究进路，而是通过自觉或不自觉地区分“传统逻辑”与“古代逻辑”，尝试在传统形式逻辑之外，根据名辩的不同内容来寻找相应的逻辑工具，以期发现把名辩与逻辑联系起来的新的可能性，从而不仅有助于更为全面和准确地认识名辩的逻辑内涵，也有助于更为完整地把握“名辩逻辑化”的实现方式。

三、“名辩逻辑化”的辩护与中国逻辑史的学科合法性

无论是拒斥“名辩逻辑”、否定“据西释中”还是对以逻辑释名辩的进路进行扩展，都程度不等地反映出对“名辩逻辑化”的一种批判或修正的立场。不过，在本阶段也有一些学者对这种修正或批判进行了多方面的驳斥，从不同角度对“名辩逻辑化”的构想及其具体成果进行了辩护。

（一）驳墨经逻辑乃“论辩逻辑”、“非形式逻辑”或“前形式逻辑”之说

有见于部分学者对通过中西对比来研究名辩或名辩逻辑的批评，周云之在1989年即撰文重申在中国逻辑史研究中坚持科学的对比研究的重要性。他以近代以来的历史经验为例指出，从一开始中国逻辑

[1] 参见彭漪涟：《冯契辩证逻辑思想研究》，第241—256页。

史研究就是通过与西方逻辑、印度因明的对比研究来进行的,不仅梁启超的墨辩研究是如此,胡适、郭湛波、虞愚等人的名辩研究亦是如此。1949 年以后,沈有鼎、詹剑峰等继续将中西对比的方法应用于墨辩研究:

> 他们把以形式逻辑为工具的对比研究提高到了一个更加自觉的阶段,并且基本上是按照今天传统逻辑的体系,用传统逻辑的基本知识去发掘、研究、分析,概括墨家或《墨辩》中的逻辑思想的,这就为我们了解《墨辩》或墨家逻辑提供了一个比较完整的概貌和相当具体的内容。[1]

很明显,周氏所理解的对比研究,与曾祥云、张斌峰所说的比较研究,崔清田所说的“据西释中”本质上是一致的,即以传统形式逻辑来诠释名辩进而重构中国古代逻辑的“名辩逻辑化”研究构想。他进一步指出,五卷六册《中国逻辑史资料选》、五卷本《中国逻辑史》以及杨本与温本《教程》这些 1980 年代中国逻辑史研究标志性成果,也都是以传统形式逻辑为指导和范式的。

周云之强调,不能因为在具体研究中存在着论证不充分、表述不清楚或不准确的地方,就把中西逻辑之间的对比研究简单地说成是“生搬硬套”,进而怀疑或否定这种方法。他提出,要科学地把握对比研究,必须明确如下三点:第一,必须站在现代逻辑的水平上去研究、分析、评价中国古代逻辑的实际内容和真正水平;第二,中西逻辑的对比研究,主要是把中国古代逻辑与今天西方的传统逻辑进行对比,而不限于同时代的中西逻辑;第三,坚持对比研究,决不等于否认中国古代逻辑的特点。基于这一认识,他认为,开展包括名辩逻辑研究在内的中国逻辑史研究,必须坚持“以现代逻辑为工具,以形式逻辑为主要领域,

---

[1] 周云之:《中国逻辑史应坚持科学的对比研究》,《哲学动态》,1989 年第 4 期,第 39 页。

以对比研究为基本方法”,那些“怀疑、贬低或否定中国逻辑史的对比研究方法,除了使中国逻辑史的研究摆脱现代逻辑的指导以外,只能有助于得出中国无逻辑的结论,其他是不会有任何积极意义的。”[1]

针对赵继伦、俞瑾等人放弃传统形式逻辑的视角转而尝试从论辩逻辑、非形式逻辑等角度来诠释墨辩的做法,周云之指出:

> 作为一门严格意义上的逻辑科学,只能主要是指研究推理形式的形式逻辑。事实上根本不存在所谓非形式逻辑的“论辩逻辑”或“论证逻辑”。
>
> 所谓的“非形式逻辑”根本不是什么逻辑的新学科,而是自我标榜为关心和研究实际思维的杂谈,至多只是包含了逻辑应用或综合学科、边缘学科的一点点影子而已。[2]

作为逻辑的一个分支,非形式逻辑兴起于 1970 年代的北美地区,1980 年代末 90 年代初开始传入中国。这就是说,在赵继伦、俞瑾提出从非形式逻辑角度来诠释墨辩之时,其实还没有多少汉语文献对非形式逻辑的学科性质、历史发展和主要论题进行了充分的介绍。[3] 在此情况下,由于缺乏对非形式逻辑的准确认知,周云之否认论辩逻辑、非形式逻辑的存在无疑是一个错误的判断。[4]

由于对墨家辩学的形式逻辑性质坚信不疑,周氏把《墨经》的“辩”

---

[1] 参见周云之:《中国逻辑史应坚持科学的对比研究》,《哲学动态》,1989 年第 4 期,第 39—41 页。

[2] 周云之:《〈墨经〉逻辑是中国古代(传统)形式逻辑的杰出代表——评所谓“论辩逻辑”、“非形式逻辑”和“前形式逻辑”说》,《孔子研究》,1992 年第 2 期,第 50、54—55 页。

[3] 关于非形式逻辑的学科性质、历史发展和主要论题,可参见武宏志、周建武、唐坚:《非形逻辑导论》,北京:人民出版社,2009 年。

[4] 在《〈墨经〉逻辑是中国古代(传统)形式逻辑的杰出代表》一文中,周云之在否认非形式逻辑的合法性时,特别对阮松的一篇介绍非形式逻辑的文章进行了驳斥(第 54 页)。当然,这种驳斥反映了周氏对非形式逻辑的错误认识。参见阮松:《非形式逻辑的兴起及其哲学意蕴》,《哲学动态》,1991 年第 7 期,第 32—35 页。

解释为"辩"限于同一主项(同一事物或同一命题)的是非之争,即必须限于一对矛盾命题的是非之争,即仅限于命题和推理的形式关系(真假关系),故认为《墨经》关于"辩"的定义完全属于形式逻辑的对象和范围。不仅如此,他又援引三个论据——"说知"揭示了演绎推理在形式上的蕴涵关系和逻辑上的必然性质,"三物论式"揭示了演绎推理的基本形式结构,"止"与"侔"两种直接推理完全是一种推理的形式关系——最终得出结论:"《墨经》中已经提出了相当丰富和具有相当科学价值的形式逻辑的思想、理论,因此墨经逻辑绝不是以辩胜或求真为原则的所谓'论辩逻辑',更不是什么'非形式逻辑'。"[1]

此外,有部分学者主张《墨经》主要从语义和语用的角度来研究名、辞、说,因而属于语言逻辑;同时,由于这种语言逻辑以自然语言为载体,故不属于形式逻辑而属于非形式逻辑,并可称作"前形式逻辑"。[2] 对此,周云之强调他并不一般地反对"前形式逻辑"的提法,但认为需要对这一概念进行辨析。如果"前形式逻辑"指的是形式逻辑的前期阶段,即形式逻辑的非形式化阶段,这是可以接受的,毕竟它还属于形式逻辑的范畴;如果"前形式逻辑"被等同于"非形式逻辑",则不可接受。在他看来,"墨经逻辑是中国古代最高水平的(传统)形式逻辑,而不是什么初级阶段的'前形式逻辑'。"[3]

总体而言,对于将传统形式逻辑之外的各种逻辑理论和工具应用

---

[1] 周云之:《〈墨经〉逻辑是中国古代(传统)形式逻辑的杰出代表》,《孔子研究》,1992年第2期,第55页。针对周云之的批评,俞瑾进行了回应,认为周氏这种对形式逻辑以外的逻辑类型采取"不承认主义"的态度难免失之偏颇。参见俞瑾:《中国逻辑史研究之误区》,《逻辑与语言论稿》,第55—56页。

[2] 周云之在相关论文中并未明确说明持有这一观点的学者究竟是谁。据笔者对其论文相关论述的分析,这些学者可能是蔡伯铭、李先焜等。参见周云之:《再论中国逻辑史的对象和方法》,《哲学研究》,1991年第6期,第48页;《〈墨经〉逻辑是中国古代(传统)形式逻辑的杰出代表》,《孔子研究》,1992年第2期,第55页。

[3] 参见周云之:《〈墨经〉逻辑是中国古代(传统)形式逻辑的杰出代表》,《孔子研究》,1992年第2期,第55页。

于包括名辩逻辑研究在内的中国逻辑史研究，周云之持一种比较犹豫甚至是自相矛盾的立场。前面已经提到，他强调必须站在现代逻辑的水平上去研究、分析、评价中国古代逻辑的实际内容和真正水平，甚至说“数理逻辑是提高中国逻辑史研究水平更有效的方法和途径”，但他又认为这一做法根本否定了用传统形式逻辑研究中国古代逻辑史的价值，否定了中国逻辑史研究的现有成果。因为利用数理逻辑“可能造成盲目地、不严格地使用数理逻辑方法的后果，甚至引出随意拔高或过分贬低中国古代逻辑的片面结论”。[1]

（二）《先秦名辩逻辑指要》：探索先秦逻辑理论体系的新进展

面对种种质疑、修正或否定“名辩逻辑化”的言论，周云之坚持认为用传统形式逻辑诠释名辩并借此来研究中国古代逻辑是一种科学而有效的方法：

> 就现在已经发掘出来的中国古代的逻辑思想与理论，还没有不可以用传统逻辑的原理加以分析、解释的。尤须指出的是，既然中国古代的逻辑思想都是用自然语言表述的逻辑，基本上属于传统逻辑的内容和范围，因此用传统逻辑的理论来研究、分析中国古代的逻辑，往往更容易切合中国古代逻辑思想的特点和内容。[2]

需要指出的是，1990 年代的名辩逻辑研究并没有简单重复 1980 年代所取得的成果。按周氏之见，如果说“名辩逻辑化”在复苏与推进阶段更多地表现为一种纵向的、历时态的研究，即系统建构名辩逻辑的发生发展史或者以传记形式独立介绍每一位思想家（或著作）的名辩逻辑思想，那么在反思与深化阶段就更多地转向了一种横向的、共时态的

---

[1] 周云之：《再论中国逻辑史的对象和方法》，《哲学研究》，1991 年第 6 期，第 50 页。诸葛殷同对周氏的这一犹豫甚至自相矛盾的立场进行了分析和回应，参见诸葛殷同：《关于中国逻辑史研究的几点看法》，《哲学研究》，1991 年第 11 期，第 80—81 页。

[2] 周云之：《再论中国逻辑史的对象和方法》，《哲学研究》，1991 年第 6 期，第 50 页。

研究,即立足于“名辩”的理论义“来研究、介绍中国古代在名辩逻辑理论方面所取得的丰硕成果,这样就可以使我们能从总体上了解到我国古代名辩逻辑的主要理论贡献,从而更加确认中国古代名辩逻辑在世界逻辑思想发展史上的贡献和地位,确认中国古代的名辩逻辑是世界三大逻辑的源流之一”。[1] 周云之于1993年出版的《先秦名辩逻辑指要》(以下简称“《指要》”)一书就是体现这一研究思路的重要成果。

此书对于“名辩逻辑化”的研究构想具有非常自觉的意识。就名辩与逻辑的关系说,在1988年的《试论先秦名辩逻辑在理论上的主要贡献》一文中,周云之就继《先秦逻辑史》之后重申了名辩与逻辑的本质同一性,将名辩学视为中国本土逻辑的具体形态:“作为与西方亚氏逻辑和印度因明并列而称的中国古代土生土长、独自创立的逻辑学说,我们称之为名辩学或名辩逻辑。”[2]《指要》沿袭了这一立场,认为“先秦名辩逻辑完全是中国土生土长的逻辑”,“把中国古代的逻辑学称作名辩学或名辩逻辑似乎更合理些”。[3] 至于名辩研究的逻辑观与逻辑史观,周云之基本重复了《先秦逻辑史》中的观点,即逻辑的多元论与形式逻辑的一元史观,强调《指要》“就是以研究和阐述先秦时期关于思维形式及其规律的思想或理论成果为主要对象和内容的。更明确地说,主要就是阐述先秦形式逻辑(名辩逻辑)的思想和理论成果。……与名辩逻辑思想的发展有密切关系的名实问题、语言问题和其他方法论问题也是我们需要论述的范围”。[4] 此外,在名辩逻辑研

---

[1] 周云之:《自序》,《先秦名辩逻辑指要》,成都:四川教育出版社,1993年,第2页。事实上,周氏在1980年代末就已经“试图从横的方面将先秦名辩逻辑的主要理论成果和突出贡献作出初步的总结和概要的介绍”。参见周云之:《试论先秦名辩逻辑在理论上的主要贡献》,《社会科学战线》,1988年第3期,第84—91页。

[2] 周云之:《试论先秦名辩逻辑在理论上的主要贡献》,《社会科学战线》,1988年第3期,第84页。

[3] 周云之:《先秦名辩逻辑指要》,第296页。

[4] 同上,第7页。

究的方法论、先秦名辩逻辑发展的基本线索与主要阶段等问题上，无论《指要》是在重复《先秦逻辑史》的理解还是在借鉴五卷本《中国逻辑史》的看法，均可以从中发现“名辩逻辑化”范式的深刻影响。

从研究方法的角度看，《指要》一书最大的特点就是不满足于名辩逻辑的历史书写，而要尝试建构先秦名辩逻辑的理论体系，即“按照今天传统逻辑的教学结构，从概念、命题、推理、论证和规律等几个方面来论述和介绍先秦名辩逻辑的主要理论成果”。[1] 周氏对先秦名辩逻辑的理论体系的建构，不能不令人想起 1925 年吴熙所提出的“把我国固有的各家整理一下，创出一种‘中国名学’来”的研究设想。[2] 这个设想可以说是对建构中国本土逻辑理论体系这一目标的第一次明确表述。此后，这一目标在章士钊的《逻辑指要》中率先得到了部分的实现，即“以欧洲逻辑为经，本邦名理为纬”，将名辩材料收容于西方逻辑的框架之中。不过，由于章氏的目的是要“为此科开一生面”，即促成逻辑理论或逻辑教材在取材范围与叙述方式上的革新，因此严格说来中国本土逻辑的理论成就在《逻辑指要》中并没有得到体系化的呈现。在 1949 年以后，沈有鼎、詹剑峰对墨经逻辑体系进行了新的探索，前者以《小取》为基础，初步完成了对墨经逻辑的富于理论细节的体系化重构；后者效仿章士钊，按照当时形式逻辑的理论体系作来剪裁、诠释和安排墨辩文本。

正如周云之在《指要》自序中所说的，他对先秦名辩逻辑横向体系的探索直接受到了章士钊的影响。“《逻辑指要》一书，开创了以西方逻辑的体系为纲（经），以中国古代的名辩思想为例（纬）的著述先例和教学方法，得到过不少人的好评。”但是，由于该书在介绍名辩逻辑理论成果的广度与准确性方面已远不能反映 1980 年代以来中国逻辑史

[1] 周云之：《自序》，《先秦名辩逻辑指要》，第 3 页。
[2] 吴熙：《荀子的名学》，《学生杂志》，1925 年，第 12 卷第 9 期，第 36 页。

研究的进展和水平，于是周氏“便很想学习章士钊先生的某些方法，写一本以西方传统逻辑体系为纲，总结中国古代名辩逻辑在理论上的主要成果的新的《指要》一书”。值得一提的是，他撰写此书的目的之一也跟章士钊类似，即“结合讲述或对照介绍一些中国古代名辩逻辑在概念、命题、推理、论证、规律等方面的理论见解和学术成果，使我们在传统逻辑的普及和教学中摆脱某种‘言必称希腊’的被动处境”。[1]

通过对先秦名辩逻辑理论体系的探索，周云之得出了如下三点结论：[2]

首先，先秦名辩逻辑是一个以正名为重点，包括名（概念）、辞（命题）、说（推理）、辩（论证）和逻辑基本规律在内的相当完整的理论体系。基于对这一体系的认识，把先秦逻辑称作“名学”不免有失简单，称作“辩学”未尝不可，“但为了突出以正名为重点，把中国古代的逻辑称作名辩学或名辩逻辑似乎更合理些。”

其次，先秦名辩逻辑是中国土生土长的逻辑，其开拓、发展和形成完全是中国古代文化的结晶。其理论成果和贡献相当丰富，部分成果在今天也具有相当科学的水平，完全可以与亚里士多德逻辑和印度因明相媲美，因而无愧为世界逻辑思想发展的三大源流之一。

再次，先秦名辩逻辑的开拓、发展和创立，虽然历经三百余年，各家（特别是名、墨、儒、法等家）都对名辩逻辑作出了相应的贡献。但是，就整个理论体系的形成和完善而言，只有《墨辩》才全面总结了名、辞、说、辩的具体形式和逻辑规律，其他任何一家都无法跟后期墨家相提并论。

如果说上述三点结论差不多与上一阶段名辩逻辑史研究的成果殊途而同归，那么《指要》一书的得失则更多地与“名辩逻辑化”的研究构

---

[1] 参见周云之：《自序》，《先秦名辩逻辑指要》，第1—2页。

[2] 详见周云之：《先秦名辩逻辑指要》，第296—298页。

想及其实践有关。积极地看,《指要》自觉地将“名辩逻辑化”付诸研究实践,以传统形式逻辑的理论框架剪裁、诠释和安排先秦名辩材料,对先秦名辩逻辑的理论体系进行了探索与建构。从《指要》的目录可以看出,这个体系的章节安排完全是按照传统形式逻辑的框架依次展开的,在这些章节之下填充的则是先秦名辩的相关材料。例如,第三章第三节关于“辞”的对当关系,就详细罗列了《墨辩》论“或谓之是,或谓之非”的矛盾关系,“此其然”与“不然者”、“此其不然”与“其然者”的矛盾关系,“且”与“止且”的矛盾关系,以及“此其然”与“是其然”、“此其不然”与“疑是其然”的差等关系等内容。第四章第二节关于演绎推理(论证)的基本性质和方法,则具体包括墨子的“三表说”中的立论原则和方法、惠施论“同中辨异化”的推理方法、《墨辩》论“说”式推论的基本性质以及“三物论式”等内容。无论是从理论体系自身的完备性看,还是就涵盖先秦名辩材料的丰富性说,《指要》一书都可以说把章、沈、詹等人探索中国本土逻辑理论体系的工作推向了极致。面对相当一批学者在本阶段对“名辩逻辑化”范式的质疑、修正或否定,周氏坚持以传统形式逻辑来诠释先秦名辩进而尝试建构中国本土逻辑的理论体系,表现出了为以逻辑释名辩进行辩护的理论勇气与可贵努力。

消极地说,《指要》一书也存在着明显的问题。就研究方法而言,以传统形式逻辑的理论框架来发掘、概括和总结先秦名辩逻辑的理论成果与贡献,其实质是“名辩逻辑化”,而后者的目的旨在证成中国本土有逻辑,且名辩逻辑能够与古希腊逻辑、印度因明鼎足而立成为世界三大逻辑源流之一。受此目的影响,对先秦名辩逻辑横向体系的建构,就更多地表现为在先秦名辩与传统形式逻辑之间进行求同性研究,即通过寻找二者在术语、理论和方法之间的对应与一致来证成先秦名辩已对传统形式逻辑所关注的一系列问题进行过体系化的考察。对于名辩研究而言,这一做法的问题至少有二:

第一,以名辩逻辑研究置换了名辩研究。一方面,《指要》忽视了去把握先秦名辩得以产生和发展的具体社会历史文化环境，未能结合社会史、经济史、政治史以及文化史等学科来考察社会、经济、政治、文化诸因素如何推动了先秦名辩的形成与发展，如何影响到先秦名辩诸论题的提出与各家各派的主张与争辩，如何关联着先秦名辩的社会效应，等等。另一方面，忽视了结合相关的宇宙论、本体论、认识论、伦理学、政治学、语言学、科学技术史等学科对先秦名辩固有的实质性体系进行梳理与提炼，从而导致展开于"名辩逻辑化"范式下的先秦名辩研究尽是逻辑，难见名辩。

第二，由"名辩逻辑化"所得到的先秦名辩逻辑的横向体系与先秦名辩之间实质上是一种外在关系。这种借助相当于一个先验框架的传统形式逻辑来剪裁、诠释和收容名辩材料所得到的体系，很难说反映了先秦名辩相异于古希腊逻辑、印度因明的独特个性，很难讲是对先秦名辩的圆融阐释。事实上，《指要》在用传统形式逻辑来诠释名辩文本时就存在着为数不少的误区，如主观随意，牵强附会，曲解古文原意；断章取义，剪裁拼接，让史料适合预定的尺寸；为古人捉刀，代圣贤立言，把自己的认识强加于古人；将逻辑方法的运用与逻辑理论的研究混为一谈，等等。[1]

要言之，周云之撰写《先秦名辩逻辑指要》，其目的除了要建构先秦名辩逻辑的横向体系，还希望能将先秦名辩逻辑的主要理论成果纳入传统形式逻辑的体系之中，借此来改变在传统形式逻辑的教学与普及方面所存在的某种"言必称希腊"的处境。周氏的这部著作是否对当代中国的传统形式逻辑的教学与普及产生了实质性的影响，笔者不敢妄下断言，但就其所建构的先秦名辩逻辑的横向体系而言，显然并没

---

[1] 参见俞瑾：《中国逻辑史研究之误区》、《中国逻辑史研究之误区（续编）》，载《逻辑与语言论稿》，第54—85页。俞氏所揭示的这些研究误区虽然不是直接针对《先秦名辩逻辑指要》一书，但其中所分析的13个案例均以不同形式存在于《指要》之中。

有完全摆脱“言必称希腊”、“言必称西方”的处境。

（三）《名辩逻辑提纲》：中国逻辑的横向体系

与周云之类似，周文英也通过对中国逻辑横向体系的探索在客观上为“名辩逻辑化”的方法进行了辩护。在发表于1999年的《名辩逻辑提纲》（以下简称“《提纲》”）一文中，他对“名辩逻辑”一词的结构与含义进行了说明：

> “名辩逻辑”是“名辩”与“逻辑”的复合。……“名辩”当然是突出它的中国特色，“逻辑”则是表示它在发展过程中的不断纯化、不断现代化并逐步与世界逻辑接轨。……中国逻辑导源于先秦的名辩大思潮，但却不宜单用“名辩学”来称谓它。……在“名辩”之后再加上“逻辑”二字，并无以西方逻辑为归依的意思，而只是说明中国逻辑乃是流贯古今，不断发展和不断现代化的。[1]

这段引文有以下几点值得注意：

第一，名辩与逻辑并不具有本质的同一性。他认为，中国本土逻辑虽导源于先秦名辩思潮，但后者的论题相当广泛，涉及政治观点、学术观点、方法论等内容。在卷入名辩思潮的各家各派中，仅有部分人转向一种狭义的更具逻辑色彩的讨论与研究，例如公孙龙、后期墨家、荀子等。由此，如果用“名辩学”来称呼名辩思潮的所争所论，那么中国本土逻辑也许可以叫作狭义的“名辩学”。周文英明确断言名辩思潮的论域非逻辑所能范围，不宜用“名辩学”来称呼中国本土逻辑，这不仅否定了“名辩与逻辑的本质同一性”这一预设，而且对1980年代将“名辩学”、“名辩逻辑”与“中国古代逻辑”等量齐观的普遍做法提出了修正。换言之，“名辩逻辑”一词更多的只是在指称名辩思潮的逻辑

[1] 周文英：《名辩逻辑提纲》，《周文英学术著作自选集》，第175—176页。此文最初连载于《江西教育学院学报》（社科版），1999年第2期，第7—13页；第4期，第1—10页。

之维。

第二，“名辩逻辑”中的“逻辑”一词并无以西方逻辑为归依之义。这就是说，在主观上，周文英并不打算以西方逻辑的理论和方法来发掘、诠释、安排与评价名辩的逻辑之维。

第三，“逻辑”一词强调的是“中国逻辑乃是流贯古今，不断发展和不断现代化的。”“名辩逻辑”是对中国本土逻辑的称呼，而后者不仅包括古人的创造，也包括近、现、当代学者通过对古代逻辑典籍、资料的校注、诠释、评论、推演等方式所进行的加工和创造。由此，相异于《先秦名辩逻辑指要》仅仅是对先秦逻辑体系的研究，《提纲》一文所表述的就是周文英对这一“合古今中国人之力而创造的逻辑”的理解。

与周云之对先秦名辩逻辑体系的探索受到章士钊的影响不同，周文英对中国本土逻辑横向体系的建构更多地受到了伍非百的影响。伍氏曾在《新考定墨子辩经目录》后附言曰：“尝欲分章析节，别加标题，列诸各条正文之前，如近世专科书之组织”，但“恐有窜乱古籍，妄凿垣墙之讥，屡作而中止”。[1] 正是有见于伍氏实际上是想为墨辩乃至整个中国传统逻辑再造一个体系，周文英提出，“中国传统逻辑研究的最高目标应当是伍非百先生提到的去整合出中国逻辑的横向体系‘写出如专科教科书那样的著作’。”[2]

从实质内容的层面说，周氏所理解的名辩逻辑具有如下一些特点：

首先，名辩逻辑的总体方法论是“实为基础，综核名实”。这一方法表现在概念论上就是强调“以名举实”，“审合名实”；表现在辩说理论方面就是要求在“以说出故”时，尽量不离开实事实证，演绎与归纳紧密结合。

其次，名辩逻辑的体系建构以《小取》、《正名》为代表，应该是名、

---

[1] 参见伍非百：《中国古名家言》，第16页。

[2] 周文英：《周文英学术著作自选集》，第173页。

辞、辩说连属配套的，但在实际成型过程中则以概念论和辩说论为两大支柱，并没有建构起独立的判断论。

再次，相对于西方普通逻辑体系以系统的判断论为基础，建立起了较为完备严密的演绎逻辑，但仅具有证明的功能，名辩逻辑则是一个兼具证明与认知功能的自足体系，其不足主要是疏于对许多细节问题的研究。

从研究方法的角度看，周文英对名辩逻辑横向体系的探索基本上走的还是“名辩逻辑化”的路子，即以传统形式逻辑（普通逻辑）为经，历代名辩材料为纬来建构名辩逻辑的理论体系。就前者说，他明确指出这一横向体系由绪论、概念、辩说、余论等部分构成，“每部分又以逻辑形式、逻辑方法、逻辑法则等来列项分目，这是一般逻辑教科书的框架体系。”而“西方普通逻辑体系，大体上就是见诸现今通用的逻辑教科书上的那个体系”。[1] 由此可见，虽然周文英主观上“并无以西方逻辑为归依的意思”，但他所建构出的名辩逻辑体系实质上还是一个西方普通逻辑或传统形式逻辑的框架。就后者说，由于《提纲》采用的是“以论带史”的叙述方法，因此从目录上就可以看出，各部分各项各目的具体内容就是历代相应的名辩材料。例如，“概念的类别与关系”这一目所处理的名辩材料，主要就是《正名》论名之单、兼、共、别，《经说上》论名之达、类、私以及同之重、体、合、类；“概念的定义”所叙述的内容则主要集中于对《经》《说》上篇所涉及的定义方法加以述评。

相较于周云之的《指要》，《提纲》所提供的的确还仅仅是一份关于中国本土逻辑横向体系的提纲，其体系的完备性与细节的丰富性远不如《指要》，因此难以对其作出更为具体的评价。值得注意的是，除了体系建构上受到“名辩逻辑化”范式的深刻影响，在具体论述中，该文还存在着混淆逻辑理论与逻辑实践的严重缺陷。例如，“辩说形式”一

[1] 周文英：《名辩逻辑提纲》，《周文英学术著作自选集》，第177、210页。

节的主要内容是以《韩非子》、《墨经》、陆机和王充对辩说的具体应用来揭示所谓“辩说形式化的进程”。但是,无论是《储说》推出的“经、说相配模式”,《经说下》的说明式、辨说式、论证式和辩证式等四种类型的辩说形式,还是陆机推出的三种类型的三段连珠,王充推出的证明与反驳的模式,均是周文英本人对《韩非子》、《墨经》、陆机和王充的逻辑实践的概括和提炼,而不是这些著作和思想家对辩说形式进行自觉考察后所获得的理论成果。

(四)坚持“据西释中”的比较研究与中国逻辑史的学科合法性问题

从某种意义上说,批判“名辩逻辑化”的范式,也就是去质疑甚至否定将“据西释中”的比较方法应用于名辩研究的合理性。对此,周云之颇为担忧:“怀疑、贬低或否定中国逻辑史的对比研究方法,除了使中国逻辑史的研究摆脱现代逻辑的指导以外,只能有助于得出中国无逻辑的结论,其他是不会有任何积极意义的。”[1]在曾祥云揭露近代比较逻辑研究存在的缺陷,批判“据西释中”的方法,拒斥“名辩逻辑”进而主张“中国古代无逻辑”的言论中,周氏的这一担忧似乎变成了现实。

对于曾祥云以及崔清田、张斌峰等对“名辩逻辑化”的批判,孙中原的解读与周云之的担忧颇为类似:“论证中国逻辑不存在,取消中国逻辑史,也就抹杀了中国逻辑史方向研究选题、研究生招生专业方向及学位授予的合理性,更无从讨论中国逻辑传统。”[2]综观孙氏对曾、崔、张等人相关言论的批评以及后者的回应,主要涉及如下几个问题:

---

[1] 参见周云之:《中国逻辑史应坚持科学的对比研究》,《哲学动态》,1989年第4期,第41页。

[2] 孙中原:《中国古代有逻辑论》,《人文杂志》,2002年第6期,第42页。孙氏在另一篇论文中正面地强调:“有中国古代逻辑,才能有对其进行研究的中国逻辑史学科和研究方向。没有中国古代逻辑,也不会有中国逻辑史学科和研究方向,该方向的科研选题和学位授予等都失去根据。”见孙中原:《中国逻辑史研究若干问题》,《哲学动态》,2001年第7期,第22—23页。

第一,对比较逻辑研究之缺陷的批评是否意味着必须放弃“据西释中”的方法?第二,由拒斥“名辩逻辑”是否必然得出“中国古代无逻辑”的结论,进而危及中国逻辑史的学科合法性?第三,部分学者究竟出于何种用意要否定“名辩逻辑化”?

按曾、崔、张诸位学者的理解,在近代以来的“名辩逻辑化”实践中,“据西释中”的比较研究存在的突出问题是在名辩与逻辑之间重求同,弱求异以及在二者之间牵强比附、过度诠释等。进一步追溯这些问题的成因,上述学者程度不等地强调了三方面的因素,即维护本土文化自尊、“耻于步武后尘”而“以为吾古人所尝有”的研究心态;对名辩话语缺乏全面深入的考察、对逻辑工具缺乏准确的把握;对什么是科学的比较法、什么是名辩与逻辑之间的科学比较缺乏深入的讨论。事实上,笔者在前文已多次指出,梁启超在提出“以欧西新理比附中国旧学”之初就已明确提出要尽量避免墨辩与逻辑之间的牵强比附。这就是说,近代以来中西逻辑比较研究所存在的缺陷,恰恰是“据西释中”的研究构想所明确反对的,因此不能把那些问题归结为是比较法的固有缺陷,而应该更多地从研究心态或者其他相关因素去分析其成因。

基于上述分析,要消除中西逻辑比较研究或以逻辑释名辩过程中实际存在的问题,关键就不在于彻底否定“据西释中”,而是如何完整理解与科学应用这一方法。对此,孙中原无疑是有所见的:“关键的问题不是要不要比较,比较是一定要的,只是能否正确地运用比较方法而已。”[1]在他看来,比附这种错误方法是拿不能相比的东西来勉强相比,而“‘据西释中’,中西逻辑比较,是近现代全球化趋势下中国逻辑

[1] 孙中原:《墨家逻辑的现代研究——沈有鼎贡献的意义》,《中国文化研究》,2001年秋之卷,第40页。在另一篇论文中,他表述了相似的看法:“这里唯一的分别是正确或错误地进行比较研究和据西释中,而不在于比较研究和据西释中的有无”。参见《论中国逻辑史研究中的肯定与否定》,《广西师院学报》(哲科版),2000年第4期,第31页。

研究必然要采取的科学方法”。[1] 以上述辨析为基础，孙氏强调，尽管不与实事求是和具体分析相结合，“据西释中”的比较研究可能会发生比附的错误，但“不能把中国逻辑史研究中比较研究和据西释中的正确方法，同比附的错误方法混为一谈，全盘否定前人成果。”[2]就此而言，他对曾祥云、崔清田、张斌峰等人的批评无疑是有一定道理的，即不能把比较研究中出现的比附现象完全混同于比较法本身，进而要求彻底否定“据西释中”。

至于什么样的比较才是科学的比较，孙中原只是扼要地提及要实事求是，具体分析，即坚持“同则同之，异则异之”的原则，既要看出异中之同（不同逻辑体系有相通之处），也要看出同中之异（相同逻辑有不同表现）。“如果只是简单地用形式逻辑教科书的框子来套中国的思想资料，或把中国逻辑思想仅仅变成西方逻辑的例子，就容易忽略中国逻辑思想的特点，失其‘庐山真面目’。”[3]质言之，中西逻辑之间的科学比较或者说以逻辑释名辩应该以逻辑的普遍性与特殊性为前提，坚持求同明异并重的原则，既要证成本土名辩与西方逻辑的共同性，即名辩具有普遍的逻辑本质，也要揭示二者的差异，即名辩具有相异于西方逻辑的独特个性。[4]

就名辩与逻辑的关系看，孙中原明确主张二者的本质同一性：[5]

---

[1] 孙中原：《全球化与中国逻辑研究》，《中共郑州市委党校学校》，2005 年第 1 期，第 70 页。

[2] 孙中原：《中国逻辑史研究若干问题》，《哲学动态》，2001 年第 7 期，第 22—23 页。

[3] 孙中原：《中国逻辑研究》，第 34 页。亦可参见孙中原：《试论中国逻辑史的对象和方法》，《中国逻辑史研究》编辑小组编：《中国逻辑史研究》，第 49—50 页。

[4] 参见孙中原：《中国逻辑史方法论》，《武汉科技大学学报》（社科版），2001 年第 1 期，第 1—5 页；亦可参见《论中国逻辑》，王路、刘奋荣主编：《逻辑、语言与思维——周礼全先生八十寿辰纪念文集》，第 114—121 页。

[5] 针对有人割裂荀子所谓“名”是语词与概念的统一体，孙中原指出，这种“因为 A≠B，所以 A 不是 B”的论证方式，与公孙龙“因为白马不等于马，所以白马非马”的诡辩，是一样的。“因为名辩不等于逻辑，所以名辩不是逻辑，名辩与逻辑没有同一性”的议论，也是一样荒谬。参见孙中原：《中国逻辑研究》，第 250 页。

中国古代百家争鸣和科学认识造就的名辩逻辑，与希腊逻辑、印度因明并列为世界三大逻辑传统。[1]

中国在公元前5至前3世纪的春秋战国时期，出现了诸子百家争鸣辩论的热烈场面。各家为了论证己说，诘难敌论，无不讲求争鸣的技巧、辩论的方术，于是产生了中国古代的传统逻辑形态，即所谓名辩之学。[2]

显然，“名辩之学”、“名辩逻辑”、“中国古代的传统逻辑”这些术语在孙氏看来是异名而同谓的关系。那么，从曾祥云主张拒斥“名辩逻辑”是否必然得出“中国古代无逻辑”的结论，进而危机中国逻辑史的学科合法性呢？

前文已经指出，曾祥云承认中国古代有对名、辩的研究之实，其成果即古代名辩思想（简称“名辩”），但否认中国古代有“名学”、“辩学”之称，以及“名辩逻辑”之说。[3] 在他看来，“名学”、“辩学”、“名辩逻辑”所指称的并不是完成时意义上的古代名辩，而是进行时意义上近现代学者对古代名辩的研究及其成果。其中，“名辩逻辑”指的是截至1980年代占有范式地位的“名辩逻辑化”构想以及那些自觉或不自觉受此范式影响所取得的具体理论成果，而最具代表性的就是中国逻辑史学者普遍使用“名辩逻辑”来指称中国古代逻辑。基于如上区分，曾氏主张拒斥“名辩逻辑”，旨在否定“名辩逻辑化”的构想以及在其指导下取得的理论成果，也就是去终结以逻辑释名辩的进路在近现代名辩研究中的范式地位。又由于“名辩逻辑”与“中国古代逻辑”被普遍认为是一对同义词，于是拒斥前者同时就意味着否定后者，故又有“中国

[1] 孙中原：《中国逻辑研究百年论要》，《东南学术》，2001年第1期，第29页。

[2] 孙中原：《中国逻辑研究》，第207页。

[3] 参见曾祥云：《20世纪中国逻辑史研究的反思——拒斥名辩逻辑》，《江海学刊》，2000年第6期，第71页；《还名学和辩学以本来面目——评〈名学与辩学〉》，《学术月刊》，1999年第4期，第109页。

古代无逻辑"之论,即中国古代不存在展开于"名辩逻辑化"范式之下的那种对于名辩的研究,但这绝不意味着中国古代没有作为一种历史文化存在的名辩。

需要注意的是,孙中原对"名辩"、"名辩逻辑"、"中国古代逻辑"(亦即孙氏所说的"中国固有的逻辑")的理解与曾祥云并不完全一致。我们可以借助孙氏所谓"中国逻辑的两次元研究"的提法来更准确地把握他与曾祥云在术语使用上的差别:

> 战国时中国逻辑元研究的主体是墨、儒、名等诸子百家,对象是古代应用逻辑,元语言工具是古汉语,成果是中国古代名辩学,形态是用古汉语表达古名辩,性质是第一次中国逻辑元研究。
>
> 近现代中国逻辑元研究的主体是梁启超、胡适、沈有鼎等近现代学者,对象是中国古代名辩学,元语言工具是现代语,成果是中国逻辑的现代观,形态是用现代语表达中国逻辑精华,性质是第二次中国逻辑元研究。[1]

不难发现,孙中原所说的"名辩"、"名辩逻辑"、"中国古代逻辑"是同义词,三者均指称在战国时期即已完成了的对于古代应用逻辑的研究;[2]而近现代关于名辩、名辩逻辑、中国古代逻辑的研究成果则称作"中国逻辑的现代观"。如果与曾祥云的用语相对照,孙氏所说的"名辩"、"名辩逻辑"、"中国古代逻辑"仅相当于曾氏所说的"名辩";曾氏所说的"名辩逻辑"、"中国古代逻辑"则相当于孙氏所说的"中国逻辑的现代观"。对应于孙氏所说的"古代应用逻辑",曾氏的用语为"名、辩",泛指作为古代名辩思想研究对象的跟名、辩有关的种种言行。两人在术语使用上的差别列表对照如下:

---

[1] 孙中原:《中国逻辑元研究》,《中国人民大学学报》,2005年第2期,第58页。
[2] 所谓"古代应用逻辑",更为准确的表述,似应是"古代逻辑实践"。

		曾氏术语	孙氏术语
近现代	第二次元研究	名辩逻辑/中国古代逻辑	中国逻辑的现代观
古代	第一次元研究	名辩(思想)	名辩(学)/名辩逻辑/中国古代逻辑
	对象	名、辩	古代应用逻辑

由于没有意识到与曾祥云在“名辩逻辑”、“中国古代逻辑”的所指上存在着如此深刻的差异,孙中原在很大程度上误解了曾氏的相关言论:

> 曾祥云说:“中国古代逻辑”,是“从未给出过必要论证的‘大胆假设’”,是“近代一些研究者杜撰出来的一种‘理想主义的逻辑’,是‘吾国固有’这种民族文化观念的产物,它在我国古代是根本不存在的”。“‘名辩逻辑’,不过是20世纪中国逻辑史界人为制造的一桩学术冤案,它在我国古代是根本不存在的。”“20世纪的中国逻辑史研究,赐予土生土长的‘名辩’理论,既不是弘扬,也不是发展,而是一场浩劫,一种灾难。”论证中国逻辑不存在,取消中国逻辑史,也就抹杀了中国逻辑史方向研究选题、研究生招生专业方向及学位授予的合理性,更无从讨论“中国逻辑传统”。[1]

如果能够准确理解曾氏所说的“名辩逻辑”、“中国古代逻辑”的含义,同时对两人在术语用法上的差别有清楚的意识,孙中原就应该认识到,从拒斥曾氏的“名辩逻辑”、“中国古代逻辑”出发,并不必然导致孙氏本人所理解的“中国逻辑”即“中国古代逻辑”遭到否定,也不可能有危及中国逻辑史学科合法性的问题。因为唐代印度因明的传入与发展、明清之际西方逻辑的传入、近现代中国对逻辑科学的研究,是一段不可否认的历史存在,因此以这些逻辑研究为对象的历史研究依然是成立的。换言之,中国逻辑史研究并不会因为曾祥云等人主张拒斥“名辩

[1] 孙中原:《中国古代有逻辑论》,《人文杂志》,2002年第6期,第42页。

逻辑”、主张“中国古代无逻辑”而丧失其学科合法性。

曾祥云、崔清田、张斌峰诸位学者均以不同文字表述了相同的意思，即“自梁启超于本世纪初（指20世纪初——引者注）开创‘以欧西新理比附中国旧学’的名辩研究之风以来，不仅‘名学’、‘辩学’、‘名辩学’被当成了‘中国古代逻辑’的代名词，而且我国的名、辩研究完全变成了西方传统逻辑的中国式讲述，名、辩固有的个性特质被抹煞殆尽”。[1] 由此他们否定“据西释中”、拒斥“名辩逻辑”，其目的就在于否定“名辩逻辑化”的构想以及在其指导下取得的理论成果，也就是去终结以逻辑释名辩的进路在近现代名辩研究中的范式地位。很明显，这些学者的立足点是名辩研究，他们试图改变近代以来名辩研究被名辩逻辑研究所置换的局面，还名辩以本来面目。与曾、崔、张等人不同，孙中原的立足点是中国古代逻辑研究。面对曾氏等人否定“据西释中”、拒斥“名辩逻辑”，甚至否定“中国古代逻辑”的言论，他非常担心这是否会导致他所理解的名辩、名辩逻辑或中国古代逻辑——在战国时期即已完成了的对于古代应用逻辑的研究——遭到全盘否定，是否会导致近代以来中国逻辑史研究所取得的成果遭到全盘否定，是否会危及中国逻辑史的学科合法性。[2]

再进一步看，孙氏之所以有此担心，是因为在他所谓的发生于近现代的中国逻辑第二次元研究中，作为研究对象的名辩、名辩逻辑、中国古代逻辑是同一个东西。一旦它们遭到全盘否定，被宣布为根本不存在，这就意味着中国逻辑史这一学科的主要研究对象被掏空，势必对该学科的合法性产生不可估量的消极影响。有见于此，孙中原在本世纪

[1] 曾祥云：《还名学和辩学以本来面目——评〈名学与辩学〉》，《学术月刊》，1999年第4期，第109页。亦可参见崔清田：《中国逻辑史研究世纪谈》，《社会科学战线》，1996年第4期，第10页；张斌峰：《近代〈墨辩〉复兴之路》，第270—271页。

[2] 参见孙中原：《论中国逻辑史研究中的肯定与否定》，《广西师院学报》（哲社版），2000年第4期，第28—32、64页。

初大量撰文对曾、崔、张诸位学者批评“据西释中”、拒斥“名辩逻辑”、否定“名辩逻辑化”的言论进行了驳斥。事实上，孙氏所说的中国逻辑第二次元研究，也就是通常所说的近代以来的中国逻辑史研究或名辩研究。就曾祥云等人对后者的理解说，名辩、名辩逻辑、中国古代逻辑并不是同一个东西——前者是研究对象；后两者异名同谓，是研究的结果。这就是说，名辩逻辑或中国古代逻辑只是近现代学者自觉或不自觉地受“名辩逻辑化”范式的影响对名辩所进行的主观重构，它们并非如名辩一样是完成于中国古代的一种历史文化存在。

要言之，在孙中原甚至在近现代中国逻辑史或名辩研究的主流观点看来，名辩、名辩逻辑、中国古代逻辑这三者不仅形成时间相同，而且本质也相同。针锋相对的是，按曾祥云、崔清田、张斌峰等学者的理解，名辩与名辩逻辑、中国古代逻辑，不仅形成时间不同，而且本质也不同。至此，双方针对“名辩逻辑化”范式所进行的批判与辩护已经触及迄今为止近现代名辩研究的一个根本性预设——“名辩与逻辑的本质同一性”。而要判断这一预设是否合理，就必须进一步追问：名辩的理论本质究竟该如何准确理解？名辩与逻辑之间究竟是何关系？究竟什么样的方法才是名辩研究的合理方法？等等。

第三节　从“名辩逻辑”到“名辩学”

对“名辩逻辑化”的否定、对“据西释中”的批判、对“名辩逻辑”的拒斥，最终将反思引向了“名辩与逻辑的本质同一性”这一近现代名辩研究的根本性预设。由于越来越多的学者放弃了将名辩等同于逻辑的立场，“名辩逻辑”的提法也逐渐退隐，“名学”、“辩学”、“名辩学”等术语开始以新的身份回归名辩研究。学者们通过改进比较方法、引入“历史分析与文化诠释”等方法对名辩进行了大胆的多维研究，其中不少人将关注重点从“名辩”之学派义、思潮义转向理论义，尝试对名辩学的体系进行多元重构。至此,名辩研究已不再执著于援引"名辩与逻辑的本质同一性"来证成中国本土有逻辑以维护中国文化的自尊,赢得西方文化的承认,而开始通过强调名辩之为逻辑的平等他者、突出名辩的本土特点来追求对于民族文化传统的认同。

一、"名学"、"辩学"与"名辩学"的回归

历史地看,在逻辑东渐的名辩化阶段,"名学"、"辨(辩)学"首先作为"logic"一词的译名而进入汉语学术界。这些语词在当时既不指称中国古代的名辩话语,也不含有中国本土逻辑之意,虽然它们中的"名"、"辨(辩)"等语素或多或少地与本土名辩存在着联系。由于寻找中国本土逻辑是名辩研究在近代兴起的直接动因之一,在起步与开拓阶段,名辩学者逐渐将"名学"、"辨(辩)学"与中国本土逻辑关联起来;有的甚至提出在"逻辑"与"因明"已分别专指西方逻辑与印度逻辑的情况下,应该将"名学"、"辨(辩)学"确定为指称中国本土逻辑的专有名词。随着"名辩"一词在发展与提高阶段得到普遍使用,有相当一批学者从名辩与逻辑的本质同一性出发,用"名辩学"来称呼中国本土逻辑。进入复苏与推进阶段后,"名辩逻辑"的提出标志着中国本土逻辑的理论形态得以最后定格,名辩之为中国本土逻辑的具体形态成为一种普遍的共识。值得注意的是,虽然在指称中国本土逻辑的意义上"名学"、"辩学"、"名辩学"与"名辩逻辑"异名而同谓,就1980年代的情况看,"名辩逻辑"一词在上述术语中似乎更受青睐。不过,情况在反思与深化阶段发生了倒转。

(一)墨家辩学的再认识

就个案研究而言,墨辩研究是近现代名辩研究的重镇。展开于"名辩逻辑化"范式之下的墨家辩学研究,不仅为证成中国本土逻辑之为世界三大逻辑传统之一发挥了重要作用,并且也因此而相当集中地暴露出了"名辩逻辑化"的问题与缺陷。以对墨辩之"辩"的诠释为例,

为证成中国本土也有逻辑,梁启超提出,“墨子所谓辩者,即论理学也”;[1]“西语的逻辑,墨家叫作‘辩’”;“‘墨辩’两字,用现在的通行语翻出来,就是‘墨家论理学’。”[2]此后,这一解释为不少学者所认可,支伟成、虞愚、詹剑峰、汪奠基等人都明确将“辩”解释为逻辑。[3]这种把“辩”与逻辑等量齐观的看法从一个侧面反映出“名辩与逻辑的本质同一性”预设对于“名辩逻辑化”构想的重要性。

1. 曾祥云:墨辩之“辩”不等于逻辑

曾祥云在本阶段率先对“辩”与逻辑的同一性提出了质疑。根据他对《经上》“辩,争彼也”的理解,“‘辩’是立敌双方围绕某一具体事物‘彼’的认识以形成关于‘彼’的辞的辩争过程。”[4]由此出发,“辩”与逻辑之间就至少存在着七个方面的区别:第一,对象不同。“辩”的对象是作为具体事物的“彼”,而逻辑并不以具体事物为研究对象。第二,目的不同。如果说“辩”的根本目的在于“明是非”,在于求得事实真理,那么逻辑的根本目的就在于求得逻辑真理。第三,要求不同。“辩”对于论证的要求是要有说服力,而逻辑更为关注的是论证性。影响说服力的因素除了逻辑的论证性,还包括实际辩论过程中的语言修辞、知识准备、辩论的环境、辩论者的气质风度等多重因素。第四,胜负与真假不同。“辩”有胜负之分,而逻辑的命题只有真假之别。第五,

---

[1] 梁启超:《墨子之论理学》,《饮冰室合集》(第8册),专集之三十七,第56页。

[2] 梁启超:《墨子学案》,《饮冰室合集》(第8册),专集之三十九,第35、41页。

[3] 支伟成:“墨家所谓‘辩’即西洋之‘逻辑’。”(《墨子综释》,第25页)虞愚:“辩之界说即西洋的逻辑、印度的因明也。”(《中国名学》,第70页)詹剑峰:“墨子的‘辩’是建在其他科学的基础上并使之成为一门独立的科学——形式逻辑。”(《墨家的形式逻辑》,第11页)汪奠基:“墨家所谓‘辩’就是逻辑,不必把‘墨辩’、‘逻辑’并称。”(《中国逻辑思想史》,第104页)

[4] 曾祥云:《中国近代比较逻辑思想研究》,第262页。“辩”的所指究竟为何,取决于如何理解所争之“彼”。按曾氏之见,近代以来关于“彼”的含义主要有三种观点:“非”;“一对矛盾命题”;“可以是一个事物,也可以是一个命题”。他对这些观点的述评以及他自己主张的论证,可以参见该书第264—267页。

“辩”是一种展开于主体之间的对话,而逻辑不是对话,亦无关乎主体、阶级。第六,“辩”与辩论者的心理因素直接相关,逻辑则与主体的心理因素无关。第七,“辩”与道德规范有关,而逻辑与道德伦理没有关系。[1]

有见于“辩”与逻辑并非同一个东西,曾氏指出,墨辩实际上“已经提出了一个较为完备的辩论学体系”。从形成背景看,墨家不仅重视“谈辩”,而且为推行己说积极与其他各家进行论辩。就具体内容说,《墨辩》六篇保存了大量墨家与他家相訾相应的命题,内容涉及几何学、物理学、伦理学、教育学等领域。再就《小取》开篇首段的实质看,这是“墨家辩学体系的一个总纲”,具体包括“辩”(辩论)的目的和作用、基本原则、道德要求、表述形式、组织方式、基本方法和具体方法等内容。他特别强调,“所谓‘辩论学’体系,主要是针对国内流行的《墨辩》已建立一个系统的‘逻辑学’体系这一看法而言的。”[2]

当然,主张墨辩与逻辑不具有同一性,并不意味着就彻底否定了墨辩包含有逻辑思想。按曾氏之见,墨辩虽未能建立一个独立的逻辑体系,但由于“辩”具体表现为一种对话中的证明或反驳,因此对“辩”的考察或多或少地涉及某些逻辑问题。不过,相较于亚里士多德逻辑,墨辩的逻辑之维主要有以下三个特点:首先,多元化。“辩”涉及多样的逻辑问题,墨辩所包含的逻辑思想也是多元而分散的,既无完整的逻辑系统,亦不限于某种特定的逻辑类型。其次,内涵性。“辩”并非空洞的形式结构,而是一个包含察类、明故、循理诸环节的认识客观事物的具体过程,故墨辩对“辩”所涉逻辑问题的考察就更多地表现出以对思维内容的实质分析为主的内涵性倾向。最后,类推倾向。从“类”在“三物辩式”中的重要性,“以类取、以类予”之为“说”的基本原则,以及

---

[1] 详见曾祥云:《中国近代比较逻辑思想研究》,第268—270页。
[2] 同上,第264页。

依类而推对于辟、侔、援、推等具体方法的意义，均可见墨辩的逻辑之维所表现出的类推倾向。不过，与内涵性相关，墨辩的类推与亚里士多德的类逻辑并不等同。[1]

墨家辩学代表着中国古代名辩理论的最高成就，墨辩的内容非逻辑所能范围。由此出发，曾祥云对名辩与逻辑的关系进行了重新思考，其结论便是：

> 先秦名辩思想的展开是围绕"正名"和"辩"的两条研究主线进行的，但这并不是纯粹的逻辑问题。先秦逻辑思想蕴含在名辩思想之中，始终没有建立起一个完整、独立的逻辑体系。[2]

质言之，不仅墨辩与逻辑不等同，先秦名辩与先秦逻辑也不等同，后者蕴含于前者之中。至此，曾氏从对墨家辩学的再认识出发，最终否定了名辩与逻辑的本质同一性。

2. 崔清田：墨家辩学与西方传统逻辑并不等同

在回顾近代以来基于"据西释中"的墨辩研究时，崔清田指出，"据西释中"其实就是在墨家辩学与西方传统逻辑之间进行比较研究。西方传统逻辑由亚里士多德创立，其特点在于为人们提供认识科学真理的工具，以正确思维形式及其规律为对象，以有效推理的规则为核心内容。虽然亚里士多德通过对论辩的考察在一定程度上导致了对于有效推理或论证的认识，但亚氏并不认为论辩属于逻辑的主题，因为逻辑是关于证明的科学，而证明不同于论辩。相形之下，墨家辩学旨在为论说和推行墨家的政治主张或学术见解提供工具，它以谈辩为研究对象，以谈辩的原则、方法为其基本内容。有鉴于此，崔氏强调，"墨家辩学与

[1] 曾氏对墨辩的逻辑之维更为详细的论述，可参见《中国近代比较逻辑思想研究》，第271—283页。

[2] 曾祥云：《中国近代比较逻辑思想研究》，第224页。

西方传统逻辑是目的、对象、内容、性质均不同的两种学术思想体系。"[1]

由墨辩与逻辑(西方传统逻辑)并不等同出发,崔清田进一步对名学、辩学与逻辑之间的关系进行了辨析。在他看来,名学以名为对象,以名实关系为基本问题,以正名为核心内容;辩学以谈说论辩为对象,以谈说论辩的实质及功用为基本问题,以谈说论辩的原则与方法为核心内容。就研究目的、对象、性质和内容,以及产生与发展的历史条件看,名学、辩学与逻辑之间存在着深刻的差异:

> 西方传统形式逻辑作为一种求取科学真理的"证明的学科","就其仅仅涉及形式,或更严格地说仅仅涉及完善的形式来说,是一种形式逻辑"而言,它与中国古代的名学与辩学是两回事。名学与辩学不是等同于西方传统形式逻辑的学问。[2]

这样,与曾祥云的运思进路一样,崔清田也通过对墨辩与逻辑之同一性的否定,进而否定了名学、辩学与逻辑的同一性,彻底放弃了使"名辩逻辑化"得以可能的"名辩与逻辑的本质同一性"这一根本性预设。

受到崔清田的影响,王左立也反对将名学、辩学等同于逻辑。他指出,"中国古代的名辩学包含有关于逻辑的思想,但不包含系统的逻辑学理论。笼统地说中国古代逻辑存在,甚至将以'名实关系'为对象的名学和以谈说论辩为对象的辩学与以推理形式及规则为对象的逻辑视为全同,不能反映名辩学的特质,也不利于中国逻辑史的深入研究。"[3]

---

[1] 崔清田:《墨家辩学研究的回顾与思考》,《南开学报》(哲社版),1995年第1期,第58页。

[2] 崔清田主编:《名学与辩学》,第32页。类似的表述亦可参见崔清田:《名学、辩学与逻辑》,《广东社会科学》,1997年第3期,第58—63页。

[3] 王左立:《也谈中国逻辑史研究若干问题——与孙中原教授商榷》,《哲学动态》,2002年第8期。

3. 张斌峰:墨家辩学尚处于"前逻辑状态"

有见于伍非百认为名辩学术包括"本论"与"附论"两部分,即《辩经》所论虽主要是墨家辩学,但并非仅限于名、辞、说、辩四者的原理与方法,还包括伦理、科学等方面的范畴与学说,张斌峰在《近代〈墨辩〉复兴之路》中指出:

> 《墨辩》是一个文化复合体,它承载着墨家在先秦文化活动中的文化创造,其中的辩学是核心,并统摄本体论、知识论、科学观、功利行为观、语言观等,并且它们之间有着内在相关性,它们相互生成、互相涵摄。[1]

本书导论已经指出,名辩的主要著作并非悉数是有关名辩的材料,仅仅是那些跟名辩话语——围绕与"名"有关的一系列论题(如名实、同异、坚白之争等)及"辩"之用途、方法、原则等问题所开展的研究与论辩——有关的文本,才是有关名辩的材料。据此,张氏的上述看法说明他已注意到《墨辩》实际所论其实远非名辩所能范围。鉴于《墨辩》之辩学、本体论、知识论、语言观等内容均程度不等地跟"名"与"辩"所涉论题有关,因而可以归入名辩的范畴。

关于墨家辩学,张斌峰认为,"它是以辩的精神与理论方法为主体的,与本体论、认识论、科学观、语言观、功利行为观内在统一的、涉及论证墨家的伦理、政治、经济学说的论辩、辩驳和抽象思辨的理论。"进而言之,墨家辩学的基本框架见诸《小取》,内容包括辩的对象、辩的功能、辩的原则、辩的范畴、辩的法式或方法等。与批判近代以来中西逻辑比较所存在的问题与缺陷相关,他特别强调,"本书的墨家辩学不等于'墨辩逻辑学'或与西方传统逻辑相似的学科";"若强以西方传统逻辑比较而观之,墨家辩学还称不上逻辑学,它实处于'前逻辑状态'。"换言之,墨辩与逻辑(西方传统逻辑)并不等同。不过,相异曾、崔两位

[1] 参见张斌峰:《近代〈墨辩〉复兴之路》,第315—316页。

学者,张斌峰并未由此出发明确得出名辩与逻辑亦不等同的结论。另一方面,墨家辩学在本质上虽不等同于西方传统逻辑,但这并不意味着墨辩没有逻辑的维度:“从现代逻辑的发展看,墨家辩学近似于现代西方的‘非形式逻辑’,所以它不是严格逻辑的一种类型,它是关于‘论证的逻辑’,是关于汉语言的语义学、语用学的一个方面。”[1]

从曾、崔、张诸位学者对墨辩的再认识不难发现,他们已经开始从一种相异于通行用法的意义上来使用“名学”、“辩学”、“名辩学”等术语。此前的名辩研究多将这些术语与中国本土对逻辑问题的考察相关联,如用“墨家辩学”指墨家逻辑,用“名辩学”或“名辩逻辑”称呼中国古代逻辑。作为反思“名辩逻辑化”范式的题中应有之义,这些学者致力于挑战“名辩与逻辑的本质同一性”这一预设的合理性,虽然他们并不否认名学、辩学、名辩学有其逻辑之维,但“名学”、“辩学”、“名辩学”的首要含义已经不再是逻辑。就这样,这些语词开始以一种新的身份回归反思与深化阶段的名辩研究。

(二) 名辩学与中国古代逻辑

相异于上述诸位学者通过对墨辩的再认识来否定“名辩与逻辑的本质同一性”的预设,周云之、刘培育等人直接就名辩学与中国古代逻辑的关系立论,明确提出“名辩学”与“中国古代逻辑”是两个不同的概念,从而赋予了“名辩学”一种新的含义。

1. 周云之:名辩学不完全等同于中国古代逻辑

整个1980年代以及1990年代前半期,周云之都是“名辩逻辑化”范式的忠实实践者,在其一系列的论著中表现出对“名辩与逻辑的本质同一性”的高度认同。对此,他有着非常清楚的自我意识:“我自己在中国逻辑史的研究和撰写中也常常不加思索地沿用‘名学’、‘辩学’或‘名辩学’等名称以指称中国古代逻辑,实际上是当作‘中国古代逻

[1] 张斌峰:《近代〈墨辩〉复兴之路》,第14、364—365页。

辑'的代名词或等义词使用的。"[1]

根据周云之对近现代140余部相关论著的梳理,"名学"、"辩学"、"名辩学"等名称,最初都是用来指称西方逻辑或整个逻辑科学的;不过,"名学"从1920年代初开始,"辩学"在1930年以后,逐渐被学者约定俗成为指称中国古代逻辑的专有名词,直至1990年代。[2] 另一方面,不少学者(如刘培育等)已注意到用"名学"称呼中国古代逻辑或失之过窄(不能反映辞、说、辩等内容)或失之过宽(包括了不属于逻辑的关于名的内容),"辩学"一词也有不能突出正名之学在中国古代逻辑中的相对独立地位以及局限于后期墨家逻辑思想等问题。在周氏看来,这就为合"名学"与"辩学"于一身的"名辩学"的产生提供了可能。

历史地说,伍非百在理论术语的意义对"名辩"一词的率先使用实源于他自己对先秦名辩的理解,但不得不承认的是这一语词在1940年代后的普及与广为使用明显受到了郭沫若《名辩思潮的批判》一文的影响。不过,周云之指出,"名辩思潮"一词并不能用来指称中国古代逻辑,这是因为"'名辩思潮'并不直接等同于中国古代逻辑,而是指中国古代逻辑思想在萌发和发展时期提出的一些涉及名和辩的具体问题或典型命题的争论,因此这些在当时(先秦)争论的有关名辩的具体问题或典型命题尽管包含着丰富的逻辑思想,但并不都是古代逻辑本身的合理内容。"[3]

关于"名辩学"的提出与使用,周云之认为,张岱年1947年的《中

[1] 周云之:《作者自序》,《名辩学论》,第1页。

[2] 无论是作为"logic"译名的"名学"、"辩学"何时最早出现,还是它们何时最早被用来指称中国古代逻辑,周云之的考证都不甚准确。相关的辨析可以参见本书第一章第三节、第二章第三节的内容。

[3] 周云之:《名辩学论》,第29页。由于更为关注近现代学者用什么样的名称来称呼中国古代逻辑,用"名辩学"来称呼名辩思潮的所争所论是否恰当这一问题尚未进入周氏的理论视野。而这一问题对于厘清名辩的基本论题、勘定名辩的理论本质、评判名辩的历史地位至关重要。

国哲学中之名与辩》一文最先从哲学和逻辑的角度提出了名与辩是对"立说之方"的论述,"尽管文中还没有明确将'名'与'辩'合称为'名辩',也没有明确将'立说之方'称作'名辩学'或'名辩之学',但实际上已经为'名辩学'之名的提出和对名辩学之性质、特点及理论体系的确定提供了最为明确、最为合理的理论依据"。[1] 根据他的梳理,近现代学者先后使用过"名辩"、"名辩思想"、"名辩理论"、"名辩学说"、"名辩的逻辑理论"来指称中国古代逻辑,直到1980年代学术界才普遍使用"名辩学"以及"名辩"、"名辩逻辑"、"名辩之学"等语词。这一方面标志着以"名辩学"来称呼中国古代逻辑得到了约定俗成的普遍承认,另一方面也意味着"名辩学"逐渐取代"名学"、"辩学"成为指称中国古代逻辑的专门术语。

尽管将"名学"、"辩学"、"名辩学"的含义规定为中国古代逻辑有其约定俗成的形成过程,但有见于此前名辩逻辑研究所存在问题和缺陷,周云之开始重新思考"名辩学"的含义及其与"中国古代逻辑"之间的关系。[2] 通过对近现代学者普遍认可的三篇名辩代表作《公孙龙子·名实论》、《墨经·小取》和《荀子·正名》的剖析,他认为先秦确实已经提出了相对独立的正名学(可简称为"名学")和论辩学(可简称为

---

[1] 周云之:《名辩学论》,第36页。需要注意的是,第一,张氏在文中并非如周氏所说没有将"名"与"辩"合称为"名辩"。事实上,该文的第三部分标题为"名辩与真知",其中就明确使用了"名辩"一词。参见张岱年:《中国哲学中之名与辩》,《哲学评论》,1947年,第10卷第5期,第16页。第二,"名辩学"之名亦非如周氏所理解的是在张岱年之后才被提出来,更不是如其所说是在1984年与刘培育合作出版的《先秦逻辑史》中才第一次用来指称中国古代逻辑。事实上,伍非百、谭戒甫等在起步与开拓阶段就已明确使用过"名辩学术"、"名辩学"、"名辩之说"等语词。参见本书第二章第二节对"名辩"的出现与使用的考证与梳理。在复苏与推进阶段,刘培育在1981年就已明确用"名辩学"来称呼中国古代逻辑。参见刘培育:《〈吕氏春秋〉的名辩思想》,中国社会科学院哲学研究所逻辑研究室编:《逻辑学论丛》,第171页。

[2] 对此的深入讨论,除了参见《名辩学论》一书的相关部分,还可参见周云之:《名辩学研究与中国逻辑史》,《哲学研究》,1998年增刊,第18—20页。

"辩学"),二者的有机统一即是名辩学。基于对名辩学的性质、特点与体系的理解,周云之放弃了他此前一直坚持的将名辩学等同于中国古代逻辑的看法,认为"'名辩学'并不能完全等同于'逻辑学'或'中国古代逻辑'"。[1] 其理由就在于名辩学虽然以中国古代逻辑为核心和重点,它还包含着大量非逻辑的内容,不仅正名学中有关哲学、语言学和道德内容不属于逻辑的范围,而且以《小取》为代表的论辩学在内容与体系方面也与形式逻辑并不完全相同。

需要注意的是,尽管周云之不再坚持名辩学就是中国古代逻辑,在如何研究作为名辩学核心和重点的中国古代逻辑问题上,他仍然采取了一贯的立场,即将中国古代逻辑归结为传统形式逻辑。例如,针对有学者提出从语义学、符号学、非形式逻辑、论证逻辑或内涵逻辑等角度来进一步推进中国古代逻辑研究,他强调,"'逻辑'作为一个多义词,在没有具体限定词义的情况下,只能限指专门研究思维或推理形式的'形式逻辑'这门具体科学。"[2] 对形式逻辑一元史观的这种坚持,折射出在对"名辩逻辑化"范式、对 1980 年代中国逻辑史研究的反思之中,周云之的态度有所变亦有所不变。

2. 刘培育:"名辩学"与"中国古代逻辑"是两个不同的概念

前文已经指出,继伍非百之后,刘培育在复苏与推进阶段率先对"名辩学"的内涵进行了明确表述,不仅提出"名辩学"与"中国古代逻辑"异名而同谓,而且认为用"名学"或"辩学"来称呼中国古代逻辑,从一个方面看,失之过窄;从另一个方面看,又未免失之过宽。[3] 在反思与深化阶段的初期,刘氏的观点已经表现出某种程度的调整。在 1992 年出版的《中国古代哲学精华 · 名辩篇》中,他写道:"名辩学是中

---

[1] 周云之:《名辩学论》,第 139 页。

[2] 同上,第 141—142 页。

[3] 刘培育:《〈吕氏春秋〉的名辩思想》,中国社会科学院哲学研究所逻辑研究室编:《逻辑学论丛》,第 171—172 页。

国古代的一门学问。它是关于正名、立辞、明说及论辩的原理、方法和规律的科学,其核心就是今天讲的逻辑学。"[1]不过,在解释为什么用"名辩学"来称谓中国古代逻辑比"名学"、"辩学"、"逻辑学"更为恰当时,刘氏的两点意见值得注意:第一,用"名辩学"可以更准确地反映中国古代逻辑的内容和特点;第二,固然逻辑是名辩学的核心,后者也包含一些知识论和论辩方法等内容,而不是纯逻辑。显然,相较于上一阶段对"名辩学"与"中国古代逻辑"之同一关系的强调,他此时似已注意到名辩学的内容并不能完全归结为对逻辑问题的考察。

受到本阶段对此前中国逻辑史研究的反思与批判的影响,刘培育在 1998 年发表了《名辩学与中国古代逻辑》一文,对其 1980 年代的观点进行了更为明确的修正:

> "名辩学"与"中国古代逻辑"是两个不同的概念。"名辩学"是中国古代思想家建构的一门学问,主要研究正名、立辞、明说、辩当的方法、原则和规则。这门学问的核心是逻辑学,但也包括认识论和论辩术等内容,与政治和伦理也有十分密切的关系。逻辑学是名辩学的核心,并非名辩学就是中国古代逻辑。[2]

依刘氏之见,名辩学在中国古代已经形成了比较完备的体系,而中国古代逻辑却未能很好发展,没有形成完备的体系;逻辑学主要研究推理,尤其是研究推理形式,而名辩学虽然也讨论推理同题,却是不系统的,更没有对推理形式做系统的探讨。

由此出发,他梳理并揭示了在复苏与推进阶段学者们在理解"名辩学"与"中国古代逻辑"这两个概念的关系上所存在的两个误区。第一,将中国古代逻辑等同于名辩学,即在冠名为"××逻辑"或"××逻辑

---

[1] 刘培育主编:《中国古代哲学精华》,第 213 页。

[2] 刘培育:《名辩学与中国古代逻辑》,《哲学研究》,1998 年增刊,第 13 页。此文系刘氏提交给 1997 年 12 月 29—30 日在澳门召开的"中国名辩学与方法论研讨会"的论文。

史”的研究中，实际论述的却是名辩学，包含着大量非逻辑的内容。第二，以传统逻辑体系为范本去剪裁与建构名辩学体系，不仅扭曲了名辩学体系的原貌，或使其面貌变得模糊不清，而且为适应传统逻辑体系的内容，往往误解或强解名辩史料。不难发现，刘培育对上述误区的揭示，在很大程度上受益于本阶段部分学者对“名辩与逻辑的本质同一性”的质疑、对“名辩逻辑化”范式的批判。

正是注意到“名辩学”与“中国古代逻辑”在相当长的时期内被认为是同一个东西，“名辩逻辑化”范式使得名辩研究实际上被置换为名辩逻辑（中国古代逻辑）研究以至于对名辩学的固有体系和基本内容研究较少，刘培育提出，“应该探讨与逻辑、因明相匹配（对应）的中国名辩学和中国名辩学史。……先弄清中国名辩学的真实面貌，再回过头来研究名辩学中的逻辑问题，揭示中华民族在世界逻辑史上的贡献以及它可能给予现代人一些什么样的启示。这样做，有助于透彻了解中国名辩学是一门怎样的学问，也有助于展现中国古代逻辑及中华民族思维传统的特点。”[1]

要言之，通过对名辩学与中国古代逻辑关系的重新思考，刘培育和周云之各自对旧有的观点进行了修正，或多或少地对“名辩与逻辑的本质同一性”给予了否定。与曾祥云、崔清田和张斌峰类似，刘、周两人并不否认名辩的逻辑之维，甚至提出名辩学的核心和重点依然是逻辑，但相较于此前“名辩学”被视为“中国古代逻辑”的同义词以及“名辩逻辑”的使用远较“名辩学”更为普及，“名辩学”、“名学”（正名学）、“辩学”（论辩学）的确正在以一种新的面貌回归于名辩研究。

[1] 刘培育：《名辩学与中国古代逻辑》，《哲学研究》，1998 年增刊，第 14 页。这一思想的最早表述，可参见《繁荣逻辑科学，促进哲学发展——访中国社会科学院哲学所逻辑室五位学者》，《哲学动态》，1995 年第 12 期，第 4 页。

二、名辩研究方法的新探索

对“名辩与逻辑的本质同一性”的否定，在很大程度上使“名辩逻辑化”构想失去了得以可能的前提，进而促使学者们进一步追问什么样的方法才是名辩研究的合理方法。通过改进比较研究，引入“历史分析与文化诠释”等方法，学者们不再把以逻辑（传统形式逻辑）释名辩作为名辩研究的唯一进路，在终结“名辩逻辑化”的范式地位的同时，标志着名辩研究进入了一个研究方法多元并存的新阶段。

（一）比较法的新认识

“名辩逻辑化”旨在通过西方逻辑来诠释本土名辩以证成中国古代有逻辑，其实也就是在名辩与逻辑之间或者说中西逻辑之间进行比较研究。前文已经指出，近代以来中西逻辑比较研究存在的问题与局限，在一定程度上可以归因于名辩学者对比较方法的合理性与科学性缺乏必要的分析与认识，因此，“完善比较研究方法是深化我国现阶段名辩研究的重要途径，也是开创我国名辩研究新格局，形成新的名辩研究范式的重要手段。”[1]

事实上，在本阶段率先揭露近代中西比较逻辑研究的问题的同时，曾祥云已经着手对比较法本身进行考察，这方面的成果除了《中国近代比较逻辑思想研究》一书，还有 1994 年发表的《比较逻辑的性质、可比性原则及其价值评估刍议》一文。不同逻辑之间的比较，常见的方法有共时性比较、历时性比较和典型比较，但是反思比较研究首先需要追问的是“比什么”的问题，即如何合理地选择和确立比较对象。曾氏认为，比较对象的选择固然有其主观性的一面，但也要遵守可比性原则的要求。鉴于比较研究旨在发现比较对象之间的同异，因此“‘可比

---

[1] 张长明、曾祥云：《论中国名辩研究的方法》，《湖湘论坛》，2003 年第 3 期，第 70 页。

性'原则只有一个，即同类可比，异类不可比。"[1]其理由就在于同类对象因其本质属性相同，为比较研究中的求同提供了客观依据；又因其并非绝对等同，存在着由非本质属性所决定的差异，从而为求异提供了基本保证。相反，由于异类对象本质不同，非本质相同，展开于它们之间的比较研究就难以明其深浅，论其得失，断其趋势，总结规律。

按曾氏之见，要使可比性原则有效贯彻于中西逻辑的比较研究，还需要进一步理顺类的层次关系，全面而准确地把握对象的真实面貌。就前者说，比较对象所属之类既有确定性，也有不确定性。面对以类的层次性为主要内容的不确定性，"在选择和确定比较对象时，必须要弄清和理顺比较对象的类属关系，依'类'而行，不能随意跨越类属关系去选择比较对象，否则就可能因比较对象选择的失当而丧失比较研究的意义。"就后者说，可比性是否可能，又取决于对比较对象是否有独立的了解，对其本质、真实面貌是否有全面而准确的认识。因此"对比较对象的正确认识和全面把握是最基本的前提。对比较对象认识的深度和广度，将直接关系到比较研究的深度和广度。"[2]

中西逻辑间的比较研究，不仅仅是为了求同明异，有时还需要对二者之间的差异进行优劣的价值评估。那么，什么是对中西逻辑进行价值评估的合理标准呢？曾祥云指出，首先，比较对象本身不能充当价值评判的标准。比较对象同属一类，地位平等，任何一方均不应拥有规范另一方的特权，否则就会出现为"保全"一方而牺牲另一方的情况，如主张"中国无逻辑"；或者将特点直接等同于优点，如认为《墨经》建立了一个完整足以与亚里士多德逻辑相媲美的逻辑体系。之所以会出现这种各执一端、截然相悖的两种结论，其原因就在于二者均以比较对象

[1] 曾祥云：《比较逻辑的性质、可比性原则及其价值评估刍议》，《福建论坛》（文史哲版），1994 年第 1 期，第 48 页。

[2] 详见曾祥云：《比较逻辑的性质、可比性原则及其价值评估刍议》，《福建论坛》（文史哲版），1994 年第 1 期，第 49—50 页。

本身为评估标准。其次，对中西逻辑进行价值评估的标准与逻辑观念有关。拥有不同逻辑观念的研究者，对同一比较对象的认识以及所采用的价值评估标准往往有所区别。[1] 着眼于价值评估标准的科学性与唯一性，曾氏认为，"无论是从研究内容来看，还是从逻辑本质的全面体现来说，现代逻辑有能力担当起价值评估的标准，并且，也只有现代逻辑才能充当被比较对象的价值评估标准。"[2]

类似于曾祥云对全面而准确把握比较对象的真实面貌的强调，张斌峰在反思近代以来墨辩与逻辑的比较研究时也指出，"有效地进行西方传统逻辑与《墨辩》比较研究的先决条件，就是要对比较对象双方的真实全貌有相当全面的、彻底的把握。"例如，不应该把墨辩简化为对西方传统逻辑的中国式讲述，而应认识到"墨家辩学作为墨学和先秦文化的有机组成部分，是在先秦特有的文化背景中酝酿产生出来的。从弄清楚墨家辩学所由生成并受其制约的政治、经济、哲学（本体论、知识论、思维方式）、文化等诸多因素方面着手，先在墨家辩学产生的自身的文化背景中研究墨家辩学自身的内容及其特点。"同时，鉴于比较法本身只适宜于对比较对象作静止的或某一方面的分析，为了全面而准确地把握作为比较对象之一的墨辩，"运用这种方法的研究需经

---

[1] 在论及中国逻辑史的研究为什么需要比较时，王路等强调，"逻辑的观念"——逻辑是一门研究推理的有效性或有效推理的科学——对于逻辑史的研究至关重要；中国逻辑史研究，一定要运用最新的逻辑理论和方法。参见王路、张立娜：《中国逻辑史的研究为什么需要"比较"》，《哲学动态》，2007 年第 5 期，第 29—30 页。

[2] 参见曾祥云：《比较逻辑的性质、可比性原则及其价值评估刍议》，《福建论坛》（文史哲版），1994 年第 1 期，第 50—51 页。曾氏最初认为，"从逻辑的发展历史看，形式化一直是逻辑学所追求的目标"，因此"评判比较对象的优劣标准不在比较对象本身，更不是研究者主观上的'说长道短'，而是'形式化程度'。"就此而言，如果以墨辩作为中国古代逻辑的代表，那么我们就必须承认在中国古代逻辑在"法式"或形式化程度方面逊色于西方逻辑。参见《中国近代比较逻辑思想研究》，第 200 页。当然，如果不认同"名辩与逻辑的本质同一性"，不认为墨辩是中国古代逻辑的代表，也就不会认为墨辩与西方逻辑具有可比性，因而也就不会把不重视"法式"的刻画评判为墨辩逊色于西方逻辑的弱点或短处。

常引入历史方法，从研究对象产生的先后、连续上考察，注意其发生、发展的过程”，借此再现墨辩所具有的内在精神和富有立体感的、多元的、多层次的义理学说。[1]

在发表于2008年的《比较研究的方法论问题——从中西逻辑的比较研究看》一文中，张晓芒对“比较研究的目的是什么”与“怎样进行比较研究”这两个问题进行了重点考察。关于比较研究的目的，涉及中国古代逻辑究竟“是什么”和“为什么”，以及如何使中国传统的思维方法在当今人际沟通中发挥作用。张氏指出，“是什么”探讨的是中国古代逻辑除了具有普遍的逻辑本质以外，是否还具有本身的特质，如果有，这些特质又是什么。“为什么”探讨的是中国古代逻辑产生的背景及其所体现的时代精神，因为只有立足于中国古代逻辑产生的背景，才能避免研究者以主观成见来推测解释古人的思想，才能对中国古代逻辑与传统文化中的哲学、政治、伦理乃至科学技术思想等的相互影响做出新的诠释。至于如何使中国传统的思维方法在当今人际沟通中发挥作用，“可建立一种中西逻辑文化之间的沟通、交流、对话、会通的学理机制，以同质共构和异质互补的形式为现实的社会生活服务。挖掘、整理中国古代传统思维方式的资源，使其能够服务于今日中国的文化建设，并推动当代逻辑学科研和教学的发展。”[2]

关于怎样进行比较研究，张晓芒认为，关键在于应该在“辨其同异”的前提下进行比较，而不应只在“求同”前提下进行比较。这也就是曾祥云所强调的比较研究应该发现比较对象之间的相同点和不同点。为此，他强调，必须把“避免以西方的传统思想为依归的比附”确立为比较研究的方法论原则和伦理原则。具体到中西逻辑比较，就应

---

[1] 张斌峰：《近代〈墨辩〉复兴之路》，第272—274页。

[2] 参见张晓芒：《比较研究的方法论问题——从中西逻辑的比较研究看》，《理论与现代化》，2008年第2期，第72—73页。

该“在领会西方传统逻辑如何帮助我们在解释中国古代逻辑思想体系时,不断挖掘中国古代逻辑思想原本的‘思想路数’,考察中国古代逻辑思想产生的历史文化背景,有着什么样的时代烙印和时代精神,将关注点放在中国古代逻辑与文化的关系问题上,探讨它除了具有人类思维的普遍性之外,是否还具有它本身的特质,这些特质又是什么?”[1]

中西逻辑之间的比较,或者说,名辩与逻辑之间的比较,应该是一种“辨其同异”的比较,这其实是本阶段学者在有见于近代以来名辩研究所存在的问题之后形成的一种普遍认识。例如,孙中原虽然坚持认为名辩与逻辑等同,似乎与本阶段多数学者的看法相左,但他明确主张科学的比较应该贯彻“同则同之,异则异之”的原则,既要看出异中之同,即不同逻辑体系有相通之处;也要发现同中之异,相同逻辑也有不同的表现。[2] 作为反对“名辩与逻辑的本质同一性”的主要代表,曾祥云也强调在名辩与逻辑的比较中应该坚持求同明异并重的原则,因为比较研究的本义就是“同中求异”、“异中求同”。“求同”指求比较对象之间的本质之同,“求异”则指求比较对象之间非本质之异。“我国近现代一些名辩研究者盲目地追求一种表面的同、非本质的同,是不符合比较研究方法固有之义的,实际上是对比较研究方法的滥用,缺乏科学性。”[3]

前文已经论及,在回顾近代以来的名辩研究时,崔清田强调“据西释中”在研究实践中表现出了一种明显的重认同、弱求异的倾向。[4] 他甚至认为,近代中西逻辑比较研究大体可以区分为“求同”与“取异”

---

[1] 参见张晓芒:《比较研究的方法论问题——从中西逻辑的比较研究看》,《理论与现代化》,2008 年第 2 期,第 72 页。

[2] 参见孙中原:《中国逻辑研究》,第 34 页。亦可参见孙中原:《试论中国逻辑史的对象和方法》,《中国逻辑史研究》编辑小组编:《中国逻辑史研究》,第 49—50 页。

[3] 张长明、曾祥云:《论中国名辩研究的方法》,《湖湘论坛》,2003 年第 3 期,第 71 页。

[4] 崔清田:《墨家逻辑与亚里士多德逻辑比较研究——兼论逻辑与文化》,第 28—29 页。进一步的讨论参见本章第二节有关崔氏对“据西释中”之批判的分析。

两种基本取向：

> 所谓“求同”，是认为中西逻辑二者基本为一，各自没有明显的个性，所以也不十分关注二者的区别。……所谓“取异”，有两方面含义：其一，中国古代名学与辩学不等同于西方传统逻辑；其二，名学与辩学中所含逻辑思想或学说，也不等同于西方传统逻辑。[1]

例如，梁启超、章太炎将墨辩与以亚里士多德逻辑为主体的西方逻辑等同，体现的就是“求同”的取向；郭沫若反对在墨辩中寻找“近世缜密之逻辑术”，张岱年虽不否认中国古代有逻辑思想，但认为中国古代没有创造出亚里士多德那样的形式逻辑体系，则是“取异”取向的代表。

至于近代中西逻辑比较研究何以会分化出不同的学术取向，崔清田认为，原因无疑是多方面的，但其中一个重要原因就是研究者对文化施于逻辑的制约作用认识不同。主张“求同”者多出于无视文化对逻辑的制约，因此难以发现在不同文化背景下生成并受其制约的逻辑的特殊性，以至于过分强调了不同逻辑传统的共同性。与此相反，主张“取异”者有见于逻辑是文化的组成部分或要素，其产生与发展是为了适应文化的需要，处于不同文化背景下的逻辑传统必然有其特殊性。[2]

关于文化对逻辑的制约，其内容当然不限于崔氏此处所论。值得注意的是，他在这里明确将比较研究的科学性与对逻辑之共同性和特殊性论题的讨论联系起来。自近代名辩研究起步以来，对这一论题的探究就一直为学者所重视。梁启超、胡适、杜国庠、沈有鼎、詹剑峰、汪奠基等在各自的名辩研究中一方面致力于以逻辑释名辩来证成中国本

---

[1] 崔清田：《关于中西逻辑的比较研究——由中西文化交汇引发的思考》，《信阳师范学院学报》（哲社版），2003年第2期，第26页。

[2] 同上，第26页。

土有逻辑,证成名辩具有普遍的逻辑本质,另一方面也在不同程度上肯定并揭示了各自所理解的名辩相异于西方逻辑的独特个性。在发表于1999年的《逻辑的共同性与特殊性》一文中,崔清田简要回顾了胡适、金岳霖、沈有鼎、詹剑峰以及杜米特留(Anton Dumitriu)等人对逻辑的共同性和特殊性的论说,进而提出了自己对于这个问题的理解,即产生于不同社会和文化条件下的不同逻辑,既有共同的或普遍的一面,也有特殊的一面。所谓逻辑的共同性,主要包含三方面的内容:第一,不同社会和文化背景下,人们运用的推理均有共同的组成、共同的特征、共同的基本类型和共同的原则;第二,这些共同方面构成了不同逻辑理论或思想的共同基本内容;第三,逻辑学总结的正确的推理形式和规律,可以被不同地域、民族、国家以及不同阶级的人们使用。所谓逻辑的特殊性,是说由于社会和文化条件不同而形成的不同逻辑理论或思想在如下几方面的不同:居于主导地位的推理类型、推理的表现方式、逻辑的水平及演化历程不同,以及不同社会和文化背景下的逻辑的演化历程,等等。[1]

崔清田有关逻辑之共同性与特殊性的论述,可以说是在反思与深化阶段对这一论题最为自觉与全面的研究。在他看来,正确认识逻辑的共同性和特殊性,不仅有助于认识不同的逻辑传统以及这些逻辑的历史,而且有助于对不同逻辑进行科学的比较。"中外逻辑的比较之所以走向比附,我们不能排除文化价值取向和文化心态等方面的因素,但从认识上讲,无视逻辑的特殊性应当是重要原因之一。所以,认识逻辑的共同性与特殊性,是正确进行逻辑比较研究的前提。"[2]由此出发,"兼顾求同与求异是运用比较法的基本要求,也是对两种逻辑比较

---

[1] 详见崔清田:《逻辑的共同性与特殊性》,《社会科学》,1999年第2期,第29—32页。

[2] 同上,第33页。

研究的基本要求。”这就是说，不仅要结合不同逻辑各自所由以生成的社会及文化背景中共同的因素去发现它们的共同性（求同），也要通过发现其中的差异来把握由此造成的各自的特殊性（求异）。再进一步看，求同与求异并不是简单地寻求不同逻辑间的相似之点和相异之处，而是找出它们的“异中之同”和“同中之异”。“所谓求取‘异中之同’，就是要阐明同为逻辑的两种不同逻辑传统的共同性，所谓求取‘同中之异’，就是要阐明同为逻辑的两种不同逻辑传统之所以有别的特质所在。”[1]

以墨家逻辑与亚里士多德逻辑的比较为例，崔氏认为，逻辑是关于推理的学问，虽然墨家辩学在整体上与逻辑并不等同，但它所探讨的谈说论辩也涉及推理。事实上，墨家与亚氏均在不同程度上对推理进行了概括，并以之为对象进行了不同方式的研究，发展出了各自相关的思想学说。其中，以三段论学说为基本内容的亚氏推理理论就是通常所说的亚氏逻辑，而“墨家也有自己的逻辑思想和学说，‘墨家逻辑’指的是墨家辩学中所包含的、有关推理的思想与学说”。[2] 质言之，墨辩的逻辑之维与亚氏逻辑具有共同的一面。立足于文化对逻辑的制约关系，他进一步揭示了这两种逻辑所存在的深刻差异：

第一，目的与任务不同。墨家逻辑以“取当求胜”为目的，其任务在于“审治乱之纪”，而亚氏逻辑以“求知”为目的，旨在“探索（求知）方法”。

第二，逻辑特征不同。墨家逻辑有非形式的特征，而亚氏逻辑则是形式逻辑。

第三，主导推理类型不同。墨家逻辑以推类（相仿于传统逻辑的

---

[1] 崔清田：《墨家逻辑与亚里士多德逻辑比较研究——兼论逻辑与文化》，第47—48页。

[2] 同上，第78页。

类比)为主导推理类型,而亚氏逻辑主要研究的是三段论。

第四,推理成分的分析不同。墨家逻辑没有对推类的组成要素及它们之间的关系,给出完全属于非实质性的逻辑分析,而亚氏逻辑则对三段论的成分及其相互关系进行了逻辑分析。

第五,后续发展状况不同。墨家逻辑至汉代随墨学归于沉寂而走向中绝,亚氏逻辑则有长久而持续的发展,以至于对现代形式逻辑学科群的出现都有积极的影响。[1]

尽管崔氏对墨家逻辑与亚氏逻辑之共同性与特殊性的论说还只是一家之言,并非至当而不移,[2]但相较于此前零散的、碎片式的求同明异并重的比较,这一论说无疑更为系统而深入。更为重要的是,相对于那些一味"求同"或者过分"取异"的比较,崔清田的这一论说不仅反映出他将求同明异并重的原则付诸研究实践拥有高度的自觉,而且体现了他对于逻辑之共同性与特殊性论题的系统思考,以及这一论题对逻辑比较研究之科学性的重要意义。

(二) 从"据西释中"到"历史分析与文化诠释"

作为近现代名辩研究的主导方法,"名辩逻辑化"发端于梁启超所说的"以欧西新理比附中国旧学",在崔清田看来,这实际上就是"据西释中"。在1996年的《中国逻辑史研究世纪谈》一文中,他指出:

> "据西释中"的"比附"、"训释"、"衡量"的实质,是以西方传统逻辑的理论、概念和体系为模式去解释和重构名学与辩学,并进

---

[1] 参见崔清田:《墨家逻辑与亚里士多德逻辑的比较研究》,《南开学报》(哲社版),2002年第6期,第111—114页。更为详细的论述可参见《墨家逻辑与亚里士多德逻辑比较研究——兼论逻辑与文化》,上编。

[2] 例如,针对崔氏有关墨家逻辑特殊性的论述,孙中原在本世纪初曾撰写了一系列的论文予以质疑和驳斥,参见《墨家逻辑是求真的工具》,《自然辩证法研究》,2000年增刊,第95—98、109页;《墨家逻辑的性质》,《中国人民大学学报》,2001年第2期,第38—43页;《中国逻辑史研究若干问题》,《哲学动态》,2001年第7期,第22—25页;等等。

> 而证明西方传统逻辑在两千年前的我国早已存在,只不过未被认知和宣述罢了。[1]

就此处的表述看,很容易给人以这样的印象——"据西释中"等同于"比附"。坦率地说,崔氏在当时也的确是这样理解的,否则就难以解释为了克服名辩研究中存在的牵强比附,他要用一种新的方法来取代"据西释中"。

但是,正如前文多次指出的,"据西释中"的研究构想在梁启超那里其实包含相互联系、不可割裂的两个环节:其一,在名辩语汇与逻辑术语之间建立对应关系,以证成名辩与逻辑在义理上的一致性;其二,在将名辩与逻辑进行对照参证时,应该避免二者之间的牵强比附。这就是说,从这一方法的完整内容来看,崔清田显然没有清楚地意识到比附并不是"据西释中"的固有缺陷,于是在很大程度上混淆了"据西释中"方法本身与基于这一方法的研究实践所存在的缺陷。由于"据西释中"的本质是比较法,因此也可以说崔氏在很大程度上混淆了比较与比附。有见于此,孙中原强调,"不能把中国逻辑史研究中比较研究和据西释中的正确方法,同比附的错误方法混为一谈,全盘否定前人成果。"[2]当然,崔氏后来对上述看法也进行了修正。在1999年论说逻辑的共同性与特殊性时,他已经对比较与比附进行了明确区分。不同逻辑之间的比较,应该是以逻辑的共同性与特殊性为基础,求同求异兼顾;而比附则是"把一种逻辑视为另一种逻辑的类似物,或等同物,置中外社会及文化背景的巨大差异于不顾,也很少注意、甚至无视不同逻辑传统的特殊性,而是一味求同"。[3]

近代以来的中西逻辑比较之所以存在着明显的比附,固然跟无视

---

[1] 崔清田:《中国逻辑史研究世纪谈》,《社会科学战线》,1996年第4期,第8页。
[2] 孙中原:《中国逻辑史研究若干问题》,《哲学动态》,2001年第7期,第25页。
[3] 崔清田:《逻辑的共同性与特殊性》,《社会科学》,1999年第2期,第33页。

逻辑的特殊性有关,在很大程度上也是因为研究者对这些逻辑及其社会文化背景缺乏全面而准确的认识。对此,曾祥云、张斌峰在反思比较法时已有所意识,强调比较研究最基本的前提或先决条件是对比较对象之真实全貌拥有正确而全面的认识。[1] 崔清田在论及墨家辩学与西方传统形式逻辑的比较时也指出:

> 如果不能尽量确切地把被比较的两种事实弄清楚,比较就失去了必备的前提,并将走入歧途。"据西释中"的方法认墨家辩学就是西方传统形式逻辑,把目的、对象、性质及内容不同的两种思想混同为一,使二者的比较研究失去了前提。[2]

就"据西释中"所包含的两个环节看,其功能仅仅涉及如何进行求同明异并重的比较,并不能直接解决如何全面而准确地认识比较对象的问题;再加上基于这一方法的研究实践还存在着牵强比附的问题,崔氏提出,"为了克服这种缺陷,深化名学、辩学以及中国逻辑史的研究,我们应当改变以西方传统形式逻辑为唯一参照模式的'据西释中'方法,更加注意对名学、辩学的历史分析与文化诠释。"[3]

"历史分析与文化诠释"的提法最早见诸文字是在1996年的《中国逻辑史研究世纪谈》一文。在本阶段,崔清田曾不止一次地对这一方法的内涵进行过说明,具体表述虽不尽相同,但基本思想却是一以贯之的。根据《名学与辩学》一书的解释:

> 所谓历史分析,就是把名学、辩学置于它们得以产生和发展的具体历史环境之中,对这一历史时代的社会经济生活、政治生活的特点和提出的问题,以及这些因素对思想家提出和创建名学与辩

[1] 详见曾祥云:《比较逻辑的性质、可比性原则及其价值评估刍议》,《福建论坛》(文史哲版),1994年第1期,第49—50页;张斌峰:《近代〈墨辩〉复兴之路》,第272—274页。

[2] 崔清田主编:《名学与辩学》,第9页。

[3] 同上,第11页。

学的影响等,作出具体的分析。所谓文化诠释,就是视名学、辩学为先秦文化的有机组成部分,并参照先秦时期的哲学、伦理学、政治学、语言学和科学技术等方面的思想,以及文化发展的基本特征,对名学、辩学的理论给出持之有故、言之成理的阐释。[1]

关于"历史分析与文化诠释"的方法,有以下几点值得注意:

第一,形成过程。作为明确提出这一方法的第一人,崔氏本人在1980年代初其实就已经有了类似思想的萌芽。在论及中国逻辑史的研究方法时,他强调要坚持严格的历史性,不能夸大或缩小中国逻辑的历史成就,可以借鉴外国逻辑但不可用某种模式来塑造中国逻辑;同时要重视逻辑的横向联系,"阐明不同时代的逻辑与该时代的政治、经济、哲学、科学等的联系,提出逻辑理论或思想得以出现或发展的根据。"[2]1995年,他又提出为了克服"据西释中"的墨家辩学研究的不足,应当将研究方法从"由外视内"改为"由内视内",即不再以西方传统逻辑作为唯一的参照系,而是以墨辩所由以生成并受其制约的经济、政治、文化等诸多条件和因素为根据,来对墨辩的自身特质进行分析与阐释。[3]

再就近代以来的名辩研究看,郭沫若、杜国庠、侯外庐、赵纪彬等人在发展与提高阶段已经着手联系先秦社会史、经济史、政治史、思想史、哲学史等来考察先秦名辩的形成发展,梳理名辩的主要论题,勘定名辩的理论本质,尽管这些研究还带有强烈的时代印记,可以说已经是在尝试用对名辩的历史分析与文化诠释来超越"名辩逻辑化"。在复苏与

[1] 崔清田主编:《名学与辩学》,第11页。亦可参见《中国逻辑史研究世纪谈》,《社会科学战线》,1996年第4期,第9页;《显学重光——近现代的先秦墨家研究》,沈阳:辽宁教育出版社,1997年,第159—160页;《墨家逻辑与亚里士多德逻辑比较研究——兼论逻辑与文化》,第38页。

[2] 参见崔清田:《关于中国逻辑史的研究对象与方法问题》,《中国逻辑史研究》编辑小组编:《中国逻辑史研究》,第72—74页。

[3] 参见崔清田:《墨家辩学研究的回顾与思考》,《南开学报》,1995年第1期,第60页。

推进阶段,汪奠基有见于中国古代名辩学说除了包括逻辑,还有跟自然科学与政治论辩密切相关的、关于自然和社会的丰富内容,于是提出名辩研究必须坚持全面性的原则,即既要联系具体的社会历史文化背景来多方面地考察名辩的形成与发展,又要结合相关学科对名辩的论题、内容与本质给予全面的梳理和准确的诠释。[1] 在反思与深化阶段,曾祥云先于崔氏指出,要对不同逻辑形成深刻认识,作出科学评估,必须对这些逻辑的产生和发展进行详尽深入的历史分析,深刻理解那些制约它们产生、发展的政治、经济、文化背景,科学、语言和思维方式对它们的影响以及它们各自的现实命运。[2]

就此而言,"历史分析与文化诠释"的提出,不仅是崔清田本人在反思"据西释中"实践的不足后的一个创获,也是近现代名辩研究在方法探索层面上水到渠成的产物。

第二,功能定位。崔氏最初的想法是"用历史分析与文化诠释的方法代替以西方传统逻辑为唯一参照模式去解释和重构名学与辩学的方法"。[3] 而他之所以有此想法,据笔者推测,很可能是因为他在当时还将"据西释中"等同于"比附"。以此为前提,要克服以西方传统逻辑来解释和重构名辩时实际存在着的牵强比附等不足,势必就要否定"据西释中"。不过,随着他在比较与比附之间进行了明确区分,克服比附的不足不再意味着对比较本身的否定,相应地,他对"历史分析与文化诠释"的功能定位也发生了变化,即不再强调用它来代替"据西释

[1] 详见本书第三章第四节最后一部分的讨论,以及第四章第二节第一部分"'名辩'的重新登场"的相关论述。

[2] 参见曾祥云:《中国近代比较逻辑思想研究》,第205页。后来,曾氏明确将历史分析方法与比较研究方法视为名辩研究的两个普遍而基本的方法,强调"在名辩研究过程中,必须坚恃历史分析方法与比较研究方法相统一的原则,即在历史分析的基础上开展比较研究,在比较研究中融入历史分析"。参见张长明、曾祥云:《论中国名辩研究的方法》,《湖湘论坛》,2003年第3期,第69—71页。

[3] 崔清田:《中国逻辑史研究世纪谈》,《社会科学战线》,1996年第4期,第9页。

中”,而是强调用它来“改变”或“更新”后者。[1] 由于崔氏认为近代以来的“据西释中”实践未能全面而准确地把握名辩与逻辑各自的目的、对象、性质及内容,以至于二者的比较缺乏可靠的前提,因此这种“改变”或“更新”的实质就是“据西释中”(求同明异并重的比较)必须建立在“历史分析与文化诠释”的基础上。用他在论及墨家逻辑与亚里士多德逻辑的比较时的表述来说,就是“对不同逻辑体系和传统的历史分析与文化诠释,是比较逻辑研究能够正确进行的必要前提”。[2]

第三,理论基础。作为一种名辩研究的方法,“历史分析与文化诠释”之所以必要,是因为名辩与逻辑的比较必须以对二者全面而准确地认识为前提;而它之所以可能,则是因为任何一种学术思想都有“孕育并生成这种思想的根据——思想家置身其间的社会环境、面对社会提出的问题、一定的文化背景和思想家的动机。”通过对这些因素全面而准确地把握,就有可能进一步理解受这些因素制约的学术思想的特质,从而更为客观地去诠释涉及这些思想的文本。[3] 需要说明的是,2001 年,崔氏将上述思想进一步扩展为对“逻辑与文化”这一论题的论说。简言之,逻辑是研究推理的学问,是文化整体或文化系统的一个要素。一方面,包括逻辑在内的诸文化要素,是系统的、整体的文化赖以生存的基础,对文化的发展、演化有重要的影响和作用;另一方面,作为文化组成要素之一的逻辑,只有在系统和整体中才能获得生成和发展的依据,显现其意义。这种相互依赖不仅构成了逻辑与文化自身存在

[1] “改变”、“更新”,语出崔清田主编:《名学与辩学》,第 11 页。

[2] 参见崔清田:《墨家逻辑与亚里士多德逻辑比较研究——兼论逻辑与文化》,第 39 页。值得注意的是,曾祥云在 1992 年已明确指出:“比较逻辑研究,只有建立在历史分析的基础上,才能正确地揭示逻辑发展的内在规律,寻求出逻辑发展的有效途径。”参见《中国近代比较逻辑思想研究》,第 206 页。

[3] 崔清田:《中国逻辑史研究世纪谈》,《社会科学战线》,1996 年第 4 期,第 9 页。

的前提,也是对二者进行理解与说明的重要条件。[1]

按崔氏之见,正是文化对逻辑的制约,决定了由特定历史阶段的特定文化所孕育出的不同逻辑传统,既有共同性的一面,又有特殊性的一面。因此,"只有把不同的逻辑传统置于它们所由生成并受其制约的、特定历史文化背景之中去进行分析和诠释,我们才能认识这些不同逻辑传统的共同性和特殊性,才能对它们的异同做出合理的比较和说明。"[2]质言之,文化对逻辑具有制约作用,"承认这一点,我们就应在逻辑史与逻辑比较研究中,取历史分析和文化诠释的方法。"[3]不难发现,崔氏此处所论虽集中于逻辑与文化,其间的道理其实也适用于名辩与文化,否则他就不会提出改变或更新"据西释中"以更加注重对名辩做历史的分析与文化的诠释。

第四,意义价值。"历史分析与文化诠释"针对的是崔氏所理解的"据西释中"。在他看来,后者与那种认为外国"所能发明者,安在吾必不能"、外国"之所有""吾亦有"的心态密切相关。在此心态之下,名辩学者热衷于用西方逻辑来诠释与重构名辩,以证成中国本土不仅有逻辑,而且能够跟印度因明、西方逻辑鼎足为三。对他们来说,"据西释中"不失为"增长国民爱国心之一法门",关系着民族自尊心的维持与提升,关系着中国文化能否赢得西方文化的承认。但是,崔清田指出,迄今为止的"据西释中"实践其实是一种"由外视内"的重构,即把名辩

---

[1] 崔清田:《逻辑与文化》,《云南社会科学》,2001 年第 5 期,第 6 页。

[2] 崔清田:《墨家逻辑与亚里士多德逻辑比较研究——兼论逻辑与文化》,第 156—157 页。事实上,崔氏在 1996 年就提出"历史分析与文化诠释当然不排斥比较,只是要求这种比较研究必须以明确认识名学与辩学得以产生并受其制约的根据——社会的和文化的背景为前提。"(《中国逻辑史研究世纪谈》,《社会科学战线》,1996 年第 4 期,第 9 页)"历史分析与文化诠释"一方面不排斥比较,另一方面又要代替"据西释中",这说明崔清田此时的确未能正确认识到"据西释中"实质上就是比较,而错误地将其等同于比附。

[3] 崔清田:《关于中西逻辑的比较研究——由中西文化交汇引发的思考》,《信阳师范学院学报》(哲社版),2003 年第 2 期,第 26 页。

看作是西方传统逻辑在中国本土的等同物。[1] 由这种重构而来的中国本土逻辑不过是西方传统逻辑在中国的一个复本而已，很难称得上是“逻辑”大家庭中真正平等的一员。由于“据西释中”实践未能对作为中国文化一部分的名辩进行深刻分析与准确诠释，未能彰显名辩相异于西方传统逻辑的独特个性，因此所谓的中国本土逻辑其实难以获得西方文化的真正承认。

正是有见于此，崔清田要求名辩研究把视角从“由外视内”转向“由内视内”，即通过对名辩所由以生成并受其制约的经济、政治、文化等诸多条件和因素的分析，来对名辩固有的内容与特质给予全面而准确的诠释。他似乎倾向于认为在使用“历史分析与文化诠释”时，无须过分关注民族自尊心的维持与提升，也无须狂热追求西方文化对中国文化的承认，而应立足于“辩证的自我—他者的关系模式”来对待名辩与逻辑。根据这一模式，在中西文化交流的条件下，通过他者来认识自我不失为一个好办法，但条件是他者必须是一个真正的他者，而要有一个真正的他者作为认识自己的参照系，就必须自己首先成为一个真正的他者。这里，“成为他者”有两层含义：其一，指“不是从自己的功利需要或眼前目的去了解别人，而纯粹是从求知求真的态度出发去了解别人，进入别人的世界，相对于在这以前的自己成为一个他者”。其二，指“真正成为与自己不同的那个他者的他者，即不是以那个他者的形象来重新塑造自己，而是能真正认识到相对于自己的他者，自己也是一个有价值的他者，从而有新的自我认同”。[2] 由此出发，崔氏强调，在借鉴和参照逻辑来理解名辩时，“二者的地位是彼此平等的‘他者’，而不是一个为主体、一个为附属，或一个为原本、一个为复本。”同时，

[1] 详见崔清田：《墨家辩学研究的回顾与思考》，《南开学报》，1995年第1期，第53—60页。

[2] 张汝伦：《中国现代哲学史中的张东荪》，张汝伦编选：《理性与良知——张东荪文选》，上海：上海远东出版社，1995年，第14页。

"正确的借鉴和参照不能变成以一个为模式来塑造另一个,或以一个为'应该'去规范另一个。"最后,在名辩与逻辑的交流中,应该"抛弃一己的主观目的和取向,以求知和求真的态度去了解对方和认识自我。"[1]

要言之,"历史分析与文化诠释"方法的引入,预示着名辩研究已无须再执著于援引"名辩与逻辑的本质同一性"来证成中国本土有逻辑以维护中国文化的自尊,赢得西方文化的承认,而可以通过强调名辩之为逻辑的平等他者、突出名辩的本土特点来追求对于民族文化传统的认同。[2]

（三）多元方法视野下的名辩研究举隅

在本阶段,无论是反思和深化对于比较方法的认识,还是引入"历史分析与文化诠释"的方法;无论是对近代以来"据西释中"研究实践的拒斥,还是对"名辩逻辑化"构想的扩展,其目的都是要改变以西方传统形式逻辑为唯一参照系来诠释和重构名辩以证成中国本土有逻辑的做法。

通过对比近代墨辩研究存在的问题,张斌峰认为:

> (《近代〈墨辩〉复兴之路》一书)突破了那种把墨家辩学等同于传统逻辑,而只以单一的传统逻辑为范式,去研究《墨辩》的义

[1] 参见崔清田:《墨家逻辑与亚里士多德逻辑比较研究——兼论逻辑与文化》,第49页。

[2] 例如,有见于近代墨辩研究把墨家辩学等同于西方传统逻辑,割裂了墨辩与墨学、先秦文化之间的联系,忽视甚至抛弃了墨辩的丰富文化内涵,以至于墨辩成为了一种游离于中国传统文化之外的纯粹的形式分析理性形态,张斌峰提出应该立足于墨辩所由以产生的文化背景,通过弄清它所由以生成并受其制约的政治、经济、哲学(本体论、知识论、思维方式)、文化等诸多因素,来研究墨辩自身的内容及其特点,找回墨辩在中国传统文化中的内在文化精神与生命力,使其成为实现中国传统文化现代转型的出发点之一。张氏的这一论说似已注意到对墨辩的历史分析与文化诠释有助于实现对民族文化传统的认同。参见张斌峰:《近代〈墨辩〉复兴之路》,第366—375页。

理核心——墨家辩学的狭隘性、单一性，而是采取了多元的研究范式，但并不是要否定研究墨家辩学作为逻辑类型的存在，也不反对以西方传统逻辑为工具对墨家辩学进行比较研究。[1]

暂且不论张氏此书是否真的如其所说做到了上述几点，然他对从方法论层面上推进墨辩研究的高度自觉无疑值得肯定。这里，他主要表述了两点意思：第一，鉴于将墨辩等于传统逻辑存在诸多问题，应该在墨辩研究中引入多元的方法，以取代把传统逻辑作为唯一工具来诠释墨辩义理的做法；第二，多元方法的引入并不否定墨辩的逻辑之维，也不否定逻辑进路是墨辩研究的一条合法进路，但逻辑进路不应再是墨辩研究的唯一进路。

不仅墨辩研究应该如此，整个名辩研究亦应如此。事实上，采用多元方法来深化名辩研究不仅是"历史分析与文化诠释"的内在要求，也是名辩学者在本阶段的一种普遍共识，而且在相当程度上已经成为名辩研究的现实。下文主要着眼于研究方法的更新与多元化趋势，对本阶段所取得的重要成果做一个大致的梳理，其中既涉及名辩之为一个相对独立的思想史现象的整体研究，也包括对名辩之代表人物、主要著作或重要论题的个案研究。限于篇幅，这里只对本阶段截至 2010 年的专著、教材和博士论文略作介绍，挂一漏万，在所难免。

1. 以逻辑为中心的研究

在本阶段，仍有不少学者程度不等地坚持以逻辑释名辩的进路，不过他们对"逻辑"的理解已不再局限于传统形式逻辑，而是表现为一种多元的理解。除了本章已经或即将论及的此类成果，重要者还有如下多种。

(1) 对名辩的宏观研究

《中国逻辑史教程》（修订本），温公颐、崔清田主编。[2] 相较于

---

[1] 张斌峰：《近代〈墨辩〉复兴之路》，第 14 页。括号内文字系笔者据文意所加。

[2] 温公颐、崔清田主编：《中国逻辑史教程》（修订本），天津：南开大学出版社，2001 年。

1988 年版,这部教材继续把名辩视为中国本土逻辑的具体形态,梳理了名辩逻辑从先秦至近现代的发展历程;不再囿于以西方传统逻辑为诠释名辩义理,强调名辩逻辑既与西方传统逻辑的共同性,也有其独特个性,如以推类为中国古代逻辑之推理的主导类型等。

《中国逻辑史》,周云之主编。[1] 作者以传统逻辑的方法为主,同时初步使用现代命题逻辑和谓词逻辑的方法来研究名辩逻辑;视名辩逻辑为中国本土的传统形式逻辑;梳理了名辩逻辑自先秦到 20 世纪末的发生发展过程,尤其是用近全书五分之一的篇幅对 20 世纪下半叶的名辩逻辑研究进行了述评,填补了研究的空白。

《20 世纪的中国逻辑史研究》,作者张晴。[2] 作者分四个阶段对 20 世纪的中国逻辑史研究进行了回顾与总结,概括、介绍和揭示了每个阶段的特点、成果与问题,阐明了 20 世纪中国逻辑史研究的规律,展望了新世纪的研究。由于把中国古代的正名理论和论辩理论视为中国古代逻辑的主要成分,因此此书也是对 20 世纪名辩研究的一种回顾与总结。

《中国名辩的现代研究》,作者杨文。[3] 作者从名辩的起源、存在、本质、规律和价值诸方面展开论说,视逻辑为名辩的核心。由于名辩是用古汉语表达的一种中国古代原生态逻辑,因此必须采取历史分析方法,既要避免以西方逻辑套释中国名辩,拔高名辩逻辑;也要避免用现代逻辑苛求古人,贬低甚至否定名辩逻辑。

(2) 对名辩的个案或专题研究

《先秦逻辑范畴的产生与发展》,作者田立刚。[4] 此文系统考察了蕴含于名辩话语中的"故"、"理"、"类"等逻辑基本范畴和"名"、

---

[1] 周云之主编:《中国逻辑史》,太原:山西教育出版社,2004 年。

[2] 张晴:《20 世纪的中国逻辑史研究》,北京:中国社会科学出版社,2007 年。

[3] 杨文:《中国名辩的现代研究》,北京:中国人民大学博士论文,2007 年。

[4] 田立刚:《先秦逻辑范畴的产生与发展》,天津:南开大学博士论文,1990 年。

"辞"、"说"、"辩"等逻辑形式范畴及其相关理论的产生与发展，认为这些范畴构成了先秦逻辑范畴体系的基本内容。

《墨家逻辑论》，作者梁周敏。[1] 此书从辩论、名论、辞论、说论、辞过论等方面对墨辩的基本范畴进行了阐述，探讨它们的形成发展及其逻辑含义，解析了这些范畴独特的使用和表达方法，大致勾勒了墨家逻辑的体系结构；认为墨家形式逻辑既有与西方传统逻辑的共同性，也有自己独特的内容和表现方式。

《古代汉语与中国古代逻辑》，作者王克喜。[2] 有见于语言、文化和思维的密切联系，不同的语言会造就不同的文化，不同的文化会塑造不同的思维模式，进而导致以思维中的推理为研究对象的逻辑也受到语言的影响，作者尝试结合汉字的书写特点以及古汉语的语法特征对包括名辩在内的中国古代逻辑进行了研究，以期在肯定逻辑共同性的同时，揭示和阐明中国古代逻辑的个性。

《中国古代推类思想研究》，作者张晓光。[3] 此书以先秦的地理、历史、文化为背景，重点考察了《周易》、儒、墨的推类思想及其成因；主张推类是中国逻辑传统的主导推理类型，既有传统逻辑类比推理的性质，也在思维依据、分析对象、实际运用、结论性质诸方面与类比推理相异；认为推类具有浓厚的人文性和服务于政治伦理的价值取向及明显的语用色彩。

《墨经逻辑研究》，作者杨武金。[4] 此书著通过考察墨经逻辑的产生、性质、作用、内容、体系和研究情况，肯定了墨经逻辑及其研究的意义和价值，揭示以前墨经逻辑的不足，探讨了进一步研究墨经逻辑的新方向、新方法和新途径；认为墨经逻辑不仅涉及谓词逻辑、模态逻辑、

---

[1] 梁周敏：《墨家逻辑论》，开封：河南大学出版社，1995 年。
[2] 王克喜：《古代汉语与中国古代逻辑》，天津：天津人民出版社，2000 年。
[3] 张晓光：《中国古代推类思想研究》，天津：南开大学博士论文，2001 年。
[4] 杨武金：《墨经逻辑研究》，北京：中国社会科学出版社，2004 年。

时态逻辑、弗协调逻辑等,更与当代西方普遍受到重视的批判性思维接近。

《中国古代的类比——先秦诸子譬论》,作者黄朝阳。[1] 此书从"譬"(逻辑意义的类比)的角度对先秦名辩中儒、墨、道、法四家的相关论述进行了专题研究,概括了譬的推理本质,考察了譬的形式结构和发生错误的原因,概括了譬的基本特点,并对修辞之譬与逻辑之譬进行了区别,揭示了譬与亚里士多德、传统逻辑之类比的异同。

《中国古代数学及其逻辑推类思想》,作者刘邦凡。[2] 此书不仅对中国古代数学名家、名著及其成就做了比较系统的介绍与分析,而且从名辩逻辑的主要推理类型——推类的角度,审视了同时段数学的推类思想,认为中国逻辑的推类对中国古代数学产生了积极影响,甚至可以说中国逻辑的推类思想与方法推动了中国古代数学的持续发展。

(3) 对名辩与西方逻辑的比较研究

《墨辩与亚里士多德逻辑——比较逻辑个案研究》,作者许锦云。[3] 此书不仅传统逻辑为参照从范畴论、命题论、推理论、论证学说、谬误论等方面对墨辩和亚里士多德逻辑进行了比较,还以语言逻辑和现代逻辑为参照物对二者进行了比较,认为墨辩与亚里士多德逻辑是本质相同但形态不同的两种逻辑体系。

2. 去逻辑中心化的研究

去逻辑中心化的研究,顾名思义,就是不以逻辑——无论是传统形式逻辑还是其他类型的逻辑——作为主要研究方法的名辩研究。此类研究最能体现研究方法的多元特点,但由于多数成果并非只采用一种

---

[1] 黄朝阳:《中国古代的类比——先秦诸子譬论》,北京:社会科学文献出版社,2006年。

[2] 刘邦凡:《中国古代数学及其逻辑推类思想》,北京:人民日报出版社,2006年。

[3] 许锦云:《墨辩与亚里士多德逻辑——比较逻辑个案研究》,北京:光明日报出版社,2010年。

方法或进路来开展研究，而往往是多种方法、进路的综合与交叉，下面的分类将以主导的研究方法或进路为根据，有的根据学者的自述，有的则仅仅是笔者个人的意见。除了本章已经或即将论及的成果，去逻辑中心化的名辩研究还有如下一些重要的成果值得注意：

（1）符号学的进路

《中国名学——从符号学的观点看》，作者曾祥云、刘志生。[1] 为了把握中国古代“名”的本性，避免把“名”简单比附为传统形式逻辑的“概念”，此书从符号学的角度把“名”视为一种语词符号，认为名学实质上关于语词符号的理论。在此基础上，提炼出名学的主要论题，并按历史顺序对先秦名学及其余风进行了考察。

《先秦名家四子研究》，作者朱前鸿。[2] 此书从符号学的角度对公孙龙、惠施、邓析、尹文等名家四子的思想方法、逻辑思想以及它们的承传关系进行了分析，认为名家四子的思维方法具有变与不变相结合、相对与绝对相统一、注重名实相符的特点。

（2）语用学或语义学的进路

《〈墨子〉语义学和语用学思想研究》，作者关兴丽。[3] 此书从语义学的角度对《墨子》关于名、辞、说的思想进行了诠释，并从指称论与语言研究的角度对《墨子》和亚里士多德的相关思想进行了比较；然后从语用学的角度分析了《墨子》的言语行为思想、谈辩原则、语境思想以及《墨子》语用学思想的现代意义。

（3）语言哲学的进路

《公孙龙子新论——和西方哲学的比较研究》，作者周昌忠。[4]

---

[1] 曾祥云、刘志生：《中国名学——从符号学的观点看》，福州：海风出版社，2000 年。

[2] 朱前鸿：《先秦名家四子研究》，北京：中央编译出版社，2005 年。

[3] 关兴丽：《〈墨子〉语义学和语用学思想研究》，北京：社会科学文献出版社，2004 年。

[4] 周昌忠：《公孙龙子新论——和西方哲学的比较研究》，上海：上海社会科学院出版社，1991 年。

此书从本体论、认识论、语言哲学、逻辑学诸方面对《公孙龙子》哲学进行了考察,认为其实质是关于知性认识之原理尤其是知性思维之原理的理论,其主体是分析的语言哲学和逻辑学,但仍带有缺乏形式性、精密性以及微言大义、文约义丰等中国哲学的鲜明特征。

《〈公孙龙子〉中的意义理论》,作者王左立。[1] 此书从语言意义理论的角度对《公孙龙子》的正名学说及其展开和论证进行了分析,认为《公孙龙子》的语言意义理论在先秦名学正名分、正刑名、察名实之理诸倾向中,是“察名实之理”一脉中自成一家之学。

《在语言中盘旋:先秦名家“诡辩”命题的纯语言思辨理性研究》,作者刘利民。[2] 此书立足于语言性认知操作具有具体实在、抽象概念和纯语言反思三个模式,以及语言哲学中“使用”与“提及”的区分,对先秦名家的“诡辩”命题进行新的解释,研究了名家出现的理由,揭示了名家之学的语言思辨理性的思想实质。

(4)“历史分析与文化诠释”的进路

《先秦辩学法则史论》,作者张晓芒。此书以中国传统文化为背景,提出“辩学是先秦时代关于在辨别、辩论的思维过程中,以怎样的思维方法和准则以明同异、定是非、审治乱、决胜负的学说”。然后从先秦辩学正名立辞的方法论着手,将辩学法则规定为“辩察、辩论的思维过程中的一般规范”,对先秦辩学法则思想发生、发展的历史进程进行了考察。[3] 鉴于辩学问题与自然、社会、政治伦理、哲学认识论等问题纠缠,认为辩学非逻辑所能范围,具有浓厚的政治伦理色彩。

《先秦名学研究》,作者翟锦程。此书将名学规定为“在名实关系问题讨论的基础上发展起来的对名的有关问题进行深入研究的学说,

---

[1] 王左立:《〈公孙龙子〉中的意义理论》,香港:现代知识出版社,2004 年。

[2] 刘利明:《在语言中盘旋:先秦名家“诡辩”命题的纯语言思辨理性研究》,成都:四川大学出版社,2007 年。

[3] 张晓芒:《先秦辩学法则史论》,北京:中国人民大学出版社,1996 年,第 5、299 页。

先秦诸子关于名的认识和思想都属于'名学'的范围"。[1] 并运用文化背景分析、文化形态分析、参验比较等方法,对先秦名学的七种形态进行了深入分析;揭示了近代以来名学研究的主要问题是忽视了先秦名学的特质而与西方传统逻辑机械比较,忽视了先秦名学自身的思想发展轨迹而应之以西方传统逻辑的体系,忽视了先秦名学的多元特点而以单一的模式为评价标准。

(5) 论辩学的进路

《中国古代论辩艺术》,作者张晓芒。[2] 此书从论辩艺术的角度对中国古代辩学进行了专题研究,按照历史顺序考察了邓析、孔子、老子、墨子、孟子、惠施、庄子、公孙龙、《墨辩》、荀子、韩非、王充、朱熹等对谈说论辩的研究与实践。

《墨家辩学——关于雄辩的科学》,作者何洋。[3] 此书提出墨家辩学由若干辩术和辩略构成,前者指进行辩论的原则和方法,是解决辩论的局部问题的方法,后者是指导全局的计划和策略。作者认为,作为关于雄辩的科学,墨家辩学既不是形式逻辑也相异于非形式逻辑。

《春秋战国时期的论辩文化》,作者高绍先。[4] 此书既论述了先秦名、儒、墨、法、道诸家的论辩理论,也考察了学术争鸣、政治决策、外交应对、进言规谏等领域的论辩实践,以及论辩对文体、文风的影响。

(6) 哲学史或思想史的进路

《惠施思想及先秦名学》,作者古棣、周英。[5] 此书着重从辩证法和自然科学的角度对惠施的"历物"十事进行了阐释;梳理了名辩思潮的兴起和终结,分析了先秦名学七派的思想,认为名学亦即名辩的实质

[1] 翟锦程:《先秦名学研究》,天津:天津古籍出版社,2005 年,第 3 页。
[2] 张晓芒:《中国古代论辩艺术》,太原:山西人民出版社,2001 年。
[3] 何洋:《墨家辩学——关于雄辩的科学》,海口:南海出版公司,2002 年。
[4] 高绍先:《春秋战国时期的论辩文化》,北京:法律出版社,2010 年。
[5] 古棣、周英:《惠施思想及先秦名学》,北京:海洋出版社,1990 年。

是逻辑,既包括形式逻辑的内容,也有辩证逻辑的研究;提出应发扬民族思维方式的优势,克服缺点,利用先秦名学的积极成果来改革现行形式逻辑的研究和教学。

《白马非马——中国名辩思潮》,作者庞朴。[1] 此书认为孔子的"正名"是名辩思潮的开端,随后道家的老子和庄子、名家(或称辩者、辩士、察士)等均卷入其中。而名家又一分为三:以惠施为代表的合同异派、以公孙龙为代表的离坚白派和墨家辩者派。由于名实之争在孔子、老庄的思想体系中并不占据主导地位,故着重讨论了名家三派的思想。

《惠学锥指——惠施及其思想》,作者杨俊光。[2] 此书主要从哲学角度对惠施提出的"历物十事"进行了梳解,并对其体系进行了初步研究;认为惠施关于同异的思想已超越政治伦理的范围,进入了哲学和逻辑学的领域,达到了对于"同一性自身的差别"即同一个统一事物内部对立的认识。

《惠施公孙龙评传》,作者杨俊光。[3] 此书从生平、著作、思想体系、社会作用和历史地位诸方面对惠施、公孙龙进行了详尽研究;广泛吸取了前贤时人的考证、注释和研究成果,针对研究现状及其存在的问题,将史实、文字考释与思想剖析结合起来,得出了若干新的结论和比较公允的评价。

《智慧的欢歌——先秦名辩思潮》,作者周山。此书把名辩思潮视为中国历史上第一场蔚为壮观的学术思潮,其核心是"关于名的理论争辩及论辩技巧规则等的研究"。[4] 认为在名辩思潮中起轴心作用

---

[1] 庞朴:《白马非马——中国名辩思潮》,北京:新华出版社,1991 年。

[2] 杨俊光:《惠学锥指——惠施及其思想》,南京:南京大学出版社,1991 年。

[3] 杨俊光:《惠施公孙龙评传》,南京:南京大学出版社,1992 年。

[4] 周山:《智慧的欢歌——先秦名辩思潮》,北京:生活 · 读书 · 新知三联书店,1994 年,第 3 页。

的是名家、墨家和儒家三大学派，代表人物主要包括邓析、尹文、惠施、公孙龙、后期墨家、荀子和韩非。

《中国名家》，作者张新。[1] 此书认为名家始于邓析，其后相继形成了宋鈃尹文学派、惠施学派和公孙龙学派；此三派的基本思想可分别称作人文主义、科学主义和逻辑主义；名家在中国古代思想文化史上在逻辑探索、自然哲学与分析思维等方面有突出贡献。

《绝学复苏——近现代的先秦名家研究》，作者周山。[2] 该书梳理了近现代学者关于名家的范围与承传的争论，评述了围绕名家著作的真伪所进行的考辩，并分专章考察了在邓析、惠施、尹文和公孙龙的名辩思想研究方面所取得的进展。作者肯定了近现代名家研究所取得的积极成果，指出了所存在的牵强比附、主观随意解释等不足，并对今后的研究进行了展望。

《先秦形名之家考察》，作者李耽。[3] 此书描述了形名之家（名家）的起源、兴盛与衰亡，对名、墨、儒诸家有关名学的著作进行了解说，认为形名之学（名学）包括逻辑学、语言学和自然哲学，不应将其等同于逻辑。

《先秦诸子名论新探》，作者姜芝娟。[4] 此文认为形而上学、伦理学、逻辑学的共助体系是先秦诸子名论的一般特色，故先秦名论与西方逻辑并不等同；提出先秦诸子名论有实践旨趣与理论旨趣两个维度；考察了体现实践旨趣的名实论争的正名旨趣与无名旨趣，前者以老庄为代表，后者以孔子、后期墨家和荀子为代表；讨论了体现理论旨趣的名实论争、公孙龙的坚白论争、白马非马论争，以及惠施与后期墨家围绕同异论争的争论。

---

[1] 张新：《中国名家》，北京：宗教文化出版社，1996 年。
[2] 周山：《绝学复苏——近现代的先秦名家研究》，沈阳：辽宁教育出版社，1997 年。
[3] 李耽：《先秦形名之家考察》，长沙：湖南大学出版社，1998 年。
[4] 姜芝娟：《先秦诸子名论新探》，北京：北京大学博士论文，2003 年。

《先秦名辩学及其科学思想》，作者周昌忠。[1] 此书梳理了先秦名辩思潮的源流，揭示了由名学而辩学而名辩学的演进脉络，发掘了各个思想家的名辩思想，着力阐发了先秦名辩的科学意义；认为名辩学以主客相分的存在论为前提，建立了知性层面上的语言分析哲学和逻辑学，后者与科学精神之间存在密切联系。不过，由于脱胎于传统文化，名辩学与西方相应学说之间也存在重要的差别。

(7) 广义论证理论的进路

《〈荀子〉比类式说理方式研究》，作者黄伟明。[2] 此文是著以广义论证理论为基础，分析了《荀子》说理诸要素与"类"、"理"观念，通过对荀子名辩实践的分析，刻画了比类式说理方式的语言表达式，揭示了其性质，阐明了其生效机制及其文化根据，制定了相应的规则；论证了比类式说理方式既不是推类也不是类比推理。

三、名辩学：体系重构的多元尝试

无论是坚持名辩与逻辑具有本质的同一性，还是主张"名辩学"与"中国古代逻辑"是两个不同的概念，都意味着对名辩话语之理论本质的一种勘定。随着"名辩逻辑化"逐渐丧失其范式地位，名辩研究进入研究方法多元并存的阶段，对名辩本质的理解也相应地呈现出一种多元化的倾向，部分学者更是从各自对名辩本质的理解出发对名辩学的理论体系展开了多元重构。

粗略地说，根据是否立足于逻辑来把握名辩的本质，本阶段对名辩本质的理解可以区分为两大阵营：其一是立足于逻辑来把握名辩的本质，或者将名辩等同于逻辑，或者认为二者虽不等同但逻辑是名辩的核心。这一阵营由于程度不等地坚持了"名辩逻辑化"的立场，可以统称

[1] 周昌忠：《先秦名辩学及其科学思想》，北京：科学出版社，2005 年。
[2] 黄伟明：《荀子比类式说理方式研究》，广州：中山大学博士论文，2009 年。

为“逻辑中心论”。其二是不以逻辑为基础来把握名辩的本质，或者认为名辩学是符号学，或者视其为语用学，或者主张名辩学是符号学与辩论学的统一，又抑或是将其视为关于“名”与“辩”的本土学问，等等。鉴于这一阵营对“名辩逻辑化”构想持否定的态度，因此可以统称为“去逻辑中心论”（见下表）。

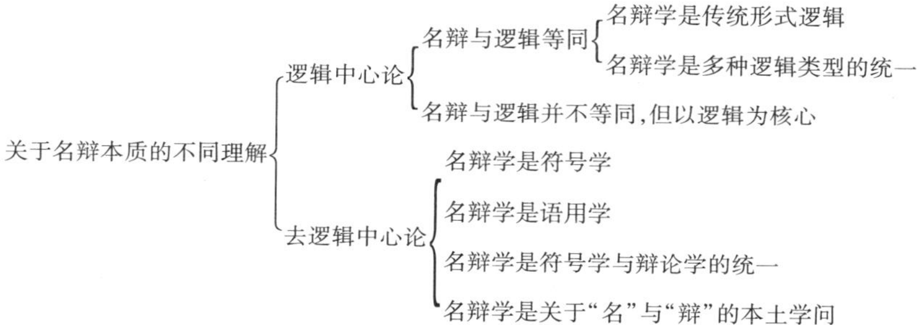

（一）名辩学是传统形式逻辑

“名辩逻辑化”的范式不仅以“名辩与逻辑的本质同一性”为预设，而且把中国本土逻辑的理论形态最终定格为名辩逻辑。在复苏与起步阶段，由于形式逻辑一元史观在名辩逻辑史的研究中占据主导地位，名辩逻辑被视为传统形式逻辑的中国本土形态。在本阶段，董志铁继续坚持上述进路，在 2007 年出版的《名辩艺术与思维逻辑》（修订版）一书中，把名辩学的本质勘定为传统形式逻辑。[1]

针对章士钊在 1961 年版《逻辑指要》自序中曾经提出，“逻辑之名，起于欧洲，而逻辑之理，存乎天壤”。董氏追问道，存在于中华大地的逻辑之理是什么样的？中国古代如何称谓研究思维形式及其规律一类的学问即逻辑之理？并给出他的回答：

> 张岱年先生指出，中国古代“这些关于命名立辞的方法论学说与西方古希腊所谓逻辑约略相当。……在中国则称为‘名辩之

[1] 此书第一版由中国广播电视出版社于 1998 年出版。

学'"[1]。我国古代把研究思维形式及其规律、论辩术一类的学问称为"名学"、"辩学"或"名辩之学"。

很明显,名辩学就是中国古代逻辑。进一步看,由于"所谓逻辑学(此指传统逻辑,又叫普通逻辑,形式逻辑),是以思维的形式及规律作为研究对象的科学",因此名辩学之为中国古代逻辑,其理论本质仍然是传统形式逻辑。[2]

董氏此书共计八章,前四章主要论说名辩思想的发端、发展以及名学、辩学的建立。根据他的描述,名辩思潮发展至战国晚期,各派学者相互辩驳,积累了大量关于名、辞、说、辩的论述,为科学总结先秦名辩思想奠定了基础。最终,后期墨家、荀子分别对先秦的辩学与正名理论进行了全面的总结,不过"二者仅是各有侧重而已,内容上并非水火,而是互相交叉渗透,故我们说在战国晚期中国名辩学诞生了"。[3] 这里有两点值得注意:其一,名辩学由名学与辩学所组成,二者相对独立,但彼此联系。辩学的主要内容包括什么是"辩"、辩的目的和作用;名、辞、说等的本质、作用、分类及谬误;论辩应该遵守的原则,等等。名学则以名实之辩为核心,主要讨论名的实质及作用、正名的目的、名的客观基础、制名的原则及方法、名的种类、名的谬误,以及名、辞、辩说的定义性说明与三者之间的关系。[4] 其二,就该书所引名辩材料的时间下限看,名学、辩学以及由二者构成的名辩学似仅存于先秦。

后四章对名辩学的理论体系进行了重构。无论是将名辩学所论及的名、辞、说、辩四者与传统形式逻辑所讲的概念、判断、推理、论证相对

[1] 语出张岱年:《序》,周云之:《先秦名辩逻辑指要》,第1页。

[2] 参见董志铁:《名辩之学与思维逻辑》(修订版),北京:中国广播电视出版社,2007年,第1—3页。此书明确使用过"名辩即逻辑"的表述:"墨家后学们创立的辩学,首先科学地回答了,当然是从名辩即逻辑的角度回答了什么是'辩',辩的目的、作用"(第58页)。

[3] 董志铁:《名辩之学与思维逻辑》(修订版),第47页。

[4] 参见董志铁:《名辩之学与思维逻辑》(修订版),第58、78页。

应,还是用传统形式逻辑的问题域和理论来对名辩学关于名、辞、说、辩的论说进行梳理、归类与评价,都不难发现董氏实际上是立足于传统形式逻辑来理解名辩学的本质与内容。此外,他对名辩学的内容梳理与体系重构几乎完全为周云之 1993 年所提出的先秦名辩逻辑的横向体系所涵盖,这也从另一个角度说明了董氏所理解的名辩学就是传统形式逻辑。

(二) 名辩学是多种逻辑类型的统一

孙中原是本阶段为数不多的坚持名辩等同于逻辑的学者之一。前文在论及他对"据西释中"比较法的坚持时,已引其文字说明了他的这一立场。在 2006 年的《中华先哲思维论》一文中,他再次指出,"中国古代思想家,总结先哲思维艺术创造系统的名辩学体系,是西方逻辑、印度因明同辉共荣的古典逻辑形态。"[1] 在 2009 年出版的《逻辑哲学讲演录》中,他更为明确地把名辩学与中国古代逻辑视为同一个东西:"中国古代固有的逻辑,叫'名学'、'辩学',或合称'名辩学',简称'名辩'。"[2]

那么,名辩的理论本质又该作何理解呢?在上一阶段出版的《中国逻辑史(先秦)》中,孙中原主张在中国古代逻辑研究中贯彻"形式逻辑和辩证逻辑并重"的原则,这从一个侧面说明他立足于逻辑的多元论来理解中国古代逻辑的本质,将其视为形式逻辑与辩证逻辑的统一。在本阶段,孙氏对名辩本质的多元论解释又有了进一步的扩展。在他看来:

> 近年来,中国逻辑研究,不同观点、方法和成果,争奇斗妍,论战犹酣。同一名辩对象的研究角度多样:传统逻辑,形式逻辑,批

[1] 孙中原:《中华先哲思维论》,《武汉科技大学学报》(社科版),2006 年第 6 期,第 7 页。

[2] 孙中原:《逻辑哲学讲演录》,桂林:广西师范大学出版社,2009 年,第 4 页。

判性思维，非形式逻辑，论辩逻辑，论证逻辑，逻辑指号学，语义学，语用学，语言逻辑，辩证逻辑，认知逻辑，不一而足。不同观点、方法和成果，各有存在道理和发展余地。[1]

这里，研究角度（方法）的多元并存之所以可能，在很大程度上是因为研究对象本身就是多种规定性的统一。换言之，近年来运用多种逻辑理论来研究名辩学之所以并行不悖，“各有存在道理和发展余地”，在很大程度也是因为作为中国古代逻辑，名辩学本身就是多种逻辑类型的统一。

在本阶段，持名辩学是多种逻辑统一之论的学者还有古棣（关锋）。他在《先秦名学概论》一文中对“名学”、“名辩”与“逻辑学”的关系进行了讨论：

先秦的名学，基本上是形式逻辑学，对于辩证逻辑学涉及到一些，内容不多。

所谓“名辩”即关于“名”和以名为中心的辩论，不是一切辩论，战国各家没有不好辩的，……关于“名”和以名为中心的辩论本身，就是名学、辩学，即逻辑学，只是其观点不同，或侧重点不同。[2]

就此而言，在指称先秦时期的思想时，“名学”、“辩学”、“名辩”与“逻辑学”无疑具有一种异名而同实的关系。依古棣之见，这种名辩与逻辑的本质同一性有其发生学上的根据，因为中国古代逻辑就是在先秦名辩思潮中产生发展起来。这一思潮始于春秋末年孔子提出“正名”的要求，终结于战国末年荀子的《正名》，其中有七派先后对先秦名学的发展产生了较大影响。它们分别是宋鈃和尹文学派、申不害与韩非

[1] 孙中原：《中国逻辑元研究》，《中国人民大学学报》，2005 年第 2 期，第 62 页。
[2] 古棣：《先秦名学概论》，古棣、周英：《惠施思想及先秦名学》，北京：海洋出版社，1990 年，第 312—313、318 页。

的刑名学派、公孙龙学派、桓团学派、惠施及其后学、后期墨家和荀子。如果说后期墨家的名学在形式逻辑方面有突出的贡献,那么惠施名学的主要贡献则集中于辩证逻辑方面。[1] 相异于那些将名辩等同于中国本土逻辑,进而将后者归结为传统形式逻辑的学者,古棣的立场显然与孙中原较为接近:一方面坚持名辩与逻辑的本质同一性,另一方面则持一种逻辑多元论的立场。

（三）名辩学与逻辑并不等同,但以逻辑为核心

由于"名辩逻辑化"构想及其实践的影响过于强大,周云之、刘培育虽然先后放弃了对于"名辩与逻辑的本质同一性"的认同,转而强调"名辩学"与"中国古代逻辑"是两个不同的概念,但这种改变还不是格式塔式的范式转变,逻辑仍然被他们视为名辩学的核心。

1. 名辩学是正名学与论辩学的统一

1996 年出版的《名辩学论》集中反映了周云之对于中国古代名辩学是否存在,如果存在,其对象、性质与体系又该作何理解的认识。通过剖析《名实论》、《小取》和《正名》三篇的主要思想,周氏认为先秦确实已经提出了相对独立的正名学与论辩学。前者以《正名》为代表,主要研究概念之名与语词之名;后者以《小取》为代表,主要研究辞(命题)、说(推理)、辩(论证)。这两个体系各有侧重,相对独立,但又不可分割,统一于关于名、辞、说、辩等有机联系的思维方式之学。因此,"名辩学应该被理解为正名学(名学)和论辩学(辩学)的有机结合,这才是比较符合中国古代的客观实际。"[2]

虽然名辩学的体系已经实质地、具体而微地包含在《名实论》、《小取》和《正名》三篇之中,但此三篇并未穷尽中国古代有关名、辞、说、辩

[1] 古棣:《先秦名学概论》,古棣、周英:《惠施思想及先秦名学》,第 318—388 页。在书中,"申不害"被误植为"申石害"。

[2] 周云之:《名辩学论》,第 128 页。

的全部论题。因此,在重构名辩学的理论体系时,就“应该以《正名》篇和《小取》篇提出的体系大纲为基础,把中国古代各家所提出的全部有关正名和论辩的思想理论和学说统统充实到这两个理论体系中去,有的地方还必须作适当的调整和补充,以反映中国古代名辩学的全部内容和实际面貌”。[1]

关于周云之所重构的名辩学体系,如下几点值得注意:

首先,正名学与论辩学具有相对独立的理论体系。正名学包括正名哲学、正名(制名)原则以及违反正名原则的各种乱名之谬误及制止、纠正各种谬误之办法,它与传统形式逻辑仅仅为了建立命题理论特别是推理理论而附带论及概念理论并不相同。论辩学的主要内容包括五个方面,即论辩哲学、命题理论、推理理论、论证理论,以及关于逻辑谬误、逻辑规律和逻辑规则的理论,其重心在推理、论证的具体论式以及论式中的谬误与规则,此外还涉及命题的性质和种类,但几乎不讨论概念的正名同题,因此与传统形式逻辑对概念、命题、推理和论证的全面考察也不尽一致。

其次,名辩学是正名学与论辩学的有机结合,正名学是基本环节和重要基础,论辩学是重点和核心。以《正名》为例,在“实不喻然后命,命不喻然后期,期不喻然后说,说不喻然后辩”所描述的有机联系中,名与辩不可分割,但只是整个思维活动的起点和基础,相应地,虽然正名学与论辩学不可分割,仍然只是整个名辩学的基本环节和重要基础。再就《小取》看,“以名举实,以辞抒意,以说出故”说明后期墨家不否定、割裂或者轻视正名学,但就此篇实际所论而言,论辩学才是关于名、辞、说、辩四者之学说整体中最重要、最核心的部分。

最后,“名辩学的主要内容和基本性质是中国古代的逻辑学说”。名辩学尤其是正名学部分并非都是纯粹的逻辑内容,但无论是正名学

---

[1] 周云之:《名辩学论》,第129页。

还是论辩学,或者以逻辑思想为重点和核心,或者主要乃至全部都是属于逻辑学的主要对象和范围。可以说,"在中国古代实际存在的名辩学体系中包括了中国古代的全部逻辑学说,即中国古代的逻辑学说是全部包括在中国古代的名辩学体系中的,而且构成了名辩学体系中的核心和重点。"[1]由于"名辩学"一词长期以来已经约定俗地成为中国古代逻辑的名称,中国古代逻辑都包含在名辩学中,再考虑到"名辩学"突出了中国古代逻辑以讨论正名和论辩为主的特点,因此可以不严格地将"名辩学"的含义理解为中国古代逻辑,但是这并不意味着名辩学就等同于中国古代逻辑。

作为一位曾经长期大力倡导并亲自实践"名辩逻辑化"构想、认同"名辩与逻辑的本质同一性"的名辩学学者,周云之能在本阶段明确承认名辩学与中国古代逻辑并不等同,并在此基础上率先对名辩学的理论体系进行重构,其历史地位与学术影响是显而易见的。不过,正因为是开风气之先的研究,《名辩学论》在研究方法和具体观点上仍颇多值得思考的地方。例如,周氏立足于《名实论》、《小取》、《正名》三篇来把握名辩学的性质、对象、特点与体系,但这样的做法可能存在如下一些问题:

第一,此三篇虽被近现代学者普遍认为是名辩的代表作,但其中所论是否全面反映了先秦名辩乃至整个中国古代名辩所争所论的内容,仍然是一个需要认真加以对待的问题。如果此三篇属于有偏颇的样本,那么以它们为基础所重构出的名辩学体系恐就难以准确摹写与有效规范作为历史文化存在的名辩话语。

第二,在论证此三篇是近现代学者所广泛承认的名辩代表作时,周氏引证的学者或著作几乎都是立足于"名辩逻辑化"来诠释它们的义理,而且周氏本人也是采取同一进路来把握此三篇的性质、对象、特点

[1] 周云之:《名辩学论》,第135、138页。

与体系。这也就是他为什么主张名辩学的主要内容与基本性质是中国古代逻辑的原因所在。《名辩学论》对作为名辩学核心与重点的中国古代逻辑的理解，基本上是沿袭了《先秦名辩逻辑指要》的说法，但并未具体回应学界中对“名辩逻辑化”所存在的牵强比附、过度诠释等不足的批评。

第三，着眼于名辩研究已进入多元方法并存的新阶段，反观周氏对《名实论》、《小取》、《正名》的剖析，既未能充分考虑它们所处的历史情境——未能联系它们所处其中的具体社会历史环境进行深入的历史分析，也未能充分考虑它们所处的文本脉络——未能联系《公孙龙子》、《墨辩》和《荀子》的其他各篇以及整个先秦名辩的所争所论来对它们进行全面的义理诠释。

2. 名辩学是关于正名、立辞、明说、辩当的理论、方法与规律的科学

在近现代名辩研究史上，刘培育对名辩学的本土性、系统性的明确意识堪称伍非百之后的第一人。2004 年出版的《中国名辩学》，是他继《〈吕氏春秋〉的名辩思想》(1981)、《中国古代哲学精华 · 名辩篇》(1992)和《名辩学与中国古代逻辑》(1998)之后勘定名辩本质，梳理其内容，评判其地位的最新力作。他认为：

> 名辩学是中国古代的一门学问。它以名、辞、说、辩为研究对象，是关于正名、立辞、明说、辩当的理论、方法和规律的科学，其核心就是今天讲的逻辑学。名辩学是中华民族用自己的实践、自己的语言、自己的智慧，在自己的土地上对具有全人类性的逻辑思维的反思和探索的结晶。[1]

相较于 1981 年对“名辩学”含义的首次明确表述，23 年后的这个定义至少有三处实质性的修改：“析辞”、“论辩”被调整为“立辞”、“辩当”；

[1] 刘培育：《中国名辩学》，张家龙主编：《逻辑学思想史》，第 1 页。

名辩学与中国古代逻辑的关系从原来的前者"就是"后者的同一关系被修改为后者是前者的"核心",即名辩学与中国古代逻辑不等同,前者还包括认识论和论辩术等内容,与政治和伦理也有十分密切的关系。[1]

关于刘培育所重构的名辩学体系,笔者想强调以下几点:

第一,刘培育高度重视名辩学的本土性,强调在重构名辩体系时既不能照搬西方逻辑、印度因明的体系,也不能从名辩史料中东抽西拼地拼凑某种体系。"而应该像沈先生那样,把《墨经》(以及《荀子·正名篇》)作为一个整体,揭示其固有的学说体系。只有这样,我们才能看清中国古代名辩学的本质,显示出中国古代名辩学的特点来,进而对古代名辩学做出正确的估价。"[2]按刘氏之见,"《墨经·小取》篇和《荀子·正名》篇描绘了名辩学体系的大纲。"[3]前者以辩(论辩)为中心,后者以正名为中心,虽立足点各有侧重,但都试图在名、辞、说、辩的有机联系中来探求正名、立辞、明说、辩当的理论、方法和规律。有见于此,刘氏把中国古代关于名、辞、说、辩的论述视为一个有机的统一整体,称其为"名辩学",而不像董志铁、周云之等学者那样将名辩学分为名学(正名学)和辩学(论辩学)两个组成部分。

第二,相异于董氏将名辩学局限在先秦,刘培育和周云之一样,均认为名辩学应该涵盖整个中国古代有关名辩的思想学说。不过,相较于周氏仅笼统地提及这一点,他进一步把名辩学的发展划分为五个时期,即先秦、秦汉魏晋、隋唐至明清、19 世纪末至 20 世纪中叶、20 世纪 50 年代至 20 世纪末等五个发展阶段。其中,先秦是名辩学发展的第一个高峰,也是名辩学史上最光辉灿烂的时期。秦后 800 年间虽未产

[1] 参见刘培育:《名辩学与中国古代逻辑》,《哲学研究》,1998 年增刊,第 13 页。
[2] 刘培育:《沈有鼎研究先秦名辩学的原则和方法》,《哲学研究》,1997 年第 10 期,第 50 页。
[3] 刘培育:《中国名辩学》,张家龙主编:《逻辑学思想史》,第 4 页。

生出超过先秦名辩学水平的重要著作,但因魏晋名理精神发抒,玄谈论辩之风大盛,也出现过新的名辩高潮;隋唐至明末,名辩研究几近沉寂;明末清初,随着诸子学的兴起,名辩学开始复苏,为近代以来并持续至今的名辩研究奠定了基础。[1]

第三,逻辑是名辩学的核心。与周云之的理解一致,刘培育也认为名辩学的核心是逻辑,但相异于前者更为关注中国古代逻辑与西方传统形式逻辑的一致性,刘氏则能较为自觉地从共同性与特殊性的相互联结中来把握名辩学的特征。在他看来,名辩学既是中国的也是世界的,既有相异于古希腊逻辑、古印度正理—因明的特点,也反映了人类逻辑思维的共同的规律。"中国的名辩学、印度的正理—因明、西方的逻辑学是古代世界三大逻辑传统。"[2]此外,与董志铁、周云之更多地利用传统形式逻辑来诠释名辩义理不同,刘氏不否认名辩研究在方法上的多元性,但强调对名辩的逻辑之维的研究离不开现代逻辑的工具,否则不仅难以发现古人的逻辑思想,也无法正确评价其成就与局限、得与失。[3]

从总体上看,就对"名辩学"定义的表述而言,刘培育的表述——关于正名、立辞、明说、辩当的理论、方法和规律的科学——直接受到了伍非百的影响,可以说是本阶段最具本土特色的表述。就对名辩材料的发掘来说,《中国名辩学》所处理的材料也称得上是本阶段最为丰富的,而且这些材料与先秦名辩的所争所论及其后续发展联系也最为紧密。就对名辩史料的整理来说,刘氏一方面按照名、辞、说、辩四大主题

[1] 参见刘培育:《中国名辩学》,张家龙主编:《逻辑学思想史》,第4—13页。关于名辩学的历史发展,刘氏1992年将其划分为两个时期共计四个阶段,即先秦名辩学萌发、创立和繁荣的时期和秦汉至19世纪末名辩学曲折发展时期,后者进一步分为秦汉魏晋、隋唐至明末、明末至19世纪末三个阶段。参见刘培育主编:《中国古代哲学精华》,第215—223页。

[2] 刘培育:《中国名辩学》,张家龙主编:《逻辑学思想史》,第1页。

[3] 参见刘培育:《名辩学与中国古代逻辑》,《哲学研究》,1998年增刊,第14页。

对历代名辩材料进行梳理和归类，另一方面尽量立足于名、辞、说、辩等术语在古汉语中的实际用法来阐释其理论含义，而不是将其与逻辑理论中的某个概念作先入为主地对应。可以说，这些工作在一定程度上实现了他自己所说的"先弄清中国名辩学的真实面貌，再回过头来研究名辩学中的逻辑问题"；"原原本本地从原始文献的整体上去研究名辩学的固有体系和基本内容；而不是以某种已有的模式为范式，从原始文献中东抽一点，西抽一点去主观地拼凑出一个什么体系来，切忌无类比附。"[1]

不过，抛开对具体名辩材料的义理诠释不论，从宏观层面看，刘培育对名辩学体系的重构也存在一些值得注意的问题。例如，对"名辩学"的定义没有给予进一步的说明。在发展与提高阶段，伍非百已将狭义名辩学的主要目的表述为"研究'正名'、'析辞'、'立说'、'明辩'的规律和有关问题"，但他并没有解释"正名"、"析辞"、"立说"、"明辩"究竟指什么。[2] 与伍氏类似，刘培育也是径自把"名辩学"的内涵表述为"关于正名、立辞、明说、辩当的理论、方法和规律的科学"，而没有具体说明"正名"、"立辞"、"明说"、"辩当"的含义。鉴于在近现代名辩研究史上仅有伍、刘两人对名辩学的目的做出了如此近似的表述，而刘氏本人又不可能不知道这一点，因此他更应该就为什么要用"立辞"、"明说"、"辩当"来取代伍氏的"析辞"、"立说"、"明辩"做出解释，令人遗憾的是他没有提供任何的解释。

此外，虽然刘培育将历代的名辩材料按照名、辞、说、辩四个主题进行了初步归类与简单分析，形成了他所理解的名辩学体系，但是相较于他自己所表述的名辩学的目的，这个体系还显得非常粗糙，有待完善的地方还非常多。例如，名辩学四个主题的细节还不清楚。目前在每个主题之下只是罗列一些相关的材料，并未从中提炼出正名、立辞、明说、

[1] 参见刘培育：《名辩学与中国古代逻辑》，《哲学研究》，1998 年增刊，第 14 页。
[2] 参见伍非百：《总序》，《中国古名家言》，第 5—6 页。

辩当所涉及的具体论题。又如,名辩学旨在研究正名、立辞、明说、辩当的理论、方法和规律,但是从目前这个体系所论述的具体内容看,鲜有对中国古代相关理论、方法和规律的系统概括和集中表述。

（四）名辩学是符号学

针对刘培育的《中国古代哲学精华·名辩篇》、周云之的《先秦名辩逻辑指要》和《名辩学论》,李先焜在1998年发表的《名辩学、逻辑学与符号学》一文中指出,这些论述基本确立了名辩学的对象、范围与地位。不过,要准确把握名辩学的本质,他认为还需要对名辩学与逻辑的关系作进一步的辨析。

李氏追问道:如果名辩学的核心或基本性质是中国古代逻辑,那么这里所说的"逻辑"是否就是指形式逻辑?如果名辩学研究不等同于或不能代替中国逻辑史研究,这是否意味着作为名辩学核心的逻辑其实并不是形式逻辑?[1] 要回答这些问题,首先就需要对逻辑本身的性质做出判定。从逻辑观的角度看,他认为,对逻辑的性质至少有两种彼此对立的看法,其一主张逻辑必然是形式的、无形式即无逻辑,其二则认为存在着一种非形式的逻辑。由此出发,他指出:

> 就古代文本自身来说,既然没有像亚里士多德那样的变项,也没有亚里士多德逻辑所作的那样的推理式的形式刻画,因此,将名辩学称之为像亚里士多德那样的"形式逻辑"是有困难的。这样,将名辩学称之为逻辑,必须对"逻辑"一词作比较广义的理解,即它是逻辑,但主要是一种非形式逻辑。[2]

---

[1] 周云之指出,中国逻辑史主要应该是中国形式逻辑的思想发展史,由于名辩学的对象、范围和体系都不同于中国逻辑史,因此不能用名辩学研究来等同或替代中国逻辑史研究。参见周云之:《名辩学论》,第140—146页。

[2] 李先焜:《名辩学、逻辑学与符号学》,《哲学研究》,1998年增刊,第16页。当然,李氏指出,中国古代名辩学没有刻画推理的形式结构,并不意味着当代学者不可以用形式逻辑的理论成果去分析中国古代逻辑。但是,决不能从形式逻辑之为研究工具就断定作为研究对象的中国古代逻辑也是形式逻辑。

那么,为什么中国古代没有产生出亚里士多德那样的逻辑呢? 李先焜联系古代汉语的特点对此进行了分析。在他看来,古代汉语是一种语义特别丰富的语言,人们在使用时特别强调要语义准确,于是就发展出了一种研究定义以及防止歪曲定义的方法的语义学即名学(正名学)。另一方面,由于激烈的政治斗争与良好的学术空气,中国古代辩论之风盛行,于是又发展出了一种讨论论辩的原理、方法和规律的语用学即辩学(论辩学)。尽管中国古代没有系统的语法学,实际古人说话写文章仍是合乎语法的。再就具体的推理论式来说,名辩学所阐发的最为盛行的推论式是"喻",而无论是隐喻还是隐涵,抑或是《公孙龙子》、《墨经》论及的"当"——类似言语行为理论所说的"恰当性"(felicity)条件,涉及的都是语用的问题。

按李氏之见,语义学和语用学不仅与现代逻辑的发展联系紧密,而且也是传统逻辑的一部分,后者中关于概念的定义与划分就属于语义学,有关论辩与反驳以及对谬误的分析则属于语用学。鉴于莫里斯(Charles Morris)把符号学分成语形学(主要是逻辑与语法)、语义学与语用学三个有机组合的部分,李先焜又提出:"名辩学中包含着丰富的语义学与语用学的内容,因此说它属于符号学研究的范围。总的来说,中国古代的符号学在语义学与语用学方面内容丰富,而在语形学方面则比较贫乏。这是中国符号学的一个特点。"[1]

李先焜把名辩学的本质理解为符号学非常具有启发意义,对本阶

[1] 李先焜:《名辩学、逻辑学与符号学》,《哲学研究》,1998 年增刊,第 17 页。在此文中,李氏一方面说作为名辩学核心的中国古代逻辑是非形式逻辑,另一方面又将名辩学的理论本质勘定为符号学。近年来,他试图将上述两个看法融合在一起,认为名辩学实质上就是非形式逻辑:"回顾我国古代,有着非常丰富的这种与亚里士多德论辩逻辑极其相似的我们所谓的'名辩学'",而亚里士多德"这种论辩的逻辑实质上就是非形式逻辑。"参见李先焜:《中国古代逻辑史是非形式逻辑的发展史》,中国逻辑学会中国逻辑史专业委员会编:《回顾与前瞻:中国逻辑史研究 30 年》,第 56 页;亦可参见本章第二节在论及"传统形式逻辑之外:名辩逻辑化的新探索"时的相关讨论。

段的名辩研究产生了较为广泛的影响，以至于符号学进路在名辩研究多元方法中占有重要的地位。不过，相异于董志铁、周云之、刘培育等学者对名辩学的体系化重构，李氏对名辩之符号学本质的勘定还仅仅是一个研究构想或工作蓝图。而且就这一构想的提出而言，它并不是对先秦围绕“名”与“辩”所涉诸论题所展开的具体争辩的概括，也不以《小取》、《正名》关于名、辞、说、辩的论说为基础，更多地表现为从一种现成的理论框架（符号学）着手来对原始的名辩文献进行剪裁和拼接。就此而言，将名辩学的本质归结为符号学是否是一种合理的勘定，运用符号学的理论与工具能否对中国古代名辩话语进行一以贯之地圆融解释，尚有待于名辩研究实践的检验。

（五）名辩学是语用学

事实上，把正名学与语义学、论辩学与语用学相关联，并非始于李先焜 1998 年的这篇论文。[1] 前文已经提及，蔡伯铭在 1992 年就提出中国古代逻辑是一种包括语形、语义、语用的自然语言的逻辑指号学，中国古代逻辑的研究重点是古汉语语义学。[2] 在 1993 年出版的《汉语逻辑概论》中，陈宗明亦曾表述过类似的看法：

> 在汉语逻辑史上，辩学属于语用学，名学应为语义学。一般说来，名家和墨家立足于语言逻辑，是理论的语言逻辑，而儒、法、道家却以政治伦理或认识论为主、语言逻辑为辅，因而是应用的语言逻辑。就孔孟等人的名学而言，也应当划归为语用学。……以名

---

[1] 就李氏本人而言，他在 1990 年就提出，“在中国古代，从先秦时期开始，就已经有了相当丰富的语义理论，不少哲学家、逻辑学家、语言学家探讨了符号学（包括了语义学、语用学）的问题，概括出一定的规律和理论”。儒家的正名理论如果除去其中的政治伦理因素，完全是一种语义学理论；法、墨、名诸家的正名学说亦有此性质。参见李先焜：《中国——一个具有丰富的符号学传统的国家》，《江汉论坛》，1990 年第 1 期，第 32—38 页。

[2] 参见蔡伯铭：《把中国逻辑史的研究提高一步》，《湖北师范学院学报》（哲社版），1992 年第 2 期，第 21—27 页。

辩学为内容的中国古代逻辑,具有鲜明的汉语逻辑特征。[1]

在1997年出版的《中国语用学思想》一书中,陈宗明对名辩学是语用学有了更为清楚的认识。在他看来,先秦儒、墨、名、道、法诸家或游说于诸侯,或相互诘难,"发展了独具特色的名辩学说,并且绵延数千年之久,甚至深刻地影响到整个东方文化。""在这场大讨论(名实之辩——引者注)中诞生的名学和辩学,也可以合称为名辩学。"[2]由此,关于名辩的语用学本质,可以分辩学与名学两部分来论说。

按陈氏之见,"辩学是中国古代语用学研究的最高成就。"例如,作为辩学研究的集大成者,墨辩系统而详细地讨论了辩的目的、作用、方法等重要问题;"以名举实、以辞抒意、以说出故"构成了墨辩语用学的主要框架;辟、侔、援、推等都是语用推理;墨家甚至还论及了言语行为以及真理性条件等问题。[3] 当然辩学并非为墨家所独有,名、儒、道、法甚至纵横家都不仅提出了自己的辩学理论,而且还有辩论的实践。先秦之后,辩学虽不及昔日辉煌,仍绵延不绝。王符、徐干、刘邵、鲁胜、陈亮、叶适、程智、傅山等人都先后在辩学上有不等的建树。

名学则是研究名、实(形)关系的学说,而名实关系也就是符号与所指对象之间的关系,故名学明显地属于语义学的范围。陈宗明认为,先秦儒、法、道、名、墨诸家均对名实关系有所论说,形成了各自的名学。不过,由于"名"在中国古代往往与"言"相联系,因此名学也具有语用学的性质。此外,后期墨家、荀子和韩非讨论甚多的谬误论,也属于语用学的范围;名家的"白马论"、儒家的"正名论"、法家的法术等则体现出关于政治、伦理、法律的应用语用学的特征;由名实之辩演化出来的

---

[1] 陈宗明:《引论》,陈宗明主编:《汉语逻辑概论》,北京:人民出版社,1993年,第31—32页。

[2] 陈宗明:《引论》,陈宗明主编:《中国语用学思想》,杭州:浙江教育出版社,1997年,第13、21页。

[3] 同上,第19页。

言意之辩涉及交际中的表达和理解问题，形成了独具特色的中国古代的表达和释义理论，也属于语用学的范畴。

要言之，“纵观历史，中国古代在逻辑形式或语形学的研究上，虽然比不上亚里士多德的三段论和斯多亚派的命题逻辑，但是有着鲜明的语用学特征，体现了大逻辑的传统。”[1]

关于陈宗明的上述看法，有必要注意以下几点：

第一，虽然名辩学的本质是语用学，但是相异于那些将“名辩学”与“中国古代逻辑”等量齐观的学者，陈氏并不是认为名辩学与中国古代语用学是同一个东西。就《中国语用学思想》一书的具体论述看，中国古代语用学除了先秦名辩学及其后续发展以外，还包括《易经》、文论诗话、训诂学、佛家等的语用学思想。

第二，“中国古代并没有建立系统的语用科学，有的只是一些分散的语用学思想……。因此，我们必须实事求是，防止用古代史料去填现代语用学的框框。”[2]同时，陈宗明的名辩研究尚依附于对中国古代语用学的研究而没有独立出来。因此，在双重的意义上，他对于作为语用学的名辩学的研究都尚未进入甚至根本就不能进入一种体系重构的状态。

第三，尽管陈氏强调不能用现代的语用理论框架去剪裁和重组古代的名辩材料，也就是说，在主观上他的确有意防止在研究中出现此前“名辩逻辑化”实践所存在的不足，但语用学的理论与工具能否融贯解释中国古代名辩话语的全部内容，是否能够切中对名辩话语及其所由以产生发展的社会历史环境所作的具体分析，这些都有待进一步的研究来做出判断。

---

[1] 陈宗明:《引论》,陈宗明主编:《中国语用学思想》,第23页。
[2] 同上,第17页。

（六）名辩学是符号学与辩论学的统一

经过对“名辩逻辑化”范式的批判、对“名辩逻辑”的拒斥，林铭钧、曾祥云对名辩学的本质提出了自己的理解。在出版于2000年的《名辩学新探》中，他们认为，“‘名辩学’，也是‘名学’和‘辩学’的统称，它泛指中国本土独立产生的名辩思想。”[1]

相异于周云之、刘培育等通过对名辩代表作的分析来把握名辩学的对象、内容、性质与体系，林铭钧、曾祥云的做法则是首先规定名辩学的对象是“名”与“辩”，于是以“名”为对象的思想理论就是名学，以“辩”为对象的思想理论就是辩学。然后通过梳理中国古代围绕“名”与“辩”所进行的探索与争辩来分别确定名学与辩学所研究的主要问题。简言之，前者围绕名实关系这一主线而展开，主要研究名是什么、名的作用、正名的原则和方法、命名的原则和方法、名的种类、名与名之间的关系、名与言的关系以及对名不正的分析等。后者所探讨的是关于“辩”的一般问题，即辩论的对象、目的、原则、方法、技巧、谬误、胜负，以及辩论者的素质，等等。[2]

与周云之把名辩学视为正名学与论辩学的有机统一不同，林、曾认为，名辩学仅仅是名学与辩学的简单组合。就二者的产生与发展说，名学与辩学相互联系，彼此促进。名学源于先秦“名实相怨”的社会现实，与辩论之风的盛行亦有密切联系；名实之辩的倡导及“辩”的刺激推动了辩学的形成，客观上也推动了名学的发展。但就研究对象与内容看，名学与辩学则相互区别，相对独立。名实之辩是诸子论辩的主要论题之一，但以名实关系为核心的名学不属于辩学；辩学是对包括名实之辩在内的实际辩论的研究，但名实关系并不在其研究范围之内。因此，“名学”不能涵盖辩学，“辩学”亦不能概括名学，“中国名辩学就是

[1] 林铭钧、曾祥云：《名辩学新探》，第17页。
[2] 参见林铭钧、曾祥云：《名辩学新探》，第51、73、19页。

中国的名学和辩学。”[1]

关于名辩学的时间范围,林铭钧、曾祥云认为,名辩思想自秦汉以降虽然逐渐沉寂、衰落,步入低谷,但在整个中国古代并未彻底亡绝。在与人合作的论文中,曾祥云就曾明确指出:“名学、辩学不应是先秦名学、先秦辩学的简称,而应当是泛指整个中国古代的名学、辩学。”[2]根据中国名辩思想发生发展的实际情况与内在行程,他们把中国名辩学史划分为四个阶段,即创立时期(春秋末年至秦王朝结束)、持续发展时期(两汉魏晋南北朝)、衰落时期(隋唐到19世纪末)和复兴时期(20世纪初至今),不过《名辩学新探》的具体论述则以先秦和两汉魏晋南北朝时期的名辩思想为主。

至于名学、辩学的本质,林铭钧、曾祥云认为,中国古代的“名”具有符号的性质,相当于一种词项符号,相应地,名学就是一种词项符号学。同时,中西语言文字的差异使得名学具有了不同于建立在拼音文字基础上的一般语言符号理论的某些个性特点。[3] 辩学是对辩论的理论研究,但对于辩论学是否属于逻辑分支,学术界意见不一。按林、曾之见,这是一个跟逻辑观有关的问题。“我们认为如果要把辩论理论中的逻辑问题划归为逻辑分支学科,它应属于自然语言逻辑范

---

[1] 林铭钧、曾祥云:《名辩学新探》,第18页。近年来,曾祥云似乎不再主张使用“名辩学”一词。在他看来,名学与辩学在中国古代虽然存在着互动并进的关系,但这“不意味着名学、辩学可以合为‘名辩学’一学。就像‘名辩逻辑’一样,‘名辩学’在中国古代也是不存在的。”参见曾祥云:《名学、辩学与逻辑》,《逻辑学研究》,2009年第2期,第113页。

[2] 曾祥云、刘志生:《跨世纪之辩:名辩与逻辑——当代中国逻辑史研究的检视与反思》,《江海学刊》,2003年第2期,第200页。

[3] 更为具体的讨论可参见林铭钧、曾祥云:《名辩学新探》,第60—70页。曾祥云后来曾撰文对名学与逻辑(传统形式逻辑)的关系进行了补充:“名学乃是一种以名为研究对象、以规范名实关系为核心内容的独特的学术思想体系。从其实质来说,它是一种关于事物名称的理论。名学研究的内容并不为传统逻辑所关注,传统逻辑的内容也不能为名学所容纳,二者既不同源,也不同质,无以相类。”参见曾祥云:《名学、辩学与逻辑》,《逻辑学研究》,2009年第2期,第110页。

围。”[1]当然，无论辩学是否属于逻辑，它与西方传统形式逻辑在目的、内容、推理性质、要求以及结果诸方面存在着差别都是不容否认的。[2]

曾祥云可以说是本阶段批判“名辩逻辑化”、拒斥“名辩逻辑”、反对“名辩与逻辑的本质同一性”用力最勤的一位学者，因此由他承担大部分写作任务而完成的《名辩学新探》自然就有了不寻常的意义。林、曾两人自我期许他们的名辩研究旨在“打破一个传统”——名辩与逻辑的本质同一性，[3]为此，在研究方法上，他们“抛弃过去的研究方法，采用现代符号学理论，重新探讨和评价名辩学”；在名辩本质的勘定，不再把名辩的所争所论归于传统逻辑，而是将名学视为关于词项的符号理论，将辩学视为研究辩论的学问；在具体材料的诠释上，对名学着重于语义学的分析，对辩学则突出语用学的解释。[4] 由此，在“去逻辑中心论”的立场上，对先秦和两汉魏晋南北朝时期的各种名学、辩学思想进行了初步总结，同时也尝试揭示了名学、辩学的性质和特点。

不过，《名辩学新探》在体系构建与研究方法上也存在若干问题值得注意。首先，该书通过梳理围绕“名”与“辩”所展开的探索与争辩来提炼名学、辩学的主要问题，相较于用外在的理论框架来剪裁和重组名辩材料，似已注意到一个好的理论框架应该具有“得自现实而还治现实”的特点。但是，把名学与辩学视为两门在对象与内容上均相互区别、相对独立的学问，往往造成在具体研究中人为地将同一位思想家或同一部著作的思想橛为两截。例如，邓析、荀子、《墨经》等对“名”与“辩”的论说在思想、文本上本来就相互联系在一起，但是林、曾却将它们分别归类于名学和辩学来加以研究。这种分而治之的做法，不仅割

[1] 参见林铭钧、曾祥云：《名辩学新探》，第76页。
[2] 详见林铭钧、曾祥云：《名辩学新探》，第78—84页。
[3] 参见林铭钧、曾祥云：《名辩学新探》，第14页。
[4] 参见林铭钧：《跋》，林铭钧、曾祥云：《名辩学新探》，第361页。

裂了思想之间、文本之间的有机联系，进而言之，也势必会妨碍对中国古代名辩话语之具体内容与整体特征的把握。

其次，相异于前述诸位学者多从单一本质的角度来理解名辩，即名辩学（或者其核心）要么是逻辑，要么是符号学，要么是语用学，在林铭钧、曾祥云这里，名辩学似乎具有了多重本质。由于名学是词项符号学，辩学是辩论学，而名学与辩学又不能互相涵盖，因此作为二者简单结合的名辩学就具有了符号学和辩论学的双重本质。这一结论引发了若干难以回避而必须认真对待的问题：这些多重本质是中国古代名辩话语所固有的，还是把名学与辩学分而治之这一做法造成的？符号学、辩论学的视角能否一以贯之地对他们所理解的名学、辩学给予全面而准确地解释？符号学和辩论学之间又是什么关系？[1] 这一系列的问题既涉及对中国古代名辩话语的历史考察，也涉及对作为研究方法的符号学、辩论学的正确认识，因此还需要通过更为深入的研究才可能得到回答。

（七）名辩学是关于“名”与“辩”的本土学问

1997 年，崔清田主编的《名学与辩学》出版。在名为“名学、辩学与逻辑”的代绪论中，他指出，作为称谓先秦学术思想的语词，“名学”、“辩学”等并非古已有之，而是近代的产物，并且经历了一个作为西语“logic”的译名到专指中国古代逻辑的术语的演变。通过反思近代以来的墨辩研究，批判“据西释中”的方法，崔氏反对把名学与辩学解释为西方传统形式逻辑的中国型，认为“名学与辩学是中国古代的两门学

[1] 按林铭钧之见，“名辩学的许多问题，必须用符号学分析才能解决。因此，本书除了用哲学观点对名辩学说加以论述和对一些疑难问题作必要的训诂考证外，对名学着重于语义理论的分析，对辩学则把重点放在语用学的解释上。”这似乎是说名学属于语义学，辩学属于语用学。如果按一般的理解，语义学和语用学是符号学的分支，那么他对名辩学本质的理解似乎跟李先焜的看法就没有什么区别了。参见林铭钧：《跋》，林铭钧、曾祥云：《名辩学新探》，第 361 页。

问,它们虽联系密切,但彼此有别”。[1]

立足于先秦名辩思潮的发生发展,通过对各家各派有关“名”与“辩”(谈说、辩论)的论说的梳理,崔清田认为:

> 名学是以名为对象,以名实关系为基本问题,以正名为核心内容的学问。……名学涉及了名的界说、功用、形成,名与实,名的分类,正名,名的谬误,名与辩说等诸多问题。
>
> 辩学的对象是谈说辩论;辩学的基本问题是谈说辩论的性质界定与功用分析;辩学的内容包括:谈辩的种类、原则、方法以及谈说辩论的语言形式及其运用的分析,言与意的关系等。[2]

就名学与辩学的联系说,崔清田认为,一方面,以“名实之辩”为核心论题的名辩思潮促使各家对“是己非人”的谈说辩论的方法给予关注、研究和总结,从而促成了辩学的产生。另一方面,辩学出于自身要求——通过研究包括名实之辩在内的重大问题争论来总结谈说辩论的方法原则;谈说辩论离不开语言形式的运用和分析——对名的考察和分析,反过来又丰富了名学的内容,促进了名学研究的深化。[3]

就名学与辩学的区别看,相异于周云之对名学与辩学的相互关系、各自在名辩学中的地位的理解,崔氏认为,名学与辩学确系对象、内容不同的两门学问,并不存在所谓的“名辩一体”[4]或周氏所说的名学与辩学的有机结合。这就是说,“名辩学只是名学与辩学的合称,并不表明名学与辩学可以互相取代,混同为一,更不表明有一种既非名学,

---

[1] 崔清田主编:《名学与辩学》,第17页。

[2] 同上,第21—22、26页。崔氏认为名学有广狭之分,狭义名学仅指先秦名家的学术思想。关于广义名学的范围,他以伍非百的名学研究为例指出,《中国古名家言》著录的名家篇籍有的是“直接的专门的名家篇籍”,有的则是“间接的兼业的名家篇籍”,故广义的名学应该是包括名家在内的先秦诸子有关名的论说(第18页)。

[3] 参见崔清田:《名学、辩学、名辩学析》,《哲学研究》,1998年增刊,第11—12页。

[4] 同上,第11页。

亦非辩学的'名辩学'。"[1]

关于崔氏所理解的名辩学,[2]有两点需要说明:

第一,关于名辩学的范围。与周云之、刘培育、林铭钧和曾祥云不同,崔清田认为"名学"、"辩学"仅仅是先秦名学、先秦辩学的略称,因此名辩学的研究范围也就仅限于先秦诸子的名辩思想。这一点可以从《名学与辩学》实际论述的范围得到印证。就此而言,他对名辩学范围的理解倒与董志铁的看法颇为相近。

第二,关于名辩学的本质。相异于董氏认为名辩学是传统形式逻辑,崔清田以先秦名辩学的重点——墨家辩学为例,详细论证了名辩学与西方传统形式逻辑在研究目的、对象、内容与性质,以及产生与发展的历史条件等方面均存在着不同。那么,究竟该如何把握作为本土学问的名辩学的本质呢?在这一问题上,崔氏表现出了与前述诸位学者明显的差异。事实上,崔清田不仅无意去建构名辩学的横向体系,总结其理论成果,更无意把名辩学归属于现存的某(些)门学科或理论,然后将这(些)门学科或理论视为名辩学的本质。对他来说,"名学与辩学是中国古代文化的有机组成部分;它们有自己的对象、内容和特质;对于这些的认识与说明,仅仅依靠向西方传统形式逻辑认同是不能解决问题的,应当对之做历史的分析与文化的诠释。"[3]

以名学为例,先秦对名的研究,始于社会变革的实际需要。但这种需要在不同的思想家那里存在着差异,并在名实观上反映出来。保守的孔子提倡"正名",主张用名正实,匡定社会的政治伦理秩序。而带有批判色彩的墨子与公孙龙则认为名只是实的称谓,"察其实"、"分其

---

[1] 崔清田主编:《名学与辩学》,第26页。

[2] 虽然《名学与辩学》是集体撰写的著作,但作为主编,崔清田"设计了全书的线索与结构,拟写了篇章名目与大纲,规划了各部分的内容。"参见崔清田:《后记》,崔清田主编:《名学与辩学》,第355页。

[3] 崔清田:《后记》,崔清田主编:《名学与辩学》,第354页。

物”而后才有其名。因此,“正其所实者”就成了“正其名”的前提。由此使得“名学在自身的发展中,既有重政治、伦理的一面,也有相对重智和抽象的一面;既有名实关系的讨论,也有宇宙观问题的分析;呈现出多样性的态势。”[1]这种多样性的态势说明无论是把名学归于逻辑,还是符号学,抑或是其他什么理论,都不足以充分揭示名学的多重内涵。就此而言,在名辩学研究中,与其纠结于名辩的本质是什么,是单一本质还是多重本质,还不如先对其进行历史分析与文化诠释,在全面而准确地把握名辩内容的基础上,判断其性质,分析其特点,评价其优劣。

总的来看,伴随着越来越多的学者逐渐放弃“名辩与逻辑的本质同一性”这一近代以来名辩研究的根本性预设,名辩研究长期以来被名辩逻辑研究所替代的局面逐步得到了改变。“名学”、“辩学”、“名辩学”等曾经被普遍认为与“中国古代逻辑”、“名辩逻辑”同义的术语开始以一种新的身份回归名辩研究,学者们纷纷基于各自的反思与理解对名辩展开多方面的研究。虽然对名辩本质的重新勘定尚未完全达成共识,甚至很可能根本无法形成共识,但这种多元化的探索无疑在后“名辩逻辑化”时代为全面揭示名辩话语的多重内涵、准确评判名辩话语的历史地位提供了可能。

第四节　小　结

在本阶段,“名辩逻辑化”的构想及其实践受到了前所未有的质疑。经过多方面的反思,越来越多的学者不再把以逻辑释名辩视为名辩研究的唯一进路,开始尝试在多元方法的框架下开展研究,若干学者甚至致力于对名辩本质进行重新勘定,对名辩体系进行多元重构。关

[1] 崔清田主编:《名学与辩学》,第21—22页。

于反思与深化阶段的名辩研究，可以从以下几个方面做一小结。

（一）名辩的文本整理：一个亟待加强的方面

相较于复苏与推进阶段，1990年代以来的名辩著作整理在数量和质量上均有一定的进展，不过比起20世纪上半叶来说仍存在相当的差距。本阶段虽被冠以“反思与深化”之名，但这主要是就名辩之义理诠释而言的，文本整理方面的反思与深化其实尚未引起足够的重视，不仅未能涌现像梁启超、伍非百、栾调甫、谭戒甫、高亨那样的校勘训诂大家，沈有鼎所提出的编制名辩著作标准版的想法也几乎被名辩学者彻底遗忘。[1] 作为反思“名辩逻辑化”的结果之一，名辩不再等于中国本土逻辑已成为普遍共识，但不可否认中国逻辑史学者仍然是本阶段名辩研究的主力军。令人遗憾的是，他们在名辩著作整理方面贡献甚少，而且不少人在义理层面的研究中不重视文本校释的情况也较为突出。

在总结20世纪后半期的中国逻辑史研究并展望21世纪的研究时，周云之强调，“认真做好名辩古籍的校诠工作是提高中国逻辑史研究水平的基础”，这一论断无疑也适用于名辩研究。在他看来，主要的名辩著作在明清以来已经得到了较好的整理，当代学者的任务是“花大工夫作出更加合理、更加准确的校勘和诠解”。就本章第一节所介绍的名辩著作整理情况来说，大多数成果显然都不是中国逻辑史学者完成的；即便为数不多的由中国逻辑史学者完成的校释成果，其作者也都是周云之、孙中原等老一辈的学者。作为最近20年中国逻辑史研究的主要力量，也可以说是最近20年名辩研究的主要力量，中青年学者在名辩著作的校勘、梳解方面几乎无所建树。另一方面，“许多中国逻辑史研究上的分歧就是由于对中国古籍原文的不同校勘和诠解引起的。对古籍校勘或诠解的不同，完全可能概括出不同的或根本相反的

[1] 类似的想法，笔者所知仅见于张斌峰：《近代〈墨辩〉复兴之路》，第98页。

思想和结论。"[1]然而一个让人不堪的现状是为数不少的中青年学者,尤其是本阶段培养的中国逻辑史方向的博士,在引用名辩著作时往往不能确定哪个版本是公认的权威版本;面对有争议的文本时,难以在不同版本之间做出合理的选择;为证成己说,常常随意改动原文;有的甚至不阅读和使用名辩著作而径自引用各种现代学者编选的资料选。这些都导致名辩研究在文本的可靠性、疏解的准确性等方面存在不少问题,进而对诠释的合理性产生负面影响。

刘培育在论及名辩学与名辩学史的研究时也认为,"中国古代名辩思想资料或过于简约,或散脱错讹严重。清代以来的前辈学者虽然为我们做了艰苦的校勘诂解工作,使古籍成为可读的书,但存在的问题仍然很多,致使我们后人在研究古代名辩思想资料时在许多情况下必须自己再做精审的考辩工作。"[2]那么,如何才能将名辩研究建立在精审的考辩工作基础之上呢?李匡武关于中国逻辑史研究方法的某些思考对于回答这一问题无疑具有重要的启发意义。"为了掌握第一手材料,保证研究成果的切实可靠,应能顺利地读懂古汉语,具备有关的一些必要常识,包括文字学、声韵学、训诂学等方面的常识。"[3]在他看来,这些常识与能力不仅有助于名辩学者准确理解前人时贤对名辩著作所进行的真伪考辩与文本校释,有助于他们合理取舍在文本整理方面存在的不同意见,而且有助于他们对文本整理提出自己的独立见解。有鉴于此,中青年的名辩学者,特别是中国逻辑史方向的博士,必须重视对名辩著作的文本整理,人才培养的课程体系也必须进行相应的改革,以使他们能够在名辩研究的史料学、校勘训诂之学诸方面接受到系统的学习和充分的训练。

---

[1] 参见周云之主编:《中国逻辑史》,第519页。
[2] 刘培育:《名辩学与中国古代逻辑》,《哲学研究》,1998年增刊,第14页。
[3] 李匡武:《略论中国逻辑史的研究对象和方法》,《中国逻辑史研究》编辑小组编:《中国逻辑史研究》,第8页。

（二）名辩的研究心态：承认与认同的统一

笔者在总结此前诸阶段的名辩研究时已多次指出，名辩研究在近现代的兴起与发展在很大程度上受到了“耻于步武后尘”而“以为斯皆古先所尝有”这一心态的影响，因此如何有效平衡爱国主义热情与客观理智分析之间的关系，是名辩研究健康发展的一个重要前提。一旦前者压倒了后者，就很可能导致“重诬古人”和“比附缘饰之辞”，进一步加剧研究构想上的求同明异并重与研究实践上的重求同轻明异之间的紧张。在本阶段，曾祥云、崔清田等学者将名辩研究的心态问题主题化，成为了反思与深化名辩研究的一个重要抓手。

根据他们的描述，在前述研究心态的影响下，所谓通过名辩研究来维护民族文化自尊、提升民族文化自信、赢得西方文化的承认，往往以名辩与逻辑之间的求同性研究为其实现途径，即证成名辩也具有普遍的逻辑本质，名辩是中国版本的西方传统形式逻辑。对有此心态的学者来说，“名辩逻辑是世界三大形式逻辑源流之一”、“中国古代名辩逻辑足以与亚氏逻辑和印度因明相媲美”等结论，无疑有助于维护和提升中国文化的自尊与自信，赢得西方文化的承认。不过，曾祥云强调，“‘民族情结’并不能代替科学研究”，“耻于步武后尘”的心态不能代替客观理智的分析。在他看来，“‘名辩’首先是中国的。‘名辩’理论的发生发展，是以广博深厚的中国文化背景为依托的，离不开中国古代文化的滋润和催育。”[1]因此在确定名辩的学术属性之前，应该首先弄清其原生形态，辨明其本来面目，而不能盲目地以西方某种现成的理论相附会。崔清田也认为应该“用历史分析与文化诠释的方法，把名学与辩学看作先秦文化的有机组成部分，并结合它们产生的社会与文化

---

[1] 曾祥云：《20世纪中国逻辑史研究的反思——拒斥名辩逻辑》，《江海学刊》，2000年第6期，第73页。

背景来加以分析”,[1]以提炼出它们的对象、性质、内容与产生的历史条件,进而揭示出名学、辩学与这些社会与文化背景相关的特有性质。张斌峰也强调墨家辩学是墨学和先秦文化的有机组成部分,是在先秦特有的文化背景中酝酿产生出来的,因此应该联系墨辩得以产生的文化背景来研究墨辩的内容及其特点。“这种研究不仅是在中国古代文化中研究《墨辩》,而且也是对中国古代文化的一种认同与确认。”[2]要言之,相较于那种为赢得西方文化承认而一味追求名辩与逻辑的一致性,片面强调名辩具有普遍的逻辑本质的观点,曾、崔、张诸位学者要求名辩研究应重视对名辩之本土特点或特有性质的把握,可以说标志着名辩研究从一味赢得西方文化的承认开始转向注重对民族文化传统的认同。

在近现代名辩研究中,“承认”的问题——名辩的本质是否是逻辑?名辩之为中国本土逻辑能否在世界范围内为“逻辑”大家庭所承认?——源于以西方逻辑为名辩研究的唯一典范,其解决之道通常表现为去证成名辩具有普遍的逻辑本质;而“认同”的问题——名辩的逻辑化是否会歪曲名辩的本性?是否会割裂名辩与其所由以生成的中国社会与文化之间的关系?[3]——则与名辩研究中本土意识的提升有关,其解决之道往往表现为去确认名辩具有相异于西方逻辑的独特个性。

历史地看,在近现代名辩研究的前三个阶段,尽管也有学者不赞成名辩等同于逻辑或者强调名辩之为中国本土逻辑具有与民族语言特点相关的个性,从而或多或少地触及了“认同”的问题,但从总体上说,“承认”问题是名辩研究的主要关注之点,也是把握名辩学者研究心态

[1] 崔清田主编:《名学与辩学》,第11页。

[2] 参见张斌峰:《近代〈墨辩〉复兴之路》,第272页。

[3] 张斌峰在反思近代墨辩研究时已经注意到,将墨家辩学等同于传统形式逻辑,“割裂了墨家辩学与其产生的文化本源之问的联系”,“促使墨家辩学与其人文价值分离,使它成为一种游离于中华文化之外的一种纯粹的形式分析理性形态”。参见《近代〈墨辩〉复兴之路》,第271页。

的关键所在。进入反思与深化阶段后,通过对"名辩逻辑化"的多方面批判与反思,"认同"问题逐渐成为名辩学者的关注重心。当然,从一味追求西方文化的承认转向开始注重对民族文化传统的认同,并不意味着"认同"问题对"承认"问题的完全取代,这个变化毋宁说是"承认"问题的解决之道发生了根本性的变化——不再是通过一味强调名辩与逻辑的一致性,片面强调名辩的普遍逻辑本质来赢得西方文化的承认与尊重,而是通过对民族文化传统的认同,通过名辩与逻辑之间求同明异并重的比较研究,在肯定名辩包含普遍的逻辑之理的同时更为强调它所具有的与中国社会与文化相关的独特个性,来赢得西方文化的承认与尊重。[1]

名辩的所争所论具有多重内涵,虽非逻辑所能范围,但就其逻辑之维的研究而言,追求承认与注重认同其实是统一的,这不仅是因为要赢得西方文化的承认应该通过对民族文化传统的认同来实现,也是因为逻辑本身既有普遍的、共通的品格,同时也呈现出多样的特点,具有个性化的形态;相应地,不同地域的逻辑之间就既有共同性,也有与各自所由以生成的社会文化背景相关的特殊性。由此出发,"承认"问题的实质是对普遍性的确认,即确认名辩中包含着中国本土对于普遍的逻辑之理的认识;"认同"问题的实质则是要尊重多样性,尊重名辩具有

---

[1] 在评论盖贝(Dov M. Gabbay)和伍兹(John Woods)主编的《逻辑史手册》(*Handbook of the History of Logic*)时,格拉斯霍夫(Klaus Glashoff)指出,该手册的一个明显缺陷就是"没有包含有关唯一一种基于一种非印欧语的逻辑(the only logic which is based on a non-Indo-European language)——中国逻辑(Chinese logic)——的任何信息"。他赞成何莫邪(Christoph Harbsmeier)的说法,即"(由于它基于一种非印欧语——格拉斯霍夫)发生于中国的逻辑反思史(the history of logic reflection in China)因此对任何的逻辑全球史(any global history of logic),进而对任何的科学基础的全球史来说都具有特别的重要性。"不难发现,格拉斯霍夫和何莫邪在此已把中国逻辑的重要性或意义跟它相异于西方逻辑的独特性——以一种非印欧语为基础——联系起来。参见 Klaus Glashoff:"Review of Handbook of the History of Logic by Dov M. Gabbay and John Woods", *The Bulletin of Symbolic Logic*, Vol. 10, No. 4 (Dec., 2004), pp. 579–583.

相异于西方逻辑、印度因明等的个性品格与特殊形态。

立足于承认与认同在名辩研究中的这种统一，曾祥云、刘培育等强调名辩不仅是中国的也是世界的，显然已有见于名辩既包含着具有普遍意义的理论内涵，也有其独特的民族特点或本土特色。[1] 孙中原、张晓芒等要求在名辩与逻辑的比较中“辨其同异”，既要异中求同，也要同中求异，同样意识到在承认名辩与逻辑具有共同性的同时，也要认同名辩具有相异于逻辑的特殊性。与前述学者略有不同，崔清田力主“中西逻辑比较研究在关注两者共同性的同时，更要分析和认识两者的差异性，既要求同，更要取异”，[2]则更为鲜明地体现出通过揭示与认同名辩之独特个性来赢得西方文化的承认与尊重的思路。[3]

当然，研究心态上追求承认与注重认同的统一、研究思路上强调名辩的普遍意义与个性品格的统一，并不会自然导致在研究实践上就能真正做到上述统一。本阶段研究相较于此前诸阶段的确在反思的基础上有所深化，但仍程度不等地存在着用对承认的追求、对普遍性的证成来压倒对认同的重视、对特殊性的揭示。对此后文将有进一步的讨论。

(三) 名辩的本质勘定：既定的还是生成的？一还是多？

“名辩”的学派、思潮与理论三义既相对独立，又彼此联系。在本

---

[1] 参见曾祥云：《20世纪中国逻辑史研究的反思——拒斥名辩逻辑》，《江海学刊》，2000年第6期，第75—76页；刘培育：《中国名辩学》，张家龙主编：《逻辑学思想史》，第1页。

[2] 崔清田：《关于中西逻辑的比较研究——由中西文化交汇引发的思考》，《信阳师范学院学报》（哲社版），2003年第2期，第26页。

[3] 笔者用“承认”与“认同”来描述近现代名辩研究在心态上的特点，在一定程度上受到了杨国荣相关论述的影响，后者也从“承认”与“认同”的角度来考察中国哲学所面临的现实状况，尤其是世界范围内主流哲学形态对中国哲学的理解等问题。参见杨国荣：《认同与承认：中国哲学的个性品格与普遍意义》，《文史哲》，2010年第1期，第11—14页。不过相异于杨氏将“承认”的实质归结为尊重多样性，“认同”的实质理解为确认普遍性，笔者根据对近现代名辩研究在心态上的实际特点，认为对“承认”问题的解决更多地表现为去确认名辩中包含着中国本土对于普遍的逻辑之理的认识，而对“认同”问题的解决则更多地表现为去揭示名辩相异于西方逻辑、印度因明等的个性品格与特殊形态。

阶段的名辩研究中,既有侧重于思潮义对先秦名辩思潮乃至整个中国古代名辩逻辑所进行的历史考察,也有立足于理论义对名辩话语所进行的理论诠释与逻辑重建。这种不同研究倾向的共存,从一个侧面反映出名辩本身是既成形态和生成过程的统一。[1] 所谓既成形态,指的是作为一个相对独立的思想史现象,名辩(具体表现为不同历史时期的各种名辩学说)是一种完成了的历史存在;所谓生成过程,则指名辩的内涵往往在历史演化——后起思想家对形成于他们之前的名辩学说的考察、诠释与发展——中不断深化和扩展,而且这一过程在近代并没有终结,近现代名辩研究在某种意义上就是这一过程的延续。

以此为前提,当曾祥云一方面承认名辩是一种客观的历史的存在,另一方面又说"名学"、"辩学"、"名辩逻辑"等仅仅是20世纪名辩学者的"人为构造"时,似乎已经注意到名辩所具有的这种既成形态与生成过程相统一的特点。此外,周文英强调名辩逻辑不仅包括古人的创造,也包括近、现、当代学者通过对古代逻辑典籍、资料的校注、诠释、评论、推演等方式所进行的加工和创造;孙中原提出近现代的第二次中国逻辑元研究以战国时代第一次元研究的成果即中国古代名辩学为对象,这些都从不同角度揭示了名辩不仅是一种既成的、完成了的历史存在,而且是一种处于不断生成中的存在。

进一步看,既成性赋予了名辩一种历史的品格,而与生成性相关联,名辩又具有内在的理论品格。不同历史时期的各种名辩学说在成为考察、诠释和重构的对象之前,首先表现为一定历史时期思想家们理论探索的产物。也就是说,名辩首先是理论形态,然后才成为历史中的

---

[1] 名辩之为既成形态与生成过程的统一,名辩研究既需要历史的视界也离不开理论的视域,这些说法受到了杨国荣有关中国哲学史研究方法论的论述的影响。对此更为深入的讨论,可以参见杨国荣:《中国哲学:一种诠释》,《天津社会科学》,2004年第1期,第21—24页。

对象。与既成性与生成性的统一相联系,名辩的历史形态与其理论内涵也无法截然分开,由此决定了名辩研究既需要一种历史的视界,也需要一种理论的视域,二者不可偏废。

所谓历史的视界,一方面要求把名辩还原到它所处的具体的社会历史文化背景之中,[1]从社会史、经济史、政治史、思想史、哲学史、文化史等多个角度对名辩所由以形成与发展的社会历史文化背景进行考察;另一方面要求进一步考察名辩话语的前后联系,把握各个发展阶段的不同特点,再现名辩形成与发展的历史过程。显然,其含义包括但不限于崔清田所说的"历史分析",所谓理论的视域,与崔氏所说的"文化诠释"类似。由于历史上的各种名辩学说实质上是不同时期思想家们理论探索的产物,因此对它们的研究就不仅要求研究者自身对名辩所涉及的相关理论要有较为全面与深入的理解,而且要求研究者把名辩视为中国文化的有机组成部分,结合哲学的各个分支学科以及政治学、语言学、科学技术史等学科来对其理论内涵给予多向度的诠释。

虽然历史的视界与理论的视域不可偏废,但从总体上说,本阶段的名辩学者似乎更为关注名辩本质的勘定与理论体系的重构,而不是对名辩历史的考察。关于这一判定,必须注意以下两点:

首先,就前文介绍的专著类名辩研究成果而言,大部分的成果是从不同的角度,运用不同的方法对名辩话语之整体的逻辑重建,或者是对卷入名辩话语的某个学派、某位思想家的名辩学说的理论诠释,类似郭沫若、杜国庠、赵纪彬等人对名辩思潮的梳理,伍非百对"形名学之流衍"的勾勒与形名六派的辨析、谭戒甫对形名家异于名家之说的论证这样的历史考察成果,并不多见。之所以会出现这一状况,在很大程度

[1] 张斌峰曾简要阐述过墨辩研究的"文化还原"。在他看来,"从弄清楚墨家辩学所由生成并受其制约的政治、经济、哲学(本体论、知识论、思维方式)、文化等诸多因素方面着手,先在墨家辩学产生的自身的文化背景中研究墨家辩学自身的内容及其特点,这可称之为'文化还原'"。参见《近代〈墨辩〉复兴之路》,第272页。

上是因为本阶段的研究主要展开于反思“名辩逻辑化”范式的背景之下。“名辩逻辑化”是义理层面的名辩研究方法，主要是运用传统形式逻辑来诠释名辩的理论内涵，以证成名辩的本质是中国本土逻辑。无论是对这一方法的否定，还是对这一方法的辩护和扩展，其直接后果就是名辩研究开始进入了一个多元方法并存的新阶段，学者们纷纷尝试从不同角度，运用不同方法对名辩展开新的理论诠释和体系重构。

其次，就本阶段对名辩的理论诠释和体系重构来说，大部分成果也没有将研究建立在对名辩历史的深入考察基础之上。例如，周云之、周文英、董志铁等所提出的名辩逻辑或名辩之学的“横向体系”，其实质仍然是用传统形式逻辑的理论体系来剪裁、排列与诠释名辩文本，这样得到的名辩体系在很大程度上脱离了名辩话语形成与发展的历史实际，既没有对名辩作全面的历史分析，亦未能对其开展多向度的理论诠释，明显具有一种相对于名辩本身的外在性。又如，崔清田主编的《名学与辩学》、林铭钧和曾祥云合著的《名辩学新探》虽然提炼了各自所理解的名学、辩学的主要论题，但这些著作更多地还只是对着眼于这些论题对不同时期思想家名辩思想之个案研究而予以简单汇总，似未能将名辩体系奠基于对名辩话语陈陈相因，前后递嬗之历史过程的深入考察之上。再如，刘培育的《中国名辩学》立足于《小取》、《正名》这两篇名辩代表作来把握名辩学的体系，但将名辩学的目的规定为“正名、立辞、明说、辩当的理论、方法与规律”恐难以涵盖历史上名辩话语的全部内容，而且以名、辞、说、辩为经，以历代名辩材料为纬的简单罗列式的叙述方式，也难以充分而深入地反映名辩话语的历史演化之维。

就名辩本质的勘定来说，在 1990 年代以前，“名辩逻辑化”是名辩研究的主导方法，它所预设的“名辩与逻辑的本质同一性”直接造成了名辩本质的勘定在总体上具有两大特点：其一，名辩的本质是“一”而不是“多”;其二,名辩的唯一本质是传统形式逻辑。[1] 随着“名辩逻辑化”在本阶段逐渐丧失其范式地位,越来越多的学者先后放弃了“名辩与逻辑的本质同一性”这一预设,并从不同角度,运用不同方法对名辩的理论内涵进行了多向度的诠释,从而使名辩本质的勘定呈现出一种多元化的态势。例如,在逻辑中心论的阵营中,有学者继续主张名辩学是传统形式逻辑,有的则视其为是多种逻辑类型的统一,有的虽将其核心归结为逻辑,但承认还包括认识论、伦理学、语言学、论辩术等内容;而在去逻辑中心论的阵营中,有学者认为名辩学是符号学,有的提出名辩学是语用学,有的主张是符号学与辩论学的统一,有的则回避名辩学的学科所属,仅视其为关于“名”与“辩”的本土学问。

需要指出的是,本阶段在名辩本质勘定上的“多”并不直接对应此前三阶段的“一”。后者之“一”说的是不同的学者均认为名辩的本质只有一种,即传统形式逻辑;前者之“多”则至少有两种含义:一指不同的学者针对名辩的本质提出了多种不同的理解,二指同一位学者认为名辩的本质并非只有一种,而是具有多种本质。第一种含义的“多”非常明显,不再详论,第二种含义的“多”可以孙中原、曾祥云为代表。前者认为名辩之为中国古代逻辑,其本质既可以说传统形式逻辑,也可以是辩证逻辑;后者认为名辩学之名学的本质是符号学,辩学之本质是辩论学。

名辩是既成形态与生成过程的统一。既成性赋予了历史中的各种名辩学说以某种相对确定的形式,而生成性则使名辩话语从整体上呈现出开放的性质——每一时代的名辩学说都为名辩话语注入了新的内容,并构成了新的名辩研究的出发点和前提。着眼于名辩的这种生成

[1] 笔者再三强调,这一判定是就 1990 年代以前的总体情况而言的。事实上,由于逻辑观的不同,也有相当一批学者虽然赞成名辩是中国本土逻辑的具体形态,但认为其中不仅包含传统形式逻辑的内容,还有对辩证思维形式的考察。

性和开放性,本阶段对名辩本质的勘定,其实也就是本阶段名辩学者对历史上的各种名辩学说进行理论诠释的题中应有之义。由于各自的历史积累、理论背景、所达到的理论深度或高度不尽相同,不同的名辩学者往往对名辩话语之整体或具体的名辩学说形成不同的理解。就此而言,无论是对名辩的本质做出不同的勘定,还是认为名辩具有不止一种本质,都是在对名辩进行理论诠释时的正常现象,有其不可否认的合理之处。

当然,说名辩本质勘定具有多元特点有其合理之处,并不意味着不能对有关名辩本质的不同理解进行合理性的评判。在上一节讨论名辩体系之多元重构时,笔者已对相关学者在理解名辩本质、重构名辩体系方面的积极成果与存在的问题进行过初步的分析,在此不再赘述。需要指出的是,在名辩的本质勘定方面,还有必要进一步思考如下一些问题:

第一,鉴于目前对于名辩本质存在着不同的理解,名辩学者应该思考:从特定进路——逻辑的、符号学的、语用学的、辩论学的或者其他的进路——出发对名辩所做出的诠释能否一以贯之地适用于整体的名辩话语,或者说,这些进路中的任何一种能否对名辩话语之整体做出全面而充分的理解?名辩研究所采取的这些不同进路之间是什么关系?现有关于名辩本质的不同理解能否共存?如果能,这是否意味着名辩具有多重本质?如果不能,这些不同理解之间又是什么样一种关系?

第二,本阶段对名辩本质的勘定往往与名辩体系的重构结合在一起,学者们大多将这些体系冠以“名辩学”(或“名学”、“辩学”)之名并将其纳入某种现有的知识系统或学科之中。名辩被学科化的过程,也就是名辩从某一具体学科获得其本质的过程,如名辩学是逻辑学,名辩学是传统形式逻辑,名辩学是符号学,名辩学是语用学,等等。不过,对此有必要思考:如果名辩学的本质是单一的,那么我们究竟该如何解释对于名辩学的本质还存在着不同理解?如何名辩学的本质是多重的,那么事实上归属于不同学科的多重本质又如何可能共存于名辩学这一门学科之中?

历史地看,名辩研究长期以来都存在着研究构想上“名辩与逻辑的本质同一性”的预设与研究实践上名辩义理非逻辑所能范围的事实之间的紧张关系。此外,越来越多的学者明确主张名辩话语具有多重的理论内涵。例如,在发展与提高阶段,伍非百认为狭义的名辩学(名辩本论)除了研究正名、析辞、立说、明辩的规律和有关问题,有时还涉及思维和存在的问题;而广义的名辩学不仅包括名辩本论,还包括名理遗说(有关自然科学、宇宙论、认识论问题的内容)以及先秦诸子各家学派所争辩的问题和论式。张岱年在同一阶段提出名辩理论除了包括形式逻辑的内容,还涉及对名言与辩之价值诸问题的讨论。又如,在复苏与推进阶段,汪奠基强调名辩之学不仅有其逻辑维度——既有形式逻辑的内容也包括对辩证思维的研究,而且还包含丰富的形上学、认识论、自然科学以及政治伦理的内容。再如,在本阶段,崔清田提出先秦名学既有重政治、伦理的一面,也有相对重智和抽象的一面;周文英认为先秦名辩思潮的论题泛及政治观点、学术观点、方法论等,仅有少数思想家转向一种狭义的更具逻辑色彩的讨论与研究。周云之、刘培育、林铭钧和曾祥云等也以不同方式确认名辩学具有多重的理论内涵。

既然围绕“名”与“辩”所涉诸论题的探索与争辩不仅包括对认识与思维过程的考察,关于自然科学、宇宙论等问题的沉思,而且有其政治伦理的实践维度,那么与其将中国古代的名辩话语视为一门学科并称其为“名辩学”(或“名学”、“辩学”),还不如将其看作是一个包含着多重理论内涵的思想史现象而称其为“名辩话语”或简称为“名辩”。其理由就在于这样做既能避免前文提及的借助学科化方式来把握名辩本质所面临的问题,又不妨碍可以采取不同进路来对名辩开展多学科的综合研究以揭示其多重内涵。与此相关,笔者以为在名辩研究中不宜过分强调名辩(或名辩学)的“本质”,亦即名辩(或名辩学)所固有的相对于其他思想史现象（或其他中国古代学说）的根本属性，因为这有可能割裂既成形态与生成过程之间的辩证统一。事实上，名辩固然有其既成性，但总是处于历史演化之中，有其生成性与开放性的品格。“名”与“辩”所涉诸论题的提出在时间上有先后之分，不同时期的思想家对这些论题的探索与争辩各有侧重，后起思想家总是以以往的名辩学说为背景和前提，并通过自己创造性的思考来发展和丰富名辩学说。因此，笔者建议，慎用“名辩学的本质”、“名辩的本质”以及类似的提法，取而代之的可以是“名辩的主要内容”、“名辩的理论内涵”、“名辩的基本特征”等等；不要急于重构所谓名辩学的体系，取而代之的应该是对名辩之历史演化过程的全面梳理与其多重理论内涵的深入诠释。

（四）名辩的研究方法：需要澄清的几个问题

关于本阶段的名辩研究方法，消极地说，主要特点是对“名辩逻辑化”的批判；积极地看，则是对比较方法的进一步探索与多元方法的大胆尝试。

1. 关于科学的比较法

“名辩逻辑化”的实质是以西方逻辑诠释中国名辩以证成中国本土亦有逻辑或名辩的本质就是中国本土逻辑，这一研究方法也被称作“据西释中”。很明显，对名辩研究方法的反思绕不过对中西关系的思考。近代以来，中西哲学与文化的相遇已经成为一个基本的历史现象，二者的联系首先不是一个应不应的问题，而是一个事实的问题。这一背景可以说构成了我们反思近现代名辩研究的本体论前提。

一般来说，现在谈论中西学术往往着眼于空间性或地域性的观念，不过作为“据西释中”的源头，梁启超在“以欧西新理比附中国旧学”的表述中已经触及空间形式下的中西关系实质上是时间层面上的古今关系，即中学为古、为旧，西学为今、为新。就此而言，“据西释中”更为实质的意义是“据今释古”。事实上，历史上不同时代的哲学研究在某种意义上都可以说是“据今释古”——每一时代的哲学家受制于他所处的历史时代,从他的理论背景出发对以往的哲学进行考察、诠释、重构和发展。当然,“今”本身是一个历史性的概念,汉代有汉代之“今”,魏晋有魏晋之“今”,明清之际有明清之际的“今”,近现代有近现代的“今”。而近现代之“今”的一项重要内容就是中西哲学与文化相遇这一本体论事实。[1]

基于上述事实,在名辩研究中运用包括西方逻辑在内的西方思想的概念系统、理论框架来诠释和重构以往的名辩学说(据西释中),这实质上就是在新的历史背景下古代名辩在近现代进一步生成、延续的具体方式(据今释古)。因此,在反思“名辩逻辑化”的研究构想及其实践时,重要的就不是去取消“据西释中”,而是去深化对于“据西释中”的理解。在此问题上,本阶段学者已经从研究心态的改变、从一味求同向求同明异兼顾的转变、历史分析与比较研究的结合等方面进行过相当深入的论述。笔者在此想补充的是如何从完整把握“据西释中”的基本环节来深化对这一方法的认识。

在论及如何运用科学的比较法来研究哲学史时,冯契指出:

> 科学的比较法有两个方面或两个环节:一是把不同的过程、领域或不同的阶段进行比较(类比),比较它们在本质上的相同之点和相异之点;二是对事物、过程本身内部矛盾的双方进行比较(对比)。只有对过程本身进行矛盾分析、对比,才能在不同过程之间进行类比,而对不同过程进行类比,又帮助我们去深入揭露所考察过程的矛盾。[2]

与常识对比较法的理解仅仅局限于类比的环节不同,科学比较法还包

[1] 这里,将中西关系从空间性的理解置换为时间性的理解,笔者受到了杨国荣相关论述的影响。不过,对应于本书所说的“据西释中”、“据今释古”,他的表述是“汉话胡说”、“古话今说”。参见杨国荣:《何为中国哲学——关于如何理解中国哲学的若干思考》,《文史哲》,2009 年第 1 期,第 37—41 页。

[2] 冯契:《中国古代哲学的逻辑发展》(上册),第 20 页。

括对比这个环节,即对各个比较项本身进行矛盾分析。相比之下,常识观念中的比较法因缺少了对比的环节,很难达到对不同的比较项的本质的同和异的把握,因此难免流于表面上的类比,用这种形式的比较法来进行比较研究,往往就会导致牵强附会、无类比附的弊病。而科学的比较法由于把类比和对比两个环节结合起来,因此就能克服常识观念下的这一不足。

冯契对科学比较法的这一阐述,对于深化对"据西释中"的理解具有重要的启发意义。如前所述,以往的研究在援引西方逻辑来诠释、重构本土名辩的时候之所以会在二者的比较中出现"重认同、弱求异"的情况,之所以会在研究实践中出现牵强附会的缺陷,在很大程度上就是因为仅仅注意到了不同比较项(名辩和逻辑)之间的类比,而忽视了对各个比较项的矛盾分析(对比),即没有对名辩与逻辑展开具体分析,没有考察和分析它们各自得以产生和发展的具体历史环境及其对二者的影响。于是,在对二者展开类比时,再辅之以"耻于步武后尘"而"以为斯皆古先所尝有"这一心态的影响,研究者就容易只去寻求二者之同,而不去或不能发现二者之异。而要克服名辩研究中"重认同、弱求异"的问题,就必须对本土名辩与西方逻辑进行矛盾分析,实事求是地对二者进行比较,既要发现二者的异中之同,更要揭示二者的同中之异。

本阶段,曾祥云、崔清田、孙中原、张晓芒等学者通过对"据西释中"及其实践的反思,已经在研究构想的层面上明确提出名辩与逻辑之间的比较研究应该在实事求是和具体分析的基础上做到求同明异并重,崔清田还援引文化对逻辑的制约、逻辑的共同性与特殊性的统一等对比较研究应该兼顾求同明异做了多方面的证成。不过,从研究实践来看,对名辩的个性品格或独特形态的揭示,还有许多工作需要进一步的深化。下面就近现代学者如何把握名辩的逻辑之维(或者说中国古代逻辑)的特殊性及其存在的问题略作申论。

在如何把握中国古代逻辑特殊性的问题上，学者们迄今大致采取了三种虽相互联系但又彼此各有侧重的研究进路：

第一种进路以胡适、詹剑峰为代表，主要强调中国古代逻辑不重视对推理之形式特征的刻画，即“有学理的基本，却没有法式的累赘”。[1] 他们认为以墨家名学为代表的中国古代逻辑的特殊之处有二：不重视对推理形式的刻画、将演绎与归纳的地位等而视之，但未能论及在“学理的基本”方面，墨家逻辑是与西方逻辑一致的呢？还是有其特殊的理解？

第二种进路以沈有鼎和汪奠基为代表，其特点是把中国古代逻辑的特殊性跟语言表达的民族形式相关联。[2] 他们不否认中国古代逻辑在“学理的基本”层面上与西方逻辑是一致的，但问题在于：在以自然语言为主要工作语言的逻辑发展阶段上，语言的民族性是一个相当平常而自然的因素；如果说不同逻辑在“学理的基本”上果真一致，这是否意味着跟语言的民族性相关的逻辑特殊性其实是不足道的呢？

第三种进路以刘培育和崔清田为代表，侧重于从具体思维方法或主导推理类型的不同来理解中国古代逻辑的特殊性。如刘氏援引沈有鼎的相关论述并进行了发挥，认为“类推（或推类）是中华民族最为常用的一种推理形式，这也是中国古代名辩学不同于西方逻辑与印度因明的最根本特征。”[3] 崔氏明确提出，“主导的推理类型不同是希腊逻辑、印度因明、中国逻辑三者彼此有别的重要方面。……推类是中国逻辑的主导推理类型。推类是以类同为依据的推理，有类比推理的逻辑

[1] 参见胡适：《中国哲学史大纲》，第181—182页；詹剑峰：《墨家的形式逻辑》，第123页。

[2] 参见沈有鼎：《墨经的逻辑学》，第90—91页；汪奠基：《中国逻辑思想史料分析》（第一辑），第7—8页。

[3] 刘培育：《沈有鼎研究先秦名辩学的原则和方法》，《哲学研究》，1997年第10期，第55页。

性质,有重内容、轻形式的特征。"[1]

同样地,第三种进路也面临着一些颇为棘手的问题。例如,关于"推类"的含义存在着彼此矛盾的意见,刘培育否认推类是类比推理,[2]而崔清田明确承认推类具有类比推理的性质。又如,刘、崔所说的推类之为"最为常用的一种推理形式"、"主导推理类型"究竟如何证成?在推类之外,中国古代还研究过哪些不常用或不具有主导地位的推理形式?再如,着眼于"学理的基本",如果推类不等于类比推理,那么中国古代对推类的研究究竟在什么意义上不同于西方逻辑对推理的研究?如果推类就是类比推理,那么中国古代对推类的研究又在什么意义上相异于西方逻辑对类比推理的研究,以至于借助推类理论能够证成中国古代逻辑的特殊性?

回答上述问题当然不是笔者在此的任务,[3]但指出这些问题的存在,则有助于我们评估目前在揭示名辩(尤其是其逻辑之维)的独特个性方面所取得的进展与存在的问题,有助于我们认识到不仅要在研究方法的层面上坚持求同明异并重的比较原则,更要在研究实践中通过深入的思考、缜密的论证得出言之成理、持之有故的结论。

2. 关于名辩研究的多元方法

科学比较法是类比和对比的统一,只有对各比较项本身进行矛盾分析(对比),才能在不同比较项之间进行类比;而对不同比较项进行类比,又有助于深刻把握所考察的比较项的具体情况。以此为前提,要对名辩本身进行矛盾分析(对比),往往需要把名辩还原到它所处的具

[1] 崔清田:《推类:中国逻辑的主导推理类型》,《中州学刊》,2004 年第 3 期,第 136 页。持类似观点的还有黄朝阳:《中国古代逻辑的主导推理类型——推类》,《南开学报》(哲社版),2009 年第 5 期,第 92—99 页。

[2] 刘培育:《类比推理的本质和类型》,中国逻辑学会形式逻辑研究会编:《形式逻辑研究》,北京:北京师范大学出版社,1984 年,第 256 页。

[3] 对这些问题的进一步讨论,可以参见晋荣东:《推类理论与中国古代逻辑特殊性的证成》,《社会科学》,2014 年第 4 期,第 127—136 页。

体的社会历史文化背景之中，从不同角度对催生和制约名辩发展的社会历史文化背景进行考察，为此就有必要运用不同方法对名辩展开多学科的综合研究。至于本阶段基于多元方法的名辩研究所取得的成果，前文已有介绍，此不详论。笔者在此想讨论以下三点：

第一，多元方法或多学科综合研究是"历史分析与文化诠释"的内在要求。关于这一方法的功能定位，崔清田比较明确的表述是"对不同逻辑体系和传统的历史分析与文化诠释，是比较逻辑研究能够正确进行的必要前提"。[1] 借用冯契对科学比较法的两个环节的表述，"历史分析与文化诠释"可以说相当于对比较项进行矛盾分析的对比环节。

从科学比较法的角度来看，"据西释中"的研究实践之所以出现牵强比附的消极后果，很大程度是因为研究者仅仅注意到了在本土名辩与西方逻辑之间展开类比，而没有注意到这种类比应该建立在对名辩与逻辑本身的矛盾分析（对比）基础上。按照辩证逻辑的理解，在分析和综合的统一中进行矛盾分析，就是要求在考察某对象时，首先要弄清该领域的原始的基本关系，通过揭示和把握对象所包含的各种矛盾及其矛盾着的诸方面的对立统一关系，以及对象的主要矛盾及其矛盾的主要方面，来把握对象的实质与特点，进而把握对象的具体真理。[2] 具体到名辩研究，"历史分析和文化诠释"方法，无论是就其目的说还是内容看，强调的都是如何通过矛盾分析（对比）来全面而准确地把握名辩与逻辑的目的、对象、性质和内容，以及产生与发展的历史条件。唯有如此，才有可能正确把握名辩与逻辑所具有的"某个时代，某个民族和某些个人的特点"，也只有这样，才能全面认识名辩与逻辑之间的

[1] 崔清田：《墨家逻辑与亚里士多德逻辑比较研究——兼论逻辑与文化》，第39页。
[2] 参见彭漪涟：《论"原始的基本关系"——冯契关于辩证分析逻辑起点的一个重要思想》，《华东师范大学学报》（哲社版），2002年第1期，第31—35、45页。

共同点和差异点,对它们做出科学的比较。[1]

由此出发,当我们把“历史分析和文化诠释”方法运用于名辩研究时,这一方法必然要求对名辩进行多学科的综合研究。为了把握名辩所由以产生和发展的具体社会历史文化背景,应该结合社会史、经济史、政治史、思想史、哲学史、文化史等去具体分析它们所处环境的社会经济生活、政治生活、文化生活的焦点和提出的问题,以及这些因素对思想家提出并创建不同名辩学说、体系的影响。另一方面,为了把握名辩的目的、对象、性质和内容,还应该把它们视为所属文化的有机组成部分,结合哲学的各个分支学科以及政治学、语言学、科学技术史等学科来对其理论内涵给予多向度的诠释。

第二,鉴于“名辩逻辑化”长期以来享有的范式地位,多元方法的名辩研究或者说多学科的综合研究,首先就表现为逻辑与逻辑之外的其他学科的结合。这里以“名辩逻辑化”范式下的名辩研究(亦即名辩逻辑研究)与中国哲学史研究的关系为例略作说明。

在前两个阶段,名辩逻辑研究与中国哲学史研究之间有着较为良好的互动关系。一方面,名辩逻辑的研究成果丰富和深化了对于中国哲学史的研究。例如,胡适在《先秦名学史》的基础上扩充而成的《中国哲学史大纲》(卷上),运用西方知识论和逻辑方法来研究先秦哲学,对于中国哲学史研究冲破经学藩篱而成为一门独立的学科具有创始之功,为20世纪的中国哲学史的叙述方式奠定了基本的框架与典范。[2] 又如,受到名辩逻辑研究的影响,有关中国哲学史的专著或教材通常都会论及先秦的名辩思潮,认为名辩思潮孕育了中国古代的逻辑学说,后期墨家的《墨辩》、荀子的《正名》创立了中国本土的逻辑体系,等等。另一方面,中国哲学史的研究成果拓展了名辩逻辑的研究视

---

[1] 参见崔清田:《墨家逻辑与亚里士多德逻辑比较研究》,第38—39页。

[2] 参见陈卫平:《“金岳霖问题”与中国哲学史学科独立性的探求》,《学术月刊》,2005年第11期,第12—20页。

域。相异于一般的名辩研究仅仅是就逻辑而论名辩，赵纪彬的《先秦逻辑史论稿》、侯外庐等人的《中国思想通史》（第一卷）等在梳理与诠释先秦名辩逻辑的发展时，紧密结合当时先秦哲学史的研究成果，将先秦名辩逻辑置于整个先秦哲学乃至整个先秦思想的历史演变之中来加以把握，并且高度重视先秦名辩逻辑与其所得以形成和发展的社会历史文化背景之间的关系，从而大大扩展了名辩逻辑的研究视野。

不过，在复苏与推进阶段，名辩逻辑研究开始主动与中国哲学史研究相疏离。具有极大影响的五卷本《中国逻辑史》在论及名辩逻辑研究的对象时就明确指出，"最重要的是要把中国逻辑史和中国哲学史的研究区别开来。"[1]之所以会出现这种情况，是由于以证成中国本土有逻辑为目的的名辩研究要求透过"逻辑"的滤光镜去审视名辩话语，最大限度地将哲学史的内容排除名辩逻辑史以纯化后者，即便这些内容本身属于名辩话语的范畴。例如，名实之辩本是先秦名辩所争所论的一个核心论题，但杨本《教程》认为名辩逻辑史不应以名实关系为主要对象，不应具体讨论名与实的辩证发展过程及其规律；刘培育在1981年也认为，尽管名实之辩因"名"的不同内容具有多重内涵，唯有同作为思维形式的辞、说、辩等相联系的名，才是名辩逻辑史的考察对象。[2] 名辩逻辑研究与中国哲学史研究的这种主动切割，不仅遮蔽了对于名辩内容的全面梳理，而且使名辩逻辑研究难以结合整个中国哲学历史演进的背景来深刻把握名辩逻辑得以形成与发展的制约因素，准确概括名辩逻辑的理论成果，公允评判名辩逻辑的历史地位。由于这种主动切割，中国哲学史研究的若干新成果也就很难对名辩逻辑研究产生影响。冯契在中国哲学史研究领域对先秦名辩所进行的研

[1] 李匡武主编：《中国逻辑史》（先秦卷），第1页。

[2] 参见杨沛荪主编：《中国逻辑思想史教程》，第2页；刘培育：《〈吕氏春秋〉的名辩思想》，中国社会科学院哲学研究所逻辑研究室编：《逻辑学论丛》，第171页。

究,尤其是对名辩关于辩证思维的考察所进行的梳理与阐发,没有对同时代的名辩逻辑研究产生影响,就是一个明证。

进入反思与深化阶段以后,逻辑进路的名辩研究与中国哲学史研究之间的互动依然没有得到很好的恢复。2001 年以来,中国哲学史研究领域展开了一场关于中国哲学“合法性”问题的大讨论,论题主要包括:中国哲学史作为一门独立学科是否有其合法性;20 世纪以来通行的中国哲学史的叙述方式——以西方哲学的抽象概念、逻辑分析为主导的“汉话胡说”——是否有其合法性;中国哲学如何建构才能有其合法性。[1] 尽管名辩研究领域自 1990 年代以来已经开展过与此类似的讨论,内容涉及中国逻辑史的学科合法性,“据西释中”是否是名辩研究的有效方法,名辩研究的合理方法是什么,等等,令人遗憾的是,很可能是出于与中国哲学史研究相切割的惯性,鲜有名辩学者参与关于中国哲学“合法性”的讨论,当然也就不可能将围绕名辩研究方法论而展开的讨论所取得的积极成果介绍到中国哲学史研究领域,更不可能将后者的讨论情况引入名辩研究领域以深化对于“名辩逻辑化”的反思。

此外,名辩研究的新进展尚未对中国哲学史研究领域产生积极的影响,大多数中国哲学史的论著和教材在论及名辩时还停留在名辩就是中国本土逻辑、名辩就是传统形式逻辑的认知水平上。另一方面,在中国哲学史研究领域所取得一些有关名辩的新成果,也未能引起作为名辩研究主力军的中国逻辑史学者的足够注意。例如,针对战国秦汉时期所论及的“名”有政治学伦理学之名与语言学逻辑学之名的区分,而长期以来的先秦名学研究只重视后者而忽视甚至有意排除了前者。曹峰认为,这种研究偏离了思想史的实态。在他看来,“先秦秦汉时期

[1] 参见陈卫平:《从突破“两军对阵”到关注“合法性”——新时期中国哲学史研究之趋向》,《学术月刊》,2008 年第 6 期,第 33—39 页。

的政治思想史不能没有'名'这根线索。战国时期'名'思想的盛行绝不是偶然的现象。知识论,宇宙观的发展,社会秩序的重新安排,君主专制体制的确立,政府职能的完善,实用主义思潮的盛行,这些复杂的社会思想背景与名实关系的讨论,与各种'正名'说的展开交织在一起,使'名'的思想呈现极其复杂的面貌。"[1]为此,他提出应该回归思想史的正途,对先秦名学重新做出客观全面的梳理。曹峰的这一论述与郭沫若、赵纪彬、侯外庐、伍非百以及汪奠基有关名辩的看法颇多暗合之处,但本阶段的中国逻辑史学者在其名辩研究中几乎无人提及曹峰的这一论述,错过了一次拓展名辩研究思路的机会。

从上述例子不难发现,虽然在研究构想上本阶段学者已经普遍认同运用多种方法、多学科结合对于名辩研究的重要性,但要在研究实践中真正做到多学科的综合研究,显然还有很长的路要走。

第三,就名辩的逻辑之维的研究而言,研究方法的多元性具体表现为各种逻辑理论和方法的结合,尤其是运用逻辑在其发展的高级阶段所取得成果来澄清、理解和阐明名辩话语的逻辑内涵。

着眼于名辩的既成形态和名辩研究的历史视界,对历史上不同时期的名辩学说进行澄清、理解和阐明,在某种意义上也就是对这些名辩学说进行批判的总结。马克思在《〈政治经济学批判〉导言》中曾经指出:

> 人体解剖对于猴体解剖是一把钥匙。反过来说,低等动物身上表露的高等动物的征兆,只有在高等动物本身已被认识之后才能理解。

这就是说,只有从发展的高级阶段来回顾,才能理解低级阶段的历史地位。对于名辩的逻辑之维来说,也应该站在逻辑发展的高级阶段,用近

[1] 参见曹峰:《回到思想史:先秦名学研究的新路向》,《山东大学学报》(哲社版),2007年第1期,第59—64页。

现代乃至当代的各种逻辑理论和方法来对其进行考察、诠释和重构，给予批判的总结。但是，站在高级阶段来回顾历史，决不意味着拿高级阶段的理论和方法作为模式往低级阶段套。其实，所谓把握了处于高级阶段的理论和方法就有助于理解处于低级阶段的理论与方法，这也仅仅是在一定意义上说的。因此，马克思接着指出：

> 如果说资产阶级经济的范畴适用于一切其他社会形式这种说法是对的，那么，这也只能在一定意义上来理解。这些范畴可以在发展了的、萎缩了的、漫画式的种种形式上，总是在有本质区别的形式上，包含着这些社会形式。[1]

总之，对象发展的高级阶段与低级阶段有着本质区别，不能混为一谈。当然，就“古”与“今”的辩证关系看，具体地研究了历史上各种名辩学说的逻辑内涵，无疑有助于我们去理解和掌握逻辑在现、当代的发展，因为后者正是之前许多阶段的历史的发展和总结。目前，这一方法已在西方逻辑史的研究中得到了成功的运用。有见于此，肖尔兹(Heinrich Scholz)在其《简明逻辑史》(*Concise History of Logic*)中指出：“一般来说，现代逻辑斯蒂形式的逻辑在目前的所有成果，已经成了判断逻辑史的标准。因此，必须毫不含糊地声明，对这些成果的知识或原则上掌握这些成果，已经成了任何有益的逻辑史研究的必要条件。”[2]

刘培育在论及名辩研究的方法时也强调，“研究名辩学和名辩学史，有许多方法、工具可以使用，并不限于某一个方法，或某一种工具。但要研究名辩学中的逻辑问题，却离不开逻辑、特别是现代逻辑这种工具。因为没有透彻的现代逻辑眼光，要发现古人的逻辑思想，正确评价

[1] 马克思：《〈政治经济学批判〉导言》，《马克思恩格斯选集》(第二卷)，北京：人民出版社，1995年，第23页。

[2] 肖尔兹：《简明逻辑史》，北京：商务印书馆，1977年，第4页。

其成就与局限、得与失，是不可能的。”[1]关于本阶段运用各种逻辑理论和方法，尤其是逻辑在其发展高级阶段所取得成果，来研究名辩的情况，前文已经有较为全面的介绍和分析，在此不再赘述。笔者想强调的是，无论使用何种逻辑理论和方法，都必须对该种理论和方法有准确的理解。沈有鼎曾经指出：“最近有人用数理逻辑来解释公孙龙。国外有人这样用符号的，是为了更准确地表达思想和描述思想。但国内有人用符号，却对数理逻辑不大懂。好像用符号是时髦，这种搞法很危险。”[2]王路承认研究逻辑史存在着不同的方法，而且用什么方法进行研究都是可以的，但他认为“无论用哪一种方法研究逻辑史，我们都必须把这种方法学好。……绝不能仅仅使用一些新学科的一些新的名词术语，而对这些学科本身一知半解，甚至根本不懂。否则只会是断送中国逻辑史的研究。”[3]

例如，无论是主张使用非形式逻辑的理论和方法来研究名辩的逻辑之维的学者（如赵继伦、俞瑾、张斌峰、杨武金、王克喜、李先焜等）还是对此持否定意见的周云之，他们对非形式逻辑的对象、目的、主要论题以及理论成果的理解都还较为初步，甚至存在诸多误解。王克喜曾援引汉字与古代汉语的特征来论证包括名辩逻辑在内的中国古代逻辑具有非形式逻辑的性质。[4] 但这一论证的问题在于非形式逻辑的研究对象是处于自然语言中的实际推理和论证，而不是表述实际推理和论证的自然语言；非形式化的自然语言也不是非形式逻辑唯一的工具语言。因此，从汉字与古代汉语的意会性、从汉语是一种自然状态的语言来证明中国古代逻辑的非形式逻辑性质，是很值得推敲的。事实上，

---

[1] 刘培育：《名辩学与中国古代逻辑》，《哲学研究》，1998 年增刊，第 14 页。

[2] 参见刘培育：《沈有鼎研究先秦名辩学的原则和方法》，《哲学研究》，1997 年第 10 期，第 55—56 页。

[3] 王路：《逻辑的观念》，北京：商务印书馆，2008 年，第 235 页。

[4] 王克喜：《从古代汉语透视中国古代的非形式逻辑》，《云南社会科学》，2004 年第 6 期，第 48—53 页。

要阐明名辩与非形式逻辑的相关性，应更多地着眼于二者在研究眼界和目的上的类似。非形式逻辑往往将实际推理与论证置于对话或论辩的情景中加以分析，其目的是想通过发展对实际推理与论证进行分析、解释、评估、批判和建构的标准、准则与程序，来参与现代性的建构与批判，从而为推进社会的民主化和法治化，提升社会的合理化程度，培育公民的批判性思维能力做出贡献。而作为名辩的代表性文本，《墨辩》强调"辩，争彼也"，即主体间围绕针对同一对象而形成的两个彼此否定的意见所展开的言谈论辩；将论辩的功能归结为"明是非之分，审治乱之纪，明同异之处，察名实之理，处利害，决嫌疑"，表明后期墨家注意到主体间的言谈论辩不仅有助于区别真假、判定对错，而且对于处置利害、协调行动也有积极的意义。因此，正是这种在研究眼界（将推理与论证置于对话或论辩的情景中加以考察）和目的（干预社会现实和日常生活）上的类似，为我们从非形式逻辑的角度来研究名辩的逻辑之维提供了可能。

3. 关于名辩理论与名辩实践

在复苏与推进阶段，名辩学者对逻辑思想（讲逻辑）与逻辑应用（用逻辑）进行了明确区分，强调对名辩逻辑的研究主要是对中国历史上的逻辑思想的研究。据五卷本《中国逻辑史》，"对逻辑的应用并不是逻辑思想，也不直接说明一个时代的逻辑水平，所以，历史上大量纯属逻辑应用的例证，原则上不应成为中国逻辑史总结的范围。"[1] 不过，关于 1980 年代以来名辩逻辑研究对二者的区分，有必要注意以下两点：

第一，虽然在表述资料编选原则或论及研究范围时，对逻辑思想与逻辑应用进行了区分，但这并不意味着将逻辑应用完全排除在名辩逻辑研究之外。只要"当一个逻辑应用的例子，是为了内在地说明某个

[1] 李匡武主编：《中国逻辑史》（先秦卷），第 3 页。

逻辑思想……，或者，一个逻辑应用的例证，在逻辑上确有较重要的价值，它已接近于成为一种逻辑思想时”，也可以纳入名辩逻辑的研究范围。[1]

第二，虽然明确区分了逻辑理论与逻辑应用，但在具体研究中存在着较为严重的混淆二者的情况。在反思1980年代的墨家逻辑研究时，俞瑾就举出四例说明存在着将逻辑方法的运用与逻辑理论的研究、将推理的运用与推理的研究混为一谈的情况。[2] 叶锦明也认为，不少中国逻辑史学者在研究中混淆了运用推理（第一序的推理活动）和研究推理（第二序的推理活动）的不同，犯了“序次谬误”。[3]

就名辩的逻辑之维而言，对应于逻辑思想与逻辑应用，笔者更愿意使用“名辩理论”与“名辩实践”这两个术语。这里所说的“名辩理论”，并不等同于一般而言的名辩话语或名辩学说，仅指名辩话语中所包含的对于思维形式及其规律的自觉研究，而“名辩实践”则指名辩思想家对思维形式及其规律的自觉或不自觉的运用。在明确区分二者的前提下，笔者认为应该从名辩理论与名辩实践两个层面同时推进以深化对于名辩的逻辑之维的研究。

所谓名辩理论层面的研究，主要是指站在逻辑科学发展的高级阶段，去整理、分析、诠释、重构甚至发展名辩话语已经明确言及了的有关推理和论证的研究，尽管这些研究很可能仅仅是存在于名辩文本中的一些零散的、不系统的思想。很明显，近现代名辩研究主要从事的就是这方面的工作。所谓名辩实践层面的研究，就是去研究名辩思想家提出主张、质疑他人和回应批评的论辩实践，去研究那些被名辩思想家实

---

[1] 李匡武主编：《中国逻辑史》（先秦卷），第3—4页。

[2] 参见俞瑾：《中国逻辑史研究之误区（续篇）》，《逻辑与语言论稿》，1996年第1期，第71—78页。

[3] 参见叶锦明：《对研究中国逻辑的两个基本问题的探讨》，《自然辩证法通讯》，1996年第1期，第14—18页。

际运用但在当时又未能进入理论反思层面的推理、论证和论辩。这种研究可以是描述性的（刻画这些推理、论证和论辩的结构等），也可以是规范性的（提炼对这些推理、论证和论辩进行规范性评价的原则或规则等）。立足于名辩理论与名辩实践的双重推进，对前者的研究还将继续存在并不断得到加强，更为重要的是，后者的引入将大大拓展名辩研究的范围，从而有助于把近代以来的名辩研究进一步推向深入。

笔者之所以要强调名辩实践层面的研究，在很大程度上是因为受到了海外一些汉学家的相关工作的启发。例如，鲍海定（Jean-Paul Reding）的《早期中国哲学中的类比推理》（*Analogical Reasoning in Early Chinese Philosophy*）一文，着眼于对古代中国与古代希腊的理性思维进行比较研究，对先秦重要思想家在名辩实践中所使用的类比推理进行了较为深入的分析与重建。[1] 又如，何莫邪在为李约瑟主编的《中国科学技术史》（*Science and Civilisation in China*）所撰写的第七卷第一分册《语言与逻辑》（*Language and Logic*）中，除了讨论以邓析、惠施、公孙龙、后期墨家、荀子等为代表的名辩思想家的逻辑理论（logical theory），还辟出专章研究了包括名辩实践在内的中国古代逻辑实践（logical practice）。[2] 他援引先秦典籍中丰富的推理、论证和论辩实例，揭示并阐明了在当时被广泛使用却又未得到自觉研究的推理和论证形式，如三段论、连锁推理、充分条件假言推理否定后件式与肯定前件式、

[1] Jean-Paul Reding: "Analogical Reasoning in Early Chinese Philosophy", Etudes Asiatiques, 40/1 (1986), pp. 40–56. 这篇论文后来作为"The Origin of Logic in China"的一部分收入作者的 *Comparative Essays in Early Greek and Chinese Rational Thinking*, Hants, UK: Ashgate Publishing Limited, 2004.

[2] 参见 Joseph Needham: *Science and Civilisation in China*, Cambridge, UK: Cambridge University Press, 1998, Vol. 7, Part 1: Language and Logic by Christoph Harbsmeier, pp. 261–286.

“更何况”(*a fortiori*)的论证,等等。[1]

事实上,上一阶段的名辩逻辑研究虽强调以逻辑思想研究为主,但亦不否认研究那些具有理论意义的逻辑应用,已表现为出一种不排斥名辩实践层面研究的倾向。汪奠基早在 1961 年就提出要多对中国古代名辩实践进行抽象,在上一阶段他进一步呼吁加强对名辩实践的研究。在他看来,古代的辩者常常将“辩”的形式法则运用于生活故事或文艺形式;不同派别的思想家都非常重视跟“知类”、“别类”、“推类”相关的理论与实践问题;辩察之士极端注重由辩论社会政治问题所引发的逻辑论辩的方术问题,因此“如果只注意寻找‘讲逻辑’的历史人物和学说,那就会失掉这些逻辑科学内容的客观材料”。[2] 在本阶段,虽然名辩实践层面的研究尚未引起足够的重视,但也出现了若干值得注意的研究成果。例如,中山大学逻辑与认知研究所 2009 届博士生黄伟明的学位论文《〈荀子〉比类式说理方式研究》,就不仅从名辩理论层面分析了《荀子》说理的诸要素与“类”、“理”等观念,而且通过对荀子名辩实践的梳理,刻画了比类式说理方式的语言表达式,揭示了其性质,阐明了其生效机制及其文化根据,并制定了相应的规则。

当然,在大胆尝试运用不同方法对名辩实践进行多学科综合研究的同时,必须对名辩理论与名辩实践的区分始终保持清醒的意识,尤其是不能把对古代名辩实践的当代重建混同于古代名辩理论,不能把重建古代名辩实践所凭借的现代理论与方法认为是在古代就已经存在。

---

[1] “*a fortiori* argument”,洪汉鼎译作“关于较多较少的论证”。按亚里士多德之见,“更何况”的论证,可归入根据性质程度的(κατά ποιότητα / according to quality)论证。参见威廉·涅尔、玛莎·涅尔:《逻辑学的发展》,北京:商务印书馆,1995 年,第 56、136—137 页。何莫邪分析了 5 个此类论证的例子,如“仁智,周公未之尽也,而况于王乎?”(《孟子·公孙丑下》)“且父母之于子也,产男则相贺,产女则杀之。此俱出父母之怀妊。然男子受贺、女子杀之者,虑其后便,计之长利也。故父母之于子也,犹用计算之心以相待也。而况无父子之泽乎?”(《韩非子·六反》)

[2] 汪奠基:《中国逻辑思想史》,第 49 页。更为详细的考察和讨论可参见本书第四章第一节的相关内容。

针对齐密莱乌斯基(Januz Chmielewski)对《公孙龙子》的研究,葛瑞汉(A. C. Graham)、陈汉生(Chad Hansen)就明确指出,齐氏从他对于公孙龙的一个论证之结构的描述出发,进而把这种描述所凭借的理论归于公孙龙本人,模糊了隐含逻辑(implicit logic)与明述逻辑(explicit logic)之间的区分。[1] 而名辩实践与名辩理论的区分,在某种意义上也就是隐含逻辑与明述逻辑的区别。

近现代名辩研究之所以长期以来存在着牵强比附、过度诠释等问题,其中一个原因也就是混淆了名辩实践研究与名辩理论研究。例如,周云之在其与刘培育合著的《先秦逻辑史》中主张,墨家逻辑的推理研究已经提出了“假式”(假言推理)及其两种具体类型“大故式”(充分必要条件式)、“小故式”(必要条件式),可这一断定的依据却只是《墨子》一书中几个假言推理的使用实例。[2] 俞瑾对周氏论证思路做了这样的概括:如果能准确运用假式推论,那就一定是对假式推论的形式有明确理解;如果对假式推论的形式有明确理解,那就一定能把假式推论形式概括出来;既然墨家准确使用了假式推论,那就一定能概括把假式推论的形式概括出来。很明显,周氏混淆了推论的运用和推理的研究。[3] 换个角度看,周氏的问题也在于错误地将他研究墨家推理实例的理论工具(假言推理理论)归于墨家,认为墨家已经提出了这一理论,从而使得对墨辩的研究出现过度诠释的问题。[4]

---

[1] 参见 A. C. Graham: “Two Dialogues in the *Kung-sun Lung-tzu*”, *Asia Major*, new series, Vol. 11, part 2 (1965), pp. 128-152; Chad Hansen: *Language and Logic in Ancient China*, Ann Arbor: The University Michigan Press, 1983, pp. 19-23。

[2] 参见周云之、刘培育:《先秦逻辑史》,第 161 页。

[3] 参见俞瑾:《中国逻辑史研究之误区(续篇)》,《逻辑与语言论稿》,1996 年第 1 期,第 75—77 页。

[4] 陈汉生在某种程度上已意识到墨辩研究所存在的过度诠释问题。在他看来,《小取》包含着在中国古典思想中所能发现的最接近于对推理规则(rules of inference)的讨论——形式逻辑(formal logic)——的研究进路,不过他又指出,虽然很多注释者认为《小取》的第二部分表明后期墨家已经发现并且定义了若干逻辑论证(logical argument)的类型,“但在我被确信墨家已经首先意识到了形式的论证结构(formal argument structure)之前,我倾向于在有人发现了不同类型的形式的论证结构的问题上持谨慎的态度。”参见 Chad Hansen: *Language and Logic in Ancient China*, pp. 124-126。

(五) 关于名辩研究的目的:史与思、内在价值与工具价值的统一

着眼于名辩之为既成形态与生成过程的统一,对名辩的历史考察同时关联着理论的诠释与建构。历史视界下的名辩研究更多地要求把不同时代的名辩学说还原到它所处的具体社会历史文化背景中,去再现它的具体性、多样性和丰富性,并对这种具体性、多样性和丰富性形成的根源给予历史的解释。而理论视域下的名辩研究不仅要把握特定名辩学说的宗旨,多方面揭示这一主导原则与该学说其他相关论点之间的关系,还要把握不同名辩学说之间的衍化脉络与逻辑关系,更要在对历史上的名辩学说进行历史考察与理论诠释的基础上走向新的理论建构,而后者构成了在本土名辩与西方哲学、文化之间进行比较研究的更内在的方面。

就名辩的逻辑之维的研究来说,在名辩与逻辑之间开展比较研究,首先表现为去寻找二者在对象、性质、内容以及形成与发展条件等方面的各自特点,进而去发现二者的共同之处与差异之点,揭示各自的所长与所短,等等。但是,二者之间的比较并不仅仅是为了简单罗列同和异,更重要的意义在于为我们今天的逻辑研究提供一种重要的思想资源。就此而言,名辩与逻辑之间的比较研究又可以从两个方面来加以考虑:其一,当我们把逻辑作为一个参照背景来反观自己的传统时,对名辩文本的解读,在不同的理论视野下,往往就可以获得新的意义。因此,把逻辑——尤其是在其发展的高级阶段所取得的理论成果——作为一种参照系统,无疑有助于推进和深化我们对名辩话语所包含的逻辑内容的理解。其二,我们也可以用名辩所形成的理论成果来回应逻辑所面临的一些问题。传统逻辑及其现代发展造成面临着它自身的一些内在问题,如过分强调逻辑的工具价值而忽视了其社会文化功能,从注重对思维的形式结构的研究走向了形式化的霸权话语,逻辑理论与推理论证实践的脱节,逻辑与认识论的分离,等等,这其中蕴含着许多需要反思的东西。名辩的逻辑之维在回应这些问题上无疑包含着很多

有意义的资源。

1984 年 7 月,非形式逻辑学家诺尔特(John Nolt)来华旅游并顺访了南京工学院。返回美国后,他在题为《非形式逻辑在中国》(*Informal Logic in China*)中发表了的观感,认为“在中国的大学里,传授和发展非形式逻辑的潜力非常大(用来分析的材料并不缺乏;在流行的中国出版物中最常使用的论证模式似乎是诉诸权威。)……如果中国人真的加入非形式逻辑领域,他们无疑会带来新的思想,并极大地扩展这一学科。”[1]诺尔特在此虽然没有提及他所说的“新的思想”包括名辩对逻辑问题的考察,但我们完全有理由相信,通过从非形式逻辑角度对于名辩的逻辑之维的诠释与重构,不仅会发掘出名辩对于世界逻辑史的新的独特贡献,而且对于拓宽非形式逻辑的研究领域,推动非形式逻辑的发展也将起到积极的作用。

当然,如何总结名辩话语中具有世界意义的资源并对此加以阐发,这也是在借助比较方法来研究名辩之逻辑内涵所不能回避的问题。逻辑不仅是一门基础学科、工具学科,还是一门人文学科。一般来说,自然科学已经超越了民族和文化的界限,我们现在已经可以直接吸收西方的科学技术为我国的现代化服务,物理学、化学等也无所谓中国化的问题。但是,人文学术领域则不同,既要克服民族和文化的局限性,又要保持和发扬民族特色,并且越是具有民族特色,就越具有人类的普遍意义。因此,在研究名辩的逻辑之维时,如果只是一味寻求名辩与逻辑的共同性,那么我们从名辩中发现的最多也不过是西方逻辑的等价物。有见于此,王左立强调,“名辩学的文化价值也正是通过其自身所具有的特殊性体现出来的。发掘和整理中国古代思想家特有的思想,我们才能获得从西方逻辑中得不到的东西,才能使中国逻辑史的研究服务

[1] 参见 John Nolt:“Informal Logic in China”, *Informal Logic*, Vol. 6, No. 3 (1984), p. 45。

于当今的文化建设。所以,中国逻辑史研究的重点应该是中国古代逻辑思想的特殊性。"[1]

通过名辩研究来服务于当今的文化建设,从一个侧面反映了名辩研究的内在价值与工具价值。历史地看,作为名辩研究在近代的兴起的两个动因,满足时务之需与工具价值相关,发现本土逻辑则是内在价值的体现。如果说在复苏与推进阶段名辩研究的内在价值主要表现为通过梳理和总结名辩逻辑的成就和贡献,来进一步确认中国本土逻辑在世界逻辑发展史上的地位和价值,那么在本阶段,其内在价值可能更多地表现为通过多学科综合研究来考察、诠释和重构名辩的多重内涵,借此表达对于民族文化传统的认同。在前一阶段,名辩研究的工具价值还主要局限于它对于逻辑学科以及其他学科发展的意义,即用名辩逻辑的理论成果来充实传统逻辑的教学内容,为现代逻辑科学的发展提供历史借鉴,推动中国哲学史、伦理学示、法学史、语言学史、物理学史、数学史等其他相关学科的发展。[2] 在本阶段,随着逻辑与文化的关系被主题化,学者们对名辩研究的工具价值有了一些新的设想。

通过总结近代以来逻辑与文化发展在我国的经验教训,崔清田强调,"逻辑学应当改变那种远离经验思维和自然语言,乃至远离社会实践和中国当代文化思潮的状态,努力使自己真正地融入我国现代文化发展的潮流和我国整体的现代化事业之中。"[3]受到崔氏的影响,张斌峰提出,墨辩研究对于21世纪的文化重建具有重要的意义。因为"墨家辩学是由先秦时期的墨家创立和提出来的,一种重视人文价值

[1] 王左立:《也谈中国逻辑史研究若干问题——与孙中原教授商榷》,《哲学动态》,2002年第8期,第19页。

[2] 参见杨沛荪主编:《中国逻辑思想史教程》,第20—24页;亦可参见周云之和刘培育:《先秦逻辑史》,第320—322页;李匡武主编:《中国逻辑史》(先秦卷),第24—26页。

[3] 崔清田:《逻辑与中国文化的发展与建设》,《理论与现代化》,1997年第5期,第10页。

与科学理性分析、重智识、重功而利行的论辩理论与方法。”而通过对作为文化复合体之墨辩的研究,可以“为重构新世纪的科学与人文、智识与价值、实质与形式统一的新文化,而提供可以资用的理论方法和理论资源”。[1]

张晓芒对名辩研究如何服务于当代文化建设也提出了自己的看法。按张氏之见,名辩研究的工具价值在很大程度上与能否实现名辩的逻辑之维的现代转化有关,指出,“有必要在‘通意后对’的前提下探讨逻辑思想的文化内涵,探讨中西逻辑文化之间,既存在有异质文化间的共性,又存在有异质文化间的个性。共性是它们之间沟通、同构的基础,而个性则是它们之间相互吸引、互补的结合点,因此可建立一种中西逻辑文化之间的沟通、交流、对话、会通的学理机制,以同质共构和异质互补的形式为现实的社会生活服务。挖掘、整理中国古代传统思维方式的资源,使其能够服务于今日中国的文化建设,并推动当代逻辑学科研和教学的发展。”[2]

从总体上说,本阶段学者在名辩研究的史与思的统一,尤其是名辩研究如何参与新的理论建构方面尚未形成明确的意识,也未取得重大的创新与突破。至于名辩研究如何发挥其工具价值,服务于当代文化建设,这方面的思考与实践也刚刚起步,还没有形成具体的方案以及实现的途径。这些都还有待于名辩研究的进一步展开来加以探讨。

---

[1] 参见张斌峰:《近代〈墨辩〉复兴之路》,第1—3页。

[2] 张晓芒:《比较研究的方法论问题——从中西逻辑的比较研究看》,《理论与现代化》,2008年第2期,第73页。

结　语

近代以来,面对西方列强及其文化的挑战,有识之士意识到必须向西方学习,而为了维护中国文化的自尊与自信,他们往往在先秦诸子之学中寻找与西学的相契之处,进而将其作为救亡图存、变法维新和开启民智的工具。时务的需要与学术的兴趣,或者说,发挥墨学的经世致用之能与寻找中国本土逻辑,直接促成了梁启超对《墨辩》义理的研究,此后墨辩研究逐渐扩展成众多学者参与并且持续至今的对于中国古代名辩话语的研究。

从总体上看,近现代名辩研究经历了起步与开拓、发展与提高、复苏与推进和反思与深化四个阶段。在这百余年的时间里,名辩研究经历了一系列的转变。

就研究心态说,名辩学者最初希望通过名辩研究能证成中国本土有逻辑以维护中国文化自尊、赢得西方文化承认,进入 1990 年代后。逐渐转变为通过强调名辩之为逻辑的平等他者,突出名辩的本土特点来体现对于民族文化传统的认同。

从研究方法看,"名辩逻辑化"——运用传统逻辑(以及逻辑的其他分支)的术语、理论和方法来梳理名辩的内容,勘定其本质,评判其地位——在相当长的时期内独享范式的地位,1990 年代后经过对"名辩逻辑化"的批判、辩护与扩展,名辩研究领域逐渐出现了研究方法多元并存的新格局。

从中西关系说,“名辩与逻辑的本质一致性”作为“名辩逻辑化”的根本预设,在前三个阶段几乎成为名辩学者的共识,进入1990年代后,求同明异并重的比较研究逐渐成为名辩研究的主流,名辩的本土特点或独特个性为学者所注重。

就本质勘定言,学者们在相当长的时期内把名辩的本质归于传统形式逻辑,进入1990年代后则逐渐转向视名辩为一门独立的本土学问,并尝试从不同角度出发对其本质与内涵进行多向度的阐释,对其理论体系进行多元重构。

虽然名辩研究自1990年代进入反思与深化阶段以来已有20年的时间,其实也仅仅是一个开端。如何在全球化趋势加剧、本土意识高涨的背景下深化名辩研究,仍然是摆在名辩学者面前的一项重要课题。笔者相信,通过对近现代名辩研究所取得的积极成果与存在的问题予以总结和反思,必将有助于从方法论上为名辩研究的进一步深化提供支持。

后　记

书稿杀青之日，对预定的交稿付梓时间来说已是一拖再拖。虽然断断续续写了三年多的时间，但自感仍是仓促急就之作，心中颇为忐忑。

感谢周山老师邀请我参加他主持的上海社会科学院重点学科“中国近现代哲学”团队并参与国家社科基金 2010 年度重点项目“中国近现代哲学的重新审视问题研究”（10AZX002）的科研工作，从而使我有机会对作为一个相对独立的学术史现象——中国近现代名辩研究进行重新审视。

本着荀子所说的“以仁心说，以学心听，以公心辩”，我尽我所能对 1900—2010 年间的名辩研究进行了回顾与总结。如果选材有遗漏，分析有欠缺，评价有偏颇，那是我学识有限，能力不济所致，还望学界同道不吝给予批评指正。本书对前辈时贤直呼其名或省作“×氏”而未称以“××先生”、“×××教授”，只是为了行文方便，绝无不恭之意，特此说明。

考虑到学界的通行用法，本书书名用“名辩学”一词来指称近现代学者对古代名辩话语的研究与重构。不过，我对名辩话语及其近现代研究与重构能否成为一门学科（a discipline）进而被称名“名辩学”持保留态度，因而在书中更多使用的还是“（近现代）名辩研究”这一表述。特此说明。

感谢这个数字化的时代。华东师范大学图书馆丰富的电子资源以及“新浪爱问”、“国学数典”等其他多种网络资源，使我有机会阅读到在纸媒时代难以接触到的大量名辩研究资料，也使本书的写作有可能建立在较为全面可靠的史料与文本基础之上。

书稿在撰写过程中,部分阶段性成果以论文形式先后在多家刊物发表,在此表示感谢。这些论文与发表刊物分别是:

《逻辑的名辩化及其成绩与问题》,《哲学分析》,2011 年第 6 期;

《近现代名辩研究的方法论反思》,《社会科学》,2012 年第 5 期;《中国社会科学文摘》,2012 年第 10 期,转载;

《e-考据与中国近代逻辑史疑难考辩》,《社会科学》,2013 年第 4 期;《人大复印资料·逻辑》,2013 年第 3 期,全文转摘;

《"名辩"三义》,《西南大学学报》(社科版),2013 年第 5 期;《人大复印资料·逻辑》,2014 年第 1 期,全文转摘。

2010 年以来陆续出版了一批新的名辩研究成果,就笔者所见,如田立刚的《先秦逻辑范畴研究》、张晓光的《推类与中国古代逻辑》、刘明明的《中国古代推类逻辑研究》、崔磊的《韩非名学与法思想研究》、赵炎峰的《先秦名家哲学研究》、李雷东的《语言维度下的先秦墨家名辩》和董英哲的《先秦名家四子研究》等。此外,还出现了一批新的博士论文,如苟东锋的《孔子正名思想研究》、周晓东的《先秦道家名思想研究》、孟凯的《正名与正道——荀子名学与伦理政治思想研究》、吴保平的《韩非刑名逻辑思想的渊源及演进历程研究》、卢芸蓉的《伍非百名学研究探略》等。这些成果从不同角度推进了对于名辩的研究,鉴于课题设计在总体上要求将重新审视的下限截至 2010 年,对它们的评述只能俟诸异日。

最后,感谢关心和帮助过我的各位师友,当然还有妻儿一贯的支持。

晋荣东

电邮:rdjin@ philo. ecnu. edu. cn

主页:http://faculty. ecnu. edu. cn/jinrongdong

2014 年 8 月 25 日于成都龙泉

图书在版编目(CIP)数据

中国近现代名辩学研究／晋荣东著. —上海：上海古籍出版社，2015.8
(中国近现代哲学研究丛书)
ISBN 978-7-5325-7662-3

Ⅰ.①中… Ⅱ.①晋… Ⅲ.①形式逻辑—研究—中国—近现代 Ⅳ.①B812-092

中国版本图书馆 CIP 数据核字(2015)第 121312 号

中国近现代哲学研究丛书
中国近现代名辩学研究
晋荣东 著
上海世纪出版股份有限公司
上 海 古 籍 出 版 社 出版
(上海瑞金二路 272 号 邮政编码 200020)
(1)网址：www.guji.com.cn
(2)E-mail：guji1@guji.com.cn
(3)易文网网址：www.ewen.co
上海世纪出版股份有限公司发行中心发行经销
常熟新骅印刷有限公司印刷
开本 635×965 1/16 印张 35.25 插页 2 字数 457,000
2015 年 8 月第 1 版 2015 年 8 月第 1 次印刷
印数：1—1,050
ISBN 978-7-5325-7662-3
B·910 定价：108.00 元
如有质量问题，请与承印公司联系